现代光学与光子学理论和进展丛书

丛书主编：李　林

名誉主编：周立伟

光学设计与光学元件

Optical Design and Optical Elements

［德］弗兰克·特雷格（Frank Träger）**主编**

李林 北京永利信息技术有限公司 **译**

陈瑶 **审**

U0341602

北京理工大学出版社

BEIJING INSTITUTE OF TECHNOLOGY PRESS

版权专有　侵权必究

图书在版编目（ＣＩＰ）数据

光学设计与光学元件 /（德）弗兰克·特雷格主编；李林，北京永利信息技术有限公司译. --北京：北京理工大学出版社，2022.6

书名原文：Springer Handbook of Lasers and Optics 2nd Edition

ISBN 978-7-5763-1400-7

Ⅰ. ①光…　Ⅱ. ①弗…　②李…　③北…　Ⅲ. ①光学设计②光学元件　Ⅳ. ①TN202②TH74

中国版本图书馆 CIP 数据核字（2022）第 102743 号

北京市版权局著作权合同登记号　图字：01-2022-1757号

First published in English under the title

Springer Handbook of Lasers and Optics, edition: 2

edited by Frank Träger

Copyright © Springer Berlin Heidelberg, 2012

This edition has been translated and published under licence from

Springer-Verlag GmbH, part of Springer Nature.

出版发行 / 北京理工大学出版社有限责任公司
社　　址 / 北京市海淀区中关村南大街 5 号
邮　　编 / 100081
电　　话 / （010）68914775（总编室）
　　　　　（010）82562903（教材售后服务热线）
　　　　　（010）68944723（其他图书服务热线）
网　　址 / http://www.bitpress.com.cn
经　　销 / 全国各地新华书店
印　　刷 / 三河市华骏印务包装有限公司
开　　本 / 710 毫米×1000 毫米　1/16
印　　张 / 34.25
字　　数 / 687 千字
版　　次 / 2022 年 6 月第 1 版　2022 年 6 月第 1 次印刷
定　　价 / 112.00 元

责任编辑 / 刘　派
文案编辑 / 李丁一
责任校对 / 周瑞红
责任印制 / 李志强

图书出现印装质量问题，请拨打售后服务热线，本社负责调换

丛书序

　　光学与光子学是当今最具活力和发展最迅速的前沿学科之一。近半个世纪尤其是进入 21 世纪以来，光学和光子学技术已经发展成为跨越各行各业，独立于物理学、化学、电子科学与技术、能源技术的一个大学科、大产业。组织编撰一套全面总结光学与光子学领域最新研究成果的现代光学与光子学理论和进展丛书，全面展现光学与光子学的理论和整体概貌，梳理学科的发展思路，对于我国的相关学科的科学研究、学科发展以及产业发展具有非常重要的理论意义和实用价值。

　　为此，我们编撰了《现代光学与光子学理论和进展》丛书，作者包括了德国、美国、日本、澳大利亚、意大利、瑞士、印度、加拿大、挪威、中国等数十位国际和国内光学与光子学领域的顶级专家，集世界光学与光子学研究之大成，反映了现代光学和光子学技术及其各分支领域的理论和应用发展，囊括了国际及国内光学与光子学研究领域的最新研究成果，总结了近年来现代光学和光子学技术在各分支领域的新理论、新技术、新经验和新方法。本丛书包括了光学基本原理、光学设计与光学元件、现代激光理论与技术、光谱与光纤技术、现代光学与光子学技术、光信息处理、光学系统像质评价与检测以及先进光学制造技术等内容。

　　《现代光学与光子学理论和进展》丛书获批"十三五"国家重点图书出版规划项目。本丛书不仅是光学与光子学领域研究者之所需，更是物理学、电子科学与技术、航空航天技术、信息科学技术、控制科学技术、能源技术、生物技术等各相关研究领域专业人员的重要理论与技术书籍，同时也可作为高等院校相关专业的教学参考书。

光学与光子学将是未来最具活力和发展最迅速的前沿学科，随之不断发展，丛书中难免存在不足之处，敬请读者不吝指正。

作　者

于北京

作者简介

Kiyoshi Asakawa　　第 3 章 3.10 节

筑波大学
理论科学与应用科
学研究生院
日本筑波
*asakawa.kiyoshi.ga@
u-tsukuba.ac.jp*

Kiyoshi Asakawa 从东京大学获得工程学博士学位（1992 年）。在 1968 年，他毕业于东京大学应用物理系，之后进入日本电气公司（NEC）的中心研究实验室，在其中的光电子研究实验室里开始了他作为高级研究科学家的职业生涯。后来，他成为加州大学圣巴巴拉分校的客座研究员（1987—1988 年）以及飞秒技术研究协会（FESTA）的高级组长（1996—2004 年）。2004—2008 年，他被筑波大学聘为教授。2008—2010 年，他成为日本国家材料与科学研究所的审查员/客座研究员。在 2010—2011 年，他被筑波大学聘为客座教授，在那里从事纳米光子学研究，包括纳米制造技术和光子集成器件应用程序的研究。

Thomas E. Bauer　　第 2 章 2.7 节

光学巴尔查斯耶拿
有限公司
产品管理
德国耶拿
*thomas.bauer@optics
balzers.com*

Thomas Bauer 是一名物理学家，在光学巴尔查斯耶拿有限公司(前身是 MSO 耶拿公司) 担任产品经理。他的主要关注领域是滤光涂层。

Dietrich Bertram 第 6 章

飞利浦照明公司
德国亚琛
dietrich.bertram@phi lips.com

在进入飞利浦照明公司 CTO 办公室担任固态照明技术官之前，Dietrich Bertram 是飞利浦研究公司 LED 光源项目的负责人。他的教育背景是物理学。他从马尔堡大学获得Ⅲ–V 类材料外延专业的硕士学位，后来又从德国斯图加特马克斯–普朗克固态研究所获得博士学位。

Klaus Bonrad 第 2 章 2.10.2 节

默克集团
高性能材料部
PM ATG
德国达姆施塔特
klaus.bonrad@merck group.com

Klaus Bonrad 先是在达姆施塔特学化学，后来从美因茨市马克斯–普朗克聚合物研究所获得电光大环合成与特性描述专业的博士学位。在弗吉尼亚理工学院和布莱克斯堡（美国）州立大学获得博士后学位之后，他在 IBM 工作，后来在美因茨市肖特特种玻璃公司从事有机发光二极管（OLED）领域的大屏幕显示器开发工作。自 2005 年以来，Klaus Bonrad 一直在默克集团（达姆施塔特）工作。他曾在日本待了一年，研究从溶液中开发叠层 OLED。从日本回来之后，他在 OLED 小组内发起并领导了多个不同的项目。在 2011 年，他开始负责默克公司内部的无机印刷电子学活动。

Matthias Born 第 6 章

飞利浦技术有限公司
创新技术
生物医学技术中心（ZBMT）
德国亚琛
matthias.born@phili ps.com

Matthias Born 是一名物理学家。在 1992 年，他加入了德国亚琛飞利浦研究中心。目前他正在负责几个与气体放电的等离子物理学和诊断有关的项目，主题是一般照明和汽车照明用途中的无汞灯泡。他还是德国杜塞尔多夫海因里希–海涅大学的物理教授。

Robert P. Breault 第 1 章

布雷奥研究机构有限公司
美国亚利桑那州图森市
bbreault@breault.com

Robert P. Breault 是布雷奥研究机构的董事长和创始人。他从事杂散光的分析和抑制。他是 APART 杂散光分析程序的作者,曾分析过哈勃望远镜和其他很多光学装置。他毕业于耶鲁大学数学系,获得理学士学位,后来又从亚利桑那大学获得光学科学硕士和博士学位。他是国际光学工程学会(SPIE)的会员,也是亚利桑那州光学行业协会的创始人和董事会成员。

Matthias Brinkmann 第 2 章 2.1.9、2.11 节和第 3 章 3.3 节

应用科学大学
数学与自然科学系
德国达姆施塔特
*matthias.brinkmann
@h-da.de*

Brinkmann 博士是德国达姆施塔特应用科学大学的光学工程系教授。1997 年,他因为在高温超导体方面的研究从德国波鸿鲁尔大学获得物理博士学位。在进入达姆施塔特应用科学大学之前,他是德国美因茨肖特玻璃研究公司的在职科学家和研究经理。他的主要科研焦点是普通玻璃和光激性显微结构光学玻璃的热材料属性。目前他的研究活动包括各种光激性用途和现代照明技术的衍射微光学。

Robert Brunner 第 3 章 3.1、3.2 和 3.4 节

应用科学科技大学
德国耶拿
*robert.brunner@fh-j
ena.de*

Robert Brunner 于 1994 年毕业于乌尔姆大学,并获得近场光学显微术领域的博士学位。1998—2009 年,他在卡尔-蔡司研究中心工作,在那里担任显微结构光学元件的实验室主管经理。自 2010 年以来,他一直都是耶拿应用科学大学应用光学系的教授。他目前的研究方向是混合衍射/折射光学、亚波长结构、折射微光学、干涉光刻技术和高分辨率光学。

Karsten Buse 第 2 章 2.10.3 节

弗劳恩霍夫 IPM 物理测量技术研究所 德国弗莱堡 *karsten.buse@ipm.fraunhofer.de*

Karsten Buse 从德国奥斯纳布吕克大学获得了博士学位。2000—2010 年，他一直是波恩大学海因里希–赫兹物理系教授。从 2011 年起，他担任弗劳恩霍夫 IPM 物理测量技术研究所（位于弗莱堡和凯泽斯劳滕）的所长。与此同时，他还正在申请担任弗莱堡大学微系统工程学院的光学系统教授。他的研究焦点是非线性光学材料和感光介质材料。他独自编写及合著了 200 多部出版物，在这个领域拥有超过 25 项专利。

Carol Click 第 2 章 2.1.2 和 2.1.3 节

肖特公司北美地区研发中心 美国宾夕法尼亚州杜里埃 *carol.click@us.schott.com*

Click 博士从密苏里大学罗拉分校获得陶瓷工程学博士学位，专门研究磷酸盐激光玻璃的污染。如今，她正在从事使肖特无机低温反应性结合技术实现商业化的必要研发工作，用这种技术来生产轻型微晶玻璃光学元件和精密光学元件。

Mark J. Davis 第 2 章 2.1.5 和 2.5 节

肖特公司北美地区研发中心 美国宾夕法尼亚州杜里埃 *mark.davis@us.schott.com*

1996 年，Mark Davis 从耶鲁大学获得地质学博士学位，专业是研究玻璃成型熔体中的晶核动力学以及相关主题。从那以后，他的研究方向就集中于开发用于一系列用途的新型玻璃–陶瓷材料，以及继续促进对结晶过程的更深入了解。

Henrik Ehlers 第 4 章

汉诺威激光中心 薄膜技术部 德国汉诺威 *h.ehlers@lzh.de*

Henrik Ehlers 是光学薄膜领域的一位物理学家。他从汉诺威大学获得博士学位，目前是汉诺威激光中心薄膜技术部工艺开发小组的组长。这个小组的工作焦点是研发现代淀积工艺、原位过程监控以及先进过程自动化。

Yun–Hsing Fan　　第 2 章 2.10 和 2.11 节

上海菲尼萨有限公司
中国上海浦东区
claire.fan@finisar.com

Yun–Hsing Fan 博士目前是菲尼萨（中国上海）的一名高级 NPI 经理。2005 年，她从中佛罗里达大学光学与光子学学院获得光学博士学位。她目前的研究活动集中于利用液晶（LC）光子装置进行光通信。

Enrico Geißler　　第 3 章 3.5 节

卡尔–蔡司公司
研究与技术中心
德国耶拿
e.geissler@zeiss.de

在 1998 年，Enrico Geißler 完成了他在德国应用科学大学的电气工程学习。自毕业以来，他一直在卡尔–蔡司研究中心工作，目前他是那里的数字可视化系统资深科学家。他当前的研究方向是空间光调制器和 MEMS。

Alexander Goushcha　　第 5 章

美国加州亚里索维耶荷市
goushcha@cox.net

Alexander Goushcha（亦称"Gushcha"）博士是 Array Optronix 有限公司的技术副总裁兼首席技术官。他从基辅（乌克兰）乌克兰科学院物理研究所获得了物理博士学位。之后，他在乌克兰基辅物理研究所、德国鲁尔区米尔海姆 MPI 放射化学研究所和加州大学河滨分校从事半导体物理学与技术、生物物理学与分子电子学以及非线性光学领域的研究工作。Goushcha 博士在期刊中发表了大约 100 篇技术论文，并持有超过 25 项专利及专利申请。

Malte Hagemann　　第 3 章 3.3 节

应用科学大学
数学与科学系
德国达姆施塔特
malte.hagemann@h–da.de

Malte Hagemann 曾在达姆施塔特应用科学大学攻读光学工程与图像处理专业。凭借对高强度激光束诊断的研究成果，他从达姆施塔特 GSI 亥姆霍兹重离子研究中心获得博士学位证书。在他的博士论文中，他探讨了有机发光二极管的电子光学优化。他目前的研究工作聚焦于优化 LED 照明技术的光束整形光学元件。

Joseph Hayden　　第 2 章 2.4 和 2.11 节

肖特公司北美
地区研发中心
美国宾夕法尼亚州
杜里埃
joe.hayden@us.schot
t.com

Joseph Hayden 博士从圣约瑟夫大学物理系本科毕业，后来又从布朗大学获得了化学物理博士学位。1985 年，他加入了肖特集团，在那里研究玻璃的成分和工艺开发，重点是激光玻璃、非线性玻璃和工业玻璃。目前他在位于宾夕法尼亚州杜里埃的肖特公司北美研究与技术开发中心工作，是那里的一名研究人员。

Kuon Inoue（已故）　　第 3 章 3.10 节

Thomas Jüstel　　第 6 章

应用科学大学
德国明斯特区施泰
因富特县
tj@fh−muenster.de

1987—1992 年，Thomas Jüstel 在波鸿大学攻读化学专业。1995 年，他获得配位化学博士学位。在加入飞利浦研究所之前，他是米尔海姆 MPI 放射化学研究所的博士后研究员。1995—2003 年，他以研究科学家的身份在亚琛飞利浦研究实验室工作，在那里开始研究发光材料。2004 年，他成为明斯特应用科学大学无机化学与材料科学系的教授。他目前在飞利浦研究所和应用科学大学的研究领域是应用于 LED、紫外辐射源和 X 射线探测器的纳米级材料和新型发光材料。他的研究成果已在 60 篇论文中发表，这也使他获得了与发光成分及其在荧光灯、等离子体显示器和 LED 中的应用有关的 150 多项专利。

Eckhard Krätzig　　第 2 章 2.10.3 节

奥斯纳布吕克大学
物理系
德国奥斯纳布吕克
eckhard.kraetzig@uos.
de

Eckhard Krätzig 于 1968 年从德国法兰克福约翰−沃尔夫冈−歌德大学获得物理博士学位。然后他进入汉堡飞利浦研究实验室，在那里担任固体物理学小组的组长。自 1980 年以来，他就成为奥斯纳布吕克大学的应用物理系教授。前几年他的研究方向集中于光折变效应和光致电荷传输现象。

Martin Letz

第 2 章 2.1.1、2.1.4、2.1.6、2.1.7 和 2.11 节

肖特玻璃公司
材料科学研究中心
德国美因茨
martin.letz@schott.com

Martin Letz 博士曾在布伦瑞克大学、斯图加特大学（德国）和塔尔图大学（爱沙尼亚）攻读物理专业。1995 年，他因为在磁极化子方面的研究而获得斯图加特大学的理论固体物理学博士学位。之后，他在金斯顿皇后大学（加拿大）和美因茨大学（德国）以博士后研究员的身份工作。在此期间，他研究了强相关经典系统中强相关量子力学系统的统计物理学、光散射以及分子流体中的玻璃化转变动力学。2001 年，Martin Letz 进入肖特玻璃公司研究中心。

Wolfgang Mannstadt

第 2 章 2.1.4、2.8 和 2.11 节

肖特公司
研究与技术部
德国美因茨
wolfgang.mannstadt@ schott.com

Wolfgang Mannstadt 博士曾在马尔堡大学读物理专业，并从该大学获得博士学位。他的主要研究领域是利用"DFT 从头算法"进行材料模拟。他曾获得洪堡基金会颁发的"费奥多尔–吕嫩研究员基金"，并成为伊利诺伊州埃文斯顿西北大学的 A.J. Freeman 教授团队中的一名助理研究员。他目前在肖特公司的研发部门工作，专门利用 DFT 和纳米结构光学材料来模拟材料特性。

Dietrich Martin

第 3 章 3.8 节

卡尔–蔡司医学技术公司
美国加州都伯林
d.martin@meditec.zeiss.com

Dietrich Martin 于 1992 年从德累斯顿科技大学获得理学士学位，1997 年从奥尔登堡大学获得理科硕士学位。2002 年，从事碱性金属簇光学性质研究的他从卡塞尔大学获得博士学位。在进入卡尔–蔡司公司的研发部门并从事显微结构光学元件及可变光学元件的研究之后，他又调到了卡尔–蔡司集团的医疗业务部门。目前他正在开发适用于眼科的 OCT 仪器。

Yvonne Menke　　第 2 章 2.9 节

肖特公司
研究与技术部
德国美因茨
yvonne.menke@schott
.com

Yvonne Menke 博士曾在亚琛工业大学读冶金与材料工程专业。1997 年从法国国家高等陶瓷工业学院（ENSCI，法国利摩日）获得深入学习文凭之后，她又继续学习，并在 2000 年从利默里克大学（爱尔兰）获得材料科技专业的博士学位。在都灵理工大学（意大利）攻读博士后期间，她的科研焦点是制备感光多组分硅酸盐玻璃以及含有贵金属纳米团簇并用于生物传感、光学和光电子用途的玻璃，同时研究这些玻璃的特性。自 2006 年以来，她就一直在美因茨肖特公司（德国）研究与开发部工作。她的工作内容包括开发与研究具有特殊光学性质的透明陶瓷。

**Bernhard
Messerschmidt**　　第 3 章 3.6 和 3.7 节

Grintech 公司
研发与管理部
德国耶拿
messerschmidt@grin
tech.de

Bernhard Messerschmidt 曾在德国耶拿大学攻读物理专业。1998 年，他从耶拿弗劳恩霍夫应用光学学院获得博士学位，他的专业领域是建模及优化玻璃中的离子交换过程，以生成 GRIN 透镜。1994–1995 年，他是纽约罗切斯特大学光学学院的一名研究员。1999 年，他与别人联合创办了 Grintech 公司。目前他是 Grintech 的高级经理之一，负责该公司的研究与开发工作。

Kazuo Ohtaka　　第 3 章 3.10 节

千叶市科学博物馆
日本千叶市
Kazuo.Ohtaka@kag
akukanQ.com

Kazuo Ohtaka 博士于 1965 年从东京大学应用物理系毕业，并于 1967 年成为东京大学应用物理系的助理教授。自 1998 年以来，他已成为千叶大学应用物理系的教授；自 2000 年以来，他还成为千叶大学前沿科学中心的教授。2000 年，他获得了由日本物理学会颁发的"最佳论文奖"。目前他的研究领域是光子晶体及其基本原理和应用。

Roger A. Paquin	第 2 章 2.10 节
先进材料顾问 美国亚利桑那州奥罗谷 *materials.man@att.net*	Roger Paquin 是一名独立材料顾问，擅长于在光学精密仪器系统中尺寸稳定部件的材料与工艺，主要是反射镜及结构件中的 Be、SiC 和复合材料。他已经发表了 50 多篇论文和专著章节，并讲授与这个主题有关的短期课程。Paquin 先生是国际光学工程学会（SPIE）的会员。

Steffen Reichel	第 2 章 2.1.1、2.1.6、2.1.7、2.1.8、2.11 节和第 3 章 3.3 节
肖特公司 光学滤波器产品经理 德国美因茨 *steffen.reichel@schott.com*	Reichel 博士是一名在光学和电磁学方面有丰富经验的电气工程师。他获得了掺铒光纤放大器领域的博士学位，在那期间研究过与光波/激光光学、光纤/光学波导和几何光学有关的几个课题。他是 IEEE 的资深会员，先是在朗迅科技公司工作，之后进入了肖特公司担任肖特研究中心的物理科学经理。后来，他调到企业单位肖特先进光学公司，如今他是那里的光学滤波器产品经理。

Hongwen Ren	第 2 章 2.10 节
全北国立大学 聚合物纳米科技部 韩国全北全州 *hongwen@jbnu.ac.kr*	Hongwen Ren 博士于 1998 年从中国科学院长春光机所获得博士学位。在那之后，他成为中国科学院北方液晶研发中心的教师，职位是助理教授。在 2001 年 8 月，他被中佛罗里达大学光学与光子学学院聘为研究科学家。目前他是韩国全北国立大学的副教授。他的研究方向包括液晶/聚合物分散体、纳米液晶装置以及自适应透镜。

Detlev Ristau	第 4 章
汉诺威激光中心 薄膜技术部 德国汉诺威 *d.ristau@lzh.de*	Detlev Ristau 是在光学薄膜技术方面有着广泛研究背景的物理学家。1988 年，他从汉诺威大学获得博士学位。如今他是德国汉诺威激光中心薄膜技术部的主任。2010 年，他被汉诺威莱布尼兹大学任命为应用物理系教授，另外还负责超高质量光层研究小组。他独自编著或合著了 250 多篇技术论文，还发表了好几个专著章节。他当前的研究活动包括：开发及精确控制离子过程，测量光学元件的功率处理能力和功耗。

Simone Ritter　　第 2 章 2.3 节

肖特公司
研究与技术开发部
德国美因茨
simone.ritter@schott
.com

Simone Ritter 博士曾在莱比锡和图宾根攻读化学专业。1994 年，她因为对铼–氮多键复合体的结构和反应性进行合成和特性描述而获得博士学位。在过去几年，她在肖特公司从事有色玻璃和光学玻璃的科学参照工作。她的研究内容涉及对具有新光学性质的玻璃进行开发和特性描述。

Bianca Schreder　　第 2 章 2.1.5 和 2.6 节

肖特公司
先进光学事业部
德国美因茨
bianca.schreder@sc
hott.com

Bianca Schreder 博士曾在维尔茨堡大学攻读化学专业，后来因为对 II–VI 型半导体纳米结构的激光光谱研究而获得物理化学系的博士学位。如今她是美因茨肖特公司先进光学事业部的产品开发主管。她的工作是开发、优化新的光学产品（例如透镜、滤波器等），并使这些产品转入生产过程。

Elisabeth Soergel　　第 3 章 3.9 节

波恩大学
物理学院
德国波恩
soergel@uni–bonn.de

Elisabeth Soergel 曾在慕尼黑路德维希–马克西米利安大学攻读物理专业。后来她在位于加尔兴地区的马克斯–普朗克量子光学研究所获得扫描探针显微镜领域的学士学位和博士学位。在位于瑞士吕施利孔（Rüschlikon）地区的 IBM 研究实验室读完博士后之后，她于 2000 年进入波恩大学工作，主要研究领域是利用扫描探针法使铁电畴可视化。

Bernd Tabbert　　第 5 章

先进光电展有限公司
工程部
美国加州卡马里奥
btabbert@advancedp
hotonix.com

Bernd Tabbert 于 1994 年从德国海德堡大学获得博士学位。多年来，他的研究工作一直聚焦于对低温液体中杂质原子和气泡的光学研究，包括在加州大学洛杉矶分校开展的一个项目。如今他在一家专门开发医用、工业用和航天用传感器的半导体制造厂担任工程部经理。

Mary Turner　第 1 章

工程合成设计有限公司
美国亚利桑那州图森市
mturner@breault.com

在过去 12 年里，Turner 博士开发了光学软件，并实施了有关光学设计和光学软件的培训。她在《光学百科全书》中编写了"像差"一章，并在《光学工程师的桌面参考》一书中编写了"反射物镜与反射折射物镜"一章。她是国际光学工程学会（SPIE）的会员，也是 SID 和 OSA 的成员。

Silke Wolff　第 2 章 2.2 节

肖特公司
研究与技术开发部
光学玻璃材料开发
德国美因茨
silke.wolff@schott.com

Silke Wolff 博士是肖特研发奖的得主。她是在分析化学基础上进行玻璃开发的专家。她的主要研究领域是创新型光学玻璃，包括与市场和客户相关的材料开发、应用、生产工艺优化以及专利保护。她的实际研究主题是异常的光学性质、平板玻璃的覆盖层特性、辐射诱导性损害的预防、再热热成型及/或精密成型的适宜性以及环境适应性。

Shin–Tson Wu（吴诗聪）
第 2 章 2.10 节

中佛罗里达大学
光学与光子学学院
美国佛罗里达州奥兰多市
swu@mail.ucf.edu

Wu 博士是中佛罗里达大学（UCF）光学与光子学学院的"飞马座"级教授。在 2001 年进入 UCF 之前，他在休斯研究实验室（加州马里布）工作了 18 年。他与人合著了 7 部书，还在期刊上发表了大约 400 篇论文，拥有 70 项美国专利。他是 IEEE、OSA、SID 和 SPIE 的会员，并获得了"2011 年 SID Slottow–Owaki 奖""2010 年 OSA 约瑟夫–弗劳恩霍夫奖/罗伯特–M–伯利奖""2008 年 SPIE G.G.斯托克斯奖"和"2008 年 SID Jan–Rajchman 奖"。他还是 IEEE/OSA 共同创办的《显示技术期刊》的创始主编。

目 录

第1章

光学设计和杂散光

为确保光学系统能够符合规格要求，光学工程师需要对设计过程的几个方面进行充分的考虑。这些任务中的每一个都有辅助软件工具可用。光学工程师需要了解可用软件工具的优势和局限性，以及如何更好地将这些程序应用于每个设计。实现光学系统的过程有几个不同的步骤，即光学系统初步设计、光学系统的优化设计、进行杂散、散射和重影分析、对光学系统进行公差分析和制造分析。尽管这些步骤通常都是分开考虑的，而且需要使用几种不同的软件工具，但是工程师在系统开发的每个阶段都必须要考虑到整个过程，以避免杂散光或制造公差带来的问题迫使系统重新设计。全面了解光学设计和分析过程以及正确使用可用的光学软件工具可保证每个特定应用最佳的光学设计。

光学系统的设计由几个不同但相互关联的步骤组成。光学设计过程的初始阶段是设计光学系统。也就是说，需要为每个必要的光学元件建立一组光学参数，以使设计的性能水平超过设计规格。设计过程的另一个阶段是进行容差分析，以验证系统在考虑材料特性、制造和装配限制时是否仍能满足规格要求。另一个重要阶段是单独的分析，以考虑由于重影、散射和合适的挡板设计引起的杂散光影响。

光学设计师在这些步骤的每一步中都可以使用专门为这些任务编写的计算机程序。通常使用称为顺序光学设计程序或透镜设计代码的软件来设计光学系统及其公差。杂散光分析是使用非顺序的，或非限定的光学分析程序来进行的。应当考虑到每个光学程序的功能和要求。

|1.1 设计过程|

光学系统的设计过程包括建立一系列具有光学特性的光学元件，这些特性中包括材料（折射率，色散）、表面曲率、元件厚度和间距、表面形状等，这些与焦距、聚焦比、视场以及其他要求的系统特性相结合构成了满足（或超过）所需性能规格的设计框架。

虽然透镜设计代码是确定必要参数值的最有效方法，其对设计人员在将流程转换到计算机之前进行最初的初步设计是非常重要的。初步设计有几个目的，首先，设计者有机会仔细考虑设计规格的各个方面，确保其提供了所有必要的信息和设计规格要求，并讨论任何缺失的、不完整或不一致的要求。了解设计要求是设计过程中的一个关键步骤，如果有任何必要的规格不能确定，则在设计开始之前必须与客户讨论这些问题。光学设计师所做出的任何判断都可能随时被推翻，导致重新设计和宝贵的时间延迟。在此阶段，设计师还应当对所需系统是否在物理上可以实现做出合理的判断。

在确定所有必要的规格信息都可用之后，可以确定初步系统布局（部分规格见表 1.1）。作为此分析的一部分，考虑可能导致超出当前制造限制的容差要求对设计的任何约束是非常重要的。尽管在设计完成之后还将进行全面的容差分析，但在设计初期阶段忽略这些方面则会对设计师造成一定风险。类似的警示也适用于杂散光问题。

表 1.1　基本光学系统的规格和要求

系统参数
焦距
聚焦比或数值孔径
孔径大小
波长（波段，加权）
全视场
图像大小，形状
放大
对象，图像位置
性能
透射
渐晕系数
能量集中度
场曲率
失真

续表

光学元件
球面/非球面
材料（玻璃/塑料）
元件的数量
涂层

探测器
整体尺寸
像素数（水平，垂直）
像素长宽比
奈奎斯特频率

包装
总的轨迹
最大长度，宽度
重量

环境
所需的温度范围
湿度
压力
冲击/振动

在开始设计之前，必须清楚地了解包括焦距、光圈、聚焦比和视场（包括清楚地了解客户如何定义这个参数）元件波段等系统参数。另一个必要的参数是实际的性能要求，换句话说就是，如何才能使系统在特定条件下更好地运行。性能规格可以基于能量集中度或固有的能量大小、调制传递函数（MTF）值以及特别考虑失真和场曲的一些光学像差。还应当提供包括总体面积、体积和重量限制在内的额外非光学约束，诸如湿度、压力、盐度和温度等环境问题也会降低光学系统的性能，限制光学材料的选择以及表面形状。与任何工程任务一样，允许的或恰当的成本和时间限制将会限制设计。会明显影响成本的因素包括非球面、某些光学材料以及具有严格制造公差的部件。

光阑面是光学设计中的关键表面。光阑的位置和大小显著影响设计按要求执行的能力。一个光学系统由一系列透镜和/或反射镜面组成。这些表面的确定尺寸限制了可以通过光学系统的光通量，有一个表面将限制从轴上点光源进入系统光束的角度范围，这个表面称为系统的孔径光阑。光阑可以由系统中的光学表面直接形成，也可以由单独的机械表面或光孔形成。光阑可以位于光学系统的任何地方。其他两个相关的表面是入瞳和出瞳。入瞳定义为从物空间看到的孔径光阑的图像，如果孔径光阑位于第一光学表面上或之前，则入射光瞳和孔径光阑重合。出瞳是从像空间看到的孔径光阑的图像，如果孔径光阑位于最后一个光学表面之上或之后，则出瞳和孔径光阑重合。

在透镜设计代码中具体指定光学系统时，设计者必须输入系统相关孔径大小和位置信息。通常使用的是入瞳大小，因为这是用来指定系统聚焦比的参数。当使用入瞳指定孔径时，可以在设计过程中改变实际光阑面的大小和位置。如果光阑面必须具有特定的尺寸，则孔径可由光阑确定。在这种情况下，入瞳的大小将由光阑面和入瞳之间的放大率确定。其他孔径定义可以在镜头设计程序中用作其他约束条件。图 1.1 显示了一个典型的光学系统，它带有一个用来指示入瞳和出瞳位置的嵌入式光阑，在这个设计中入瞳和出瞳是虚拟的表面。

初步光学设计被用来为实际设计过程提供一个起点，确定有关系统光阑的相对位置、镜头或镜头组的数量以及每组的光焦度的信息。初步光学系统确定了无像差光学系统的特性，许多诸如焦距、聚焦比、放大倍率等基本光学系统参数都是从初步光学系统或近轴光学系统衍生而来的。

初步设计通过追踪系统中的光线来定位孔径光阑，以及光学设计中的光瞳和图像位置，特别是使用两种特定的射线：边缘光线和主光线。边缘光线是从轴上物点出射并在图像上重新与轴线交叉之前穿过光瞳或孔径光阑的边缘的光线，边缘光线可用于确定图像平面的位置、有效焦距和聚焦比（$F/\#$）；主光线是从物体边缘出射并在孔径光阑或光瞳位置穿过光轴的光线，主光线可确定光瞳面的位置、视场和图像的高度。图 1.2 显示了同一光学系统的边缘光线和主光线。

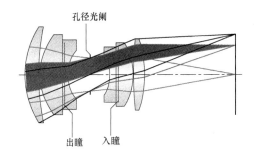

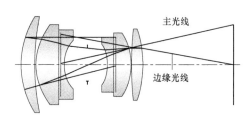

图 1.1　孔径光阑和光瞳　　　　图 1.2　光学系统的边缘光线和主光线

在进行了用以确定包括元件的数量、镜头和/或透镜的使用、相对光阑位置以及基本系统形状在内的系统总体结构的初步设计之后，就可以开始设计实际系统了。光学系统的合成从初步设计中所确定的基本布局开始，以此为基础，设计人员可使用镜头设计程序来确定满足性能规格所需的光学参数；然后，镜头设计程序将通过设计人员所提供的信息来查找最符合性能目标的参数值组合。在这个阶段，设计者需要确定最初的基本设计是否有足以提供可接受解决方案的自由参数（也称为变量）。如果没有，则必须重新开始设计流程。

光学设计师在选择初始光学设计形式上起着关键作用。透镜设计程序只能在基础设计所定义的解决方案空间内搜索解决方案。起点设计通常基于用于类似问题的现有已知设计。在某些情况下，现成的解决方案（例如：相机镜头或显微镜物镜）可能是最佳选择。专利或文献搜索可以提供许多有用的想法，可以提供关于反射或折射设计的优点、光学元件的数量、光阑相对位置和其他重要特性的信息。经验和直觉也可以用于初步设计。

|1.2 设 计 参 数|

确定最佳参数值的过程已经成为透镜设计程序的领域，这些程序在标准计算机上使用时，可以在数秒内轻松追踪通过光学系统的数百万条光线。如果系统已经被正确定义并且存在一组适当的约束条件，那么程序可以系统地调整参数值，直至达到最符合设计目标的解决方案。此时，设计人员需要评估程序提供的信息，以确定是否已经实际满足性能目标；如果没有，则需要确定该方案设定的目标是否充分和合理。如果定义中存在问题，则需要在尝试进一步优化之前重新定义目标。如果系统和目标被正确定义但没有找到解决方案，则表明在设计中找到解决方案的自由度不够。在这种情况下，需要重新考虑基本设计以允许额外的自由参数。这也表明设计目标可能需要重新评估。

在设计一个光学系统时，第一个也是最常见的问题应该是：这是否有意义？设计目标肯定是在物理上无法达到的，光学设计师需要能够认识到这些问题并提供替代解决方案，设计者还必须知道设计目标何时会危及系统的性能。

要使用光学设计程序，必须为程序提供足够的信息来了解设计中的系统。因为它们以预定的顺序追踪通过光学系统的几何光线，镜头设计程序也称为顺序光线追踪。这些程序基于表面模型而不是组件模型，每个表面定义了从一个光学空间到下一个光学空间的转变，每个表面都有一个物体侧和一个图像侧。如果观察一个由单透镜组成的简单光学系统，则可以看出其有四个光学表面：

（1）物体表面；

（2）透镜前表面；

（3）透镜后表面；

（4）图像表面。

另外，在这个模型中，透镜前面或后面必须被指定为光阑面。

通过系统追踪的每条光线都从物体表面开始，然后依次通过前镜头表面、后镜头表面和图像表面进行追踪。光线不能以任何其他顺序经过表面，例如：1 到 3 到 2 到 4，这将需要非顺序的光线追踪。

光学设计程序简单地按顺序将 Snell 定律应用于逐个表面的逐条光线，程序将考虑或提供一些信息，包括准确的光线路径、反射和折射的影响、波前相位、像差和图像质量，还会提供一些关于极化效应的信息。

如果系统或任何特定的光线是物理上可实现的，或者如果存在波前的任何边缘衍射或其他非几何传播，那么在顺序几何光线追踪期间被忽略的表面和体散射等信息同样重要。

在分析系统之前，需要将以下信息提供给光学设计程序：

（1）系统孔径类型和大小；

（2）表面信息（球体，非球面等）；

（3）表面的数量；

（4）哪个面为孔径光阑；

（5）波长范围和权重；

（6）视场。

另外，优化还需要：

（1）可变参数；

（2）评价函数。

光学设计是设计者和计算机程序之间的互动。设计者向程序提供关于初始设计形式和性能目标的信息，光学设计程序被限制在提供的设计空间内工作。程序可以对与任何可变参数相关的值做出重大改变，但不能增加额外的变量或添加新的参数，例如：附加透镜或非球面系数；设计人员需要使用设计程序提供的分析来确定是否需要对设计进行任何更改，以及决定什么是最有效的更改。

如前所述，系统孔径用于确定入射光瞳的大小，其决定了光束进入光学系统的程度。

表面信息包括到下一个表面的曲率、厚度或距离、光线进入的光学材料以及包括非球面或其他形状系数在内的其他可能的信息。

波长信息由一个或多个波长组成。在优化和分析过程中，所有已定义的波长都会被追踪。波长可以被加权以指示其重要性。加权通常用于将可见光或暗视觉曲线应用于可视光学系统或相应的探测器响应曲线。通常只追踪到规定波长的光线，并且不是连续的。另外，还会将一个波长指定为主要波长，该波长可用于计算波长相关的系统属性，例如：焦距。

视场也定义为特定点的集合，还应当对重要的视场点进行加权。视场点可用作要追踪的光线的源位置，每个定义了波长的光线将从每个定义的视场点发射，以进行分析和优化。视场可以根据物体或图像空间中的角度或高度来定义。无限远物体共轭时必须定义角度，无论是角度还是高度都可以用于确定有限距离处的物体距离。对于旋转对称的光学系统，只需要追踪半场的光线。

变量是系统中可以在优化过程中进行调整的任何参数，其中包括半径、厚度、折射率、阿贝数、圆锥常数、非球面系数以及表面类型决定的其他参数。在某些情况下，波长和视场也可以是相应的变量。在优化过程中，可以调整所有的变量。对设计者来说，限制程序自由改变变量以保证设计成功的能力是非常重要的。适用的常见约束条件包括最小和最大镜片厚度。

尽管可以使用光学设计代码来分析现有的设计，但使用设计代码的最重要原因是优化，这是过程的设计部分。如前所述，为了能够使用程序进行优化，设计者需要提供一组可变参数，并定义一个评价函数。所有镜头设计程序都有多种优化算法。设计者需要确定哪些（如果有的话）本地优化算法适用于特定的设计，并且如果这些算法之一不合适，则该程序需要允许设计者创建合适的评价函数。设计程序本身的评价函数旨在最大限度地提高设计的图像质量，通常包括在均方根（RMS）或峰谷（PTV）基础上最小化光点尺寸或波前误差的程序。点列图或波前误差将在所有定义的场和波长上进行加权。另外，可能还需要在图像表面上选择参考点以进行优化，通常是主波长主光线的截距坐标或所有波长上中心位置，即加权质心。相应的评价函数取决于系统所需的性能水平。对于在衍射极限处或其附近运行的系统，基于波前的优化更为合适。对于不需要在衍射极限下运行的设计，应使点列图尺寸最小化。在需要用户指定评价函数的情况下，例如：基于 MTF 约束的评价函数，在切换到必要的评价函数进行最后的迭代之前，使用默认评价函数开始通常更高效（更快），几乎已快完成了设计。

最常见的优化算法使用阻尼最小二乘法。可将评价函数定义为

$$\Phi = \phi_1^2 + \phi_2^2 + \phi_3^2 + \phi_4^2 + \cdots + \phi_m^2 \tag{1.1}$$

在这种情况下，需要考虑有 m 项目标。这些目标中的每一个在总评价函数中所占的份额由实际值与期望值之间的差值来决定：

$$\phi_i = v_i - t_i \tag{1.2}$$

在理想情况下，实际值恰好等于目标值，因此该项在总评价函数中的份额将为0。优化的目标是确定一组可将总评价函数值变为 0 的参数值。

在这些等式中，每个目标或运算对象都被赋予了相同的权重。在实践中，对每个目标值应用权重因子是获得最佳结果所必需的。在这种情况下，评价函数定义为

$$\Phi^2 = \frac{\sum_i W_i(v_i - t_i)}{\sum_i W_i} \tag{1.3}$$

每个变量值都表达为一个 m 维向量 X。最优化的目标是找出使 Φ 为最小值的 X 值。Φ 在最小二乘法意义上被最小化，其中通过确定最小 X 的导数矩阵的方向来计算解空间中的可能运动。必须在设计程序解决方案空间仔细采样，以确保可以分离出最小化。

阻尼最小二乘优化算法本身存在一些特有的问题。第一个问题就是，优化遵循下坡路径。也就是说，该算法定位总评价函数低于当前评价函数的位置的方向（解空间中的新位置），并将向量 X 换算为那些坐标。这个过程一直持续到最终坐标位置周围，任何方向上的移动都导致总评价函数值的增加，此时，优化停止。这个值是一个局部最小值，不一定是全局最小值，该算法不能进一步搜索解空间中更好的

最小值。找到的解取决于最初的起点，通过改变一些初始参数值，优化可以找到另一个局部最小值，可能比以前找到的更好或更差。图 1.3 显示了一个简单的二维（2D）解空间模型。A、B 和 C 代表可能的起点，W、X、Y 和 Z 是局部最小值，Z

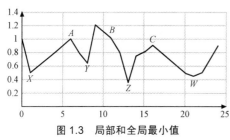

图 1.3　局部和全局最小值

是该空间中的全局最小值。从 B 点开始的优化很可能找到全局最小值。从起始点 A 开始的优化将停止在局部最小值 Y。根据第一步的方向，起始点 C 可以在 W 或 Z 点上结束。

可能发生的第二个问题是停滞。当每个目标对所有变量的导数都是病态的，以至于无法确定合适的下一步时，就会发生这种情况。在这种情况下，甚至在达到局部最小值之前优化就会停止。

大多数光学设计程序都有可以有效地用于找到更好解的可用的全局优化技术。但是，即使在全局优化的情况下，也不能认为解是真正的全局最小值。

光学工程师关键是要了解优化模块找到的解可能不是最好的解，然而没有必要找到最好的解，只找到符合性能规格要求的合适设计形式即可。否则，必须通过改变初始参数值或通过在附加可变参数方面增加额外的自由度来继续进行优化。

在构建一个评价函数时，光学设计师必须完成几个任务。首先是选择评价函数的适当形式。如前所述，相对于加权质心或主波长主光线，光斑（模糊）大小或波前偏离球面的 RMS 或 PTV 最小化是最常见的选择。事实上，RMS 相对于质心的光斑大小通常是设计最合适的评价函数。即使是在受到衍射限制的最终设计的情况下，这种优化形式通常也是最好的起点。图 1.4（a），（b）显示了双高斯透镜设计的模糊。虽然光线的物理分布没有改变，但 RMS 和几何计算值对于离轴视场点是不同的。

RMS 光斑大小是一个基于通过光学系统追踪几何光线的图像质量的量度。几何光线根据 Snell 定律通过光学系统传播，忽略了边缘和孔径衍射的影响。通过从每个定义的视场点追踪每个定义的波长的光线选择来计算 RMS 斑点尺寸。通过调整传播光线的数量考虑任何施加的加权因子。为了计算相对于质心的 RMS 斑点列图，首先需要定位质心位置，这是通过追踪许多光线而确定的平均图像位置

$$x_c = \sum_1^n \frac{x}{n}, \quad y_c = \sum_1^n \frac{y}{n} \tag{1.4}$$

通过下式得出 RMS 光斑大小：

$$\text{RMS} = \left(\sum_1^n \frac{(x - x_c) + (y - y_c)}{n} \right)^{\frac{1}{2}} \tag{1.5}$$

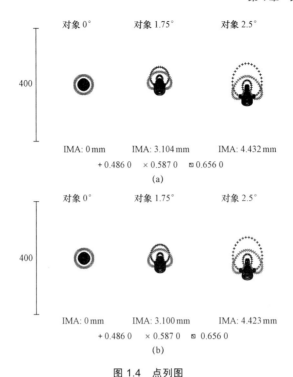

图 1.4 点列图
（a）以质心为中心的点列图；（b）以主波长主光线为中心的点列图

在试图优化设计时，结果通常是减少设计中的像差，而不会专门针对像差。设计人员非常有必要考虑设计中什么是实际重要的。总模糊尺寸减小的最佳结果通常表示最佳的图像质量。在使用评价函数时，工程师应理解在评价函数中什么因素是被考虑的，什么是不被考虑的，这是非常重要的。例如，畸变通常不是优化中须直接考虑的，如果在设计规范中对畸变进行了特定限制，设计人员有必要修改该评价函数以包含该限制。类似的要求也可适用于场曲要求。

另外，光学设计师可能需要添加约束来针对特定的系统属性，例如有效焦距、焦比或放大倍数，也必须考虑边界限制。透镜组件上设定的边界约束可以保证透镜在物理上是可行的。透镜的中心厚度应该是镜片直径的 1/10～1/6，对于具有凸面的透镜，边缘厚度需要足以防止碎裂，并提供用于安装的固体表面。镜头常常会超大或过量，以防止出现问题。但是，如果镜头在制造过程中尺寸过大，设计师有必要确保所有能够通过超大镜头的光线可能实际上都被镜头外壳阻挡，图像质量可能会因视场外过量的光线进入系统而降低。需要考虑的且可能适用于评价函数的其他限制因素包括系统的总长度、任何和所有组件的重量、玻璃特性和等级以及传输。

在设计程序达到最低限度的解决方案后，可以使用一些图形和数字分析工具来帮助评估设计。这些工具提供的信息可以帮助设计人员理解目前设计形式中存在的局限性或显性像差。通过了解系统限制，设计人员可以采用必要的自由度来纠正该限制。就像差校正而言，特定形式的变量对于控制一些像差可能是有效的，而在校正其他像差方面是无效的。采用无效的自由度会导致优化过程停滞。

一些工具包括基于几何光线的点列图、包围圆能量图、扇形光线像差和光程差（OPD）扇形像差图、波前图以及场曲、畸变、纵向像差和横向色差的图。其他可用工具包括边缘衍射效应。当系统的性能接近衍射极限时，应该使用这些工具，包括基于衍射的环绕能量图、MTF 图和点扩散函数（PSF）图。

光线或 OPD 扇形像差图显示光线的线性截面通过入口光瞳的相对位置。对于每个定义的视视场点来说，在子午和弧矢方向上产生扇形像差图。每个波长应单独绘制。图 1.5 显示了沿光瞳 y 轴方向的子午扇形图，图 1.6 显示了沿光瞳 x 轴方向的弧矢光线扇形图。扇形像差图的坐标原点是主波长主光线的截距。图 1.7 给出了双高斯设计的光线扇形像差图。其他点表示每条其他光线在子午或弧矢方向上与主光线截距的距离。OPD 曲线（图 1.8）显示了每条光线相对于主光线总光程的光程差。

图 1.5   子午光线扇形图

图 1.6   弧矢光线扇形图

虽然扇形像差图仅限于显示一对线性光线分布的信息，但在确定设计中出现的许多一阶和三阶像差时，每个扇形像差图都非常有用。这些像差中的每一个在扇形像差图上都具有特性表征。通过识别这些特性，设计人员可以确定哪些像差限制了设计的性能。

由于系统的性能水平接近衍射极限，因此有必要考虑性能评估中孔径衍射的影响。光具有粒子和波的属性，光线被用来对类似粒子的特性进行建模，衍射和干涉具有波动特性。对于光学波长来说，光是一种波动现象，几何光学中使用的近似可能不足以解释在这样的系统中形成的图像。为了理解这些效应，有必要考虑边缘和孔径衍射的影响。尽管在所有光学系统中都出现衍射，但是当由于衍射导致的图像模糊的量度与由于几何像差引起的模糊尺寸具有相同的量度时，就需要考虑衍射效应。

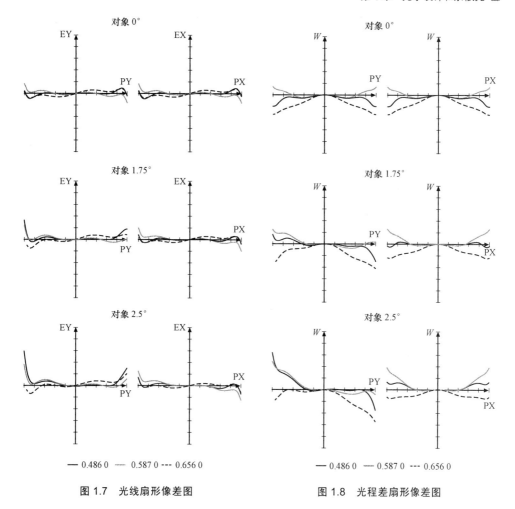

图 1.7 光线扇形像差图

图 1.8 光程差扇形像差图

衍射理论认为，由一个收敛波前形成的图像仅仅是光学系统出射光瞳中复波前的傅里叶变换，一个重要的结果就是所谓的紧凑型支持。这告诉我们在空间域中受限的信号不会在其傅里叶域中受到限制。当波前通过物理孔径时，一些波前被截去。由于波前在空间域受到限制，因此在傅里叶域中不会受到限制。能量在所有的角度空间分散，由于能量的这种传播，诸如恒星的点目标不能形成点图像。由于衍射引起的图像模糊的大小是系统的聚焦比和波长的函数，即

$$D = 1.22\lambda(F/\#) \tag{1.6}$$

将与孔径非常远入射到光学系统上的平面波相加可得出远场衍射图。通常在入射到圆形孔径上的平面波前的能量分布称为艾里（Airy）图样。圆形孔径上的辐照度分布为

$$A(\theta_x, \theta_y) = \frac{A_0}{\pi} \iint e^{ik(x\sin\theta_x + y\sin\theta_y)} dxdy \tag{1.7}$$

式中，A_0 为入射振幅；π 为面积归一化项。将分配收益整合

$$A(r) = 2A_0 \frac{J_1(\mathrm{kar}/z)}{\mathrm{kar}/z} \qquad (1.8)$$

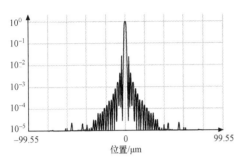

图 1.9 艾里函数的横截面图

式中，k 为 $2\pi/\lambda$；r 为孔径径向尺寸；z 为像距；J_1 为一阶贝塞尔（Bessel）函数。$J_1(x)$ 的第一根发生在 1.22λ（$F/\#$）。贝塞尔函数或艾里斑图样描述了一种明暗区交替的模式，黑区的位置由贝塞尔函数的连续根确定。图 1.9 显示了衍射图像的一个横截面。图 1.10 显示了一个二维图像。两幅图均以对数标尺绘制，从而可以看到更多的波段。艾里斑图样的核心是确定设计是否接近衍射极限。须考虑图 1.11 所示的点图。圆圈表示艾里斑。在左侧的斑点中，艾里斑内存在几何模糊，且需要考虑衍射效应；图像模糊的尺寸将比仅使用几何分析计算的要大。对于右侧的系统，几何像差主导着性能，且衍射效应可以忽略不计。

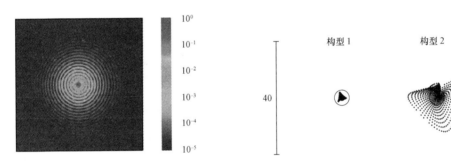

图 1.10 艾里函数的二维图　　　　　图 1.11 模糊大小与艾里斑的比较

在透镜设计代码中执行基于衍射的计算时，理解程序应用的过程非常重要。光线跟踪程序通过光学系统传播光线。尽管每条光线表示波前的法线，但是不会传播实际波前。因此，在衍射计算中经常使用某种形式的近似。光学设计人员负责确定任何给定系统的衍射计算的有效性。

虽然在某些情况下必须应用几何或衍射计算，但重要的是要记住，这两者也可能是相关的：如果几何光学器件预测设计的性能水平高，则系统将接近其衍射极限。如果几何光学器件预测模糊尺寸小于艾里斑，则实际的图像模糊将接近艾里斑的尺寸。另外，如果几何模糊尺寸比艾里斑小，则试图进一步减小几何像差的意义不大。

在光学系统的设计中需要光学设计人员开发一种初步设计，以确保已提供所有必要的规格且它们是合理的。然后，需要在透镜设计程序中定义包括焦距、光圈、视场和波长数据等系统参数的基本系统规定，以及具有所需数量、表面和材料类型的基本顺序光学布局。为了进行优化，必须定义可变参数和适当且良好约束的评价

函数。在允许光学设计程序执行优化之后，设计人员需要考虑可用和适当的几何或衍射分析以确保性能目标得到真正满足。以上就是光学设计中的第一个且也可能是最容易的部分。

设计光学系统的下一步是进行公差分析。公差是光学设计和工程中最复杂的一个方面。公差分析是一个统计过程，在此过程中，光学设计中引入了变化或扰动，以确定制造和组装到一组包含制造公差的实际设计的性能水平。执行光学容差就是接受现实，不可能将任何一种光学表面加工到完美的曲率和形状。任何机械安装都不可能完美，不可能将任何一种组件进行完美的定位。所有这些以及其他许多误差源都会降低组装系统的性能。每个光学和机械任务都要由光学工程师正确定义制造极限。这需要考虑系统性能，并了解过度约束设计的成本影响。

执行公差分析的几个步骤：

（1）制定公差误差种类；

（2）执行半径样板匹配；

（3）定义一系列制造限制范围内的公差范围；

（4）定义可用于限制性能下降的补偿器；

（5）为公差选择一个合适的品质因数；

（6）评估容差以预估每个扰动的影响；

（7）生成用于进行统计分析的随机设计；

（8）根据需要修改公差范围。

预定误差使可能的总体系统性能降低。如果基本设计刚刚达到性能要求，那么制造的系统就不太可能按预定运行，因为制造系统时不会完全按照预定进行。在所有可能影响系统的因素中，包括材料、制造、装配、环境和残留设计误差，都会有误差。表1.2列出了一些应该考虑的参数。

半径样板匹配是指将所有光学元件的表面与光学专家可用的一组半径样板进行匹配的过程。光学表面的曲率通过用干涉仪测量比较被抛光的表面和已知曲率的表面确定。如果设计可以与可用的半径样板相匹配，则制造和时间方面的成本将显著降低。如果将所有表面与半径样板相匹配会显著降低性能，那么光学工程师需要确定定制半径样板的成本是否适当，或者是否应该重新对系统进行设计。

设置初始公差范围是一个平衡的但不是太紧的范围，以至于成本影响不是太松，从而导致组装困难。了解光学加工车间以及机械加工车间的能力是参数范围的一个很好的起点。从容易实现的容差开始，然后选择性地收紧那些导致性能不合规范的范围。

补偿器是一个可以调整的系统参数，可以抵消另一个参数中误差的影响。使用补偿器的能力可以大大放宽参数范围，这对于降低成本是有用的。常见的补偿器是像距，根据系统的性能，为每个系统设置了图像位置。补偿器表示自由度，通常是在组装光学设计时需要进行的机械调整。在将其纳入分析之前，需要考虑补偿器的成本影响。每个\$7的光学系统都不能包含\$500的机械学运动支撑。

表 1.2　可能的容差缺陷

制造误差
不正确的曲率半径
不正确的中心厚度
表面形状不正确
曲率中心偏离机械中心
不正确的/不希望的圆锥或非球面术语
材料误差
折射率精度
折射率一致性
折射率分布
色散精度
安装误差
从机械轴偏移的元件（x，y）
沿光轴错位的元件（z）
元件相对于光轴倾斜
元件前后颠倒
所有上述的透镜组
环境误差
光学材料的热膨胀/收缩
机械材料的热膨胀/收缩
光学和机械材料之间的热失配
温度依赖于折射率的变化
压力对折射率的影响
由于冲击或振动引起的对准灵敏度
机械应力
残余设计误差
系统评价函数值不为零

　　容差系数通常与设计阶段使用的最终效益函数相似。由于每个参数都在公差范围内受到扰动，因此补偿器值被优化，从而使品质因数最小化。原始设计评价函数与容差系数之间的区别说明了每个扰动对系统性能的影响。

　　在容差分析过程中，每个参数都被单独扰动，这使光学工程师可以确定哪些参数是最敏感的。需要更严格地对干扰可产生制造误差的设计参数进行限制。紧缩限制大大增加了制造成本。此外，无论成本如何，有一些制造限制是不能超出的。需要这种约束的设计应该被认为是不可修复的，工程师应该回顾设计过程，仔细考虑设计失败的原因。

通过生成一系列扰动透镜，可以确定任何制造系统的性能水平。对于这些系统，每个参数都被扰动到名义值的指定统计分布内的值。这种分析的准确性直接关系到光学设计人员提供关于适当分布的公差算法的必要信息。如果这样的信息不可用，则通常会假设高斯分布，这并不总是最好的选择。考虑一个光学窗口的厚度，窗口不太可能被抛光成较薄的一面。一旦组件厚度在允许的厚度 $+\Delta$ 内，抛光将停止，制造商不会继续抛光到接近标称值的程度。

在分析随机设计的统计信息后，可能需要进一步收紧参数范围才能达到要求的合格率。在成功率（达到要求的性能水平的系统百分比）和增加的成本之间，需要再次进行谨慎平衡。

在进行容差分析之前，尚未完成一个光学设计。透镜设计需要制造一些现实的参数规格范围，这对客户有用。最好的设计不一定是最符合设计规范的设计，而是可以制造的最符合设计规范的设计。

现在已经确定了最终的光学设计，可能有必要进行杂散光分析，以更全面地模拟真实的工作环境，并确保顺序光线追踪所强加的限制没有隐藏重大的设计缺陷。

1.3　杂散光设计分析

几年前，如果完全考虑到的话，散射光分析常常是事后的事情。目前已经知道，杂散光分析应该与设计研究最早阶段的光学设计概念一并考虑。它甚至可能会在开始进行光学设计的选择中起主要作用。

什么是杂散光分析？杂散光分析是计算不需要的辐射到达像平面/探测器平面的数量的方法。这里的细微差别在于，在一些设计中，探测器被放置在没有形成传统图像的出射瞳平面处。在本章中，探测器和出瞳面将可以互换使用。在杂散光分析中，必须考虑光学设计中的所有元件。必须将每个表面视为一个将直接散射到图像平面的独立元素，或者其可能由于"鬼影"或其内表面的全部内反射而产生显著的非连续杂散光。在透镜系统中，需要考虑所有可能的镜头和镜面组合。透镜元件的每个研磨或抛光边缘都是杂散光传播的潜在来源，并且光学元件的每个孔径边缘都会产生衍射。所有将元件固定在位的机械结构都是潜在的杂散光传播器。通常会有挡板，这些主要为圆柱形管状的结构被用来封闭光学系统或阻挡杂散光进入系统。这些挡板通常为叶片结构，以进一步抑制不需要的光的进一步传播，而且这些叶片通常具有锥形的边缘，并且尽可能细，它们可以是散射杂散光和衍射杂散光的来源。这些叶片和挡板表面通常涂有具有复杂双向散射功能的涂料或吸光材料，这些涂料或吸光材料都不具备郎伯黑色涂层的特性。在红外线中，也有来自系统本身的发出杂散光的潜在热源。

尽管这些非常复杂，重要的杂散光抑制设计可以在不进行任何数值计算的情况下完成。迟早会需要一个软件程序来量化性能，然后系统执行测量以确认分析和制造的结果。利用计算机辅助设计（CAD）工具可以很好地将非常复杂的系统输入杂散光分析代码。

为什么要进行杂散光分析？在杂散光可能成为以下系统中的问题时，就需要进行杂散光分析并随后进行测试：

（1）在妥协环境中是否有一个或多个强大的杂散光源；

（2）观察暗物体；

（3）进行精准测量；

（4）需要高对比度；

（5）传播高功率激光能量，即使是很小百分比的杂散光也会损坏系统。

进行杂散光分析，是因为在许多系统中，有必要确保实现甚至可以完成系统目标。杂散光分析通常将系统性能提高 1 000 倍，有时甚至提高 10 万倍（例如使用哈勃望远镜）。

杂散光在系统中的不利影响是：

（1）会造成严重的问题，使设计不能达到其理想的光学性能；

（2）会降低图像平面上的对比度；

（3）掩盖了微弱的信号或产生错误的信号；

（4）会在图像平面上产生错误的伪像，从而导致误报；

（5）会导致辐射测量中的纵向误差；

（6）会损坏易碎的光学元件；

（7）杂散光会烧毁探测器。

就像光学设计一样，系统中的杂散光抑制设计从初步光学设计开始，最初的规格通常由仪器的目的、任务和环境决定。杂散光设计者所需要的基本思想分析必须考虑表 1.1 和表 1.2 中的项目，以及表 1.3 中给出的一些项目。虽然杂散光设计被认为是一种深奥的艺术，但事实并非如此。大多数消杂散好的设计在概念上都是相通的，而不需要太多的预先计算。在杂散光设计中大约通过 8 个基本原则可以简化这个过程：

（1）杂散光分析应纳入初步设计研究的最早阶段。其应该在初始光学设计的选择中发挥作用。

（2）从探测器开始。

（3）确定关键的对象，即从图像平面看到的物体。

（4）移动或阻止它。

（5）从图像/探测器平面追踪系统发出的光线。

（6）从各视场追踪射入系统中的光线以确定照明的对象。

（7）孔径光阑的尺寸不应该过大。所有其他单元在图像表面上的任何给定视场点都有额外的成像表面。关注为了可制造性而对超大尺寸做出的妥协。

（8）需要知道的不仅仅是多少杂散光到达探测器。为了提高性能，还需要知道所采用的路径和传播方法（散射、全内反射（TIR）、衍射等）。

表 1.3　基本光学系统杂散光规格

系统参数
光学设计参数如表 1.1 和表 1.2 所示
有没有可能的地点为其他站点
孔径尺寸
波长和带宽
图像尺寸、形状
对象、图像位置
中间图像的光学特性（如果有的话）
瞳差
传感器的目的或任务
其将被制造和运作的环境
系统的光学设计和光学性能要求
系统中物体的机械设计、尺寸和形状
某些系统的热辐射特性
所有输入和输出角度的每个表面的散射和反射特性
性能
杂散光传输
渐晕系数
中心遮拦
杂散光源的视场
杂散光传播路径
光学元件
所有镜头的每个表面
对准
边缘效应
涂料
安装结构；特别是带一个平面轮廓的界面
探测器
总尺寸
像素数（水平，垂直）
反射率
组件
空气运动
最大长度、宽度
重量
环境
清洁室；粉尘，空气中挥发性污染物

在进行任何杂散光分析之前首先需要对系统进行全面考虑。鼓励学习和了解这些概念，以便在进行计算机分析时系统运行得更快，并且可能会产生更准确的答案。因为，如果可以限制不需要的杂散光沿其传播的关键路径的数量，那么将会有更少的可能被错误计算的相互作用。更少的相互作用意味着分析人员可能会更加关注细节，最终软件运行得更快，因为计算量更少。一旦知道路径，则不必做蒙特卡洛仿真分析。在观察完需要执行的基本数学计算之后，我们将回到这个问题上。

|1.4 辐射传输的基本方程|

由一个物体上的一个部分转移到另一个物体（无论是挡板还是光学元件，或者甚至是衍射边）上的不同部分的功率相关的基本方程通过下式确定：

$$d\Phi_c = L_s(\theta_i, \phi_i; \theta_0, \phi_0) dA_s \frac{\cos(\theta_s) dA_c \cos(\theta_c)}{R_{sc}^2} \quad (1.9)$$

式中，$d\Phi_c$ 是传输的差分功率；$L_s(\theta_i, \phi_i; \theta_0, \phi_0)$ 是源区的双向辐射率；dA_s 和 dA_c 是源到采集器的图像单元；θ_s 和 θ_c 是从源到采集器的视线与它们各自的法线所成的角度。这个方程可以重写为三个因数，这有助于简化散射辐射的减少。其中，$E(\theta_i, \varphi_i)$ 是入射到散射面上的入射辐照度，这三项是

$$d\Phi_c = \frac{L_s(\theta_0, \phi_0)}{E(\theta_i, \phi_i)} E(\theta_i, \phi_i) dA_s \frac{\cos(\theta_s) dA_c \cos(\theta_c)}{R_{sc}^2} \quad (1.10)$$

第一项是散射函数，称为双向反射分布函数（BRDF）：

$$BRDF(\theta_i, \phi_i; \theta_0, \phi_0) = \frac{L_s(\theta_0, \phi_0)}{E(\theta_i, \phi_i)} \quad (1.11)$$

第二项是传播表面部分的力：

$$d\Phi_s = E(\theta_i, \phi_i) dA_s \quad (1.12)$$

最后一项必定与几何有关，表示从散射表面看到的采集器的投影立体角（PSA），即杂散辐射源：

$$PSA_{sc} = d\Omega_{sc} \cos(\theta_s) = \frac{dA_c \cos(\theta_c)}{R_{sc}^2} \cos(\theta_s) \quad (1.13)$$

$d\Omega_{sc}$ 是从源看到的采集器部分的投影立体角。经常使用的另一个术语是热分析工程师在一个世纪以前引入的几何形状因子（GCF），GCF=PSA/π，因为一个发射表面的辐射率被假定为朗伯体（它包括 BRDF 项）

$$d\Phi_c = BRDF(\theta_i, \phi_i; \theta_0, \phi_0) d\Phi_s [d\Omega_{sc} \cos(\theta_s)] \quad (1.14)$$

换言之，从一个表面区域部分传播到另一表面区域的功率等于来自散射辐射的

表面的功率乘以从源观察到的集合体所投射的投影立体角乘以源的散射特性。因此杂散光归结为仅三个数字乘法的重复使用，即：散射面上的功率、散射面的特定输入和输出的散射值，以及采集器的投影立体角。当从概念上设计一个系统时，需要记住方程式（1.14）。

所有的软件程序都实现了该计算的一些变化，甚至是基于光线的程序。在基于光线的程序中，散射光线通过散射面上的功率加权，双向反射分布函数（BRDF）适用于输入和输出光线的方向以及某种形式的加权立体角。杂散光分析的数学方法似乎并不是一种压倒性的计算，而是三个数字的乘积，BRDF 看似应该比较容易确定。所有这些都是正确的，那为什么杂散光分析看起来如此具有挑战性呢？首先，在一个典型的分析中，对方程进行 1 亿次计算。没有人有这个时间做详细的手工计算。

1.4.1 杂散辐射路径

既然只是方程（1.14）中的第三项可以简化为零，就应该首先关注该项

$$\mathrm{PSA_{sc}} = \frac{\cos(\theta_s)\mathrm{d}A_c\cos(\theta_c)}{R_{sc}^2} \qquad (1.15)$$

首先，这个因数如何变为零是难以理解的。两个余弦值可以将 PSA 降低到零，但很少能达到这个水平的倾斜。通常这是在镜头安装结构上通过将它们完全倾斜完成的。衍射效应仍然存在，但是通常远低于前向散射路径的大入射角。对于 $\mathrm{d}A_c$ 来说，采集器的有限区域总是存在的，所以很少会变成零。通过将采集器移出散射表面的视场，PSA 可以变为零，在这种情况下，采集器被阻挡。在某些情况下，这可以通过视场或孔径光阑来完成；或者，可以通过将叶片放置在挡板表面上来实现，使得直接前向散射路径被阻挡，并且在路径中存在两个散射（通过非常理想的黑色，每个可吸收 99% 的能量）和一个额外的沿着从一个叶片的前表面到前一个叶片的后侧的路径，PSA 减少了 90%。这样就会使沿路径传播的能量减少大约 10 万倍。

这是杂散光分析中的一个关键点。大多数分析人员首先会犯 BRDF 术语的错误。他们想要最黑的黑色或者最低散射的光学表面，而不知道是否会产生任何明显差异。从长远来看，杂散光分析是值得的。

1.4.2 从探测器开始

在解释了减少 $\mathrm{PSA_{sc}}$ 项的明显可能性之后，现在考虑另一个概念，即考虑从探测器开始，移动或阻挡探测器。通过在系统中的正确位置放置挡板、光阑和光圈，许多临界物体将从探测器的视野中移除。在其他情况下，可以阻止临界物体从直接照射表面到关键物体的传播路径。这个理想的部分是一个不需要进行计算的部分。我们都知道零乘以任何数都为零。一个经验丰富的杂散光实

验人员在不降低结果可靠性的情况下大大减少软件程序的必要计算并不少见。

所需要的一种合理的方法是，首先阻挡尽可能多的直接通向探测器的无用能量，然后减少被照明对象的数量，最后从照明对象到临界物体的剩余路径的 PSA_{sc} 被最小化。

需要详细给出几条杂散光路。在设计阶段，分析师设计并减少探测器可以看到的临界物体的数量；然后使用孔径光阑、Lyot 光阑和中间视场光阑，减少从杂散光源到被照明物体的直接的杂散光路径。尽一切努力使用这些光阑来完全阻挡来自图像平面的直接视野。因此，上述 PSA_{sc} 传输变为零，从而使对这些路径的杂散光抑制最大化。

接下来确保探测器没有照亮和观察到被照明物体的任何部分（也是临界物体）。这些是从杂散光源到探测器的单散射路径，必须在继续进行后续步骤之前解决。这样做的好处是，之后或多或少地知道了所有关键的杂散光传播路径，而无须进行计算。

分析不应该从杂散光源开始，因为即使系统的某些部分照明充足，如果发射的光子在到达探测器之前被强烈衰减，则它们并不重要。可惜的是，许多工程师想首先确定来自每个来源的杂散光的目标，因此他们会选择最好的光学元件和最黑的黑色元件。这并不是正确的做法，应该牢记以下两点：

（1）只有探测器观察到的物体才能产生杂散光。

（2）投影立体角（PSA）是唯一可以变成零的项。

因此，该方法首先确定可从图像平面中看到的临界物体，并列出可以直接或通过各种光学装置看到的所有物体，无论是反射还是折射。下文将对此进行详细介绍。下一步就是开始移动视场外的关键物体（FOV），或者用挡板、孔径光阑、视场光阑或叶片来遮挡。在考虑计算之前，PSA 应该变为零，同时可以看见的临界物体的数量应尽可能低。

下一步是跟踪杂散光传播到系统中，并确定照明的对象。上面已经完成了第一步，现在不想要任何直接的能量到达临界物体，因为会产生到探测器的单散射路径。重要的杂散光传播路径将被定义为以下路径：

- 从有害辐射的杂散光源到被照明的物体；
- 从这些被照明物体到临界物体；
- 然后从临界物体到探测器。

这种方法极大地简化了分析，将注意力引向了最高效的解决方案。

通过计算机软件，可以量化沿着这些路径传播的功率，然后揭示哪些路径是最重要的。然后分析人员获得对方程（1.14）另外两项进行计算的进一步优势。只有在分析结束时，分析人员才会考虑镀膜是否会起作用。它的影响通常是一个非常黑的黑色和一个中等黑色之间的任何单一杂散光的 5 倍，抑或 10 倍。黑色并不是理想杂散光设计的秘诀。

1.4.3　反向光线追踪

反向光线追踪的目的是确定探测器可以看到什么。探测器只能从物体侧看对杂散光是否有任何直接的作用。从这个意义上说，物体可以是一个衍射边，以及在反射中看到的或由光学系统成像的任何物体。对于大多数光学设计程序来说，这并不是一个简单的计算方法，因为很少有一个单孔径来定义反向孔径光阑。通常由几个光圈定义光束的限制尺寸，因此使用这些代码可能很困难。

以一个简单的双镜卡塞格伦反射望远镜为例。轴上入射光束受到主镜孔径的限制，然后被反射到次镜处，圆形光束足迹在那里被反射回主镜基板，并且通过主镜基板上的孔到达主镜后面的图像平面上的一个轴上形成光斑。

从离轴位置开始，入射光束将受到主镜的相同孔径的限制，再次向次镜反射，其中圆形光束斑迹从次镜的中心偏移，并被反射向主镜，再射向图像平面上的一个离轴光束点。所以次镜上的光斑会比任何其他给定的视场的光线光斑要大。除了衍射和像差效应之外，这对入射光束几乎没有影响。从初级像差角度看，像点弥最可能略呈椭圆形，但在几何形状上是相似的。

但是，从系统看，这是明显不同的。涉及各种各样的杂散光概念，考虑作为反向系统的孔径光阑，即整个表面从朝向主镜面反射的轴上位置截取光束。当探测器上离轴位置的光束到达主反射镜边缘的平面时，它的一侧比主镜孔径的直径要大。这正是主镜也成为限制孔径的位置，并对设计方案提出了一个挑战。这是因为来自离轴杂散光源位置的入射光束的瞬时光斑需要较大的副镜孔径来容纳光束。为了容纳入射光束，还需要同样的镜面，以使探测器可以沿反方向看到更多，即看到挡板、反射镜支架、支柱和（在其他系统中）透镜的研磨边缘等。这些是临界物体，因此也是射向探测器的更多的散射和衍射光源。

随着点被移动到探测器上的离轴位置，所看到的挡板数量增加。如果有挡板，可以看到挡板的更多部分，可以通过远处的杂散光源直接照射挡板。一个光源不会对主镜施加任何直接功率，但对具有更高双向反射分布函数（BRDF）值的黑色表面施加直接功率则并不好。

这个概念几乎适用于所有的光学系统。如上面简要提到的那样，在典型的双镜望远镜中支撑次反射镜的支柱在次镜的情况下被看到，并且从主镜也可被看到。当离轴移动时，如果支柱的边缘没有从视场中逐渐缩小，则可以看到支柱的边缘。这种情况下，探测器的前向散射可能相当高。

在传统的光学设计中，这些反向光线追迹是不容易的，因为追迹从离轴像面位置开始，通常存在多个孔径，这些孔径以相反的方向限制边缘光线。一旦学会了规则，甚至比使用一个程序更容易就可以对从探测器的各种视场将会看到的东西进行概念化。

这个概念是：所有不是孔径光阑或与它共轭的孔径对于任何给定的视场都是过

大的，因此其是对其他表面和表面区域的窗口，即你看到的是关键的物体。一旦遇到真正的硬光阑，则探测器不应看到光束尺寸以外的表面。请注意，视场中的中央遮拦和支柱状物体会被看到。

1.4.4 视场光阑和 Lyot 光阑

视场光阑在杂散光抑制中也起着重要作用。如果存在视场光阑，则位于中间图像位置处。从离轴位置追踪到系统中的光束将被该视场光阑拦截，因此不应该有中间视场光阑之外的任何直接照明的物体。视场光阑限制了照明物体的数量。在具有反射镜的系统中应当小心，因为离开视场的光束可能在反射镜的中心处看到，然后在探测器的视场中成为一个亮点源。

一个 Lyot 光阑位于孔径光阑的图像上，通常位于出瞳处。Lyot 光阑确实是系统的光阑，因为它们对于像差和衍射效应来说通常略微小一点。由于它们遵循规定的孔径光阑，它们更靠近后续的一系列光学元件和挡板中的图像平面。因此 Lyot 光阑会使探测器看到的临界物体的数量受到限制。

详细而言，这个概念更加复杂，需要一个软件工具来加速计算。例如，在中间视场光阑的图像通常没有最终图像质量高。这是因为光学参数是变化的，这样才能控制最终的图像质量。因此，像差会使图像模糊并增加光斑尺寸，并且可能通过孔径得到一些杂散光。孔径光阑和 Lyot 光阑也是如此。还可能发生被称为光阑像差的影响，在极不理想的情况下，可能会看到额外的临界物体。通常将只能看到一些新的临界物体的一小部分。但是，即使只是一小块被直接照射，也可能会在杂散光背景噪声中产生数量级差异。

系统设计和分析后，进行杂散光系统测试。不能只相信分析结果，因为电脑假设的是一个非常理想的系统，一个完美镀膜的系统，但实际系统并不那么理想。那为什么要做杂散光分析呢？为什么不只是进行测试呢？如果出现故障，那么可以进行修复。然而，这种方法并不像听起来那么容易，如果不知道传播路径，那么就不知道要修复什么。试错法可能非常耗时且成本极高。如果发现系统没有故障，但是杂散光测试有错，那就不走运了。

例如，在实际制造的系统中，在大约 20 次不同的杂散光系统测试中，测试环境在 100% 的情况下产生了一个问题，就肯定是杂散光的问题。在某些情况下，设计者似乎满意系统超出了预期目标，但这是不正确的，其他几次系统测试失败，则系统设计是失败的。这是双向的。幸运的是，在 20 个案例中的大部分中，先进行了预先评估，并且对测试程序进行了修复，从而节省了更多的时间和金钱。在其他情况下，程序会停止，直到通过杂散光分析发现实验室测试中的故障。这种情况经常发生。

表 1.4 给出了一个杂散光分析和一个系统杂散光测试的比较。

表 1.4 比较杂散光系统测试和计算机产生的杂散光分析的优缺点。
（本表说明杂散光测试的每个缺点其实是系统分析的优点，
并且杂散光分析的每个缺点反过来又是杂散光测试的优点）

杂散光系统测试优点	杂散光分析缺点
1. 系统是完工系统	1. 有可能是系统输入不正确；操作员错误。并不是所有的详细信息都被输入。如果有汇编错误，它们通常不会被输入到分析中，因为它们是未知的
2. 双向反射分布函数是真正的镀膜	2. 双向反射分布函数来自代表性测量数据，而不是真正的镀膜性能
杂散光系统测试缺点	**杂散光分析优点**
1. 如果系统不通过，那么怎么办？测试不是为了确定散射的路径而设计的，或者如果路径上的 BRDF 是关键的	1. 分析将很容易指出路径传播的路径、缺陷和沿路径传播的功率大小。你知道该怎么做来修复它。你知道什么不重要
2. 如果系统通过，那么它似乎已经通过了最终测试。但不是在真实的环境中，并且已经知道测试会影响比实际系统性能更好和更差的结果	2. 与系统需要执行的实际环境相比，分析可以预先确定实验室环境导致的不利影响
3. 如果全部完工的系统出现故障，这将是一个昂贵且耗时的体验	3. 拒绝纸上设计比完全构建的系统要容易得多，而且往往成本更低
4. 系统建成后，杂散光测试可能相对昂贵	4. 杂散光分析成本相对较低并且可以提前执行

　　每个杂散光分析都应该用杂散光测试来备份。在使用任何特定配置之前，应对实验室自身进行性能分析。这两种方法相得益彰，一方面的优势弥补了另一方面的弱点，哪一种也不能认为是足够的。

| 1.5 结 论 |

　　在设计和分析光学系统的过程中，光学设计师或工程师需要考虑许多影响系统运行性能的因素，因素包括实际的系统设计、通常使用几何光线追踪、衍射效应、制造和材料限制，以及散射和散射光的影响。软件工具可以帮助执行这些任务，但是工程师需要了解这些程序的优点和局限性，并确保在将设计付诸真正硬件之前对系统进行全面的分析。

| 参 考 文 献 |

[1.1] R.E. Fischer, B. Tadic–Galeb: *Optical System Design*(McGraw–Hill, New York 2000)

［1.2］ J. Geary: *Introduction to Lens Design with Practical ZEMAX Examples* (Willmann–Bell, Richmond 2002)

［1.3］ D. Goodman: *Introduction to Fourier Optics*(McGraw–Hill, New York 1969)

［1.4］ R. Kingslake: *Lens Design Fundamentals* (Academic,New York 1983)

［1.5］ D. O'Shea: *Elements of Modern Optical Design*(Wiley, New York 1985)

［1.6］ R. Shannon: *The Art and Science of Optical Design*(Cambridge Univ. Press, New York 1997)

［1.7］ G. Smith: *Practical Computer–Aided Lens Design* (Willmann–Bell, Richmond 1998)

［1.8］ W. Smith: *Modern Optical Engineering* (McGraw–Hill Professional, New York 2000)

［1.9］ J.D. Lytle, H.E. Morrow (Eds.): *Stray Light Problemsin Optical Systems*, SPIE Proc. 107 (SPIE,Bellingham 1977)

［1.10］ SPIE: *Radiation Scattering in Optical Systems*,SPIE Proc. 257 (SPIE, Bellingham 1980)

［1.11］ R.P. Breault (Ed.): *Generation, Measurement, and Control of Stray Radiation III*, SPIE Proc. 384(SPIE, Bellingham 1983)

［1.12］ S.Musikant (Ed.): *Scattering in Optical Materials*,SPIE Proc. 362 (SPIE, Bellingham 1982)

［1.13］ R.P. Breault (Ed.): *Stray Radiation IV*, SPIE Proc.511 (SPIE, Bellingham 1984)

［1.14］ R.P. Breault (Ed.): *Stray Radiation V*, SPIE Proc.675 (SPIE, Bellingham 1986)

［1.15］ M.A.Kahan (Ed.): *Optics in Adverse Environments*, SPIE Proc. 216 (SPIE, Bellingham 1980), (30 papers)

［1.16］ P.J. Peters: Stray light control, evaluation, andsuppression, SPIE Proc. 531 (SPIE, Bellingham 1985)

［1.17］ W. Greynolds: Computer–Assisted Design of Well–Baffled Axially Symmetric Optical Systems, M.S.Thesis, Univ. Arizona (1981)

［1.18］ D.A. Thomas: Light Scattering from Reflecting OpticalSurfaces, Ph.D. Dissertation, Univ. Arizona (1980)

［1.19］ R.P. Breault: Suppression of Scattered Light, Ph.D.Dissertation, Univ. Arizona (1979)

［1.20］ W.G. Tifft, B.B. Fannin: Suppression of Scattered Light in Large Space Telescopes, NASA ContractNAS8–27804, Steward Observatory, Univ. Arizona (1973)

［1.21］ Stray Light and Contamination in Optical Systems, SPIE Proc. 967 (SPIE, Bellingham 1988)

第 2 章

光学材料及其特性

本章更广泛地概述了当今光学元件和系统中通常采用的光学材料。2.1 节揭示了光与物质相互作用的潜在物理背景，介绍了折射（线性和非线性）、反射、吸收、发射和散射等现象。2.2～2.8 节集中介绍了最常用光学材料（例如玻璃、玻璃陶瓷、光学陶瓷、晶体和塑料）的详细特性。此外，2.10 节还描述了具有"不寻常的非线性"或"准不可逆"光学特性的特殊材料，例如光折变固体或光感固体。读者可以利用本章作为对光学材料领域的全面介绍，也可以用作最相关材料信息的参考文本。

| 2.1 光与光学物质的相互作用 |

本节简要介绍了光与物质相互作用的普通物理学，但不能深入分析理论电动力学。感兴趣的读者可以参考关于电动力学的标准教科书，例如文献［2.1，2］。

2.1.1 介电函数

要分析电磁波与物质之间的相互作用，须从麦克斯韦方程着手。介电质位移和磁感应之间的静态相互作用可描述为

$$\begin{cases} \nabla \times D = \rho \\ \nabla \times B = 0 \end{cases} \quad (2.1)$$

而电场和磁场之间的动态相互作用可描述为

$$\begin{cases} \nabla \times E = -\dot{B} \\ \nabla \times H = j + \dot{D} \end{cases} \quad (2.2)$$

式中，E 和 B 分别为电场和磁场；D 和 H 分别为电位移和辅助磁场；ρ 和 j 分别为电荷密度和电流密度。

需要用材料方程来闭合麦克斯韦方程：

$$\begin{cases} D = \varepsilon_0 E + P \\ B = \mu_0 H + M \end{cases} \quad (2.3)$$

式中，P 和 M 分别为偏光密度和磁化密度。真空电容率（用国际单位制表示）为 $\varepsilon_0 = 8.854 \times 10^{-12}$ A·s/（V·m），真空磁导率为 $\mu_0 = 4\pi \times 10^{-7}$ V·s/（A·m）。

任何空间物质组合的整个光学特性都包含在方程（2.1）和（2.2）的解中，方程（2.1）和（2.2）通过利用材料方程（2.3）和合适的边界条件来闭合。只有在几种特殊情况下，此解才可直接写出来。下面，我们举几个例子。

1. 真空波动方程

如果在无限真空中求解方程（2.1）和（2.2），会得到下列边界条件和材料方程：

$$P(r) = 0, \quad M(r) = 0, \quad \rho(r) = 0, \quad j(r) = 0 \quad (2.4)$$

其中，$r = (x, y, z)$ 为三个空间坐标。利用这些最简单的可能的边界条件，材料方程（2.3）可写成

$$\begin{cases} D = \varepsilon_0 E \\ B = \mu_0 H \end{cases} \quad (2.5)$$

在运用一些向量运算之后，可得到电磁场 E 在真空中的波动方程：

$$\Delta E - \mu_0 \varepsilon_0 \ddot{E} = 0 \quad (2.6)$$

对于磁场 $\textbf{B}$，也可以推导出相同的波动方程。方程（2.6）直接定义了光速 c（在真空中）：

$$c = \sqrt{\frac{1}{\mu_0 \varepsilon_0}} \tag{2.7}$$

方程（2.6）通常利用满足 $\textbf{E}(\textbf{r}, t) = E_0 \cdot f(\textbf{kr} \pm \omega t)$（$f$ 为任意标量函数）的所有场来求解。函数 f 的最常见系统是平面波：

$$\textbf{E}_s(\textbf{r}, t) = \textbf{E}_0 \, \mathrm{Re}(\mathrm{e}^{-\mathrm{i}(\textbf{kr} - \omega t)}) \tag{2.8}$$

这些平面波，其相位 $\theta = \textbf{kr}$ 与时间和空间有关，用波向量 $\textbf{k}$、角频率 ω 和相应的波长 $\lambda = 2\pi/k = 2\pi c/\omega$ 来表示，其中 $k = |\textbf{k}|$ 是波向量的绝对值。从平面波角度来描述任意电场 $\textbf{E}$，等同于将这个电场分解为傅里叶分量。

1）波在理想透明介质中的传播

通过用光在某种理想材料中的传播速度代替光在真空中的速度，可以描述该介质。

$$c \to \frac{c}{n} \tag{2.9}$$

式中，n 是该材料的（只有在这种情况下才是真实的）折射率。在本节末尾，将会分析波在色散介质或弱吸收介质中的传播。事实上，一种光学设计的主要部分可通过将光学玻璃用作这种理想透明物质来完成其设计（2.1.2 节）。虽然这样的理想材料在现实中并不存在，但光学玻璃与之很接近（关于在可见光谱区里的电磁辐射）。对于这样的理想材料，波动方程（2.6）可写成

$$\Delta E - \frac{n^2}{c^2} \ddot{E} = 0 \tag{2.10}$$

再次用平面横波来求解。将光速简化为光在透明介质中的速度 $c_{med} = c/n$，将光波的波长简化为 $\lambda_{med} = \lambda/n$。

2）折射和反射

现在推导上面描述的光在理想透明介质中的折射和反射定律。通过在两种具有不同折射率 n_1 和 n_2（图 2.1）材料之间的（无限）边界上求解麦克斯韦方程，可以得到折射和反射定律。作为边界条件，电位移（和磁感应）的法向分量以及电场（和磁场）的切向分量在界面处必须是连续的。

$$D_1^n = D_2^n, \quad E_1^t = E_2^t \tag{2.11}$$

此外，在反射后，入射波会出现相移：

$$\theta_r = \pi - \theta_i \tag{2.12}$$

式中，$\theta_{r,i}$ 分别是反射波和入射波的相位。如果解入射平面波的麦克斯韦方程（利用上述边界条件），则可得到斯涅耳折射定律

$$n_1 \sin \alpha_1 = n_2 \sin \alpha_2 \tag{2.13}$$

和反射定律

$$\alpha_r = \alpha_1 \tag{2.14}$$

现在，将电场 E 分解为由入射光、透射光和反射光这三束光所决定的平面来定义的分量。这种分解法如图 2.1 所示。反射系数和透射系数定义为

$$\begin{cases} r_\parallel = \dfrac{E_{0r}^\parallel}{E_{0i}^\parallel}, & t_\parallel = \dfrac{E_{0t}^\parallel}{E_{0i}^\parallel} \\[2mm] r_\perp \dfrac{E_{0r}^\perp}{E_{0i}^\perp}, & t_\perp = \dfrac{E_{0t}^\perp}{E_{0i}^\perp} \end{cases} \tag{2.15}$$

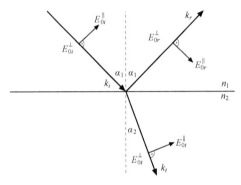

图 2.1　在具有不同折射率的两种光学材料之间的界面上，E 场和 B 场的反射/折射偏振方向。圆圈表示向量垂直于所示平面。B 场（未显示）总是垂直于 k 和 E

这些系数的菲涅耳公式可推导为

$$\begin{cases} r_\perp = \dfrac{n_1 \cos(\alpha_1) - n_2 \cos\alpha_2}{n_1 \cos(\alpha_1) + n_2 \cos(\alpha_2)} = + \dfrac{\sin(\alpha_1 - \alpha_2)}{\sin(\alpha_1 + \alpha_2)} \\[3mm] r_\parallel = \dfrac{n_2 \cos(\alpha_1) - n_1 \cos\alpha_2}{n_1 \cos(\alpha_2) + n_2 \cos(\alpha_1)} = - \dfrac{\tan(\alpha_1 - \alpha_2)}{\tan(\alpha_1 + \alpha_2)} \\[3mm] t_\perp = \dfrac{2n_1 \cos(\alpha_1)}{n_1 \cos(\alpha_1) + n_2 \cos(\alpha_2)} = + \dfrac{2 \sin(\alpha_2) \cos(\alpha_1)}{\sin(\alpha_1 + \alpha_2)} \\[3mm] t_\parallel = \dfrac{2n_1 \cos(\alpha_1)}{n_1 \cos(\alpha_2) + n_2 \cos(\alpha_1)} = + \dfrac{2 \sin(\alpha_2) \cos(\alpha_1)}{\sin(\alpha_1 + \alpha_2) \cos(\alpha_1 - \alpha_2)} \end{cases} \tag{2.16}$$

在这里，通常的惯例是在反射系数前面加一个 "－" 号，以表示光在返回。在实验中测量的量为光强度。光强之间的关系决定着材料的反射率和透射率：

$$\begin{cases} R_\perp := |r_\perp|^2, & R_\parallel := |r_\parallel|^2 \\ T_\perp := |t_\perp|^2, & T_\parallel := |t_\parallel|^2 \end{cases} \tag{2.17}$$

图 2.2 中显示了由方程（2.16）得到的与角度相关的反射系数。图 2.2（a）描绘了光从折射率为 n_1 的光疏介质传播到折射率为 n_2（$n_2 > n_1$）的光密介质中时的情景。在所谓的布儒斯特角 α_B，反射光完全偏振；α_B 是由条件 $\alpha_1 + \alpha_2 = \pi/2$ 得到的。因此，

布儒斯特角 α_B 是下列方程的解：

$$\alpha_1 = \frac{\pi}{2} - \arccos\left(\frac{n_2}{n_1}\cos\alpha_1\right) \qquad (2.18)$$

由此得到 $\alpha_B=\arctan n_2/n_1$。图 2.2（b）给出了光从光密介质传播到光疏介质中时的情景。此时，新增了一个特殊角度：全反射角 α_T。以大于 α_T 的角度靠近介质表面的所有光都被完全反射。当 $\alpha_1=\alpha_T$ 时，在折射率为 n_2 的介质中折射角为 $\alpha_2=\pi/2$。对于 α_T，可以得到如下结论：

$$\alpha_T = \arcsin\left(\frac{n_2}{n_1}\right) \qquad (2.19)$$

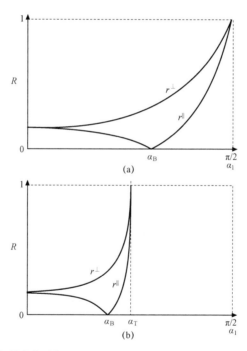

图 2.2　当光（a）从小折射率介质传播到大折射率介质时以及（b）从大折射率介质传播到小折射率介质时，反射系数与入射散射角之间的函数关系。在此，全反射在角度 α_T 下发生，α_B 为布儒斯特角

对于特殊情况下的入射光，评估方程（2.16）为 $\lim\alpha_{\to 0}$，由此可以计算出法向入射光的反射率：

$$R_{norm} = \left|\frac{n_1-n_2}{n_1+n_2}\right|^2 \qquad (2.20)$$

在实际应用中，值得注意的是菲涅耳方程对于本节末尾探讨的弱吸收介质来说仍然有效。在应用时，只有折射率才必须用方程（2.36）中的复量来替代。这有助于进一步定义非偏振光的透射率和反射率：

$$R^{\text{unpol}} = \frac{E_{0r}^{\|2} + E_{0r}^{\perp 2}}{E_{0i}^{\|2} + E_{0i}^{\perp 2}}, \quad T^{\text{unpol}} = \frac{E_{0t}^{\|2} + E_{0t}^{\perp 2}}{E_{0i}^{\|2} + E_{0i}^{\perp 2}} \tag{2.21}$$

通过插入反射系数的表达式，得到与入射角和折射角成函数关系的总反射率：

$$R_{\text{all}}^{\text{unpol}} = \frac{E_{0i}^{\|2} \dfrac{\tan^2(\alpha_1 - \alpha_2)}{\tan^2(\alpha_1 + \alpha_2)} + E_{0i}^{\perp 2} \dfrac{\sin^2(\alpha_1 - \alpha_2)}{\sin^2(\alpha_1 + \alpha_2)}}{E_{0i}^{\|2} + E_{0i}^{\perp 2}}$$

利用式（2.21）中的定义，下列求和规则必须满足：

$$R^{\text{unpol}} + \frac{n_2}{n_1} \frac{\cos \alpha_2}{\cos \alpha_1} T^{\text{unpol}} = 1 \tag{2.22}$$

此规则可方便检查透射光和反射光的总光强，尤其是对法向入射光而言。

3）在各向同性均匀介质中的波传播

现在来考虑一下在理想光学材料中波的传播。这是一种完全绝缘的非磁性均质各向同性介质，也是完全呈线性的光学材料。通过考虑时间相关性，包括材料的光程差，由方程（2.22）可得到

$$D(r,t) = \varepsilon_0 E(r,t) + P(r,t) \tag{2.23}$$

极化率通过磁化率 χ 与电场关联起来。在采用均质各向同性材料的情况下，χ 为标量函数。在 2.1.4 节中，将考虑光学各向异性介质的情况，在这种介质中 χ 成为二阶张量。

$$P(r,t) = \int \mathrm{d}r' \int_{-\infty}^{t} \mathrm{d}t' \chi(r - r', t - t') E(r,t') \tag{2.24}$$

利用傅里叶变换在时间和空间上进行积分去卷积，得到

$$P(k,\omega) = \chi(k,\omega) E(k,\omega) \tag{2.25}$$

式中，$\chi(k,\omega)$ 通常是角频率 ω 的复解析函数。复值函数 $\chi(k,\omega)$ 将流动电荷的低频极化率 χ' 和低频电导率 σ 合并为一个复量：

$$\lim_{\omega \to 0} \chi(\omega) = \chi'(\omega) + 4\pi i \frac{\sigma(\omega)}{\omega} \tag{2.26}$$

在较大的频率下，这两个概念的分离状态被破坏，因为在高于 IR 内部的光频声子模式频率时，束缚电荷不能遵循电场运动规律；而在低于声子模式频率时，束缚电荷能遵循电场运动规律（2.1.3 节）。磁化率进入光学方程时的常见形式是通过介电函数来实现的：

$$\varepsilon(k,\omega) = 1 + \chi(k,\omega) \tag{2.27}$$

将介电函数代入材料方程（2.3）中，得到

$$D(k,\omega) = \varepsilon_0 \varepsilon(k,\omega) E(k,\omega) \tag{2.28}$$

如图 2.3 所示，通过忽略介电函数的二阶张量性质，将研究范围只局限于理想

的光学各向同性材料。在 2.1.4 节，研究范围将扩大到光学各向异性材料。利用与（2.5）–（2.6）中相同的步骤，可以推导出一个在傅里叶空间具有如下形式的波方程：

$$\left[k^2 - \varepsilon(\boldsymbol{k}, \omega) \frac{\omega^2}{c^2} \right] \boldsymbol{E}_0 = 0 \tag{2.29}$$

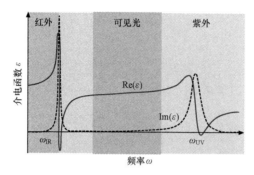

图 2.3　"光学固体模型"的介电函数 $\boldsymbol{\varepsilon}(\boldsymbol{\omega})$，有两种一般性光吸收：一种是在红外线中（$\boldsymbol{\omega}_{IR}$），另一种是在紫外线中（$\boldsymbol{\omega}_{UV}$）。在对数能量标度上绘制介电函数。实线是 $\boldsymbol{\varepsilon}(\boldsymbol{\omega})$ 的实部，虚线是 $\boldsymbol{\varepsilon}(\boldsymbol{\omega})$ 的虚部

其中使用了关系式 $\partial^2/\partial t^2 \boldsymbol{E}_s(\boldsymbol{r}, t) \rightarrow -\omega^2 \boldsymbol{E}_s(\boldsymbol{r}, t)$ 和 $\Delta \boldsymbol{E}s(\boldsymbol{r}, t) \rightarrow -k^2 \boldsymbol{E}s(\boldsymbol{r}, t)$。式（2.29）中的方括号规定了光学线性各向同性均质材料的色散关系。

4）坡印亭向量和能量输运

电场的能流密度通过坡印亭向量来求出，坡印亭向量定义为

$$\boldsymbol{S} = \boldsymbol{E} \times \boldsymbol{H} \tag{2.30}$$

坡印亭向量给出了电磁能穿过单位面积时的速度，单位为 W/m²，方向为能量传播的方向。坡印亭向量绝对值的时间平均值 $<|\boldsymbol{S}|>$ 叫作"电磁波的强度 I"：

$$I = <|\boldsymbol{S}|> = \frac{1}{2} |\boldsymbol{E} \times \boldsymbol{H}| \tag{2.31}$$

也是电磁辐射的能流密度。在横向平面波传播这种特殊情况下，上述公式可简化为

$$I = \frac{1}{2} \frac{n}{c\mu_0} |\boldsymbol{E}_0|^2 \tag{2.32}$$

其中，在真空中，$n=1$ 是有效的。

5）介电函数的通用公式

对于大多数光学材料来说，介电函数的形式为：透明频率（或波长）窗通过空穴激励（控制着紫外吸收边缘）被束缚在高能区；或者通过光频声子模式（晶格振动）下的 IR 吸收而被束缚在低能区。介电函数的通用公式通过克雷默斯–海森堡（Kramers–Heisenberg）方程[2.3]给出：

$$\varepsilon(\boldsymbol{k}, \omega) = 1 + \sum_j \frac{\alpha_{k,j}}{\omega^2 - \omega_{k,j}^2 - \mathrm{i}\omega\eta_{k,j}} \tag{2.33}$$

式中，$\alpha_{k,j}$ 是振幅；$\omega_{k,j}$ 是频率；$\eta_{k,j}$ 是特定励磁波 j 的阻尼。图 2.3 是介电函数的示意图。在此，本书采用了一种各向同性均质透明固体（例如玻璃）的模型，该固体有两种一般性光吸收：一种是在低能中（红外线 IR 中的 ω_{IR}），另一种是在高声子能量中（紫外光谱范围 UV 中的 ω_{UV}）。下面，将利用这种固体模型来探讨光学材料的特性。

2. 色散关系

通过求解方程（2.29），可以得到与 ω 成函数关系的波向量 k 的两个频率相关解，因为方程（2.29）的左边是 k 的二次方程。介电函数远未达到吸收状态，但是实函数，且为正。这个方程只存在一个解，这个解描述了以光速在介质中传播的波。当接近吸收状态时，会有两个解，这种情况愈发复杂。这意味着，在接近共振时，光的色散不能独立于材料中的励磁波色散来研究。光和励磁波一起构成了一种新的复合实体，在介质中传播，叫作"电磁声子"[2.4]。对于具有两种一般性吸收现象（ω_{IR} 和 ω_{UV}）的固体模型，图 2.4 描绘了其色散作用。

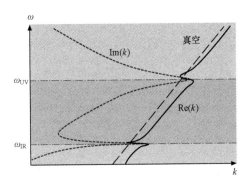

图 2.4 "光学固体模型"在双对数尺度上的色散关系 $\omega(k)$。实线是 k 的实部，虚线是 k 的虚部。为达到比较效果，在真空中传播的光的简单线性色散关系 $\omega = ck$ 用长虚线表示

1）波传播、相速度和群速

当电磁波在一种介质中传播时，可以定义两个速度。相速度是某个相位的传播速度，例如波阵面极大值在介质中传播的速度。相速度的公式为

$$v_{ph} = \frac{\omega}{k} \tag{2.34}$$

图 2.5 中，固体模型的相速度是按频率对数进行绘制的。与材料的吸收边缘接近时，相速度便失去了意义，因为吸收过程造成的衰减作用将在大部分的过程中起主导作用。当远离吸收边缘时，相速度将几乎达到一个定值。第二速度为波群速度：

$$v_{gr}(k) = \frac{\partial \omega}{\partial k} \tag{2.35}$$

这是整个波群在介质中传播时的速度，因此也是相速度在系统中传播的速度。图 2.5

中绘制的是在固体模型中的群速度。在离材料吸收边缘适当远时，波群速度和相速度相互接近。但波群速度总是小于相速度。

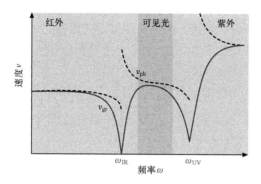

图 2.5　波群速度 $v_{gr}(k) = \partial\omega/\partial k$（实线）和相速度 $v_{ph}(k) = \omega/k$（虚线）按对数频标绘制。在远离吸收边缘时，这两个速度相互接近，而群速度总是小于相速度

2）折射率

折射率 n 是在光学设计中使用最广的物理量，是介电函数的平方根。动态折射率通常是一个复量：

$$\tilde{n}(\omega) = n(\omega) + i\kappa(\omega) \tag{2.36}$$

动态折射率必须满足 Kramers–Kronig 关系式[2.3]。在图 2.6 中，一般固体模型的折射率与对数频率成函数关系。在实际应用中，常常利用波长相关性：

$$\tilde{n}(\boldsymbol{k},\lambda) = \sqrt{\varepsilon\left(\boldsymbol{k},\frac{2\pi c}{\lambda}\right)} \tag{2.37}$$

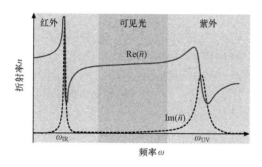

图 2.6　复折射率 $n(\omega) = n^{\boldsymbol{\cdot}}(\omega) + i\kappa(\omega)$ 按对数频标绘制。实部用实线绘制，虚部用虚线绘制

仅用几个基本步骤，方程（2.33）就能改写成只与波长有关的函数。如果进一步局限于远离吸收边缘的波长（$\omega^2 - \omega^2_{k,j}$）$<<\omega\eta_{k,j}$，那么就可以得到广泛用于描述光学材料的 Sellmeier 色散公式（见 2.1.2 节）：

$$n(\lambda)^2 \approx 1 + \sum_j \frac{B_j\lambda^2}{\lambda^2 - \lambda_j^2} \tag{2.38}$$

式中，$\lambda_i=2\pi c/\omega_i, i \in \{(k, j)\}$；$B_j=a_{k,j}\lambda_{k,j}/(2\pi c)^2$。通常，$B_j$ 和 λ_j 这两个拟合常数仅用于描述某波长范围内的折射率色散，但其与材料的微观基本吸收行为有关。有时候，n（λ）——而非 n（λ）^{2}——也用 Sellmeier 色散公式来近似地估算。由于 n（λ）和 n（λ）^{2} 是复微分（解析）函数，因此这两个公式用相同的精确度求出折射率和色散。但必须要注意，在使用 Sellmeier 色散公式时要表达的是哪个量。

3）在弱吸收介质中的波传播

本小节介绍波衰减和折射率虚部之间的关系。弱吸收介质的定义是折射率的虚部远远小于实部

$$\kappa \ll n \tag{2.39}$$

（系数 κ/n 又称为"衰减指数"。）在这种情况下，光会以横波形式在介质中传播。在该介质中，研究了两个点：P_1 和 P_2。光在这些点之间的行程距离为 l。在无吸收的情况下，点 P_2 处的电场和磁场分别为

$$E_2 = E_1 e^{i\frac{\omega}{c}\tilde{n}l}, \quad H_2 = H_1 e^{i\frac{\omega}{c}\tilde{n}l} \tag{2.40}$$

利用方程（2.31），得到在弱吸收情况下点 P_1 处的辐射强度。而点 P_2 处的辐射强度为

$$\begin{aligned}
I_2 &= \frac{1}{2}\left|E_2 \times H_2\right| \\
&= \frac{1}{2}\left|E_1 \times H_1\right| e^{-2\frac{\omega}{c}\kappa l} \\
&= I_1 e^{-2\frac{\omega}{c}\kappa l} = I_1 e^{-\alpha l}
\end{aligned} \tag{2.41}$$

吸收系数 α 与复折射率之间的关系为

$$\alpha = 2\frac{\omega}{c}\kappa \tag{2.42}$$

α 很容易测定。2.1.3 节将探讨 α 对光学特性的重要性。

另外，值得一提的是，如果使用复折射率，则菲涅耳方程（2.16）仍适用于弱吸收介质。例如，对于复折射率 $n_2 \to \tilde{n}_2$，描绘了由方程（2.20）得到的在接近吸收边缘时的反射率（在空气与固体模型之间的界面上）。图 2.7 在对数频标上绘制了反射率。请注意，与复介电函数或复折射率的曲线图相比，此图中的吸收边缘似乎移动了。反射率的测量对于反射光谱来说很重要。

2.1.2 线性折射

2.1.1 节已经提到，当光冲击光学材料的表面时，会出现两种现象，即反射和折射[2.5]。反射光从玻璃表面弹开，而折射光则穿过材料。被反射的光量取决于样品的折射率，折射率还影响着样品的折射特性[2.6]。光学材料的折射率经证实是在设计光透射与调制系统时必须考虑的一个最重要的因素[2.7]。折射率是一种复杂的材料特性，随温度和波长的不同而不同[2.8]。折射率与波长之间的相关性表现为色散[2.5]。

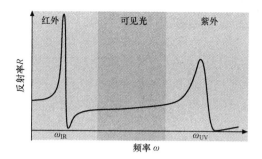

图 2.7　在对数频标上绘制的法向入射光的反射率 R

1. 折射定律

当光线撞击玻璃表面时，一部分光线会反射，其余光线要么透射，要么被吸收。在透射后，材料会对光进行调制。与在真空中传播相比，光在玻璃中透射时的行进速度是不同的。2.1.1 节介绍了折射率（n）定义为光在真空中的速度（c）与在光学材料中的速度（c_m）之比[2.11]：

$$n = \frac{c}{c_m} \qquad (2.43)$$

无论用哪种方法来测量折射率，所得出的折射率通常与光在空气中的速度有关，而与在真空中的速度无关[2.12]。根据定义，光在真空中的折射率必须恰好等于 1。在标准温度（25 ℃）和标准气压（1 个大气压）（STP）下，空气的折射率为 1.000 29。因此，光学物质的折射率（n_{rel}）与空气有关（n_{air}），与真空无关，如表 2.1 所示[2.11]。

$$n_{rel} = \frac{n_m}{n_{air}} \qquad (2.44)$$

表 2.1　在标准温度和压力下 587.56 nm（氦 d 线）普通材料的折射率[2.9]

材料	n_d	材料	n_d
真空	1	冕牌玻璃	1.52
空气	1.000 29	氯化钠	1.54
水	1.33	聚苯乙烯	1.55
丙酮	1.36	二硫化碳	1.63
乙醇	1.36	火石玻璃	1.65
糖溶液（30%重量百分比）	1.38	蓝宝石	1.77
熔融石英	1.46	重火石玻璃	1.89
糖溶液（80%重量百分比）	1.49	金刚石	2.42

表 2.1 所示为一些普通化合物的 STP 指数和化合物种类[2.9]。

如 2.1.1 节所述，当光以角度 α_i 撞击玻璃表面时，会根据菲涅耳公式以角度 α_r 反射回来，入射角等于反射角（$\alpha_i=\alpha_r$），如图所示 2.8[2.10]。在每个界面（R）上，$\alpha_i=0$ 时反射光相对于入射强度（2.1.1 节）的百分比取决于光穿过的两种介质［通常是空气（n_2）和玻璃（n_1）］的折射率，如图 2.8 和式（2.20）所示[2.10]。

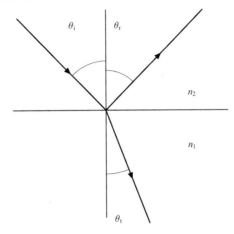

图 2.8　用光线追迹从一种介质进入另一种介质的入射光、反射光和透射光，这些光线代表着在应用斯涅耳定律时所必需的角度和折射率（根据[2.10]）

$$R_{\text{norm}} = 100\left(\frac{n_1 - n_2}{n_1 + n_2}\right)^2 \tag{2.45}$$

菲涅耳公式（2.45）假设光滑表面只能产生镜面反射。当表面粗糙时，会出现漫反射，因此入射光以各种角度发生反射，由此减小在指定角度的反射光强度[2.10]（2.1.8 节）。菲涅耳关系式考虑的镜面反射可监测，并用于现场估算样品的折射率[2.13]。

相对于在空气中传播的入射光，光在材料中传播的角度（α_t）取决于光在空气（n_{air}）和固体（n_{m}）中的折射率以及入射光角度（α_i）[2.10]：

$$n_{\text{air}} \sin\alpha_i = n_{\text{m}} \sin\alpha_t \tag{2.46}$$

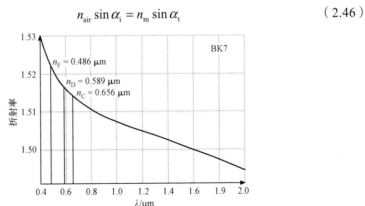

图 2.9　BK7 光学玻璃中出现的色散。图中显示了常见的折射率和测量波长

式（2.46）是斯涅耳折射定律的一般形式，用于预测光在介质中传播时的角度[2.14]。

2. 在玻璃中的色散关系

介质的折射率取决于被传播的光的波长（2.1.1 节），折射率与波长之间的这种关系即色散。色散表示不同波长的光将由同一个物体进行不同的调制[2.10]，每一种光波长都具有不同的折射率。色散的一个衍生现象是白色光可通过玻璃棱镜或简单的雨点分解成主要的可见光成分，正是白色光通过雨滴发生色散导致了彩虹的形成。光通过光学材料发生色散，导致光因为斯涅耳定律［式（2.46）］而以各种角度折射。白色光的各种组分有不同的折射率，导致各种颜色的光以不同的角度射出。图 2.9 描绘了在 BK7 光学玻璃（一种大色散度材料）中光的折射率随波长的不同而不同。

在正常色散情况下，光的波长越短，折射率就越大[2.15]。正常色散仅适用于远离吸收谱带时（图 2.6）。水在可见光中有正常色散反应，因此红光以较低的折射率折射，折射角度更大。这就是彩虹顶部为什么是红色的原因。关于彩虹的形成，本书将在其他章节深入探讨[2.10]。

反常色散是折射率随着波长的增加而增加，一般出现在负责吸收电磁辐射的偏振机制（两极、离子、电子等）之间交叉点的频率下。文献［2.11］将进一步探讨这一点。

由于色散作用，给定折射率时必须也给定波长测量值。表 2.2 中给出了在测量 n 时的最常见波长。这些波长通常与常见的锐发射谱线相对应。通过测量光在棱镜中的最小偏差角，可以更精确地求出折射率（$\pm 1 \times 10^{-6}$）[2.15]。但在工业中最常用的是浦夫立奇（Pulfrich）折射计（$\pm 1 \times 10^{-5}$）。文献［2.16］中详细介绍了这种测量技术。

各种波长下的折射率通常按表 2.2 中的名称命名，即 n_d 是在 582.561 8 nm 的黄色氦 d 线处测量的折射率。色散一般是两个波长下的 n 值之差。例如，主色散区由 $n_F - n_C$（氢线）和 $n'_F - n'_C$（镉线）给定。最常报道的色散量度是阿贝数（v），阿贝数通常在两组条件下给定：

$$v_d = \frac{n_d - 1}{n_F - n_C}, \quad v_e = \frac{n_e - 1}{n_{F'} - n_{C'}} \tag{2.47}$$

表 2.2　用于测量折射率的谱线的波长，以及通用名称和谱线源[2.11]

波长/nm	名称	谱线
2 325.4		Hg IR 线
1 970.1		Hg IR 线
1 529.6		Hg IR 线
1 013.98	t	H IR 线
852.110 1	s	Cs IR 线

波长/nm	名称	谱线
706.518 8	r	He 红线
656.272 5	C	H 红线
643.846 9	C′	Cd 红线
632.8		He–Ne 激光线
589.293 8	D	Na 黄线（双峰中心）
587.561 8	d	He 黄线
546.074	e	Hg 绿线
486.132 7	F	H 蓝线
479.991 4	F′	Cd 蓝线
432.834 3	g	Hg 蓝线
404.656 1	h	Hg 紫线
362.014 6	i	Hg 紫外线

阿贝数是折射能力与色散之比。在大多数的光学材料产品目录中，都给固体材料指定了一个与折射率和阿贝数有关的六位数：$1\,000\,(n_d-1)+10v_d$。利用这种特性，将光学玻璃分成了两个一般类别：冕牌玻璃和火石玻璃（2.2 节）。冕牌玻璃通常具有较低的折射率和较高的阿贝数（$n_d<1.60$，$v_d>55$）；而火石玻璃具有较高的折射率和较低的阿贝数（$n_d>1.60$，$v_d>50$）[2.15]。冕牌玻璃和火石玻璃这两个术语具有历史重要性，火石玻璃中通常添加了氧化铅，以增加折射率（2.2 节）；而冕牌玻璃通常是吹制的，有曲率——呈冠形。通常情况下，为了制成消色差的光学系统，冕牌玻璃和火石玻璃应组合成一个系列。在本章后面的图 2.103 所示为各种光学玻璃的 n_d 和 v_d。表 2.36 列出了 n_d 和 v_d，以及玻璃类型和制造商。

通常理想的情况是用一个数学表达式来描述折射率和波长之间的函数关系。可达到此目的的类似模型有很多，但其中最知名的、应用最广泛的是 Sellmeier 色散公式[2.15]：

$$n^2(\lambda)-1=\frac{B_1\lambda^2}{\lambda^2-C_1}+\frac{B_2\lambda^2}{\lambda^2-C_2}+\frac{B_3\lambda^2}{\lambda^2-C_3} \qquad (2.48)$$

大多数主要光学材料制造商都为各自产品数据表上的玻璃制品提供了 Sellmeier 系数。利用六个 Sellmeier 系数，就有可能估算在任意波长下的折射率，只要该波长不接近强吸收就行。我们已开发出其他很多种色散模型，并将在其他介绍[2.10,15]。

折射率还与温度有关。针对 n 随温度微变的情况，开发了类似的公式和常量表[2.15]：

$$\frac{\mathrm{d}n_{\mathrm{abs}}(\lambda,T)}{\mathrm{d}T} = \frac{[n^2(\lambda,T_0)-1]}{2n(\lambda,T_0)} \times \left(D_0 + 2D_1\Delta T + 3D_2\Delta T^2 + \frac{E_0 + 2E_1\Delta T}{\lambda^2 - \lambda_{\mathrm{TK}}^2} \right) \quad (2.49)$$

式中，$T_0 = 20\ ℃$，T 为温度（℃），$\Delta T = T - T_0$；λ 为波长（微米）；λ_{TK} 为温度系数的平均有效共振波长（微米）。每种成分的制造产品数据表上都提供了 E_0、E_1、D_0、D_1 和 D_2 常量。另外，必须测量折射率。

2.1.3　吸收

根据 2.1.1 节中的探讨内容，下文将探讨导致光学材料中出现光吸收现象的最常见过程。

1. 关于吸收的介绍

在玻璃中的光吸收特征是样品中的透射光强度减小，但不是由样品表面的反射损失或内部散射造成的[2.14]。2.1.1 节中已经介绍过，所有相关波长的吸收并不是一致的（UV–Vis–IR；200～2 000 nm），具体可由吸收谱带看出[2.17]。吸收谱带是由内外部效应引起的[2.14,18,19]。

用于探讨在玻璃中吸收系数与波长之间函数关系的量是透射比（T），也就是在光穿过厚度为 L 的玻璃板之后透射光强度（I）与初始光强度（I_0）之比[2.20]：

$$T = \frac{I}{I_0} \quad (2.50)$$

透射比与更常见的透光百分率（%T）有关，即

$$\%T = 100T \quad (2.51)$$

有时，从吸光度（而非透射比）角度来看待光学光谱可能更实用或更方便。吸光度（A）定义为"（$1/T$）的 lg"[2.20]：

$$A = \lg\frac{I_0}{I} = \log_{10}\frac{1}{T} = 2 - \lg\%T \quad (2.52)$$

$$\%T = \frac{100}{10^A} \quad (2.53)$$

吸光度通常称为"光密度"（OD）。当吸光度随吸光物质的浓度（C）呈直线变化时，将吸光度与浓度、光行进长度（l）和消光系数（ε）关联起来的比尔定律是适用的[2.20]。

$$A = \varepsilon C l \quad (2.54)$$

ε 的典型单位为 $1\,\mathrm{mol}^{-1} \cdot \mathrm{cm}^{-1}$，通常忽略不计。

由比尔定律可知吸光度随着光行进长度的变化而变化。考虑到这一点，光谱（用 A 或%T 表示）必须列出样品厚度。还可根据吸收系数（α），将吸光度归一化为光行进长度或光吸收度，与潜在吸收过程的微观性质之间的联系更加直观。如果存在

吸收，在介质中传播的光束将以指数方式衰减。这直接来源于一个事实，即光学材料内部的衰减与当前的（与波长有关）光强度 $I(\lambda)$ 成比例[2.21]：

$$dI(\lambda) = N\sigma^{abs}(\lambda)I(\lambda)dz \tag{2.55}$$

式中，dz 是光传播部分的一个极小部分（m）；N 是吸收中心的密度（m^{-3}）；$\sigma^{abs}(\lambda)$ 是吸收截面。由于方程（2.55）的等号两边必须有相同的单位，因此吸收截面的测量单位为 m^2。吸收截面意味着一个面积，可理解成垂直于入射光束方向（从该光束来看）并造成吸收过程的有效面积。图 2.10 说明了这一点。对于厚度为 L、初始光强为 I_0 的光学平板，由方程（2.55）得到的解是光束在光学材料中传播了距离 L 之后的光强度[2.21]：

$$I_{L,G}(\lambda) = I_{0,G}e^{-\alpha(\lambda)L} \tag{2.56}$$

在两个表面（在固体内部）测量 $I_{0,G}$ 和 $I_{L,G}$。这两个参数与光学材料外部的可测值 I_0 和 I_L 相关，即 $I_{0,G}=(1-R)I_0$，$I_L=(1-R)I_{L,G}$，其中 R 是 2.1.1 节中描述的菲涅耳反射损失。方程（2.56）叫作"朗伯-比尔定律"，其中吸收系数 $\alpha(\lambda)$ 定义为[2.21]

$$\alpha(\lambda) = N\sigma^{abs}(\lambda) \tag{2.57}$$

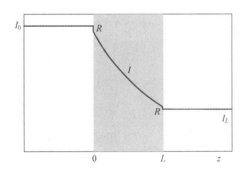

图 2.10　朗伯 - 比尔定律示意图，显示了光学材料内部的体吸收以及
在两个表面上的菲涅耳反射损失 R

与吸收度 A 大不相同的是，吸收系数考虑了在两个表面由菲涅耳反射损失造成的透射损失 [2.15]

$$\alpha = \frac{-\ln[T/(1-R)^2]}{L} \tag{2.58}$$

吸收系数归一化为波程长度，而吸收截面 σ^{abs} 则归一化为吸附离子（AI）浓度 [AI]（离子数/m^3）[2.15]：

$$\sigma(\lambda) = \frac{\alpha(\lambda)}{[AI]} \tag{2.59}$$

通过利用吸收截面，可以对不同基质内部的各种吸收离子浓度进行更根本性的对比（只要它们遵循比尔定律就行）。

2. 玻璃中的吸收机制的总结

作为 2.1.1 节中描述的简单光学实体模型的典型候选材料，玻璃在从近紫外线（UV）到近红外线（IR）的范围内是透明的。图 2.11 中展示了典型光学玻璃（BK7）在可见光和近红外线范围内的透明区和半透明区。本征吸收在 UV−可见光范围内受电子跃迁控制，而在红外线范围内则受分子振动控制[2.20]。非本征吸收机制有多种。在非本征吸收时，还同时引入了离子络合物、绝缘体（晶体和相析出）、半导体和导体[2.19]。

玻璃中的本征吸收机制。本征吸收在 UV−可见光范围内受电子跃迁控制[2.22]。在 UV−可见光范围内发生的电子跃迁就是从最高占有分子轨道（HOMO）跃迁到最低未占分子轨道（LUMO）。LUMO（E_{LUMO}）和 HOMO（E_{HOMO}）能级之间的能量差（ΔE）相当于吸收峰的能量，后者可能与波长、通过普朗克常数进行吸收的频率以及光速有关[2.22]：

$$\Delta E = E_{LUMO} - E_{HOMO} = h\nu = \frac{hc}{\lambda} \qquad (2.60)$$

式（2.60）所示的关系决定了 HOMO 和 LUMO 之间的能量差，因此也决定了跃迁能量[2.22]。例如，结晶体和熔融石英之间的 UV 吸收很相似，表明短程结构主宰着电子跃迁[2.22]。在二氧化硅长程结构中，由于熔融石英中 SiO_4 四面体的不规则连接，熔融石英和晶体石英是不同的。

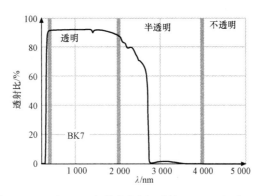

图 2.11　光在 10 mm 厚的 BK7 光学玻璃中的透射比，显示了透明区（可见光）、半透明区（近红外线）和不透明区（远红外线）

图 2.12 中所示的吸收谱带代表着二氧化硅中的内部 UV 吸收。由于熔融石英中分布着四面体，因此峰宽增加。最低能峰与瓦尼埃（Wannier）激子有关，但后面三个能峰与氧 2p 电子和硅 3d 电子之间的电子跃迁有关[2.15]。

由于从多声子吸收边开始出现分子振动，因此玻璃在 IR 中存在本征吸收[2.14]。这些振动可利用谐波发生器模型来理解。对于双原子分子来说，振动频率 ν_{ph} 取决于折合质量（M）和力常数（f）[2.15]：

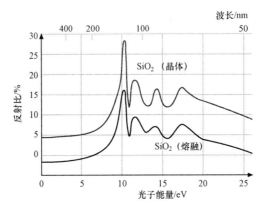

图 2.12　玻璃状 SiO_2 和晶态 SiO_2 的本征吸收[2.15]

（为提高可见度，熔融石英的数值降低了 5%）

$$v_{Ph} = \frac{1}{2\pi}\sqrt{\frac{f}{M}} \qquad (2.61)$$

其中，两个原子之间的折合质量为

$$\frac{1}{M} = \frac{1}{m_1} + \frac{1}{m_2} \qquad (2.62)$$

在玻璃中，我们要应对的不是简单的二原子系统，而是一个在较高能量（较短波长）下能产生泛音振动的真正非谐波振荡器。谐波发生器模型可用于定性地了解在各种玻璃中的振动频率。IR 中最常见的非本征吸收中心是 OH、CO_2 和铁[2.15]。通过更重的离子（更大的 M）和更弱的键（更小的 f），多声子边缘能移动到更长的波长处（更小的频率）。这就是硫族化合物玻璃与较传统的氧化物玻璃相比能进一步传播到 IR 中的原因[2.14]。

在可见波长区，玻璃通常看不出有本征吸收。

（1）玻璃中的离子吸收。在玻璃内由离子杂质造成的吸收涉及过渡金属（TM）离子和稀土（RE）离子。这些离子在配位体络合物中起中心原子（CA）的作用，在不同的波段中吸收光[2.20,22-24]。由过渡金属和 RE 离子造成的光吸收源于过渡金属或稀土元素的 d 或 f 轨道内的电子跃迁[2.22]。吸收谱带的能量取决于中心原子的配位环境（配位数和几何形状）、中心原子的化学名称（Cr，Co，Cu，…）和配合基（O-F）。玻璃的基本成分影响着可供中心原子使用的配位键的性质。这种变化影响着吸收谱带的能量，从而影响玻璃的最终颜色[2.19]。在设计滤光玻璃时要利用这种影响（2.3节）。这种影响还可用于解释在不同的玻璃基体中相同的过渡金属或稀土为什么会有不同的颜色。这些吸收现象源于在配位场出现时，d 轨道裂变成适于过渡金属元素的形式，而 4f 轨道裂变成适于 RE 元素的形式。

对于过渡金属元素来说，控制这些裂变和相互作用的配位场理论将在 Bersuker 的著作[2.22]中详细介绍，对于一般情况则在 Douglas 等人的文献中[2.23]介绍。过渡金属元素的吸收截面的是稀土元素吸收截面的 100 倍[2.15]，这导致在过渡金属元素的 ppm 浓度级出现不同的颜色。

图 2.13 显示了在掺杂度为 1 ppm 的 BK7 玻璃中，由各种过渡金属元素造成的吸收变化[2.15]。图中清晰地显示了钴和镍的吸收强度。

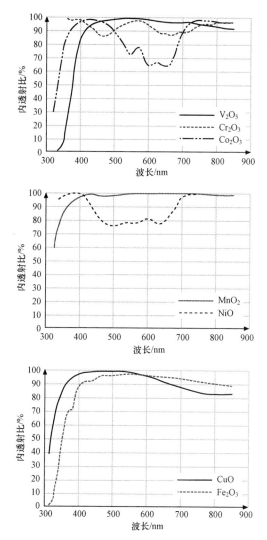

图 2.13　在 100 mm 厚的 BK7 玻璃样品中由 1 ppm 的过渡金属元素导致的光吸收[2.15]

在离子种类 d 或 f 轨道内由电子跃迁造成的带内跃迁是被拉波特选择定则严格限制的跃迁，因此吸收强度低[2.22,2.23]。电荷转移跃迁涉及 CA 和配位体（带间）之间的电子跃迁，这些带间跃迁是被选择定则正式允许的，因此与带间电子跃迁相比，强度要高 100～1 000 倍[2.23]。

（2）通过半导体粒子来吸收。玻璃中的半导体粒子通常太小（1～10 nm），以至于不能散射可见光。但这些粒子会在能量大于半导体粒子带隙（E_g）的连续波长中吸收光[2.10]。半导体粒子的带隙由粒子尺寸和化学成分控制。半导体玻璃通常分批与 Zn、Cd、S、Se 和 Te 原料熔融在一起。在熔化后，玻璃冷却，变成无色状态[2.15]。二次热处理（压制）导致各种半导体晶体相或混合相在玻璃中结晶：ZnS、ZnSe、ZnTe、CdS、CdSe 和 CdTe。半导体粒子的尺寸和分布可通过热处理来控制，因此热处理能决定所得玻璃制品的光学性质。通过正确的热处理，一块玻璃可制成多块具有不同吸收率的玻璃，从而呈现红色、黄色或橙色[2.15]。当粒子的带隙足够大时，吸收边缘将移入 UV 范围，使玻璃看起来无色。当带隙能很低以至会吸收所有的可见光时，会出现相反的情况，因此样品看起来呈黑色[2.15]。

掺半导体的玻璃通常用作低通滤波玻璃，因为这些玻璃会出现急剧的吸收截止。2.3 节将详细介绍掺半导体的玻璃。

（3）通过导电微粒来吸收。由玻璃中的导电微粒造成的染色是吸收效应和散射效应相结合的结果。对于金属微粒来说，散射是通过米氏理论来控制的，但通常也可用瑞利散射理论来处理 [2.10]。2.1.7 节深入介绍了米氏散射，2.1.8 节介绍了瑞利散射。

2.1.4　光学各向异性

1. 介电介质中的麦克斯韦方程

本节将探讨介质（尤其是各向异性材料）中的电磁场特性。光与物质之间的基本相互作用包括在光学材料中电场与电荷（电子和离子）之间的相互作用（2.1～2.3节）。光在物质中的传播是由光学材料的偏振驱动的。在此，本书只考虑材料的线性效应，即极化性只与电场强度呈线性关系。在宏观构想中，用介电函数表示材料对外场的响应（2.1.1 节）；从微观角度来看，偏振和介电函数明显取决于材料的原子结构。通过观察图 2.14 中的各种晶体结构[2.25]，很容易了解到：在不同的晶向上，介电函数有着不同的值，因为原子距离有不同的值。因此，晶体材料的介电函数不只是一个数字，而是一个矩阵（一个二维张量）。在某些材料中众所周知的双折射现象就是由与晶向有关的介电函数造成的。

因为任何解都可描述为平面波的叠加形式，再次用麦克斯韦方程[2.26]求平面波的解。通过插入一个平面波拟设，得到

$$E = E_0 e^{i(k \cdot r - \omega t)} = E_0 e^{i\omega\left(\frac{k}{\omega} l \cdot r - t\right)} = E_0 e^{i\omega\left(\frac{1}{v} l \cdot r - t\right)} \tag{2.63}$$

将相速度 $v=\omega/k$ 和 $l=k/k$ 代入麦克斯韦方程，场分量存在下列关系：

$$D = -\frac{1}{\mu\mu_0\omega^2} k \times (k \times E_0) e^{i(k \cdot r - \omega t)} \tag{2.64}$$

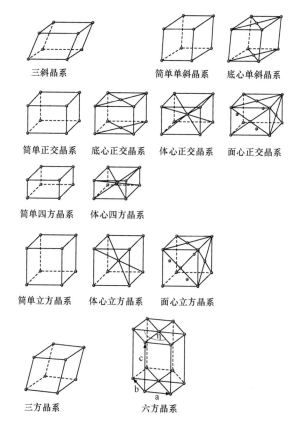

三斜晶系　　　简单单斜晶系　　底心单斜晶系

简单正交晶系　底心正交晶系　体心正交晶系　面心正交晶系

简单四方晶系　体心四方晶系

简单立方晶系　体心立方晶系　面心立方晶系

三方晶系　　　六方晶系

图 2.14　14 个布拉维晶格（根据[2.25]）

$$B = \frac{1}{\omega}(k \times E_0) e^{i(k \cdot r - \omega t)} \tag{2.65}$$

且

$$H = \frac{1}{\mu\mu_0\omega}(k \times E_0) e^{i(k \cdot r - \omega t)} \ (B = \mu\mu_0 H) \tag{2.66}$$

　　材料对外电场的线性响应关系以及麦克斯韦方程将给出上述平面波拟设存在的条件。如果不考虑色散，即频率与介电函数之间的相关性，则材料的偏振方程为[2.27]

$$D_i = \varepsilon_{ij}\varepsilon_0 E_j \tag{2.67}$$

其中，i 和 j 是空间分量的标号，使用了爱因斯坦求和约定。由于介电张量是对称的，因此总能找到一个以张量为对角线的坐标系，即主轴系统[2.27,28]。下文将在这种参考系中进行研究：

$$\begin{pmatrix} \varepsilon_1 & 0 & 0 \\ 0 & \varepsilon_2 & 0 \\ 0 & 0 & \varepsilon_3 \end{pmatrix} \tag{2.68}$$

D 和 E 之间的关系为 $D_i = \varepsilon_i \varepsilon_0 E_i$（不对 i 求和）。将此公式代入式（2.64），并展开两个向量积，得

$$\varepsilon_i \varepsilon_0 \mu \mu_0 \omega^2 E_i = k^2 E_i - k_i (\mathbf{k} \cdot \mathbf{E}) \tag{2.69}$$

上式是用于求光学材料中可能存在解的基本方程。将单位向量引入传播方向 $\mathbf{l}$，并确定速度 v_i，可以得到

$$\begin{cases} \dfrac{\omega^2}{v_i} E_i = k^2 [E_i - l_i (\mathbf{l} \cdot \mathbf{E})] \\[2mm] \left[\mathbf{k} = k\mathbf{l}, \quad |\mathbf{l}| = 1, \quad \dfrac{1}{v_i} = \sqrt{\varepsilon_i \varepsilon_0 \mu \mu_0} \right] \\[2mm] E_i = \dfrac{l_i (\mathbf{l} \cdot \mathbf{E})}{1 - v^2 / v_i^2}, \quad v = \dfrac{\omega}{k} \end{cases} \tag{2.70}$$

将上一个方程乘以 l_i，并对 i 求和，得到 v 的一个二次方程式，即所谓的"菲涅耳波面法线方程"[2.27,28]：

$$\mathbf{l} \cdot \mathbf{E} = \sum_i \frac{l_i^2}{1 - v^2 / v_i^2} (\mathbf{l} \cdot \mathbf{E})$$

$$\Leftrightarrow 1 = \sum_i \frac{l_i^2}{1 - v^2 / v_i^2} \left(1 = \sum_i l_i^2 \right)$$

$$0 = \sum_i \frac{l_i^2}{1 - v^2 / v_i^2} - l_i^2 = v^2 \sum_i \frac{l_i^2}{v^2 - v_i^2}$$

$$\Leftrightarrow \sum_i \frac{l_i^2}{v^2 - v_i^2} = 0 \tag{2.71}$$

上式是在晶体光学中通常探讨的方程，适用于各向异性介质。对于各向同性介质（$D_i = \varepsilon_i \varepsilon_0 E_i$），适用的方程为麦克斯韦方程 $\mathbf{k} \cdot \mathbf{E} = \mathbf{l} \cdot \mathbf{E} = 0$，因此方程（2.69）只有一个解：$1/v = \sqrt{\varepsilon \varepsilon_0 \mu \mu_0}$。

2. 光学各向异性材料的种类

从主轴系统中的介电张量表达式，可以看到介电函数可能最多有三个不同的值。在详细探讨物质中的双折射之前，首先来探讨由介电张量形成的不同种类的光学各向异性材料[2.28]。

第 Ⅰ 组。如果式（2.68）中的全部三个介电张量值都相等，即 $\varepsilon_1 = \varepsilon_2 = \varepsilon_3 = \varepsilon$，那么相关晶体将属于所谓的"立方类"。这种材料据说呈光学各向同性。D 和 E 之间的关系可简化为众所周知的形式：$\mathbf{D} = \varepsilon \mathbf{E}$。

第 Ⅱ 组。另一个可能的情况是三根轴线中有两根是相等的。相应的介电张量具有如下性质：$\varepsilon_1 = \varepsilon_2 \neq \varepsilon_3$。这种晶体据说是单轴的。这组晶体属于三方、四方和六方晶系（图 2.14）。

第Ⅲ组。最后一组晶体有三个不同的介电张量值：$\varepsilon_1 \neq \varepsilon_2 \neq \varepsilon_3$。所有三根轴线都不同，相应的晶体属于斜方类、单斜类和三斜类（图 2.14）。

3. 单轴材料：寻常光线和非常光线

如上所述，如果在三个介电张量值中有两个相等，即 $\varepsilon_1 = \varepsilon_2 \neq \varepsilon_3$，则该材料为单轴材料。因此，速度 v_1 和 v_2 也相等（$v_1 = v_2$）。在这种情况下，波面法线的菲涅耳方程（2.71）具有如下形式：

$$0 = (v^2 - v_1^2)(v^2 - v_3^2)(l_1^2 + l_2^2) + (v^2 - v_1^2)^2 l_3^2 \Leftrightarrow$$
$$0 = (v^2 - v_1^2)[(v^2 - v_3^2)(l_1^2 + l_2^2) + (v^2 - v_1^2)l_3^2] \tag{2.72}$$

此方程有两个相速度解：

$$1 : v = v_1$$
$$2 : (v^2 - v_3^2)(l_1^2 + l_2^2) + (v^2 - v_1^2)l_3^2 = 0 \tag{2.73}$$
$$\Rightarrow v^2 = v_3^2(l_1^2 + l_2^2) + v_1^2 l_3^2$$

通过在球面坐标中表达单位向量 l，$l_3^2 = \cos^2(\vartheta)$，$l_1^2 + l_2^2 = \sin^2(\vartheta)$，得到

$$v^2 = v_3^2 \sin^2(\vartheta) + v_1^2 \cos^2(\vartheta) \tag{2.74}$$

通常要用到等式 $v_o = v_1$（下标 o：寻常）和 $v_e = v_3$（下标 e：非常）（图 2.16）。最后，得到在介质中传播的平面波的两个相速度解：

$$\begin{cases} 1. \ v = v_o \\ 2. \ v = \sqrt{v_e^2 \sin^2(\vartheta) + v_o^2 \cos^2(\vartheta)} \end{cases} \tag{2.75}$$

z 轴叫作"光轴"。对于折射率，可得

$$n = \frac{c}{v} \Rightarrow$$

$$n(\vartheta) = c \frac{1}{\sqrt{v_o^2 \cos^2(\vartheta) + v_e^2 \sin^2(\vartheta)}}$$

$$= \frac{n_o n_e}{\sqrt{n_o^2 + (n_e^2 - n_o^2) \cos^2(\vartheta)}} \tag{2.76}$$

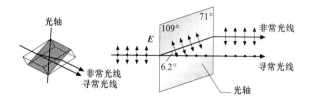

图 2.15　方解石（$CaCO_3$）中的双折射，即通过垂直于表面的入射光观察到的寻常光线（o）和非常光线（e）——与光轴成大约 45° 的角度[2.29]

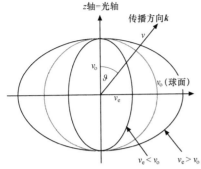

图 2.16　菲涅耳方程求解示意图（指示线）

$v_e > v_o$（$n_o > n_e$）的晶体叫作"正晶体"；而 $v_e < v_o$（$n_o < n_e$）的晶体叫作"负晶体"。

因此，可以推断：在单轴晶体中，总有两个解——寻常光束和非常光束——它们具有不同的相速度；其中非常光束的相速度取决于方向。为了能够理解这两种光束在方解石晶体中传播时的图像，必须考虑在电磁辐射理论中采用的另一个量——坡印亭向量 S，并用它来描述电磁辐射的能流（2.1.1 节）。对于具有传播向量 k 的平面波，由麦克斯韦方程可推断场向量 E、H、S 和 D、H、k 构成了一组正交向量：

$$S = E \times H \rightarrow S \perp H \text{ and } E,$$
$$k \cdot D = 0 \rightarrow k \perp D,$$
$$k \cdot H = 0 \rightarrow k \perp H,$$
$$D = -\frac{1}{\omega}(k \times H)$$

（2.77）

向量 k 和 S 之间的角度 α 与 D 和 E 之间的角度相同（图 2.17）。在各向同性介质中，因为 D 与 E 成比例。角度 α 为 0°，因此，k 和 S 指向相同的方向。在各向异性介质中，这一点通常不再成立。在单轴材料中传播的光，尤其是方解石例子中所示的两束光，实际上是寻常光线和非常光线的 S 向量[2.29]。

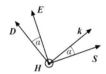

图 2.17　k、S、D 和 E 之间的角度 α

因为寻常光线沿着 k 方向传播（记住：k 和 S 指向同一方向）。寻常光线和非常光线之间的角度为 α，因此，角度 α 给出了在单轴晶体中寻常光和非常光之间的分光。在下面的推导过程中，将获得角度 α 的一个相当简单的表达式：α 由折射率 n_e 和 n_o 决定。由于只对这两个向量之间的角度感兴趣，因此考虑采用单位向量。以 D 为单位向量，为材料方程指定 E。在主轴框架中，

$$k = \begin{bmatrix} \sin\vartheta\cos\varphi \\ \sin\vartheta\sin\varphi \\ \cos\vartheta \end{bmatrix}, \quad D = \begin{bmatrix} \sin\vartheta'\cos\varphi' \\ \sin\vartheta'\sin\varphi' \\ \cos\vartheta' \end{bmatrix}$$

（2.78）

由于 $k \cdot D = 0$，因此，

$$\cos\vartheta\cos\vartheta' + \sin\vartheta\sin\vartheta'\cos(\varphi - \varphi') = 0 \Leftrightarrow$$
$$\cot\vartheta' = -\tan\vartheta\cos(\varphi - \varphi')$$

对于与角度无关的解 ϑ_o，可得到

$$\cos(\varphi - \varphi') = 0 \Rightarrow \varphi' = \varphi - \frac{\pi}{2}$$

且

$$\cot \vartheta' = 0 \Rightarrow \vartheta' = \frac{\pi}{2} \qquad (2.79)$$

对于必须与第一个解垂直的第二个解，可得到：$\varphi' = \varphi$，$\vartheta' = \vartheta - \pi/2$。

结合 D 和 E 之间的关系，可得到

$$\begin{cases} \boldsymbol{D}^{(1)} = \begin{bmatrix} -\cos\vartheta\cos\varphi \\ -\cos\vartheta\sin\varphi \\ \sin\vartheta \end{bmatrix}, \boldsymbol{D}^{(2)} = \begin{bmatrix} \sin\varphi \\ -\cos\varphi \\ 0 \end{bmatrix} \\[4mm] \boldsymbol{E}^{(1)} = \begin{bmatrix} -\cos\vartheta\cos\varphi\dfrac{1}{\varepsilon_1} \\ -\cos\vartheta\sin\varphi\dfrac{1}{\varepsilon_1} \\ \sin\vartheta\dfrac{1}{\varepsilon_3} \end{bmatrix}, \quad \boldsymbol{E}^{(2)} = \dfrac{1}{\varepsilon_1}\boldsymbol{D}^{(2)} \end{cases} \qquad (2.80)$$

在第二种情况下，$\boldsymbol{D} \propto \boldsymbol{E}$，因此 $\alpha = 0$，很明显这是寻常光线；对于第一个解，即非常光线，从数积 $\boldsymbol{D} \cdot \boldsymbol{E} = |\boldsymbol{D}||\boldsymbol{E}|\cos\alpha$ 中计算出角度 α，再代入 D 和 E，得到

$$\frac{1}{\varepsilon_1}\cos^2\vartheta\cos^2\varphi + \frac{1}{\varepsilon_1}\cos^2\vartheta\sin^2\varphi + \frac{1}{\varepsilon_3}\sin^2\vartheta$$

$$= 1\left[\frac{1}{\varepsilon_1^2}\cos^2\vartheta\cos^2\varphi + \frac{1}{\varepsilon_1^2}\cos^2\vartheta\sin^2\varphi + \frac{1}{\varepsilon_3^2}\sin^2\vartheta\right]^{1/2}\cos\alpha \Leftrightarrow$$

$$\frac{1}{\varepsilon_1}\cos^2\vartheta + \frac{1}{\varepsilon_3}\sin^2\vartheta$$

$$= \left[\frac{1}{\varepsilon_1^2}\cos^2\vartheta + \frac{1}{\varepsilon_3^2}\sin^2\vartheta\right]^{1/2}\cos\alpha \Leftrightarrow$$

$$\cos\alpha = \frac{\varepsilon_3\cos^2\vartheta + \varepsilon_1\sin^2\vartheta}{\left[\varepsilon_3^2\cos^2\vartheta + \varepsilon_1^2\sin^2\vartheta\right]^{1/2}}$$

$$\cos\alpha = \frac{n_e^2\cos^2\vartheta + n_0^2\sin^2\vartheta}{\sqrt{n_e^4\cos^2\vartheta + n_0^4\sin^2\vartheta}} \qquad (2.81)$$

其中用到了关系式 $\varepsilon = n^2$ 和 $n_3 = n_e$，$n_1 = n_0$。以上面提到的方解石为例，通过劈开晶体得到的方解石表面具有约 45° 的角度。由于入射光垂直于方解石表面，因此得到 $\cos^2\vartheta = \sin^2\vartheta = 0.5$。方解石中寻常光线和非常光线的折射率为：$n_e = 1.486\ 4$，$n_0 = 1.658\ 4$。通过这些数值，可以发现寻常光线和非常光线之间的角度为（图 2.15）

$$\cos\alpha = \frac{1}{\sqrt{2}}\frac{n_e^2 + n_0^2}{\sqrt{n_e^4 + n_0^4}} \Rightarrow \alpha = 6.22° \qquad (2.82)$$

2.1.5　非线性光学特性和光极化

自从第一次观察到非线性（NL）效应以来，相关专家已研究了很多材料的非线性光学特性[2.30,2.31]。在气体和蒸气、聚合物、液晶、有机溶剂或晶体中，简言之，在几乎每种材料系统中，都可以找到非线性材料。

线性电介质的特征是偏振密度 P 和电场 E 之间存在线性关系，即 $P=\varepsilon_0\chi E$（2.25），其中 ε_0 是真空电容率，χ 是介质的电极化率（2.1.1 节）；另外，非线性电介质的特征是 P 和 E 之间为非线性关系，如图 2.18 所示。

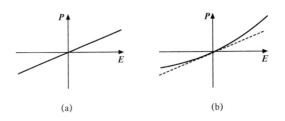

图 2.18　非线性电介质特性
（a）线性电介质的 P–E 关系；（b）非线性电介质的 P–E 关系

造成非线性的原因可能是微观的，也可能是宏观的。偏振密度 $P=Np$ 是单个偶极距 p（由外加电场 E 诱发）与偶极距密度值 N 的乘积。非线性特性的原因可能是 p，也可能是 N。

当 E 很小时，p 和 E 之间的关系为线性；但当 E 值与原子间的电场（通常为 $10^5 \sim 10^8$ V/m）相当时，p 和 E 之间的关系为非线性。这可用简单的洛伦兹模型来解释。在洛伦兹模型中，偶极距为 $p=-ex$，其中 x 是带电荷 $-e$ 的质量相对于外加电力 $-eE$ 的位移。如果约束性弹力与位移成正比（即如果满足胡克定律），则平衡位移 x 与 E 成正比。因此，p 与 E 成正比，介质呈线性。但如果这种约束力是位移的非线性函数，则平衡位移 x 和偏振密度 p 是 E 的非线性函数，因此介质呈非线性。

光学材料对光做出非线性响应的另一种可能的原因是密度值 N 与光场之间的相关性。这方面的一个例子是激光介质，在光吸收和发射时占据能级的原子数量取决于光强度本身（2.1.7 节）。

由于外加光场与特性原子间场或晶体场相比通常更小，当使用聚焦激光时也是如此，因此这种介质的非线性通常很弱。当 E 较小时，P 和 E 之间的关系近似于线性；当 E 增加时，P 和 E 之间的关系只稍微偏离线性（图 2.18）。在这些情况下，可以在泰勒级数中围绕 $E=0$ 展开 P–E 函数：

$$P(E) = \varepsilon_0[\chi^{(0)}E + \chi^{(2)}E^2 + \chi^{(3)}E^3 + \cdots] \tag{2.83}$$

式中，$\chi^{(0)}$ 是线性极化率；$\chi^{(n>0)}$ 是高阶系数。

对于非线性折射率 n，得到

$$n(E) = n_0 + n_1E + n_2E^2 + \cdots \tag{2.84}$$

方程（2.83）和（2.84）提供了关于非线性光学介质的基本描述。为简化起见，同时也为集中关注基本的非线性效应，故忽略了各向异性（2.1.4 节）、色散（2.1.2 节）和非均质性（2.1.7 节）。

在具有反对称性的中心对称介质（如玻璃）中，介质的特性不会因 $r \rightarrow -r$ 转化而改变，但 $P(E)$ 函数必须为奇对称，以使 E 改变符号之后即可让 P 变号，而无须做其他任何更改。另外，二阶非线性系数 $\chi^{(2)}$ 必须成为零，最低的非线性项为三阶。对于介电晶体、半导体和有机材料来说，二阶非线性系数的典型值位于 $\chi^{(2)} = 10^{-24} \sim 10^{-21}$ m/V 范围内。对于玻璃、晶体、半导体、掺半导体的玻璃和有机材料来说，三阶非线性系数的典型值为 $\chi^{(3)} = 10^{-34} \sim 10^{-29}$ m/V^2。

1. 非线性波方程

光在非线性介质中的传播取决于波方程（2.29），波方程可写成如下形式[2.33]：

$$\Delta E - \frac{n^2}{c_0^2} \frac{\partial^2 E}{\partial t^2} = -\mu_0 \frac{\partial^2 P_{NL}}{\partial t^2} \qquad (2.85)$$

式中，P_{NL} 是偏振密度的非线性部分：

$$P_{NL} = \varepsilon_0 [\chi^{(2)} E^2 + \chi^{(3)} E^3 + \cdots] \qquad (2.86)$$

把方程（2.85）视为波方程，其中的 $-\mu_0 \partial^2 P_{NL} / \partial t^2$ 项作为在折射率为 n 的线性介质中的辐射源项是有用的。由于 P_{NL} 是 E 的非线性函数，因此方程（2.85）是 E 的非线性偏微分方程，这是构成非线性光学理论基础的基本方程。求解非线性波方程有两种近似解法：玻恩近似法和耦合波理论。

2. 非线性效应的光学分类

通常情况下，"非线性光学"描述了光和物质之间的部分相互作用，其中穿过非线性介质光束的光学材料特性由光束本身或另一个电磁场来改变。表 2.3 简要概述了各种非线性效应及其非线性阶。

表 2.3　非线性过程（根据文献 [2.32]）

非线性光学效应	阶
n 次谐波生成（例如 SHG、整流）	n
n 波混频	$n-1$
n 次光子吸收	n
相位共轭	3
强度相关折射（例如克尔效应、自相位调制、自调制）	2, 3
光参量振荡	2
诱发的不透明度	2
诱发的反射率	2
拉曼与布里渊散射	2

3. 二次谐波生成（SHG）

在这里，将集中探讨其中一个最突出的影响：二次谐波生成。

在采用主要二阶应用程序[2.30]（用于将 IR 激光转化为可见光–紫外光的二次谐波（SH）生成程序）的情况下，光学材料生成的倍频光量取决于 $\chi^{(2)}$。

在将式（2.85）应用于平面波公式（2.8）时，式（2.85）中的源项 $-\mu_0\partial^2\boldsymbol{P}_{NL}/\partial t^2$ 有复振幅 $4(\omega/c_0)^2\chi^{(2)}E^2(\omega)$，以 2ω 的频率辐射光场分量。因此，SH 光场在入射光场的二次谐波下有分量。图 2.19 说明了 SHG 的影响。

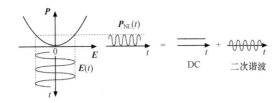

图 2.19　在二阶非线性光学介质中频率为 ω 的平面波利用分量 2ω 和稳态（DC）分量（光整流）造成偏振

由于发射的二次谐波光的振幅与 $\omega^2\chi^{(2)}I$ 成正比，因此其强度与 $\omega^4[\chi^{(2)}]^2I^2$ 成正比，其中 I 是入射波的强度。因此，二次谐波的强度与 $[\chi^{(2)}]^2$、$1/\lambda^4$ 和 I^2 成正比，二次谐波生成的效率与 $I=P/A$ 成正比，其中 P 是入射功率，A 是横截面积。

因此，很重要的一点是：入射波拥有可能最大的功率，聚焦到最小的面积，生成二次谐波强辐射。在这方面，脉冲激光器比较方便实用，因为脉冲激光器能提供最大的峰值功率。为提高二次谐波生成的效率，互作用区也应当尽可能地长。由于绕射效应限制了光的约束距离，因此把光约束在相对较长距离内的波导结构具有明显的优势。

4. 玻璃中的三阶非线性效应

对于有倒反中心的材料来说，$\boldsymbol{P}(E)$ 是一个奇函数，这表示偶项均为 0，观察不到偶次谐波。玻璃等各向同性介质就存在这种情况。三阶效应的数量级小于二阶效应。除偏振外，这些材料的有效折射率 n_{eff} 也取决于入射光线强度［式（2.84）］。非线性折射率 n_2 通常由材料离子波分量的极化性决定。在传统的玻璃系统中，n_2 由非桥氧的量决定，因此取决于玻璃改性剂的浓度（2.2 节）。

5. 基于材料的非线性光学效应分类法

在研究非线性效应[2.33]时，必须将共振效应（光频率与材料中的电子跃迁共振）、非共振效应、本征效应和非本征效应区分开来[2.34-37]。

由于电子跃迁或分子振动当光波长处于基本吸收的光谱范围内时，会出现共振非线性。共振效应通常相当大，但弛豫时间较慢，其具体取决于受激载流子的弛豫时间。共振效应的功率损耗较高，并伴有样品发热现象。

非共振非线性的起源纯粹是电子学，是由电子轨道变形造成的（极化性）。电子效应的范围在一个亚秒的时间尺度内，器件的加热最小，但是是非线性的，因此需要很高的强度。

本征效应为非线性效应，其中材料本身就具有 NL 特性，例如克尔效应。在微晶以及具有本征非线性特征的玻璃中，有三类阴离子团被认为是造成强非线性的主要原因[2.39]：

- 变形的 MO_6 正八面体：Tm^{3+}，Yb^{3+}，Sr^{2+}；
- 具有一个孤对电子的阴离子团，例如 Bi^{3+}；
- 具有脱位共轭 π 键平面结构的阴离子团，例如有机分子或$[BO_3]^{3-}$平面。

非本征效应是材料的特性或嵌入材料中的掺杂剂的特性，例如在掺有稀土（RE）离子、微晶粒、染料或杂质等物质的材料中，非线性效应与掺杂剂有关。非本征效应还可能是由光致成分变化造成的，例如可逆或不可逆的化学反应。

根据经验，要得到至少在 10^{-11} 范围内的 NRI（非共振本征效应），需要 $n_D>2$ 的线性折射率和 $v<20$ 的阿贝数。大多数氧化物玻璃的折射率都小于 2。达到上述折射率要求的一些玻璃类型有硫属化合物玻璃、硫卤玻璃、重金属氧化物、掺有 HMO 和 RE 的氧化物玻璃[2.36,37,40-42]。

相干非线性效应以材料对入射场的瞬时响应为特征。如果介电材料中的相应电子激发作用仅用虚拟方式创建（利用耦合波理论语言）或者在量子机械处理时，如果我们只处理相干电磁声子的相互作用，那么上述条件是满足的[2.30]。

不相干非线性效应包括利用真正激发或不相干方式激发的物质（例如电子-空穴对、激子或声子）来修改光学的性质。这些物质具有有限的寿命 τ（ns 至 ms 数量级）。由于寿命有限，这些物质的密度不会瞬时顺应入射光场，而是取决于以材料对入射场的瞬时响应为特征的粒子生成速率和粒子减少速率。表 2.4 列出了光学材料中的一些效应及其典型值。

表 2.4　各种 n_2 源（NRI）的三阶极化率、响应时间 τ 和 n_2 幅值[2.42]
SC=半导体，MQW=多量子阱

机制	典型材料	$\chi^{(3)}$	响应时间 τ/s	n_2（esu）	类型
半导体填带，激子效应	GaAs，MQW，掺 SC 的玻璃	$10^{-2} \sim 10^{-8}$	$\approx 10^{-8}$		共振
非线性电子极化性	PTS，玻璃	$10^{-11} \sim 10^{-14}$	$10^{-14} \sim 10^{-15}$	$10^{-8} \sim 10^{-14}$	非共振
光学克尔效应			$10^{-11} \sim 10^{-12}$	$10^{-11} \sim 10^{-12}$	
电致伸缩			$10^{-7} \sim 10^{-8}$	$10^{-7} \sim 10^{-8}$	
光折变效应	$BaTiO_3$，CdTe	$10^{-4} \sim 10^{-5}$	$10^{-3} \sim 1$		共振
分子取向	CS_2	$10^{-12} \sim 10^{-14}$	$\approx 10^{-12}$		非共振
热效应	ZnS，ZnSe	$10^{-4} \sim 10^{-6}$	$10^{-3} \sim 1$	$10^{-4} \sim 10^{-5}$	共振

人为二阶非线性特征的创建：光极化如前所述，SHG 过程与二阶磁化率有关，因此只在非中心对称材料中才存在。三阶非线性材料（例如玻璃）具有制造方便、制造成本低、均质性高等优点。因此，相关专家试着增加了场强（电极化），或者建立了人为对称性（热极化或光极化[2.36,37,43,44]），或者将这两种方法结合起来。

电场极化分为两类：电极极化（将直流电场外加到一对电极上）和电晕放电极化（膜表面在强电势下充电）。真空退火能有效地增强 SHG 强度，而在室温下加氢则能延长光学非线性特征的寿命。其他极化方法包括通过机械应力进行极化，或者利用化学稀释剂进行极化[2.32,39,41,45-47]。

通过光学极化比利用热极化或电极化获得的 SHG 强度更高。这是由于人为相位匹配（准相位匹配）可通过在玻璃中创建稳态 $\chi^{(2)}$ 光栅来实现（2.6 节）。因此，利用光学极化，可以在几厘米的样品长度上实现相位匹配，而热极化或电极化的作用区只有 5～15 μm。

光极化是在极化过程中通过用 1 064 nm 的光强烈照射，并用 SH 波长的另一束光进行照射来实现的（播种光）。在此过程之后，可以观察到强烈的 SHG（例如在 Pb–二氧化硅玻璃、Ge–二氧化硅玻璃、掺金属或 SC 的玻璃或 ZnO–TeO$_2$ 玻璃中）。主模式振荡和 SH 导致玻璃中存在半永久直流电场（通过光致电流或结构定位），从而抵消了反对称性，实现了 SHG 的周期性相位匹配（表 2.22）。

光极化还可用于具有非对称结构并呈现偏振特性的有机材料，例如染料。这些有机材料分散在玻璃基体中，以无规取向为特征，因此是各向同性材料。甚至晶体在玻璃中生长不会形成期望的二阶非线性，因为有极分子通常以中心对称（反平行）方式布置。通过用两束激光照射或外加一个电场，无规取向可变成有序配置。

详细地说，极化是在光子器件装置制造时可观察到的一个过程。迄今为止，大多数的光极化实验都是在纤维中进行的。但在波导几何体中，还可能出现其他的 SHG。在采用波导的情况下，在非线性核心聚合物的玻璃化转变点附近进行极化，以便给非线性发色团偶极建立永久方位。对于含 Na$^+$ 和 H$^+$ 的玻璃制品，可以通过在强电场中让这些可动离子漂移（热–电极化），建立了一个电荷场（图 2.20）。

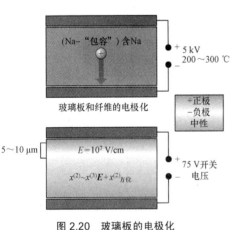

图 2.20　玻璃板的电极化

2.1.6　发射

在光学活性材料的很多用途中，吸收比和发射过程[2.48]之间的相互关系至关重要，例如激光器或光学放大器。在这些装置的光学活性材料中，需要有明确的规定吸收比水平，用于泵浦目的。这导致在低能量状态形成能级反转，这种反转可通过自发发射来清除，但会造成噪声；也可通过受激发射来清除，但能放大激光（或信号）模态。

这些吸收能级和发射能级之间的微观过程可能有不同的起源，例如稀土 4f 电子系统的几个能级。该能级与晶格振动之间只有微弱的相互作用，因此几乎看不见热致宽现象（零声子线）。激光材料的例子包括含 Nd^{3+} 的 YAG（钇铝石榴石）单晶体和掺 Nd^{3+} 的磷酸盐玻璃。光学放大器材料的例子包括含 Er^{3+} 的熔融石英和掺 Er^{3+}/Yb^{3+} 的多组分玻璃（图 2.23），这些材料采用了 Er^{3+} 在光通信波长范围内的光发射。其他激光系统包括：红宝石激光器（掺 Cr^{3+} 的 Al_2O_3）；以电子方式进行泵浦的半导体激光器；氦-氖激光器等气体激光器，其中的 He 能级用于泵浦目的，在 Ne 能级内则逐渐形成反转；或者染料激光器，其中有机分子的广泛 π 电子系统用于提供必要的可调谐能级。关于激光物理学的更多详情，请参见文献 [2.48]。吸收和吸收截面可直接测量，见 2.1.3 节中的描述。其中会看到，激发材料的光谱发射处理方法更加复杂。

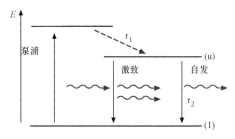

图 2.21　通过泵浦能级实现的三能级激光器系统示意图，该系统的寿命很短，$\tau_1 \ll \tau_2$。在激光上能级（u），粒子数增加。粒子数减少可通过能复制光子的受激发射原理来实现，也可通过自发发射来实现。在自发发射中，概率由寿命 τ_2 决定

1. 发射截面

虽然相对于光的衰减来说，吸收有着明确界定的含义，而且可通过吸收系数 α 来定量地测量，但吸收是由量子力学引起的。尤其要提到的是，为了让吸收和发射量化，需要采用跃迁概率的量子力学概念。这个概念通常可通过某些跃迁的振子强度来表达。光在某些频率 ω（或能量 $\hbar\omega$）下被吸收的事实表明，光在能量包（光子）中占的比例为

$$\hbar\omega = \frac{hc}{\lambda} \tag{2.87}$$

式中，h 是普朗克量子，$\hbar = h/2\pi$。吸收截面与跃迁概率 R_{ij} 有关，跃迁概率就是在介质中吸收光子以诱发光子从状态 i 跃迁到状态 j 的概率。通常，跃迁概率取决于波长与跃迁之间的具体相关性，以及波长与入射光之间的相关性。因此，跃迁概率与截面有关，如下式所示：

$$R_{ij} = \int \sigma(\omega)\Phi(\omega)\mathrm{d}\omega = \int \frac{-2\pi c}{\lambda^2}\sigma(\lambda)\Phi(\lambda)\mathrm{d}\lambda \qquad (2.88)$$

式中，Φ 是光子通量（m^{-2}），与光强 $I = \hbar\omega\Phi$ 有关。

2. 量子发射

此外，发射和发射截面具有量子力学性质。从历史观点来看，爱因斯坦的著作不仅让作者获得了诺贝尔奖，还为激光物理学奠定了基础。爱因斯坦让受激发射和自发发射这两个基本概念面世。受激发射过程中复制光子，复制的光子具有相同的能量和（更重要的是）相位。这就是激光性能和放大倍数背后的过程。受激发射只是吸收的相反过程，而自发发射是由受激态的有限寿命造成的。受激发射是导致激光器或光学放大器产生噪声的根源。只有一个跃迁 2→1 的较高激发能级 τ_2 的寿命是跃迁概率 A_{21} 的倒数：

$$\tau_2 = \frac{1}{A_{21}} \qquad (2.89)$$

当衰变轨道不同时，寿命是所有跃迁概率之和的倒数：

$$\tau_2 = \frac{1}{\sum_m A_{2m}} \qquad (2.90)$$

接下来定义一个发射截面。如果研究一个具有单个非简并跃迁而无非辐射衰变轨道的理想系统，则发射截面和吸收截面相同，$\sigma^{\mathrm{abs}} = \sigma^{\mathrm{emis}}$。

实际系统以如下方式偏离了理想系统：

● 激光上/下能级由一整组亚能级组成，尤其是在无序系统（例如玻璃）中，能级的非均匀扩展会变得很重要。因此，必须考虑到每个能级的有效态密度。

● 对于亚能级的间隔，必须考虑热占用，$\Delta E = h\Delta\omega < k_B T$，其中 k_B 是玻耳兹曼常量。

● 涉及不同简并度的能级。如果上能级的简并度为 g_2，下能级的简并度为 g_1，则发射概率和吸收概率必须乘以这些简并因子。如果能态与磁矩有关，则由晶体场分裂造成的简并度可能会消除，导致亚能级集合形成（如上所述）。

● 存在非辐射过程，这些过程清空了高能态，减小了辐射发射截面。在足够高的能量下，晶格振动（声子）能以非辐射方式清空受激态。

出于这些原因，实际系统的有效发射截面以特殊方式偏离吸收截面：

$$\sigma^{\mathrm{abs}}(\lambda) \neq \sigma^{\mathrm{emis}}(\lambda) \qquad (2.91)$$

理想二能级系统和实际系统的示意图见图 2.22。发射截面与跃迁概率相关，如下式所示：

$$\sigma^{\mathrm{emis}}(\lambda) = \frac{\lambda^2 A_{21}}{8\pi} S(c/\lambda) \qquad (2.92)$$

式中，$S(c/\lambda) = S(v)$ 是线性函数。将这个线性函数归一化为"1"，即 9 $S(v)\mathrm{d}v = 1$。但仍

存在一个问题：是否及如何能够测量发射截面。虽然吸收截面可直接测量，但要完成发射截面的测量过程则要复杂得多。线性函数可用如下方式确定：用光源使跃迁过程充满光，然后关掉光源，用分光仪测量所得到的荧光，荧光度会随着时间的推移呈指数级衰减。与波长有关的分光仪信号与发射截面成正比。如果用光照射体积为 V 的样品，直到达到定态，则反转能级 $0 < N_2(x) < 1$ 是激发光学中心的一个测度。发射过程在 $\lambda \sim \lambda + \Delta\lambda$ 的波长范围内出现的概率为

$$W(\lambda) = \frac{\sigma^{\mathrm{emis}}(\lambda)\Delta\lambda}{\int \sigma^{\mathrm{emis}}(\lambda)\mathrm{d}\lambda} \tag{2.93}$$

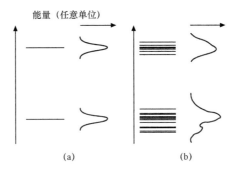

图 2.22　图（a）以示意图形式描绘了从受激态到基态能级的一个仅寿命被拓宽的理想发射过程。由图（b）中可看到很多实际系统裂变为不同的亚能级、不同的简并度和非辐射跃迁

因此，由无穷小体积元 $\mathrm{d}V(x)$ 发射的光强度为

$$\mathrm{d}I(\lambda, x) = NN_2\tau^{-1}\mathrm{d}V(x)h\nu W(\lambda) \tag{2.94}$$

式中，N 是光学中心的浓度；$h\nu = hc/\lambda$ 是每个具有普朗克常数 h 的发射声子的能量。为了测量 $W(\lambda)$，在所有空间方向上以相等概率发射的光强度必须用分光仪来收集，而分光仪通常只覆盖发射区域的一小部分空间角度。在传播到分光仪的途中，光还可能穿过其他体积元，造成吸收或受激发射。因此，在分光仪中测得的绝对信号与发射截面有关。因此，为测量截面，需要用到下列特殊条件：

● 在接近样品表面的地方进行励磁和测量，以避免发射的光穿过样品的大部分体积。这是在反散射几何体内或材料的隅角处完成的。

● 励磁现象比较强（例如用激光器），需要达到饱和度 $N_2 \approx 1$。通过用这种方法，在样品中行进的发射光的吸收受到抑制。

● 与标准品进行对比。如在单晶体、成分严格受控的玻璃或液体有机染料中具有确定浓度的稀土离子。

发射截面的测量虽然是不容易的，但对于跃迁的激光性能来说却是最重要的微观量。

3. Er 离子的例子

我们在这里要举的一个例子是在 1 550 nm 范围内跃迁时 Er^{3+} 的发射截面和吸收截面。这种跃迁对于远程通信应用来说很重要，因为其发生在让石英光纤呈现最小光衰减的波长范围内。此跃迁涉及的能态用光谱符号表示为 $E_1 \rightarrow ^4I_{15/2}$ 和 $E_2 \rightarrow ^4I_{13/2}$，代表构成 Er^{3+} 系统的相关 11 个 4f 电子系统的自旋矩、角矩和总力矩。图 2.23 描绘了 Er^{3+} 跃迁的一个例子，这种跃迁具有较高的技术重要性。影响发射截面值的一个事实是：基态能级为 8 倍简并，而激发态的简并度为 7 倍。由晶格振动形成的非辐射衰变轨道进一步影响着发射截面。截面的谱形由玻璃环境所致局部晶场中的能级分裂以及不同亚能级的热占用形成。此外，玻璃的无序结构还导致了谱形的非均匀增宽。

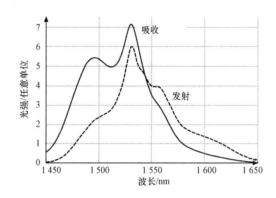

图 2.23　含 Er^{3+} 的玻璃的发射截面和吸收截面图

2.1.7　体积散射

本节将叙述在某体积内导致光散射的光与粒子之间的相互作用。在详细探讨之前，必须定义并解释"散射"这个术语。然后，再把散射细分为单散射、多重散射和相干散射。

1. 定义和基本原理

在这里，散射的定义是吸收入射光的能量，然后以相同的频率将一部分光再次发射出去。因此，本节将不探讨拉曼散射或布里渊散射等非弹性效应。

造成光散射的原因是表面不均匀性。从这一点来看，体积散射就是在某体积内的粒子表面上发生的散射。2.1.8 节探讨了表面散射。

显然，由散射的定义可看到，散射与衍射强相关。确实，衍射就是扁平粒子的散射[2.49]。

下面将体积散射细分为（图 2.24）：单散射、多重散射和相干散射。

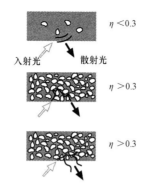

图 2.24　体积散射细分图：单散射（上图）、多重散射（中图）和相干散射（下图）

　　体积散射可视为单散射事件之和，前提是散射粒子的密度不太高。在数学上，这种关系用敛集率 η 来表示。敛集率用下面公式来定义：

$$\eta := \frac{N V_{\text{scat}}}{V_{\text{vol}}} \quad (2.95)$$

式中，N 是单个散射体的数量（整数），V_{scat} 是单个散射体的体积，V_{vol} 是 N 个相同散射体所在的整个体积。

　　在探讨这三种不同的体积散射分类之前，必须描述一些基本项目。

　　散射会使光衰减，就像介质本身对光的吸收一样。这两种效应统称为"消光"，其中，消光=吸收＋散射[2.49]。

　　总的（在所有方向上）散射功率 P_{scat}（单位：W）可由散射截面 C_{scat}（单位：m²）计算得到：

$$P_{\text{scat}} = C_{\text{scat}} I_{\text{in}} \quad (2.96)$$

式中，I_{in} 是入射光强度（W/m²）。一般情况下，在某一方向上的散射功率（图 2.25），可用微分散射截面 $\mathrm{d}C_{\text{scat}}/\mathrm{d}\Omega$（$\Omega$：立体角）来描述：

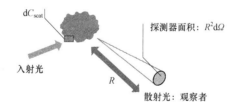

图 2.25　在散射截面所描述的某方向上的散射

$$\frac{\mathrm{d}C_{\text{scat}}}{\mathrm{d}\Omega} = R^2 \frac{I_{\text{scat}}}{I_{\text{in}}} \quad (2.97)$$

式中，R 是从散射体到观察者的距离；I_{scat} 是散射强度。散射截面可由微分散射截面计算得到：

$$C_{\text{scat}} = \int_{4\pi} \frac{dC_{\text{scat}}}{d\Omega} \, d\Omega \qquad (2.98)$$

但只有几种几何体的散射截面和微分散射截面能计算出来，例如球体（米氏散射）。

2. 单散射（米氏散射）

单散射体的一个很重要的几何形状是球体。在 1908 年，Mie[2.50]推导出了一种分析理论，其中全面描述了由嵌在一种不导电介质中的（导电或不导电）球体发出的光散射。文献［2.51］中可找到相关公式的简要介绍。散射功率的很多基本特性可通过研究球体散射来获得。由图 2.26 可看到，所计算出的散射截面已归一化为玻璃球体的几何截面（=πa^2，其中 a 是球体半径）。

图 2.26 显示了不同波长与散射截面之间的相关性以及与散射功率之间的相关性［式（2.96）］。根据几何球体尺寸（以直径 $2a$ 为特征）与波长之间的相关性，可以确定三个重要的区域：

● $\lambda \ll 2a/n_{\text{medium}}$，几何光学区。出人意料的是，项 $C_{\text{scat}}/\pi a^2 = 2$，这个效应叫作"消光悖论"，因子 2 是由绕射效应造成的[2.52,53]。

● $\lambda \approx 2a/n_{\text{medium}}$，共振效应，项 $C_{\text{scat}}/\pi a^2$ 有最大值。因此，如果物体的几何尺寸与波长大致相同，则最高散射功率可测定。

● $\lambda \gg 2a/n_{\text{medium}}$，瑞利散射。散射功率与 $1/\lambda^4$ 成正比。这种效应可达到蓝天效果，即大气中的微粒散射蓝光（≈400 nm），而不是红光（≈750 nm）。

单散射体的这些基本特性 —— 在此显示的是球体这种特殊情况 —— 对于任意几何形状的所有单散射体来说都是典型的。如上所述，在图 2.26 中，根据散射体尺寸和波长之间的相关性，可以观察到不同的散射功率特性。

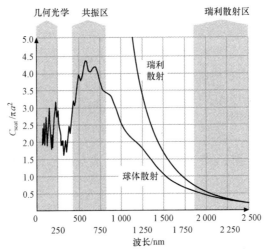

图 2.26　散射截面/球体面积（截面）–半径为 a=400 nm 的玻璃球体（n_{sphere}=1.50）在空气（n_{medium}=1.0）中的波长

3. 多重散射

前一节描述了在单个孤立粒子上的散射,现在来探讨多重散射,即很多单散射体的权重叠加,但不产生干扰效应。具有干扰效应的多重散射叫作"相干散射",将在下面探讨。

多重散射只能用数字来描述。当敛集率 $\eta > 0.3$ 时,必须使用多重散射。根据对单散射体的散射函数(利用微分散射截面来描述)的了解,可以利用在整个体积内的追踪射线来计算总的散射函数。

例如,计算了由敛集率 $\eta = 0.8$ 得到的 1.5×10^9 个粒子/mm^3 多重散射(玻璃陶瓷就可能是这种情况,见 2.5 节)。单散射体假定为一个半径为 400 nm、折射率为 $n_{sphere} = 1.51$ 的球体,这个球体嵌入在一块折射率为 $n_{medium} = 1.50$、波长为 550 nm 的玻璃中。图 2.27 显示了这个单散射体的微分散射截面乘以 1.5×10^9 个粒子/mm^3。

单散射体的微分散射截面(图 2.27)用于计算整个体积的微分散射截面,敛集率 $\eta = 0.8$。图 2.28 中所示的结果是通过用数字法计算多重散射而获得的。

如图 2.28 所示,大多数的功率将反向(180°)散射、正向(0°)散射的功率将较少,而侧向(90°)散射的功率将为 0。

通过将图 2.27 与图 2.28 对比,可以看到微分散射截面是完全不同的,原因在于体积内存在多重散射。

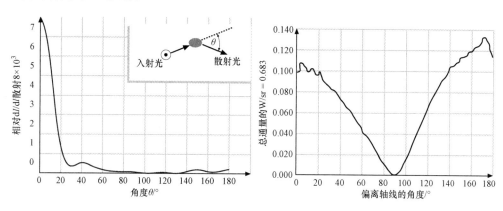

图 2.27　半径为 a=400 nm 的玻璃球体(n_{sphere}=1.51)的微分散射截面乘以 1.5×10^9 个粒子/mm^3,这个球体嵌入在折射率为 n_{medium}=1.50、波长为 550 nm 的介质中

图 2.28　η=0.8 的多重散射,依据的是图 2.27 中的数据。由体积内的多重散射造成的微分散射截面与图 2.27 中显示的完全不同(偏离轴线的角度已定义在图 2.27 的插图中)

4. 相干散射

相干散射——一系列独立的单粒子散射事件被一整组不同散射中心的集体光束控制替代,当处理含散射体的材料而且散射体之间的间距大于相干长度(为了让波

摆脱相干性而必需的波传播距离）时，散射事件可按独立的事件来处理，甚至在多重散射条件下也可以，这种散射叫作"不相干"，由这种照射得到的总光强就是所有独立散射中心的强度贡献值之和。

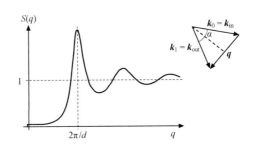

图 2.29　左：静态结构因子的例子（对于硬球体而言）；右：散射向量 q

但当散射体之间的距离近似等于或小于相干长度时，必须考虑相干散射效应[2.54]。在这种情况下，由于波包能够一次性与不止一个散射中心相互作用，因此会发生波包干涉，几个散射体会同时让波包变形。因此，由不同散射体引起的光信号相位之间存在一种关系。这些事件将不再是独立的，而是相互关联的，透射光的总强度将不再是简单的求和。因此，在相干散射中，波包将与影响波包在介质中传播的几个散射中心发生相互作用。在光子群干涉（量子效应）中，波包在散射之后便瓦解了，但不同的正弦分量会再次"碰面"并发生干涉。这种干涉会影响在样品中传输的光的强度，通过相干散射研究可得到有价值的结构信息。

在前面探讨过，当由不同散射中心引起的光信号相位相互关联时，散射为相干散射；但当相位不是相互关联时，散射为不相干散射。因此，不管由不同散射中心发出的波之间存在何种相位关系[2.55]，相干散射光的传播在很大程度上取决于散射向量 q 的方向（散射向量是入射波向量与出射波向量之差，即 $k_{in}-k_{out}$（图 2.29 中的右图），而不相干散射光会沿任何方向传播。当散射中心之间的平均距离（d）近似等于或小于相干长度时，干涉效应很显著，可用静态结构因子 $S(q)$ 来定量地描述。$S(q)$ 给出了粒子中心位置的相关性（图 2.29 中的左图）。$S(q)$ 表示结构非均质性的理论描述与实际实验性散射测量值之间的关系[2.56]。相干散射的一个极端情况是散射中心的严格周期性配置。散射强度揭示了布拉格峰的最大值，这个结构因子由尖锐 δ 峰值组成。不相干散射项和相干散射项之间的关系通常通过德拜–沃勒因子来表达。

真实空间中的结构因子图是对相关函数 $g(r)$。这个函数给出了在样品中找到相距为 r 的一对散射中心的概率。$g(r)$ 和 $S(q)$ 之间的关系为

$$S(q) = 1 + 4\pi\rho \int_0^\infty r^2 [g(r)-1] \frac{\sin(kr)}{kr} \mathrm{d}r \qquad (2.99)$$

式中，ρ 是散射中心的密度。散射体截面和结构因子之间存在着一种数学关系，对

于相关粒子组的总体散射情况，散射截面为

$$C_{scat} = \frac{1}{k_0^2} \int_0^{2k_0a} F(y, \boldsymbol{k}_0 a) S(y) y \mathrm{d}y \qquad （2.100）$$

式中，$y = qa$；$F(y)$ 是波形因数；a 是散射体的半径；$\boldsymbol{k}_0$ 是入射波向量[2.57]。

相干散射光子具有相位关系，因此呈现出更像波形的特性。在突显相干散射的实验中，也可利用散射路径之间的干涉。例如，由单色相干源发出的光从样品上散射，显现出与样品成分和结构有关的特有散斑图（由干涉效应造成的一系列不重叠亮点），前提是单散射为显性效应[2.55]，这些散斑图包含了结构信息。另一个领域是对反向散射锥的分析。相干散射效应的另一个例子是玻璃陶瓷的超高透明度——一种无法用瑞利散射或米氏散射理论来解释的现象（2.5 节）。

2.1.8　表面散射

本节更详细地探讨了由表面不均匀性造成的光散射。瑞利准则评估了散射什么时候比较重要、什么时候必须考虑在内。粗糙度与散射光之间的相关性可利用"总积分散射"（TIS）来估算。TIS 是一个积分（在所有方向上）值，因此不考虑角度与散射之间的相关性。角度与表面散射之间的相关性可通过假设表面粗糙度为正弦曲线来估算。此外还简要探讨了一般（标量）散射理论。

有关表面散射的更多详情可在文献［2.58，59］中找到。

1. 基本原理和瑞利准则

完全光滑的表面只能进行镜面反射。如 2.1.7 节所述，当表面不均匀时，除镜面反射外，光还会在其他方向上散射，如图 2.30 所示。

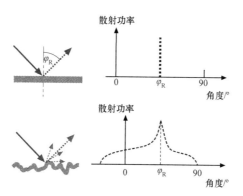

图 2.30　在完全光滑表面上的镜面光反射（上图），以及在粗糙表面上的光散射（下图）。虚线＝散射（反射）光，实线＝入射光

由图 2.30 可看到，由于表面粗糙，除镜面反射光外，还会生成散射光。这些杂散光在镜面方向周围的广角范围内散射。表面越粗糙，远离镜面方向的散射光就越多。

但为何表面是光滑的？这要通过所谓的"瑞利准则"来回答[2.59]。

由图 2.31 可看到,在粗糙表面上入射的平面波会遇到两个外部光束之间的相位差。如果相位差 $\Phi < \pi/2$,则此表面叫作"光滑表面"(即瑞利准则):

$$\Delta h < \frac{\lambda}{8\cos\alpha} \tag{2.101}$$

式中,Δh 是 RMS 粗糙度(标准偏差)。

相位差 Ψ:

$$\Psi = 2\frac{2\pi}{\lambda}\Delta h\cos\varphi$$

图 2.31 在粗糙表面上入射的平面波以及由于不同光路造成的相位差

2. 散射(TIS)和表面粗糙度

表面粗糙度与散射光之间的关系可在"总积分散射"(TIS)中看到。TIS 是一个半球中的散射功率 P_{scat}(无镜面反射光)与镜面反射功率 P_{ref} 之比。如果表面粗糙度小于波长,则 TIS 由公式[2.58]求出:

$$\mathrm{TIS} = \frac{P_{scat}}{P_{ref}} = \left[\frac{4\pi\cos\alpha_R}{\lambda}\right]^2 (\Delta h)^2 \tag{2.102}$$

式中,α_R 是入射角(反射比),如图 2.30 所示;Δh 是表面的均方根(RMS)粗糙度(图 2.32)。

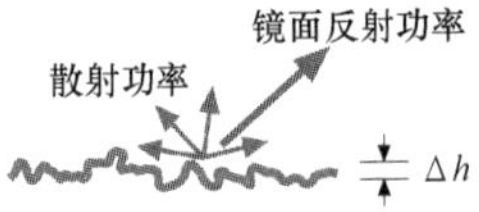

散射功率

镜面反射功率

Δh

图 2.32 表面粗糙度和 TIS

由式(2.102)可看到,散射功率与表面粗糙度的平方成正比,且以 $1/\lambda^2$ 的形式与波长有关。图 2.33 绘制了各种 TIS 值的表面粗糙度–波长图。研究特定的玻璃表面和波长为 500 nm 的入射光,具有此波长的反射光应当只有 10^{-3} 能被散射(TIS=10^{-3})。对于这种波长和 TIS 值,RMS 粗糙度只有 1.3 nm。此值在普通磨光玻璃和超级磨光玻璃的表面粗糙度之间。因此,普通磨光在这里是不够的,必须使用更加昂贵的超级磨光玻璃。

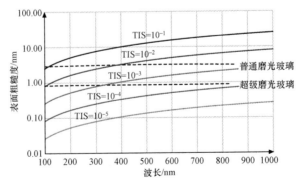

图 2.33 各种 TIS 值的表面粗糙度–波长图。图中还绘出了超级磨光玻璃和普通磨光玻璃的典型粗糙度系数(请注意粗糙度轴线的对数刻度)

　　TIS 也可用于估算表面粗糙度。通过测量确定波长下的 TIS[2.58,60]，可以利用式（2.102）计算出表面粗糙度。

3. 由正弦表面粗糙度产生的角散射

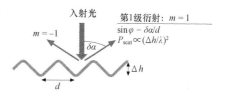

图 2.34　正弦表面粗糙度及其第 1 衍射级参数

　　如前所述，TIS 是一个积分值，因此角度与散射之间的相关性不能用 TIS 来描述。但在很多情况下，要确定垂直于入射光（与之成 90°）的散射光分布，散射光的方向必须已知。为获得关于角度与散射之间相关性的感性知识，本书研究了表面粗糙度的最简单形式——正弦表面（图 2.34）。任何一种表面粗糙度都可视为正弦粗糙表面的叠加形式，文献［2.59］中就采用了这种方法。前面提到，散射与衍射强相关。

　　这种正弦光栅把光衍射（散射）为很多级。文献［2.58］描述了被散射为第 m 个衍射级的光：

$$P_{\text{scat}}^m \propto \left(\frac{\Delta h}{\lambda} \right)^{2|m|} \qquad （2.103）$$

其中，属于第 m 级的散射角可由光栅方程算出：

$$\sin \Delta \alpha_m = m \frac{\lambda}{d} \qquad （2.104）$$

式中，$\Delta \alpha_m$ 是相对于镜面反射方向测量的衍射角。本书中将下列考虑因素局限于法线入射情况，即 $\Delta \alpha = \alpha$。例如，研究光滑表面的情况。

　　光滑表面，即 $\Delta h / \lambda \ll 1$。因此，只需要考虑一阶衍射，如图 2.34 所示。

　　在这种情况下，一阶衍射的角度仅由光栅的周期 d 和波长决定，而不是由粗糙度 Δh 决定。因为散射功率是由 TIS（仅适用于光滑表面）计算得到的。散射功率与 $(\Delta h / \lambda)^2$ 成正比，散射角 $\Delta \alpha$ 只取决于周期 d 和波长 λ。在这里，有三种情况尤其重要：

　　● $\lambda / d \ll 1$，周期比波长大得多，按照式（2.104），当 $m=1$ 时，角度 $\Delta \alpha = 0°$。这意味着光将主要在镜面方向上散射。

　　● $\lambda / d \approx 1$，周期近似等于波长，因此散射角 $=90°$。

　　● $\lambda / d > 1$，周期大于波长，光将在 $0° \sim 90°$ 之间散射。

　　图 2.35 中描绘了光滑表面的三种情况，清晰地显示了不同周期 d 下（与波长相比）的光散射角度差。

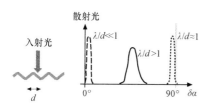

图 2.35　不同周期 d 下光滑表面的角度散射光

现实中，正弦表面粗糙度无法找到。但如前所述，随机的表面粗糙度可分解为多个正弦表面的叠加形式。文献［2.59］中更加详细地介绍了这一点。表面的角散射特性通常用所谓的"角度解析散射"（ARS）来测量。这些测量值可用于提取角散射特性（双向散射分布函数，BSDF），在模拟工具中用于预测散射特性。

4. 一般标量散射理论（一阶波恩近似）

如果粗糙度的几何形状以及不同的折射率均已知，则可推导出用于计算散射电场的一般理论。当折射率变化小时，这种理论是精确的（即所谓的"一阶波恩近似"）。在对计算结果进行迭代之后，还可以计算折射率的更大变化。

总电场 $U(r, \omega)$，即入射场 U^i 和散射场 U^s（$U = U^i + U^s$），遵从下列微分方程[2.61]（国际标准单位）：

$$\Delta U + \left(\frac{2\pi}{\lambda_0}\right)^2 U = -4\pi F(r, \omega)U \tag{2.105}$$

式中，λ_0 是自由空间波长；r 是任意观察点；散射势 F 是

$$F(r, \omega) = \frac{1}{4\pi} k^2 [n^2(r, \omega) - 1] \tag{2.106}$$

方程（2.105）的右侧描述了散射源。因此，由方程（2.106）可看到，散射源只由与空间和频率有关的折射率 n 确定。在这里，可以明确看到光散射源是与空间有关的折射率（粗糙表面）。

如文献［2.61］中所述，方程（2.105）中关于散射电场的解由下式求出：

$$U^s(r, \omega) = \int_V F(x, \omega)U(x, \omega) \frac{e^{ik|r-x|}}{|r-x|} d^3x \tag{2.107}$$

这种形式的缺点是积分（2.107）内的总电场必须已知。但 U 还包含散射电场。这个问题可通过利用一阶波恩近似（或瑞利–甘斯理论）来克服。一阶波恩近似假设存在光滑表面（折射率变化小）及远场[2.61]：

$$U \approx U_1 = e^{ik_i r} + \frac{e^{ikr}}{r} \int_V F(x)e^{i(k_i - k)r} d^3x \tag{2.108}$$

式中，k_i 是入射波的波向量，k 是原点和观察点的波向量。

方程（2.108）是一阶波恩近似公式，散射电场由下式求出：

$$U^s = \frac{e^{ikr}}{r} \int_V F(x)e^{i(k_i - k)r} d^3x \tag{2.109}$$

这种理论仅限于光滑表面，但式（2.109）的迭代使用[2.53]允许这种理论的应用范围扩展到更粗糙的表面。

但是，折射率的空间分布必须已知。这是个难题，因此式（2.109）有极限值。因此，TIS 和 ARS 测量值主要用于描述粗糙表面的散射。

2.1.9 其他效应

传统光学材料还具有如下性质：

- （非）线性折射率
- 吸收系数
- 发射截面
- 散射截面

当如下其他物理场影响到固体的光学性质时，该光学材料中还存在很多效应：

- 准直流电场
- 准直流磁场
- 机械应力

由这些现象得到的电子光学效应和压光效应如下所述。

对一些光学材料来说，某些强度或能量的入射光会造成光学性质的（准）永久变形。2.4 节中描述了由负感作用和激光损伤带来的负面效应。另外，预计可能会遇到的永久性性质变化有：光致变色、光感和光折变。

本节简要介绍光致变色，光感和光折变将在 2.9.3 节广泛探讨。

1. 电光效应

特殊晶体光学材料中的电光（EO）效应（根据 Musikant[2.62]）（又叫作"普克耳斯效应"）是由外加电场造成的，在寻常（o）和非常（e）方向（2.1.4 节）上的折射率变化。原则上，EO 效应是非线性光学特性的一种特殊情况。在非线性光学特性中，扰动电磁场为准直流类型。因此，EO 效应是一种用于控制入射辐射波特性的方法。这种线性效应以介电张量的微扰展开为特征（2.1.4 节）：

$$\varepsilon_{ij} = \varepsilon_{ij}^0 + \Delta\varepsilon_{ijk}^E E_k \quad\quad (2.110)$$

式中，ε_{ij}^0 描述了与电场无关的介电张量贡献；$\Delta\varepsilon_{ijk}^E$ 是与外加电场 E 的每个分量 k 有关的 ε_{ij} 一阶导数。

根据 2.1.4 节类似的对称性分析，27 个不同的系数 $\Delta\varepsilon_{ijk}^E$ 减少到只有 18 个，因为 $\Delta\varepsilon_{ijk}^E = \Delta\varepsilon_{jik}^E$。这些系数可测量，可用于计算电致双折射。表 2.5 中列出了在 EO 装置中经常使用的一些材料。

表 2.5 电子光学材料的特性（根据[2.62]）

材料	电光系数 $r_{63}/(\text{pm}\cdot\text{V}^{-1})$	典型的半波电压 @546 nm 波长/kV	近似的 n_o
磷酸二氢铵（ADP）	8.5	9.2	1.526
磷酸二氢钾（KDP）	10.5	7.5	1.51
磷酸二氘钾（KD*P）	26.4	2.6～3.4	1.52

材料	电光系数 $r_{63}/\ (pm \cdot V^{-1})$	典型的半波电压 @546 nm 波长/kV	近似的 n_o
砷酸二氢钾（KDA）	10.9	6.4	1.57
磷酸二氢铷（RDP）	11.0	7.3	—
砷酸二氢铵（ADA）	5.5	13	1.58

为了描述 EO 效应的技术应用，图 2.36 图示了一种磷酸二氢钾（KDP）纵向调制器。如果没有外加电压，光轴上的寻常折射率和非常折射率是相同的。当外加电压的方向与光传播方向平行时，晶体就变成了双折射晶体，非常光线与寻常光线相比延迟了。在 EO 材料的出射侧，这两个偏振光束之间出现相对相移。这样导致椭圆形偏振态的形成。这种相位差由文献［2.62］求出：

$$\Phi_{eo} = \frac{n_o^3 \Delta \varepsilon_{123}^E U}{\lambda} \tag{2.111}$$

式中，Φ_{eo} 是相位差波长的数量；n_o 是寻常折射率；$\Delta\varepsilon_{123}^E$ 是电光系数（μm/V）；U 是外加电压（V）；λ 是波长（μm）。当 $\Phi_{eo}=1/2$ 时，$U=U_{1/2}$ 定义为"半压"（表 2.5）。

在一些晶体中还可以发现横向 EO 效应。在这种情况下，双折射变化是由横向外加在光束传播方向上的电压诱发的。有关 EO 材料的进一步信息可从文献［2.62］中找到。

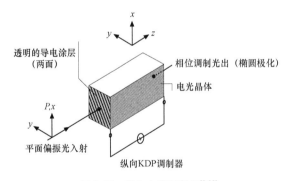

图 2.36　纵向电光调制器[2.62]

2. 压光效应

压光（PO）效应（根据 Musikant[2.62]）与 EO 效应相似。给 PO 材料施加压力，会改变其光学双折射。如果 PO 材料受到的压力与入射光束垂直，则相位差与压力呈线性正比关系。声光调制器的原理是基于当光横向穿过一个高频声场并在 PO 介质中传播时的折射效应和衍射效应。这种相互作用会影响光束的偏转、偏振、相位、频率或振幅。沿声波的横向方向穿过 PO 材料的光将通过这种声波来调制。

表 2.6 列出了一些已知的 PO 材料及其特性，其中两种常用的特性参数是[2.62]

$$
\begin{cases}
F_1 = \dfrac{n^6 (\Delta \varepsilon^P)^2}{\varrho v^3} \\[3mm]
F_2 = \dfrac{n^7 (\Delta \varepsilon^P)^2}{\varrho v}
\end{cases}
\tag{2.112}
$$

式中，n 是光学折射率；$\Delta \varepsilon^P$ 是光弹性张量（与电光效应中的 $\Delta \varepsilon^E$ 相似）的相关分量；ϱ 是质量密度；v 是声相速度。

按照文献［2.62］中的定义，表 2.6 中的纵向（L）波就是位移 u 与声波传播方向（$\boldsymbol{k}$ 向量）平行（‖）时的光波，而横向（T）波是位移 u 与声波传播方向（$\boldsymbol{k}$ 向量）垂直（⊥）时的光波。

表 2.6　压电材料的特性[2.62]

材料	$\lambda/\mu m$	n	偏振和方向 [a]		品质因数	
			声波	光波 [b]	$\dfrac{n^6 p^2}{pv^3} \times 10^{-18}$	$\dfrac{n^7 p^2}{pv} \times 10^{-7}$
熔融石英	0.63	1.46	L T	⊥ ‖或⊥	1.51 0.467	7.89 0.963
GaP	0.63	3.31	L,[110] T,[110]	‖ ‖或⊥，[010]	44.6 24.1	590 137
GaAs	1.15	3.37	L,[110] T,[100]	‖ ‖或⊥，[010]	104 46.3	925 155
TiO₂	0.63	2.58	L,[11$\bar{2}$0]	⊥，[001]	3.93	62.5
LiNbO₃	0.63	2.20	L,[11$\bar{2}$0]		6.99	66.5
YAG	0.63	1.83	L,[100] L,[110]	‖ ⊥	0.012 0.073	0.16 0.98
YIG	1.15	2.22	L,[100]	⊥	0.33	3.94
LiTaO₃	0.63	2.18	L,[001]	‖	1.37	11.4
As₂S₃	0.63 1.15	2.61 2.46	L L	⊥ ‖	433 347	762 619
SF−4	0.63	1.616	L	⊥	4.51	1.83
β−ZnS	0.63	2.53	L,[110] T,[110]	‖，[001] ‖或⊥，[001]	3.41 0.57	24.3 10.6
α−Al₂O₃	0.63	1.76	L,[001]	‖，[11$\bar{2}$0]	0.34	7.32
CdS	0.63	2.44	L,[11$\bar{2}$0]	‖	12.1	51.8
ADP	0.63	1.58	L,[100] T,[100]	‖，[010] ‖或⊥，[001]	2.78 6.43	16.0 3.34
KDP	0.63	1.51	L,[100] T,[100]	‖，[010] ‖或⊥，[001]	1.91 3.83	8.72 1.57

续表

材料	$\lambda/\mu m$	n	偏振和方向 [a]		品质因数	
			声波	光波 [b]	$\dfrac{n^6 p^2}{pv^3} \times 10^{-18}$	$\dfrac{n^7 p^2}{pv} \times 10^{-7}$
H_2O	0.63	1.33	L		160	43.6
Te	10.6	4.8	L,[11$\overline{2}$0]	$\parallel$, [0001]	4 400	10 200
$\alpha-HIO_3$ [c]	0.63		L–a	a–c	48.2	
				b–c	20.8	
				c–b	46.0	
			L–b	a–c	41.6	
				b–c	58.9	
				c–a	32.8	
			L–c	a–b	83.5	
				b–a	77.5	
				c–a	63.0	
			剪切 a–b	a–c	17.1	

a L = 纵向，T = 横向（剪切）

b 偏振定义为平行（$\parallel$）或垂直（$\perp$）于由声波和光波传播方向（k 向量）形成的平面

c 晶格常数：$a = 5.888$ Å，$b = 7.733$ Å，$c = 5.538$Å

3. 光致变色

光致变色（按照 Hoffmann[2.63]）是一种有名的光学材料特性，用于在眼科中处理由电磁辐射诱发的吸收效应。Armistead 和 Stookey[2.64]为这种效应奠定了科学基础。本节的解释遵循了文献［2.63］中关于光致变色的极好描述。

如 2.1.3 节中所述，电磁辐射会造成从材料的一种量子状态到另一种量子状态的跃迁。这些励磁现象会形成新的（准）粒子，或激发离子或分子子系统的振动。量子配置的相应变化必定会影响材料本身的吸收光谱。但对大多数的光学材料来说，其光吸收特性中的这些扰动要么小到忽略不计（根据入射辐射功率来决定）；要么立即消失（当入射光关掉时）。

对于一些光学材料及其特定用途来说，由光子诱发的吸收变化可用于以明确定义的方式控制吸收光谱。这是光致变色的一般定义，与光跃迁发生变化时的光谱范围以及光子能量无关。

光致变色可能由很多不同的量子效应造成，例如[2.63]：

● 通过辐照由一个色心变成另一个色心；

● 光致色心取向（光致二向色性）；

- 光谱烧孔；
- 光致聚合；
- 化合物分解；
- 光致吸收带消感应，例如在激光应用中的光量开关。

2.1.5 节中介绍并说明了很多此类量子机制。为了将光致变色效应用于技术用途，必须集中研究绝对和相对跃迁变化足够大的材料和波长范围。在选择适当的材料时，辐照光子的应用光谱范围和光诱导吸收率是至关紧要的。辨别感应量子效应是否会自发地弛豫或只在其他辐照下弛豫这一点也很重要。最后但并非是最不重要的，每个入射光子的吸收率变化效率具有高度相关性。由于这些技术限制，光致变色的实际用途减少为只有几种，例如[2.63]：

- 眼科眼镜利用了光致变色效应（见后文）；
- 将光致变色效应应用于光学数据存储器；
- 智能窗的设计。

在眼科应用领域，UV 太阳光造成光致变色眼镜在可见波长范围内出现透射率变化，如图 2.37（a）所示。图 2.37（b）简要描绘了玻璃基体内卤化银粒子的相应电子构型变化。从变暗状态回到未辐照状态的这个所谓"再生过程"通常持续 5～20 min，是不同电子重组过程（在图 2.37（b）中标记为 1，2，2a，…，7）之间的一个很复杂的相互作用。文献［2.63］中全面探讨了与掺有卤化银的玻璃中的光致变色效应有关的进一步物理化学详情。

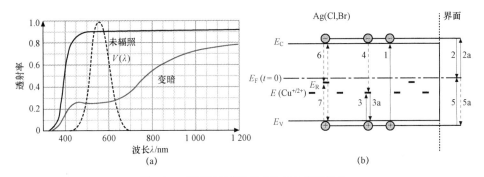

图 2.37　用于眼科领域的光致变色眼镜特性

（a）在太阳辐照之前以及在太阳辐照约 15 min 之后光致变色玻璃的透射率；
（b）在卤化物微粒和玻璃基质之间界面上的卤化银粒子内可能出现的不同光电子过程的能带图[2.63]

|2.2　光　学　玻　璃|

在每次探讨光学玻璃时，尤其是下文的集中探讨，必须一开始就定义"光学玻璃"这个术语，及其与其他玻璃类型（滤光玻璃、技术玻璃等等）之间的界限。

（典型）光学玻璃是能够在 200～1 500 nm 的波长范围内影响电磁射线传播路径以达到光导目的的所有玻璃的传统通用术语[2.65]。这种光学效应以及光学玻璃本身通常由两个主要的光学值决定：在光谱 d 线（587.6 nm，黄色氦线）的波长处的折射率（n_d）和阿贝数（v_d，1/色散）[2.65,66]。相关的光学范围通常在 n_d=1.38～2.20 和 v_d=18～100 之间，但实际应用趋向于采用不太极端的光学范围，因此建议将上述范围值减小为 n_d=1.40～2.00 和 v_d=20～90，作为首选的典型范围。此首选范围与其他类型之间保持着界限，现在通常被称为光学玻璃的亚组，例如彩色滤光玻璃和有源光学玻璃。在这里，这个首选范围将忽略不计，"光学玻璃"一词将始终指上述传统定义。

因此，光学玻璃主要用作下列光导应用领域内的部件（透镜、棱镜）：成像光学（显微镜检查、照相物镜等等）；（数字）投影（颜色管理系统、投影机、电影物镜）；远程通信（有源元件、球形和棒形透镜、渐变折射透镜和透镜阵列的集合）；光通信工程（光与图像纤维波导管、数据传感器系统、读写系统）；激光技术（激光光学装置、有源元件的集合）。

光学玻璃图表中通常简要描绘了现有的光学玻璃类型，而且只规定了这些玻璃类型的两个主要光学值 n_d/v_d。这些图表由一些知名的玻璃制造商（肖特光学[2.65]、小原光学、保谷光学、住田光学、皮尔金顿以及以前的康宁）提供（目前甚至通过互联网提供），图中逐项列举了光学玻璃，而不管其可能用于何种用途，还列举了其他光学特性和物理化学性能。迄今为止，玻璃制造业已分为几个历史发展部分，如图 2.103 中的例子所示。

2.2.1 时序性发展

已知的第一批光学器件工厂和早期的光学行业（眼科、天文和显微镜检查）缺乏可再制光学玻璃。简而言之，他们不得不利用在某种程度上不可再制的罐装熔体来制造玻璃，这些熔体的原材料不纯而且不容易买到。除了用这种方法制造的材料光学性能极差之外，人们无法可靠地了解材料成分和特性之间的关系，最多只能按供应商对原材料及其影响加以分类[2.67,68]。

越来越丰富的化学知识使得区分原材料添加剂和杂质成为可能，这一点加上化学分离能力越来越强，使得成分/化合物和特性/缺陷之间的第一批关系得以建立。这反过来实现了光学性质的确定性调节。而直到那时，人们的注意力还只集中于光学玻璃位置，即上面提到的 n_d/v_d 确切值。出生于一个玻璃制造世家的德国化学家奥托·肖特（Otto Schott）率先用科学方法研究了成分、特性之间的关系，并获得了与可预先确定的熔融一致性玻璃有关的基本知识。恩斯特·阿贝（Ernst Abbe）和卡尔·蔡司（Carl Zeiss）经营着一家生产优质光学仪器的公司，他们意识到了自己企业的优势，于是与肖特联合，不费吹灰之力就达到了事业的巅峰[2.68]。

在 1880 年之前，人们知道的玻璃只有简单的冕牌玻璃和火石玻璃（约 30 种）[2.69]。

冕牌玻璃由钠钙硅酸盐组成，具有较低的折射率和较高的阿贝数，尽管从目前的观点来看阿贝数更倾向于"中等"。火石玻璃[2.70]具有较高的折射率和较低的阿贝数，仅由铅碱硅酸盐组成。火石玻璃和冕牌玻璃之间的现代"分界线"由阿贝数确定。对于火石玻璃而言，当 $n_d > 1.60$ 时，$v_d < 50$；当 $n_d < 1.60$ 时，$v_d < 55$。当时，这种区别很自然是由成分造成的。

从 1880 年起，奥托·肖特通过制造除硅酸盐之外的两种新的玻璃形成剂（氟（v_d 很高，n_d 很低）和硼（n_d/v_d 中等））扩大了玻璃"版图"。此外，他还利用 BaO 作为化合物（v_d 中，n_d 高），用网络改性剂来制造玻璃。因此，他制造出了具有更宽光学玻璃位置范围的各种新的玻璃制品，由此出现了另一种玻璃分类法：重型玻璃（折射率高），以及除冕牌玻璃和火石玻璃（色散/阿贝数的表现形式）外的轻型玻璃（折射率低）[2.71]。

在 1930 年左右，一个新的玻璃开发纪元拉开序幕。当时，稀土元素（尤其是镧）、二氧化钛、氧化锆等化合物以及新增的含磷网络形成剂已能够获得，并保质保量地使用[2.72,73]。这些玻璃导致得到更多的新光学玻璃位置。这些光学玻璃位置在阿贝图中的区域通过在传统重型/轻型冕牌/火石玻璃术语上添加新化合物的化学符号来命名，例如 PSK（含磷重型冕牌玻璃，即德语中的"Phosphat-Schwerkron"）或 LaSF（镧重型火石玻璃，即德语中的"Lanthanschwerflint"）[2.71]。

在这个背景下，可以很容易了解到，随着光学玻璃位置（n_d/v_d）和成分之间的强相关性不断演化，阿贝图中出现了历史边界以及用光学方法确定的玻璃系列。

因此，玻璃的名称仅由其光学玻璃位置后面再加一个连续编号来定义，强烈地提示了玻璃的成分。

虽然这些边界迄今仍然有效，但这种强相关性已不复存在，因为已能获得高纯度（传统）原材料，而且其他新的原材料也能通过新的采矿、清洗、提纯等方式来获得。现在可以用几种基础玻璃成分来达到一个光学玻璃位置，导致形成越来越多的具有强重叠性并跨越了传统边界的合成玻璃系列。因此，由玻璃类型名称（例如 PSK 54）得到的信息不再能提供关于成分和玻璃系列及其特性的可靠信息。在这种情况下，我们不能确定磷的存在，因为有没有磷都有可能获得 PSK 类型的玻璃。虽然这两种玻璃系列具有相同的光学玻璃位置（例如肖特光学的 N-LaSF 31A、光市的 E-LaSF 08 和保谷光学的 TaFD 30），但它们的物理化学性质（耐化学性、努氏硬度、温度-黏度曲线图等）截然不同。

还要指出的是，日本的玻璃制造商小原光学（Ohara）和保谷光学（Hoya）最近不再采用这种传统命名法，而实施了自己的代表性玻璃命名制度。尽管如此，其仍保留了阿贝图中的传统边界。

2.2.2　现代光学玻璃的成分

如今，已知道 300 多种可根据化学成分来分类的不同类型的光学玻璃，如图 2.38 以及表 2.36 所示。由于原材料更容易获得，因此一个光学玻璃位置可通过几种合成

图 2.38　如今优质的光学玻璃都有
很多种形状和产品

方法来达到。因为目前的玻璃开发规范已提高，偏离传统的基础系统和已知的成分常常是可行的。除众所周知的纯光学玻璃位置外，那些规范包含由客户和工艺人员规定的 15 种特性，通常规定的特性属于下列领域：

- 应用：T_g，CTE，比重，光谱透射，耐化学性，负感作用，压实，双折射系数，断裂特性。
- 污染控制和操作安全性：批料和原料的化学反应性和热反应性，原料的环境影响（采矿、清洗、使用、应用）。
- 熔化和热成型：黏度 – 温度曲线图，CTE，标准工艺调整，结晶，对耐火材料的攻击性。
- 冷加工：CTE，刚度，硬度，断裂特性，磨损率，耐化学性。

- 专利法（很积极地了解国际专利）：使成分适应相关的法律环境，包括变化、外加剂等。

渐渐地，玻璃制造商已从开发传统光学玻璃系列的优化玻璃制品，过渡到开发经过专门设计的单层玻璃，用于阿贝图表上规定的特定应用领域或加工领域（但仅出于传统原因）。因此，本书将只详细探讨最重要的基础系统，如图 2.39 所示。

1. SiO_2–B_2O_3–M_2O

这个系统由网络形成剂 SiO_2 和 B_2O_3 组成。碱性氧化物以网络形成剂（M_2O）形式被引入。B_2O_3 和碱性氧化物的出现很重要，因为玻璃形成氧化物 SiO_2 的熔化温度对于传统熔化方法来说太高。B_2O_3 和碱性氧化物的添加促进了这些玻璃的可熔性。光学玻璃 BK7 是这个系统中一种主要的代表性玻璃。BK7 是最常使用的光学玻璃，可制成极其均质的形式。

2. SiO_2–B_2O_3–BaO 和 3. SiO_2–BaO–M_2O

如果 BaO（而非碱性氧化物或 B_2O_3）被用作主要的网络改性剂，则会形成两大玻璃系统。与其他的碱土金属网络改性剂相比，BaO 的引入有多种优势。除 PbO 外，没有哪种二价氧化物能够像 BaO 那样使折射率大幅增加。此外，BaO 既不会使阿贝数减小，也不会像 PbO 那样把 UV 透射限明显外推到更大的波长。含 BaO 的玻璃通常具有良好的磨损硬度。在一些玻璃中，BaO 被 ZnO 部分地替代。

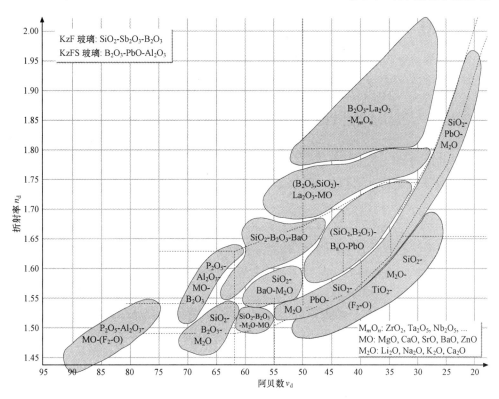

图 2.39　n_d/v_d 图中光学玻璃

3.（SiO_2，B_2O_3）–M_2O–MO

为获得这种玻璃系统中的玻璃制品，应当将二价氧化物（MO）与 B_2O_3 交换。在二价氧化物中，只有 CaO、ZnO 和 PbO 在这个系统中应用。对于具有高耐化学性和良好结晶稳定性的玻璃制品的制造，ZnO 尤其重要，因为 ZnO 在水和酸中的耐用性要比 CaO 强得多，但条件是 ZnO 的含量应高于 10 wt %。同时，还可以通过将 ZnO 换成 SiO_2，以及增加碱的含量，不损害在风化作用下的耐久性，并使熔化温度降低。在这些特性方面，ZnO 比 B_2O_3 要有效得多。通过利用 CaO，可以生产出具有良好力学性能和更高磨损硬度的玻璃。这些玻璃的化学耐久性会随着 CaO 含量的增加而增强。

4.（SiO_2，B_2O_3）–BaO–PbO

这种玻璃系统是玻璃系统 SiO_2–BaO–M_2O 和 SiO_2–PbO–M_2O 的混合物。因此，这些玻璃代表着从一个玻璃系统到另一个玻璃系统的跃迁。在 SiO_2–BaO–M_2O 系统中，把 PbO 换成 BaO 可制造出具有较低晶化倾向的玻璃制品。与类似的含 BaO 玻璃相比，含 PbO 的玻璃具有更低的软化点和更高的膨胀系数。在这个系统的一些玻璃制品中，BaO 已被 ZnO 部分地替代。

5. SiO$_2$–PbO–M$_2$O

这个系统中的玻璃早已为人所知，这些玻璃被广泛用作光学玻璃和晶体玻璃。作为一种玻璃成分，PbO 起着重要作用，因为 PbO 一方面能增加折射率，另一方面能大大降低阿贝数。此外，PbO 还显著影响着玻璃的局部色散，因为较高的 PbO 含量会导致折射线与法线之间的正偏差。大量的 PbO 会导致玻璃密度高而耐化学性能相当低，但有趣的是能够让双折射系数接近于 0。PbO 能够以高于 80% 的重量百分比添加到玻璃中，这表明 PbO 不仅仅具有网络改性性能。通常情况下，如果在玻璃中添加网络改性剂，例如在 SiO$_2$ 玻璃中添加 Na$_2$O，则桥氧原子将变成非桥接氧原子：

$$-Si-O-Si-+Na_2O \Rightarrow -Si-O-Na^+ + Na^+-O-Si-$$

随着网络改性剂含量的增加，则玻璃网络会逐渐减弱，玻璃熔体的黏度会降低。如果网络改性剂的含量进一步增加，将会有越来越多的桥氧原子变成非桥接原子。当网络改性剂与网络形成体的比例为大约 1:1 时，三维网络将不再形成，玻璃也不可能形成。但二元 PbO–SiO$_2$ 系统的玻璃形成趋势导致 PbO 的含量超过 70 mol%。按照 Zachariasen[2.74,75] 以及 Warren 和 Loring[2.76] 的说法，如果 PbO 只是网络改性剂，那么这些玻璃通常将不会存在。Fajans 和 Kreidl[2.77] 以及 Stanworth[2.78] 解释了如何可能添加含量如此之高的 PbO。当 PbO 的浓度低时，PbO 的作用与其他网络改性剂相同。但高浓度的 PbO 会造成 [PbO$_4$] 四面体形成，这些 [PbO$_4$] 四面体可作为网络形成剂，融入三维玻璃网络中。含有大量 PbO 的玻璃通常或多或少都呈现出黄色。Fe$_2$O$_3$ 或 Cr$_2$O$_3$ 等杂质对含 PbO 玻璃的颜色有很大影响，甚至比对碳酸钠–碳酸钾–石灰玻璃的影响还大。研究后进一步发现：首先，除含 PbO 玻璃结构不同外，Pb^{2+} 和 Pb^{4+} 之间还存在平衡；其次，棕色 PbO$_2$ 是当熔体中的氧气过饱和时形成的。与由杂质造成的黄色不同的是，由 Pb^{2+} 和 Pb^{4+} 之间的平衡造成的黄色可通过改变熔体的氧化还原条件来消除。长期以来，研究人员一直在试图增加 PbO 含量高的光学玻璃的化学稳定性。用 TiO$_2$ 替代一部分 PbO 含量（在某重量百分比范围内）是一种常用的提高化学耐久性的方法。足够的 TiO$_2$ 含量虽然能改善化学耐久性，但使人遗憾的是，也会导致在 UV 范围内的透射损失。这个问题的一种解决办法是用 TiO$_2$ 和 ZrO$_2$ 替代一部分 PbO 含量。这样既可以提高化学耐久性，又可以再次获得原玻璃（SiO$_2$–PbO–M$_2$O）的光学性质。

6. P$_2$O$_5$–MO–B$_2$O$_3$–Al$_2$O$_3$

以 P$_2$O$_5$ 作为网络形成剂的玻璃早就为人熟知了。与基于 B$_2$O$_3$ 或 SiO$_2$ 的典型玻璃相比，由 P$_2$O$_5$ 形成的玻璃具有相当低的色散（高阿贝数）和较高的折射率。P$_2$O$_5$ 含量高的玻璃在蓝光范围内有较长的色散光谱。这些玻璃通常用于纠正色差。含 P$_2$O$_5$ 玻璃的第二个（也是很重要的）特性是双折射系数低，UV 透明度极好。磷酸盐玻璃的一个缺点是与基于 SiO$_2$ 的玻璃相比，化学耐久性很差。

7. P_2O_5–Al_2O_3–MO–（F_2–O）

为了获得比磷酸盐玻璃更低的色散，可以往玻璃中添加氟。大多数的含氟玻璃都基于 P_2O_5–Al_2O_3–MO 玻璃系统，其中含有大量的氟。这种玻璃系统具有相当高的化学耐久性和相当低的脱玻化趋势。在这类玻璃中，氟代替了氧原子，因此一个氧原子被两个氟原子取代。此系统中氟–磷酸盐玻璃的形成相当复杂，可用非晶形氟–磷酸铝来描述。由于氟的离子半径比氧小，电负性比氧高，因此这些玻璃中的阳离子极化性会增加，导致折射率和色散降低。用氟替代氧可得到具有独特 LgK 特性的玻璃，导致蓝色光谱区的光谱长、$\Delta P_{g；F}$（局部色散偏差系数）明显为正，因此能够纠正在蓝色光谱区内光谱较短（$\Delta P_{g；F}$ 为负）的 KzF（S）类型（短火石）玻璃中的消色色差。长期以来，人们都忽视了 LgK 这个术语，而支持采用系列化术语 FK（含氟冕牌玻璃）和 PK（磷酸盐冕牌玻璃）。后两个术语指出了氟–磷酸盐玻璃的光学玻璃位置（见阿贝图）。

8.（B_2O_3，SiO_2）–La_2O_3–MO

由于 B_2O_3 的原因，含有大量 La_2O_3 的玻璃构成了一个很广泛的玻璃系统。属于本系统的玻璃制品具有相当高的折射率和相当低的色散。由于这些玻璃的耐化学性相当差，因此当用 B_2O_3 替代 SiO_2 并添加二价氧化物时，这些玻璃的化学耐久性会增加。此外，添加 ZrO_2 和 TiO_2 是提高化学性能的另一种可能的途径。在过去，ThO_2 和 CdO 也被用于达到此目的，但为了保护环境，这些氧化物已从此类玻璃中排除。这类玻璃的一大缺点是结晶稳定性差，尤其是当使用 SiO_2 时。

9. B_2O_3–La_2O_3

基于 B_2O_3–La_2O_3 的玻璃系统，都具有高折射率和大色散度。为了获得高折射率，这个系统的玻璃中添加了大量以提高折射率而知名的氧化物，例如 Gd_2O_3、Y_2O_3、TiO_2、Nb_2O_5、Ta_2O_5、WO_3 和 ZrO_2。添加大量的网络改性剂使得到的玻璃黏度与温度高度相关（即被称为"短性玻璃"），并且呈现出很强的结晶趋势。另外，这些玻璃具有独特的硬度和耐化学性，这些性质会随着折射率的增加而进一步增强。在这方面，这些玻璃与同样具有高折射率的 SiO_2–PbO–M_2O 系统的那些玻璃不同。

10. SiO_2–Sb_2O_3–B_2O_3

用 Sb_2O_3 替代 PbO 会得到一种广泛的玻璃系统。Sb_2O_3 减少了可见光谱中蓝光部分的色散度。由此得到短火石玻璃。在玻璃中添加 Sb_2O_3，得到的结果与 PbO 情况类似，只是 Sb_2O_3 玻璃似乎形成了长链的 $-Sb-O-Sb-O-$ 单元[2.79]。

11. B₂O₃–PbO–Al₂O₃

如果 B_2O_3 用替代 SiO_2，则可得到具有很差化学性能的玻璃制品。这个系统中的玻璃有很强的短火石特性，因为 PbO 含量会导致可见光谱中蓝光波段的吸收，而 B_2O_3 会造成光谱中红外波段的强吸收。Al_2O_3 的添加可将玻璃的化学性能提升到可接受的水平。

12. SiO₂–M₂O–TiO₂–（F₂–O）

SiO_2–M_2O–PbO 系统中玻璃的 PbO 可用 TiO_2 替代。由于 TiO_2 会造成折射率增加，因此 SiO_2–M_2O–TiO_2–（F_2–O）系统中的玻璃具有高折射率。这些玻璃的色散度比含有等量 PbO 的玻璃的色散度更高。玻璃中添加的 TiO_2 是有限的，因为当 TiO_2 含量增加时，玻璃会出现很强的结晶趋势。这种情况可通过在玻璃中添加碱性氧化物来避免。尽管含有大量的碱性氧化物，但这些玻璃对水和酸的影响有很强的抵抗力。TiO_2 含量高的玻璃在 UV 波段有强吸光能力，这种吸收能力比含 PbO 或 Sb_2O_3 的玻璃还强。这两种玻璃的局部色散相对于法线均存在正偏差。

将传统玻璃系列分化为功能强大的多属性特定设计玻璃之后，引起了专家们对玻璃开发的反思，从而促使新开发方法出现。著名的多级逐次法（建议的方法）如今已被计算机辅助统计试验设计（SED，多线性回归分析法）支持下的强场屏蔽法所替代。

传统边界和创新方法/材料的这种分解是过去 5～10 年里光学玻璃种类发生剧变的原因。首先，在环保意识的驱动下，光学玻璃变成了无铅和砷的类型[2.80]（2.2.3 节）。总的来说，简化了光学玻璃的种类。上市量较小的老式玻璃已被淘汰，而几家玻璃制造厂对他们提供的高性能玻璃已稍加改进设计，以便在光学上可通用。这导致可用玻璃种类明显缩减。相比之下，新玻璃类型的开发——有可能形成结晶程度更弱的玻璃类型以及更适于应用和生产的玻璃类型——扩大了可用玻璃的范围。根据推测，这些玻璃的开发将来会循环实施。

2.2.3 环保玻璃

所有的主要玻璃供应商最近都在开发很多传统光学玻璃的新配方，为的是让这些玻璃变得环保。在开发环保型光学玻璃的过程中，值得注意的主要元素是砷和铅，虽然其他的有毒元素也值得关注。例如，在 1980 年，ThO_2 被完全停用，CdO 也仅限于在有色光学玻璃中使用。

在 20 世纪 80 年代后期，公众对 Pb 引起的健康问题越来越敏感，于是整个玻璃制造业开始开发无 PbO 玻璃，作为迈向环保玻璃生产的第一步。除健康方面之外，玻璃成分中 PbO 的减少和替换已使玻璃的重量大大减轻，这对户外应用中的几个方面来说是有利的。自 1995 年以来，As_2O_3 已被禁用；As_2O_3 只能少量地用作精炼剂。为了取代 PbO 和 As_2O_3，玻璃制造商们启动了一项综合计划，但该计划迄今尚未完成[2.80]。

该计划的主要目标是重新设计所有的玻璃类型：一方面，继续保留 n_d 和 v_d；另一方面，获得无 Pb 和 As 的成分。此外，在几种特种玻璃中，继续保证了局部色散值 $P_{g,F}$ 和 $\Delta P_{g,F}$。但在一些特种玻璃中，若不添加 PbO，光学性质是无法保证的。当然，这些玻璃类型将来肯定能以为人熟知的质量和成分在市场上买到，但将被清晰地标记为"含 Pb 产品"。在最终销售的产品中，纯有毒物质的生物有效性低到可忽略的程度。例如，甚至在玻璃成分中含量很高的 PbO 都不会造成健康问题。不过，虽然没有客观原因，客户对 Pb 或 As 的负面联想已导致他们强烈拒绝含有这些物质的玻璃产品。由于危险化合物的开发时间长、开发成本高，导致出现一些严重的问题。在原料采购及配合料制备期间，产生了大量的细粉尘。当然，这些粉尘中含有的有毒物质并不比基础材料中的多，但比表面积却大得多。这样大的表面积加上粉尘易于大量沉积在肺组织上，导致有毒化合物的生物有效性处于潜在毒害范围。这些大量产生的碾磨废料源于加工过程，尤其是研磨和抛光。这些废料必须在危险废物处理场花高价进行处理。在这个领域中的经验表明，在此过程中极有可能出现处理不当，而且由于成本高，可能会出现非法处置的趋势。改进技术措施以防止直接接触粉尘的人员受到粉尘和废料的不健康影响，这在理论上是可能的，但很难控制。尤其是在国外生产时（例如在发展中国家），安全性不能得到保证[2.80]。

因为这些原因，制造商们倾向于省去这些物质，用 TiO_2、Nb_2O_5、ZrO_2、WO_3 及其他物质来代替 PbO，被用作精炼剂的 As_2O_3 也被 Sb_2O_3 替代。所有用这种方法重新制定配方的玻璃成分均在原名称前加了一个前缀，例如肖特玻璃前加"N–"，光市玻璃前加"E–"，小原玻璃前加"S–"。对于最初含有 As_2O_3（而非 PbO）的所有玻璃成分来说，在其中 50%的玻璃中用 Sb_2O_3 替代 As_2O_3 不会改变这些玻璃的性质。

但对于最初含有 As_2O_3 和 PbO（达到 80%）的玻璃成分来说，在替换这两种元素之后，玻璃的一些物理性质和光学性质发生了重大改变。这些变化除改善性能外，还包括一些不利条件。改善之处有：耐化学性更好，努氏硬度更强，T_g 点更高，密度更低。不利之处有：结晶趋势更强，T_g 更高，UV 波段中的透射比减小，$P_{g,F}$ 和 $\Delta P_{g,F}$ 的值改变（除 N–KzFS 系列外）。

2.2.4　如何选择合适的光学玻璃

本节给出了在选择合适的光学玻璃时应遵循的实际指导原则。如上所述，光学玻璃是按照折射率和色散来排名的。但在选择过程中，不仅要考虑玻璃的光学性质，还要考虑其力学性能和化学性质。下面将介绍每种力学性能和化学性质，并简要说明其重要性。

1. 透射和吸收

光学玻璃中的光吸收可以用很多方式来表达。关于更严格的处理方式，建议读者参考本书 2.1.3 节。在这里要简单说明一点：大多数的光学玻璃制造商都为各自的玻璃制品列出了在不计空气−玻璃界面反射造成损失时的内部透射率，因此吸收值可以根据 $\alpha = -\ln(\tau_1/\tau_2)/\Delta x$ 方便地计算出来。式中，τ_1 和 τ_2 是厚度分别为 x_1 和 x_2（$x_1 > x_2$）的样品的内部透射率；Δx 是两个样品之间的厚度差；α 是吸光系数（当 x 的单位为 cm 时，α 用 cm^{-1} 表示）。

2. 局部色散

由于折射率随波长的不同而不同，因此一个简单的单组镜头不能将所有的颜色聚焦到同一个点上。这种效应叫作"色差"。在光学系统的制造中，常常使用了消色差系统和复消色差系统。在消色差系统中，色差最小化为只有两种颜色，例如红色和蓝色。可见光谱的另一部分仍未修正，被称为"二级光谱"。但复消色差系统中的色差已通过整个可见光区来修正。大多数的光学玻璃都表现出正常色散，即折射率的局部色散与阿贝数之间几乎呈线性的关系，这些玻璃不适于构建复消色差系统。因此，要建立复消色差系统，需要采用偏离这种正常色散特性的玻璃。因此，制造商们开发了在可见光谱的蓝光波段有较高色散度（短性）的玻璃。局部色散偏离正常（或线性）特性的现象用一系列局部色散偏差系数 $\Delta P_{X,Y}$ 来描述，其中 X 和 Y 指相关波长。

3. 光弹性常数

玻璃的折射率通过外加应力来改变。对于在平行于应力方向的平面上呈线性偏振的光和在垂直于应力方向的平面上呈线性偏振的光来说，折射率的改变方式通常不同。改变量的大小由下式给出：

$$n_\parallel = n_0 + K_\parallel S \quad , \quad n_\perp = n_0 + K_\perp S \tag{2.113}$$

式中，n_0 是无外加应力 S 时的折射率；$K_\parallel$ 和 $K_\perp$ 是光弹性常数；$n_\parallel$ 和 $n_\perp$ 是分别平行和垂直于应力方向的线性偏振光的折射率。常用的应力光学系数（K）是这两个光弹性常数之差。

4. 热膨胀

无机玻璃会热胀冷缩。线性热膨胀系数 α 定义为 $\alpha = \Delta L / L_0 \Delta T$，其中 ΔL 是长度为 L_0 的材料在经历温度变化 ΔT 之后长度的变化量。α 值通常是温度的函数。在光学玻璃目录中找到的热膨胀系数值只代表一种线性拟合，当对比两种玻璃时必须注意要在同一温度范围内测量膨胀信息。

热膨胀是一种重要的特性，因为其显示了某种玻璃易于出现热破裂的程度。膨胀值较高，通常表明玻璃抗热冲击的能力相对较弱。

5. 转变范围

在被称为"转变范围"的温度区间，玻璃的热膨胀曲线开始明显偏离大致的线性形状。当温度在这个范围内时，其他与温度有关的玻璃性能也在快速发生变化。此外，如果快速或不均匀地冷却到这个温度范围，则由于热收缩量不相等，永久性残余应力会传递给玻璃。

在玻璃产品目录中可以找到转变温度 T_g。T_g 可用于指示转变（温度）范围在哪里，以及需要避免多高的加工温度或环境温度，以避免表面轮廓发生变化并防止形成残余应力，因为残余应力会通过应力双折射效应降低透射光学波前的质量。根据经验，零件不应加热到 T_g=200 ℃温度值之上。

6. 软化点

与上面探讨的转变温度类似的是，玻璃的另一个特性温度是玻璃在自重下开始变形时的温度。相应的材料黏度为 $10^{7.6}$ dPa。

7. 热特性

其他热特性包括热容 c_p 和热导率 λ。热容提供了关于将材料温度提升一定量 dT；所需热量 dQ 的信息：

$$c_p = \mathrm{d}Q/\mathrm{d}T$$

热导率则提供了当一块厚度为 L 的材料被放置在由温差 ΔT 形成的热梯度时在时间 t 内流经该材料的热通量 Q；$\lambda = QL\,t/\Delta T$。在一些光学玻璃目录中发现的另一种热特性是热扩散率 K。热扩散率与热导率、热容和玻璃密度 ϱ 有关，即：$K = \lambda/\varrho c_p$。

上面探讨的三种热特性全部与低于转变范围的温度值之间存在弱相关性。正如热膨胀信息那样，在临界情形下对比玻璃制品时，要求在相同的温度下描述特性信息。

8. 弹性性能

玻璃棒受到拉力时会拉长。玻璃棒受到的应力 S 和应变 ε 之间的相关性为 $S=E\varepsilon$，其中 E 是材料的杨氏模量（胡克定律）。玻璃棒的横向/纵向应力比为泊松比 μ。当对玻璃棒施加压缩应力时，应力和应变之间的比例常数为体积模量 K。当对玻璃棒施加剪切应力时，比例常数为剪切模量 G。

在光学玻璃目录中通常提供了杨氏模量和泊松比值。这些弹性常数之间存在相关性，因此如果任何两个常数已知，则剩下那一对就可以毫不费力地计算出来。例如，我们能够得到 $K=E/[3(1-2\mu)]$, $G=E/[2(1+\mu)]$。

9. 硬度

典型的硬度标度（莫氏硬度）是基于一系列矿物质以及它们相互划伤的能力。现代硬度值是根据压痕法，利用具有规定几何形状的尖点以特定载荷施加特定次数之后收集的。两种常见的硬度测量法利用不同的压头几何形状和载荷条件，分别得到努普硬度值和维氏硬度值。由于不同的测量方法之间存在不同的试验条件，因此仅在使用相同标准的测量值之间进行对比是很重要的。

10. 耐化学性

根据化学性质（通常是光学玻璃目录上的耐化学性试验结果）来选择玻璃是很难的，因为不同的供应商之间存在着各种各样不同的试验标准。因此，在这里只根据一些较常见的化学耐久性试验类型，利用一些具体的试验方法例子来介绍。

请注意一些光学玻璃在一种试验类型中看不到有染色或其他化学侵蚀证据，但在另外一种或多种试验类型中会表现出较低的耐化学性。因此，在评估光学玻璃的化学特性时，很重要的一点是要考虑到所有的耐化学性试验结果，以下逐一介绍：

（1）耐候性试验。耐候性试验的目的是针对玻璃在空气环境中水蒸气的敏感性给出指导意见。一般来说（但并非总是这样），这种形式的化学侵蚀是一个缓慢过程，会逐渐形成无法擦掉的雾面膜。因此，通常采用加速程序来测试玻璃的耐候性。

一种可能的试验方法是将抛光的无涂层玻璃板曝置在充满了水蒸气的环境中，环境温度在 $40 \sim 50$ ℃之间交替变化，每小时变化一次。由于玻璃板的温升与环境温度的增加同步，因此在加温阶段，水会在玻璃上冷凝。在冷却阶段，环境温度一开始时下降的速度比玻璃板快，导致玻璃表面变干。经过 30 h 的接触时间后，将玻璃从人工气候室中取出。试验前后的透射雾度之差 pH 被用作最终表面变化的一种测度。然后在试验期结束后，根据透射雾度增量 pH 进行分类。

（2）抗着色。本试验程序提供了在弱酸性水（例如汗水、酸性冷凝水）影响下玻璃表面不蒸发而可能出现变化（染色形成）的信息。抗着色能力的级别通常让平面抛光的玻璃样品在规定的温度和接触时间内与试液（例如 pH=4.6 的标准醋酸盐或 pH=2.6 的醋酸钠缓冲液，具体要视玻璃的相对耐久性而定）接触来确定。

由于玻璃表面被试液分解，玻璃表面会形成染上干扰色。用于给玻璃分类其中一种可能的测度是在第一个染色点出现之前经过的时间。这种颜色的变化表明在之前定义的 0.1 mm 厚的表层中出现了化学变化。

（3）耐酸性。当酸性水介质与玻璃表面起反应时，玻璃会染色或分解，或者两种现象都可能出现。与上述抗着色试验大不相同的是，耐酸性试验能提供与溶解有关的信息，因为耐酸性试验是用更大量的溶液（通常 pH 值更低）做的。

ISO 8424 是一部用于评估玻璃耐酸能力的标准。其中，用于溶解厚度为 0.1 mm 的玻璃表面所需的时间成为耐酸能力的一种测度。在确定耐酸性时，我们采用了两种侵蚀性溶液：一种是强酸，即 pH=0.3 的硝酸，适用于耐酸能力较强的玻璃类型；另一种是 pH=4.6 的弱酸溶液（标准的醋酸盐），适用于耐酸能力较低的玻璃。

（4）耐碱性。这些试验与玻璃耐碱性有关，之所以要做这些试验，是因为很多玻璃制造工艺都发生在水基介质（例如研磨剂和抛光剂）中。随着水和磨掉的玻璃微粒之间不断地发生化学反应，水基介质的碱性通常会变得越来越强。当溶液为回收溶液时，这种情况尤其适用。

ISO 10629 是一部用于评估玻璃耐碱能力的标准。耐碱性试验还考虑到了一个事实：由于通过磨耗实施抛光过程，溶液的温度会升高。耐碱性级别揭示了玻璃对碱性溶液的耐受性，因此可向玻璃精整工发出关于材料问题的警告信号。就像上面探讨的耐酸性试验那样，耐碱性试验基于在碱性溶液（氢氧化钠，c=0.01 mol/l，pH=12）中去除 0.1 mm 厚的玻璃表层所需要的时间。在 ISO 106529 中，表层厚度由重量损失/表面面积和玻璃密度计算得出。

|2.3　有　色　玻　璃|

2.3.1　基本原理

玻璃的颜色是由入射光在光谱可见光部分的特殊波长区域内（也就是在 380～780 nm 的范围内）选择性衰减或放大造成的[2.81]。通常情况下，透射曲线的形状与波长 λ 之间的关系在式（2.114）（2.1.3 节）中描述。

$$\tau_i(\lambda) = \exp\sum_m (-\varepsilon_{\lambda,c,m} c_m d) \qquad (2.114)$$

$$\tau_i(\lambda) = \frac{(\Phi_{e\lambda})_{ex}}{(\Phi_{e\lambda})_{in}} \qquad (2.115)$$

$$\tau(\lambda) = \frac{(\Phi_{e\lambda})\lambda}{\Phi_{e\lambda}} = P\tau_i(\lambda) \qquad (2.116)$$

式中，ε 和 c 分别是着色离子 m 的消光系数和浓度；d 是玻璃的厚度；τ_i 是内部透射率。式（2.115）中的内部光谱透射率 $\tau_i(\lambda)$ 是浮光谱辐射通量（$\Phi_{e\lambda}$）$_{ex}$ 与渗透辐射通量（$\Phi_{e\lambda}$）$_{in}$ 之比。$\tau_i(\lambda)$ 描述了在不考虑反射损失的情况下均质吸收滤光材料的透射率；不管结构或作用方式如何，$\tau(\lambda)$ 是几乎每个滤光器的特性。特定基础玻璃的消光系数是波长、着色离子 m 及其浓度（在某些情况下）的函数。请记住：处于两种不同氧化状态的一个着色离子看起来像两个不同的离子（例如 Fe^{2+}、Fe^{3+}）。

令人遗憾的是，我们没有办法从理论研究中计算出 ε，因此必须从每种着色离子的实验中得到。Bamford[2.82]编辑了一些相关数据，但不针对所有的元素和元素组合。此外，所有从文献中得到的数据都取决于专门的基础玻璃成分。因此，对于特定的新问题，必须首先用实验方法求出消光系数。

在很多情况下，方程（2.114）可简化。玻璃经常由处于氧化状态的一种离子着色，消光系数不是浓度的函数。当离子的浓度较低时，这一点尤其正确。然后，方程（2.114）可写成（朗伯–比尔定律）

$$\tau_i(\lambda) = \exp(-\varepsilon_\lambda cd) \tag{2.117}$$

根据此方程，因为 ε 对于特定波长而言是一个常量，在不同的着色离子浓度和不同的玻璃厚度下的透射图可通过做实验轻松地绘制出来。

如上所述，a_8 玻璃的颜色可由玻璃的内部透射率–波长图得到。在可见光范围内的每种波长下均显示 $\tau_i=1$ 的内部透射率，这样的透明体叫作"无色"（图 2.40）；普通光学玻璃就是这样的例子。当一系列波长下的内部透射率因 2.1.3 节中探讨的任何机制而衰减时，玻璃会呈现出颜色，玻璃的颜色取决于光谱中缺失的部分（表 2.7）。

图 2.40 显示了白玻璃和蓝玻璃的内部透射率图。蓝玻璃的颜色通过掺入 Cu^{2+} 而得到。这种描述方法在科学应用和光学仪器的制造时使用，因为其有利地揭示了透射光的光谱分布。另一种用于描述玻璃颜色的方法是使用彩色坐标，当使用这种方法时，颜色由两个坐标（x 和 y）确定，这两个坐标是通过利用标准红色、绿色和蓝色光源的强度分布来加权玻璃的 $\tau(\lambda)$ 曲线得到的。在理想的情况下，光源的颜色部分应添加到纯白光中。Bamford 的文献[2.82]中全面描述了这个程序。

图 2.41 针对国际照明委员会（CIE）规定的专用标准化光源（发光体 D65），给出了红光（P_x）、绿光（P_y）和蓝光（P_z）部分的分布系数。如果将透射曲线与分布系数相乘，然后将坐标之和归一化为 1，就得到了彩色坐标。z 坐标已省去，因为 z 坐标可由条件 $x+y+z=1$ 毫不费力地计算出来。

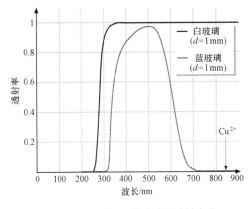

图 2.40　白玻璃和蓝玻璃的透射光谱

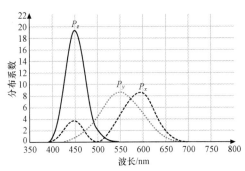

图 2.41　发光体 D65（标准光源）发出的光中红光（P_x）、绿光（P_y）和蓝光（P_z）部分的分布系数

表 2.7 颜色和吸收波长范围之间的关系

$A_{吸收}$/nm	400	425	450	490	510	530	550	590	640	730
光色$_{吸收}$	紫色	靛蓝,蓝色	蓝色	蓝色,绿色	绿色	黄色,绿色	黄色	橙色	红色	洋红
光色$_{合成}$	绿色,黄色	黄色	橙色	红色	洋红	紫色	靛蓝,蓝色	蓝色	蓝色,绿色	绿色

本方法在需要进行彩色印刷时使用，例如用于交通标志和艺术家的玻璃制品。

从化学的观点来看，彩色玻璃的基础玻璃成分范围在正常光学玻璃的成分区域内，见 2.2 节中的探讨。从历史观点说，彩色玻璃是在光学玻璃的基础上凭经验添加"着色元素"之后开发得到的。相关人员已经在这个主题上做了很多实验工作，例如，Weyl[2.83]曾做过一次调查，Vogel[2.84]也做过一定程度的调查。此外，在基础玻璃、过渡金属和镧系元素中出现的着色元素含有部分充满的 d 和 f 电子层。在一些特殊用途中，第 6（从 S 到 Te）和第 7（从 Cl 到 I）主族的元素除与过渡金属和镧系元素一起使用外，还分别与锌和镉或铜和银结合使用。

2.3.2 玻璃的颜色

文献［2.85］中描述了色彩生成机制。在这 15 种机制中，只有如下 4 种机制对于在无机氧化块状玻璃中实际应用来说很重要：配位场效应[2.81,86–90]，电荷转移效应[2.81,91]，金属胶体[2.92–94]，掺半导体的玻璃[2.84,95–97]。2.1.3 节和文献［2.81］对这些机制进行了大致描述。因此，本书将不会在这里再介绍这些机制。

表 2.8[2.83]中列出了一些更重要的离子的常见颜色，这些颜色可用配位场效应来描述。

表 2.8 玻璃中一些离子的常见颜色[2.83]

元素	化合价	颜色
Fe	2+	绿色，有时呈蓝色
Fe	3+	棕色
Cu	2+	蓝色，蓝绿色
Cr	3+	绿色
Ni	2+	紫色（四面体）
Ni	2+	黄色（八面体）
Co	2+	蓝色
Mn	2+	淡黄色

元素	化合价	颜色
Mn	3+	紫色
Pr	3+	绿色
Nd	3+	紫色
Er	3+	淡红色

玻璃的颜色由以下几个参数确定，即着色离子的种类及其化合价，着色离子的配位和基础玻璃。

基础玻璃对光谱的影响有两方面。第一方面是由跃迁引起的吸收谱带强度，这会受到电子转移概率的影响。不同的基础玻璃具有不同的耦合模式，因此对于特定的着色离子有着不同的消光系数。一般来说，磷酸盐玻璃的消光系数更低，特定离子在磷酸盐玻璃中的颜色比在硅酸盐玻璃中更淡[2.86]。第二方面是硅酸盐玻璃、磷酸盐玻璃和硼酸盐玻璃之间的吸收峰最大值有差异。如果吸收峰最大值之差只有 1%～2%，则着色离子配体的布置将保持不变。吸收峰最大值位置之间的差异要明显得多。一些跃迁根本看不出一致性，其原因是配位发生了变化。例如，硅玻璃中 Ni^{2+} 的配位达到了四配位（四面体），导致硅玻璃呈现紫色；而磷酸盐玻璃中的 Ni^{2+} 呈现暗黄色，是因为这种离子在磷酸盐玻璃中为正常的八面体配位[2.86]。

另一种极重要的着色离子是 $Fe^{2+/3+}$。对铁光谱的解释是一项相当复杂的任务。在解释时，不仅要考虑这两个氧化状态具有不同的峰值位置，还要考虑到这两种离子分别出现在四面体位置和八面体位置。更令人混淆的是，这些谱带的一部分可能以几乎相同的波长出现。此外，Fe^{3+} 的电荷转移带与氧气一起出现。玻璃的颜色在很大程度上取决于熔化期间的氧化还原条件。通过施加较低的氧分压，由于在大约 1 100 nm 波长下的跃迁，玻璃从很浅的绿色变成了蓝色。在氧化条件下，玻璃变为棕色，因为在光谱的整个可见光和 UV 范围存在着三价铁的多个谱带。

对于基于吸收谱带的光学玻璃，除上面描述的彩色玻璃外，还有宽带通滤光片。这些滤光片的制备过程是在玻璃中掺入 ZnS、ZnSe、ZnTe、CdS、CdSe、CdTe 等半导体，之后再进行退火过程，在玻璃中生长出半导体晶体。这些掺半导体的玻璃表现出截然不同的特性和有意思的光谱特性。2.1.3 节中解释了这种吸收机制。

透射谱的基本特性是波长 λ_c、λ_s 和 λ_p。波长 λ_c 被定义为阻塞面积和通过面积之间最大值的中间值（$\tau_i=0.5$）。在阻塞部分（$\leqslant \lambda_s$），所有的光都将被吸收；在通过部分（$\geqslant \lambda_p$），入射光将被传播。

市场上可买到的这个系列的滤光玻璃拥有 400～850 nm 的吸收边缘。如图 2.42 所示，能带隙（以及由此形成的吸收边缘）取决于晶体的化学成分和尺寸。Zn→Cd 的跃迁以及 S→Se→Te 的跃迁导致 λ_c 的红移增加。晶体尺寸减小也会让有效带隙移向更高的能量，形成相应的蓝移 λ_c。表 2.9 提供了能带隙的准确能量。

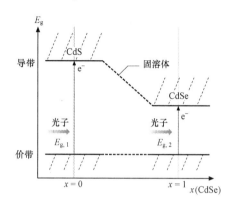

图 2.42　掺半导体的玻璃：II–VI 型半导体的谱带结构和光吸收

表 2.9　一些半导体晶体（大晶体）的带隙能

化合物	E_g（eV）/λ_c（nm）	E_g（eV）/λ_c（nm）
ZnS	3.7/335	3.65/340
ZnSe	2.7/459	–/–
ZnTe	2.2/563	–/–
CdS	2.4/517	2.42/512
CdSe	1.7/729	1.73/717
CdTe	1.5/827	–/–

通过用退火[2.98,99]来影响晶体直径并混合适量的纯化合物，可以得到 350～850 nm 的所有 λ_c 值。

|2.4　激　光　玻　璃|

2.4.1　普通激光玻璃及其特性

激光玻璃是一种能够通过辐射激发射来放大光的固态材料。激光玻璃的最常见形式是一种掺有激光离子（例如钕）的多组分氧化物玻璃。本节将主要讲述掺有 Er 的光纤放大器中常用的掺稀土熔融石英形成鲜明对比的多组分玻璃。

激光玻璃的主要商业化市场是在聚变能量和武器物理学应用领域中，用于研究惯性约束聚变的大型激光系统[2.100]。这些材料还进入很多工业环境和实验室环境中，例如，这些材料的其中一个主要应用领域是激光冲击喷丸[2.101]。

商用激光玻璃分为三大类，具体要视外加激光系统的操作方式而定。激光玻璃的成分开发是一个成熟的领域，供应商已确定了每种专用玻璃的成分及/或这些玻璃的加工详情，为每种情形提供最佳玻璃特性。

例如，有专门为较高峰值功率设计的激光玻璃。在这种玻璃中，激光特性已优化，以提供尽可能最高的储存能量和提取效率，因此在分次激光轰击中可得到很高的峰值功率。这些系统的重复频率最多只有几赫兹，经常一天只有一到几次激光轰击。

还存在用于高平均功率用途的激光玻璃，在这种用途中，重复频率在 1～20 Hz 范围内。这些激光系统通常能激冷，以排除反复光泵浦期间沉积在玻璃中的热量。这些玻璃除具有良好的激光特性外，还拥有更强的热力学性能，即能承受较高的热负荷而不会造成零件断裂。

还有一个例子是为导波光学开发的玻璃。在这里选择了重新拉伸为纤维时具有高度脱玻化稳定性的玻璃成分，或者与玻璃结构化技术（例如在制备平面型波导结构时使用的离子交换作用）相容的玻璃成分。图 2.43 为代表性的激光玻璃零件，最大的零件是在对角轴线上超过 1 m 长、用于高峰值功率激光聚变研究的一块玻璃板。

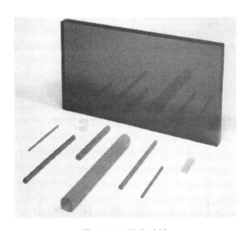

图 2.43　激光玻璃

激光玻璃分类的另一个依据是玻璃类型。要介绍的第一类激光玻璃是基于二氧化硅的玻璃（一般叫作"硅酸盐玻璃"）[2.102]。如今，具有最大商业价值的多组分玻璃是磷酸盐玻璃，其成分中基本上没有二氧化硅。此外，还有基于其他成型系统的玻璃，以及除氧之外还含有其他阴离子（例如氟）或用其他阴离子替代氧的玻璃。

如今，最常用的多组分激光玻璃为磷基玻璃。很多商业供应商都能利用各种各样的掺杂剂以不同的掺杂程度提供光学质量很好的磷基玻璃。尤其是，这些玻璃在高积分通量情形下应用时具有优异的耐激光损伤性。

虽然钕是最常见的掺杂剂和激光离子，但通过选择各种各样的掺杂离子（单独的离子或离子组合）就可能获得各种各样的激光波长。当选择超过一个激活离子时，通常有一个或多个离子被用作主要激光离子的感光剂。典型的案例是在含有铒的激光玻璃中也掺杂镱。表 2.10 列出了在掺有常见感光离子的常见玻璃基体中可得到的典型激光波长。但发射波长是玻璃成分的函数，因此这些值应当只用作大致的指导意见。

表 2.10　玻璃中被选活性离子的激光波长

活性离子	近似发射波长/μm	感光离子（s）
Nd^{3+}	0.93，1.06，1.35	Cr^{3+}，Mn^{2+}，Ce^{3+}，Eu^{3+}，Tb^{3+}，U^{3+}，Bi^{3+}
Er^{3+}	1.30，1.54，1.72，2.75	Cr^{3+}，Yb^{3+}，Nd^{3+}
Yb^{3+}	1.03	Nd^{3+}，Cr^{3+}
Dy^{3+}	1.32	
Sm^{3+}	0.65	
Ho^{3+}	0.55，1.38，2.05	Er^{3+}，Yb^{3+}
Tm^{3+}	0.80，1.47，1.95，2.25	Er^{3+}，Yb^{3+}
Tb^{3+}	0.54	Ce^{3+}，Cu^+
Pr^{3+}	0.89，1.04，1.34	

1. 激光玻璃掺杂度的规格

在确定最佳激光玻璃成分时遇到的一个常见问题是选择激光离子或其他感光离子的掺杂度。掺杂度主要由两个因素决定：一是需要均匀地泵激整个激光玻璃体积，二是避免一种叫作"浓度猝灭"的现象。在浓度猝灭中，玻璃的两个相邻激光离子可通过一种无辐射过程从相关激光束中"窃"得可用能量，从而能够交换能量。表 2.11 中提供了用于处理前一种情况的大致指导原则。该表列出了与典型信号灯泵浦激光系统的杆径成函数关系的典型掺杂度，这种激光系统为整个有效容积提供了名义上一致的励磁作用。

表 2.11   关于各种杆径下掺钕水平的指导原则

杆径/mm	磷酸盐激光玻璃中的 Nd 浓度（Nd_2O_3 的重量百分比%）	硅酸盐激光玻璃中的 Nd 浓度（Nd_2O_3 的重量百分比%）
≤5	8.0	3.5
5～7	6.0	3.0
6～10	4.0	3.0
9～13	3.0	3.0
12～16	2.5	3.0
15～20	2.0	2.0
20～26	1.5	2.0
≥27	1.0	2.0

图 2.44 显示了钕的浓度猝灭效应。在一些代表性掺钕激光玻璃中，由于这种效应，激光跃迁时使用的激发态的寿命会随着掺杂度的降低而缩短。浓度猝灭效应通常用下列方程来估算：

$$\tau = \frac{\tau_0}{1+(N/Q)^n} \tag{2.118}$$

式中，τ 是在钕浓度水平 N（10^{20} 个离子/cm^3）下的寿命；τ_0 是当玻璃中的掺杂水平可忽略时的有效寿命；Q 是与寿命值缩短到 $\frac{1}{2}\tau_0$ 的掺杂水平相对应的浓度猝灭因子。n 的值通常等于 1 或 2，更多地取决于可用于确定式（2.118）拟合度的数据量，而与材料因素没多大关系。浓度猝灭效应随着玻璃类型的不同而不同，在磷酸盐成分中不如在硅酸盐玻璃中那样明显。表 2.11 还列出了硅酸盐玻璃和磷酸盐玻璃类型的不同的最佳掺杂度。

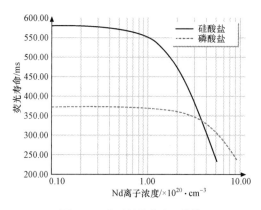

图 2.44   典型的浓度猝灭曲线

稀土离子的含量可用很多方式来表示，其中最常见的是氧化物在玻璃中的质量百分数或者每立方厘米的活性离子数量。如果知道玻璃的密度，那么就可以直接地在这两个值之间转换。在选用不同镧系元素阳离子的情况下，可以使用镧系元素（Ln）离子密度（单位：10^{20} 个离子/cm^3）和镧系元素氧化物的重量百分比之间的下列转换公式：

$$Ln \text{ 离子密度} = \varrho F（Ln_2O_3 \text{ 的重量百分比} \%）\qquad （2.119）$$

$$Ln_2O_3 \text{ 的重量百分比} \% = Ln \text{ 离子密度}/（\varrho F）\qquad （2.120）$$

式中，ϱ 是玻璃密度（g/cm^3）。表 2.12 中列出了很多常见稀土元素的 F 值。

表 2.12　稀土活性离子含量的转换因子

稀土阳离子	F
Nd	0.358
Er	0.315
Yb	0.306
Tm	0.313
Ho	0.319
Pr	0.402

2. 高峰值功率玻璃

用于高峰值功率的玻璃通常具有更强的激光特性，这一点可以下列激光品质因数 FOM_{laser} 的值表示：

$$FOM_{laser} = \frac{\sigma Q}{n_2} \qquad （2.121）$$

式中，σ 是受激发射截面，Q 是浓度猝灭因子，这两个参数结合起来，用于测量玻璃中的可用激光增益；n_2 是非线性指标，用于测量高强度脉冲激光在玻璃中传播时玻璃的耐损伤程度（2.4.2 节）。表 2.13 中给出了在一些典型商用高峰值功率激光玻璃中的这些特性。

3. 高平均功率玻璃

用于高平均功率的玻璃通常具有更强的热力学性能和良好的激光特性。这一点通常表示为下列热力学品质因数 FOM_{tm} 的值较大：

$$FOM_{tm} = K_{IC} \frac{K(1-v)}{\alpha E} \qquad （2.122）$$

式中，K_{IC} 是断裂韧性；K 是热导率；v 是泊松比；α 是热膨胀系数；E 是玻璃的杨氏模量。表 2.14 中给出了一些典型的高平均功率商用激光玻璃的这些特性以及上面探讨的激光特性。

4. 平面/光纤波导型激光器和放大器

前面几节中描述的玻璃类型还可拉伸为纤维形状，用于制备光纤激光器和放大器。此外，有很多玻璃都可通过离子交换等方法，用于制备平面型波导结构。离子交换构建法通常在低于玻璃转变点的温度下实施。

表 2.13 一些典型高峰值功率激光玻璃的特性

特性参数	肖特 LG−770	肖特 LG−750	保谷光学 LHG−80	保谷光学 LHG−8	Kigre Q−88
受激发射截面 σ（10^{-20} cm^2）	3.9	3.7	4.2	3.6	4.0
浓度猝灭因子 Q（10^{20} cm^{-3}），（式（2.118）中为 $n=2$）	8.8	7.4	10.1	8.4	6.6
非线性折射率 n_2（10^{-13} esu）	1.01	1.08	1.24	1.12	1.14
断裂韧性 K_{IC}（MP$_{am}^{1/2}$）	0.48	0.48	0.46		
热导率 K（W·m^{-1}·K^{-1}）	0.57	0.60	0.59	0.58	0.84
泊松比 v	0.25	0.26	0.27	0.26	0.24
热膨胀 α（10^{-6} K^{-1}）	13.4	13.2	13.0	12.7	10.4
杨氏模量 E（GPa）	47.3	50.1	50.0	50.1	69.8
在 1 060 nm 波长下的折射率 n_{1060}	1.499	1.518	1.534	1.521	1.536
在 1 060 nm 波长下的 $dn/dT_{20\sim40\,℃}$	−4.7	−5.1	−3.8	−5.3	−0.5

表 2.14 一些典型高平均功率激光玻璃的特性

特性参数	肖特 APG−1	肖特 APG−2	保谷光学 HAP−4	Kigre QX−Nd
受激发射截面 σ（10^{-20} cm^2）	3.35	2.39	3.6	3.34
浓度猝灭因子 Q（10^{20} cm^{-3}），（式（2.118）中为 $n=2$）	16.7	10.6	—	—
非线性折射率 n_2（10^{-13} esu）	1.13	1.02	1.21	1.17
断裂韧性 K_{IC}（MP$_{am}^{1/2}$）	0.60	0.67	0.83	—
热导率 K（W·m^{-1}·K^{-1}）	0.83	0.86	1.02	0.85
泊松比 v	0.24	0.24	0.24	0.24
热膨胀 α（10^{-6} K^{-1}）	7.6	6.4	7.2	8.4
杨氏模量 E（GPa）	71	64	70	71
在 1 060 nm 波长下的折射率 n_{1060}	1.529	1.503	1.534	1.530
在 1 060 nm 波长下的 $dn/dT_{20\sim40\,℃}$	1.2	4.0	1.8	1.0

表 2.15 中提供了专门为平面波导开发的玻璃中一些玻璃类型的特性。由于这些玻璃一般用于制备在 1 540 nm 远程通信波长区域内基于 Er 发射的有源平面波导装置，因此表 2.15 中包含了这种活性离子的相关特性。

表 2.15　典型波导激光玻璃的特性

玻璃类型	肖特 IOG−10 硅酸盐	肖特 IOG−1 磷酸盐	保谷光学 LHG−5 磷酸盐	Kigre MM−2 磷酸盐
n_d	1.530	1.523	1.541	1.54
V_d	56.6	67.5	63.5	—
热膨胀 $\alpha_{20\sim40\,℃}$（$10^{-6}\,\mathrm{K}^{-1}$）	6.8	9.3	8.4	7.3
Er 峰值发射波长/nm	1 536	1 534	—	1 535
Er FWHM 荧光线宽，$\Delta\lambda_{emm}$/nm	18.5	26.5	—	55
Er 荧光寿命/ms	17.8	10.7	—	7.9
玻璃转变点 T_g/℃	569	474	455	506

5. 估算折射率

玻璃制造商通常会提供在接近 587.6 nm 的波长下测得的折射率和色散。但一般要求在其他波长下估算激光玻璃的折射率，例如在泵浦波长或激光波长下进行涂层设计时进行估算。此外，折射率随掺杂类型和含量而变，因此目录中的折射率值以及表 2.13～2.15 中列出的折射率仅供大致参考。为此，在不同波长 $n(\lambda)$ 下，得到一个有用的折射率关系式：

$$n(\lambda) = n_D - \frac{n_D - 1}{V_D}\left(1.507\,9 - \frac{523\,640}{\lambda^2}\right) \tag{2.123}$$

式中，n_D 是在 589.3 nm 波长下的折射率；V_D 由下式求出：

$$V_D = \frac{n_D - 1}{n_F - n_C}, \ \text{(Sect.5.1.2)} \tag{2.124}$$

n_F 是在 486.1 nm 波长下的折射率；n_C 是在 656.3 nm 波长下的折射率；λ 的单位为 nm。当折射率测量值精确到 ±0.000 1 时，式（2.123）的精确度为 ±0.001；但对于文献[2.103]，则没有适用的波长范围。

在 587.6 nm 的汞 d 线测得的基于折射率数据的类似方程为

$$n(\lambda) = n_d - \frac{n_d - 1}{V_d}\left(1.507\,9 - \frac{523\,640}{\lambda^2}\right) \tag{2.125}$$

式中，n_d 是在 587.6 nm 波长下的折射率；V_d 由下式求出：

$$V_d = \frac{n_d - 1}{n_F - n_C} \tag{2.126}$$

n_F是在486.1 nm 波长下的折射率；n_C是在656.3 nm 波长下的折射率；λ的单位仍为nm。当折射率测量值精确到 ± 0.000 02 时，在不超过 2.3 μm 的 IR 波长下，方程（2.125）的精确度预计为 ± 0.003。

2.4.2 激光损伤

在高功率和高能量激光系统方面取得的进展已使得能量密度超过 10^9 W/cm² 成为可能。在这样的功率水平下，很多不同的损伤机理开始起作用，可能导致光学材料（包括激光玻璃）的光学质量发生暂时性乃至永久性的变化。这些变化可能发生在块状材料的表面或内部，导致光学材料变得不能用或改变透射光束的轮廓，从而使光学系统中的其他下游部件面临更大的损伤风险。常见的激光损伤如下所述：

1. 瞬态热效应

由于折射率通常随温度而变，因此激光玻璃零件内部的热梯度可能会通过光程的不均变化导致传播光线发生畸变。在一些应用领域中，激光玻璃可能表现得基本上跟无热部件一样，也就是说玻璃的热膨胀抵消了由于折射率随温度而变造成的光程变化。

对于在具有固定长度的空腔（例如利用玻璃陶瓷或殷钢等近零膨胀材料制成的外框）内的激光玻璃部件，光程随温度变化的函数为

$$\frac{\mathrm{d}S}{\mathrm{d}T} = \alpha(n-1) + \frac{\mathrm{d}n}{\mathrm{d}T} \qquad (2.127)$$

式中，玻璃以热膨胀值 α、折射率 n 以及在空气中折射率随温度变化的函数 $\mathrm{d}n/\mathrm{d}T$ 为特征。

如果激光玻璃零件的涂层决定着光共振腔的光程，则会出现另一种情形，就像将激光谐振腔的端面镜直接应用于激光棒的端部时那样。在这种情况下，光程随温度变化的函数为

$$\frac{\mathrm{d}S}{\mathrm{d}T} = n\alpha + \frac{\mathrm{d}n}{\mathrm{d}T} \qquad (2.128)$$

上述表 2.13～2.15 中列出了 α、n 和 $\mathrm{d}n/\mathrm{d}T$ 的典型值以及激光玻璃的其他特性。

2. 表面损伤

高光强激光系统中有源（以及无源）光学材料的表面损伤通常表现为透射表面上的圆形凸起（疱状凸起）或凹陷（凹点），这些特征的密度值和尺寸在某种程度上分别由激光能量密度和脉冲长度决定。激光玻璃表面易受激光破坏，因为这些表面通常会因为日常储存和搬运以及大气尘粒的逐渐累积而受到污染，表面污染构成了激光损伤的成核点，材料表面的初期制备对于决定激光损伤的可能性可能起到关键性的作用。在完成了表面抛光之后，表面仍可能存在残余划痕、缺陷和次表面裂隙，

其中可能含有抛光剂和清洗剂的污染物质，光学材料表面上的这些点会成为激光损伤的其他成核点。

光束出射表面的损伤常常与这些表面缺陷点的激光能量吸收有关，激光能量吸收之后形成了等离子体，等离子体又反过来增强了返回到激光本身的反射光，从而进一步增加了与激光束有关的局部电场强度。高损伤阈值光学器件的最终供应商需要避免残留在预期曝光波长下能强烈吸光的抛光剂残留物。通过正确清洗光学表面及随后保护光学表面免受大气污染物（包括水）的污染（因为这些污染物会通过冷凝和扩散改变光学表面的性质），表面损伤阈值也能明显改善。

3. 自聚焦损伤

自聚焦是在传播激光束的局部聚焦情形下由于折射率随着外加光强的增加而增加致使光学材料发生绝缘击穿造成的。这种效应导致在主光轴上出现一个或多个丝状损伤点，这些损伤点通常有很多不同的名称，包括"足迹"或"天使头发"。

损伤事件常常是因为一束激光里的一个局部热点导致玻璃内部的局部折射率增加而造成。由于光程在这个热点处增加，而在远离高光强区的地方下降至初始值，因此这部分激光玻璃基本上相当于一个正透镜。这个人工透镜使激光束进一步会聚，导致产生的效应更加复杂。这种会聚现象继续下去，直到与激光有关的电场增加到使原子电离并在玻璃内生成等离子体。图 2.45 中给出了这种自聚焦损伤的一个例子。

图 2.45　激光玻璃中的自聚焦损伤

自聚焦现象的决定因素有三个：激光玻璃的非线性折射率 n_2、累积光程以及在激光束内局部热点的是否存在。激光玻璃的内部光学质量已越来越好，达到了米级截面。这种截面基本无气泡和夹渣（这些缺陷可能通过绕射效应造成光束强度的局部波动）。因此，非线性折射率对于这类激光损伤现象的发生起着重要作用。正是这个原因，2.4.1 节式（2.121）中的 FOM$_{激光}$ 项中出现了 n_2。除选择具有较低 n_2 的激光玻璃外，激光腔和光束的设计还需要让穿过激光玻璃部件的光束中出现高积分通量位置的可能性降到最低，也就是说激光能量的覆盖面积应当尽可能大。

4. 多光子诱发的损伤

多光子跃迁涉及两个或更多个光子，这些光子的能量合并为一个足以在材料中激发真实跃迁的能量值。高积分通量激光源提供了较高的光子通量水平，从而可观察到玻璃中的这些低概率多光子跃迁。当电子被激发到光学材料的有效导带中时，这些电子又迁移到材料的稳定势阱中并诱发结构变化和性质变化，从而出现由多光子吸收造成的损伤。这类损伤主要有两种形式：局部变色或受损区域的折射率发生永久性改变。这类激光损伤几乎总是被视为严重损伤。在这类损伤中所观察到的吸收特性与波长成函数关系，通常与高能辐射损伤情形下的吸收特性类似，例如在UV、X射线或粒子（正质子、电子等）照射下的损伤。

对于特定的激光设计来说，多光子损伤的程度由能足以导致光学材料损伤的激光光子数量集合决定。作为大致的指导原则，可以利用激光玻璃的有效带隙（由电磁谱高能端内开始吸光时算起）与激光波长下可从单个光子中获得的能量做比较。

5. 点缺陷激光损伤

几乎所有的光学材料（包括激光玻璃）都含有一定程度的局部微观体积缺陷，包括气泡、电介质夹杂物和贵金属粒子，所有这些缺陷与最初的制造工艺之间都有一定的相关性。大多数的夹杂物和金属微粒都是原玻璃熔体的未熔化化合物，或来自被融入最终激光玻璃部件中的部分制造残渣。气泡本身通常与局部损伤点的形成无关，但会造成传播激光束以相关的小空间尺度高强度功率峰值发生衍射，然后通过非线性效应损伤激光系统中的其他光学零件（例如，参考"表面损伤"小节中的探讨）。

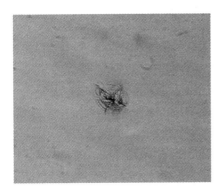

图 2.46 由于铂微粒造成的激光玻璃内的微粒损伤

在激光玻璃中仍有金属微粒，主要是铂。因为光学质量的原因，这些玻璃是在由贵金属及其合金制成的罐和坩埚中生产出的。随后，由这些夹杂微粒造成的损伤在块状光学材料中以孤立的损伤点形式出现。图 2.46 显示了直径为0.25 mm 的此类损伤点的放大图像。这种损伤机理如下：介电点或导电缺陷点直接吸收了激光辐射，之后微粒加热到沸点之上，随后与汽化相关的激波和局部热致应力导致裂纹成核并扩展[2.104]。

自 1960 年首次发现激光以来，在激光玻璃损伤阈值性能上改进的最大成就是开发了能够生产米级磷酸盐激光玻璃部件的制造工艺，而且玻璃部件中完全没有可能成为微粒损伤点的夹杂物或内部缺陷[2.105]。这些无铂微粒玻璃的规格应当在激光能量密度水平达到损伤阈值时制定。脉冲 1.064 μm 激光照射下的损伤阈值可通过下列公式估算：

$$损伤阈值（J/cm^2）=2.5\times(脉冲长度，ns)^{0.3} \qquad (2.129)$$

虽然激光损伤是一个被广泛研究的领域，但目前还没有一个在该主题上拥有大量累积实验数据的综合数据库，用于预测特定情形下的激光损伤程度。感兴趣的读者可以参考专门致力于此研究领域的几本教科书[2.106,107]

2.4.3　激光玻璃的储存和运输

激光玻璃通常是脆性材料，在遇到热负荷或机械负荷之后很容易碎裂或断裂，因此，玻璃零件的加热和冷却速率应当不超过 20～30 K/h。具有良好激光特性的激光玻璃通常还呈现出较低的化学耐久性。低化学耐久性有时也可用作一种优势，因为可以利用刻意安排的化学侵蚀过程[2.108]或化学离子交换过程[2.109]来增强机械强度。

目前还没有一种可评估所有可能的化学侵蚀路径和激光玻璃成分的通用方法。但一般情况下，水的出现几乎总会成为玻璃发生化学侵蚀的前提条件。因此，感光玻璃在长期储存时最好存放在一个带有干燥剂的封闭真空环境中。

1. 用于增强零件强度的方法

激光玻璃可利用酸浸和离子交换等方法来加强强度。采用酸浸法时，在通过浸蚀去除表面的同时，还会使在装配或机械化装卸作业之后残留的裂纹尖端钝化。在钝化的裂纹尖端，激光需要有更高的能量水平才能传播到裂纹或裂缝中，因此大大增加了玻璃零件的断裂强度。离子交换涉及用一个较大的阳离子替代玻璃结构内的一个较小的阳离子，让玻璃表面有效地处于压缩状态。为了能承受断裂，外加应力不仅要超过玻璃的初始强度水平，还要超过压缩表面应力。这两个过程给玻璃表面都带来了一定程度的化学侵蚀，因此不适于抛光过的光学表面。

2. 激光玻璃的液冷

利用激光玻璃作为增益介质的固体激光系统一般通过再循环液体冷冻剂系统来冷却。冷却溶液造成的化学侵蚀是一个需考虑的变量，尤其是当使用磷酸盐激光玻璃且在无操作期间部件与冷却剂接触时。由图 2.47 可看到，在这种情况下，在水中添加乙二醇可提高激光玻璃对化学侵蚀的防御能力。

| 2.5　用于光学应用的玻璃陶瓷 |

2.5.1　概述

玻璃陶瓷（一种通过确定性受控工序变成晶体的玻璃）将玻璃的相对易于制造性与仅在晶态物质中存在的其他功能结合为一体[2.110,111]。例如，晶相的负热膨胀性（本质上发生的概率很小）与玻璃的正常正热膨胀相结合，开发出了具有超低热膨胀系数的玻璃陶瓷，用于制作望远镜反射镜、红外透明灶台和数字投影反射镜[2.112]。牙科用的玻璃陶瓷将高强度与可控的适量半透明度相结合，用于精确地模拟天然牙[2.113]。玻璃陶瓷具有多种非线性现象，包括铁电特性和热电特性[2.114]、二次谐波生成[2.115]、增频变频[2.116]和闪烁[2.117]。

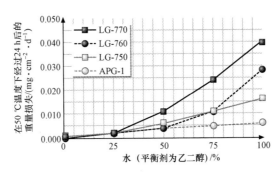

图 2.47　EtOH/水混合物的化学耐久性

　　对晶体的第一印象相反的是，晶体在玻璃结构中的出现不会显著抑止透射。控制结晶过程的能力常常能够将晶粒尺寸控制得比入射辐射光的波长更小，由此让散射损失降至最低，尤其在波长较长时更是如此。此外，微细不溶晶体在可溶基质中沉淀，因此可以在玻璃成分中形成晶体；否则，即使可以控制，也难以形成。例如，Beall [2.118]开发了一种掺 Cr 的镁橄榄石（Cr：Mg_2SiO_4）玻璃陶瓷；化学计量的镁橄榄石玻璃本身极其不稳定，只有通过很特殊的加工方法才能成型[2.119]。但通过用相析出法来生成掺 Cr 的、类似于镁橄榄石的玻璃子域并随后使其晶化，Beall 便能够将玻璃的易于制造性与期望晶体的形成结合起来。这种策略在玻璃陶瓷的开发中很普遍。

　　玻璃陶瓷的生产一开始时是利用现在标准的制造工艺生成合适的玻璃铸件[2.120]。然后，因为玻璃本身很透明可以利用详细的检验方法来确定零件的内部质量。检验后，再实施一项名叫"陶瓷化"的受控热循环计划，将玻璃部分或完全地变成玻璃陶瓷。典型的热循环过程采用了完全不同的温度模式来促成晶核化和晶体成长[2.121]。至少，需要在陶瓷化过程中规定三个加热/冷却缓变率和两对温度/时间条件（图 2.48）。这一点再加上晶核化和晶体生长是热激活过程且与温度之间存在很强的非线性相关性[2.122]，这些会使陶瓷化成为一个挑战性的过程。

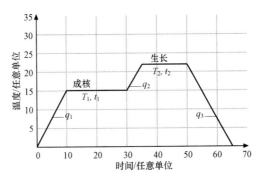

图 2.48　玻璃陶瓷制造时采用的温度时间路径示意图——一种名叫"陶瓷化"的工艺；
q_i 指加热/冷却速率，T_i 和 t_i 分别指在晶核化和晶体生长阶段采用的温度和时间

2.5.2 玻璃陶瓷的特性

与前期玻璃相比，玻璃陶瓷通常具有更高的强度和弹性常数。另外，玻璃陶瓷的热膨胀系数可能比前期玻璃更高，也可能更低。玻璃陶瓷的介电损耗通常比其前期更小，部分原因是因为在刚性更强的晶体结构中束缚着更多的移动离子（不过也有例外情况，见文献［2.110,126］），而玻璃陶瓷中的相对介电常数通常更高。最后，玻璃陶瓷的化学耐久性通常更强，有时要强很多[2.111]。

1. 热力学特性

（1）热膨胀。玻璃陶瓷的热膨胀系数值（CTE）范围为将近 $-10 \sim +25 \times 10^{-6}/K$ ——很少有光学材料能达到这样宽的范围（表 2.16）[2.110]。玻璃陶瓷与大多数的金属（包括 Si）之间都实现了热膨胀匹配，由此能够在无应力或应力受控的状态下生产出多材料装置（图 2.49）[2.110,127,128]。玻璃陶瓷的一种可能的复杂性源于结晶相的非平凡膨胀曲线。例如，在 CTE-温度图中，含有二氧化硅多形体的玻璃陶瓷通常具有明显的斜率变化，这与二氧化硅相的多晶型转变有关（图 2.50）。原则上，这个问题可通过适当地选择特定结晶相、最大限度地修改相对于玻璃前期的 CTE 来解决。此外，对于单个体积成分，可通过正确选择热处理条件，在相当大的范围内调整 CTE 值（图 2.50）。玻璃陶瓷的 CTE 与各种相的相对含量之间存在相当好的线性关系，尽管需要用更复杂的方式处理[2.129]。只有几种玻璃陶瓷的低温热膨胀数据是已知的[2.130]。

表 2.16　对比一系列玻璃陶瓷材料的光学参数和物理参数值

材料	n	$T_i/\%$	λ/nm	厚度/mm	CTE/ (ppm·℃$^{-1}$)	T 范围/℃	E/GPa
Zerodur[a]	1.52	99.6	1 550	1	0 ± 0.05	0～50	90
SA-O2[b]	1.56	≥98	1 550	1	1.8	30～500	98
WMS-15[b]	1.52	99.9	1 550	1	11.4	-30～+70	96
NEX-C[b]		99.3	1 550	10	-2	-40～+80	94
氟氧化物[c]		99.99	1 500	1			
碲化物[d]	2.1	≈80	800	1			
耐高温玻璃[e]					5.7	20～320	120

来源：a Zerodur 产品手册，b 小原光学的产品手册，c 文献[2.123]，d 文献[2.124]，e 文献[2.125]；请注意，耐高温玻璃（Pyroceram）虽然在可见光区是不透明的，但在有效的射频区是透明的。

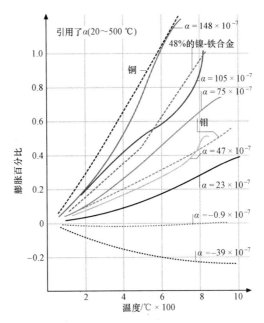

图 2.49　利用玻璃陶瓷可获得的热膨胀曲线范围（$\Delta L/L$）。
图中还描绘了典型金属的膨胀曲线（在图中，α 是材料的 CTE）[2.110]

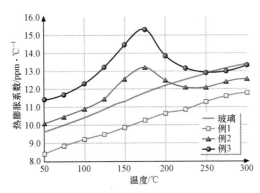

图 2.50　在玻璃陶瓷中单个成分可达到的 CTE 范围的示例。标有"玻璃"字样的曲线是未陶瓷化的前期玻璃的曲线，而标有"例 1"等字样的曲线是 3 种不同的陶瓷化方案的曲线。在接近 175 ℃时 CTE 曲线出现大的隆起，这是由方石英固溶相的多形性转变造成的

（2）弹性常数。由于缺乏晶序，大多数玻璃的弹性模量和相关参数（例如杨氏模量 E、声速）都大大低于其晶态玻璃的参数。因此，玻璃陶瓷的 E 值一般在晶体的 E 值和玻璃的 E 值之间（例如，80～150 GPa），但有时候是其前期玻璃的几乎 2 倍（表 2.16）[2.110]。就 CTE 而论，杨氏模量与相含量之间存在着几乎递进的关系[2.131]。

（3）强度、硬度和断裂韧性。强度增强是玻璃陶瓷的一个特征。通过四点弯曲试验或相关的方法测得的断裂模量可能是前期玻璃的 2 倍或更多倍[2.132]，但是表面缺陷仍最终控制着获得的最大强度值。与热膨胀和弹性特性不同的是，强度不仅

受现有各种相的比例控制，还受控于内部显微结构——尤其是在表面上或表面附近[2.111,133]。连生晶的存在与否、首选的结晶取向或者甚至与现有结晶相有关的滑移系都对玻璃陶瓷的强度起着决定性作用。

作为一种脆性材料，玻璃陶瓷的断裂特性通常用硬度和断裂韧性值来描述。硬度一般通过金刚石微压痕来量化，断裂韧性则通过尺寸已知原有缺陷的扩展或压痕裂缝的发展来量化[2.134,135]。在这方面，晶体含量和显微结构也起了主要作用[2.136]。

2. 电动力特性

（1）介电特性。介电特性通常局限于亚光频，而且与物理性质分为一组——与光频下的折射率和吸收特性相似。介电特性通常局限于 GHz 和低频率（微波和射频），而光学特性通常局限于几十太赫兹及更高的频率（主要是红外线、可见光和紫外线）。研究者对玻璃陶瓷的响应曲线几乎一无所知，也不了解在所谓的"太赫兹机制"（0.1～10 THz）中玻璃陶瓷很多成分的响应曲线[2.137]。

表 2.17　各种玻璃、玻璃陶瓷和陶瓷材料的介电特性

材料	ε_r	$\tan\delta$	测试频率	介电强度/（kV·mm^{-1}）	测试频率/Hz
锂-硅酸锌玻璃陶瓷 [a]	5.0	0.002 3	1 MHz	47	50
熔融石英 [b]	3.8	0.000 4	1 MHz	36	100
氧化铝（99.5%）[c]	9.7	0.000 1	1 MHz	8.7	60
钇稳定氧化锆 [c]	9.0	0.001	1 MHz	9.0	60
滑石 [d]	6.1	0.000 8	1 MHz	9.1	60
耐高温玻璃 [e]	5.5	0.000 33	8.5 GHz		

来源：a 文献[2.110]，b GE 石英公司的商业文献，c 库尔斯陶瓷公司的商业文献，d CeramTec 公司的商业文献，e 文献[2.125]

在 GHz 和低频率机制下最重要的介电参数是介电常数（相对介电常数）和介质损耗（损耗角正切）。单位体积内吸收的功率 P 可写成

$$P = \frac{1}{2} E_0^2 \omega \varepsilon_0 \varepsilon_r \tan\delta \qquad (2.130)$$

式中：E_0 是电场的大小；ω 是电场频率；ε_0 是真空介电常数；ε_r 是材料的相对介电常数（不要与材料的介电常数（即 ε_r 和 ε_0 的乘积）混淆）；$\tan\delta$ 是损耗角正切[2.138]。介电材料的相对介电常数与其折射率之间的关系式为

$$\varepsilon_r = n^2 \qquad (2.131)$$

需要指出的是，仅在介电常数的计算频率等于折射率的计算频率时，或者条件更宽一点，仅在这两个测量值之间的极化损耗机制不变时，式（2.131）才严格成立。因此，ε_r 与电介质内部的传播速度有关，而 $\tan\delta$ 是光吸收的一个测度。玻璃陶瓷的

介电常数典型值始于与玻璃相似的值（大约为 5），但对于含有铁电晶体的玻璃陶瓷来说，此值可能超过 1 000[2.139-141]。玻璃陶瓷的损耗角正切初始值也接近于玻璃的值（例如 0.000 2），可达到将近 1（表 2.17）[2.110]。玻璃陶瓷的介电强度（刚好足以激发电介质击穿的电场大小）通常优于陶瓷的介电强度，而与玻璃的介电强度相当（表 2.17）。

（2）折射率和吸收系数。玻璃陶瓷的光学性质与其前期玻璃及其中包含的晶体相的光学性质很相似。我们在 2.1.1 节中介绍过，折射率和吸收系数两个基本量可通过复折射率来统一描述：

$$\tilde{n}(\omega) = n(\omega) + i\kappa(\omega) \qquad (2.132)$$

式中，n 是折射率，κ 是体吸收，两者都与频率有关[2.142]；κ 又与更经常使用的"吸收/单位长度"（即 α）有关（2.1.3 节）：

$$\alpha = \frac{2\omega\kappa}{c} \qquad (2.133)$$

式中，c 为光速；α 用于描述穿过样品的总透射率 T（图 2.10）：

$$\frac{I_t}{I_0} = T = RT_i = R\exp(-\alpha z) \qquad (2.134)$$

式中，I_t 是透射强度（W/m^2）；I_0 是入射光强度；T_i 是内部透射率（不包括表面反射损失）；R 是反射损失因子；z 是样品厚度[2.143]。

大多数玻璃陶瓷的折射率都在 1.5～2.0 范围内，跨越了大部分的可见光和红外光区，而透射值在很大程度上取决于所研究的波长（表 2.16）。在一些应用领域中，在各种波长下的吸收值成为让人感兴趣的主题。例如，在描述具有可控半透明度的牙科玻璃陶瓷时，可以做标准试验，在白色或黑色背景下记录吸收值[2.113]来量化某种材料在可见光区的积分吸收，也可以在标准彩色坐标中进行量化[2.144]。

（3）散射。晶体对辐射光的体积散射（2.1.7 节）是玻璃陶瓷的一个最有趣的方面。事实上，玻璃陶瓷最近已被用于在光谱的紫外线–可见光部分，进行与波长有关的散射实验与分析 [2.145]。根据不同的用途，光的波长可能大于（也可能小于）平均晶粒尺寸。这种特性连同其他因素一起，导致各种现象出现，这些现象决定着玻璃陶瓷的最终光学用途。一百多年前瑞利的研究成果以及大约 20 年之后 Mie 的重要推理奠定了冷凝物质内部散射的理论基础（2.1.7 节）。最近与玻璃陶瓷有关的研究工作是将早期的理论工作与玻璃陶瓷中存在的特定条件组结合起来。

根据 2.1.7 节中的理论论据，本书在这里考虑了光学玻璃陶瓷的最重要的散射类型：纯瑞利散射。在这种散射类型中，粒子的尺寸小于光的波长，散射截面积由下式定义[2.146-148]

$$C_{scat} = \pi a^2 Q_{scat} \qquad (2.135)$$

式中，a 是粒子半径；Q_{scat} 是散射效率因子，由下式定义：

$$Q_{\text{scat}} = \frac{8}{3} \left| \frac{m^2 - 1}{m^2 + 2} \right|^2 x^4 \tag{2.136}$$

式中，m 通常通过粒子的折射率与基质的折射率之比来近似地估算[2.148]；x 是粒度参数，由下式定义：

$$x = \frac{2\pi a}{\lambda} \tag{2.137}$$

式中，λ 是光的波长。总之，可以为散射截面积（cm^2）写出如下公式：

$$C_{\text{scat}} = \frac{128}{3} \pi^5 \frac{a^6}{\lambda^4} \left| \frac{m^2 - 1}{m^2 + 2} \right|^2 \tag{2.138}$$

与 λ^{-4} 之间的相关性是瑞利散射的一个特征，就像瑞利散射与粒径之间的强相关性一样。

散射截面积的另一种定义依据的是 Hopper[2.149]的准连续区模型：

$$C_{\text{scat}} = (6.3 \times 10^{-4}) k^4 \overline{w}^3 (\overline{n} \Delta n)^2 N_V^{-1} \tag{2.139}$$

式中，k 是波数（$2\pi/\lambda$）；$\overline{w}$ 是平均宽度，在这里当作粒径处理（但请参考文献［2.149］中的解释）；$\overline{n}$ 是平均折射率；N_V 是每单位体积内的粒子数。在这里，采用了 Hopper 的方程（70）和完全由散射导致的吸收的定义，后者有时叫作"浊度" τ（cm^{-1}）：

$$C_{\text{scat}} = \frac{t}{N_V} \tag{2.140}$$

通常被引用的瑞利－甘斯散射案例又进一步规定，在粒子－基体界面上的反射可以忽略不计。在这种情况下，式（2.136）修正为[2.148]

$$Q_{\text{scat}} = |m-1|^2 \, x^4 \int_0^\pi G^2(u)(1+\cos^2\theta)\sin\theta \, \mathrm{d}\theta \tag{2.141}$$

式中，

$$G(u) = \frac{2}{u^3}(\sin u - u \cos u) \tag{2.142}$$

且

$$u = 2x \sin\frac{\theta}{2} \tag{2.143}$$

散射截面积的另一个定义与粒径无关，但与粒子密度值有关[2.150]：

$$C_{\text{scat}} = \frac{8}{3} \left[\frac{\pi(n^2 - 1)}{N_V \lambda^2} \right]^2 \tag{2.144}$$

Hendy 在著作中考虑了最近关于相分离介质中结构因子的研究结果，推导出与粒径和波长之间有着截然不同相关性的散射截面积，但其中明确地包括了晶化体积分数 φ[2.151]：

$$C_{\text{scat}} = \frac{14}{15\pi} \varphi(1-\varphi) k^8 a^7 \left(\frac{\Delta n}{\overline{n}} \right)^2 N_V^{-1} \tag{2.145}$$

为了在漫射截面和实验测量值之间建立联系，本书采用了一个将归一化透射强度和光程关联起来的等式[2.150]：

$$\frac{I_{\text{scat}}}{I_0} = \exp(-C_{\text{scat}} N_V z) \qquad (2.146)$$

式（2.146）忽略了由吸收和反射造成的损失。

作为玻璃陶瓷散射的一个例子，本书将分析由纳米晶体玻璃 Zerodur 得到的数据。这种材料（在下面有更全面的描述）含有大约 70%（体积百分比）的 50 nm 晶体。这种显微结构的密度值约为 10^{16} crystals/cm³ [2.152]。图 2.51 给出了玻璃状 Zerodur 和陶瓷化 Zerodur 的未修正的透射数据。请注意，这两个样品的成分相同，因此这两条曲线之间的差异应当主要是散射损失，图 2.52 图示了这种差异，并将其归一化，以去除对玻璃状材料和陶瓷化材料来说几乎相同的反射损失。通过重新排列式（2.146），得到

$$-\ln\left(\frac{I_{\text{scat}}}{I_0}\right) = C_{\text{scat}} N_V z \qquad (2.147)$$

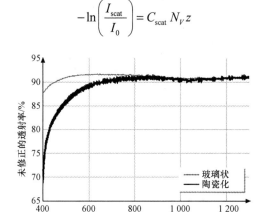

图 2.51　玻璃状 Zerodur 和陶瓷化 Zerodur 的未修正的透射数据（两个样品的厚度=2.05 mm）。请注意：陶瓷化和未陶瓷化（玻璃状）样品在可见光区（400～800 nm）的透射率都高，当波长约大于 1 000 nm 时这两个样品的值几乎相同

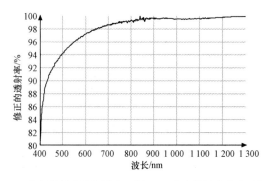

图 2.52　纯散射对 Zerodur 内部透射强度的影响。图 2.51 中由传输曲线得到的差光谱已重新归一化，以消除这两个样品共有的反射损失。减法过程本身就能消除共有的吸收损失。剩下的（图中绘制的）只是修正所观察到的、由散射造成的透射强度

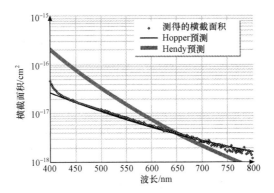

图 2.53 测量的和计算出的 Zerodur 散射截面积

公式（2.147）左边的测定量与散射截面积成正比。通过用式（2.147）的左边除以光程（约 5 mm），再除以 Zerodur 的晶体密度值，就得到了散射截面积（图 2.53 中的小符号）。请注意：当在该半对数标尺上绘制时，可以看到几乎呈线性的关系，这表明幂律与波长相关（在 450～800 nm 范围内，数据的最佳拟合斜率为 −4.3，与瑞利散射一致）。在短波长（<425 nm）下的数据与 λ^{-4} 相关性曲线（与截面积的相关性）之间的偏差较小，其中的原因还不清楚。图 2.53 中还绘制了 Hopper 预测的截面积 [式（2.139）]。在这个例子中，采用了估算的折射率（m）比值 1.55/1.5 ≈ 1.03。为了比较，请注意在 500 nm 波长下观察到的截面积为 1.2×10^{-17} cm^2。虽然瑞利和 Hopper 的公式都预测了观察到的 λ^{-4} 与截面积之间的相关性，但纯瑞利模型高出了大约 3 个数量级（3.3×10^{-14} cm^2），而 Hopper 模型的预测值为 1.0×10^{-17} cm^2，与测定值很接近。在 500 nm 波长下，与粒径无关的模型式（2.144）得到了与纯瑞利模型相当的结果（6.6×10^{-14} cm^2）。通过从数值角度求瑞利 – 甘斯方程的积分，得到在 500 nm 波长下的截面积 [式（2.141）～（2.143）] 1.4×10^{-14} cm^2——与纯瑞利值相比修正量相当小。Hendy 模型得到的值是 3.3×10^{-17} cm^2，与将近 500 nm 的波长下测得的值相当接近。Hendy 模型预测 λ^{-8} 的相关性曲线太陡，但是图 2.53 中的数据和 λ^{-4} 相关性预测模型之间的良好吻合度表明情况并非如此。

表 2.18 在玻璃陶瓷中获得的被激活功能的例子

材料	活性特征	独有特征
$K_2O - Nb_2O_5 - 4SiO_2$ [a]	二次谐波生成	是石英的 600 倍
$Li_2B_4O_7 - Bi_2WO_6$ [b]	相对介电常数	在 673 K（100 Hz）时达到 10^6
（Na，Sr）NbO_3 [c]	克尔常数（电光）	$\approx 2 \times 10^{-17}$ m^2/V^2
$BaO - GeO_2 - TiO_2$ [d]	压电	$d_{33} \approx 6$ pC/N
$Li_2O - SiO_2 - B_2O_3$ [d]	热电	$p_3 \approx -8$ μC・m^{-2}・K^{-1}
$BaO - B_2O_3$ [e]	二次谐波生成	尿素的 0.12 倍
来源：a 文献[2.153]，b 文献[2.154]，c 文献[2.155]，d 文献[2.156]，e 文献[2.157]		

（4）非线性特性（电光、热电、SHG 等）。虽然非线性晶体已使用了超过 100 年[2.142]，但利用玻璃陶瓷作为这些晶体的基质只有大约 50 年的历史。Herczog [2.139] 报道了由适宜的硼硅酸盐玻璃得到的微晶 BaTiO3 的晶化过程以及相对介电常数超过 1 000 的玻璃陶瓷的制造，而 Borrelli 等人[2.158]和 Borelli[2.159]报道了含 NaNbO$_3$ 的玻璃陶瓷的二次电光特性。在以前未表现出铁电性的相关透明玻璃陶瓷中的纳米级晶体具有热电性，由此证实这些晶体为活性晶体，但它们的尺寸取决于玻璃陶瓷的实测功能[2.114]。最近与铁电晶体系统中的透明度要求有关的研究工作集中于晶体的密度值、尺寸和折射率对比度[2.160,161]。

有研究者已探究过含有非线性晶体的各种合成系列，包括含钛酸盐和钽酸盐的透明玻璃陶瓷[2.160,162]。碲化物系统的优点是高折射率活性晶体和高折射率残余玻璃基质之间的折射率对比度相对较小[2.124,163–165]。透明的铋–硼酸盐玻璃陶瓷已经开发出来，由此得到了具有二次谐波生成特性的材料[2.154,166,167]；钾–铌酸盐[2.153]和钾–磷酸钛成分也已开发出来[2.168]。目前已有关于含有超导 Bi$_3$Sr$_2$Ca$_2$Cu$_3$O$_{12-x}$ 晶体的玻璃陶瓷的研究结果报告[2.169]，以及关于 X 射线闪烁体的玻璃陶瓷的研究报告[2.117,170]。

玻璃陶瓷已被开发为升频器、发光材料、激光器基质、光量开关和光学放大器（表 2.18）[2.116,171–176]。典型的设计目标是分隔所有主动参与非线性过程、随之变成结晶相的元素，就像在前面提到的 Beall 例子中所述的那样[2.118]，由此提高了活性过程的效率（例如使激光线宽变窄）。虽然早期关于掺 Nd 的 Li$_2$O – Al$_2$O$_3$ – SiO$_2$ 玻璃陶瓷的报告曾报道过激光[2.177,178]，但后来的论著表明 Nd 并没有融入到晶体中[2.179]，因此玻璃陶瓷路线的优势受到限制。最近的很多研究工作都集中于光学放大器的高透明度掺稀土氟化物和氟氧化物成分[2.180–190]。在共掺 MgO – Al$_2$O$_3$ – SiO$_2$ 玻璃陶瓷中，光量开关已得到验证[2.176,191,192]。据报道，在掺 Mn^{2+} 的 ZnO – B$_2$O$_3$ – SiO$_2$ 玻璃陶瓷中存在持久（＞12 h）磷光[2.193]。含多铝红柱石的掺 Cr 玻璃陶瓷已被开发出来，用作太阳能集热器和激光器基质[2.194]。这些玻璃陶瓷都达到了在可见光中的良好吸光标准，并且在近红外线区发荧光。发出的荧光适于通过硅光伏条转化为电能，只是目前转化效率太低，尚不能有效地替代现有方案[2.111]。

2.5.3 应用

本节将重点介绍光学玻璃陶瓷的用途。实际上，玻璃陶瓷已进入商品化阶段——这对任何材料开发计划来说都是一件有说服力的功绩。光学玻璃陶瓷包括用于反射用途的玻璃陶瓷（例如视镜）和用于透射用途的玻璃陶瓷（例如涂层基体）。

1. 反射

玻璃陶瓷的一种基本用途是用作反射镜基片。这种用途通常要求采用超低热膨胀材料，因为必须要达到精确的尺寸公差，以确保在天文台等半控制性周围环境中达到令人满意的光学分辨率。利用嵌在正膨胀玻璃基质中的负膨胀高温石英固溶晶体来诱发几乎为零的 CTE——这种做法由来已久[2.111,195]。在反射镜中使用的一种最广泛应用的低膨胀玻璃陶瓷是肖特·格拉斯在将近 40 年前开发的 Zerodur[2.152]。除控制 CTE 与温度之间的相关性之外[2.196]，有关的研究报告中还报道了利用传统精加工和离子束精加工方法对 Zerodur 基体进行精确抛光[2.197,198]，但是与这个主题有关的很多知识仍属个别精加工厂专有。一种常见的、用于去除在研磨时形成的微裂纹的非专有技术是用 HF–HCl 酸洗液以物理化学方式去除材料[2.120]。虽然 HF 是适于硅酸盐玻璃和玻璃陶瓷的一种有名的有效侵蚀剂，但利用 HCl 来阻止不溶氟化合物在被侵蚀材料表面上沉淀也同样很重要。用于去除标准反射镜涂层的配方也已经有了[2.120]。

虽然大型 Zerodur 镜体目前在全世界的天文台中使用的例子有很多，但有一个例子尤其值得注意，那就是智利的甚大望远镜（VLT）。在智利，基于 Zerodur 的四部 8.2 m 望远镜利用最先进的自适应光学技术和干扰测量法，通过惊人的聚光能力达到很高的光学分辨率[2.199,200]。

2. 透射

玻璃陶瓷的最初应用情形之一恰值玻璃陶瓷以新兴材料的身份出现。当时，康宁公司的 Stookey[2.201]已能够制造出一种射频透明高强度堇青石玻璃陶瓷，叫作"Pyroceram"（耐高温玻璃）。目前，这种材料仍在特超声速导弹的雷达天线罩上使用，在特超声速下具有极低的雨蚀水平，这种材料还采用了化学腐蚀抛光法，以增加其强度[2.125]。

Robax 是由肖特·格拉斯制造的一种可见光透明低膨胀玻璃陶瓷，目前正在烘箱和壁炉的观察板上广泛使用。这种材料的高透明度（与上面提到的 Zerodur 类似）、抗热冲击性和极高的最大工作温度（连续工作为 680 ℃，短时间工作为 750 ℃）使得 Robax 能够在很多应用情形下替代硼硅酸盐玻璃[2.120]。

远程通信技术也在推动着玻璃陶瓷的发展。小原光学推出了红外透明高杨氏模量（E）高 CTE 玻璃陶瓷，叫作"WMS–13"和"WMS–15"，用于密集波分复用（DWDM）。这些材料还具有极好的化学耐久性以及通过超级抛光达到低 RMS 粗糙度值的能力。高 E 和高 CTE 的非典型结合以及保持良好的化学耐久性（这些材料在基于场的应用领域用作薄膜干涉滤光片的基质时需要有良好的化学耐久性）在普通玻璃中很难实现。

薄膜透明防护玻璃陶瓷涂层将良好的透明度与极好的耐磨性结合起来。Rother 和 Mucha[2.202]报道利用 SiO_2 和 Al_2O_3 粉以及电子束蒸发器将一层 3 μm 厚的涂层沉积在了示范车轮上。具有机械稳定性的涂层将在广泛商品化之前接受进一步的试验。

|2.6 非线性材料|

2.6.1 关于非线性光学材料的概述

在 2.1.5 节提到，甚至在二阶非线性（NL）材料中[2.203-210]，也并没有很多材料进入工业用途（由于存在其他与强度有关的非期望效应，因此 NL 材料处于劣势）。

具有最高非线性的材料可在（光激性）晶体中找到，例如在电光和声光装置中使用的铁电材料 ADP 和 KDP——这些材料中的第一批晶体已用于变频用途。由于缺乏对称中心，这些晶体显示出相当高的二阶极化率，因此适于频率上转换等用途。用稀土阳离子（例如 Nd^{3+}）等光学活性阴离子来替代本征非线性晶体（例如：Gd-Ca-含氧硼酸盐中的 Gd）中的阳离子，会得到融活性离子和非线性基质于一体的自倍频微晶。光折变晶体可用于很多用途，包括相位共轭、图像放大、信息处理和光学计算。在过去，研究人员已经对 $BaTiO_3$ 单晶体进行了与光学非线性有关的大多数实验，这种晶体有极好的光折变特性，但难以生长。目前主要存在的一种光折变晶体是 K-Na-Sr-Ba-铌酸盐（KNSBN），其电光系数较大。这种材料的另外两个优势是：没有室温相变，而且可以掺 Mn，有利于形成带电载流子复合的深能阶中心；另外，需要用很昂贵的单晶体来避免散射效应[2.204,211-215]。晶体材料由于极难生长，因此成本高，在经济上没有优势。尽管如此，晶体材料（尤其是铌酸盐）将仍然是全光器件中使用的主要材料。但另一方面，Li-铌酸盐的局限性将推动对新型陶瓷晶振、聚合物乃至富勒烯等材料的研究。

具有高非线性折射率和近共振非线性效应的其他材料包括有机分子（例如染料、聚合物（p-甲苯-磺酸盐））、芳香分子、吡啶族、对称二苯代乙烯族以及在聚合物链方向上具有极高 $\chi^{(3)}$ 值的其他族的分子；以及手性共轭聚合物和树状聚合物（例如聚二乙炔）。这些材料的缺点是热不稳定性且较软，而且难以得到足够大的晶体。此外，由于具有近共振非线性，这些材料的光交换响应时间相当低。使有机分子保持稳定以防止降解并获得较大样品尺寸的一种可能的途径是在玻璃基质中掺入这些分子。掺有机物的玻璃将在 2.6.5 节中进一步探讨[2.204,216,217]。

目前相当清楚的一点是，主要的改进之处将来自有机晶体领域，因为这个领域最有可能开发出新的高电势系统，而无机晶体领域预计不会有真正的进展。复合材料有可能提供克服当前材料问题的可能性。

表 2.19 概述了很多种常见的 NL 材料。表 2.20 列出了一些最常见的 NL 材料及其推荐（有时已经在商业上实现）用途。表 2.21 给出了各种典型无机晶体和有机晶体的非线性磁化率。

表 2.19　最重要的以及其他次要的非线性光学材料（NLO）[2.209]

特种陶瓷：铌酸锂、铌酸钾、磷酸钛氧钾（KTP，也很成功，用于将 Nd：YAG 激光频率倍增至 532 nm），钽酸锂，Sr-Ba-铌酸盐，B-Ba-硼酸盐，三硼酸锂（其他陶瓷 NLO 材料，掺 Ce 的 Sr-Ba-铌酸盐，Bi-二氧化硅，钛酸钡）

在二氧化硅中掺杂的**稀土元素**：光纤放大器中的 Er 和 Pr（OFA）

由微米级粉末制成的**纳相材料**：当在复合材料中使用时尤其重要

聚合物（包括三阶 NL 光学聚合物、NL 染料功能化热塑性塑料）

硅-塑料：聚硅酸盐和聚硅炔

液晶聚合物

化合物 SC：在红外区是透明的

陶瓷

半导体：载流子励磁改变了光学性质，但难以找到具有低激化能和大 NLO 特性的材料，也难以制造。

超晶格：在窄带隙部分的载流子励磁导致载流子迁移到宽带隙部分，从而形成较大的电荷分离。可能够定制光学性质，但也难以制造。

有机材料：缺点：热不稳定性（工作温度为大约 80 ℃）和化学不稳定性，但易控制。主要的候选材料有甲基丙烯酸酯（性能与 $NiBO_3$ 类似，制造成本低，但强度差，易蒸发）、聚（联）乙炔（良好的 NLO 性能，但不稳定、难溶解）、硝基苯胺……

表 2.20　用途和建议的非线性材料[2.221]

用途	材料
通信	
调制和转换	$LiNbO_3$，KTP，II-V-SC，MQW's
定向耦合器	$LiNbO_3$
透镜	$LiNbO_3$ 和 As_2S_3-玻璃
EO 光栅调制器	Ti：$LiNbO_3$
传感器	
成像/处理	KTP，$BaTiO_3$，$KNBO_3$
单模光纤传感器	$LiNbO_3$
光学成像	LCPs，有机（无机）材料
仪器	
法布里-珀罗干涉仪	$LiNbO_3$
马赫-曾德干涉仪	$LiNbO_3$
自相关器	KDP
双光子分光镜	KTP，KDP
全息干涉测量仪	$LiNbO_3$，KTP，$BaTiO_3$…
计算	
全息光栅	$BaTiO_3$，KTP，BBO…
存储媒体	$LiNbO_3$
激光倍频	$SrBaNbO_3$，Fe：$LiNbO_3$，Bi：SiO_2，III-V 和 II-VI-SC

表 2.21　典型无机晶体和有机晶体的非线性磁化率[2.210]

材料	晶体对称性 负: $n_o>n_e$ 正: $n_e>n_o$	点群	透明范围 (0.5 μm)		击穿阈值/ (×10⁹ W·cm⁻²)		NL 系数 d_{36}/ (×10⁻¹³ m·V⁻¹)		二次谐波生成: 1 064→532 nm	
			从	到	$\lambda=$1 064 nm	$T/$ns	1.06 μm	10.6 μm	活性长度/mm	转换效率/%
KDP：KH_2PO_4	负单轴	$42m$	0.176 5	1.7	23	0.2	4.35/6.3		14	82
DKDP：KD_2PO_4	负单轴	$42m$	0.2	2.0	6	0.25	4.02		40	70
ADP：$NH_4H_2PO_4$	负单轴	$42m$	0.184	1.5	6.4	15	5.28			
DADP：$ND_4D_2PO_4$	负单轴	$42m$	0.22	1.7			5.2			
RDP：RbH_2PO_4	负单轴	$42m$	0.22	1.5	>0.3	12	4.02			
CDA：CsH_2AsO_4	负单轴	$42m$	0.26	1.43	0.5	10	4.02		17.5	57
KDA：KH_2AsO_4	负单轴	$42m$	0.216	1.7			5.2			
$LiIO_3$	负单轴	6	0.3	6	3–8	0.12	−52.3 (d_{15})/ −72 (d_{33})		18	44
$LiNbO_3$	负单轴	$3m$	0.33	5.5	0.05	10	−59.5 (d_{31})/ 27.6 (d_{22})		20	40
$K_3Li_2Nb_5O_{15}$	负单轴	$4mm$	0.4	5			62 (d_{15})/ 127 (d_{33})			
BBO：$\beta-BaB_2O_4$	负单轴	$3m$	0.198	2.6	10	0.1	22.2 (d_{22})/ 1.6 (d_{31})		6.8	70
淡红银矿：Ag_3AsS_3	负单轴	$3m$	0.6	13	0.02	20		113 (d_{15})/ 180 (d_{22})		
深红银矿：Ag_3SbS_3	负单轴	$3m$	0.7	14	0.02	17.5		84 (d_{15})/ 92 (d_{22})		
$AgGaS_2$	负单轴	$42m$	0.5	13	0.025	35		134		
$AgGaSe_2$	负单轴	$42m$	0.71	18	0.03	35		330		
$ZnGeP_2$	正单轴	$42m$	0.74	12	0.003	30		754		
$CdGeAs_2$	正单轴	$42m$	2.4	18				2 350		
GaSe	负单轴	$62m$	0.65	18	0.035	10		544 (d_{22})		
CdSe	正单轴	$6mm$	0.75	20	>0.05	10		180 (d_{15})		
HgS	正单轴	32	0.63	13.5	0.04	17		502 (d_{11})		
Se	正单轴	32	0.7	21				970 (d_{11})		
Te	正单轴	32	3.8	32				6 500 (d_{11})		
石英：$\alpha-SiO_2$	正单轴	32	0.15	4.5			3.64 (d_{11})			

材料	晶体对称性 负: $n_o > n_e$ 正: $n_e > n_o$	点群	透明范围 （0.5 μm）		击穿阈值/ （×10^9 W·cm^{-2}）		NL 系数 d_{36}/ （×10^{-13} m·V^{-1}）		二次谐波生成: 1 064→ 532 nm	
			从	到	λ= 1 064 nm	T/ ns	1.06 μm	10.6 μm	活性 长度 /mm	转换 效率 /%
甲酸锂: LiCOOH·H$_2$O	负双轴	mm^2	0.23	1.2		cw	1.0 (d_{31}) / −1.16 (d_{32}) / 1.68 (d_{33})			
甲酸钡: Ba(COOH)$_2$	正双轴	222	0.245	2.2			1.17 (d_{36}) / 1.13 (d_{14}) / 1.17 (d_{25})			
甲酸钠: NaCOOH	负双轴	mm^2	0.26	1.28			0.22 (d_{31}) / −2.2 (d_{32}) / 3.3 (d_{33})			
LiB$_3$O$_5$	负双轴	mm^2	0.16	2.6	25	0.1	10.9 (d_{31}) / 11.7 (d_{32}) / 0.65 (d_{33})			
KTP: KTiOPO$_4$	正双轴	mm^2	0.35	4.5	15	1	65 (d_{31}) / 50 (d_{32}) / 137 (d_{33})		4	60
Ba$_2$NaNb$_5$O$_{15}$	负双轴	mm^2	0.37	5	0.003	10	−132 (d_{31}) / −182 (d_{33})		3	20
KNbO$_3$	负双轴	mm^2	0.4	4.5	0.012	10	158 (d_{31}) / −132 (d_{32}) / −201 (d_{33})			
MgBaF$_4$	负双轴	mm^2	0.185	10			0.248 (d_{31}) / 0.37 (d_{32}) / 0.1 (d_{33})			
尿素: CO(NH$_2$)$_2$	正单轴	$42m$	0.2	1.8	5	10	13			
3−甲基−4−硝基吡啶−1−氧化物	正双轴	222	0.4	3	2	0.02	10			
MAP: C$_{10}$H$_{11}$N$_3$O$_6$	正双轴	2	0.5	2	3	10	167 (d_{21}) / 184 (d_{22}) / 36.8 (d_{23}) / −2.44			
COANP: C$_{13}$H$_{19}$N$_3$O$_2$	正双轴	mm^2	0.47	1.5			150 (d_{31}) / 260 (d_{32}) / 100 (d_{33})			

按照 Hirao [2.203,218,219] 及其他人 [2.220,221] 的说法，在开发高效光学器件时，必须考虑到下列方面：

- 通过选择具有较低多声子放射率的玻璃基质，提高频率上转换效率和 RE 离子的辐射跃迁概率。
- 处理速度（在 <ps 时间范围内的断开时间）。
- 相位匹配。
- 运行功率和可转换的功率分数：低转换能量和快速转换时间。
- 非分散性。
- 加热稳定性。
- 提高晶化稳定性。
- 增强红外透明度和耐化学性。
- 避免有毒物质和质量变坏的物质的释放。
- 开发低成本制造方法。
- 在制造过程中控制并测量微量污染物。

与上述材料大不相同的是，具有反对称性的材料（等向性材料）如玻璃等对光学极化率没有二阶贡献。在氧化卤化物和硫属化合物玻璃（本征非线性）以及掺半导体（SC）、金属微粒和有机染料的玻璃（非本征非线性）中，可以发现非线性玻璃。我们集中研究了体相结构和波导/纤维结构中的这些材料后，发现这些材料有很多有趣的特性：掺 SC - 微晶体的薄膜发生电致发光，掺涂料的聚合物呈现出 SHG，而有法拉第效应的玻璃可用作磁光开关。此外，研究人员还开发了用于制造长周期光纤光栅的方法 [2.203,218,219]。

玻璃的三阶极化率通常比上述晶体材料的二阶贡献小得多。此外，三阶非线性使得各种效应成为可能，例如 THG、FWM、DFWM（光学克尔效应）以及与强度有关的折射率变化。与其他的二阶和三阶非线性材料相比，玻璃还表现出如下一些优势 [2.203,205,206,221]：

- 可实现较高的光学质量和透明度/均质性，甚至较大的尺寸。
- 轻松制造优质纤维波导和薄膜波导。
- 在较大的光谱范围内具有高透明度。
- 较高的化学/热/力学稳定性和耐久性，以及较高的光学损伤阈值。
- 可调的成分。
- 更快的生产过程。
- 成本可能更低。

非线性特性和材料结构之间的相关性使预测新型材料的非线性特性成为可能。有一种质量系数可用于测量材料的非线性特性。关于非线性材料的相关品质因数，研究人员提出了很多建议。大多数的品质因数除反映 $\chi^{(3)}$ 外，还反映了材料的吸收系数 α 和响应时间 τ：

$$F = \frac{\chi^3}{\tau\alpha}$$ （2.148）

例如，光学玻璃 SF59 的品质因数（FOM）相对较高，不是因为这种材料的非线性水平高（与典型的二阶材料相比），而是因为吸收系数和热效应钝感性极低[2.205,206]。

由于玻璃材料的三阶非线性通常较低，因此用于处理信号的非线性光学器件或者用于进行光学计算的逻辑电路必须制造成波导的几何形状，以增加功率密度。光波导可通过喷溅涂覆法、CVD（化学气相淀积）、溶胶 – 凝胶包膜、离子注入和离子交换等方法来制造。除平面波导或信道波导之外，光纤也是研究非线性相互作用和适于期望应用领域的理想材料，因为光纤既能强有力地约束光束，又能降低远距离传播中的损耗[2.205]。

现在来更详细地介绍非线性材料的两个代表性研究领域：全光开关，以及各向同性材料玻璃中的二次谐波生成。之后，本书将探讨很多玻璃系统，在过去 20 年里，专家们曾集中研究过这些玻璃系统的非线性效应。

2.6.2 应用：全光开关

全光开关[2.203–205,218,219,222]是一种基于光学克尔效应（线性电光效应）的技术，是利用泵浦光束来改变要切换的光通信信号，从而实现光束切换。第一个超快全光开关是在石英玻璃纤维上演示的。众所周知，二氧化硅只有较小的非线性磁化率，而且在工作波长下吸收系数很小。这使得嵌在同一根光纤中的两个波导可通过简单地控制脉冲强度实现波导之间的全光切换。一般来说，对于在太赫兹频率下的光转换，除需要具备的 $\chi^{(3)}$、相互作用长度和光强度之外，还需要达到如下几项重要的材料要求[2.204,211]：

- 损伤阈值高或热稳定性高；
- 功率切换阈值低，吸收系数达到最小（两个光子）；
- 波长的可调性；
- 不到 1 ps 的非线性响应时间；
- 与波导制造过程之间的相容性。

通过将光束约束在宏观距离上的波导内，开关装置的效率得到提升。所有非线性特性的打开时间是瞬间的，甚至对于热相关效应也是如此。因此，光开关的最重要参数是非线性折射率变化的弛豫时间。为避免串馈干扰，这个弛豫时间必须比两个脉冲之间的时间短得多。非线性材料（除有机 p – 甲苯磺酸盐之外）中的两个最快开关速度存在于 Au:SiO$_2$ 和 Cu:SiO$_2$ 系统中。通常，硫属化合物玻璃以及掺金属和半导体的玻璃是有希望用于全光开关装置中的材料。

超快光子开关的品质因数（FOM）是快速折射率变化与总的热指数变化量之比，显示了在热寿命内可执行的开关次数[2.205,206]：

$$F = \frac{n_2 c_p \rho}{\tau \alpha} \frac{\mathrm{d}n}{\mathrm{d}T}$$ （2.149）

由于这个 FOM，全光开关的理想材料需要具有较高的非线性、快速响应和最小的吸收系数。例如，硅酸铅玻璃 SF59 由于吸收系数极低，也很不容易受热效应影响，因此其 FOM 相对较高。掺 SC 的玻璃表现出相对较快的显著 NL 吸收变化，但这些玻璃的开关量对于实际应用来说太低了。掺染料玻璃的非线性水平更高，但其响应时间对于实际应用来说太慢了。全光开关的共振非线性材料存在的另一个局限性是双光子吸收（TPA）。

在其他非共振非线性玻璃中，响应时间约 100 fs、开关重复率为 1.6 THz 左右的 Bi_2O_3 玻璃是用于全光开关的一种很有前途的候选材料，其他候选材料包括硫属化合物玻璃纤维（响应时间约 200 fs）。这些玻璃的缺点是当在接近带隙波长时用光辐照，会发生结构变化。此外，光激性带隙材料（例如掺 Au 的极化玻璃）也考虑用于制作光开关[2.203,218,219]。

就像衍射光学元件和全息光学元件那样，可用开关控制的光学元件也可在各种各样的先进装置中使用：从日常的消费品（眼镜、摄像头、CD 播放器、动画全息图和实时全息显示系统）到商用仪器（可调光栅元件、光纤纵横开关、DWDM 的可调布拉格光栅）。从生物芯片读出装置到柔性平板显示器的各种用途中，存在着很多专利。现有的光开关有三种：

- 定向耦合器：接入一个信道或另一个信道，其特性由光束本身来控制。
- 马赫－曾德干涉仪：开关由一束或两束单独的控制光束控制。
- 非线性振型分类器：将一个多模光束分为两个信道。通过改变输入功率，两个振型之间的相位差就可以调节。因此，根据信号功率的不同，振型被分隔开，输出信号从一个信道切换到另一个信道。

2.6.3　玻璃中的二次谐波生成

除 2.1.5 节中探讨的 Ge：SiO_2 纤维之外，呈现出光致二次谐波生成现象的其他玻璃还包括掺 Tm 的硅酸铝纤维（共振增强型 SHG）[2.223]和掺半导体微晶的玻璃[2.224]，而掺 Ce 的锗酸铅玻璃只具有较低的强度（表 2.22）[2.225]。

表 2.22　用于二次谐波生成的玻璃的极化[2.224,226—228]

玻璃	极化	参数		SHG 系数 $d/(\mathrm{pm} \cdot \mathrm{V}^{-1})$
含 Na、OH 的熔融石英	热	275 ℃	5 kV	1（在 10 μm 的层中）
GeO_2–SiO_2，Herasil	热+电	280 ℃	4.3 kV	1
硅酸锗"半"纤维	热+电	275 ℃	−5 kV	0.3
硅酸锗光纤	电、热电和 UV			0.002～6

续表

玻璃	极化	参数		SHG 系数 d/（pm·V^{-1}）
GeO$_2$－SiO$_2$	光+电场	ArF（193 nm）	电场	3.4～5.2
GeO$_2$－SiO$_2$ 喷镀薄膜	光+电场	ArF 100 mJ/cm^2/脉冲	电场	≤12.5
12.7 GeO$_2$－84.2 SiO$_2$（mol %）	光+电场	ArF：10～100 mJ/cm^2/脉冲	3×10^5 V/cm	7×10^{-3}～2
硅酸锗	fs－编码	810（960 mW）	405 nm（200 fs，200 kHz）	
掺 Er、Tb 和 Sm 硅酸铝纤维，掺 Er Ge：SiO$_2$ 纤维	光	1 065 nm（30～50 GW/cm^2）	晶种：532 nm	转换效率：10^{-6}～10^{-3}，8×10^{-3}（在硅酸锗中）
掺 Ce 和 Eu 的硅酸铝纤维	光	Nd：YAG：1 064 nm	晶种：532 nm	转换效率：2×10^{-6}～1.5%（对于掺 Ce 的纤维，200 W 泵浦）
掺 Tm 的硅酸铝纤维	光	Nd：YAG：1 064 nm	晶种：532 nm	SH 输出，例如在 1 064 nm 波长下 240 W 泵浦为 4.6×10^{-2} W，在 844 nm 波长下 55 W 泵浦为 4.6×10^{-2}W
掺 Ce 的锗酸铅玻璃	光	1 065 nm Nd：YAG	晶种：532 nm KTP	
掺 CdSSe：GG495－RG630	光	1 065 nm（3 W）	532 nm（1 W）脉冲激光	10^{-4}
硫属化合物玻璃：GeAsS	光	Nd：YAG 1 064 nm	晶种：532 nm	α（532 nm）=1.99 cm^{-1} 转换效率：10^4 × TeO$_2$－Nb$_2$O$_5$ 玻璃的转换效率
含如下杂质的熔融石英纤维：OH、Na、Fe	γ 射线	^{60}Co 源（10^6 rad，400 rad/s）	1 064 nm（Nd：YAG，50 ns，10 Hz，1 kW）和 532 nm 晶种（300 W），1 h	2×10^{-4}（天然 SiO$_2$）9×10^{-3}（Ge：SiO$_2$+Ce）2×10^{-2}（Ge：SiO$_2$+Ce）

1. HMO 玻璃中的 SHG

离子键在编码光致 SHG 中起着举足轻重的作用。因此，不足为奇的是，二元锗酸铅玻璃的 SHG 强度为 0，这与二元硅酸铅形成了对比。将 Ce 添加到玻璃中，可观察到饱和的 SHG。低 Pb 玻璃具有极低的光致 SHG 效率饱和度；另外，对于较高

Pb 浓度的情况来说，玻璃的损伤阈值会显著降低。此外，经过几秒之后，诱发的光栅可由红外读出电子束擦除。通过将硅酸铅、Ce－Pb－锗酸盐和硅酸锗做比较，发现可以用含 Pb 玻璃在低得多的预备功率下得到较高的 SH 效率。

2. 掺稀土玻璃中的 SHG [2.226,227]

由于在接近 SH 波长时有吸收峰，因此当以 1 064 nm 为基波长时，只有数量有限的 RE 适于 SHG。此外，对于掺 Tm 的玻璃，可以观察到两个或三个光子吸收过程，这导致在 470 nm 的波长下发生荧光。在这些玻璃中，时间稳定性和热稳定性也是一个关键因素。由于 $\chi^{(2)}$ 光栅的形成基于光致氧化作用，因此光栅的热稳定性和时间稳定性可能相当低，因为电子陷阱通常相当浅。

3. 掺 CdSSe 玻璃中的 SHG [2.225]

在 1 064 nm 波长下由泵浦得到的 SHG 在 OG550 中比在 GG495 中更强烈。但 GG495 预计不太容易受泵浦和折射率读数变化的影响。例如，OG550 的 SHG 强度（7.7×10^{-2} s^{-1}，在 2 W 时）会随着时间快速减小（光学消除），而 GG495 的 SHG 强度（1.5×10^{-2} s^{-1}，在 2 W 时）只有较小的衰减。此外还发现由加热造成的少量衰减效应，玻璃的损伤阈值大约为 500 W/μm^2。

2.6.4 用于研究非线性效应的玻璃系统

1. 无重金属阳离子的氧化物玻璃

这一组玻璃通常只有较小的非线性，这与非桥接氧含量有直接的关系[2.204,205,211,229]。各组测量值表明，非桥氧的非线性比桥氧的非线性明显更高。

尽管氧化物玻璃系统的非线性程度较低，但最近对嵌有 SiO_2 基质中的硅纳米晶体做了实验。这些样品的 $\chi^{(3)}$ 大约为 10^{-9} esu，具体要视纳米晶体的尺寸而定。一种更令人关注的系统是在二氧化硅中掺有不同量的氧化锗，这种系统与重金属氧化物玻璃之间存在着某种联系。线性折射率随氧化锗含量的增加而增加，从而使折射率的非线性部分增加。当掺有重量百分比大约为 50% 的 GeO_2 时，发现存在 1.1×10^{-13} esu 的非线性折射率。用氢气处理会使此值增加。掺锗的石英纤维在受到紫外光照射时，其光致折射率变化量可达到 10^{-3} [2.230]。

2. 重金属氧化物玻璃（HMO）

HMO 阳离子[2.231-233]（例如 Pb、Bi 和 Ga）的极化率大，因此有很强的光学非线性。比 Bi 更重的元素可能有更大的 NL 特性，但也有缺点，例如毒性强、放射性高，得到的玻璃有时光学质量差，因此在实际应用中没有使用。Ba 和 La 看起来不是造成非线性的原因。Tl^+ 对非线性的贡献很大，例如在锗酸铊、亚碲酸铊和亚锑酸铊玻璃中。Tl 是唯一一种属于过渡后元素的金属，因此形成了具有高极化性的键。尽管如此，含 Tl 的玻璃并不适于实际应用，主要是因为其毒性大。

在 HMO 玻璃中，铋氧化物玻璃和 Bi–Ga–氧化物玻璃是非线性器件的最有希望的材料。例如，在氧化物玻璃中，Pb–Bi 没食子酸盐具有最大的非线性。在这个玻璃系统中，Pb 和 Bi 对非线性的影响是等效的。Bi 玻璃的光学克尔快门实验表明，这些玻璃的响应时间在 150 fs 范围内，可执行太赫兹光开关。因此，得到的结论是，这些玻璃有望实现超快响应和高频开关（超速开关、光隔离器和预计算）。

根据经验，线性折射率越大，三阶极化率就越高。折射率大于 2 的玻璃 $\chi^{(3)} > 10^{-13}$ esu。HMO 玻璃的典型 $\chi^{(3)}$ 值范围是 $10^{-12} \sim 10^{-11}$ esu——所有 HMO 玻璃都几乎相同。由于非线性特性具有电子性质，因此 HMO 玻璃的响应时间位于亚皮秒范围内。这使得 HMO 玻璃成为全光开关用途的良好候选材料。对于具有光频段的入射光，可能存在的核分布将会缓解，因为核运动的响应时间更慢。

3. 掺过渡金属的玻璃

当氧化物玻璃掺有过渡金属阳离子或能提高折射率的有条件网络形成剂（例如 Ti、Ta 和 Nb）时，由于这些离子有较高的超极化率，因此 NL 折射率会增大[2.205,234–236]。具有空（或未满）d 壳（d^0 电子构型）的离子（例如 Nb 或 Ti（即 Ti–O 基团））对超极化率的贡献最大[2.231]；另外，掺杂（例如掺稀土）会导致在一些有商业价值的光谱区域内（例如远程通信窗口）吸收系数大幅增加。因此，掺稀土的玻璃的突出之处在于可用作激光玻璃（上转换激光）或光学放大器。

与重金属阳离子相比，这一组非线性似乎是由另一种机制引起的。这是因为 TiO_2 掺杂剂经发现会造成玻璃中的非共振 NL 效应。但 Ti 和 HM 阳离子的联合作用（就像 Bi 和 Tl 一样）使得 NL 效应不超过 10^{-18} m²/W。有一种解释是：Ta、Ti 和 Nb 浓度较高的玻璃具有负电光系数，而 Pb^{2+} 则相反。因此，Ti^{4+} 可用于平衡 Pb^{2+} 的正电光贡献。

通过研究含 Nb 的氧化物玻璃，可以发现 d^0 过渡金属位于 $(MO)_6$– 构型内，氧电子剧烈移位，移至过渡金属方向。这种移位现象导致较大的超极化率，因此得到的非线性水平高。经发现，非线性与 $(MO)_6$– 基团的浓度成正比[2.235]。

4. 非氧化物玻璃

在卤化物玻璃中，氟化物玻璃具有最小的 NL，溴化物和碘化物玻璃具有最大的 NL[2.205,231,237]。但溴化物玻璃和碘化物玻璃表现出极低的玻璃转变温度和较差的化学耐久性。因此，这些玻璃对于非线性用途来说没有吸引力，但是氟化物玻璃在 1 340 nm 波长下的明显激光振荡无法通过氧化物玻璃来弥补。

在硫属化合物玻璃中，硫玻璃以及硒玻璃、碲玻璃的非线性水平比氧化物玻璃高得多。在所有的本征非共振非线性玻璃中，As_2S_3 玻璃具有最高的三阶极化率。具有极高非线性磁化率的硫属化合物玻璃的其他例子有 $As_{40}S_{57}Se_3$、$As_{40}S_{60}$ 和 $As_{24}S_{58}Se_{38}$。通过进一步检查这种玻璃的非线性原因，可发现这种玻璃的 $\chi^{(3)}_{2121} / \chi^{(3)}_{1111}$ 比率接近于 0，比非共振 NL 的期望值（1/3）（纯电子贡献的期望值）小得多。进一步研究的结果表明，由双光子吸收造成的一种共振是这种玻璃出现高非线性水平的原因。由于响应时间很短，硫属化合物玻璃有望被用作光学存储器、开关装置以及平面型波导的（布拉格）光栅（$\Delta n \approx 10^{-4}$）。用这些玻璃做实验，发现用于光学用途的优质低损耗波导管可轻易形成。

亚碲酸盐和锑酸盐均叫作"网络形成剂"，通过晶体化学孤电子对在 5 s 内造成 $\chi^{(3)}$（例如结构单元 TeO_4）。亚碲酸盐和锑酸盐玻璃都有很好的红外透射率和化学耐久性。亚碲酸盐玻璃的非线性折射率是二氧化硅玻璃的 30～70 倍。含纯亚碲酸盐的玻璃难以制备，因此，在所研究的大多数亚碲酸盐玻璃中，亚碲酸盐的浓度约为 70%[2.231]。

2.6.5 掺杂玻璃中的 NL 效应

除掺过渡金属的玻璃以外，前面探讨的所有玻璃都具有本征非共振非线性[2.205]。由于这些材料的电子非线性响应时间很快，而且吸收系数低，因此这些材料的品质因数相当高，尽管 $\chi^{(3)}$ 较低。与这些玻璃大不相同的是，在本章下一部分中探讨的玻璃具有非本征共振非线性光学性质，而且这种性质通常至少比基本吸收光谱区中的非线性光学性质更强（表 2.23）。

表 2.23　商用玻璃的非线性极化率

玻璃系统	$\chi^{(3)}/\times 10^{-14}$ esu	波长范围
重金属（Tl–Pb–Cd–Ga）	≤56	高频
硅酸铅	≤16	
Ge–Ga–S	3 000–27	600～1 250 nm
掺半导体（CdSSe）	≤5 000 000	接近激子吸收峰
Nb–Te–氧化物	9.4	
氧化铋	930	
硫族化合物	174	
掺贵金属的玻璃	≤10 000 000	接近等离子体吸收
掺染料的玻璃	≤1.4×10^{14}	接近吸收

1. 掺半导体的玻璃

在所研究的非线性玻璃中，已广泛研究了掺半导体的玻璃[2.204,207,211,222,238,239]，

尤其是基于 $Zn_y Cd_{1-y} S_x Se_{1-x}$ 的肖特滤光玻璃。除 CdSSe 之外，其他半导体掺杂剂包括 CuCl、CuBr、Cu_x Se、Ag（Cl，Br，I）、CdTe、Ⅲ–V 化合物、Bi_2S_3、PbS、HgSe、In_2O_3、In_2Se_3、SnO_2 和 AgI。在所有这些玻璃中，用于超快开关的、基于 FOM 的最佳材料是 ZnTe、CdTe 和 GaAs。在一些实验中，光开关是利用不同的泵浦波长和探测波长来测试的。因此，要想在近共振区使损失减小，须采用较大的 $\chi^{(3)}$。

根据在接近带隙时的光子能的光学克尔效应，掺半导体的玻璃具有较大的非线性。这些材料的 NL 行为特征是：吸收系数的变化与光强有关，折射率（ $\Delta n \approx 10^{-4}$ ）在毫微秒或微微秒范围内的弛豫时间相应地变化。在接近双光子吸收（TPA）限时，发现电子非线性特性的色散很强。随着 TPA 限的接近并最终在高能量下成为负值，非线性折射率也随之增加。掺 CuCl 玻璃的非线性特性是在 CuCl Z_3– 激子的共振区内非线性会增强[2.206]。与块状半导体（SC）相比，掺半导体的玻璃（SDG）的优点是[2.238,239]：

- 快速（ns–ps）响应时间；
- 高阈值；
- 弱吸收损失（对于仍接近高吸收波长的工作波长）；
- 可能在室温下使用（但这些玻璃的结合能通常在几 meV 的范围内，因此，基于这些材料的装置最好在低温下工作）。

另外，SDG 中的非线性光学效应小于在块状 SC 中的非线性光学效应：掺杂玻璃的 χ^3 一般在 $3 \times 10^{-9} - 10^{-4}$ esu 的范围内。例如，对于掺 CuCl 的玻璃来说，$\chi^{(3)}$ 在 $10^{-3} \sim 10^{-8}$ esu 范围内，具体要视晶粒大小而定。通过改变晶粒尺寸、掺入其他半导体或金属胶体（例如 Au 或 Ag）或者更改玻璃基质成分，可以改善玻璃的非线性特性。而减小纳米微晶的尺寸从而加强约束，可以增强非线性。

2. 掺金属的玻璃

含有极细金属粉粒的玻璃表现出高效、快速的光学克尔效应[2.203,205,211,218,219]。本征 $\chi^{(3)}$ 的增强源于表面介导等离子体共振——与 SER 效应相似。从这些材料中观察到的克尔极化率或电子非线性包括由带内跃迁（跃迁为导带）、带间跃迁（d 能级和导带之间的带间跃迁的饱和度）和热电子跃迁（由表面等离子体吸收导致的光激热电子形成）造成克尔极化率或电子非线性。非线性极化率的最大值在接近表面等离子体共振时可被发现。

掺金属的玻璃预计是光学双稳态和光交换的良好候选材料。在玻璃中扩散的金银微粒具有 NL 效应，例如光学相位共轭。

掺金玻璃：对于金球体，$\chi^{(3)}$ 为正，与粒径无关，响应时间在 ps 范围内。掺金纳米颗粒的玻璃的非线性响应经发现可达到 240 fs[2.240]。

掺银玻璃：掺银纳米颗粒的玻璃具有 360 fs 的超快非线性响应和（ 7.6～15 ）×10^{-8} esu 的 $\chi^{(3)}$[2.203,207,241]。

对于掺 Mn 的玻璃来说，其非线性据报道是由热造成的。由理论计算的结果来看，Al 的非线性比 Ag 和 Au 都更大。通过制备核壳系统，非线性可能增强 10^8 倍[2.205]。掺金属的玻璃可通过溶胶－凝胶技术、离子交换、离子注入或电解着色来制造。已经研究过各种掺金属的石英玻璃，例如掺铜、银、金、铂、铅、锡、铁、锗和磷的玻璃。在这些玻璃中，注入锡的玻璃具有最高的非线性极化率。金属簇的尺寸和形状可通过热处理或注入另一种元素的离子来修改[2.205,241]。

3. 掺有机物（染料）的玻璃

DEANST、吖啶、荧光素和若丹明 590 有很强的单线态－单线态－跃迁，因此二阶极化率很高[2.203,205]。在玻璃中掺染料、聚合物及其他有机材料还会得到较高的非线性——比无机玻璃高出好几个数量级。因此，这些玻璃是各种低功率光学器件（例如光学功率限制器、相位共轭镜或光学逻辑门）有吸引力的候选材料。非线性较大，是由与近共振强度有关的基态吸收的饱和度造成的。激发的染料可能以辐射或非辐射方式返回基态，或通过系统间交叉转移到最低三线态。三线态－单线态－跃迁是禁止的，因此三线态的寿命比单线态长很多个数量级。为获得足够的强励磁，电子以三线态形式累积，基态吸收处于饱和状态。通过 Kramers－Kronig 关系，使折射率发生了变化。

掺染料玻璃通过注入多孔硅或利用溶胶－凝胶方法制成，或者需要用到低熔点玻璃基质，例如铅－锡－氟磷酸（良好的光学质量和化学稳定性）玻璃或硼酸玻璃，这是因为染料会发生热降解或分解。

|2.7　塑料光学元件|

20 世纪 60 年代，第一批注塑精密塑料光学元件开始大批生产出来。在 60 年代末期开发了先进的测量方法和制造方法之后，精确的非球面变得与球形轮廓一样易于制造。对于光学/部件设计来说，如今的塑料光学元件与玻璃相比，是一种广泛采用的低成本选择方案，而且有更多的自由度。目前，包含多种材料的光学系统正在传感器、视觉系统、摄像头（手机、视频会议摄像头）、扫描仪、安全系统等领域使用。

当然，玻璃材料的特性与塑料材料的特性完全不同。但玻璃和塑料光学元件都有独特的优势，因此有助于解决各种各样的工程问题。

一般而言，玻璃材料比塑料材料更硬、更耐用，玻璃材料还比塑料更稳定（在相同温度和湿度条件下）。可由知名供应商那里获得的各种光学玻璃由好几百种不同的材料制成。与此相比，塑料材料的选择仅限于大约 10 种不同的材料（甚至更少的光学参数变化，例如折射率和阿贝数）。玻璃材料的选择范围大，让设计人员能够选择具有满意光学性质的材料，以得到更好的光学性能。但塑料光学元件能提供用玻璃光学元件无法实现的设计可能性。

玻璃和塑料光学元件的制造工艺完全不同。玻璃透镜通过研磨和抛光过程制成，而精密塑料透镜是通过注塑或压模法制成的。由于材料特性和制造工艺的原因，塑料光学元件有一些独特的优势：

（1）低成本，高产量。

注塑因单位成本低、产量高而成为一种理想的制造方法。适度的原材料成本和多腔模具（可达到 32 个腔）实现了较大产量，且单价合理。尽管加工成本高，但与玻璃设计相比，注塑件的成本平均起来仍然相当低。

（2）轻量化和硬度。

在镜头性能相同的情况下，玻璃透镜比塑料透镜要重得多（重 2.3～4.9 倍）。塑料材料相对耐碎、耐冲击。对于头戴式系统来说，这些特征很重要。

（3）设计潜力。

注塑使制造复杂的光学形状变得很经济，例如在制造非球面透镜、衍射光学元件乃至任意形状的表面结构时。从设计的角度来看，更复杂的塑料表面形状既降低了成本，又能获得更好的性能乃至获得用玻璃光学元件无法实现的性能（菲涅耳结构、透镜阵列、任意形状的反射镜、衍射光学元件）。

（4）光学系统和部件总成。

在典型的光学系统中，光学元件（反射镜、透镜、棱镜等）必须固定在一个底座上。但利用塑料光学元件，可以将安装件、柱或校准凹口与光学元件塑造成一个整体。这样能大大降低零件成本和装配成本。

适用于塑料材料的安装技术，例如超声波焊接和激光束焊接、胶粘和集成卡扣式结构，能够以自动化或人工操作的方式快速而经济地完成装配。

在大量生产中，双组分注塑是将光学元件和基座在一个成型周期中合为一体的极佳选择。

2.7.1 模塑材料

前面提到，塑料光学材料的选择仅限于大约 10 种不同类型的材料。在选择材料时，光学特性（阿贝数、折射率，见图 2.54）以及力学边界条件、热边界条件和湿度边界条件是决定性的因素。与玻璃不同的是，在塑料注塑期间，模塑过程不仅影响着塑料的几何形状，还影响着其内部特性，例如折射率和双折射率（例如通过冻结应变）。

1. 光学特性

基本的光学特性由光传输、折射率和色散来定义。对于塑料光学元件来说，双折射率也是一个重要的参数。虽然近年来光学塑料材料的总数已增加，但折射率和色散特性的范围几乎仅限于两大类：丙烯酸树脂（PMMA）、聚烯烃（COC、COP）等材料，以及聚苯乙烯、聚碳酸酯和 SAN 等火石类材料。塑料光学材料的种类如此大受限制，也大大约束了塑料光学元件的光学设计自由度。

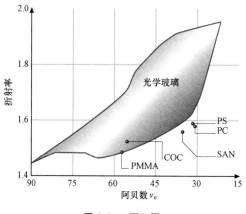

图 2.54　阿贝图

2. 物理性质

　　重要的物理性质包括比重、冲击和耐磨性,热特性包括耐热性、热膨胀等(表 2.25)。

　　在系统设计时,必须考虑到力学特性和热特性。光学塑料的热膨胀比玻璃材料高大约 10 倍。在光学系统中,这种影响必须通过光学设计和安装来补偿。

　　一般情况下,大多数的光学塑料能耐受 90 ℃的温度,聚碳酸酯和聚烯烃材料的最高工作温度达到 120 ℃。塑料光学材料的比重范围为 1～1.3。在所有的光学塑料中,聚碳酸酯具有最高的抗冲击性,常用作挡风玻璃和安全帽。丙烯酸树脂有最好的耐磨性。

表 2.24　塑料光学元件的公差（修订版）

	单位	注塑	高端注塑	单点金刚石车削
半径	%（+/−）	5	2	0.5
折射率	（+/−）（PMMA）	<0.000 5	<0.000 5	<0.000 5
EFL	%（+/−）	5	2	1
厚度	mm（+/−）	0.13	0.05	0.02
直径	mm（+/−）	0.13	0.05	0.02
表面轮廓	条纹数/英寸直径	<10f（5λ）	<8f（4λ）	<2f（1λ）
表面不均匀性	条纹数/英寸直径	<5f（2.5λ）	<3f（1.5λ）	<1f（0.5λ）
表面均方差	nm	<10	<5	<2
表面 S/D 质量		80/50	60/40	40/20
楔形（TIR）	mm	<0.025	<0.015	<0.010
径向位移	mm	<0.100	<0.050	<0.020
直径/厚度比		>2:1	>3:1	>5:1
重复性	焦距(在一个空腔里从部分到部分)	<2%	<1%	<0.5%
DOE 深度	μm（+/−）	***	0.25	0.1
DOE 最小槽宽	mm	***	0.05	0.01

表 2.25　塑料材料的属性

材料属性	特性	丙烯酸树脂（PMMA）	聚苯乙烯（PS）	聚碳酸酯（PC）	苯乙烯–丙烯腈（SAN）	环烯烃（ZEONEX）	聚醚砜（PES）	丙烯腈–丁二烯–苯乙烯（ABS）	光学玻璃（BK7）
光学	光谱通带/nm	390～1 600	400～1 600	360～1 600	395～1 600	300～1 600			
	在 587 nm 波长和 20 ℃温度下的折射率	1.517	1.491 8	1.590 5	1.585 5	1.567 4	1.526 1	1.660 0	1.538
	阿贝值（n_D-1）/（n_F-n_C）	64.4	57.2	30.7	30	34.8	56	19.4	
	透射率（%），厚度 3.2 mm		92	88	90	88	92	80	85
	雾度（%），厚度 3.2 mm		1.3	1.5	1.7	1.5	1.5		
物理	密度/（g·cm⁻³）	1.18	1.06	1.25	1.07	1.02	1.37	1.05	2.53
	最高工作温度/℃	400	80	90	120	95	125	200	90
	线性膨胀系数/K⁻¹	1.1×10⁻⁵	6.8×10⁻⁵	8.0×10⁻⁵	6.6×10⁻⁵	7.0×10⁻⁵	7.0×10⁻⁵	5.5×10⁻⁵	8.5×10⁻⁵
	耐磨性（1～10）		10	4	2		6		
	悬臂梁冲击强度/（kJ·m⁻²）		2.0	2.0			2.4	7.0	25.0
环境	dn/dT/×10⁻⁶	−105							
	对湿度的敏感性		高	低	低	中	低	高	中
	吸水率（重量百分比%）23 ℃，ISO 61	0	0.60	0.10	0.15	0.30	0.01	0.70	0.45
可制造性	加工性能	极好	好	差	极好	好			
	双折射率		低	高	高		低		
化学	耐醇性	有限	好	有限			好		
成本	近似材料成本/（€·kg⁻¹）	3.3	2.5	4.4	4.4	27.1	21.0	3.5	25

3. 最常见的材料

一些最常见的光学聚合物有：

（1）PMMA（聚甲基丙烯酸甲酯）。丙烯酸树脂是最常用的光学塑料，通过单体异丁烯酸甲酯的聚合制得。PMMA 价格适当，易于模塑。这种材料的透明度高，双折射率低，阿贝数高，抗划伤能力非凡，不易因为光和环境应力而降低性能，不是很吸水。其透明度大于大多数的光学玻璃。在丙烯酸树脂（以及其他几种塑料）中加入添加剂，可以大大改善这些材料的紫外线透射率和稳定性。

因此，在几乎 80%的所有塑料光学用途（例如透镜、菲涅耳透镜、光导和屏幕上盖）中，都采用了丙烯酸树脂。

（2）（聚）苯乙烯。聚苯乙烯是一种具有极好成型性能的低成本材料。苯乙烯的折射率比其他塑料高，但数值色散值比其他塑料低。苯乙烯常常用作消色差塑料光学系统中的火石玻璃元素。

与丙烯酸树脂相比，苯乙烯在光谱的 UV 部分具有更低的透射率。苯乙烯既没有丙烯酸树脂的抗紫外辐射能力，也没有后者的抗划伤能力。由于苯乙烯的表面不那么耐用，因此苯乙烯通常在透镜系统的非曝光区域使用。

（3）NAS 共聚物。NAS 是由一定比例的聚苯乙烯和丙烯酸树脂（一般为 70/30）组成的一种共聚物。共聚物比率可以调节折射率。这是一种具有极好成型性能的低成本材料。

（4）PC（聚碳酸酯）。一般的 PC 由双酚 – A 与羰基或二苯醚聚合而成。聚碳酸酯在透射率、折射率和色散等光学特性方面与苯乙烯很相似，但聚碳酸酯的工作温度范围要宽得多，达到了 120 ℃。因此，聚碳酸酯被用作恶劣热力工况系统中的火石材料。

聚碳酸酯的另一个优点是耐冲击性强。需要具有良好耐久性的护目镜和系统常常由聚碳酸酯组成。

（5）PSU（聚砜）。聚砜是具有卓越耐热性（174 ℃的热挠曲温度）的一种出色的工程塑料。聚砜的折射率高（>1.6），但透明度低（外观稍发黄）。

（6）环烯烃聚合物和共聚物（COP/COC）。COP 最初是在 1990 年左右开发的。环烯烃（共）聚合物是丙烯酸树脂的一种高温替代品，它们的折射率和透射率类似，但 COP 的热变形温度比丙烯酸树脂高大约 30 ℃。这些材料的比重低，吸水率低，散射弱，双折射弱，加工容易。

2.7.2 制造工艺

玻璃和塑料光学元件的制造工艺完全不同[2.242–246]。玻璃透镜通过研磨和抛光过程制成。相比之下，精密塑料光学部件的典型制造方法是金刚石车削、注塑（图 2.55）或压模法。对于眼科光学（眼镜）等特殊领域，则采用铸造等其他方法。在任何情况下，要加工用于光学目的的透明塑料材料，都应当在有空调的干净环境中进行。

1. 单点金刚石车削

单点金刚石车削是一种超精密机加过程，是在由线性电机驱动的特殊高性能模块化多轴超精密金刚石数控机加工系统上实施的。

与振动隔离系统相结合，基于数字信号处理系统的机床控制与集成测量系统就可能成为纳米编程加工方案。

这种方法可扩展至所有的三维铣削系统。通过利用这种方法，就可以生成自由形态的表面轮廓。由于生产时间长、机床成本高，因此这种技术用于制作塑料和非铁金属（例如铝镜）、镶件的原型，以及批量生产那些不能用注塑法来制造的塑料件（由于尺寸或精确度的要求）。

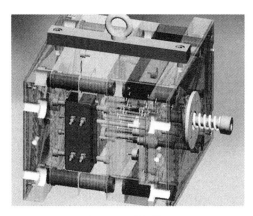

图 2.55　注塑模具

2. 注射模塑

注塑就是在单腔或多腔工具中注射塑料光学材料，每次注射（模塑周期）能生产好几个零件。这种生产方法可用于制造大多数的塑料光学零件，仅当模塑不适合时，才采用其他制造方法。

注塑机由一块定型板、一块动型板、一个合模装置和一个注射装置组成。光学部件的注塑需要采用专用的机床配置和辅助设备，如图 2.55 所示。

3. 压缩模塑

压模法用于制造菲涅耳透镜或其他平面微型光学结构。在加工期间，将材料压在加热的型板之间，施以精确定义的温度循环。镶件一般通过对母板结构进行电镀复制形成。例如，这些母板结构可能是经过金刚石车削或铣削的结构，或者用全息法制成的绕射光栅。压模过程可以生成具有较大高宽比和极紧密角度公差及位置公差的小结构。

4. 液体硅橡胶注塑

液体硅橡胶（LSR）聚合物是双组分混合物，属于高温硫化橡胶组。其中一种组分添加了抑制剂，用于定义加工窗口；另一种组分则含有催化剂。硫化作用是在 160～220 ℃的模具温度影响下开始的。这个反应很快，达到大约 5 s/mm 壁厚的速度。

模塑的 LSR 部件在生理学上不引人注目，不受天气和老化的影响，在高温下稳定（持续工作温度可达 180 ℃），可制造很高的透明度（达到 92%）和低雾度以适于光学用途。因此，这种材料最适于制造高功率 LED 透镜。这些材料能承受较高的工作温度（达到 150 ℃）和很大比例的蓝光辐射。

LSR 材料的其他重要特征是在加工时黏度低（对显微结构来说很完美）、周期短、脱模性能很好，几乎不存在加工浪费。

加工时的低黏度使得模具设计极具挑战性。为获得无飞边的零件，必须执行极其精密的公差。此外，还要求将型腔抽成真空（利用新增的真空泵），以避免夹带空气。

2.7.3 制造过程

1. 光学设计和系统设计

一方面，塑料光学元件的光学设计[2.242-248]原则上采用了与玻璃光学设计相同的数学算法；另一方面，塑料光学元件的设计需要深刻理解材料的性质和制造工艺[2.244,247,248]。要充分利用精密塑料光学元件，就需要了解其生产技术、材料特性、装配方法和设计专业知识。简单地代入折射率之后再重新优化设计方案是不会获得成功的。在现阶段，专家的设计援助是很重要的。

通过用现代设计工具来设计塑料光学元件，可以获得较大的设计自由度。将整体支座结构与光学表面结合起来，可以形成安装用法兰、对准和对齐特征。这样做的好处是能够实现自动装配。

通过塑料成型，非球面、圆柱形、环形乃至自由形态的表面几乎像球形表面一样容易实现。衍射光学元件等显微结构还可以集成制造。

2. 原型制造

在设计塑料光学系统之后，透镜原型可以用各种塑料材料通过单点金刚石车削来制成。最佳表面粗糙度可用 PMMA 获得，而聚碳酸酯、Pleximid 或 Zeonex 等材料不会得到很光滑的表面完成度。

一个主要的问题是用各种材料制成的半成品塑料板的可得性。用 PMMA 制成的各种棒料或片材已经能买到。对于其他材料或有色材料来说，半成品必须通过注塑制成。

由于制造成本高，因此仅在为了证实光学设计方案的功能及执行初始试验制造有限数量的原型时，才建议采用单点金刚石车削。

在这个阶段，光学系统通常由所有的单个元件装配而成。外壳零件常常由铝制成。所得到的表面质量和系统性能不能验证通过注塑进行大批量制造的可能性。为获得更高的可靠性，建议利用单腔原型模具制造一个模塑原型。

3. 注塑模具

显然，优质注塑模具对于精密塑料光学零件来说很重要。零件永远不会比模具更精密——但好的模具不能保证制造出的零件就是好的。深入了解整个制造工艺是生产精密塑料部件的关键。

任何注塑模具都有三大部分组成：上半部分，与注射侧模板固定在一起；下半部分，与推杆侧模板固定在一起；脱模机构。导销和锥套确保了两半模具的正确定位。

生产量以及模具所要求的精度影响着模具材料和内部维修特征的选择。

单腔模具和多腔模具（2～8 腔、16 腔乃至 32 腔）用于制造塑料光学元件。

当在模具中冷却时，热塑性材料会收缩。这种几何形状的影响必须在注塑模具中得到补偿。在这种情况下，应计算精确的收缩率，通过引入型腔余量来修正模具。在用注塑法来制造光学塑料件时，光学表面（平面或非球面形状、衍射表面、锥形表面、透镜状表面和柱面）以单独的镶嵌件形式在模具中生成。

非球面嵌件分两步来制造。首先，在不锈钢基体上生成一条最佳拟合曲线；然后，对基体进行镀镍（非电解镍镀层），在基体上沉积一薄层镍（厚度达到 500 μm）。在第二步中，单点金刚石车削或铣削在镍层生成最终非球面曲线或衍射结构。由于镀镍嵌件的硬度小于钢的硬度，因此这种嵌件更易受缺陷（擦伤、塑料树脂的粘附）的影响，需要认真处理及定期维护。

4. 预制

为了验证整个制造链，建议实施试制环节。一般情况下，这是利用单腔原型模具来完成的，这个模具可用于识别最佳成型条件。光学设计和机械设计可利用真实的模塑部件来验证，要求进行设计修改，以达到可允许的条件。通常用原型模具来启动限量生产，因为生产模具可能要花很多时间才能做好。

5. 批量生产

在大批量生产时，需要用到多腔生产模具。根据质量、体积、生产能力和成本来看，生产模具可能有 2、4、8、32 个型腔。这些生产模具已设计成能持续至少数以千计的注塑循环。在很多情况下，要使用多个相同的生产模具，以确保连续生产流程和高产量[2.249]。

2.7.4 部件公差

注塑过程的高再现性使得生成的部件几乎尺寸不变。但光学元件的具体公差[2.250]在很大程度上取决于零件的几何形状和尺寸、塑料材料、模具设计和生产过程的稳定性。

镀膜和零件装配

镀膜。如今，塑料部件上通常沉积有多层电介质镀膜[2.251]。典型的宽带抗反射（AR）镀膜可在整个可见光谱内将反射光减少到约0.5%的表面。窄带多层镀膜可得到小于0.2%的表面反射率。多层电介质镀膜可轻易地修改为适于前透镜和窗口的耐划伤设计形式，如图2.56所示。

塑料基体还可以有好几个前后表面反射镀膜。标准的镀膜金属包括铝、银和金。镀铝膜在整个可见光谱内提供了大于88%的表面反射率，而镀金层可在近红外区域内提供大于95%的表面反射率。

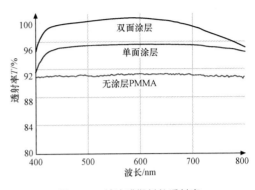

图2.56　镀涂膜塑料的透射率

为提高耐久性并让塑料光学部件易于清洗、处理，未来将基于纳米技术的所谓"易清洗面漆"与功能性涂料结合起来。

由于承受的温度有限，而且耐紫外线，因此塑料透镜一定不能在高温和辐射环境中施加镀膜。将薄膜沉积到塑料上时，塑料镀膜室的温度明显低于玻璃光学元件的镀膜室温度。

这就要求在蒸发过程中采用离子辅助沉积（IAD）等沉积技术，在化学气相淀积（CVD）中采用冷等离子体，并通过紫外辐射（而非热处理）使湿化学镀膜固化。

2.7.5　光学系统装配

塑料光学元件的特有优势将出现在光学系统的装配过程中。光学元件、力学元件和电子元件的易集成性让企业能够制造出低成本的聚合物光学系统，例如小型照相机镜头或扫描头。

塑料光学总成通常是在干净的室内环境中通过手动、半自动或全自动过程来装配的。光学部件必须设计成易于装配的形式。塑料材料还可以采用扣合特征、紫外线胶合、热熔、超声波焊接和激光束焊接的方式来装配。

由于大多数的光学公差都是"+"，因此在制造过程中建立质量检查点以挑选出不合格的组件是很重要的。可以实施自动在线光学性能监控，例如做调制传递函数（MTF）试验。在这里还应当使用SPC方法，以确保制造过程不会偏离可控范围。

新进展

在过去几年里，塑料光学元件领域已有了一些新进展。模具技术的改进过程与金刚石车削、铣削和研磨相结合，得到了新的设计形式和公差度。新型材料（例如环烯烃）有更好的材料性能和镀膜稳定性。

衍射元件的制造过程（主要是通过单点金刚石车削实现）已显著改善。微米结构和纳米结构（例如蛾眼表面）可通过注塑压缩成型得到，使表面功能化。

甚至用于扫描探针显微术的校准结构都可通过注塑（结构尺寸不超过 25 nm）来复制。

塑料光学技术永久性地扩展了其传统极限值和应用领域。一方面，塑料光学仍受材料属性的限制；但另一方面，设计和装配的自由度使得新的方法成为可能。

| 2.8　晶体光学材料 |

在下面一节，本书将探讨用于光学用途的一些晶体材料[2.252–254]。在想要集中探讨的与蓝宝石有关的氧化物中，书中提到了卤化物的种类，其中 CaF_2 是最突出的例子，此外还探讨了一些半导体。下面几小节将总结材料属性和应用领域。每个小节中的表格都将总结光学和力学材料属性。

2.8.1　卤化物 CaF_2

卤化物晶体的阴离子是卤素元素，即化学元素周期表中第Ⅶ族的元素，也就是氟、氯、溴、碘。卤化物通常有相当简单的有序结构和高度的对称性。最有名的卤化物是岩盐 NaCl。卤化物通常通过柴氏法由熔盐合成为单晶体。

在光学用途中，有两种候选材料尤其重要：MgF_2 和 CaF_2（表 2.26 和表 2.27）。这些材料能很好地转输到紫外线区，可用于大多数的紫外光学元件。MgF_2 是一种极好的准分子激光器材料。MgF_2 稍有些双折射，这从表 2.26 中的数据就能看出。

表 2.26　MgF_2 晶体的基本属性

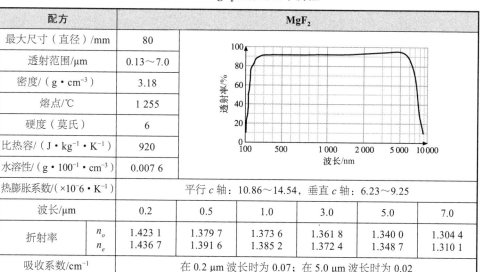

配方		MgF_2				
最大尺寸（直径）/mm		80				
透射范围/μm		0.13～7.0				
密度/（g·cm⁻³）		3.18				
熔点/℃		1 255				
硬度（莫氏）		6				
比热容/（J·kg⁻¹·K⁻¹）		920				
水溶性/（g·100⁻¹·cm⁻³）		0.007 6				
热膨胀系数/（×10⁻⁶·K⁻¹）		平行 c 轴：10.86～14.54，垂直 c 轴：6.23～9.25					
波长/μm		0.2	0.5	1.0	3.0	5.0	7.0
折射率	n_o	1.423 1	1.379 7	1.373 6	1.361 8	1.340 0	1.304 4
	n_e	1.436 7	1.391 6	1.385 2	1.372 4	1.348 7	1.310 1
吸收系数/cm⁻¹		在 0.2 μm 波长时为 0.07；在 5.0 μm 波长时为 0.02					

表 2.27 CaF₂晶体的基本属性

配方	CaF₂					
最大尺寸（直径）/mm	180					
透射范围/μm	0.15～9.0					
密度/（g・cm⁻³）	3.18					
熔点/℃	1 418					
硬度（莫氏）	4					
热膨胀系数/（×10⁻⁶・K⁻¹）	16.2～19.4					
热导率/（W・m⁻¹・K⁻¹）	9.17					
比热容/（J・kg⁻¹・K⁻¹）	888					
水溶性/（g・100⁻¹・cm⁻³）	0.001 6					
波长/μm	0.2	0.5	1.0	5.0	10.0	12.0
折射率	1.495 1	1.436 5	1.428 9	1.399 0	1.300 2	1.229 9
吸收系数/cm⁻¹	在 0.2 μm 波长时为 0.10；在 0.4 μm 波长时为 0.01；在 2.7 μm 波长时为 0.03					

CaF₂ 也是激光光学领域的一种极好的材料。CaF₂ 有很宽的透射范围（0.13～9.5 μm），在红外光范围内的透射率尤其高。CaF₂ 在激光、红外光和紫外光学领域中应用得很广泛。CaF₂ 在水中微溶，容易受到热冲击。

CaF₂ 和其他所有的卤化物一样都是相当软的材料，通常不是很致密（3.18 g/cm³）。CaF₂ 属于立方晶系，其解理面为 111 平面。尤其是因为在紫外光区的透射率高，CaF₂ 是半导体工业中未来显微光刻应用领域的主要材料。CaF₂ 的带隙大于 11 eV。CaF₂ 的其他用途是用作激光窗和可见光区的光学元件。此外，CaF₂ 有较低的折射率，力学性能使其相当容易抛光。

2.8.2 半导体

半导体广泛应用于光学器件。作为在红外透射元件中的相关材料，下文将集中探讨 Si（表 2.28）、Ge 和 CdTe。这种晶体结构为立方晶系，就 Si 而论为金刚石结构。

硅通常用作在 1.5～8 μm 区域内红外反射器和窗口的基体材料。硅在 9 μm 波长下的强吸收带使得硅不适于在 CO₂ 激光透射中应用，因为其热导率高、密度低，但硅频繁地用于激光镜。硅还在 20 μm 光谱范围内用作发射体。

锗（Ge）主要在 2～12 μm 光谱范围内使用。Ge 有良好的热导率和极好的硬度及强度。Ge 是各种滤光片的首选基体材料。Ge 与 Si 相比的一个缺点是在高温下更易变得不透明，这是因为 Ge 的带隙相对较低，只有 0.75 eV。这种较低的带隙使电子更容易从价带激发到导带。碲化镉（CdTe）的红外透明区为 1～25 μm。CdTe 是一种很软的材料，其热导率较低。CdTe 是 12～25 μm 光谱区内滤光片的极佳基体材料。在这个光谱区内，由于吸收谱带的出现其他很多材料都遭遇透射率降低。

表 2.28　Si 的主要属性

化学式	Si
分子量	28.09
晶类	立方
晶格常数/Å	5.43
在 293 K 温度下的密度/（g·cm^{-3}）	2.329
在 9.37 ×10^9 Hz 频率下的介电常数	13
熔点/K	1 690
热导率/（W·m^{-1}·K^{-1}）	
在 125 K 温度下	598.6
在 313 K 温度下	163
在 400 K 温度下	105.1
热膨胀/K^{-1}	
在 75 K 温度下	-0.5×10^{-6}
在 293 K 温度下	2.6×10^{-6}
在 1 400 K 温度下	4.6×10^{-6}
比热/（cal·g^{-1}·K^{-1}）	
在 298 K 温度下	0.18
在 1 800 K 温度下	0.253
德拜温度/K	640
带隙/eV	1.1
水溶性	无
努氏硬度/（kg·mm^{-2}）	1 100
莫氏硬度	7
杨氏模量/GPa	130.91
剪切模量/GPa	79.92
体积模量/GPa	101.97
泊松比	0.28
波长/μm　　　　折射率	
1.40　　　　　　3.49	
1.50　　　　　　3.48	
1.66　　　　　　3.47	
1.82　　　　　　3.46	
2.05　　　　　　3.45	
2.50　　　　　　3.44	
3.50～5.00　　　3.43	
6.00～52.00　　 3.42	

用作透镜和分束器的砷化镓（GaAs）在中高功率 CW 二氧化碳激光系统中可替代 ZnSe（表 2.29）。在韧性和耐久性很重要的应用领域中，GaAs 最有用。GaAs 的硬度和强度使其非常适用于易被灰尘或磨粒堆积或攻击的光学表面。在需要频繁地擦拭清洗的表面，GaAs 是极好的材料选择。这种材料不吸湿，在实验室和野外条件下使用起来很安全，而且化学性质稳定（除与强酸接触时之外）。

表 2.29 GaAs 的主要属性

化学式	GaAs
分子量	144.63
在 300 K 温度下的密度/（g·cm⁻³）	5.32
在 10.6 μm 波长下的吸收系数/cm⁻¹	<0.02
有用透射范围/μm	1–11
在 12 μm 波长下 2 个表面的反射损失/%	45
在 300 K 高频下的介电常数	10.88
静态	12.85
熔点/K	1 511
在 300 K 温度下的热导率/（W·m⁻¹·K⁻¹）	55
在 300 K 温度下的热膨胀系数/K⁻¹	5.7×10^{-6}
在 273 K 温度下的比热/（cal·g⁻¹·K⁻¹）	0.076
德拜温度/K	360
努氏硬度/（kg·mm⁻²）	731
杨氏模量/GPa	82.68
体积模量/GPa	75.5
泊松比	0.31
带隙/eV	1.4
水溶性	无

波长/μm	折射率	
8.0	3.34	
10.0	3.13	
11.0	3.04	
13.0	2.97	
13.7	2.89	
14.5	2.82	
12.0	2.73	
17.0	2.59	
19.0	2.41	
21.9	2.12	

将半导体材料用作光学材料的其他相关领域是 LED 和激光二极管。根据光谱特性来看，Ⅲ－Ⅴ类半导体可引起兴趣。有名的候选材料包括用作蓝光 LED 材料的 InAs 或 GaN。

2.8.3　蓝宝石

蓝宝石主要用于要求可靠性高、强度大和各种光透射率的高精密光学用途。蓝宝石在 $0.15\sim5\ \mu m$ 的宽波长范围内传播光（蓝宝石的主要性质见图 2.57、图 2.58 和表 2.30）。

这种在宽波长范围内传播光的独特能力与蓝宝石的机械强度相结合，使得蓝宝石成为很多应用领域的首选材料。对于成像光学，光学材料的折射率最好与温度之间的相关性较弱。由于 $\mathrm{d}n/\mathrm{d}t$ 值低，窗口的温度梯度将不会造成图像模糊和预见误差。美国国家标准局已广泛研究了蓝宝石的折射率。最近，先进物理实验室的 Thomas 等人开发了一个模型，用于预测 $0.7\sim5\ \mu m$ 的 $\mathrm{d}n/\mathrm{d}t$。

表 2.30　蓝宝石的主要属性

化学式	Al_2O_3
晶类	三方晶系
分子量	101.94
密度（20 ℃）/（g·cm^{-3}）	3.98
在 4 μm 波长下 2 个表面的反射损失/%	12
在 298 K 温度和 10^2–10^8 Hz 频率下的介电常数	
平行	10.55
垂直	8.6
介电强度/（kV·mm^{-1}）	17
在 20 ℃温度下的电阻率/（Ω·cm）	＞1 016
熔解温度/K	2 300
在 300 K 温度下的热导率/（W·m^{-1}·K^{-1}）	
平行	35.1
垂直	33.0
在 293 K 温度下的热膨胀系数/K^{-1}	
平行	5.6×10^{-6}
垂直	5.0×10^{-6}
在 298 K 温度下的比热/（cal·g^{-1}·K^{-1}）	0.18
带隙/eV	9.9
水溶性	无
莫氏硬度	9

努氏硬度/（kg·mm^{-2}）	1 370
杨氏模量/GPa	335
剪切模量/GPa	148
在 273 K 温度下的体积模量/GPa	240
表观弹性极限/MPa	275
泊松比	0.25

蓝宝石是由氧化铝 Al$_2$O$_3$ 制成的一种晶体材料。蓝宝石具有六角形/菱形结构。在光学上，蓝宝石是可见光谱区内的一种负单轴晶体，具有较小的双折射率。

蓝宝石的带隙约为 10 eV，在氧化物晶体中带隙是最大的，因此在上述光谱范围内可以传输光。就像其他晶体一样，蓝宝石也可通过柴氏法来合成。蓝宝石的熔点高，是一种极硬的材料，因此能够在极端温度条件下使用。蓝宝石在激光窗中使用，尤其是当需要红外光谱区的高透射率时。蓝宝石的硬度和刚度使得它成为一种合适的基材。在半导体工业，蓝宝石被用作一种基质，在其上面生长 GaN，就制造出了蓝色 LED。

2.8.4 立方晶体中的光学各向异性

按照 2.1.4 节的描述，立方晶体中预计不会出现光学各向异性。立方体固形物中的双折射率应当仅由立体对称轴之间的偏差造成，但产生的效应使立方体固形物呈现光学各向异性。在这些晶体中，对称性破缺是由光波的电磁辐射提供的，这叫作"诱导空间色散"。在此，介电函数与入射辐射波矢 k 之间的相关性变得很重要。

下面来设法估算由于光的对称性破缺而得到的光学各向异性的数量级。由于光的速度极快，$c=2.997\ 9 \times 10^8$ m/s，因此相应的波矢很小：

$$E_{光} = \hbar\omega = ck \tag{2.150}$$

对于可见光线，例如在 600 nm 波长下，光子能量大约为 2.1 eV。用色散关系式（2.150）可转化为 $k=2\pi/\lambda=0.01$ nm^{-1}。这必须与固体中存在电子自由度时的尺寸和惯常波矢做比较。对于晶格常量 $a=5.2$ Å$=0.52$ nm（CaF$_2$），布里渊区边缘的最大波矢为 $k_{BZ}=2\pi/a=12.1$ nm^{-1}。电磁场变化时的波长尺度（λ）和晶格变化时的波长（a）之间的差别超过了 3 个数量级。

空间色散就是电磁场的不均匀性对系统光学响应的影响，导致非局域性的形成。对于十分均匀的电磁场（$\lambda\rightarrow\infty$，$k\rightarrow0$），立方晶系的光学响应呈各向同性。

假设我们的系统允许介电函数围绕着零波矢展开[2.255]。（倒数）介电函数相对于光的波矢进行泰勒级数展开——这有助于了解了各向异性是如何进入光学响应的：

$$\epsilon_{ij}^{-1}(\boldsymbol{k},\omega) = \epsilon_{0ij}^{-1}(\omega) + h_{ijkl}k_k k_l + O(k^4) \tag{2.151}$$

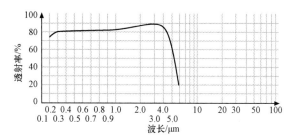

图 2.57　蓝宝石的透射率

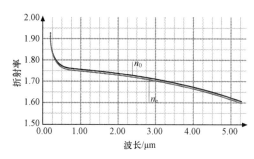

图 2.58　蓝宝石中寻常光线的折射率（n_o）和非常光线的折射率（n_e）

由于立方晶体的反对称性，$\boldsymbol{k}$ 的线性项消失。为获得预计各向异性的上限，可以做以下估算[2.256]。各向异性是由电磁场在晶体单位晶胞方向上的均匀性偏差造成的，各向异性量为

$$\frac{a}{\lambda}=\frac{k}{k_{BZ}} \tag{2.152}$$

这意味着，利用式（2.151）中的 k^4 相关性和式（2.152）中的数值作为预计各向异性的数值上限，可以得到

$$\left|\epsilon_{ij}^{-1}(\boldsymbol{k},\omega)-\epsilon_{0ij}^{-1}(\omega)\right|\ll\left(\frac{k}{k_{BZ}}\right)^2=\left(\frac{a}{\lambda}\right)^2 \tag{2.153}$$

由于 $k/k_{BZ}=8\times10^{-4}$，ε 中的各向异性小于 10^{-6}。这种影响只能通过极其精确的高分辨率干扰测定法来观察到。

在接近材料中的强吸收时，物理性质会发生变化。（2003 年的诺贝尔奖获得者金兹堡在 1958 年首先描述了这个现象[2.255]。）其原因是式（2.152）中给出的真空波长不必与单位晶胞的长度比较，而是与介质中的波长 $\lambda_m=\lambda/n$ 做比较。由于折射率 n 在接近强吸收时变大（2.1.1 节），因此由空间色散诱发的光学各向异性在接近材料中的光吸收时更易观察到。

在半导体材料中，当接近带边时，共振会增强，在硅中的现象见文献[2.257]，在 GaAs 中的现象见文献[2.258]。在碱卤化物晶体中的共振增强也已测定[2.259]。在强离子晶体中，出现了深度激发电子－空穴束缚态。关于强离子晶体 CuCl，激子共振被认为是"增强型吸收"[2.260]。最近，由空间色散诱发的双折射效应对于晶体 CaF_2

来说尤其重要[2.261]，这种材料被用作半导体显微光刻结构中使用的紫外线透镜。在此，激子共振和空间色散之间直接相关[2.262]。

最后必须指出：与寻常双折射（2.1.4 节）的最多两条光轴相反，在立方晶体中由空间色散诱发的双折射有 7 条光轴。

|2.9 透明陶瓷|

2.9.1 定义和历史

陶瓷的使用可追溯到人类的早期历史。可靠的考古学研究表明，首批陶瓷是在24 000 多年前由可锻的陶瓷材料形成并用火淬硬的。大约 10 000 年之后，随着我们的祖先定居下来，美索不达米亚和印度率先开始制造瓷砖。在 7 000～8 000 年前，第一批有用的器皿在中欧制造出来[2.263]。

陶瓷是一个术语，曾经被认为只是指用于制造陶器的艺术或技术。陶瓷这个词源于希腊语 "keramos"（特制陶土），这个术语中包含的基本概念是通过火对泥质材料的作用而获得的产品。最古老的陶瓷制品是由含黏土的材料制成的。由于易于出现大量缩孔，因此黏土坯体要通过添加粗砂和石头来改良，以减少缩孔和裂纹[2.264]。

陶瓷材料分为传统陶瓷、工业陶瓷和先进陶瓷。传统陶瓷又分为粗陶瓷和细陶瓷。建筑结构材料和耐火材料属于粗陶瓷，陶器、石器和瓷器属于细粗陶瓷。先进陶瓷、工程陶瓷或工业陶瓷指具有优越的力学性能、防腐/抗氧化性或电气性能、光学性能及磁性的陶瓷材料。工业陶瓷指用于工程用途的陶瓷产品。先进陶瓷组由功能陶瓷、电瓷、刀具陶瓷和医疗陶瓷等组成[2.265]。DIN EN 12212 标准中有进一步的定义：

● **功能陶瓷**是高性能陶瓷，其材料的固有特性起着积极的作用，例如，拥有特定电、磁、介电或光学特性的陶瓷零件。

● **电瓷**是因为具有特定的电气/电子特性而得以应用的高性能陶瓷。电气工程领域主要利用了这些陶瓷的极佳隔热特性和机械强度。电子工业还利用了这些陶瓷的其他特性，例如铁电特性、半导电性、非线性电阻、离子导电和超导电性。

● **刀具陶瓷**是因为有极好的耐磨性和耐高温性而在机械加工过程（车削、钻孔、铣削）中得以应用的高性能陶瓷。

● **医疗陶瓷**是医学上使用（换句话说就是在人体内应用）的高性能陶瓷。典型的医疗陶瓷是用于维修或更换骨头、牙齿或其他硬组织的产品。

工业陶瓷材料已面世 200 多年，经过专门设计的合成陶瓷在成分、显微结构和属性上与传统陶瓷材料不同，其是在 20 世纪 70 年代左右才开发的。硅酸盐陶瓷和耐火材料基本上来源于天然矿物质，通过相对简单的加工步骤制造而成。而先进陶瓷则需要完全不同的制造路线，首先需要在化学上明确定义的高纯度微细人造原料。这些材料是因为无法采用其他传统材料（例如金属或聚合物）为满足独特用途制造。

高科技陶瓷起着关键材料的作用；新的技术、工艺和机床最终只能通过特别定制的陶瓷来实现。令人惊奇的是，此开发过程一开始是由金属科学家（粉末冶金家）（而非传统陶瓷技师）发起的。其中的原因是在 21 世纪初，为制造不能通过铸造或其他模塑方法得到的钢、难熔金属和超硬金属，金属科学家开始研究通过粉料模塑和压实、然后用烧结等热处理方法来固结的金属件制造路线。对于天然的多组分原料和相对简单的化学体系来说，这些起初为陶瓷设计的加工程序进行初步了解要比了解传统陶瓷容易得多。因此，烧结技术的突破是从 20 世纪 70 年代开始取得的，由此人们掌握了关于高性能粉末和冶金制件的再制生产知识。由于很容易转移到成分简单的陶瓷上，开发具有期望特性的定制显微结构所需要的基础已奠定[2.266]。如图 2.59 所示观察到的韧化机制已在"连续体–显微结构–原子学"的规模上提出。因此，根据建议，均质细粒显微结构最适于增强机械阻力。Krell 等人近期评估的结论是，在开发各种类型的高强度材料时，增强力学性能和抗冲击性是一个重要的目标[2.267]。据观察，通过制备这些陶瓷，可以制造出半透明陶瓷和透明陶瓷。

20 世纪 50 年代，半透明陶瓷技术开始被研究[2.268,269]。60 年代初，人们发现了半透明多晶氧化铝（PCA）[2.270]。光学陶瓷的发明，包括半透明多晶氧化铝，促进了高压钠灯和金属陶瓷卤化物灯的制造。多晶氧化铝的显微结构和特性（例如透射比和抗钠性）也已得到改善。随着具有更好纯度、粒径和解聚程度的可用原料粉末逐渐增多，通过优化掺杂剂和烧结气氛使氧化铝烧结的知识也在增加。因此，对优越力学性能及/或热特性以及光学透明度的需求推动着透明多晶陶瓷的开发进程。

但是，直到 20 世纪 90 年代高效陶瓷激光振荡实现，激光级透明陶瓷才制造出来[2.271]。原因很简单：半透明陶瓷含有很多散射源，例如晶界相、残余气孔和二次相。这些散射源会造成重大散射损失（图 2.60），阻止半透明陶瓷激光增益介质中的激光振荡[2.272]。

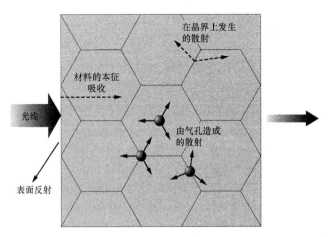

图 2.59　陶瓷显微结构示意图

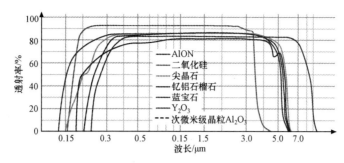

图 2.60　抛光透明陶瓷片（0.8 mm 厚）的分光光度计室温在线透射窗与波长之间的关系[2.273]

所报道的透明陶瓷的显微结构与传统半透明陶瓷迥然不同：

（1）通过利用立方晶材料，可以避免由不同晶轴内的不同折射率造成的双折射光散射。

（2）晶界设计成不会出现光散射的形式。

（3）气孔缩小为 ppm 级。

对于光学特性的各向异性不存在或并不重要的材料，例如立方石榴石或倍半氧化物，其高熔点（分别为 1 950 ℃和 2 420 ℃）和结晶过程限制了晶体的粒径、种类、成分和产量，此时陶瓷技术可能尤其有用。最初制造氧化物材料的透明陶瓷时，依据的是普通烧结法：混合基本氧化物，初步烧结，使这些氧化物发生反应，形成最终的化合物，再与黏结材料混合、模塑，最后进行高温真空烧结。决定着透明度的粒间气孔密度相当高，因此光学质量太低，以至于不能提供高效的激光发射。

1995 年，研究证实，一种能减小粒间气孔密度的重要办法是在最终烧结阶段之前进行等压压制[2.271]。因此，近年来，光学质量与类似成分的单晶体相当的透明陶瓷已经能够开发出来，其气孔的体积密度为 ppm 级[2.274–281]。

在陶土粉末合成、成型、烧结、热等静压压制上取得的技术进步已使制备具有各种成分的透明陶瓷成为可能，例如，Y_2O_3 [2.282]、$Y_2O_3 - La_2O_3$ [2.283]、$MgAl_2O_4$（尖晶石）[2.284]、$Y_3Al_5O_{12}$[2.285,286]（钇铝石榴石）和 $Al_{23}O_{27}N_5$[2.287,288]（AlON）；还能制造各种形状的透明陶瓷（圆柱形、隆起状、球形和椭圆形），给设计带来了很大的灵活性。

图 2.60 将几种透明陶瓷中得到的室温透射窗与石英的室温透射窗做了比较。纯的透明 YAG 陶瓷作为灯壳和 Nd：YAG 激光器中的主杆进行了测试[2.285,286]；具有立体对称性的 AlON 陶瓷已制造出来，可达到与蓝宝石一样好的在线透射率[2.289,290]；具有出色在线透射率的透明尖晶石陶瓷已经开发出来[2.291]；掺 La_2O_3 的 Y_2O_3 是利用瞬态固体次相烧结机理开发的[2.292]，以其红外长时间截止和低发射率而被用作灯壳和红外整流罩或窗口。

因此，这种成型技术对于得到理想的显微结构来说很重要。还能清晰地看到，一旦具有几乎完美的光学均匀性和显微结构透明陶瓷的制造技术可以获得，就可以开发出具有超低散射损失的陶瓷。因此，就能够开发出在性能上与单晶体相当的高效陶瓷激光增益介质。但必须指出，从多晶陶瓷的物理方面来看，由于晶界的原因，具有理想显微结构的透明陶瓷必然不能获得较高的振动效率和波束质量[2.293]。

2.9.2　光学陶瓷的应用

目前，很多多晶陶瓷都可从市场上买到。大多数的研究工作都是在 HID 灯泡和激光陶瓷领域开展的。在所开发的材料中，多晶氧化铝、石榴石和倍半氧化物是能购买到的、最常见的透明多晶体物质[2.294]。

1. 灯泡燃烧器

半透明多晶氧化铝的开发使得现代高压钠灯和金属陶瓷卤化物灯的制造成为可能[2.295]，半透明 Al_2O_3 是高温腐蚀性等离子弧的发光罩。由于氧化铝与常用的硅石玻璃或石英相比对侵蚀性蒸气有着较强的耐化学性，因此其是灯泡里最关键的部件[2.296,297]。满意的断裂韧性是光学陶瓷耐受热冲击、经受灯泡中遇到的快速冷热循环的一个前提条件[2.270]。

自 20 世纪 60 年代以来，半透明 Al_2O_3 的显微结构和特性（包括光学透射率、机械强度和抗钠性）已明显改善[2.298,299]，原料粉末的纯度、粒径和解聚程度已提高，用于成型的机床和粉末–黏结剂混合料变得更好。半透明 Al_2O_3 如今通常由掺有 MgO 添加剂的高纯度细粒粉末坯块通过 H_2 烧结后得到[2.300]，MgO 掺杂剂能防止晶粒反常长大，让晶界处的气孔消失，从而在烧结期间接近全密度。MgO 掺杂剂的作用以及 Al_2O_3 中的致密化过程机理已成为大量研究文献的热门主题（从 1959 年的 Coble 研究报告开始）[2.269]。通过烧结助剂和烧结气氛的优化以及熔炉技术的进步，烧结技术已有了改善[2.289]。众所周知，粒径等显微结构特征对 Al_2O_3 的机械强度和光学透射率有很大影响。最近的研究在沿两个相反方向推进：单晶体[2.301]和微细粒度[2.302]。

另外一种被开发用于 HID 灯泡中的材料是透明多晶钇铝石榴石（YAG）。与传统的多晶氧化铝不同的是，YAG 在晶界没有双折射效应，因此具有比氧化铝更高的在线光透射率。这使得 YAG 适于在汽车前灯和摄影光学灯泡中使用。此外，YAG 呈现出立体对称性和各向同性的热膨胀，而氧化铝在晶界存在由膨胀–各向异性诱发的残余应力。对这两种材料来说，弹性常数基本相同，但 YAG 在高温下耐蠕变能力较强[2.290]。

一些相当复杂的钙钛矿型结构氧化物系统由于具有极好的热性能、化学性能和光学特性，也被用作克里斯顿管、功率放大管、天线窗、积分电路基片、高压气体放电管和火箭喷管[2.303]。

2. 光学元件

成像光学系统开发过程中的主要目标是保证足够的光学质量，同时确保光学系统有一个紧凑而且轻型的结构，尤其是电子设备（例如数字照相机、手机中的物镜等等）用于数字图像采集时，光学成像系统必须很小且轻。换句话说，成像透镜的总数必须尽可能的少。在显微镜检查领域，目镜和物镜需要采用几乎受衍射限制的成像光学。在军事防御领域，需要采用透明的光学系统，最好在可见波长区（380～800 nm）和一直到 8 000 nm 的红外区（理想的情况下到 10 000 nm）有较高的透射率。此外，这些光学系统必须能耐受外部影响，例如机械冲击（如碰撞）、温度、温度变化、压力等。另外，对于其他很多技术，例如数字投影和进一步的显示技术，还需要采用高度透明的材料。但在主要为单色的应用领域，例如光存储技术，可利用高折射率材料来实现系统紧凑。

但高端工业市场和消费者大众市场上不断增加的要求，使得具有非凡性能组合的光学透明材料成为需求的对象。如今，成像光学的发展受到了现有材料光学参数的限制。虽然目前已获得玻璃熔化/模塑技术，但只有位于阿贝图中某条直线之下的玻璃类型才能以高品质制成。阿贝图上绘制了折射率相对于阿贝数的关系，所提到的那条直线经过"阿贝数=80/折射率=1.7"和"阿贝数=10/折射率=2.0"这两个点。折射率在1.9～2.2、阿贝数在30～40范围内的玻璃通常不稳定，因此很难大量制造高品质的此类玻璃。同样，折射率在1.8～2.1、阿贝数在30～55范围内的玻璃通常也不稳定。

除折射率和阿贝数之外，在选择光学材料时相对部分色散也同样重要。如果想制造出几乎复消色差的光学系统，则必须将具有几乎相等的相对部分色散，但阿贝数明显不同的材料相结合。如果绘制出部分色散 $P_{g,F}$ 与阿贝数之间的关系图，则可看到大多数玻璃都位于一条线（法线）上。因此，可取的材料是阿贝数和相对部分色散相结合后偏离此特性的那些材料。与此相反，透明多晶陶瓷可获得无法通过玻璃所能达到的特殊性能区域[2.305,306]（图 2.61）。

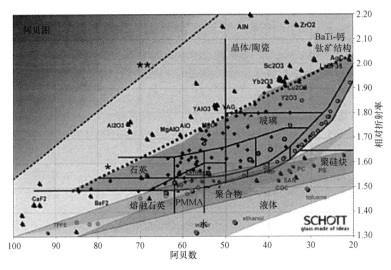

图 2.61　光学材料（流体、聚合物、玻璃、晶体）的阿贝图[2.304]

（1）钙钛矿。具有钙钛矿型结构的陶瓷材料是铁电体，表现出优越的电光特性，因此可在光调制器和图像存储与显示装置中使用。这些材料最近被更广泛地用于制造 HID 灯泡中的陶瓷灯壳，有时候用于光学用途。以前在艺术领域知名的材料通常都不透光。自 1975 年以来，已有几项专利描述了具有钙钛矿型结构和通式 ABO_3（其中不含 La[2.307]）的透明陶瓷以及一些具有通式（Sr_{1-x} Me'$_x$）（$Li_{1/4}$ Me"$_{3/4}$）O_3[2.308] 的更复杂的钙钛矿型结构的制造方法。上述材料的其他特性包括优良的热性能、化学性能和光学性质，因此适于制造克里斯顿管、功率放大管、天线窗、积分电路基片、高压气体放电管和火箭喷管，将传统陶瓷取而代之。这些复杂的钙钛矿陶瓷克服了传统陶瓷在介电常数和热常数方面的一些缺点以及高加工成本。

2005 年，文献［2.309］描述了一种半透明的复合钙钛矿陶瓷材料（$Ba\{(Sn_u Zr_{1-u})_x Mg_y Ta_z\}_v O_w$；$Ba\{(Sn_u Zr_{1-u})_x (Zn_t Mg_{1-t})_y Nb_z\}_v O_w$），将其作为光学器件（例如透镜、棱镜或光程操纵板）的光学零件。所描述的陶瓷拥有高折射率和良好的光透射率（大于 20%），显示出顺电态，即不会出现双折射。

最近，一种透明的钙钛矿化合物（图 2.62）据文献［2.310］描述有较高的折射率和阿贝数，因此适于在高斯型透镜光学系统（例如单镜头反光照相机）中进行像差校正。

图 2.62　透明陶瓷镜片"Lumicera"（经由村田制造有限公司提供）[2.300]

（2）ZrO_2。与透明 $c-ZrO_2$ 有关的第一份相关报告是由 Tsukuma（东曹公司）发表的，Tsukuma 曾研究过制造掺有 TiO_2 的钇稳定氧化锆的可能性[2.311,312]。TiO_2 是用于制造非透明陶瓷的一种标准添加剂，能使烧结体变得很致密[2.313]。在厚度只有 0.76 mm 的透明样品上测得透射率达到约 65%。目前还没有关于所用测量方法（在线测量、积分测量、实时在线测量）的可用信息。最近东曹公司发表的论文强调了烧结温度对四方晶稳定氧化锆样品的透明度造成的影响（$t-ZrO_2$）[2.314]。此外，关于这些样品表现出的不寻常光学性质的假设是根据从 $t-ZrO_2$ 到 $c-ZrO_2$ 的相转变给出的。

Clasen 通过电泳淀积制造出了一种 $c-ZrO_2$ 光学陶瓷。当样品厚度为大约 1 mm 时，这种陶瓷在 600 nm 波长下的在线透射率（包括反射损失）为 53%[2.315,2.316]。

按照 Krell[2.317]的说法，尺寸为大约 30 mm×50 mm 的氧化锆样品已通过压制制造出来，而且凝胶注模已经过测试，制造出的样品厚度在 2～6 mm，4 mm 厚样品的实时在线透射率（探测在 0.5° 孔径角范围内的透射光，见文献［2.318］）为理论值的 75%（大约 57%或 A10=0.32 cm^{-1}，在 640 nm 波长下的数据）。

需要注意到，添加 TiO_2 会导致光学陶瓷样品中出现浅黄变色和双折射（图 2.63）。但 TiO_2 含量降低对烧结体的透射率有负面影响[2.319]。

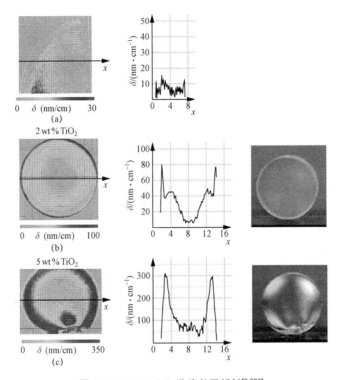

图 2.63　$Z_{10}Y – TiO_2$ 陶瓷的双折射[2.300]

（a）$Z_{10}Y – 0\% TiO_2$（重量百分比）；（b）$Z_{10}Y – 2\% TiO_2$；（c）$Z_{10}Y – 5\% TiO_2$

在 $c – ZrO_2$ 晶体结构中通过添加 TiO_2 而诱发的氧迁移，以及在烧结和后氧化过程中诱发的残余应力被认为是造成双折射的原因。后退火能够有效地缓解在样品外边缘的残余应力，由此减小由残余应力诱发的双折射率。但通过此过程，样品中心的双折射率可能不会减小。此中心双折射率经确定是由 $c – ZrO_2$ 晶格中的氧迁移造成的。尽管如此，后续退火处理并不能切实可行地消除双折射，因为透射率也会同时降低[2.289]。

通过增加 Y_2O_3 量而不改变 TiO_2 含量，样品中心的双折射率会减小，从而消除在含 TiO_2 的 ZrO_2 陶瓷中的氧迁移[2.290]。

（3）倍半氧化物（氧化钇及相关的稀土氧化物）。透明的氧化钇用于当在可见光和红外光波段中以及高温下需要较高的耐久性和光学透明度时。例如，氧化钇可用于金属蒸气灯、光学窗口和军事系统中。用于制造透明氧化钇的方法有两种。第一种方法[2.320]就是在覆有聚四氟乙烯的铝模中将粉末和黏结剂压制在一起。其中要用到三步烧制法，第一步是烧尽黏结剂，紧接着的两个步骤是进一步致密化。还需要进一步退火，通过恢复烧结体中的氧气来诱发透明度。所得到的 Y_2O_3 材料与掺有添加剂的 Y_2O_3 烧结体相比，热导率和抗热冲击性都更高。另一种方法[2.321]不需要使用掺杂剂（除不需要退火步骤以恢复氧化学计量外）。合适的氧气分压是在保持化学计量的样品周围提供的，因此得到的透明度更高。

（4）烧绿石。含有 $La_2Hf_2O_7$（LHO）成分[2.322]的半透明－透明陶瓷是利用具有目标成分的燃烧合成粉末制备的。当样品厚度<1 mm 时，这种材料的透明度为70%——这对光学用途来说太小了。

村田公司[2.310]介绍了一种折射光学元件的半透明陶瓷材料。这种元件表现出成像折射能力，即由弯曲成透镜形状的光密体的入射面和出射面组成。因此，光线穿过该元件之后会偏转。

2008 年，有人描述了一种具有高折射率、由烧绿石成分组成的透明陶瓷[2.323]。在 3 mm 厚的样品中，在 750～4.7 μm 的区间内达到了 98% 的内部透射率。由此，这种陶瓷材料在从紫外区到红外区的范围内可用作透镜（图 2.64）。

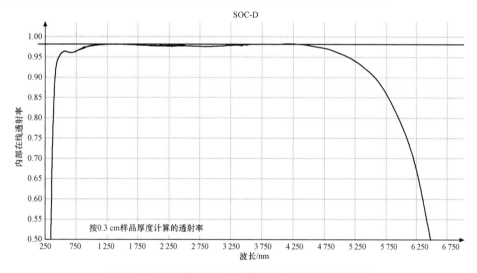

图 2.64 烧绿石类陶瓷的内透射率图（考虑菲涅耳损耗）

3. 用于浸没式光刻术的末级透镜元件

利用传统的紫外线光学材料和水作为浸液，具有平面透镜/流体接口的 193 nm 浸没式式光刻光学投影系统的实际数值孔径（NA）极限值接近 1.3。将 NA 进一步外推时遇到的瓶颈是末级透镜元件的折射率。通过水作为浸液，NA 接近 1.3 的 193 nm 浸没式光刻系统看起来是可行的[2.324]。为了将 NA 外推，需要考虑折射率——不仅是抗蚀剂和浸液的折射率，以及末级透镜元件的折射率。对于成平行面的透镜/流体接口和流体/抗蚀剂接口，根据斯涅耳定律，NA 要受抗蚀剂、浸液和末级透镜元件的最低折射率的限制。由于通过小型末级透镜元件的积分通量高，因此这个元件可能需要用在 193 nm 波长下折射为 1.50 的晶体材料（例如氟化钙）制成[2.325]。水在 193 nm 波长下折射率为 1.44 [2.326]，但有几个实验室报道了折射率接近 1.65 的候选高折射率浸液 [2.327]。因此，当抗蚀剂的折射率为 1.7 或更高时，末级透镜元件的折射率可能会成为系统 NA 增加的瓶颈，使实际的 NA 限制在接近 1.3。透镜/流体接口的大曲率可用于接近此极限值，但可能行不通。

另一种使 NA 超过此极限值的方法是采用具有 193 nm 波长折射率的透镜材料，其折射率比传统紫外光学材料的折射率高得多[2.328]。对于最小折射率为 1.65 的材料，当等效干态 NA 外推到 0.92 时，浸液的 NA 将等于 1.52。在 $\lambda=193$ nm 时，假设 k_1 因子的理论极限值为 0.25，则瑞利判据分辨率最小半节距将是 $Res_{min}=k_1\lambda/NA=32$ nm。当材料的折射率更高时，可用不严格的 k_1 因子得到 $\lambda=32$ nm 的折射率。最近利用折射率为 $n=1.64$ [2.327]的浸液进行双光束干涉测量曝光的 32 nm 良好线宽模式得到了有些乐观的结果。

用高折射率材料来增加 NA 极限值的一个重要特征是只需要用高折射率材料来制作末级小型透镜元件（或可能是很少的末级元件），以达到 NA 增益。

目前，没有哪种高折射率材料能达到严格的光刻规格，也没有任何其他材料能达到（除熔融石英和氟化钙以外）。但确实有些材料的折射率比熔融石英和氟化钙高很多，而且电子带隙足够高，原则上在 193 nm 波长下能达到高透射率。对这些材料无疑需要实施开发计划，但潜在的丰厚回报使得这样的开发计划值得考虑。可靠的候选材料必须能够达到一些非常严格的标准，如表 2.31 所示。

固有双折射可用三种方式来处理。首先，如果材料为非晶态或多晶态，则这种效应可能不存在或小到可忽略的程度；其次，如果此值足够小，则其效应尽可能在设计时减到最小，例如通过记录透镜结晶轴的方位；最后，具有异号固有双折射率的材料所形成的一些混合固溶体可能会使此值等于 0，例如在 157 nm 的波长下，$Ca_{0.3}Sr_{0.7}F_2$ 的固有双折射率为 0[2.328]。在 193 nm 的波长下获得高透射率的一个必要条件是材料的电子带隙远远高于此波长下的能量，即 6.41 eV（193.4 nm）。带边和光子能量之间的间隙要大，必须使指数级乌尔巴赫吸收尾延伸到此间隙之下，并让普遍存在的浅杂质态接近带边。相对较大的固体带隙通常需要较高的电离度。要得到高折射率，就需要高极化性，因此要求价电子密度大、离子半径小。要满足这两个条件，通常要限制固体由元素周期表的第 I 或 II 族元素和靠近第 VI 或 VII 族顶部的元素制成的可能性，即第 I 或 II 族氟化物或第 II 族氧化物。第 I 族氟化物通常极易溶于水；第 II 族氟化物，例如 BeF_2、MgF_2、CaF_2、SrF_2 和 BaF_2，是众所周知的紫外光学材料。所有这些材料的吸收边缘都远远高于 6.41 eV，事实上比这个能量值高出得太多，以至于不能在这种情况下得到高折射率。这一族氟化物的最高折射率是 BaF_2 的折射率，在 193 nm 的波长下 $n=1.57$[2.329]。通过用氧代替氟，带隙会稍微下降，阴离子更加可极化，因此使折射率上升。其结果是第 II 族氧化物和相关的材料在 193 nm 的波长下通常有高得多的折射率，而且带隙仍然高于 193 nm 波长下的光子能量。

表 2.31 LLE－光学陶瓷的最关键规格

参 数	单位	目标	尖晶石
在 193 nm 波长下的折射率*		>1.8	1.92
在 193 nm 波长下的 k（吸收）	cm^{-1}	<0.005	约 1.0*
散射（与熔融石英相比）		1～10	30
同质性	ppm	tbd	<35 ppm
应力双折射	nm/cm	1	<10
几何尺寸	MM	Ø 150，厚 40	Ø 10，t10

铝能形成一种宽带隙高折射率氧化物 Al_2O_3（蓝宝石），但这种材料是单轴晶体。通过添加 Mg，就可以形成立方晶系镁铝尖晶石 $MgAl_2O_4$——一种天然的矿物玉石[2.330]。尖晶石晶体有一个面心立方结构，在晶胞内有 8 个化学式单位。尖晶石的基本吸收边缘（带隙激子）接近 7.75 eV（160 nm），因此这种材料在 193 nm 的波长下可能获得高透射率。

尖晶石单晶体是由 MgO 和 Al_2O_3 粉末利用柴氏法、梯度法及其他方法合成的。除尖晶石的化学计量形式外，尖晶石还可通过改变熔体成分合成为富 Mg 形式和高度富 Al 形式。此外，在合适的生长温度和条件下，尖晶石可生长成反尖晶石型结构，即 Mg 和 Al 在一些晶位上会交换位置。在尖晶石系统内的成分变化和原子位位置变化可能使光学性质得到一定程度的控制，这可能会带来一些好处。Burnett 等人[2.331]测量了由圣戈班公司生产的尖晶石单晶体的固有双折射率，观察到在 195 nm 波长下测得的双折射率值为 50.6 nm/cm。通过线性外推到 193.4 nm，得到 52.0 nm/cm 的双折射率值，比 CaF_2 在此波长下的双折射率大 15 倍。

通过尖晶石粉末的高温高压熔融，可以制造出各向同性的多晶尖晶石陶瓷[2.332]。利用这种廉价烧结法，可以得到直径>30 cm、厚度>2 cm 的大片晶。这种材料可能具有光学透明性和极高的硬度，目前正在开发为透明装甲。该晶体的粒径通常约为 10 μm，但通过合适的生长条件可以控制并减小粒径。这种材料是为可见光和红外光学开发的，但由于由熔融尖晶石晶粒制成，因此应当能够获得与晶态尖晶石几乎一样高的紫外透射率。此外，由于晶粒小且方位随意，因此这种材料基本上没有单晶体的固有双折射现象，虽然由于个别晶粒的固有双折射率较大会出现一些随机的去极化效应。尖晶石系统内的成分变化和原子位位置变化可能使光学性质得到一定程度的控制。

4. 固体激光器

玻璃或单晶体通常用作固体激光器的增益介质[2.333,334]。1964 年，研究人员介绍了利用掺 Nd 的 YAG 晶体得到的连续波激光振荡现象[2.335]。

用陶瓷作为激光增益介质的研究工作是在 1964 年利用 Dy：CaF_2 在低温条件下开始进行的[2.336,337]。20 世纪 70 年代，Nd：Y_2O_3－ThO_2 被成功地用于脉冲激光振荡[2.338-340]。虽然这一成就标志着陶瓷激光技术的开始，但激光器的极低振荡效率让材料学家和激光科学家们很失望。20 世纪 80 年代，半透明 YAG 陶瓷被开发出来[2.341-343]，但由于很难用这些材料获得较高的光学级特性，因此这些材料的激光振荡效率很差。

20 世纪 90 年代初，日本利用 Nd：YAG 陶瓷，首先成功地演示了激光振荡现象[2.344]。但直到 1995 年一份研究报告的发表，这一成就才被广泛认可[2.271]。因此，近年来，光学质量与成分类似的单晶体相当的透明陶瓷已经能够开发出来，其气孔体积密度为 ppm 级（例如文献［2.274-277，289-292，300］中介绍）。

与单晶体相比，陶瓷材料可大批量生产。陶瓷材料可以为具有高光束质量的纤维激光器提供增益介质，还能制造成用其他方法难以制作具有复杂结构的复合激光介质。此外，陶瓷中还能均匀地掺入大量激光活性离子[2.293]。

陶瓷还可用于制造用传统熔体生长工艺无法造出的新型激光材料，例如倍半氧化物。倍半氧化物材料（例如 Y_2O_3，Sc_2O_3 和 Lu_2O_3）是有希望的激光材料，但其熔点很高（高于 2 400 ℃），而相转变点低于熔点；通过调整陶瓷制造工艺中的固体颗粒烧结，就可能在低温下制造出交付期很短的高熔点材料。陶瓷技术使得利用这些材料制造激光器成为可能。由于热导率高，再加上大规模激光增益介质的可行性，因此倍半氧化物激光器已引起了人们对开发具有高输出功率和超短脉冲的激光器（以替代 Ti：蓝宝石激光器）的高度关注。研究人员们已发表了一些优秀的报告。例如，掺 Nd 的透明 HfO_2－Y_2O_3 陶瓷已能通过高温等静压压制法来合成[2.345]；低温恒温激光器是利用高性能 Er：Sc_2O_3 陶瓷以 77% 的斜率效能制造的[2.346]，带宽为 5 nm（普通 Nd：Y_2O_3 的带宽大约为 1 nm）的宽频带激光器是通过控制 Nd：Y_2O_3 晶体的对称性来开发的。这些报告证实了根据一种新的原则开发可调谐超短脉冲激光器的可能性[2.347]。短脉冲激光振荡已能利用 Yb：Lu_2O_3 和 Yb：Sc_2O_3 陶瓷通过克尔透镜锁模（KLM）得到[2.348,349]；由 Yb：Sc_2O_3 陶瓷可获得 92 fs 的脉宽和 850 mW 的平均输出功率。

关于外形和配置，陶瓷技术能给增益介质提供在单晶体中难以制造出来的复杂结构。图 2.65 显示了目前使用的陶瓷形式[2.351]。圆形包层－纤芯元件和纤维（简单类型和端盖类型）是典型的实例。近年来，数十个具有真正球形形状的微米级 Nd：YAG 微球激光器的制造成为一大挑战[2.352]。图 2.65（b）显示了具有包层－纤芯配置、在纤芯区有浓缩钕的复合陶瓷的外观。陶瓷复合激光器在配置上与单晶体类型相似，但在技术优势上又各有不同。单晶体复合材料的钕掺杂分布是单调的，而陶瓷复合材料为几乎理想的正态分布（图 2.66），这有利于高斯模式激光的生成。通过控制陶瓷激光器元件中的激光活性离子分布，将来就可以毫不费力地得到期望的激光振荡模式[2.353]。

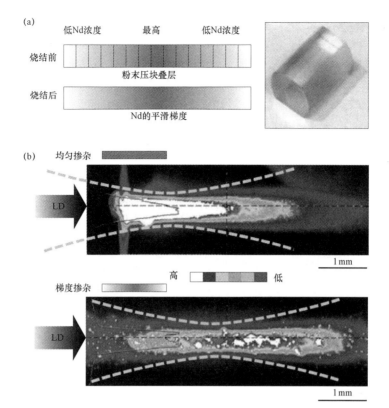

图 2.65　梯度分布陶瓷激光复合材料

（a）烧结前后的钕离子分布示意图；（b）均匀钕分布和梯度钕分布下的温度分布对比。图中显示了在边缘抽运激光器运行期间利用由具有均匀钕掺杂度（上图）的传统 Nd：YAG 单晶体制成的激光二极管（LD）得到的温度分布，以及利用由具有平滑梯度钕掺杂度（下图）的先进 Nd：YAG 陶瓷制成的激光二极管得到的温度分布。集中热生成量可通过梯度掺杂来控制[2.350]

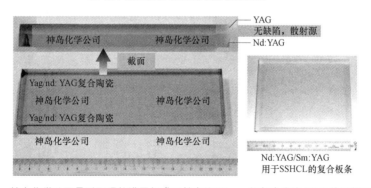

图 2.66　神岛化学公司最近取得的进展促成了长度约 20 cm 的复合陶瓷 YAG 片晶的开发[2.353]

5. 高强度材料

（1）尖晶石。尖晶石结构陶瓷也已用于制造透明的陶瓷体，目前已有几种创新方法可用。这些材料不仅透明，还提供了较高的硬度和强度，因此可能用于耐高温（监控）窗、电离碱蒸气灯泡的封装，以及不仅要求材料透明还要求材料具有较高耐热性、机械强度和良好抗热冲击性的其他用途（图 2.67）。传统的尖晶石加工方法在生产形状复杂和大型产品时成本高、难度大，而且在加工过程中，由于缺陷和夹杂物的出现而导致光散射，透明度也常常会受到影响[2.354]。

（2）ALON。氮氧化铝陶瓷的生产不仅能够在高强度放电（HID）灯泡中应用，还可以在同时要求透明度和陶瓷材料特性的一般用途中使用（图 2.68）。McCauley 等人首先在《美国专利》中报道了这种材料[2.355]。这种方法是通过对细粒 Al_2O_3 和 AlN 的混合物进行反应烧结，获得适于用作车辆装甲、雷达罩和红外整流罩、HID 灯壳和钠蒸气封装等结构的立方尖晶石型氮氧化铝。雷声公司（美国列克星敦）后来公开了一系列关于用不同方法制作透明氮氧化铝的专利。

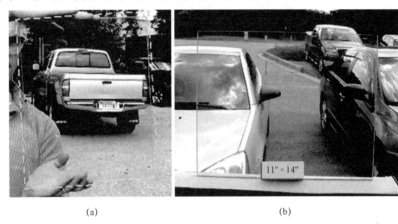

（a）   （b）

图 2.67　尖晶石示意图

（a）尖晶石片成品；（b）由 TA&T 制造的 11″×14″ 尖晶石冲击面[2.367,368]

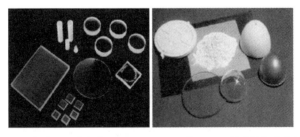

图 2.68　ALON 粉末以及萨米特公司（Surmet）用 ALON 制成的各种有用零件[2.369]

6. 医学应用

以下几种材料已用于放射性探测用途：单晶体、多晶陶瓷、玻璃、粉末、塑料制品、惰性气体。单晶体闪烁体（NaI:Tl、CsI:Tl、$CdWO_4$ 和 $Bi4\ Ge_3\ O_{12}$）可用于俄歇（伽马）照相机、安全/行李检查探测器、计算机断层扫描（CT）中的 X 射线探测器、正电子发光层析成像（PET）和高能物理中的块探测器（HEP）[2.356]。陶瓷闪烁体已被开发出来，因为在医疗/工业 X 射线探测器中它们可定制成进行 CT 扫描的形式[2.357]。后来，有几种陶瓷材料被开发出来，准备在 CT 闪烁装置中使用。

（1）（Y，Gd）$_2$O$_3$:Eu，Pr。第一个多晶陶瓷闪烁体是通过将控制的磷光体成分和掺杂技术与透明多晶陶瓷上的创新技术相结合后开发出的[2.358,359]。1984 年，Cusane 等人描述了一种通过冷压多组分粉末来生产高密度透明掺稀土氧化钇 – 氧化钆陶瓷闪烁体的方法[2.360,361]。这种陶瓷闪烁体材料的进一步开发得到了高性能医疗检测仪的一种定制（Y，Gd）$_2$O$_3$:Eu 成分，并将其引入通用电气公司的高级 X 射线 CT [2.362]。

（2）Gd$_2$O$_2$S:Pr，Ce，F。陶瓷闪烁体的引入促进了 X 射线 CT 材料的开发工作。Gd$_2$O$_2$S:Pr，Ce，F、Gd$_2$O$_2$S:Pr（UFC）和 Y$_{1.34}$，Gd$_{0.60}$O$_3$:（Eu，Pr）$_{0.06}$ 分别是由日立金属株式会社[2.363]、西门子[2.364,365]（商标名称"UFC"，即超快陶瓷）和通用电气公司[2.362]（商标名称"Hilight"）制造的。

多晶陶瓷闪烁体的这些成分将良好的闪烁特性与同质性和良好的机械加工性结合起来。此外，这些成分的发射波长与硅二极管的灵敏度匹配得很好。这些基于 GOS 的陶瓷由于在六边形晶界上发生闪烁 – 光散射，因此为半透明状态。幸运的是，可以使用相对较薄的闪烁检测器，因为这些检测器的 X 射线吸收效率高[2.366]。

（3）石榴石:Pr（Gd$_3$Ga$_5$O$_{12}$，Gd$_3$Sc$_5$O$_{12}$，Gd$_3$（Sc，Al）$_5$O$_{12}$，Lu$_3$Al$_5$O$_{12}$，Y$_3$Ga$_5$O$_{12}$），Gd$_3$Ga$_5$O$_{12}$:Cr，Ce。2001 年，研究人员通过烧结一种具有立方石榴石主晶并以铬为活化剂的多晶陶瓷磷光体，开发出了一种供选择的陶瓷闪烁体材料[2.370,371]。与六角形结构的多晶材料相比，主晶的立方结构能提供更少的光散射。除透明度高之外，立方晶系石榴石还具有低余辉和短期主衰减，因此能融入脂肪响应 X 射线探测系统。

另一种有意思的陶瓷闪烁体是 Gd$_3$Ga$_5$O$_{12}$:Cr，Ce [2.362]。闪烁现象源于 Cr^{3+} 发光中心和 Ce^{3+} 共掺杂导致的余辉减少，据推测是通过与 YGO 中类似的过程实现的[2.372]。

（4）BaHfO$_3$:Ce 和 SrHfO$_3$:Ce。有希望用作高速检测仪的陶瓷闪烁体是立方铪酸盐，例如 Ce$_{0.01}$HfO$_3$ [2.373]和 SrHfO$_3$:Ce [2.374]。原则上，铪酸盐是值得考虑用于 CT 和 PET 的，因为这种材料在 511 keV 的能量下衰减长度小[2.362]。在铪酸盐中，SrHfO$_3$:Ce 的光产额最高，约为 20 000 个光子/MeV，但这仍有些少。25～40 ns 的衰减时间（Ce^{3+} 发射的特性）极具吸引力。关于这些新型材料的研究目前正在进行中。

（5）La$_2$Hf$_2$O$_7$:Ti。最近的研究方向是烧绿石的立方成分，例如 La$_2$Hf$_2$O$_7$:Ti [2.375,376]和 La$_2$Hf$_2$O$_7$:Tb [2.377]。这些材料具有较高的密度和有效 Z 数量，因此对 X 射线和 γ 射线辐射的阻止能力强。这些材料中的 Ce 掺杂并不成功，主要是由杂质所致的完全淬火造成的[2.378]。

2.9.3　总结

透明陶瓷的制造始于高纯度纳米粉末的加工，也就是通过压制或铸造将纳米粉末压成生坯。可通过真空烧结或热压烧结实现至几乎全密度烧结，随后用高压氩气清除压力容器中的残余孔隙（高温等静压处理）。如下几种陶瓷可从市场上买到，用作光学透镜（陶瓷镜片透镜，由村田公司制造的一种钡基氧化物）、激光增益介质（Nd:YAG，可从神岛买到）和透明装甲（铝氮氧化物和尖晶石，可从萨米特和 TA&T 买到）。

但现有的陶瓷技术还不完善，因此更好地了解粉末加工和烧结之间的关系是开发新型陶瓷和改进型陶瓷的一个重要步骤。在这方面，拥有几乎完美包装的粉末是极其重要的。其余挑战还包括高效制造同质的大规模陶瓷材料。其中一种方法是建立精确的模塑法，另一种方法是将小型陶瓷黏合在一起，得到一个大型部件。更好地了解制造工艺是这些透明陶瓷实现工业应用的关键。

| 2.10 特殊光学材料 |

2.10.1 可变焦液晶电子透镜

透镜是光学系统中使用的一个关键元件。通过成型具有固定折射率的介质而得到的传统透镜能聚焦光线。玻璃、聚合物及其他透明固体材料通常用于制造透镜。固体透镜的一个主要特性是只有一个焦点。为改变焦距，有人开发了变焦透镜。变焦透镜系统通常由几组透镜组成。透镜之间的间距用机械方法调节。但这个调节过程很复杂、占用空间大甚至效率很低。因此，急需的也是高度可取的解决办法是开发一种小型轻量化低成本高效可调透镜。

由于向列型液晶（LC）的高双折射率可通过外加电压来控制，因此基于 LC 分子重新定位的电光效应可轻松获得。除显示器外，研究人员还演示了用 LC 材料制成的自适应光学元件，这些元件在过去几十年里应用得越来越广。在这些光激性装置中，变焦 LC 透镜对光电子学、机器视觉、成像和眼镜应用领域来说尤其有吸引力。

早在 1977 年，Bricot 就提出用向列型液晶来制造变焦透镜[2.379]。从那以后，研究人员们开发了各种各样的方法，例如表面凹凸轮廓[2.380–383]、孔－线或球形图案的电极[2.384–387]、模态编址[2.388–390]、菲涅耳区透镜[2.391–393]以及液晶/聚合物 UV 模式辐照法[2.394–396]。每种方法都有自己的优缺点。本节根据透镜的基本结构，将那些液晶透镜分为三组。在每一组中，将选择一个典型的晶胞结构作为例子来探讨。本书将尤其着重于新开发的、采用了简单紫外光照射技术的液晶透镜，并详细描述了这种透镜的制造方法和性能。

1. LC 透镜的类型

与显示器中使用的传统液晶晶胞相似的是，液晶透镜也是由夹在两块玻璃基片之间的 LC 材料组成的。为了在液晶层内获得可切换的梯度分布，研究人员提出了几种方法，按照装置结构，将液晶透镜分为三个不同的类别。

（1）曲面晶胞间隙。在一些液晶透镜中，液晶层可能有凹面、凸面或菲涅耳透镜结构[2.379-383]。图 2.69 显示了这样的结构。一种玻璃衬底为平凹表面，另一种为平面。铟–锡–氧化物（ITO）玻璃衬底的内表面覆上薄聚酰亚胺层，然后用力擦，以使整个液晶体积内均匀取向。具有这种结构的液晶透镜可在两种模式下工作。

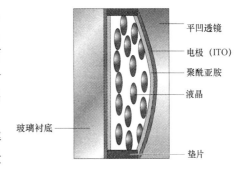

在未加电状态下，入射非偏振光可分解为两个偏振分量：平行于液晶指向矢的分量和垂直于液晶指向矢的分量。平行于液晶指向矢的偏振光束叫作"非常光线"，垂直于

图 2.69　具有非同质 LC 层的变焦透镜

液晶指向矢的偏振光束叫作"寻常光线"。非常光线和寻常光线将聚，焦于两个不同的固定焦平面上。非常光线和寻常光线的焦距分别是

$$f_e = R/(n_e - n_g),\quad f_o = R/(n_o - n_g)$$

式中，R 是凹面透镜衬底的半径；n_g 是玻璃衬底的折射率；n_e 和 n_o 分别是 LC 材料的非常折射率和寻常折射率。

当给电极外加某一电压时，液晶指向矢沿着电场方向重新定位。在这种情况下，非常光线具有有效折射率（n_{eff}），焦距由下列公式给定：

$$f_{eff} = \frac{R}{n_{eff} - n_g} \qquad (2.154)$$

式（2.154）中，当 $V=0$ 时，$n_{eff}=n_e$；当 $V \to \infty$ 时，n_{eff} 减小为 n_o。因此，通过外加电压，焦距可在 $f_e \sim f_o$ 之间调节。关于寻常光线，不管外加电压多少，总是能得到寻常折射率 n_o。因此，寻常光线的焦距不能通过外加电压来调节。

由于存在曲面晶胞间隙，不同位置上的液晶将具有不同的切换速度。厚区的液晶通常响应时间更慢，由于取向效果更差，因此会发生光散射。这种透镜的另一个缺点是焦距只能在 $f_o \sim f_e$ 之间调节。为扩大焦距，必须采用高双折射率液晶。

（2）平面晶胞间隙。研究人员已报道了用平面液晶晶胞来实现变焦透镜的几种方法。为了在液晶层内形成梯度折射率分布，他们探究了三种不同的方法。

（3）图形化电极。有关人员已研究过几种图形化电极，例如线–孔–球形图案的电极[2.384-387]，还研究过模态编址[2.388-390]。图 2.70 显示了传统的电极结构。在 ITO 板和接地 ITO 板之间夹着一层同质向列型液晶。ITO 板是由一组可编址的非连续透明 ITO 条组成的一块玻璃板，接地板是由覆盖整块的均匀 ITO 电板组成的一块玻璃

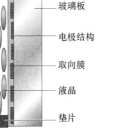

图 2.70　具有条状电极和同质液晶层的变焦透镜

板。玻璃衬底上的每个电极条各自用选定的电压编址，因此整个晶胞上的折射率形成抛物线形状，使入射光聚焦到选定的平面。由图 2.70 可以看到，只有其偏振轴与液晶指向矢平行的光线才会受影响。这种含线性电极的透镜属于柱面透镜。焦距的表达式如下：

$$f = \frac{x_0^2}{2d(n_e - n_{eff})} \tag{2.155}$$

式中，x_0 是最大孔距；n_{eff} 是有效折射率。

由于 $n_o \leqslant n_{eff} \leqslant n_e$，因此 f 可在下列范围内调节：

$$\frac{x_0^2}{2d(n_e - n_o)} \leqslant f \leqslant \infty \tag{2.156}$$

为了得到真实的球形透镜，需要将四个柱面透镜结合在一起。通过设计孔形、混合形状或球形图案的电极，或利用模态编址，可以实现球形液晶透镜。球形透镜的焦距表达式为

$$f = \frac{\pi r^2}{(\delta_c - \delta_e)\lambda} \tag{2.157}$$

式中，r 是透镜半径；λ 是波长；$\delta_c - \delta_e$ 是透镜中心和边缘处的相位差。

具有平面晶胞间隙的透镜有几个优势。例如，焦距可在较宽的范围内调节，并制造成较大尺寸，在整个透镜内切换速度是一致的。这类液晶透镜的缺点是晶胞制造过程很复杂，编址方法很难。

（4）平面衬底内的球形电极。为制造出具有宽范围可调焦距的自适应透镜，专家设计了图 2.71 所示的一种新的透镜结构。上平面衬底实际上由一个凸球面和一个与之匹配的凹球面组成，其中一个球形表面涂有铟-锡-氧化物（ITO），作为电极；下衬底有一个透明电极，其内表面有镀膜；同质液晶层位于两个衬底之间。在零电压状态下，如果上凸面衬底和上凹面衬底的折射率相同，则不会出现聚焦效应；当在液晶层上外加电压时，折射率会出现中心对称梯度分布。因此，液晶层能让光聚焦，通过控制外加电压，透镜的焦距就能够持续调节。

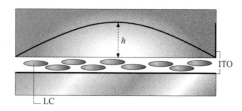

图 2.71　具有球形电极和同质液晶层的变焦透镜

LC 透镜样品是按照图 2.71 中的设计制造的。这种透镜的直径为 6 mm，液晶晶胞间隙为 40 μm，其中充满了 UCF-2（$\Delta n = 0.4$）向列型液晶混合物。从顶部球形电极到液晶层的高度为 $d = 1.03$ mm。三维焦距强度是在不同的电压下利用 CCD 摄像机测量的。

液晶透镜和 CCD 摄像机之间的距离为 78 cm，测量结果如图 2.72 所示：当 V=0 时，穿过透镜元件的平行 He－Ne 激光光强很弱；当电压增加到 $V=18$ V_{rms} 时，会出现一个紧聚焦光斑；当电压进一步增加时，也就是 $V=35$ V_{rms}，则测得的光强度会减小。这意味着焦点位于液晶元件和 CCD 摄像机之间的某处。通过控制外加电压，此球形透镜的焦距可在 ∞～0.5 m 持续调节。当使用的晶胞间隙为 40 μm 时，响应时间约为 200 ms。

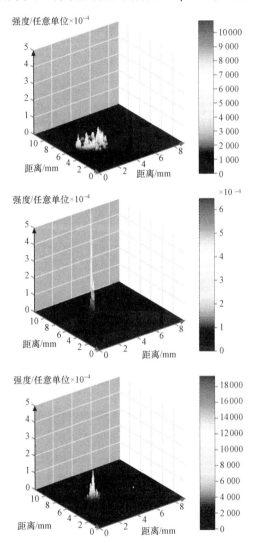

图 2.72　在图 2.71 中显示的 LC 透镜的焦点强度分布测量值。

上图：$V=0$；中图：$V=18$ V_{rms}；下图：$V=35$ V_{rms}。透镜直径：6 mm

（5）通过光掩模实现紫外曝光。最近，相关文献演示了采用聚合物分散液晶（PDLC）和聚合物网络液晶（PNLC）的变焦透镜[2.394,395]。这种透镜是利用光聚合作用诱发的相分离技术来制备的。这些聚合物分散 LC 的一种独特特性是 LC 域越大，阈值电压越低。如果 LC 在聚合物基体中有分散的非同质中心对称 LC 域，则外加的同质电场会诱发梯度折射率分布，从而表现出像透镜那样的特性。

有人提出了一种基于紫外照射制造技术的 PNLC 透镜。图 2.73（a）描绘了正 PNLC 透镜的制造方法。关键元件是图案化的光掩模。为获得具有非同质中心对称聚合物网络分布的 PNLC 元件，可以将圆形连续可变光密度用作光掩模，如图 2.73（b）所示。光掩模的光密度沿径向向外增加，从中心处的最小值增加到边缘处的最大值。当均匀的紫外光经过光掩模时，输出光强随 LC 样品的抛物线形剖面而不同，紫外光强的区域会加速聚合过程，形成更高的聚合物浓度；相反，紫外照射弱的区域有更低的聚合物网络浓度。因此，形成非同质中心对称聚合物分布。

具有凸面折射率分布的 PNLC 元件起着正透镜的作用。当外加均匀电场时，液晶指向矢将以不同的程度重新定位。网络组合（边缘）更松散的区域其阈值电压比致密区（中心）更低。因此形成凸面折射率；随着外加电压增加，梯度透镜的曲率会减小。在高电压情况下，几乎所有的液晶指向矢都沿着电场方向对齐。此时，梯度方向将不再存在，透镜效应也随之消失。

为了制作正 PNLC 透镜，将 LC 主晶（W－1331，Δn=0.229）内 5%（重量百分比）紫外光固化单体 BaB_6（含有 2%的光引发剂 IRG－184）的混合物注入涂有 ITO 的同质 LC 片中。此单体有一个常见的杆状结构，两侧各有一个反应性双键。LC 片的内表面涂有薄聚酰亚胺层。同质液晶胞的间隙为 16.5 μm。光掩模的直径为 1.7 cm，光掩模后面测得的紫外光强度是 14 mW/cm²，照射时间为 60 min。

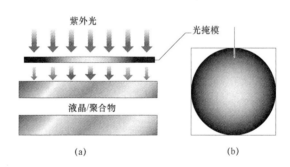

图 2.73　采用了图案化光掩模的非同质 PNLC 制作

所制备的样品在零电压状态下高度透明，通过观察透明桌上的双折射颜色，可以检查梯度折射率。在 V=0，2，35 V_{rms} 电压下拍了 PNLC 样片的三张照片，分别如图 2.74（a）～（c）所示。在 45 ℃温度下，晶胞的摩擦方向相对于线偏振镜的快光轴重新定位。检偏镜与偏振镜成十字交叉。当 V=0 时，颜色相对一致，当外加电压超过阈值时，边缘的颜色开始改变，逐渐延伸到中心；当 V=2 V_{rms} 时，出现一个圆形彩色环，如图 2.74（b）所示，这意味着中心区的阈值电压比边缘的阈值电压更高。相反，当电压减小时，双折射颜色从中心开始改变，逐渐延伸到边界。此晶胞起着正透镜的作用。

图 2.75 绘制了晶胞的相延迟测量值。当 $V=2\ V_{rms}$ 时，$\Delta\delta=0.8\pi$，焦距为 120 m。当电压增加时，$\Delta\delta$ 减小，因此焦距增大。由于焦距长，这种透镜适于卫星成像和天文应用。为缩短焦距，可以选择几种方法，例如改进光掩模图案、利用高双折射率 LC 材料、增加晶胞间隙或减小弯曲光斑的直径。

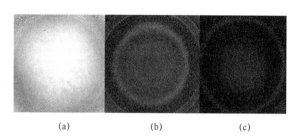

（a）　　　　　　（b）　　　　　　（c）

图 2.74　在不同工作电压下的 PNLC 样品照片
（a）$V=0$；（b）$V=2\ V_{rms}$；（c）$V=35\ V_{rms}$

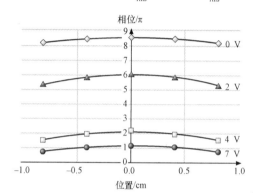

图 2.75　在各种电压下正透镜的空间相位分布

为制作负透镜，选择具有逆光密度的光掩模。通过利用图案化紫外光照射方法，可以制作出正透镜和负透镜。由于透镜是单像素装置，因此这种制作过程很简单，透镜尺寸取决于光掩模的设计。

就像前面提到的 LC 透镜那样，PNLC 透镜也具有偏振依赖性。为克服这种偏振依赖性，应当考虑具有正交取向的两个晶胞。具有亚波长粒径的 PDLC 是解决 LC 透镜的偏振依赖性问题的另一种方法[2.394]。纳米级 PDLC 透镜的缺点是工作电压高、折射率变化小，导致焦距长。

除图案化光掩模外，有关人员还研究了利用具有高斯强度分布的紫外激光光束来照射 LC/单体晶胞[2.396]。在均匀电场的作用下，固化光斑表现出像透镜那样的特性。这种技术的一个问题是需要用大功率激光器来按比例放大透镜孔径。

（6）菲涅耳波带片。与上述折射型透镜相比，菲涅耳波带片（FZP）透镜属于衍射透镜。这种透镜可制造成大孔径形式。菲涅耳透镜适于远距离光通信、光学测距和航天导航用途。在二元相位平面菲涅耳透镜中，邻带之间的相位差可通过外加电压来调节。当相位差等于 π 的奇倍数时，会出现最大衍射；而当相位差等于 π 的偶倍数时，不会出现衍射。通过衍射，菲涅耳波带片将起到聚焦元件的作用。

由于高阶傅里叶分量，菲涅耳透镜在 f、$f/3$、$f/5$ 等处有多个焦点，但大部分的入射光都衍射到主焦点上。主焦距可用 $f = r_1^2 / \lambda$ 表达，其中 r_1 是最里面的菲涅耳带半径。第 n 个带的半径（r_n）为 $r_n^2 = nr_1^2$，n 是带数量。理论上，二元相位菲涅耳透镜的主焦点衍射效率为 41%。

Patel 和 Rastani 提出了一种用于制作 LC 菲涅耳透镜的方法[2.391]。这种透镜制作法的思路是在其中一个衬底上制作具有正交液晶指向矢的邻带，而在另一个衬底上让邻带垂直排列。用于制作 LC 菲涅耳透镜的另一种方法是通过光刻法蚀刻 ITO 电极，以形成波带片[2.392]。但这两种制造方法都相当复杂。

通过利用紫外模式辐照方法，可以简化这种装置的制造过程[2.393]。利用图案化光掩模来制作菲涅耳透镜的方法与图 2.73 中所示的方法类似，只是光掩模由透明的奇数带和不透明的偶数带组成。

为制作出纳米级 PDLC 菲涅耳透镜，将 26% 的 LC E48 和 74% 的紫外光固化预聚物 NOA81 混合在一起，然后注入一个同质空晶胞中，液晶胞的间隙为 15 μm。通过用电子束蚀刻法来蚀刻氧化铬层，制造出光掩模。最里面的波带半径为 0.5 mm，波带片由 80 个孔径为 1 cm 的波带组成。在紫外光的照射下，光掩模与 LC 晶胞衬底近距接触。

为评估 PDLC 菲涅耳透镜的图像质量，在样品前面放置一块有透明字母 "R" 的黑纸板。照准 He–Ne 激光器的直径为 1 cm，占满了整个波带片。在 CCD 摄像机后面约为 25 cm 处有一部 CCD 摄像机。图 2.76（a）、（b）分别显示了有样品的照片和无样品的照片。当没有样品时，不会出现聚焦效应。当 LC 菲涅耳透镜处于正常位置时，可以观察到清晰但更小的图像，只是由于衍射现象存在一些圆孔噪声；当把 CCD 摄像机移到焦点时，在中心处会出现一个缩小点，如图 2.76（c）所示。这些结果表明，样品确实表现得像透镜一样。

当时，PDLC 菲涅耳透镜的光效率大约为 32%。衍射效率随着外加电压的增加而增加。当 V=180 V_{rms}（或 12 V/μm）时，衍射效率几乎达到 39%。此时若电压进一步增加，衍射效率会降低。由于 PDLC 液滴为次波长级，在零电压状态下菲涅耳透镜是透明的、不受偏振约束，而且切换速度在亚毫秒级范围。但这种透镜的工作电压相当高，为减小工作电压，可以考虑采用 PNLC。PNLC 中的聚合物浓度比 PDLC 低。因此，PNLC 透镜的工作电压要低得多，但具有偏振依赖性。

2. 微型透镜阵列

二维微型透镜阵列有各种各样的用途，包括信息处理、光电子学、集成光学部件和光通信系统。孔型电极、混合图案电极以及表面起伏状态均可用于描述微型透镜阵列。为制作出微型透镜阵列，继续用紫外光照射图案化光掩模。根据绕射理论，当紫外光穿过一个小孔时，紫外光会衍射，衍射强度呈抛物线形状。因此，当利用衍射紫外光照射 LC 主晶中掺杂的紫外光固化单体时，可以得到非同质的中心对称 PNLC。与图 2.74 所示的结果类似的是，固化光斑也起着透镜那样的作用。

LC 透镜阵列制作的一个例子是用 PNLC 方法制作。将 3% 的单体 B_aB_6（有少量的光引发剂 IRG – 184）和 97% 的 LC E48 混合在一起，然后注入由 ITO 玻璃衬底组成的一个同质空晶胞中。晶胞的内表面涂上聚酰亚胺层，然后沿逆平行方向抛光。LC 晶胞间隙和衬底厚度分别为 15 μm 和 1.1 mm。然后，将玻璃衬底上沉积有圆孔阵列的铬层放在晶胞上面。每个孔的直径为 25 μm，相邻像素之间的中心距为 85 μm。光掩模侧的固化紫外光强度为 40 mW/cm²，固化时间为 45 min。

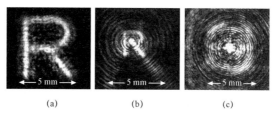

图 2.76　用 CCD 摄像机记录的 PDLC 菲涅耳透镜的成像特性
（a）无样品；（b）样品在焦点附近；（c）样品在焦点上

我们利用偏振显微镜观察固化样品。在 45 ℃温度下，晶胞的摩擦方向相对于线偏振片的快光轴重新定位，检偏镜与偏振镜成十字交叉。在 $V=0$, 5, 20 V_{rms} 电压下拍了三张照片，结果分别如图 2.77（a）～（c）所示。

当 $V=0$ 时，紫外线照射阵列光斑很弱，不能明显地观察到。由于绕射效应，固化光斑的尺寸为大约 50 μm。当晶胞样品逐渐旋转时，阵列光斑将消失，这意味着 PNLC 晶胞均质，而且具有偏振依赖性。当外加电场逐渐增加时，会出现清晰的光斑阵列，如图 2.77（b）所示。与此同时，从光斑边界开始变色，到中心处逐渐减弱，这意味着，光斑中心的阈值电压比边缘的阈值电压更高，固化光斑起着正透镜的作用。当外加电压明显高于阈值时，大多数液晶指向矢都垂直于衬底。在这种情况下，光斑强度变得很弱，如图 2.77（c）所示。

为描述晶胞样品的聚光特性，通常将一束照准 He – Ne 激光光束（$\lambda=633$ nm）入射到样品上，让光束的偏振方向与晶胞摩擦方向平行。将激光光束放大到 5 mm 的直径，然后照射 LC 样品。在 CCD 和 LC 样品之间放置一个 10 倍光束扩展器，以清晰地分辨输出强度。用晶胞样品后面 2 cm 处的一台 CCD 摄像机来记录聚光能力。图 2.78（a）～（c）分别显示了 $V=0$, 5, 20 V_{rms} 时拍的照片。可以看到，在零电压状态下，被照射的光斑处未出现聚焦效应。当 $V=5$ V_{rms} 时，穿过被照射光斑的光会聚焦，然后，光斑会发亮，如图 2.78（b）所示，但焦点相对较大。当电压增加到 20 V_{rms} 时，在每个固化光斑的中心会出现一个强聚焦点，如图 2.78（c）所示。这些结果表明，每个光斑确实表现得像透镜一样。

图 2.77 在不同工作电压下 PNLC 晶胞样品的照片

（a）$V=0$；（b）$V=4\ V_{rms}$；（c）$V=30\ V_{rms}$

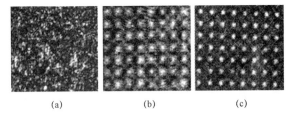

图 2.78 用 CCD 摄像机记录的 PNLC 透镜阵列的聚焦特性

（a）$V=0$；（b）$V=4\ V_{rms}$；（c）$V=6.7\ V_{rms}$

测量微型透镜阵列的与电压相关的焦距，结果如图 2.79 所示。焦距也会随着外加电压的增加而增加，这是因为透镜轮廓随着电压的增加而变浅。

透镜焦距的表达式为 $f=\pi r^2/\lambda\Delta\delta$，其中 r 是透镜半径，λ 是波长，$\Delta\delta$ 是透镜中心和边界之间的相位差。由于 $\Delta\delta$ 可通过外加电压来调节，因此焦距可调。理论上，足够高的电场会导致大部分的液晶指向矢垂直于衬底重新定位，因此 $\Delta\delta\approx0$ 且 $f\approx\infty$。但在微透镜阵列中，聚合物网络在微透镜边界上对 LC 分子施加的稳定化作用最弱，因此微透镜的半径在高电压下通常会缩小。在这种条件下，焦距不能延长，当电压超过 $10\ V_{rms}$ 时焦距会逐渐饱和，如图 2.79 所示。

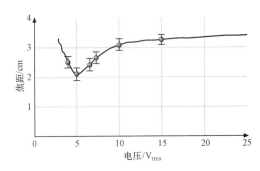

图 2.79 与电压相关的 PNLC 微透镜阵列焦距。LC：E48，晶胞间隙 $d=15\ \mu m$，$\lambda=633\ nm$

与其他微透镜技术相比，PNLC 的优点是晶胞间隙均匀，在两个衬底上可以使用单个电极。可调梯度分布是在电场的作用下诱发的。就像传统的 PNLC 晶胞一样，PNLC 透镜也有合理快速的切换速度、通过优化晶胞结构和紫外线固化条件获得宽范围的可调焦距以及相对较低的工作电压。这种微透镜用长焦距很容易实现，因此适于用作光纤开关和非相干光相关器。

　　总之，本书提出了三种制作 LC 透镜的基本机理：在非均匀 LC 介质上外加非均匀电场；在均质 LC 介质上外加非均匀电场；在非均匀 LC 介质上外加均匀电场，每种方法都有自己的优缺点。从制造过程来看，图形化紫外光照射法似乎最简单。根据不同的特定光掩模图形，可以制造出正/负球面透镜、椭圆形透镜、柱面透镜、微透镜阵列、棱镜和棱镜光栅。纳米 PDLC 方法在偏振非依赖性和快速响应时间方面有优势，但 PDLC 的工作电压超过了 10 V/μm；另外，聚合物网络的聚合物浓度较低。因此，PDLC 的工作电压会降低到 2 V/μm，但是其聚焦效应依赖于光偏振。

2.10.2　有机发光二极管（OLED）

　　100 多年来，人们一直都在用照明灯泡获得光明。令人遗憾的是，大部分的相关能量都转化成了热量，实际上只有很小一部分能量会变成光。为克服这种低效率，有关人员开发了很多种有竞争性的技术，例如钠压灯和荧光灯、无机发光二极管（LED）。LED 的效率很高，可以发出所有颜色的光。最近，又有人通过将相关薄层材料沉积在两个电极之间以及外加电场，开发了一种将电能转化为光的有前途的技术（见图 2.80）[2.397–399]。

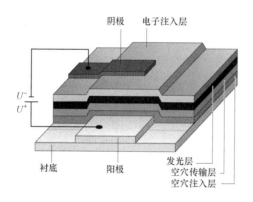

图 2.80　有机发光二极管的多层设置

　　电极之间的放射性材料是一种有机半导体材料，因此整个装置如今叫作"有机发光二极管"（OLED）。OLED 将 LED 的优势与有机材料的优势结合起来，后者包括机械弹性、全色可获得性和大照明面积。为了将光从这个装置中耦合出来，其中一个电极必须是透明的。玻璃衬底或塑料衬底上有一层厚 100～200 nm 的锢－氧化锡（ITO），构成了最常见的透明导电电极。

　　本简评无法替代物理课本，并非所有与 OLED 工作有关的基本过程都能在这里集中评估，但单层 OLED 的物理学可简化。具有高功函的 ITO 是良好的阳极，将孔（正电荷载流子）注入有机半导体；与此同时，在有机层的对面，有一个金属电极在注入电子。在发光层中迁移之后，一个孔和一个电子结合，形成一个激子。这种中性激发状态是一种远未达到热平衡的高能态。令人遗憾的是，此剩余能量不能全部以辐射（光）形式释放，还会以热量形式耗散。发光颜色（颜色与波长的关系，见表 2.32）是一种材料性能，取决于第一电子激发状态的能级和基态能级之差，即分子的最高占有分子轨道（HOMO）和最低未占分子轨道（LUMO）之间的能量差。

表 2.32　HOMO 和 LUMO 的能隙、发光颜色与发射光波长之间的关系

发射体的能隙/eV	颜色	波长/nm
1.9～1.6	红	650 780
2.3～1.9	黄	530～650
2.5～2.3	绿	490～530
3.1～2.5	蓝	420～490

通过吸收具有合适波长的光以及给 OLED 装置外加电压，激发状态就能够形成。不管属于哪种励磁，激发态的辐射衰减从物理学来看都相同，因此这两种发射谱的形状相同。这两个过程分别叫作"光致发光"（PL）和电致发光（EL）。

平面度和亮度等特性，再加上 OLED 装置的高分辨率（像素化）可能性，使得 OLED 成为适用于液晶（LC）显示器的一种很有前途的竞争性技术。极轻的全色柔性显示器很可能在几年内制造出来，进军被 LC、LED 和等离子体技术统治的庞大市场。近年来，OLED 发射体取得的巨大改善使得大面积亮区得以形成，这对照明应用领域来说既有意义又有实际用途。开发一种合适的镀膜技术是以低制造成本生成大面积自发光区域的关键。虽然一些装备有 OLED 技术的产品已经能买到，但仍要解决几个技术挑战问题。

1. 发光材料

在 Tang 和 van Slyke 的开创性工作中，他们用三（8-羟基喹啉）铝（Alq$_3$）作为发光材料，于 1987 年率先发明了 EL [2.400]。有机 EL 领域的第二个里程碑出现在剑桥大学，工作者们证实聚对苯撑乙炔（PPV）能发光之后，其聚合物在 1990 年得到了应用[2.401]。

有机材料能发光，这一发现激发了大量的研究活动。因此，在 OLED 中用作发射体的材料数量有很多，本书无法展现全部的发光材料名单。在 OLED 中用作发射体的所有有机材料都必须有如下几个特性：① 这些材料需要很纯，而且具有化学稳定性和热稳定性；② 这些材料必须有较高的量子产率；③ 这些材料需要具有可加工性，能够形成薄膜。

OLED 中所用发光材料的最常见分类法是小分子（SM）和聚合物（见图 2.81 和图 2.82）。这两类材料之间的主要区别是装置制造时的材料加工方式不同。SM（具有低分子量的化合物）在高真空过程中蒸发，使厚度范围几纳米的一张薄膜沉积在表面上。而聚合物链由于分子量大，不能使用真空法。可以利用各种溶剂的良好溶解度，通过旋涂法或印刷方法获得均匀薄膜。这些溶液涂膜工艺对于在大面积区域上涂薄膜有巨大的优势。很难比较这两类材料，因此只考虑了在加工性能和 OLED 性能方面的优缺点。

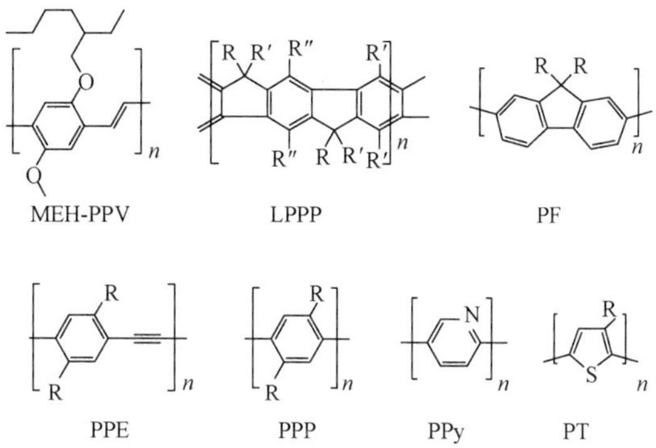

图 2.81　代表性发光共轭聚合物的化学结构

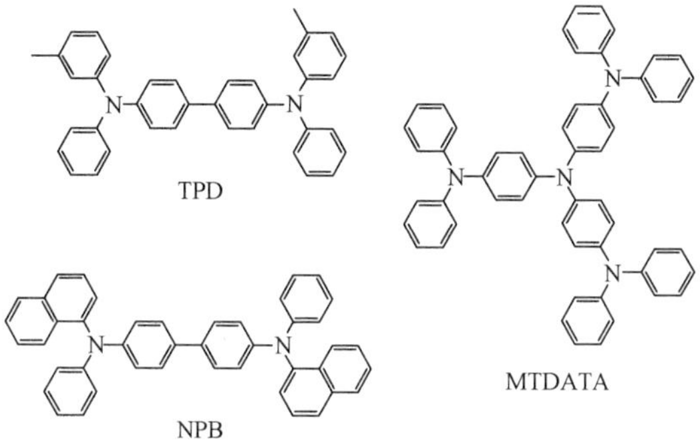

图 2.82　代表性空穴传输材料的化学结构

　　材料提纯是一个重要问题，因为众所周知，微量的杂质都会严重损害装置的性能。纯低分子量化合物在高真空环境中的沉积是 OLED 过程中的一个额外提纯步骤。与此相反，聚合物必须尽可能地在涂覆过程之前提纯。为使装置效率高，发射极层中的正负电荷载流子数量必须相等。这个目标可通过下述两种方法来达到。利用蒸发过程来制造 SM，几种材料就很容易地相互沉积在彼此的上方。这个过程可以制造出多层装置，其中每层都有自己的功能，例如空穴注入或传输、光发射、电子转移或阻挡等。在材料选择和订购、层厚、共蒸发等方面，可以优化效率。

　　由于聚合物能溶于多种溶剂中，因此聚合体多层装置更难以制造。大多数的双层装置都是用可溶于水的聚乙烯二氧噻吩/聚苯乙烯磺酸（PEDT/PSS）制造的，在薄膜焙烧之后这种成分将不可溶（甚至在水中也不溶）。在这种情况下，通过溶液涂膜过程，发射聚合物很容易沉积在 PEDT/PSS 上方。由于对可堆叠的聚合物层数有限制，因此在运行期间理想的发射体应当有均衡数量的孔和电子。此外，利用合适的电极，可以得到几乎均衡的电子/空穴注入，由此获得高效的 OLED。

2. 荧光和磷光

　　要牢记的一个要点是存在单线态和三线态激子这一事实。虽然在光致激发期间通常会形成单线态激子，但自旋统计预测在运行的 OLED 装置中生成的单线态激子数和三线态激子数之比应当是 1:3。在将电性相反的载流子组合起来形成单线态激子之后，不可能将电荷载流子生成的单线态激子与光致激发形成的单线态激子区分开来。不需进一步详细研究就可知道，单线态的辐射衰变从物理学来看是允许的，而且很快（寿命约 10^{-9} s）。从三重激态到基态的过渡是严格禁止的，仅在某种情况下（例如在重原子（寿命从 10^{-6} s 到数小时）出现时的自旋–轨道耦合）才会出现。为提高装置效率，最好通过添加磷光发射体（例如有机重金属络合物）将这两种激子的辐射衰变都考虑进来。

3. 颜色

黄色、红色和绿色的发射体已经能够从市场上大量购买。最近，材料供应商正在关注合成使用寿命长的蓝光发射体和白光发射体。事实上，正是蓝光发射体和白光发射体缺乏稳定性，才使得全色产品无法获得较长的使用寿命——甚至在温和的使用条件下也做不到。由于蓝光发射体有高能带隙，因此这些发射体尤其不稳定，副反应常常会损坏其分子结构。

全色显示器存在的问题是由发光颜色的寿命不同导致短期内发生色移所致。例如，白色发射装置（几种发光颜色的组合）在装置运行期间色调变得很慢。

4. 共轭聚合物

通过更改发射体的化学结构，可以调节薄膜的形成、量子产率、装置效率、使用寿命和发光颜色。自从 EL 在聚合物中被发现以来，聚对苯撑乙炔（PPV）的很多衍生物以及其他种类的冷光聚合物已经被合成出来，并在 OLED 中成功应用。PPV 本身就是一种不溶聚合物，为了用 PPV 制造出发射装置，必须在装置上涂一层可溶的非共轭前期体；然后，用热处理方法将其转变成 PPV。PPV 会发射出峰值波长为 510 nm 的黄绿光。为提纯和加工起见，最好采用可溶性聚合物。将侧基引入聚合物链中，不仅能使聚合物可溶，还能修改聚合物的电气性能和光发射特性。聚合物[2 – 甲氧基 – 5 –（2 – 乙基己氧基）– 1，4 – 苯撑乙烯]（MEH – PPV）（被研究过并在 OLED 中应用的一种材料）就是这种方法的首批例子之一。这种分子在光谱的橙红色区发光[2.402]。

PPV 的一个缺点是两个亚苯基环之间的次亚乙烯基桥容易氧化。这种不受欢迎的副反应可能出现在合成期间或装置运行期间，破坏了共轭性，导致装置效率降低。再次重申一下，提高氧化稳定性的方法有两种：替代次亚乙烯基碳位置，或者用三键代替双键，最后分别得到[2，5 – 二（己氧基）– 1，4 – 亚苯基 –（1 氰基乙烯撑）]（CN – PPV）[2.403]和聚苯醚（PPE）[2.404]。

通过合成聚对苯撑（PPP），可以得到稳定的蓝光发射体[2.405]。但由于相邻次苯基环的非平面取向，聚合物链中的共轭性减弱了。通过将两个苯基环与一个亚甲基基团连接起来形成聚芴（PF），平面性提高了。PF 是一种蓝色发射体。通过在 PF 前期体聚合期间添加不同的单体，PF 的颜色可在可见光谱范围内调节[2.406–408]。

德国的研究人员合成了一种 PPP 衍生物,将所有的相邻次苯基环桥接起来,即得到梯形 PPP(LPPP)[2.409,410]。于是,次苯基环完全平面化,这种硬性链具有较高的余辉长度,使这种半导体聚合物中的电荷载流子表现出相当高的迁移率。

获得聚合物 OLED 的另一种方法是涂敷共混聚合物[2.411－413],将用于传输电荷载流子的一种聚合物以及一种发光聚合物混合起来。有关人员最近研究过如何避免相分离问题。关于获得共混聚合物的方法,可以合成出拥有混合物全部特性的一种共聚物,也可以在装置中将两种聚合物作为薄膜处理后,使这两种聚合物的链交联。

与没有既定链端的聚合物相比,具有既定链端聚合物链的合成能得到更稳定的衍生物。这种封端发光聚合物(例如附着在链端的一个空穴传输分子上)具有更好的装置性能。

除共轭聚合物外,其他种类的有机材料也值得注意。聚噻吩(PT)[2.414]、多吡啶[2.415]以及其他很多杂环聚合物已合成出来,数不清的衍生物已在 OLED 中被研究过。

5. 小分子

为了让分子沉积在表面而不分解,蒸发过程需要具有热稳定性。此外,具有一种或多种功能(例如电荷注入和传输、发光)的稳定非晶形膜必须在材料内相结合(图 2.83)[2.416]。

有机金属络合物是发光效率相当高的有前途的化合物。在这种化合物中,发光的是配体或金属中心。发光配体的原型是三(8－羟基喹啉)铝(Alq₃)[2.400],如图 2.83所示。研究发现,很多材料都能发出全色光。稀土络合物通过金属原子中的电子跃迁而发光[2.417]。这些光谱与聚合物发射光谱相比很窄,但短波长发光很难实现,量子效率看起来也比配体发光型络合物低。

高效 SM 装置中使用了多层系统。为了使发光层中电性相反的载流子数量均衡,也为了降低导通电压,除优化装置的设置外,还必须有空穴和电子的注入及传输材料。

SM－OLED 的材料改性在空穴传输材料方面比较典型,最广泛采用的空穴传输化合物是芳基胺。为确保最终得到的材料为高温稳定玻璃状薄膜(而不是结晶层),研究人员合成了很多衍生物,包括 N,N′－二苯基－N,N′－二－(3－甲基苯基)－(1,1′)－二苯基－4－4′－二元胺(TPD)[2.418]和 N,N′－二苯基－N,N′－萘基－(1,1′)－二苯

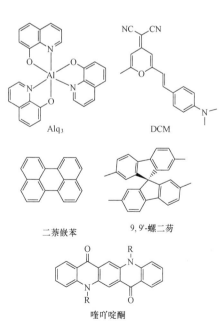

图 2.83　代表性小分子发光染料的化学结构

基－4,4′－二元胺（NPB）。另一种大芳基胺，即所谓的"三苯基胺"（MTDATA），在大约 160 ℃温度下显现出玻璃转变温度（T_g）[2.419]。

使 T_g 增加的其他两种方法是提高分子量或修改材料的分子结构。前一种方法，即提高分子量，因为需要升高蒸发温度而受到限制。近年来，为获得具有高 T_g 的材料，有关人员合成了螺环化合物[2.420]。这种分子元件的一个优点是能抑制结晶作用，生成具有稳定玻璃态的材料。

为了在 OLED 中生成光，研究人员还将小荧光分子掺入电子/空穴传输材料中。由于这些掺杂剂的激发态能量低（与主晶相比），因此在黏合剂中形成的激子会立即转移到像激子陷阱一样的掺杂剂中。通过优化掺杂剂/主晶比率，掺杂剂将成为唯一的发射光源。但如果掺杂剂浓度过高（＞2%～3%），则由于荧光的浓度猝灭，会导致材料性能降低。荧光染料的例子有二萘嵌苯[2.421]、4－（二氰基亚甲基）－2－甲基－6－（p－对二甲胺基苯乙烯基）－4H－吡喃（DCM）[2.422,423]和 chinacridone [2.424]。

6. 老化机理和装置故障

根据 OLED 的期望特性来看，这种材料一定能达到较长的使用寿命（几万小时）及/或较高的亮度（1 000～5 000 cd/m²）（见图 2.84）。

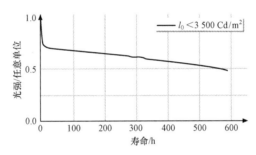

图 2.84　在恒定高电流和高亮度下一种 PPV 衍生物的典型加速寿命测量
（始于 3 500 cd/m²，经过几个 100 h 的分段测量后在 1 750 cd/m² 取消）

可以观察到两种失效：① "猝死"，即短路阻止了光发射；② 慢慢减弱，发生在当发光区域变得非均质（有黑点）及/或更暗时。

在制造时，若将 ITO 阳极与金属阴极直接连接，装置会立即失效。在这种情况下，大量电流会流经缺陷部位，因此该部位会变热，导致金属和聚合物以相同方式受损。有趣的是，研究发现在装置运行期间，一种目前未知的机理也会导致短路现象出现。发光区域的非发射区必须避免。在开始时，这些所谓的"黑斑"很小，但随着时间的推移会变大。由不同的分光法可知，在黑斑中间的大微粒（与膜厚度相比）会造成阴极内出现针孔，这些破损处是氧气、水等活性反应组分渗入感光材料时的首选通道。这些黑斑的持续圆形增长也支持了这种观点 [2.425]。在制备 OLED 和 PEDT/PSS 等合适聚合物的薄膜时，无尘室条件能使 ITO 表面变得光滑，防止由短路造成装置故障。

使用寿命通常定义为在恒定电流下亮度减小为初始亮度 50%的时间，并在很大程度上取决于运行工况。装置越亮，通过聚合物层的电荷载流子越多，在装置中产生的光和热就越多，因此装置的使用寿命就越短。装置的寿命还取决于发光颜色。红光发射体、黄光发射体和绿光发射体能稳定运行 2 万多小时。蓝光发射体和白光发射体正在大力改进，但仍不适于用在长寿命产品上。

PPV 衍生物的典型寿命曲线（图 2.84）突显了两个区域。在第一个阶段，亮度开始下降。在这个短时段之后，亮度减小的速度变慢了。虽然亮度从来不会达到稳定水平，而且在不断减小，但在合适的条件下（在室温下 100 cd/m^2）PPV 衍生物的使用寿命仍能达到几万小时。亮度初始下降通常叫作"老化"，对此还不完全了解，但亮度的缓慢减小归因于缓慢老化机理。

OLED 通常对水和氧气很敏感；因此整个装置必须密闭封装，以使物质损失降到最低。在运行条件下，薄金属阴极会与微量的水起反应，会使电子注入能力减弱。由于氧可能导致共轭聚合物的光氧化作用，因此氧与发光聚合物会起反应。在这种情况下，可以观察到聚合物链裂解，从而使共轭系统遭到破坏[2.426-428]。但空气不是唯一的氧气来源，ITO 也会产生氧气[2.429]。再次重申一下，通过在 ITO 上方引入 PEDT/PSS，装置的使用寿命会大大改善。此聚合物镀膜的另一个优势是能防止铟迁移到装置中。众所周知，离子迁移也是运行装置存在的一个普遍问题[2.430]。关于这个问题，有以下几种可能：① 离子仍处于电荷状态，与外加电场抵消；② 通过氧化还原，离子会使材料受损；③ 离子会在电极上发生反应，生成杂质，阻止电荷载流子注入。关于离子迁移的这些描述与如下观察结果是相符的：在脉冲模式（正向/反向偏压）下被驱动的装置比直流驱动装置老化得更慢。

有机材料的另一个缺点是对紫外光很敏感。高反应性自由基的形成、化学键裂解以及聚合物链分解都对装置性能有负面影响。因此，必须对 OLED 进行紫外线保护，尤其是在室外使用时。

7. 总结

LED 可以由有机材料制成。这些 OLED 为单层结构，由小分子或聚合物组成，或由小分子和聚合物的混合物组成。由小分子组成的薄非晶膜主要通过真空法来沉积，而聚合物膜是通过湿涂膜法来获得。OLED 可制成所有的发光颜色，包括白色。但蓝光发射体和白光发射体的使用寿命（与红光、黄光和绿光相比）对于长寿命产品和全色用途来说仍然太短。另一个问题是在装置运行期间会出现色移，色移在很大程度上取决于装置的运行工况。封装能大大延长装置的寿命，但目前还没有能使装置不受环境影响的密封防护措施。在过去 10 年里，发光材料（尤其是聚合物）已取得惊人的进展。为进一步开发材料特性和装置设计，后来人必须详细了解装置的物理过程和老化机理。

关于高端产品，一些技术问题仍需解决。但在过去 10 年里，OLED 已经在所有重要领域取得明显进展，例如效率、颜色组合亮度以及让 OLED 装置在一些小众市场具有竞争力的寿命优势。时间将告诉我们，在实际应用中，由漫射 OLED 制成的发光装置是否会替代聚光灯（例如电灯泡）。

2.10.3 光折变晶体

1966 年，Ashkin 等人在无机电光晶体中发现了光致折射率变化，即所谓的"光折变效应"[2.431]。虽然刚开始时这些效应似乎很不受欢迎（光学损伤），但仅仅在两年之后，Chen 等人就意识到了光折变效应对全息存储的重要性[2.432]。1975 年，Staebler 等人报道了用 LiNbO$_3$:Fe 记录的 500 张热固定体相位全息照片，每张全息照片的读出效率都超过了 2.5%[2.433]。这种方法依据的是布拉格条件，在布拉格条件下，很多体积（厚）全息照片可以在不同的角度下叠加在相同的位置。

在全息照相记录期间，光模式必须移调到折射率模式。干扰光束在电光晶体中生成亮区和暗区。当选择有合适波长的光时，电荷载流子（通常是电子[2.434]）在亮区被激发，变成可移动的形式。电荷载流子在晶体中移动，随后在新的地方被俘获。通过用这种方法，电子空间–电荷场便建立起来，通过电光效应调节折射率。图 2.85 描绘了整个光折射过程，由图可知折射率变化量达到 10^{-3}。俘获的电荷可能会被释放，场结构也可能因均匀照射或加热而被抹去。一方面，这种可逆性是人们非常期望的，例如可擦写的全息照相存储器或自适应的光学元件；但另一方面，这会导致破坏信息读出问题的出现。

在很多电光晶体中，都可以观察到光折变效应，例如在 LiNbO$_3$、LiTaO$_3$；铁电钙钛矿 BaTiO$_3$、Ba$_{1-x}$ Ca$_x$ TiO$_3$、KNbO$_3$ 和 KTa$_{1-x}$ Nb$_x$ O$_3$（KTN）；钨青铜类晶体 Ba$_2$NaNb$_5$O$_{15}$ 和 Sr$_{1-x}$ Ba$_x$Nb$_2$O$_6$（SBN）；非铁电软铋矿 Bi$_{12}$TiO$_{20}$（BTO）、Bi$_{12}$ SiO$_{20}$（BSO）和 Bi$_{12}$ GeO$_{20}$（BGO）；半导体 GaAs、InP 等。研究人员很早就发现掺杂剂和热处理有关键的影响因素[2.435,436]。光折变晶体对于很多独特装置来说尤其值得关注，例如对于自泵浦相位共轭反射镜、参量放大器和振荡器以及动静态滤光镜而言[2.437,438]；全息照相数据存储也考虑采用光折变晶体[2.439]。

下面，本书将描述光折变晶体的一些有趣特性。首先将探讨对材料性能有关键决定性作用的光致电荷传输过程，然后，将评估用于解决折变量的各种方法。书中将探讨在光折变晶体中的全息散射现象，并简单地触及无反射镜振荡和横向不稳定性。解释空间电荷波的非线性相互作用，介绍关于新效应的几个例子。再下一段将介绍非稳态光电流。最后，总结用于抑制光折变特性的方法，并用一些结论来结束全文。

1. 电荷传输

电荷激励因素是众所周知的：漫射——一种体积光伏效应[2.440]以及电荷载流子在外电场和热电场中的漂移[2.441]形成了空间电荷场。于是，补偿性漂移电流产生，当这些电流与激励电流一样大时，就达到饱和。外部大电场的施加对于导电性较高的晶体来说是值得关注的，大热电场只在光强较高时出现。因此，漫射和体积光伏效应至关重要。

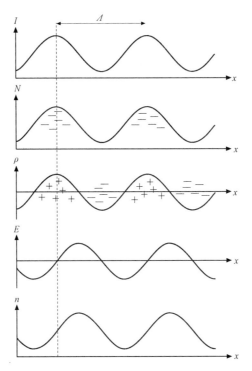

图 2.85 电光材料中的光折射过程。用光强图样 $I(x)$ 照射一种光折变材料。例如，我们采用了周期长度为 λ 的正弦光图像，因为它是由两个平面波干涉后产生的。光激发了自由电荷载流子，例如从陷阱中释放出的电子被激发到导带中。由于漫射，自由载流子分布 $N(x)$ 产生电流。在纯漫射电荷传输时，电荷载流子移入暗区，在那里被空陷阱俘获。有效电荷密度分布 $\rho(x)$ 不断增强，缺失的电子和有效的正电荷处于亮区，过剩的电子和有效的负电荷处于暗区。这种电荷分布会得到一个空间电荷场 $E(x)$，同时因为线性电光效应，还产生折射率调制 $n(x)$

　　在不止一个价态下出现的非本征或本征缺陷是电荷载流子的来源和陷阱。图 2.86 显示了在一张能带图上的不同电荷传输位置，所示水平的能量位置相当于在激发处于满充能级的电荷载流子时所需的热能。由于弗兰克－康顿原理，电子释放所必需的光子能通常较大。最简单的（对很多应用领域来说期望的）机理是由具有单极导电性的"一个中心"系统提供的（关于电子电导率，见图 2.86）。一种杂质类型有两种不同的价态，电荷通过导带或价带重新分配[2.442]。其中一个例子是具有常见连续波激光强度的掺铁 $LiNbO_3$。铁离子的价态有 2^+ 和 3^+[2.443]。电子从 Fe^{2+} 激发到导带，然后在别处被 Fe^{3+} 俘获。

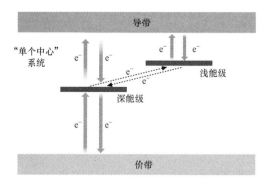

图 2.86　在光折变晶体中的电荷传输过程。箭头表示电子的激励和重组（详情见正文）

　　电子－空穴的竞争可能使情况变得复杂[2.434,444,445]。电子和空穴可能在同一个中心形成，如图 2.86 所示，但有可能还有其他可形成空穴的独立中心。在任何情况下，电子和空穴的扩散电流相互补偿，这对全息图记录来说是不利的。

　　很多材料的传输机理更复杂，因为有两种或更多种光折变水平同时参与了电荷传输。在三种或更多种价态下出现的其他独立中心[2.446,447]或杂质[2.448]可能是导致这些新的光折变水平出现的原因。必须将所谓的深能级和浅能级区分开，在这里，浅能级区指电荷能够以热量方式从这个能级释放出去，而在深能级区情况下则几乎不可能。同时出现深能级和浅能级（关于电子传导，见图 2.86）的系统会给全息图记录带来不利的后果。由于所有的电荷载流子都已被热激发并在深能级区被俘获，因此在暗处的浅能级是空的。在照射后，浅能级区从导带或价带处俘获电荷载流子。因此，响应时间会增加（光电导性更弱[2.449]）。此外，因为装满了电荷载流子的浅陷阱能有效地吸收光，吸收系数常常也会增加[2.447]。

　　深能级和浅能级通过导带或价带来交换电荷。如果电荷浓度足够大，使不同的中心紧靠在一起，则电荷直接交换是可能的。在本征缺陷情况下这种现象可能出现[2.450]。当缺陷浓度很高时，会生成更多的导带或价带，因为相同类型的中心能耦合并直接交换电荷[2.451,452]。有关电荷传输的更多详情可以在评估报告中找到[2.453]。

　　电荷传输情形会受到掺杂、热退火和所选实验参数（光强度和波长、结晶温度）的影响。因此，在很多材料中建立期望的"一个中心"电荷传输情形是可能的。下文将用掺铁铌酸锂（$LiNbO_3$:Fe）作为一个例子来更详细地描述不断进行的电荷传输过程和所得到的相关性。但大多数的理论研究对于任何光折变晶体来说都是适用的。

　　在定量描述非均匀照射下空间－电荷分布图的形成时，需要求解麦克斯韦方程以及电流－速率方程。导带电子的生成和重组用 $dN_e/dt = +SIc_{Fe2+} - \gamma\, c_{Fe3+}Ne$ 来描述，其中，N_e 是导带中的电子浓度，S 是光子吸收截面，I 是光强度，c_{Fe2+} 和 c_{Fe3+} 分别是 Fe^{2+} 和 Fe^{3+} 离子的浓度，γ 是复合系数。通常存在的问题是面临一个由耦合非线性微分方程组成的系统，这些方程不能用分析法求解[2.442]。合理的近似计算表明，空间－电荷场的增强和衰变可用简单的指数演化方程表示。研究人员通过分析，得到了空间－电荷

场的稳态幅值 E_{sc}[2.442]：

$$E_{sc} = m(E_D^2 + E_{phv}^2)^{1/2}, \quad E_D = \frac{k_B T}{e}K, \quad E_{phv} = \frac{\beta\gamma}{e\mu S}c Fe^{3+} \quad (2.158)$$

式中，m 是干涉图样的调制度（能见度、对比度）；E_D 是扩射场；E_{phv} 是体积光伏场；k_B 是玻耳兹曼常量；T 是温度；e 是元电荷；K 是全息照相的空间频率（干涉图样的 2π/周期长度）；β 是体积光伏系数（体积光伏电流密度/（$c_{Fe}2+I$））；μ 是载流子迁移率。下面，将假设存在全调制光模式，即 $m=1$。空间 – 电荷场 E_{sc} 可能通过空间 – 电荷限制效应来减小（$E_q<E_D$ 或 $E_q<E_{phv}$，空间 – 电荷限制场 $E_q=[e/（\varepsilon\varepsilon_0）]$（$1/K$）$N_{eff}$，其中，$\varepsilon$ 是介电常数，ε_0 是自由空间介电常数，N_{eff} 是有效陷阱密度）。

在含有至少 0.01%（重量百分比）Fe 的 $LiNbO_3$ 和 $LiTaO_3$ 晶体中，主要存在体积光伏效应。但在其他很多材料中，漫射是主要的电荷传输机理。必须区分不同的几何体，例如透射几何体和 90° 几何体（见图 2.87）。这些几何体的典型空间频率分别是 $2\pi/0.4\ \mu m^{-1}$ 和 $2\pi/0.15\ \mu m^{-1}$。室温下的相应扩射场分别为 4 kV/cm 和 10 kV/cm。$LiNbO_3$ 中的体积光伏场可达到 100 kV/cm[2.440]。由于发生了电击穿，因此不能形成更大的场[2.454]。通常，当光相对于入射平面垂直偏振（普通偏振）时，要用到 90° 构型。对于 90° 几何体，面内偏振会产生交叉极化的记录光束，不会出现强度图样。非常偏振可用于透射几何体，其电光系数、动态范围和灵敏度可能更高，但非常偏振光常常会形成很强的全息散射[2.455]。

折射率通过线性电光效应来调节[2.456]，折射率变化量（折变量）为

$$\Delta n = -\frac{1}{2}n^3 r E_{sc} \quad (2.159)$$

式中，n 是折射率；r 是有效电光系数。合适的 n 和 r 值必须根据材料对称性、晶体切割方式、光偏振和空间 – 电荷场 E_{sc} 的方向来选择。例如，对于具有寻常（o）或非常（e）偏振光、场方向在光轴上的 $LiNbO_3$，可求出 $n=n_0$，$r=r_{113}$；或 $n=n_e$，$r=r_{333}$。

本书将不详细探讨存储特性，只总结最重要的结果。铌酸锂族（$LiNbO_3$ 和 $LiTaO_3$）的晶体是最受欢迎的全息图长期大容量存储器。不常使用的 $LiTaO_3$ 的性能超过了 $LiNbO_3$ 的性能，但在这种情况下的缺点是需要紫外光。$LiNbO_3$ 和 $LiTaO_3$ 的其他优点包括良好的可获得性、极佳的均质性和较高的鲁棒性。此外，在 $LiNbO_3$ 中发生的过程很好理解，例如，空间 – 电荷场和 Fe^{3+} 离子浓度［式（2.158）］之间的比例已核实[2.457]。通过优化 Fe 浓度、退火和掺杂其他物质，可以针对特定用途定制晶体。例如，通过掺杂可用不同波长的光编址的两种独立深能级，可以对信息进行光学定位[2.458]。通过掺杂大量 Mg，可以增加导电率，改善灵敏度[2.457]。有关 $LiNbO_3$ 及其他光折变晶体的具体特性的更多详情可以在评估报告中找到[2.459]。

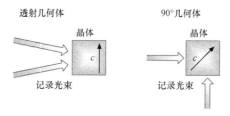

图 2.87　透射几何体和 90°记录几何体。黑色箭头表示晶轴方向

钙钛矿的全息寿命更短，但很适于全息双曝光干涉度量学[2.460]。所有软铋矿类晶体（$Bi_{12}TiO_{20}$（BTO）、$Bi_{12}SiO_{20}$（BSO）和 $Bi_{12}GeO_{20}$（BGO））的性质都很类似，唯一例外的是，BTO 的旋光性比 BSO 和 BGO 的旋光性小得多[2.461]，这对厚样品来说尤其重要。避光存储时间短和存储容量小使得 GaAs 对于很多光折变用途来说不具吸引力。但钙钛矿、SBN 晶体、软铋矿类晶体和光折变半导体对于动态元件来说很值得关注，因为这些晶体的灵敏度相对较大，因此可以实现快速光信息处理、快速光学元件适应和快速存储系统更新。

这些材料的灵敏度与量子性能极限相比差了好几个数量级，低灵敏度确实是无机光折变材料的主要缺点。有关人员通过详细研究掺铈 SBN 的特性，发现了适用于很多光折变晶体低灵敏度的原因[2.462]。只有百分之几的光子会释放电子，大部分的光能量都立即转变成了热量。电子俘获效率很高，因为库仑引力限制了晶体的使用寿命和电荷传输长度。而这些问题极不可能仅仅通过采用新型无机光折变晶体就能完全克服。

激光技术可能解决遗留的速度问题。连续波激光器的有效输出功率在快速增加。脉冲系统变得越来越小、越来越便宜。在光折变晶体中利用飞秒光脉冲来记录、重建全息照片的过程已得到证实[2.463]。另一种用于解决低灵敏度问题的方法是采用多量子阱[2.464,465]。电子空间－电荷场会导致较大的吸收系数变化，用于根据克拉茂－克朗尼关系调节折射率。多量子阱的速度快，但似乎还有很大的进一步改善空间。

2. 无损读出

要检索存储在电光晶体中的信息，需要进行均匀光束照射，因此会产生擦除效应。在很多情况下，仅通过减小读出光强来获得记录和读出过程的非对称性是不够的。为此，研究人员开发了几种方法，使体相位全息图相对于读出光保持稳定。

1971 年，有关人员在 $LiNbO_3$ 中发明了热固定技术[2.466]。通过加热，利用电子电荷和离子电荷可得到相对于均匀光束照射而言较稳定的全息图。在热固定过程中，质子（H^+）起着像可动离子那样的重要作用[2.454,467]。研究人员还演示了电固定过程[2.468,469]。通过外加比矫顽磁场稍小的外电场，将空间－电荷分布图变成了磁畴图。图 2.88 说明了这些固定过程。

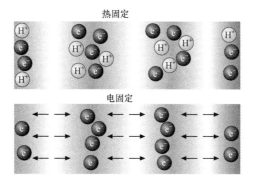

图 2.88　热固定：在记录时或之后，将晶体加热。于是离子变得可移动，并屏蔽电子空间－电荷场。在所示图例中，电子移动到暗区内。此电荷通过 H^+ 离子来补偿。在冷却到室温之后，离子几乎静止不动。此时用光照射，使一部分电子因空间不均匀激励而移回。于是出现空间－电荷场，通过电光效应调节折射率。进一步擦除电子分布图是不可能的，因为空间－电荷场内的电子漂移会消除所有的擦除电流。电固定：与热固定类似，但不借助于加热和离子，而是使用外电场和切换铁电畴。
箭头代表铁电畴的切换方向

　　为保证理想光学擦除的可能性，有人提出用双光子激发来进行全息记录[2.470]。然后，就可通过降低光强实现无擦除式读出[2.471]。能避免高记录光强的类似方法依赖于浅能级粒子数[2.472]或光致变色中心的粒子数[2.458]。图 2.89 显示了双光子持续全息记录的概况。

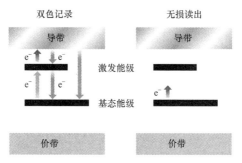

图 2.89　双光子持续全息记录：第一个光子将电子从基态激发为激发态。此照射过程可能在空间上是均匀的。利用记录波长下的全息干涉图进行照射，将照射区的电子从激发态激发到导带内。电子在导带内移动，在别处与陷阱重新组合，先变成激发态后再进入基态或直接进入基态。第一、二次跃迁时的波长必须仔细选择，以尽可能地通过真实能级激发电子。在读出时，必须采用具有记录波长的均匀光。但这种光的光子能量不够，因此不能将电子从基态激发为激发态。因此不会有电子被释放，全息图在进一步光照下仍保持稳定

　　存在一种简单的以无损方式读出体积全息图的可能性，即利用不足以激发电荷载流子的低光子能读出光。但由于布拉格条件的存在，读出的信息会有所损失。有人提出了一种利用各向异性衍射来改善此形势的方法[2.473]。还有人根据空间适应性波矢谱，提出了另一种使读出光的带宽增加的解决方案[2.474,475]。最后，有人建议并演示了用频差全息图进行无损读出[2.476,477]。通过将全息图与载频光栅进行非线性混

合，实现空间频移，但需要用两种不同的波长进行记录。

3. 全息散射

全息散射[2.455]（有时又称"光致散射"或"非线性散射"）是基于光折射特性的一种现象。噪声体相位光栅被入射泵浦波记录在电光晶体中，这些泵浦波从晶体的体积缺陷或表面缺陷处散射。随后，因为两个波通过相移光栅直接耦合[2.478]或因为两个以上的波的参量混频[2.479]，散射光可能会放大。有时，相位匹配条件会导致特性散射图样[2.480,481]。在这里，还必须考虑各向异性衍射，即衍射光束的偏振与入射光束的偏振不同[2.480-482]。

如果用一束激光照射光折变晶体，则会观察到两种各向异性散射光锥，在晶体后面的屏幕上生成散射环。Odoulov 等人[2.483,484]在 LiTaO$_3$:Cu 中发现了外锥，外锥要归因于图 2.90（a）所示的波矢图；然后，利用关系式 $\sin^2 \theta_1^{\mathrm{a}} = n_{\mathrm{e}}^2 - n_{\mathrm{o}}^2 \approx 2(n_{\mathrm{e}} - n_{\mathrm{o}})n_{\mathrm{o}}$，求出正双折射率晶体的锥（半）角 θ_1^{a}（在空气中）。其中，n_{o} 和 n_{e} 指寻常光波和非常光波的折射率。

内锥用 LiTaO$_3$、LiNbO$_3$ 和 BaTiO$_3$ 的几族元素[2.484-487]来同时描述，内锥可归因于图 2.90（b）所示的波矢图；然后，利用如下关系式，求出正双折射率晶体的锥（半）角 θ_2^{a}（在空气中）：

$$\sin^2 \theta_2^{\mathrm{a}} = \frac{(10n_{\mathrm{e}}^2 n_{\mathrm{o}}^2 - 9n_{\mathrm{o}}^4 - n_{\mathrm{e}}^4)}{16n_{\mathrm{o}}^2} \approx (n_{\mathrm{e}} - n_{\mathrm{o}})n_{\mathrm{o}}$$

散射光锥导致晶体后面的屏幕上出现环状。图 2.91 描绘了 LiNbO$_3$:Cu 的情形。

外散射锥的记录机理基于 $\boldsymbol{k}_{\mathrm{p}}^{\mathrm{e}}$，$\boldsymbol{k}_{\mathrm{s}}^{\mathrm{o}}$ 和 $\boldsymbol{k}_{\mathrm{s'}}^{\mathrm{o}}$ 波的参量耦合［图 2.90（a）］。波矢为 $\boldsymbol{k}_{\mathrm{p}}^{\mathrm{e}}$ 的泵浦波和波矢为 $\boldsymbol{k}_{\mathrm{s}}^{\mathrm{o}}$ 的散射波通过空间振荡光伏电流记录波矢为 K_1 的光栅[2.488,489]；泵浦波 $\boldsymbol{k}_{\mathrm{p}}^{\mathrm{e}}$ 从此光栅处衍射，并放大 $\boldsymbol{k}_{\mathrm{s'}}^{\mathrm{o}}$ 波；$\boldsymbol{k}_{\mathrm{s'}}^{\mathrm{o}}$ 波和泵浦波 $\boldsymbol{k}_{\mathrm{p}}^{\mathrm{e}}$ 再次通过空间振荡光伏电流记录波矢为 K_1 的光栅，$\boldsymbol{k}_{\mathrm{p}}^{\mathrm{e}}$ 从此光栅处衍射，……。用这种方式，$\boldsymbol{k}_{\mathrm{p}}^{\mathrm{e}}$，$\boldsymbol{k}_{\mathrm{s}}^{\mathrm{o}}$ 和 $\boldsymbol{k}_{\mathrm{s'}}^{\mathrm{o}}$ 波实现了参量耦合[2.483,489]，散射波 $\boldsymbol{k}_{\mathrm{s}}^{\mathrm{o}}$ 和 $\boldsymbol{k}_{\mathrm{s'}}^{\mathrm{o}}$ 被放大。

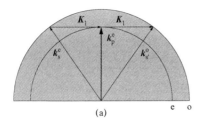 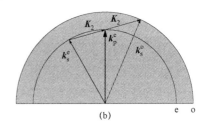

图 2.90 在负双折射率晶体中由单个泵浦波生成的各向异性散射锥的波矢图

（a）外锥[2.483,484]；$\boldsymbol{k}_{\mathrm{p}}^{\mathrm{e}}$ 是非常泵浦波的波向量；$\boldsymbol{k}_{\mathrm{s}}^{\mathrm{o}}$ 和 $\boldsymbol{k}_{\mathrm{s'}}^{\mathrm{o}}$ 是寻常散射波的波矢；K_1 是光栅向量；

（b）内锥[2.484-487]；$\boldsymbol{k}_{\mathrm{p}}^{\mathrm{e}}$ 是非常泵浦波的波向量；$\boldsymbol{k}_{\mathrm{s}}^{\mathrm{e}}$ 和 $\boldsymbol{k}_{\mathrm{s}}^{\mathrm{o}}$ 是散射非常波和寻常波的波矢；K_2 是光栅向量

有关人员还研究了内散射锥的记录机理[2.490]。入射泵浦波以各向同性方式记录很多光栅，然后从样品内和表面上的非均质部分散射出来。光栅在散射锥的一半空间内因双光束耦合[2.478]而放大，却在另一半空间内衰减。在这些光栅中，满足各向异性衍射的相位匹配条件的光栅形成了内散射锥。对于具有中等光伏场的被研究晶体，没有实验结果显示记录波和各向异性衍射波的参量耦合会像在外散射锥情况下那样出现。

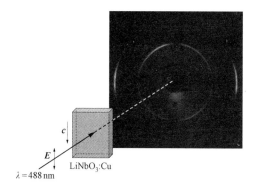

图 2.91　在被非常偏振泵浦波照射的 LiNbO₃：Cu 晶体（负双折射率）后面的屏幕上由寻常偏振造成的内外各向异性散射环

各向异性全息散射实验已被成功地用于探究材料性质。通过对散射锥角度进行相对简单的测量，研究人员得到了 $LiNbO_3$ 晶体的 Li/Nb 比率[2.491]和 $LiTaO_3$ 晶体的 Li/Ta 比率[2.492]。

对于主要以局部光伏电荷传输为主的掺 $LiNbO_3$ 和 $LiTaO_3$ 晶体，有人还详细研究了在一束泵浦光束照射下的各向同性广角散射（衍射光束和入射光束的光偏振相等）[2.493,494]。散射图样的稳态放大是由相干光杂波和泵浦光束之间的时间频率非零变化造成的[2.495]。光伏和漫射对光折变效应的贡献差异导致散射图样在空间和时间上不对称。

研究人员在被两束泵浦光束照射的一种光折变晶体后面的屏幕上，观察到了大量的特性散射图样。文献［2.481］中详细评估了所涉及的参量四波过程，这些过程是由两种不同的相位匹配条件造成的。根据 Sturman 等人的分类法[2.481,496]，文中探讨了两个泵浦波的 A 过程和 B 过程：

$$\begin{cases} A: \bm{k}_{p1}^{t} + \bm{k}_{p2}^{u} = \bm{k}_{s1}^{v} + \bm{k}_{s2}^{w} \\ B: \bm{k}_{p1}^{t} - \bm{k}_{p2}^{u} = \bm{k}_{s1}^{v} - \bm{k}_{s2}^{w} \end{cases} \quad (2.160)$$

式中，$\bm{k}_{p1}$，$\bm{k}_{p2}$ 表示泵浦波的波矢；$\bm{k}_{s1}$，$\bm{k}_{s2}$ 是散射波的波矢；t，u，v，w 表示 o（寻常）或 e（非常）偏振。方案 T：$(tu \rightarrow vw)$ 用于描述 T 过程（$T=A$，B）。A 过程在晶体后面的屏幕上得到散射环（轴线差不多与屏幕垂直），B 过程得到的则是未闭合的线（轴线差不多与屏幕平行）。一共有 9 个 A 过程和 10 个 B 过程。

$LiNbO_3$ 和 $LiTaO_3$ 晶体尤其适于研究这些过程，这由评估报告[2.481]和本文中的参考文献就能看出。在本书中，将只限于研究杂质对光致散射图样的影响[2.497]。如果折射率光栅由正交极化波通过光伏张量项 $\beta_{113} = \beta_{131}^s + i\beta_{131}^a$ 来记录，则这种影响将尤其重要。反对称虚部 β_{131}^a 导致偏振光栅和折射率光栅之间的 $\pi/2$ 相移。对于 $LiNbO_3$:Fe，关系式 $\beta_{131}^a < 0$ 是有效的，波被寻常波放大；但对于 $LiNbO_3$:Cu，由于 $\beta_{131}^a > 0$，寻常波被非寻波放大[2.498]。

图 2.92 显示了在垂直于由两个寻常偏振泵浦光束（在空气中形成一个夹角 $2\theta_p = 110°$）组成入射面的 c 轴构型中 $LiNbO_3$:Fe 的散射图样。在泵浦光束区域内，出现了两个非常偏振环（在图 2.92 中标记为 1 和 2）。研究人员已经推导出了相关过程 A:（oo→oe）和 A:（oo→ee）的相位匹配条件以及锥角和泵浦角之间的关系[2.497]。对于 $LiNbO_3$:Cu，这些各向异性环不会出现，但当用两个非常泵浦光束照射晶体时，在泵浦光束区域外会观察到两个寻常偏振环（在图 2.93 中仍标记为 1 和 2）。这些环是由 A:（ee→oo）和 A:（ee→eo）这两个过程造成的。研究人员还推导出了相位条件以及锥角和泵浦角之间的关系[2.497]，发现了图 2.93 所示的进一步散射图样。此外，还在散射环和散射线的交点处观察到了亮点，如图 2.93 所示。经证实，这些亮点是由四个参量散射过程中的相长干涉造成的[2.499]。

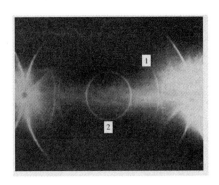

图 2.92　在 c 轴垂直于入射面的 x 切割 $LiNbO_3$:Fe 晶体后面的屏幕上观察到两个寻常偏振泵浦光束（λ=440 nm）的光致散射图样。非常偏振环分别标记为 1 和 2[2.497]

最后，本书介绍一下无镜振荡现象和横向不稳定性现象。在特殊的几何构型中，不需外部反射镜的反馈就可能出现振荡，这种效应叫作"无镜振荡"或"自激振荡"。在这种情况下，内部反馈是由反向传播波产生的[2.479]；除正向传播波之外，还必须有符合相同相位匹配条件的反向传播波参与。振荡的出现可描述如下：一个强泵浦波和一个弱散射波均沿正向传播，可用于记录使泵浦波发生衍射的光栅。这导致散射波被放大，同时使调制增强。在晶体的入射面，光栅较弱；在晶体的出射面，光栅则较强。此时，在出射面，反向传播波成了入射光，与光栅相互作用，导致光栅进一步放大。正向传播波与被放大的光栅相遇，使之继续放大，直到此过程因泵浦波的强度有限而受到限制为止。研究人员将正向波和反向波参量混频过程相结合在 $LiNbO_3$ 几何体中用实验方法演示了自激振荡[2.500,501]。

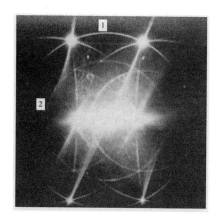

图 2.93 在 c 轴位于入射面内的 x 切割 LiNbO₃:
Cu 晶体后面的屏幕上观察到两个非常偏振泵浦光束（λ=514 nm）的光致散射图样。
寻常偏振环分别标记为 1 和 2[2.497]

在光折变晶体内，横向不稳定性会导致小角度结构在反向传播光束周围形成。这种效应是在以漫射不稳定环状结构存在的 LiNbO₃ 中发现的[2.502]。在 KNbO₃ 中圆形和六边形图样的发现激发了对这个领域的进一步研究[2.503]。后来，在 LiNbO₃ 中也发现了六边形散射图样，而且种子光束的影响也得到证实[2.504]。

4. 空间电荷波的非线性相互作用

当半曝晒材料中的电荷载流子系统因非均匀照射而受到扰动时，平衡态会通过简单的弛豫过程或阻尼波而得以形成[2.505]。在后一种情况下，电荷载流子的漂移长度必须大于漫散长度和光栅间距。这些时空振荡的本征模叫作"空间电荷波"或"陷阱重复荷电波"（如果涉及陷阱再充）。

在光折变材料中也使用了"光折变表面波"这个术语，因为必须考虑到光波的自衍射、双波混合和放大等现象。光折变表面波用于提高衍射效率[2.506]和光折变增益[2.507,508]。在文献［2.509，510］中可找到相关的总结内容。

软铋矿族的光折变晶体（$Bi_{12}MO_{20}$，其中 M 是 Si、Ge 或 Ti）是很便于空间电荷波实验研究的物体。这些晶体有相对较长的弛豫时间，呈现出极好的电光特性，可能有较大的尺寸和较好的质量。

空间电荷波的实验研究从适宜全息激发法的开发中大大受益。一种很强有力的激发法是以振荡光栅为基础，用两个相干光光束照射晶体，其中一个光束是相位调制光束。图 2.94 中描绘了一种典型的配置，给晶体加一个外电场 E_0，干涉图样 $W(x, t)$ 在平均位置附近振荡:

$$W(x,t) = W_0[1 + m\cos(Kx + \Theta\cos\Omega t)]$$

$$\approx W_0\left\{1 + m\cos(Kx) - \frac{1}{2}m\Theta[\sin(Kx + \Omega t) + \sin(Kx - \Omega t)]\right\} \quad (2.161)$$

式中，W_0 是入射光的平均强度；m 是对比度；K 是光栅波数 $K=2\pi/\Lambda$；Λ 是光栅周期；Θ 是幅值；Ω 是相位调制角频率。在这里，用到了条件 $\Theta \ll 1$，并且把初始表达式扩展成了一个系列。式（2.161）中的第二项是静干涉图样，而最后两项描述了沿相反方向移动的两个移动干涉图样。

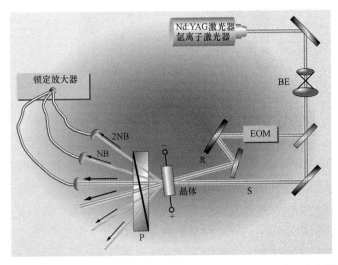

图 2.94　空间电荷波激励与探测实验装置图：BE 表示光束扩展器，EOM 表示光电调制器，R 表示参考光束，S 表示信号光束，P 表示偏振镜。箭头 2NB 表示从波矢为 K 的光栅处发出的二阶非布拉格衍射的方向，或者从波矢为 $2K$ 的光栅处发出的一阶非布拉格衍射的方向。同理，NB 指从波矢为 K 的光栅处发出的一阶非布拉格衍射的方向

当其中一个移动干涉图样的 K 和 Ω 正好与空间电荷波的波数和特征频率相一致时，空间电荷波会出现共振激发。由电荷和电场得到的移动光栅会通过电光效应形成一个具有相关折射率的移动光栅。一束记录光或探测光从这个光栅处衍射，而衍射光束的相位随移动光栅的相位振荡而振荡。与此同时，光从源自式（2.161）中静态项的静态光栅处衍射。这两个光束（从静态光栅和移动光栅处衍射）均沿相同方向传播。因此，光强度（包括干涉项）随移动光栅的相位振荡而振荡。

与光折变晶体中全息光栅的记录和弛豫过程有关的描述依据的是一个能得到波解的方程组（库赫塔列夫方程组）[2.442]。文献[2.511,512]中给出了相关的分析。如果忽略漫射，则电流密度 $j(x, t)$ 为

$$j(x,t) = e\mu n(x,t)E(x,t) \tag{2.162}$$

式中，e 是电子电荷；μ 是载流子迁移率；$n(x,t)$ 是光电子浓度；内场 $E(x,t)$ 是外加电场 E_0 和空间电荷场 $E_{sc}(x,t)$ 之和，即 $E(x,t)=E_0+E_{sc}(x,t)$。应当注意的是，方程（2.162）的右侧是电荷载流子密度 $n(x,t)$ 和内场 $E(x,t)$ 之积。

按照线性方法，只考虑了对比度 m 中的线性项。可以得到

$$\begin{cases} n(x,t)=n_0[1+m\exp(\mathrm{i}kx)+mf_n(\Omega)\exp(\mathrm{i}kx \pm \mathrm{i}\Omega t)]+\mathrm{c.c.} \\ E_{sc}(x,t)=E_0\, m[\exp(\mathrm{i}kx)+f_E(\Omega)\exp(\mathrm{i}kx \pm \mathrm{i}\Omega t)]+\mathrm{c.c} \end{cases}$$

式中，$f_n(\Omega)$ 和 $f_E(\Omega)$ 分别是用于描述频率与电荷密度波幅值之间相关性以及频率与电场波幅值之间相关性的函数，c.c.表示复共轭。如果空间电荷场 $E_{sc}(x,t)$ 比外加电场 E_0 小得多，则可使用线性方法。文献［2.513］中利用振荡干涉图样对陷阱重复荷电波的共振激发进行了详细的实验研究，并与线性理论做了比较。

本书主要感兴趣的是对比度 m 中的非线性效应，因为在这种情况下会出现新现象。非线性效应对于获得与外加电场相当的强空间电荷场来说很重要。从逻辑严密的观点来看，这些非线性相互作用之所以产生，是因为电流密度 $j(x,t)$ 取决于乘积 $n(x,t)E(x,t)$。本书要探讨的研究活动是由 Petrov 等人实施的[2.510–516]。

移动光栅的相位因数可描述为 $\exp(iKx-i\Omega t)$。当两个等效光栅相互作用时，所得到的相位因数等于初始光栅的乘积，在此具体实例中等于 $\exp(i2Kx-i2\Omega t)$。这个相位因数的出现表明生成了二次谐波，即波矢变成 2 倍，时间频率也变成 2 倍，也可用总值的 2 倍表示。这个效应因非线性光学而闻名。

值得一提的是，本案例中的二次谐波生成包括受迫波。由色散定律可推知，如果初始空间–电荷波有 k_w 和 Ω_w，则具有二倍波向量 $2k_w$ 的空间电荷波一定拥有本征频率 $\Omega_w/2$。在相反的情况下，如果新波拥有二倍频率 $2\Omega_w$，则初波的波数一定是 $k_w/2$。因此，空间电荷波本征模的频率和波矢同时加倍，不会生成新的本征模。尽管如此，如果二次谐波生成的过程包括受迫波（非本征模）的参与，则由色散定律强加的限制会取消。在这里，要提及两种机理：第一种机理是电荷的两个受迫波（非本征模）相互作用，产生一个本征型二次谐波；第二种机理是两个本征模相互作用，产生一个二次谐波，但不属于空间电荷系统的本征模。这两种机理已从理论上被研究过[2.511]，并用实验方法观察过[2.514]。

当两个相位共轭的空间电荷波（相位因数 $\exp(iKx-i\Omega t)$ 和 $\exp(-iKx+i\Omega t)$）相互作用时，会出现总体（空间和时间）电荷波整流，这种相互作用会产生电流的另一个分量。这个分量与相位共轭乘数之积成正比，因此与时间和坐标无关，晶体中的直流电流会发生变化。

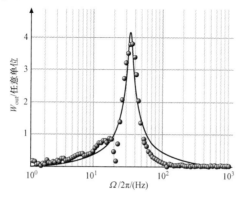

图 2.95　输出信号 W_{out} 与 $Bi_{12}GeO_{20}$ 中空间整流调相频率 $\Omega/2\pi$ 之间的关系。记录光束的总光强为 W_0=60 mW/cm²，光波长为 λ=532 nm，对比度为 m=0.23，探测光束的光强为 W_p=12 mW/cm²，外加电场为 E_0=7.5 kV/cm，光栅波数为 K=125 mm^{-1}[2.514]。实线为理论频率相关性的拟合[2.511]

这种效应与非线性光学中由二阶非线性造成的光波整流相似，当强度足够高的光照射合适的材料时，会出现静偏振。空间电荷波的总体（空间和时间）整流已从理论上被研究过[2.511]，并用实验方法观察过[2.514]。

迄今为止，人们只研究过非线性光学效应。以下两种现象：空间（非时间）整流和空间（非时间）加倍在光学中没有相似的现象。

空间（非时间）整流是空间电荷波（相位因数 $\exp(iKx - i\Omega t)$）从静态空间电荷光栅（相位因数 $\exp(-iKx)$）处散射的结果。散射用空间电荷波场和静态光栅场的乘积来描述。此乘积与相位因数 $\exp(-i\Omega t)$ 成正比，因此，可以产生在空间上均匀但在时间上振荡的电流。

必须提到的是，交流电的存在并不意味着振荡电场会在晶体中自动出现。如果将晶体与理想电压源（内电阻为 0）连接，则电压或电场将不会有变化，除非在电路中安装了一些负载电阻。但从实验来看，通过用探测光束，在电光效应的作用下总是能检测到内电场振荡[2.515]，即使电路中没有真正的负载电阻也能检测到。因此，实验证实了与有效负载电阻起着相同作用的电光效应所做的重要贡献。这些效应与屏蔽现象有关，因为与晶体连接的电极具有非欧姆特性。

为研究空间整流，研究人员用偏振探测光束来照射一块 $Bi_{12}GeO_{20}$ 晶体，所测得的输出信号 W_{out} 是探测光束穿过晶体和检偏镜之后的光强。图 2.95 显示了此输出信号与记录光束的调相频率之间的函数关系[2.515]。所选择的偏振方位能提供输出光强与偏振态变化量之间的线性相关性，偏振态变化是由内场变化（通过电光效应）造成的。

当空间电荷波（相位因数 $\exp(iKx - i\Omega t)$）从静电荷光栅（相位因数 $\exp(-iKx)$）处散射时，空间加倍（波矢加倍，但时间频率不加倍）现象会出现。由于散射，具有二倍波向量（相位因数 $\exp(i2Kx - i\Omega t)$）的空间电荷波将会出现。通过测量在 Ω 条件下二阶衍射光束的光强（$J_{2,1}$）振荡，可以检测空间电荷波。这相当于从波矢为 $2K$ 的光栅处发出的一阶衍射（按照图 2.94 中的设置，光接收器位于 $2NB$ 位置上）。

图 2.96 描绘了 $J_{2,1}$ 与调制频率之间的相关性[2.516]。最大峰值出现在当波数为 $2k_w$、频率为 $\Omega_w/2$ 的本征模被激发时。图形的右肩部分是因为以 $2k_w$ 和 Ω_w 为特征的受迫波被激发所致。理论数据和实验数据之间的高度一致证实了空间电荷波的空间（非时间）加倍模型是有效的。

5. 非稳态光电流

通过对具有空间振荡干涉图样的光折变晶体进行照射，可得到非稳态光电流，又叫作"非稳态光电电动势"[2.517-519]：非均匀照射使电荷分离，周期性空间电荷场不断加强。对于静态光图案来说，一旦使电荷分离的电流（例如扩散电流）被漂移电流完全补偿，稳态即形成。但干涉图样按一部分干涉周期长度进行周期振荡，阻止了电流平衡。空间–电荷场遵从干涉图样，因此生成交流电。如果振荡频率高到空间–电荷场不能即刻与之保持一致，同时低至被激发的电荷载流子能与陷阱重新组合，则强电流会出现。同理，可以推导出光电流与空间频率 K 之间的相关性：当 K

较小时，扩散场随着 K 的增加而增大，因此光电流会增强；当 K 较大时，空间电荷场和光电流随着 K 的增加而减小，原因是自由载流子的调制减弱，以及因中心缺失导致空间电荷受到限制。

虽然非稳态光电流最先是在光折变晶体中被研究的，但非稳态光电流不仅仅限于这类材料，因为不需要电光效应。一方面，非稳态光电流可用于确定材料参数，例如载流子迁移率[2.520–522]；另一方面，光电流可用于感应光发射图样的小振动，因为这种效应不仅适于普通的干涉光栅，还能使斑纹图样振荡[2.523–525]。因此，非稳态光电电动势传感器可用于检查激光超声材料。

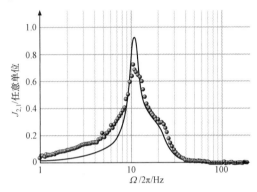

图 2.96　对于 $Bi_{12}GeO_{20}$，在 Ω 条件下检测到的二阶非布拉格衍射光束（空间加倍）的光强 $J_{2,1}$ 与 $\Omega/2\pi$ 之间的函数关系。实验参数包括调相振幅 $\Theta=0.5$、外加电场 $E_0=8$ kV/cm、空间频率 $K/2\pi=20$ mm^{-1}、对比度 $m=0.4$、总光强 $W_0=40$ mW/cm^2 和光波长 $\lambda=532$ nm[2.516]。实线是与理论之间的拟合[2.511]

6. 抑制光折射/减少光学损伤

光折变效应源于通过三阶泡克耳斯（Pockels）张量实现的电光指数变化，这些张量存在于无反对称性的材料中。这些材料还表现出 $\chi^{(2)}$ 非线性极化率，该特性也能用三阶张量来描述[2.456]。因此在原则上，必须意识到光折变效应可能出现在任何 $\chi^{(2)}$ 非线性光学材料中。但对于非线性光学相互作用来说，光折射是不受欢迎的[2.431]，光束轮廓会改变，使光强度减小，从而降低了非线性光学相互作用的效率。此外，光折射率变化可能导致违背相位匹配条件，并促使效率进一步降低。在基于铌酸锂和钽酸锂晶体的装置中，光折射更是个问题。其中，周期性畴反转使准相位匹配（QPM）[2.526,527]成为可能，由此导致人们对这些材料产生浓厚兴趣，也使得抑制光折射成为一个重要问题。

了解光折变效应的起源之后，开发抑制光折变效应的方法就简单了，一种明显的方法是得到更纯净的晶体，里面不含有能释放或俘获电荷载流子的杂质。只有以至少两种价态出现的杂质才是重要的。令人遗憾的是，只要被亚 ppm 级的过渡金属离子污染，这些离子提供的电荷载流子就足以严重影响直径为 1 mm 的光束。由于这些离子在增长起始材料、坩埚和加热器中普遍存在，因此很难让晶体保持足够干净，以避免光折射。另一种方法是使材料氧化，即通过热退火降低可光激电子的密度。这种方法在氧气氛围中利用烤炉来加热晶体时逐渐达到某种极限[2.435]。最近，这种方法的改进已有报道，即同时加热及施加外电场可增强氧化作用[2.528,529]。经过这种处理后，同份熔化铌酸锂能够提供好几瓦特的二次谐波绿光[2.530]。另一种办法是通过同时适度加热和所形成的离子导电性，用光消除可光激电子，确保电荷补偿[2.531]。另一种抑制光折射作用的办法是增强了晶体的光电导性。在 $LiNbO_3$ 和 $LiTaO_3$ 中，这可通过抑制反位缺陷（Li 基体上的 Nb）来解决。为此，存在几个机遇：掺杂超过 5 mol% 的 MgO[2.532]，通过 Li 向内扩散或用双坩埚法使晶体生长来制造近化学计量材料[2.533]。此外，通过在高温下操作非线性光学装置，还能增强导电性。然后，离子开始呈现导电性，导致光折变空间电荷场短路。

虽然所有这些方法都已开发出来，因此在 $LiNbO_3$ 和 $LiTaO_3$ 中应用 QPM 时可防止光折射，但这种效应对于基于回廊耳语模式谐振器、有极高品质因数和精细度的非线性光学装置等前沿应用领域来说仍是一大问题[2.534-536]。因此，研究人员将大部分精力放在了对光折射的完全控制上。为了让材料适于高功率用途，最后还必须让材料的光热载荷最小化，即减少剩余吸收[2.537,538]。

7. 结论

上文已集中研究过电光晶体的光折变效应，因为这些材料可能以令人神往的方式应用于很多领域，例如全息照相存储器、自泵浦相位共轭镜、全息干涉仪或静态和动态滤光镜。已了解了关于光致电荷传输的很多详情，这些知识能够为特殊的用途"定制"晶体。如果存储时间需要很长久，则铌酸锂系晶体（$LiNbO_3$ 和 $LiTaO_3$）将是最受欢迎的。如果需要的响应时间短，则钙钛矿类、钨青铜类和软铋矿类晶体是有优势的。

在研究中也获得了新的物理见解，利用热固定和电固定、各向异性衍射、空间适应性波矢或频差全息图，演示了无损读出。对全息散射的研究使人们更了解通过光栅实现的光放大机制、无镜振荡和横向不稳定性。另外发现了由空间电荷波的非线性相互作用得到的新效应：空间整流和空间加倍。并揭示了非稳态光电流机理，以及开发了光折射抑制方法。

当然，这一系列主题绝不是全部的研究内容。还有其他很多令人兴奋的光折变现象，例如相位共轭[2.539,540]、光折变孤立子[2.541,542]、光折变表面波导[2.543,544]、图样形成和自组织[2.545,546]、从全息光栅进行中子衍射[2.547,548]以及其他现象[2.549]。

2.10.4 金属镜

反射镜可能由很多材料制成，重点是在近零膨胀材料（例如 ULE 和玻璃陶瓷）上的高性能应用。但金属和陶瓷如今正用在很多用途中。在设计反射镜时，有很多金属可供选择。在根据要求评估材料性能之后，还必须考虑材料的加工性、与其他部件之间的相容性以及尺度稳定性。用金属、硅和碳化物制成的反射镜以及支承结构需要像介电反射镜和支承结构那样稳定。在简单探讨尺寸稳定性之后，下文给出了其原因和预防法、特性、选择标准和推荐的制造方法。Paquin [2.550,551]及其他文献[2.552]中介绍了更全面的处理方法。

1. 尺寸稳定性

部件的尺寸稳定性由不稳定性程度决定，不稳定性可理解为尺寸的变化或变形会导致系统性能降低。仅当不稳定性的原因和来源都已了解清楚时，才能达到并控制稳定性。

（1）不稳定性类型。从根本上说，尺寸不稳定性有两类。首先是永久化变化，例如时间不稳定性和滞后不稳定性；其次是当环境改变时发生的可能永久性的变化。时间不稳定性是在恒定的环境中逐渐出现的尺寸变化或变形，而滞后是在温度周期变化或振动（机械循环）等环境变化前后在恒定条件下测得的变化。热不稳定性是在温度变化时出现，但再次处于初始温度下又回到初始状态的一种变化，或者是与温度变化速率有关、当回到初始条件时与初始状态不同的一种变化。

（2）不稳定性来源。造成这些尺寸不稳定性的原因有材料、制造过程、环境或这几个因素的组合。

① 材料。部件的制造材料通常是不稳定性的来源，因为材料可能存在各向异性及/或不均匀性。各向异性是与方向有关的性能变化，非均质性是随机的空间性能变化，例如材料混合不当，如图 2.97 所示[2.553]。因为非均质性及/或各向异性在材料内是永久存在的、不会改变，而且会重复出现，在任何温度下变形都会不断地重现。其结果是形成了永久的热不稳定性，为避免这种形式的热变形，所选择的材料必须是均质和各向同性的。单晶体在本质上是均质的，但在一些特性上表现出一致的各向异性，具体要视晶体结构而定。

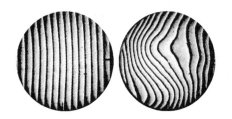

图 2.97　在 26 ℃（左）和 85 ℃温度下光学平晶的干涉图，显示了由热膨胀严重不均造成的热不稳定性。不管经历多少次循环，这张图都不会变[2.553]

在从光照射到用很多热源加热的过程中（例如加工操作或在使用中用光照射），金属的显微结构可能会改变。非晶态金属，例如沉积的非电解镍镀层，可能会结晶和收缩。铝合金 6061 – T6 等可热处理的金属可能会过于老化，并失去强度。退火点低的金属（例如 OF 铜）可能会变软。本节的后面部分将针对每种材料探讨使这些效应消除或最小化的制造方法。

热不稳定性的另一种形式是热成像，其中变形与冲击辐射的强度和材料的热特性成比例。通过选择具有低线性热膨胀系数（CTE 或 α）、高热导率（k 或 λ）和高比热（c_p）的材料，这种不稳定性可降到最低。

② 制造。最常见的不稳定性是时间不稳定性和滞后。这两种不稳定性都是由残余应力和相关的应变减小造成的。机械加工及/或研磨操作会在切削表面诱发残余应力、亚表面损坏和应变。这一层必须移除，或者零件会不稳定，并受到由高能激光撞击造成的进一步表面损坏。化学侵蚀会移除损坏层，热处理会减小或消除应力。

时间不稳定性是与应力弛豫有关的尺寸变化。应力（s）的减少率与应力成比例，即

$$-\frac{\mathrm{d}s}{\mathrm{d}t}\tau = s \qquad (2.163)$$

$$s = s_o \mathrm{e}^{(-t/\tau)} \qquad (2.164)$$

弛豫时间（τ）是应力降到初应力（s_o）的 0.37、呈指数级衰变时的时间（t）。对于应变或面形的变化量，也可以推导出类似的方程。应力弛豫也是一个热敏过程，因此应力的减少率会随着温度的增加呈指数级上升：

$$\frac{1}{\tau} \propto \mathrm{e}^{-E/(kT)} \qquad (2.165)$$

这些关系在部件制造过程中用于缓解应力，并由此增加了尺寸稳定性。Lokshin[2.554] 揭示了热循环和等温照射对应力弛豫的影响，如图 2.98 所示。请注意：在相同的高温下，热循环与等温处理相比能更有效地减小应力。

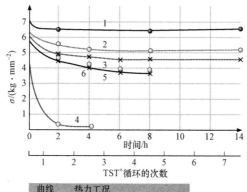

曲线	热力工况
1	等温; 100 ℃
2	等温; 190 ℃
3	等温; 400 ℃
4	等温; 600 ℃
5	从 – 70 ℃到+400 ℃循环
6	从 – 196 ℃到+400 ℃循环

图 2.98 对比在受力纯铍中热循环和等温照射对应力弛豫的影响。对 Be 来说，在相同的高温下，热循环与等温处理相比能更有效地减小应力。
热循环稳定化处理[2.554]

由于热循环能有效地减小残余应力，因此滞后不稳定性很明显是由残余应力减

小造成的。

在光学元件的制造过程中，残余应力的最小化最好通过如下方式实现：采用低应力机加工/磨削法，进行化学侵蚀以移除损坏层，退火以消除应力，利用热循环达到稳定。热循环的最高和最低温度应当高于或低于零件在后续制造装配、运输与储存以及使用过程中遇到的温度。

③ 环境。反射镜的工作环境包括：在制造和装配时受到的外加应力、连接应力，以及在储存和使用环境中的热应力。为抵制由这些应力造成的变形，材料必须在宏观和微观层面都有足够的强度，而且不会处于将引发上述任何不稳定性现象的温度下。在本书的其他章节将描述能使热变形最小化的系统消热差设计。

2. 镜面材料

将金属镜材料的室温性能与其他常见反射镜和结构材料的室温性能做比较，结果见表 2.33。这些性能数据是由很多数据来源提供的，可视为是在材料制备时最精确的数据。在使用这些特性时应当注意，因为这些特性是典型特性，不应当用于设计用途。这些特性会随温度而变化，如图 2.99 和图 2.100 所示[2.555]；表中的数值不应当假定也适用于其他温度。

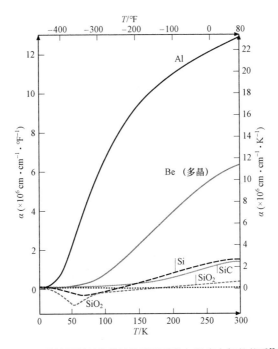

图 2.99　几种镜面材料的线性热膨胀系数与温度之间的关系[2.555]

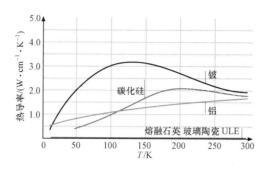

图 2.100　几种镜面材料的热导率与温度之间的关系（根据[2.555]）

可能不熟悉的一些特性有：

- 屈服强度：塑性应变为 0.2% 或 2‰ 时的应力；
- 显微屈服强度：塑性应变下的应力为 1 ppm 或 1 微应变；
- 稳态热变形系数：变形量/单位功率，mm/W；
- 瞬态热变形系数：与每单位体积内在单位温度下变形达到稳态所需的时间（秒）有关。

（1）铝（Al）。作为在反射镜和结构中最容易获得的金属，Al 可用于锻造或铸造以及热处理，也可不热处理。表 2.34 中给出了 Al 的特性和热处理温度。

表 2.33　反射镜和结构材料的特性

首选	密度ρ/ (g·cm^{-3}) 小	杨氏模量E/ GPa 大	泊松比ν小	屈服强度σ_{YS}/ MPa 大	微屈服强度 MYS/ MPa 大	热膨胀α (×10^{6}K^{-1}) 小	热导率k/ (W·m^{-1}·K^{-1}) 大	比热C_p (W·s·kg^{-1}·K^{-1}) 大	热扩散率D (×10^{-6}m^2·s^{-1}) 大	稳态α/k (μm/W) 小	瞬态αD (s·m^{-2}·K^{-1}) 小
Pyrex 7740	2.23	63	0.2	—	—	3.3	1.13	1 050	0.65	2.92	5.08
熔融石英	2.19	72	0.17	—	—	0.5	1.4	750	0.85	0.36	0.59
ULE 熔融石英	2.21	67	0.17	—	—	0.003	1.31	766	0.78	0.02	0.04
玻璃陶瓷	2.53	91	0.24	—	—	0.05	1.64	821	0.77	0.03	0.07
铝：6061−T6	2.70	68	0.33	276	240.0	22.5	167.0	896	69.0	0.13	0.33
MMC：30% SiC/Al	2.91	117	0.29	190	>220.0	12.4	123.0	870	57.0	0.10	0.22
AlBeMet 162	2.10	193	0.17	320	210	13.9	210	1 633	57.8	0.07	0.24
Be：O−30	1.85	303	0.043	296	21.0	11.3	216.0	1 925	57.2	0.05	0.20
Be：I−220−H	1.85	303	0.043	531	90.0	11.3	216.0	1 925	57.2	0.05	0.20
Cu：OF	8.94	117	0.343	195	12.0	16.5	391.0	385	115.5	0.04	0.14
GlidCop AL−15	8.75	131	0.35	352	>100.0	16.6	365.0	384	108.6	0.05	0.15
因瓦合金 36	8.05	141	0.259	276	70.0	1.0	10.4	515	2.6	0.10	0.38
超因瓦合金	8.13	148	0.26	280	75.0	0.3	10.5	515	2.5	0.03	0.12
Mo	10.21	324	0.293	600	280.0	5.0	140.0	247	55.5	0.04	0.09
Si	2.33	159	0.42	—	–	2.6	156.0	710	94.3	0.02	0.03
SiC：烧结	3.16	420	0.14	—	–	2.0	190.0	700	85.9	0.02	0.04

续表

首选	密度ρ/(g·cm⁻³) 小	杨氏模量E/GPa 大	泊松比ν 小	屈服强度σ_{YS}/MPa 大	微屈服强度MYS/MPa 大	热膨胀α/(×10⁶K⁻¹) 小	热导率k/(W·m⁻¹·K⁻¹) 大	比热C_p/(W·s·kg⁻¹·K⁻¹) 大	热扩散率D/(×10⁻⁶m²·s⁻¹) 大	热变形系数 稳态α/k/(μm/W) 小	瞬态α/D/(s·m⁻²·K⁻¹) 小
SiC：CVDβ	3.21	465	0.21	—	—	2.4	198.0	733	84.2	0.01	0.03
SiC：RB-30%Si	2.89	330	0.24	—	—	2.6	155.0	670	80.0	0.02	0.03
Cesic	2.65	197	0.25	—	—	2.0	125	700	71.5	0.02	0.03
SuperSiC	2.55	214	—	—	—	—	143	—	—	—	—
渗Si SuperSiC	2.93	232	—	—	—	—	158	—	—	—	—
不锈钢：304	8.00	193	0.27	241	>300.0	14.7	16.2	500	4.1	0.91	3.68
不锈钢：416	7.80	215	0.283	950	>300	8.5	24.9	460	6.9	0.34	1.23
不锈钢：17-4PH	7.80	200	0.28	870	>300	10.4	22.2	460	6.2	0.47	1.68
Ti：6Al4V	4.43	114	0.31	830	>150.0	8.8	7.3	560	2.9	1.21	3.03
无电镀Ni：12%	7.9	140	0.41	615	—	14.0	5.0	—	—	—	—
电镀Al	2.70	69	0.33	—	—	22.7	218	900	96.3	—	—

Pyrex 和 ULE 是美国纽约州科宁市康宁玻璃厂的注册商标；Zerodur 是德国美因兹市肖特玻璃公司的注册商标；GlidCop 是美国北卡罗来纳州三角研究园 OMG 美国公司的注册商标；Cesic 是德国慕尼黑 ECM 工程公司的注册商标；SuperSiC 是美国德州 POCO 石墨公司的注册商标

表 2.34　代表性铝合金的特性

名称	密度ρ/(g·cm⁻³)	杨氏模量E/GPa	屈服强度σYS/MPa	热膨胀[a]α/(×10⁶K⁻¹)	热导率K/(W·m⁻¹·K⁻¹)	退火温度/℃	固溶处理温度/℃	老化温度(4~5 h)/℃
锻制合金								
1100-O	2.71	69	34	23.6	222	343	—	—
5056-O	2.64	71	152	24.1	117	415	—	—
2024-T6	2.77	72	393	23.2	151	385	500	190
6061-T6	2.70	68	276	23.6	167	415	530	170
7075-T6	2.81	72	462	23.6	130	415	470	120
铸造合金								
A201-T7	2.80	71	414	19.3	121	315	528	188
A356-T6	2.685	72	186	21.5	159	315	538	152
A357-T6	2.68	72	276	21.6	152	315	540	170
713	2.81	67	152	23.9	140	450 b	N/A	120 c
771-T7	2.823	71	372	24.7	138	—	588	140 d

a 20~100 ℃

b 6h 的应力消除温度和空冷可得到无应力的全强度部件

c 16h；另一种处理方式：室温下处理 21 天

d 15h

最多功能的合金是可热处理的锻造铝合金 6061，这也是光学系统中最常用的合金。6081 与 6061 类似，但更纯，能得到质量更高的金刚石车削（SPDT）表面。对于这两种合金中的其中一种合金来说，首选的制造顺序（就像 NASA 戈达德太空飞行中心在一次研究中所描述的那样[2.556]）：粗制外形（最好是锻造）、固溶处理、淬火（在聚二醇/水溶液中）和老化，然后是进一步机械加工、再老化、热循环，之后是整个光学加工过程。飞机铝合金 2024 和 7075 的强度要高得多，但更难以稳定化，在老化期间会发生尺寸变化[2.557]。对于截面厚度大于 7.0 cm 的大部件来说，建议采用不可热处理的 5000 系列铝合金，例如 5056[2.558]。这些合金可反复退火，仍能保持至少 150 MPa 的屈服强度。对于要求最低强度的应用情形，1100 是 SPDT 的首选合金，因为其含有 99%的 Al，不含有会形成硬颗粒的合金。

铸造合金通常更难以稳定。最常见的铸造铝是 A356，A357 是具有更严格规格、更纯净的铸造铝。A201 的合金化程度更低，当精细铸造时，可直接用 SPDT 法加工为成品。铝合金 713（坦查洛依铝锌铸造合金）和 771（先导 71A）是易于机加工、可精密铸造的 Al/Zn 合金。坦查洛依铝锌铸造合金通常未经过热处理，而先导合金 71A 经过热处理。先导合金是这些合金中最稳定的，但在铸造时需要考虑一些特殊问题，例如无硅坩锅、氯清除和陶瓷过滤器。铸件可进行等压热合（HIP），以闭合孔隙、增强性能，但只在生产时才有成本效益。

反射镜能够以通过 SPDT 及/或抛光法精加工过的裸露面装配，但通常镀有可车削及/或抛光的非电解镍镀层（EN），或镀有铝，以消除双金属热变形[2.559]。含铝质反射镜和结构的系统是用于获得完全绝热性能的一种低成本方法。

（2）铍（Be）。铍是最轻的结构金属，具有较高的弹性系数、热导率和红外反射系数，对 X 射线来说是透明的。铍的主要光学用途是空间光学和结构、要求惯性矩低的应用领域以及 X 射线窗。所有的铍材料都由粉末制成，HIP 是首选的固结法[2.562]。光学级 O-30 是由气体雾化[2.563]后形成的球形粉制成的 HIP，是最均质、各向同性最强的 Be 材料，被推荐为抛光裸面镜的材料。仪表级 I-220H（就像在 VLT 望远镜的 1.1 m 斩波次镜中所用的那样）是由 HIP 压实磨粉制成的一种细粒度高强度 Be 材料，通常用于制造强度比 O-30 或其他光学级（例如 S-200FH、S-65 或 I-70H）更高的、镀有非电解镍镀层的反射镜。在 O-30 能购买到之前，由压实磨粉制成的、经过 HIP 处理的 I-70H 是空间红外望远镜（SIRTF）[2.565]和 2003 年推出的所有 Be 望远镜的首选镜面材料。

Be 部件的典型制造方法是：加工 HIP 坯锭的外形，然后化学刻蚀和退火，之后进行精加工。还有其他的近终形制造方法可用于制造打开或闭合的后视镜乃至整体冷却通道[2.562,563,566-568]。但到目前为止，这些方法中没有哪个实现了广泛应用。铍反射镜可抛光成裸面，或镀有一层 EN，EN 镀层可用 SPDT 法精加工及/或抛光。

虽然 Be 在室温下有 11.4 ppm/K 的高热膨胀系数（CTE），但在 50 K 温度下其 CTE 会快速跌至 0.1 ppm/K，如图 2.101 所示[2.560,561]；再加上极高的热导率（在 150 K 温度下达到最大值 300 W/（m·K），如图 2.99 所示），因此 Be 在裸抛时有超凡的低温性能，当严格按照精细制造方法制作时可保证性能很稳定[2.569]。

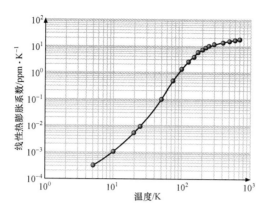

图 2.101 经过 HIP 处理的 I–70H 铍的线性热膨胀系数。低温数据由文献[2.560]提供
高温数据由 Touloukian 等人[2.561]提供

AlBeMet 162 是一种由 62%的 Be 和 38%的 Al 组成的合金，用于空间结构[2.570]中，目前也可用作镜面衬底材料[2.568]。这种材料通常由雾化粉挤压制成，就像 Al 一样，也可机加工和焊接，但在制成镜面形式时必须电镀以获得光学表面。此合金经改进后已能铸造，但由于孔隙率以及 Be 相和 Al 相的分离，所以成败参半。

搬运固态的 Be 材料不会导致健康风险，但若吸入空气中的 Be，则可能使易感人群患上严重的肺部疾病。"刷铍"网站[2.571]含有与 Be 健康和安全、所有 Be 级规格以及一整套 Be 设计指南有关的广泛信息。Be 的腐蚀性使其无法用作水冷部件。

（3）铜。在传统意义上，铜因为热导率高，一直都用于高能领域。目前应用的两种主要 Cu 合金是工业纯无氧铜（OFC）和弥散强化 GlidCop。虽然 OFC 有最高的热导率，但当钎焊时会失去大部分的强度，正是这种强度损失使得 GlidCop（一种热导率与 OFC 接近的高强度 Cu 合金）被选为铜焊热交换器部件的材料[2.572,573]。首选的 GlidCop 等级为弥散强化 GlidCop Al–15 LOX，含 0.3%的 Al_2O_3——以 5～15 nm 的粒子形式存在，在高达 800 ℃的温度下仍保持大于 70%的强度。其他的 GlidCop 等级有更高的 Al_2O_3 含量，但更难以铜焊。铜焊很容易实现，但要略加小心。研究人员已演示了几种有/无纯镀铜层以及有 Ti/Cu/Ni 或 Au/Cu 铜焊合金的钎焊方法[2.572,573]。相比之下前一种方法看起来更简单。由 GlidCop 制成的反射镜通常要镀 EN 并抛光。

（4）铁基合金。铁基合金在光学系统中的应用很广，但反射镜很少用这些合金制成。铁基合金包括 17–4 PH 沉淀硬化不锈钢和 AISI 1010 低碳钢[2.572]。当以固溶处理和冷精整形式获得材料时，17–4 PH 的加工很简单。在加工成型后，在 480 ℃温度下沉淀硬化处理 1 h，再空冷至 H900 状态，可以提供尺寸稳定的衬底材料；然后将其研磨、热循环及裸抛，直至达到极高的表面粗糙度水平。完全退火状态下的低碳钢有良好的强度和相当好的热导率，但需要有一层可抛光的 EN 镀层。

殷钢 36 和超殷钢具有最低的热膨胀系数，因此在 0～80 ℃的温度范围内拥有所有金属中最佳的热变形性能。与此同时，为了获得低 CTE 和尺寸稳定性，这些材料必须含有小于 0.02%的碳以及较低的硅、锰含量，并进行由 Lement 等人开发的三步热处理法[2.574]。推荐的处理步骤为：

① 加热至 830 ℃，保持 30 min，然后在聚二醇/水溶液中淬火；

② 加热至 315 ℃，保持 1 h，然后空冷；

③ 加热至 95 ℃，保持至少 48 h，然后空冷。

然后实施如下制造/热处理计划[2.572]。在第一步之前进行成型加工，在第二步之后进行精加工，然后重复第二步。在最终制造阶段，还要进行循环变温加热，温度不超过 300 ℃。第三步应当仅在所有的制造步骤都已完成之后才执行，而且不能超过相应的温度 95 ℃。

由于用大约 5%的钴替代了 36%的常态 Ni 中的一部分，超殷钢的膨胀率稍低。超殷钢可以像普通殷钢 36 那样制造并热处理，但在低温下会发生相变，导致 CTE 大幅增长。相变温度通常为小于等于 80 ℃，但如果材料在低于大约 −40 ℃的温度下使用，则应当做膨胀测量试验。

（5）其他金属。光学系统中使用了其他很多金属，其中主要是钼（Mo）。为了在大功率激光器光学系统中使用，很多水冷和未冷却的 Mo 反射镜被制造出来。首选的 Mo 级材料是低碳真空电弧熔铸，其中的细晶粒材料可钎焊及裸抛。含有钛（Ti）及/或锆（Zr）的其他 Mo 级材料（Mo 0.5%、Ti 和 TZM）有极细的微粒，使得钎焊更加困难，同时使得精抛光不可能实现。在 Mo 反射镜上形成的喷镀 Mo 镀膜得到了最好的成品。有关 Mo 及其制造的进一步信息，请参考"激光损伤会议"记录中的很多论文[2.575–579]。

钛也用于一些反射镜中，主要是高应力、轻量化的反射镜。在 6Al4V 合金中，钛有很高的强度/重量比。关于钛的发表文章微乎其微。钛很难精抛光，而且难以镀镍。用于改善镀层附着力的方案有很多，包括喷砂处理衬底、喷上一薄层镍或其他电镀金属膜，然后进行扩散退火，或者采用各电镀公司的其他专有方法。

（6）可抛光的镀膜。非电解镍镀层（EN）是用于使金属镜表面的可抛光性更强的一次性镀膜（包括 SPDT）。EN 已用于各种衬底材料上，包括 Al、Be、Cu、殷钢、钢、Ti 等材料。EN 是由 Ni 和磷（P）组成的一种合金，其性能取决于很多因素，包括磷含量的百分比、镀后烘焙时间和温度[2.580]。EN 沉积为一种非晶形镀膜，其 P 含量为 6%～15%。但是当在 150～190 ℃的适当温度下焙烧时，这些低浓度合金会失去玻璃光泽。含 P 量高于 10.5%的合金在高于 300 ℃的温度下仍保持非晶形，但在 190 ℃温度下焙烤 2 h 后会变得非常适于 SPDT。低浓度镀膜更硬，更适于抛光。在焙烧后，EN 的 CTE 与 P 含量成反比——从 ≈18 ppm/K@

6% P 到 9 ppm/K@13% P。

所有的 EN 镀膜都有残余应力[2.581]，这些残余应力有三个来源：由淀积过程产生的内应力；当 CTE 与衬底不匹配时由电镀温度（约 90 ℃）下降造成的双金属应力；以及由镀后焙烧期间的收缩造成的应力。这些应力可测量[2.582]，也可控制。对于光学用途，必须高度注意，严格控制工艺参数，防止 P 含量随着电镀的进展而变化；同时在镀液上加一个盖，以防止污染。对于光学应用，必须非常小心地严格控制工艺参数，以防止电镀进程中 P 含量的变化，并在镀液上提供一个覆盖层以防止污染。Howells 和 Paquin [2.572]给出了进一步的处理细节。

最近用于虚拟消除残余应力和双金属应力的精加工方法是电解铝电镀。这种被称为 Alumiplate 的 99.9%纯铝镀膜可以被金刚石车削。用于"双子星"近红外光谱仪的低温铝镜获得了巨大成功[2.583]，此外还被应用于铍镜。

（7）碳化硅。碳化硅（SiC）的类型有很多，如表 2.33 所示。它们的特性和制造方法差别很大，如表 2.35 所示。

碳化硅有两种形式：α——最常见的形式，具有六方晶结构以及各向异性 CTE 和弹性；β——面心立方形式，具有各向同性 CTE 和各向异性弹性。在所有的温度下，α形式都保持稳定，而β在高于大约 1 600 ℃的温度下会变成α。这两种形式中每种形式的大多数特性都在另一种形式的百分之几范围内。表 2.35 中描述的很多 SiC 类型的制造方法得到了不同的α、β、Si 和 C 组合，这些组合在有用性及/或对光学元件而言的适用性方面有相当大的差异。

表 2.35　碳化硅的主要类型

SiC 类型	结构/成分 [a]	密度	制造过程	备注
热压	≥98% α+其他 [b]	>98%	在热模中进行粉末压制	仅适用于简单断面型钢
化学气相沉积	100% β	≥99.9%	在热芯轴上沉积	薄壳或板形和镀膜
烧结	≥98% α+其他	>98%	预成型件，用烧结助剂在真空下焙烧过	用冷压坯锭加工成的预成型件；在焙烧中约 15%的收缩率；镜面覆有 CVD SiC
反应烧结/烧结	50–90% α+≈2% β+Si	>99%	预先焙烧的多孔预成型件，焙烧至 Si 渗入	可形成复杂的形状；其性能取决于 Si 含量和 SiC 粒度；镜面覆有 CVD Si 或 SiC
Cesic	50–60% α+20%～30% Si+10%～20% C	>99%	多孔碳/碳预成型件，焙烧至 Si 渗入，而且 Si 已部分地反应变成 SiC	可形成复杂的形状；其性能取决于纤维和 SiC：Si：C 比例；镜面覆有稀泥釉

SiC type	结构/成分 ª	密度	制造过程	备注
SuperSiC	100% β	≈80%	石墨预成型件，转变为 SiC	可形成复杂的形状；密封上覆有 CVD SiC
渗 Si SuperSiC	82% β+Si	>96%	石墨预成型件，转变为 SiC	可形成复杂的形状；镜面覆有 CVD SiC

Cesic 是德国慕尼黑 ECM 工程公司为其短碳纤维增强型 SiC 申请的注册商标。SuperSiC 是美国得克萨斯州迪凯特 POCO 石墨公司为其转换石墨级 SiC 申请的注册商标

ª α是六方晶 SiC，β 是面心立方晶 SiC

ᵇ 其他为烧结助剂，例如 Al_2O_3、Al、B、Be 和 C

热压 SiC 已用于制造热交换镜的衬底，虽然在光学器件中不常用，但据报道有时也在应用[2.584]。化学气相沉积（CVD）SiC[2.585]是极纯的β，因此可以抛光到很高的粗糙度水平[2.586,587]，但只能沉积为薄壳或薄板。很多小型反射镜已制作出来，但人们为制造具有轻量化衬底结构的大型反射镜而做的尝试只取得了部分的成功。CVD SiC 已广泛地用于涂敷多相 SiC 类型，并用于其他很多用途。

烧结 SiC 已用于制造很多不同的光学形式和系统[2.588]，包括由 12 个钎焊段组成的赫歇尔主镜（直径 3.5m）以及具有 600 mm 的 RocSat2 全 SiC 望远镜。制造过程包括利用烧结助剂对一个α－SiC 坯锭进行冷等静压，然后将零件加工至近终形质量，以实现临界表面的收缩（约 15%）真空烧结和终磨。精加工后的表面含有约 2%的空隙（平均尺寸为 2 μm），通常覆有 CVD SiC 镀膜，能够进行最终的光学表面精整。

反应烧结 SiC，又叫作"反应烧结 SiC"或"渗硅 SiC"，是一种由 Si 和α－SiC 的互穿网络组成的两相材料。这种材料的性能取决于 Si 的含量（10%～50%）。很多公司实行的反应烧结过程是比较灵活的。最简单的形式是渗硅 SiC[2.589]，采用了铸造预成型的形式，即预烧后机加工，然后当 Si 渗透至接近真密度时进行最终焙烧。SiC 含量越高，渗硅 SiC 的性能越好，但这个过程中需要更多的步骤。预成型件使用的工具装配可重复利用，以减少生产件的成本。米级反射镜已经制造出来[2.590]。精加工可在裸露的两相表面上进行，但通常是在非晶形的 PVD Si 或 CVD SiC 表面上进行[2.589,591]。

多相碳纤维增强型陶瓷 Cesic[2.592]能提供相对快速的 SiC 光学元件和结构。石墨化短纤维碳毡经机加工后渗 Si，形成复杂的 SiC、Si 和 C 显微结构，其表面必须喷镀，以便抛光。如表 2.33 所示，这种材料的力学性能比其他 SiC 类型略低。

SuperSiC 材料[2.593]从原材料变成精加工的光学元件也许是最容易和最快速的。有专利权的石墨体经机加工，达到近终形尺寸，然后变成孔隙率大约为 18%的纯β－SiC。孔隙可充满 Si 或 SiC。但不论是哪种情况，都应当在所有的表面喷涂一层 CVD SiC。目前，这种材料的特性表还无法获得。

（8）单晶硅（SCSi）。用多晶硅来制造透镜、太阳能电池和光学窗口是人尽皆知

的，但用 SCSi 来直接或间接地制造很多类型的反射镜（包括轻量化冷却反射镜）却没有多少人知道。表 2.33 中所示的特性表明：SCSi 是一种可与其他反射镜材料媲美的、具有低膨胀系数和高电导率的轻量化硬材料。

由于单晶体晶锭无缺陷，因此没有残余应力。通过受控的制造方法[2.594]，可以保持接近于零的应力状态，以获得极好的热/时间尺寸稳定性。

热交换 SCSi 反射镜用于高能激光器 [2.595,596]和同步加速器[2.597]，由匹配的机加 SCSi 部件通过熔块黏合[2.596,598]后装配而成。由 39NiFe（殷钢）制成的螺纹嵌入件以熔块形式黏合在连接点。轻量化 SCSi 反射镜可用很多方式制造，表现出高度的尺寸稳定性[2.599,600]。

| 2.11　常用的数据 |

下面给出一些常用的数据，图 2.102 为用于不同波长范围的光学材料类型，图 2.103 为光学玻璃中折射率与阿贝数之间的关系，表 2.36 为玻璃的代码、类型与厂家，图 2.104 为比色图表及一些玻璃类型和发光体。

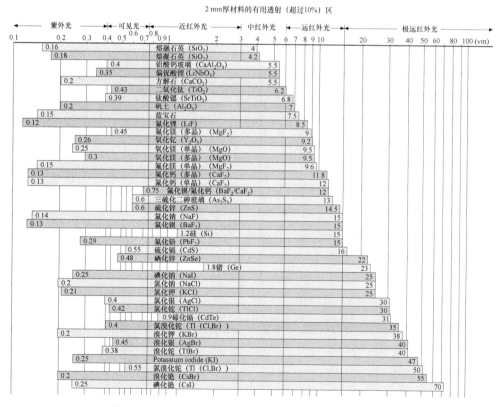

图 2.102　用于不同波长范围的光学材料类型一览表[2.601]

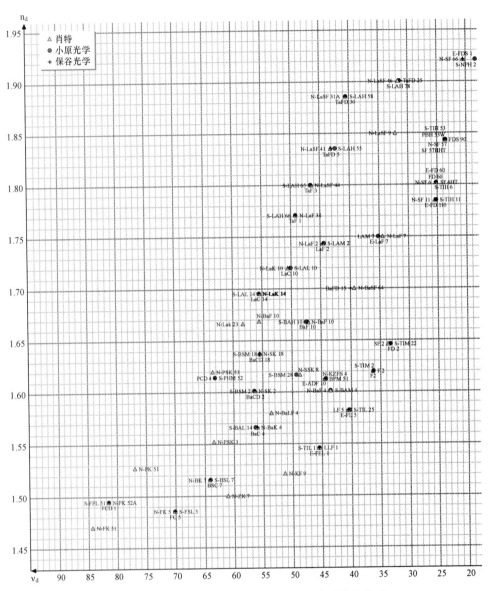

图 2.103　阿贝图－光学玻璃中折射率与阿贝数之间的关系

表 2.36 市售光学玻璃的代码、玻璃类型和厂家
（H=保谷光学，O=小原光学，S=肖特）[2.602−604]

代码	玻璃类型	n_d	v_d	厂家	代码	玻璃类型	n_d	v_d	厂家
434950	N－FK 56	1.434 30	95.0	S	571530	S－BAL 3	1.571 35	53.0	O
439950	S－FPL 53	1.438 75	95.0	O	573575	N－BAK 1	1.572 50	57.5	S
456903	S－FPL 52	1.456 00	90.3	O	573578	S－BAL 11	1.572 50	57.8	O
457903	FCD 10	1.456 50	90.3	H	575415	S－TIL 27	1.575 01	41.5	O
487702	S－SL 5	1.487 49	70.2	O	580539	N－BALF 4	1.579 56	53.9	S
487704	FC 5	1.487 49	70.4	H	581407	S－TIL 25	1.581 44	40.7	O
487704	N－FK 5	1.487 49	70.4	S	581408	N－LF 5	1.581 44	40.8	S
487845	N－FK 51	1.486 56	84.5	S	581409	E－FL 5	1.581 44	40.9	H
497816	FCD 1	1.497 00	81.6	H	581409	LF 5	1.581 44	40.9	S
497816	S－FPL 51	1.497 00	81.6	O	583464	BAM 3	1.582 67	46.4	O
497816	N－PK 52	1.497 00	81.6	S	583466	N－BAF 3	1.582 72	46.6	S
498670	N－BK 10	1.497 82	67.0	S	583594	S－BAL 42	1.583 13	59.4	O
501564	K 10	1.501 37	56.4	S	583595	BACD 12	1.583 13	59.5	H
508612	N－ZK 7	1.508 47	61.2	S	583595	M－BACD 12	1.583 13	59.5	H
511604	K 7	1.511 12	60.4	S	589612	S－BAL 35	1.589 13	61.2	O
516641	S－BSL 7	1.516 33	64.1	O	589613	BACD 5	1.589 13	61.3	H
517522	E－CF6	1.517 42	52.2	H	589613	M－BACD 5N	1.589 13	61.3	H
517524	S－NSL 36	1.517 42	52.4	O	589613	N－SK 5	1.589 13	61.3	S
517642	BSC 7	1.516 80	64.2	H	592684	N－PSK 57	1.592 40	68.4	S
517642	N－BK 7	1.516 80	61.2	S	593353	S－FTM 16	1.592 70	35.3	O
518590	E－C 3	1.518 23	59.0	H	593355	FF 5	1.592 70	35.5	H
518590	S－NSL 3	1.518 23	59.0	O	596392	E－F 8	1.595 51	39.2	H
522595	N－K 5	1.522 49	59.5	S	596392	S－TIM 8	1.595 51	39.2	O
522598	S－NSL 5	1.522 49	59.8	O	603380	E－F 5	1.603 42	38.0	H
523515	N－KF 9	1.523 46	51.5	S	603380	S－TIM 5	1.603 42	38.0	O
529770	N－PK 51	1.528 55	77.0	S	603380	F5	1.603 42	38.0	S
532488	E－FEL 6	1.531 72	48.8	H	603606	N－SK 14	1.603 11	60.6	S
532489	S－TIL 6	1.531 72	48.9	O	603607	BACD 14	1.603 11	60.7	H
532489	N－LLF 6	1.531 69	48.9	S	603607	S－BSM 14	1.603 11	60.7	O
540595	S－BAL 12	1.539 96	59.5	O	603655	S－PHM 53	1.603 00	65.5	O
540597	N－BAK 2	1.539 96	59.7	S	606437	S－BAM 4	1.605 62	43.7	O
541472	E－FEL 2	1.540 72	47.2	H	606437	N－BAF 4	1.605 68	43.7	S

续表

代码	玻璃类型	n_d	v_d	厂家	代码	玻璃类型	n_d	v_d	厂家
541472	S – TIL 2	1.540 72	47.2	O	606637	LBC 3N	1.606 25	63.7	H
547536	N – BALF 5	1.547 39	53.6	S	607567	BACD 2	1.607 38	56.7	H
548458	E – FEL 1	1.548 14	45.8	H	607567	N – SK 2	1.607 38	56.7	S
548458	S – TIL 1	1.548 14	45.8	O	607568	S – BSM 2	1.607 38	56.8	O
548458	LLF 1	1.548 14	45.8	S	609466	N – BAF 52	1.608 63	46.6	S
548459	N – LLF 1	1.548 14	45.9	S	613370	E – F 3	1.612 93	37.0	H
551495	SBF 1	1.551 15	49.5	H	613370	PBM 3	1.612 93	37.0	O
552635	N – PSK 3	1.552 32	63.5	S	613443	BPM 51	1.613 40	44.3	O
558540	N – KZFS 2	1.558 36	54.0	S	613443	KZFSN 4	1.613 40	44.3	S
564607	S – BAL 41	1.563 84	60.7	O	613444	E – ADF 10	1.613 10	44.4	H
564608	BACD 11	1.563 84	60.8	H	613445	N – KZFS 4	1.613 36	44.5	S
564608	N – SK 11	1.563 84	60.8	S	613586	BACD 4	1.612 72	58.6	H
567428	E – FL 6	1.567 32	42.8	H	613586	N – SK 4	1.612 72	58.6	S
567428	PBL 26	1.567 32	42.8	O	613587	S – BSM 4	1.612 72	58.7	O
569560	BAC 4	1.568 83	59.0	H	614550	BSM 9	1.614 05	52.0	O
569560	N – BAK 4	1.568 83	56.0	S	617366	F4	1.616 59	36.6	S
569563	S – BAL 14	1.568 83	56.3	O	618498	S – BSM 28	1.617 72	49.8	O
569712	N – PSK 58	1.569 07	71.2	S	618498	N – SSK 8	1.617 73	49.8	S
571508	S – BAL 2	1.570 99	50.8	O	618634	PCD 4	1.618 00	63.4	H
618634	S – PHM 52	1.618 00	63.4	O	667330	S – TIM 39	1.666 80	33.0	O
620363	E – F 2	1.620 04	36.3	H	667483	BAF 11	1.666 72	48.3	H
620363	S – TIM 2	1.620 04	36.3	O	667483	S – BAH 11	1.666 72	48.3	O
620364	F 2	1.620 04	36.4	S	670393	BAH 32	1.669 98	39.3	O
620364	N – F 2	1.620 05	36.4	S	670471	N – BAF 10	1.670 03	47.1	S
620603	BACD 16	1.620 41	60.3	H	670472	BAF 10	1.670 03	47.2	H
620603	S – BSM 16	1.620 41	60.3	O	670473	S – BAH 10	1.670 03	47.3	O
620603	N – SK 16	1.620 41	60.3	S	673321	S – TIM 25	1.672 70	32.1	O
620622	ADC 1	1.620 00	62.2	H	673322	E – FD 5	1.672 70	32.2	H
620635	N – PSK 53	1.620 14	63.5	S	673322	SF 5	1.672 70	32.2	S
621603	SK 51	1.620 90	60.3	S	673323	N – SF 5	1.672 71	32.3	S
622532	BSM 22	1.622 30	53.2	O	678506	LACL 9	1.677 90	50.6	H
622533	N – SSK 2	1.622 29	53.3	S	678507	S – LAL 56	1.677 90	50.7	O
623569	E – BACD 10	1.622 80	56.9	H	678549	LAKL 12	1.677 90	54.9	S

代码	玻璃类型	n_d	v_d	厂家	代码	玻璃类型	n_d	v_d	厂家
623570	S – BSM 10	1.622 80	57.0	O	678552	N – LAK 12	1.677 90	55.2	S
623570	N – SK 10	1.622 78	57.0	S	678553	S – LAL 12	1.677 90	55.3	O
623580	N – SK 15	1.622 96	58.0	S	678555	LAC 12	1.677 90	55.5	H
623581	BACD 15	1.622 99	58.1	H	689311	S – TIM 28	1.688 93	31.1	O
623582	S – BSM 15	1.622 99	58.2	O	689312	E – FD 8	1.688 93	31.2	H
624471	E – BAF 8	1.623 74	47.1	H	689313	N – SF 8	1.688 94	31.3	S
626357	E – F 1	1.625 88	35.7	H	691547	LAC 9	1.691 00	54.7	H
626357	S – TIM 1	1.625 88	35.7	O	691547	N – LAK 9	1.691 00	54.7	S
638424	N – KZFSN 11	1.637 75	42.4	S	691548	S – LAL 9	1.691 00	54.8	O
639449	S – BAM 12	1.639 30	44.9	O	694508	LACL 5	1.693 50	50.8	H
639509	S – BSM 18	1.638 54	55.4	O	694508	LAL 58	1.693 50	50.8	O
639554	N – SK 18	1.638 54	55.4	S	694532	M – LAC 130	1.693 50	53.2	H
639555	BACD 18	1.638 54	55.5	H	694532	S – LAL 13	1.693 50	53.2	O
640345	S – TIM 27	1.639 80	34.5	O	694533	LAC 13	1.693 50	53.3	H
640346	E – FD 7	1.639 80	34.6	H	694533	LAKN 13	1.693 50	53.3	S
640601	S – BSM 81	1.640 00	60.1	O	697485	LAFL 2	1.697 00	48.5	H
640601	N – LAK 21	1.640 49	60.1	S	697485	LAM 59	1.697 00	48.5	O
640602	LACL 60	1.640 00	60.2	H	697554	N – LAK 14	1.696 80	55.4	S
648338	E – FD 2	1.647 69	33.8	H	697555	LAC 14	1.696 80	55.5	H
648338	S – TIM 22	1.647 69	33.8	O	697555	S – LAL 14	1.696 80	55.5	O
648338	SF 2	1.647 69	33.8	S	699301	E – FD 15	1.698 95	30.1	H
649530	E – BACED20	1.648 50	53.0	H	699301	S – TIM 35	1.698 95	30.1	O
649530	S – BSM 71	1.648 50	53.0	O	699301	SF 15	1.698 95	30.1	S
650557	LACL 2	1.650 20	52.7	H	699302	N – SF 15	1.698 92	30.2	S
651562	S – LAL 54	1.651 00	56.2	O	700481	S – LAM 51	1.700 00	48.1	O
651669	N – LAK 22	1.651 13	55.9	S	702402	BAFD 15	1.702 00	40.2	H
652450	N – BAF 51	1.652 24	45.0	S	702412	BAFD 7	1.701 54	41.2	H
652584	LAC 7	1.651 60	58.4	H	702412	S – BAH 27	1.701 54	41.2	O
652585	S – LAL 7	1.651 60	58.5	O	704394	N – BASF 64	1.704 00	39.4	S
652585	N – LAK 7	1.651 60	58.5	S	706302	N – SF 64	1.705 91	30.2	S
654396	E – ADF 50	1.654 12	39.6	H	713538	N – LAK 8	1.713 00	53.8	S
654396	KZFSN 5	1.654 12	39.6	S	713539	LAC 8	1.713 00	53.9	H
654397	BPH 5	1.654 12	39.7	O	713539	S – LAL 8	1.713 00	53.9	O
658509	BACED 5	1.658 44	50.9	H	717295	E – FD 1	1.717 36	29.5	H
658509	S – BSM 25	1.658 44	50.9	O	717295	PBH 1	1.717 36	29.5	O

续表

代码	玻璃类型	n_d	v_d	厂家	代码	玻璃类型	n_d	v_d	厂家
658509	N－SSK 5	1.658 44	50.9	S	717295	SF 1	1.717 36	29.5	S
664360	N－BASF 2	1.664 46	36.0	S	717296	N－SF 1	1.717 36	29.6	S O
717479	S－LAM 3	1.717 00	47.9	O	762401	S－LAM 55	1.762 00	40.1	
717480	LAF 3	1.717 00	48.0	H	773496	TAF 1	1.772 50	49.6	H
717480	N－LAF 3	1.717 00	48.0	S	773496	S－LAH 66	1.772 50	49.6	O
720347	BPH 8	1.720 47	34.7	O	773496	N－LAF 34	1.772 50	49.6	S
720420	LAM 58	1.720 00	42.0	O	785257	FD 110	1.784 72	25.7	H
720437	S－LAM 52	1.720 00	43.7	O	785257	S－TIH 11	1.784 72	25.7	O
720460	LAM 61	1.720 00	46.0	O	785258	SF 11	1.784 72	25.8	S
720502	S－LAL 10	1.720 00	50.2	O	785261	FDS 30	1.784 70	26.1	H
720503	LAC 10	1.720 00	50.3	H	785261	N－SF 56	1.784 70	26.1	S
720506	N－LAK 10	1.720 03	50.6	S	785261	SF 56A	1.784 70	26.1	S
722292	S－TIH 18	1.721 51	29.2	O	785263	S－TIH 23	1.784 70	26.3	O
723380	BAFD 8	1.723 42	38.0	H	786439	NBFD 11	1.785 90	43.9	H
723380	S－BAH 18	1.723 42	38.0	O	786441	N－LAF 33	1.785 82	44.1	S
724381	BASF 51	1.723 73	38.1	S	786442	S－LAH 51	1.785 90	44.2	O
728283	E－FD 10	1.728 25	28.3	H	788474	S－LAH 64	1.788 00	47.4	O
728284	SF 10	1.728 25	28.4	S	788475	TAF 4	1.788 00	47.5	H
728285	S－TIH 10	1.728 25	28.5	O	788475	N－LAF 21	1.788 00	47.5	S
728285	N－SF 10	1.728 28	28.5	S	795454	TAF 2	1.794 50	45.4	H
729547	TAC 8	1.729 16	54.7	H	795455	N－LAF 32	1.794 57	45.5	S
729547	S－LAL 18	1.729 06	54.7	O	800422	S－LAH 52	1.799 52	42.2	O
731405	M－LAF 81	1.730 77	40.5	H	800423	NBFD 12	1.799 50	42.3	H
734511	TAC 4	1.734 00	51.1	H	801350	S－LAM 66	1.801 00	35.0	O
734515	S－LAL 59	1.734 00	51.5	O	801351	N－LASF 45	1.801 00	35.1	S
740283	PBH 3	1.740 00	28.3	O	804396	S－LAH 63	1.804 40	39.6	O
741278	E－FD 13	1.740 77	27.8	H	804465	TAF 3	1.804 20	46.5	H
741278	S－TIH 13	1.740 77	27.8	O	804465	N－LASF 44	1.804 20	46.5	S
741526	TAC 2	1.741 00	52.6	H	804466	S－LAH 65	1.804 00	46.6	O
741527	S－LAL 61	1.741 00	52.7	O	805254	S－TIH 6	1.805 18	25.4	O
743492	NBF 1	1.743 30	49.2	H	805254	N－SF 6	1.805 18	25.4	S
743493	M－NBF 1	1.743 30	49.3	H	805254	SF 6	1.805 18	25.4	S
743493	S－LAM 60	1.743 20	49.3	O	805255	FD 60	1.805 18	25.5	H
744448	S－LAM 2	1.744 00	44.8	O	805396	NBFD 3	1.804 50	39.6	H
744449	LAF 2	1.744 00	4.9	H	806333	NBFD 15	1.806 10	33.3	H

续表

代码	玻璃类型	n_d	v_d	厂家	代码	玻璃类型	n_d	v_d	厂家
744449	N－LAF 2	1.743 97	44.9	S	806406	N－LASF 43	1.806 10	40.6	S
749348	N－LAF 7	1.749 50	34.8	S	806407	M－NBFD 130	1.806 10	40.7	H
750350	E－LAF 7	1.749 50	35.0	H	806407	NBFD 13	1.806 10	40.7	H
750350	LAFN 7	1.749 50	35.0	S	806409	S－LAH 53	1.806 10	40.9	O
750353	LAM 7	1.749 50	35.3	O	808228	S－NPH 1	1.808 09	22.8	O
752251	FF 8	1.752 11	52.1	H	815370	M－NBFD 82	1.814 74	37.0	H
754524	N－LAK 33	1.753 98	52.4	S	816445	TAFD 10	1.815 50	44.5	H
755274	N－SF 4	1.755 13	27.4	S	816466	TAF 5	1.816 00	46.6	H
755275	E－FD 4	1.755 20	27.5	H	816466	S－LAH 59	1.816 00	46.6	O
755275	S－TIH 4	1.755 20	27.5	O	834372	S－LAH 60	1.834 00	37.2	O
755276	SF 4	1.755 20	27.6	S	834373	NBFD 10	1.834 00	37.3	H
755523	TAC 6	1.755 00	52.3	H	834373	N－LASF 40	1.834 04	37.3	S
755523	S－YGH 51	1.755 00	52.3	O	835427	S－LAH 55	1.834 81	42.7	O
757477	NBF 2	1.757 00	47.7	H	835430	TAFD 5	1.835 00	43.0	H
757478	S－LAM 54	1.757 00	47.8	O	835431	N－LASF 41	1.835 01	43.1	S
762265	S－TIH 14	1.761 82	26.5	O	847236	SFL 57	1.846 66	23.6	S
762265	SF 14	1.761 82	26.5	S	847238	FDS 90	1.846 66	23.8	H
762266	FD 140	1.761 82	26.6	H	847238	S－TIH 53	1.846 66	23.8	O
847238	SF 57	1.846 66	23.8	S	850322	LASFN 9	1.850 25	32.2	S
881410	N－LASF 31	1.880 67	41.0	S	883408	TAFD 30	1.883 00	40.8	H
883408	S－LAH 58	1.883 00	40.8	O	901315	LAH 78	1.901 35	31.5	O
923209	E－FDS 1	1.922 86	20.9	H	923209	SF 66	1.922 86	20.9	S
923213	PBH 71	1.922 86	21.3	O	1022291	N－LASF 35	2.022 04	29.1	S

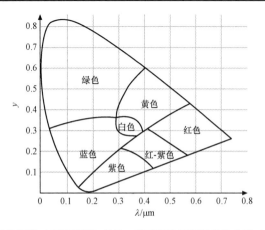

图 2.104　比色图表（色彩坐标）以及一些玻璃类型和发光体 D65（标准光源）

| 参 考 文 献 |

［2.1］ J. Jackson: *Classical Electrodynamics* (Wiley, New York 1975).

［2.2］ L.D. Landau, E.M. Lifshitz: *The Classical Theory of Fields* (Addison Wesley, New York 1971).

［2.3］ C. Kittel: *Introduction to Solid State Physics* (Oldenbourg, Munich 1988).

［2.4］ H. Haken: *Quantum Field Theory of Solids* (Teubner, Stuttgart 1973).

［2.5］ A. Sommerfeld: *Optics: Lectures on Theoretical Physics*, Vol. IV (Academic, New York 1954).

［2.6］ A.C. Hardy, F.H. Perrin: *The Principles of Optics* (McGraw-Hill, New York 1932).

［2.7］ C.S. Williams, O.A. Becklund: *Optics: A Short Course for Engineers and Scientists* (Wiley, New York 1972).

［2.8］ W.G. Driscoll, W. Vaughan (Eds.): *Handbook of Optics* (McGraw-Hill, New York 1978).

［2.9］ D. Halliday, R. Resnick, J. Walker: *Fundamentals of Physics*, 4th edn. (Wiley, New York 1993).

［2.10］ J.H. Simmons, K.S. Potter: *Optical Materials* (Academic, New York 2000).

［2.11］ E. Hecht: *Optics*, 4th edn. (Addison Wesley, New York 2002).

［2.12］ S. Singh: Refractive index measurement and its applications, Phys. Scr. 65(2), 167–180 (2002).

［2.13］ S. Tominaga, N. Tanaka: Refractive index estimation and color image rendering, Pattern Recognit. Lett. 24(11), 1703–1713 (2003).

［2.14］ J.E. Shelby: *Introduction to Glass Science and Technology* (The Royal Society of Chemistry, Cambridge 1997).

［2.15］ H. Bach, N. Neurorth (Eds.): *The Properties of Optical Glass* (Springer, Berlin, Heidelberg 1998).

［2.16］ J.V. Hughes: A new precision refractometer, J. Rev. Sci. Instrum. 18, 234 (1941).

［2.17］ A.B.P. Lever: *Inorganic Electronic Spectroscopy* (Elsevier, New York 1968).

［2.18］ C.R. Bamford: *Colour Generation and Control in Glass* (Elsevier, New York 1977).

［2.19］ A. Paul: *Chemistry of Glass* (Chapman Hall, New York 1990).

［2.20］ D.C. Harris, M.D. Bertolucci: *Symmetry, Spectroscopy: An Introduction to Vibrational, Electronic Spectroscopy* (Dover, New York 1978).

［2.21］ M. Born, E. Wolf: *Principles of Optics* (Cambridge Univ. Press, Cambridge 1999) p. 218.

［2.22］ I.B. Bersuker: *Electronic Structure and Properties of Transition Metal Compounds: Introduction to the Theory* (Wiley, New York 1996).

［2.23］ B. Douglas, D. McDaniel, J. Alexander: *Concepts and Models of Inorganic Chemistry*, 3rd edn. (Wiley, New York 1994).

［2.24］ C.K. Jorgensen: Spectroscopy of transition-group complexes, Adv. Chem. Phys. 5, 33–145 (1963).

［2.25］ N.W. Ashcroft, N.D. Mermin: *Solid State Physics* (Thomson, Stamford 2000).

［2.26］ J.D. Jackson: *Classical Electrodynamics* (Wiley, New York 1975).

［2.27］ J.F. Nye: *Physical Properties of Crystals* (Oxford Univ. Press, Oxford 1957).

［2.28］ M. Born, E. Wolf: *Principles of Optics* (Pergamon, Oxford 1986).

［2.29］ H. Vogel: *Gerthsen Physik* (Springer, Berlin, Heidelberg 1997).

［2.30］ B.E.A. Saleh, M.C. Teich: *Fundamentals of Photonics* (Wiley, New York 1991).

［2.31］ Y.R. Shen: *The Principles of Nonlinear Optics* (Wiley, New York 1984).

［2.32］ W. Nie: Optical nonlinearity: Phenomena, applications and materials, Adv. Mater. 5, 520–545 (1993), and cited papers.

［2.33］ C.F. Klingshirn: *Semiconductor Optics* (Springer, Berlin, Heidelberg 1997).

［2.34］ N.F. Borrelli, D.W. Hall: Nonlinear optical properties of glasses. In: *Optical Properties of Glass*, ed. by D.R. Uhlmann, N.J. Kreidl (American Ceramic Society, Westerville 1991) pp. 87–124.

［2.35］ P. Chakraborty: Metal nanoclusters in glasses as nonlinear photonic materials, J. Mater. Sci. 33, 2235–2249 (1998).

［2.36］ E.M. Vogel, M.J. Weber, D.M. Krol: Nonlinear optical phenomena in glass, Phys. Chem. Glasses 32, 231–250 (1991), and cited papers.

［2.37］ E.M. Vogel: Glasses as nonlinear photonic materials, J. Am. Ceram. Soc. 72, 719–724 (1989).

［2.38］ I. Kang, T.D. Krauss, F.W. Wise, et al: Femtosecond measurement of enhanced optical nonlinearities of sulfide glasses and heavy-metal-doped oxide glasses, J. Opt. Soc. Am. B 12, 2053–2059 (1995).

［2.39］ H. Tanaka, K. Kashima, K. Hirao, et al: Second harmonic generation in poled tellurite glasses, Jpn. J. Appl. Phys. 32(2), 843 (1993).

［2.40］ K. Hirao, T. Mitsuyu, J. Si, et al: *Active Glasses for Photonic Devices* (Springer, Berlin, Heidelberg 2001).

［2.41］ K. Hirao: *Active Glass Project NEWS*, 99.8 Final Rep. No. 3 (Japan Science and Technology Agency, Kawaguchi City 1999).

［2.42］ H. Nasu, J.D. MacKenzie: Nonlinear optical properties of glass and glass or gel based compositions, Opt. Eng. 26, 102–106 (1987).

［2.43］ J.S. Aitchinson, J.D. Prohaska, E.M. Vogel: The nonlinear optical properties of glass, Met. Mater. Proc. 8, 277–290 (1996).

[2.44] B.G. Potter, M.B. Sinclair: Photosensitive, rare earth doped ceramics for optical sensing, J. Electroceram. 2, 295–308 (1998).

[2.45] F. Ishh, T. Sawatari, A. Odajima: NMR study of chain orientation in drawn poly(vinylidene fluoride) films I. The effects of poling on the double orientation distribtion function, Jpn. J. Appl. Phys. 27, 1047–1053 (1988).

[2.46] M.G. Kuzyk, K.D. Singer, H.E. Zahn, et al: Second-order nonliniear-optical tensor properties of poled films under stress, J. Opt. Soc. Am. B 6, 742 (1989).

[2.47] S. Miyata, H. Sasabe: *Poled Polymers, their Applications to SHG and EO Devices* (Taylor Francis, New York 1997).

[2.48] W. Koechner: *Solid-State Laser Engineering* (Springer, Berlin, Heidelberg 1976).

[2.49] H.C. Van de Hulst: *Light Scattering by Small Particles* (Dover, New York 1981).

[2.50] G. Mie: Beiträge zur Optik trüber Medien, speziell kolloidaler Metallösungen, Ann. Phys. 25, 377–445 (1908), in German, Vierte Folge.

[2.51] A. Ishimaru: *Wave Propagation and Scattering in Random Media* (IEEE, Piscataway 1997).

[2.52] C. Bohren, D. Huffman: *Absorption, Scattering of Light by Small Particles* (Wiley, New York 1983).

[2.53] M. Born, E. Wolf: *Principles of Optics*, 7th edn. (Cambridge Univ. Press, Cambridge 1999).

[2.54] P. Debye, A.M. Bueche: Scattering by an inhomogeneous solid, J. Appl. Phys. 20, 518 (1949).

[2.55] C.S. Johnson, D.A. Gabriel: *Laser Light Scattering* (Dover, New York 1981).

[2.56] A. Dogariu: Volume Scattering in Random Media. In: *Handbook of Optics, Part 1 Classical Optics*, Vol. III, ed. by M. Bass (McGraw-Hill, New York 2001), Chap. 3.

[2.57] P.D. Kaplan, A.D. Dinsmore, A.G. Yodh: Diffusetransmission spectroscopy: A structural probe of opaque colloidal mixtures, Phys. Rev. E 50, 4827 (1994).

[2.58] J.M. Elson, H.E. Bennett, J.M. Bennett: Scattering from optical surfaces. In: *Applied Optics and Optical Engineering*, Vol. 7, ed. by R. Shannon, J. Wyant (Academic, New York 1979), Chap. 7.

[2.59] A. Ishimaru: *Wave Propagation and Scattering in Random Media* (IEEE, Piscataway 1997).

[2.60] A. Duparré: Surface characterization techniques for determining the root-mean-square roughness and power spectral densities of optical components, Appl. Opt. 41, 154–171 (2002).

［2.61］ M. Born, E. Wolf: *Principles of Optics*, 7th edn. (Cambridge Univ. Press, Cambridge 1999).

［2.62］ S. Musikant: *Optical Materials* (Dekker, New York 1985), where text, figures and tables are partly from pp. 210–228 with adaptations to the notations of this handbook.

［2.63］ H.J. Hoffmann: Photochromic Glasses. In: *The Properties of Optical Glass*, Schott Ser. Glass Glass Ceram., ed. by H. Bach, N. Neuroth (Springer, Berlin, Heidelberg 1995) pp. 275–290, Chap. 8.2.

［2.64］ W.H. Armistead, S.D. Stookey: Photochromic silicate glasses sentized by silver halides, Science 144, 150–158 (1964).

［2.65］ F.-T. Lentes: Refractive index and dispersion. In: *The Properties of Optical Glass*, ed. by H. Bach, N. Neuroth (Springer, Berlin, Heidelberg 1998) pp. 19–57.

［2.66］ H.G. Pfänder: Optische Gläser und Brillengläser. In: *Schott Glaslexikon*, ed. by H.G. Pfänder (mvg, Landsberg 1997) pp. 129–142, in German.

［2.67］ B. Jaschke: Einfluß der Wissenschaften. In: *Glasherstellung*, ed. by B. Jaschke (Deutsches Museum, Munich 1997) pp. 79–86, in German.

［2.68］ H.G. Pfänder: Geschichte des Glases. In: *Schott Glaslexikon*, ed. by H.G. Pfänder (mvg, Landsberg 1997) pp. 13–23, in German.

［2.69］ N.J. Kreidl: Optical properties. In: *Handbook of Glass Manufacture*, ed. by F.V. Tooley (Books for Industry, New York 1974) pp. 957–997.

［2.70］ B. Jaschke: Neuerungen in der Glasherstellung. In: *Glasherstellung*, ed. by B. Jaschke (Deutsches Museum, Munich 1997) pp. 65–78, in German.

［2.71］ M.K.T. Clement: The chemical composition of optical glasses and its influence on the optical properties. In: *The Properties of Optical Glass*, ed. by H. Bach, N. Neuroth (Springer, Berlin, Heidelberg 1998) pp. 58–81.

［2.72］ G.F. Brewster, N.J. Kreidl, T.G. Pett: Lanthanum and barium in glass-forming system, J. Soc. Glass Technol. 31, 153–169 (1947).

［2.73］ W. Jahn: Mehrstoffsysteme zum Aufbau optischer Gläser, Glastechn. Ber. 43, 107–120 (1961), in German.

［2.74］ W.H. Zachariasen: Die Struktur der Gläser, Glastechn. Ber. 11, 120–123 (1933), in German.

［2.75］ W.H. Zachariasen: The atomic arrangement in glass, J. Am. Chem. Soc. 54, 3841–3851 (1932).

［2.76］ B.E. Warren, A.D. Loring: X-ray diffraction study of the structure of soda–silica glasses, J. Am. Ceram. Soc. 18, 269–276 (1935).

［2.77］ K. Fajans, N.J. Kreidl: Stability of lead glasses, polarization of ions, J. Am.

Ceram. Soc. 31, 105–114 (1948).

[2.78] J.E. Stanworth: On the structure of glass, J. Soc. Glass Technol. 32, 154–172 (1948).

[2.79] A.M. Bishay, P. Askalani: Properties of antimony glasses in relation to structure, C. R. VIIe Congr. Int. du Verre, Bruxelles (Maison d'Edition, Marcinelle 1965), Part 1, Nr. 24.

[2.80] S. Wolff, U. Kolberg: Environmental friendly optical glasses. In: *The Properties of Optical Glass*, ed. by H. Bach, N. Neuroth (Springer, Berlin, Heidelberg 1998) pp. 144–148.

[2.81] H. Bach, N. Neuroth: *The Properties of Optical Glass*, Schott Ser. Glass (Springer, Berlin, Heidelberg 1998).

[2.82] C.R. Bamford: *Colour Generation and Control in Glass* (Elsevier, Amsterdam 1977).

[2.83] W.A. Weyl: *Coloured Glasses* (Society of Glass Technology, Sheffield 1951).

[2.84] W. Vogel: *Glaschemie* (Springer, Berlin, Heidelberg 1992) pp. 51–313, in German.

[2.85] K. Nassau: The varied causes of colour in glass, Mat. Res. Soc. Symp. Proc. 61, 427–439 (1986).

[2.86] T. Bates: Ligand field theory, absorption spectra of transition-metal ions in glasses. In: *Modern Aspects of the Vitreous State*, Vol. 2, ed. by J.D. Mackenzie (Butterworth, London 1962) pp. 195–254.

[2.87] L.E. Orgel: *An Introduction to Transition Metal Chemistry and Ligand Field Theory* (Methuen, London 1960).

[2.88] H.L. Schläfer, G. Gliemann: *Einführung in die Ligandenfeldtheorie* (Akademische Verlagsgesellschaft, Frankfurt/Main 1967), in German.

[2.89] C.J. Ballhausen: *Introduction to Ligand Field Theory* (McGraw-Hill, New York 1962).

[2.90] C.K. Jorgensen: *Absorption Spectra and Chemical Bonding in Complexes* (Pergamon, Oxford 1962).

[2.91] A. Bishay, A. Kinawi: Absorption spectra of iron in phosphate glasses and ligand field theory, Phys. Non-Cryst. Solids 2, 589–605 (1965).

[2.92] C.F. Bohren: *Absorption and Scattering of Light by Small Particles* (Wiley, New York 1983).

[2.93] M. Kerker: *The Scattering of Light and Other Electromagnetic Radiation* (Academic, New York 1969).

[2.94] M. Born, E. Wolf: *Principles of Optics* (Pergamon, Oxford 1986).

[2.95] H.P. Rooksby: The colour of selenium ruby glasses, J. Soc. Glass Technol. 16,

171–181 (1932).

［2.96］ G. Schmidt: Optische Untersuchungen an Selenrubingläsern, Silikattechnik 14, 12–18 (1963), in German.

［2.97］ A. Rehfeld, R. Katzschmann: Farbbildung und Kinetik von Steilkanten-Anlaufgläsern, Silikattechnik 29, 298–302 (1978), in German.

［2.98］ G. Walter, R. Kranold, U. Lemke: Small angle xray scattering characterization of inorganic glasses, Makromol. Chem. Makromol. Symp. 15, 361–372 (1988).

［2.99］ T. Yanagawa, Y. Sasaki, H. Nakano: Quantum size effects, observation of microcrystallites in coloured filter glasses, Appl. Phys. Lett. 54, 1495–1497 (1989).

［2.100］ J.L. Emmett, W.F. Krupke, J.B. Trenholme: *The Future Development of High-Power Solid State Laser Systems* (Lawrence Livermore National Laboratory, Livermore 1982).

［2.101］ A.H. Clauer: New life for laser shock processing, Ind. Laser Rev. March, 7–9 (1996).

［2.102］ E. Snitzer: Optical laser action of Nd3+in a barium crown glass, Phys. Rev. Lett. 7, 444–446 (1961).

［2.103］ S.E. Stokowski, R.A. Saroyan, M.J. Weber: *Laser Glass Nd-Doped Glass Spectroscopic and Physical Properties* (Lawrence Livermore National Laboratory, Livermore 1981) pp. 1–9, M-95, Rev. 2.

［2.104］ J.H. Pitts: Modeling laser damage caused by platinum inclusions in laser glass, laser induced damage in optical materials, Techn. Dig. Boulder Damage Symp., Boulder (NBS, Boulder 1986) pp. 537–542.

［2.105］ J.H. Campbell, E.P. Wallerstein, J.S. Hayden, et al: *Elimination of Platinum Inclusions in Phosphate Laser Glasses* (Lawrence Livermore National Laboratory, Livermore 1989).

［2.106］ R. Wood: *Laser Damage in Optical Materials* (IOP Publishing Limited, Bristol, Great Britain 1986).

［2.107］ D.C. Brown: *High-Peak-Power Nd:Glass Laser Systems* (Springer, Berlin, Heidelberg 1981), Chap. 6.

［2.108］ D.H. Roach, A.R. Cooper: The effect of etch depth on strength of indented soda lime glass rods. In: *Strength of Inorganic Glass*, ed. by C.R. Kurkjian (Plenum, New York 1985) pp. 185–195.

［2.109］ W.C. LaCourse: The strength of glass. In: *Introduction to Glass Science*, ed. by L.D. Pye, H.J. Stevens, W.C. LaCourse (Plenum, New York 1972) pp. 451–512.

［2.110］ P.W. McMillan: *Glass-Ceramics* (Academic, London 1979) p. 285.

［2.111］ W. Holand, G.H. Beall: *Glass-Ceramic Technology* (The American Ceramic Society, Westerville 2002) p. 372.

［2.112］ W. Pannhorst: Low expansion glass ceramics-current developments, Proc. 7th Int. Otto Schott Coll., Jena, ed. by C. Ruessel, G. Volksch (Verlag der Deutschen Glastechnischen Gesellschaft, Frankfurt 2002) p. 78.

［2.113］ S. Cramer von Clausbruch, M. Schweiger, W. Hoeland, et al: Effect of ZnO on the crystallization, microstructure, properties of glass-ceramics in the SiO_2–Li_2O–ZnO–K_2O–P_2O_5 system, Glass Sci. Technol. 74, 223 (2001).

［2.114］ M.M. Layton, J.W. Smith: Pyroelectric response in transparent ferroelectric glass, J. Am. Ceram. Soc. 58, 435 (1975).

［2.115］ T. Komatsu, J. Onuma, H.G. Kim, et al: Formation of Rb-doped crystalline phase with second harmonic generation in transparent K_2O–Nb_2O_5–TeO_2 glass ceramics, J. Mater. Sci. Lett. 15, 2130 (1996).

［2.116］ F.C. Guinhos, P.C. Nobrega, P.A. Santa-Cruz: Compositional dependence of up-conversion process in Tm^{3+}–Yb^{3+}codoped oxyfluoride glasses and glassceramics, J. Alloys Compd. 323, 358 (2001).

［2.117］ M. Secu, S. Schweizer, J.M. Spaeth, et al: Photostimulated luminescence from a fluorobromozirconate glassceramic and the effect of crystallite size and phase, J. Phys. Condens. Matter 15, 1097 (2003).

［2.118］ G.H. Beall: Glass-ceramics for photonic applications, Glass Sci. Technol. 73, 3 (2000).

［2.119］ J.A. Tangeman, B.L. Phillips, A. Navrotsky, et al: Vitreous forsterite (Mg_2SiO_4): Synthesis, structure, thermochemistry, Geophys. Res. Lett. 28, 2517 (2001).

［2.120］ H. Bach (Ed.): *Low Thermal Expansion Glass Ceramics* (Springer, Berlin, Heidelberg 1995) p. 223.

［2.121］ P.F. James: Kinetics of crystal nucleation in lithium silicate glasses, Phys. Chem. Glasses 15, 95 (1974).

［2.122］ A.C. Lasaga: *Kinetic Theory in the Earth Sciences* (Princeton Univ. Press, Princeton 1998) p. 811.

［2.123］ P.A. Tick, N.F. Borrelli, I.M. Reaney: The relationship between structure and transparency in glass-ceramic materials, Opt. Mater. 15, 81 (2000).

［2.124］ K. Shioya, T. Komatsu, H.G. Kim, et al: Optical properties of transparent glass-ceramics in K_2O–Nb_2O_5–TeO_2 glasses, J. Non-Cryst. Solids 189, 16 (1995).

［2.125］ H.A. Miska: Aerospace and military applications. In: *Ceramics and Glasses*, ed. by S.R. Lampman, M.S. Woods, T.B. Zorc (ASM Int., Materials Park 1991) p.

1016.

[2.126] P.W. McMillan, G. Partridge: Dielectric properties of certain ZnO–Al_2O_3–SiO_2 glass-ceramics, J. Mater. Sci. 7, 847 (1972).

[2.127] A.P. Tomsia, J.A. Pask, R.E. Loehman: Glass/metal and glass-ceramic/metal seals. In: *Ceramics and Glasses*, ed. by S.R. Lampman, M.S. Woods, T.B. Zorc (ASM Int., Materials Park 1991) p. 493.

[2.128] Ohara Corporation: *Glass-Ceramic Substrates for Planar Light Circuits (SA-02)*, Commercial Literature (Ohara Corporation, Japan 2003).

[2.129] W.D. Kingery, H.K. Bowen, D.R. Uhlmann: *Introduction to Ceramics*, 2nd edn. (Wiley, New York 1976) p. 1032.

[2.130] R.B. Roberts, R.J. Tainsh, G.K. White: Thermal properties of Zerodur at low temperatures, Cryogenics 22, 566 (1982).

[2.131] S.W. Freiman, L.L. Hench: Effect of crystallization on mechanical properties of Li_2O–SiO_2 glass-ceramics, J. Am. Ceram. Soc. 55, 86 (1972).

[2.132] S.S. Bayya, J.S. Sanghera, I.D. Aggarwal, et al: Infrared transparent germanate glass-ceramics, J. Am. Ceram. Soc. 85, 3114 (2002).

[2.133] Y. Tada, F. Kawano, M. Kon, et al: Influence of crystallization on strength and color of castable glass-ceramics containing two crystals, Biomed. Mater. Eng. 5, 233 (1995).

[2.134] B.R. Lawn, T.R. Wilshaw, T.I. Barry, et al: Hertzian fracture of glass ceramics, J. Mater. Sci. 10, 179 (1975).

[2.135] R. Morena, K. Niihara, D.P.H. Hasselman: Effect of crystallites on surface damage and fracturebehavior of a glass-ceramic, J. Am. Ceram. Soc. 66, 673 (1983).

[2.136] T.J. Hill, J.J. Mecholsky, K.J. Anusavice: Fractal analysis of toughening behavior in $3BaO \cdot 5SiO_2$ glassceramics, J. Am. Ceram. Soc. 83, 545 (2000).

[2.137] D. Mittleman (Ed.): *Sensing with Terahertz Radiation* (Springer, Berlin, Heidelberg 2003) p. 337.

[2.138] A.J. Moulson, J.M. Herbert: *Electroceramics* (Chapman Hall, London 1990) p. 464.

[2.139] A. Herczog: Microcrystalline $BaTiO_3$ by crystallization from glass, J. Am. Ceram. Soc. 47, 107 (1964).

[2.140] N.F. Borrelli: Electrooptic effect in transparent niobate glass-ceramic systems, J. Appl. Phys. 38, 4243 (1967).

[2.141] O.P. Thakur, D. Kumar, O.M. Parkash, et al: Crystallization, microstructure development and dielectric behaviour of glass ceramics in the system $[SrO \cdot TiO_2]$–$[2SiO_2 \cdot B_2O_3]$–La_2O_3, J. Mater. Sci. 37, 2597 (2002).

［2.142］ F. Agullo-Lopez, J.M. Cabera, F. Agullo-Rueda: *Electrooptics: Phenomena, Materials and Applications* (Academic, London 1994) p. 345.

［2.143］ H. Bach, N. Neuroth (Eds.): *The Properties of Optical Glass* (Springer, Berlin, Heidelberg 1995) p. 410.

［2.144］ K.J. Anusavice, N.-Z. Zhang, J.E. Moorhead: Influence of $P_2 O_5$, $AgNO_3$, $FeCl_3$ on color, translucency of lithia-based glass-ceramics, Dent. Mater. 10, 230 (1994).

［2.145］ V.M. Khomenko, K. Langer, R. Wirth: On the influence of wavelength-dependent light scattering on the UV-VIS absorption spectra of oxygen-based minerals: A study on silicate glass ceramics as model substances, Phys. Chem. Min. 30, 98 (2003).

［2.146］ G.H. Beall, D.A. Duke: Transparent glass ceramics, J. Mater. Sci. 4, 340 (1969).

［2.147］ C.F. Bohren, D.R. Huffman: *Absorption and Scattering of Light by Small Particles* (Wiley, New York 1983) p. 530.

［2.148］ F.M. Modest: *Radiative Heat Transfer* (McGraw-Hill, New York 1993) p. 832.

［2.149］ R.W. Hopper: Stochastic-theory of scattering from idealized spinodal structures 2 scattering in general and for the basic late stage model, J. Non-Cryst. Solids 70, 111 (1985).

［2.150］ R. Menzel: *Photonics: Linear and Nonlinear Interactions of Laser Light and Matter* (Springer, Berlin, Heidelberg 2001) p. 873.

［2.151］ S. Hendy: Light scattering in transparent glass ceramics, Appl. Phys. Lett. 81, 1171 (2002).

［2.152］ W. Pannhorst: Zerodur-A low thermal expansion glass ceramic for optical precision applications. In: *Low Thermal Expansion Glass Ceramics*, ed. by H. Bach (Springer, Berlin, Heidelberg 1995) p. 107.

［2.153］ P. Pernice, A. Aronne, V.N. Sigaev, et al: Crystallization behavior of potassium niobium silicate glasses, J. Am. Ceram. Soc. 82, 3447 (1999).

［2.154］ G.S. Murugan, K.B.R. Varma: Dielectric, linear and non-linear optical properties of lithium borate– bismuth tungstate glasses and glass-ceramics, J. Non-Cryst. Solids 279, 1 (2001).

［2.155］ N.F. Borrelli, M.M. Layton: Dielectric and optical properties of transparent ferroelectric glass-ceramic systems, J. Non-Cryst. Solids 6, 197 (1971).

［2.156］ A. Halliyal, A.S. Bhalla, R.E. Newnham, et al: Glass-ceramics for piezoelectric and pyroelectric devices. In: *Glass and Glass Ceramics*, ed. by M.H. Lewis (Chapman Hall, London 1989) p. 273.

［2.157］ Y.-H. Kao, Y. Hu, H. Zheng, et al: Second harmonic generation in transparent barium borate glass-ceramics, J. Non-Cryst. Solids 167, 247 (1994).

[2.158] N.F. Borrelli, A. Herczog, R.D. Maurer: Electro-optic effect of ferroelectric microcrystals in a glass matrix, Appl. Phys. Lett. 7, 117 (1965).

[2.159] N.F. Borrelli: Electrooptic effect in transparent niobate glass, J. Appl. Phys. 38, 4243 (1967).

[2.160] S. Ito, T. Kokubo, M. Tashiro: Transparency of $LiTaO_3$ –SiO_2 –Al_2O_3 glass-ceramics in relation to their microstructure, J. Mater. Sci. 13, 930 (1978).

[2.161] A. Herczog: Phase distribution and transparency in glass-ceramics based on a study of the sodium niobate–silica system, J. Am. Ceram. Soc. 73, 2743 (1990).

[2.162] T. Kokubo, M. Tashiro: Fabrication of transparent lead titanate(IV) glass, Bull. Inst. Chem. Res. Kyoto Univ. 54, 301 (1976).

[2.163] Y. Fujimoto, Y. Benino, T. Fujiwara, et al: Transparent surface and bulk crystallized glasses with lanthanide tellurite nanocrystals, J. Ceram. Soc. Jpn. 109, 466 (2001).

[2.164] H.G. Kim, T. Komatsu, K. Shioya, et al: Transparent tellurite-based glass-ceramics with second harmonic generation, J. Non-Cryst. Solids 208, 303 (1996).

[2.165] R.T. Hart, M.A. Anspach, B.J. Kraft, et al: Optical implications of crystallite symmetry and structure in potassium niobate tellurite glass ceramics, Chem. Mater. 14, 4422 (2002).

[2.166] N.S. Prasad, K.B.R. Varma: Nanocrystallization of $SrBi_2 Nb_2 O_9$ from glasses in the system $Li_2 B_4 O_7$ –SrO– $Bi_2 O_3$ –$Nb_2 O_5$, Mater. Sci. Eng. B 90, 246 (2002).

[2.167] G.S. Murugan, K.B.R. Varma: Characterization of lithium borate–bismuth tungstate glasses, glassceramics by impedance spectroscopy, Solid State Ion. 139, 105 (2001).

[2.168] V.N. Sigaev, P. Pernice, A. Aronne, et al: $KTiOPO_4$ precipitation from potassium titanium phosphate glasses, producing second harmonic generation, J. Non-Cryst. Solids 292, 59 (2001).

[2.169] Y. Balci, M. Ceylan, M.E. Yakinci: An investigation on the activation energy and the enthalpy of the primary crystallization of glass-ceramic Bi-rich BSCCO HTc superconductors, Mater. Sci. Eng. B 86, 83 (2001).

[2.170] A. Edgar, S. Schweizer, S. Assmann, et al: Photoluminescence and crystallization in europium-doped fluorobromozirconate glass-ceramics, J. Non-Cryst. Solids 284, 237 (2001).

[2.171] G. Muller, N. Neuroth: Glass ceramic as an active laser material, US Patent

3843551 (1974).

［2.172］ A. Lempicki, M. Edwards, G.H. Beall, et al: *Transparent Glass Ceramics* (Optical Society of America, Arlington, VA 1985), Laser Prospects, in Topical Meeting on Tunable Solid State Lasers.

［2.173］ R. Reisfeld, C.K. Jorgensen: Excited-states of chromium(III) in translucent glass-ceramics as prospective laser materials, Struct. Bond. 69, 63 (1988).

［2.174］ R. Reisfeld: Potential uses of chromium(Ⅲ)-doped transparent glass ceramics in tunable lasers and luminescent solar concentrators, Mater. Sci. Eng. 71, 375 (1985).

［2.175］ P.A. Tick, N.F. Borrelli, L.K. Cornelius, et al: Transparent glass ceramics for 1300 nm, J. Appl. Phys. 78, 6367 (1995).

［2.176］ A.M. Malyarevich, I.A. Denisov, K.V. Yumashev, et al: Cobalt-doped transparent glass ceramic as a saturable absorber Q switch for Er:glass lasers, Appl. Opt. 40, 4322 (2001).

［2.177］ C.F. Rapp, J. Chrysochoos: Neodymium-doped glassceramic laser material, J. Mater. Sci. Lett. 7, 1090 (1972).

［2.178］ G. Muller, N. Neuroth: Glass ceramic-A new laser host material, J. Appl. Phys. 44, 2315 (1973).

［2.179］ C.F. Rapp, J. Chrysochoos: Fluorescence lifetimes of Neodymium-doped glasses and glass ceramics, J. Phys. Chem. 77, 1016 (1973).

［2.180］ Y.H. Wang, J. Ohwaki: New transparent vitroceramics codoped with Er^{3+}, Yb^{3+} for efficient frequency upconversion, Appl. Phys. Lett. 63, 3268 (1993).

［2.181］ P.A. Tick, N.F. Borrelli, L.K. Cornelius, et al: Transparent glass ceramics for 1300 nm amplifier applications, J. Appl. Phys. 78, 6367 (1995).

［2.182］ M.J. Dejneka: The luminescence and structure of novel transparent oxyfluoride glass-ceramics, J. Non-Cryst. Solids 239, 149 (1998).

［2.183］ Y. Kawamoto, R. Kanno, J. Qiu: Upconversion luminescence of Er^{3+} in transparent $SiO_2-PbF_2-ErF_3$ glass ceramics, J. Mater. Sci. 33, 63 (1998).

［2.184］ M. Takahashi, M. Izuki, R. Kanno, et al: Up-conversion characteristics of Er^{3+} in transparent oxyfluoride glass-ceramics, J. Appl. Phys. 83, 3920 (1998).

［2.185］ M. Mortier, G. Patriarche: Structural characterisation of transparent oxyfluoride glass ceramics, J. Mater. Sci. 35, 4849 (2000).

［2.186］ L.L. Kukkonen, I.M. Reaney, D. Furniss, et al: Nucleation and crystallisation of transparent, erbium III-doped, oxyfluoride glassceramics, J. Non-Cryst. Solids 290, 25 (2001).

［2.187］ M. Mortier, A. Monteville, G. Patriarche, et al: New progresses in transparent rare-earth doped glass-ceramics, Opt. Mater. 16, 255 (2001).

［2.188］ M. Mortier: Between glass and crystal: Glassceramics, a new way for optical materials, Philos. Mag. B 82, 745 (2002).

［2.189］ V.K. Tikhomirov, D. Furniss, A.B. Seddon, et al: Fabrication and characterization of nanoscale, Er^{3+}-doped, ultratransparent oxy-fluoride glass ceramics, Appl. Phys. Lett. 81, 1937 (2002).

［2.190］ J. Mendez-Ramos, V. Lavin, I.R. Martin, et al: Optical properties of rare earth doped transparent oxyfluoride glass ceramics, Radiat. Eff. Defects Solids 158, 457 (2003).

［2.191］ A.M. Malyarevich, I.A. Denisov, K.V. Yumashev, et al: Optical absorption, luminescence study of cobalt-doped magnesium aluminosilicate glass ceramics, J. Opt. Soc. Am. B 19, 1815 (2002).

［2.192］ A.M. Malyarevich, I.A. Denisov, Y.V. Volk, et al: Nanosized glass ceramics doped with transition metal ions: Nonlinear spectroscopy and possible laser applications, J. Alloys Compd. 341, 247 (2002).

［2.193］ C.Y. Li, Q. Su, S.B. Wang: Multi-color long-lasting phosphorescence in Mn^{2+}-doped $ZnO-B_2O_3-SiO_2$ glass ceramics, Mater. Res. Bull. 37, 1443 (2002).

［2.194］ G.H. Beall: Glass-ceramics: Recent developments and applications. In: *Nucleation and Crystallization in Liquids and Glasses*, ed. by M.C. Weinberg (The American Ceramic Society, Westerville 1993).

［2.195］ G.H. Beall, L.R. Pinckney: Nanophase glass ceramics, J. Am. Ceram. Soc. 82, 5 (1999).

［2.196］ I. Mitra, M.J. Davis, J. Alkemper, et al: Thermal expansion behavior of proposed EUVL substrate materials, Proc. SPIE 4688, 462–468 (2002).

［2.197］ N. Reisert: Application and machining of Zerodur for optical purposes, Proc. SPIE 1400, 171 (1991).

［2.198］ L.N. Allen: Progress in ion figuring large optics, Proc. SPIE 2428, 237–247 (1995).

［2.199］ L. Noethe: Active optics in modern large optical telescopes, Prog. Opt. 43, 1 (2002).

［2.200］ C.A. Haniff: High angular resolution studies of stellar atmospheres, IAU Symp.: Galaxies and their Constituents at the Highest Angular Resolutions (2001) pp. 288–295.

［2.201］ S.D. Stookey: Catalyzed crystallization of glass in theory and practice, Ind. Eng. Chem. 51, 805 (1959).

［2.202］ B. Rother, A. Mucha: Transparent glass-ceramic coatings: Property distribution on 3D parts, Surf. Coat. Technol. 124, 128 (2000).

［2.203］ J. Hirao, T. Mitsuyu, J. Si, et al: *Active Glasses for Photonic Devices* (Springer, Berlin, Heidelberg 2001).

［2.204］ W. Nie: Optical nonlinearity phenomena, applications, materials, Adv. Mater. 5, 520–545 (1993), and cited papers.

［2.205］ E.M. Vogel, M.J. Weber, D.M. Krol: Nonlinear optical phenomena in glass, Phys. Chem. Glasses 32, 231–250 (1991), and cited papers.

［2.206］ A.J. Hayden, A.J. Marker: Glass as a nonlinear optical material, Proc. SPIE 1327, 132–144 (1990).

［2.207］ R. Shechter, E. Millul, Y. Amitai, et al: Hybrid polymer-on-glass integrated optical diffractive structures for wavelength discrimination, Opt. Mater. 17, 165–167 (2001).

［2.208］ Transparencies and oral communication J. Hayden: SCHOTT North America.

［2.209］ Frost & Sullivan: Technical Insights-Photonic Materials: Global Opportunities and Markets in Optical Ceramics; Polymers; Composites; Semiconductors and Nanomaterials, Date Published: 10 Feb 2000.

［2.210］ V.G. Dmitriev, G.G. Gurzadya, D.N. Nikogosyan: *Handbook of Nonlinear Optical Crystals* (Springer, Berlin, Heidelberg 1991).

［2.211］ P. Chakraborty: Metal nanoclusters in glasses as nonlinear photonic materials, J. Mater. Sci. 33, 2235–2249 (1998).

［2.212］ H.R. Xia, J.H. Zou, H.C. Chen, et al: Photorefractive properties of Co-doped potassium sodium strontium barium niobate crystals, Cryst. Res. Technol. 34, 403–407 (1999).

［2.213］ H.R. Xia, C.J. Wang, H.C. Chen, et al: Photorefractive properties of manganese-modified potassium sodium strontium barium niobate crystals, Phys. Rev. B 55, 1292–1294 (1997).

［2.214］ S. Zhang, Z. Cheng, H. Chen: A new oxyborate crystal $GdCa_4 O(BO_3)_3$: Defects and optical properties, Defect Diffus. Forum 186/187, 79–106 (2000).

［2.215］ V. Berger: Photonic crystals for nonlinear optical frequency conversion. In: *Confined Photon Systems*, Lecture Notes in Physics, Vol. 531, ed. by H. Benisty, J.-M. Gerard, R. Houdre, J. Rarity, C. Weisbuch (Springer, Berlin 1999) pp. 366–392.

［2.216］ H. Nasu, J.D. MacKenzie: Nonlinear optical properties of glas and glas or gel based compositions, Opt. Eng. 26, 102–106 (1987).

［2.217］ F. Kajzar, J. Swalen: *Organic Thin Films for Waveguiding Nonlinear Optics*, Advances in Nonlinear Optics, Vol. 3 (Gordon Breach, New York 1996).

［2.218］ K. Hirao: Active Glass Project NEWS, '99.8 Final Rep. No. 3 (JST 1999).

［2.219］ K. Hirao: Active Glass Project NEWS, '97.7 Final Rep. No. 2 (JST 1997).

［2.220］ G.I. Stegeman, E.M. Wright, N. Finlayson, et al: Third order nonlinear integrated optics, J. Lightwave Technol. 6, 953–967 (1988), and cited papers.

［2.221］ R.W. Bryant: *Nonlinear Optical Materials: New Technologies, Applications, Markets* (Business and Coorporation Inc., Norwalk 1989).

［2.222］ Y. Kondo, Y. Kuroiwa, N. Sugimoto, et al: Third-order optical nonlinearities of CuCl-doped glasses in a near resonance region, J. Non-Cryst. Solids 6, 90–94 (1996).

［2.223］ D.M. Krol, D.J. DiGiovanni, W. Pleibel, et al: Observation of resonant enhancement of photoinduced second-harmonic generation in Tm-doped aluminosilicate glass fibers, Opt. Lett. 18, 1220 (1993).

［2.224］ N.M. Lawandy, R.L. MacDonald: Optically encoded phase-matched second-harmonic generation in semiconductor-microcrystallite-doped glasses, J. Opt. Soc. Am. B 8, 1307 (1991).

［2.225］ E.M. Dianov, D.S. Starodubov, A.A. Izyneev: Photoinduced second-harmonic generation in fibers doped with rare-earth ions, Opt. Lett. 19, 936 (1994).

［2.226］ E.M. Dianov, L.S. Kornienko, V.I. Stupina, et al: Correlation of defect centers with photoinduced second-harmonic generation in Erand Sm-doped aluminosilicate fibers, Opt. Lett. 20, 1253–1255 (1995).

［2.227］ D.M. Krol, D.J. DiGiovanni, K.T. Nelson, et al: Observation of resonant enhancement of photoinduced second-harmonic generation in Tm-doped aluminosilicate glass fibers, Opt. Lett. 18, 1220–1222 (1993).

［2.228］ J. Khaled, T. Fujiwara, A.J. Ikushima: Optimization of second-order nonlinearity in UV-poled silica glass, Opt. Mater. 17, 275–278 (2001).

［2.229］ I.S. Fogel, J.M. Bendickson, M.D. Tocci, et al: Spontaneous emission and nonlinear effects in photonic bandgap materials, Pure Appl. Opt. 7, 393–407 (1998).

［2.230］ F. Oulette, K.O. Hill, D.C. Johnson: Enhancement of second-harmonic generation in optical fibres by hydrogen heat treatment, Appl. Phys. Lett. 54, 1086 (1989).

［2.231］ J.S. Aitchinson, J.D. Prohaska, E.M. Vogel: The nonlinear optical properties of glass, Met. Mater. Proc. 8, 277–290 (1996).

［2.232］ I. Kang, T.D. Krauss, F.W. Wise, et al: Femtosecond measurement of enhanced optical nonlinearities of sulfide glasses and heavy-metal-doped oxide glasses, J. Opt. Soc. Am. B 12, 2053–2059 (1995).

［2.233］ J. Fu, H. Yatsuda: New families of glasses based on Bi_2O_3, Phys. Chem. Glasses 36, 211–215 (1995).

［2.234］ N.F. Borrelli, B.G. Aitken, M.A. Newhouse, et al: Electric field induced birefringence properties of high-refractive-index glasses exhibiting large Kerr nonlinearities, J. Appl. Phys. 70(5), 2774–2779 (1991).

〔2.235〕 S. Santran, L. Canioni, T. Cardinal, et al: Precise and absolute measurements of the complex third-order optical susceptibility, Proc. SPIE 4106, 349–359 (2000).

〔2.236〕 E. Fargin, A. Berthereau, T. Cardinal, et al: Optical nonlinearity in oxide glasses, J. Non-Cryst. Solids 203, 96–101 (1996).

〔2.237〕 T. Cardinal, K.A. Richardson, H. Shim, A. et al: Nonlinear optical properties of chalcogenide doped glasses in the system As–S–Se, J. Non-Cryst. Solids 256/257, 353–360 (1999).

〔2.238〕 B. Speit, K.E. Remitz, N. Neuroth: Semiconductor doped glass as a nonlinear material, Proc. SPIE 1361, 1128–1131 (1990).

〔2.239〕 B. Danielzik, K. Nattermann, D. von der Linde: Nanosecond optical pulse shaping in cadmiumsulfide–selenide glasses, Appl. Phys. B 38, 31–36 (1985).

〔2.240〕 H. Inouye, K. Tanaka, I. Tanahashi, et al: Ultrafast dynamics of nonequilibrium electrons in a gold nanoparticle system, Phys. Rev. B 57, 11334 (1998).

〔2.241〕 H. Inouye, K. Tanaka, I. Tanahashi, et al: Ultrafast optical switching in a silver nanoparticle system, Jpn. J. Appl. Phys. 39, 5132–5133 (2000).

〔2.242〕 B.G. Broome: *The Design of Plastic Optical Systems*, SPIE Short Course, Vol. 384 (SPIE, San Diego 2001).

〔2.243〕 X. Ning, R.T. Hebert (Eds.): *Design, Fabrication and application of precision Plastic Optics*, SPIE Proc., Vol. 2600 (SPIE, Bellingham 1995).

〔2.244〕 Corning Precision Lens: *The Handbook of Plastic Optics*, 2nd edn. (Corning Precision Lens, Owens Corning 2000).

〔2.245〕 D.J. Butler: Plastic optics challenge glass, Photonics Spectra May, 168–171 (2000).

〔2.246〕 Optical Coating Laboratory Inc.: An Introduction to the Design, Manufacture and Application of Plastic Optics, Technical Information (2001).

〔2.247〕 A. Ning: *Plastic Versus Glass Optics: Factors to Consider*, SPIE SC, Vol. 384 (SPIE, San Diego 2001), short note.

〔2.248〕 E. Bürkle, B. Klotz, P. Lichtinger: Durchblick im Spritzguss, KU Kunststoffe 11, 54–60 (2001), in German.

〔2.249〕 M.B. Schaub: The design of plastic optical systems, SPIE Tutorial Text. Ser. 80, 201–206 (2009).

〔2.250〕 S. Bäumer (Ed.): *Handbook of Plastic Optics*, 2nd edn. (Wiley-VCH, Weinheim 2010) pp. 27–29.

〔2.251〕 N. Kaiser, H.K. Pulker (Eds.): *Optical Interference Coatings* (Springer, Berlin,

Heidelberg 2003) pp. 359–391.

［2.252］ S. Musikant: *Optical Materials* (Dekker, New York 1990).

［2.253］ M.J. Weber: *Handbook of Optical Materials* (CRC, Boca Raton 2002).

［2.254］ K.S. Potter, J. Simmons: *Optical Materials* (Academic, New York 2000).

［2.255］ V.L. Ginzburg: Electromagnetic waves in isotropic and crystalline media characterized by dielectric permittivity with spatial dispersion, JETP 34, 1096 (1958).

［2.256］ V.M. Agranovich, V.L. Ginzburg: *Crystal Optics with Spatial Dispersion and Excitons* (Springer, Berlin, Heidelberg 1984).

［2.257］ J. Pastrnak, K. Vedam: Optical anisotropy of silicon single crystals, Phys. Rev. B 3, 2567 (1971).

［2.258］ P.Y. Yu, M. Cardona: Spatial dispersion in the dielectric constant of GaAs, Solid State Commun. 9, 1421 (1971).

［2.259］ C. Zaldo, C. Lopez, F. Meseguer: Natural birefringence in alkali halide single crystals, Phys. Rev. B 33, 4283 (1986).

［2.260］ E.G. Tsitsishvili: Optical anisotropy of cubic crystals induced by spatial dispersion, Sov. Phys. Semicond. 15, 1152 (1981).

［2.261］ J.H. Burnett, Z.H. Levine, E.L. Shirley: Intrinsic birefringence in calcium fluoride and barium fluoride, Phys. Rev. B 64, 241102R (2001).

［2.262］ M. Letz, L. Parthier, A. Gottwald, et al: Spatial anisotropy of the exciton level in CaF_2 at 1.1 eV and its relation to the weak optical anisotropy at 157 nm, Phys. Rev. B 67, 233101 (2003).

［2.263］ P. Frischholz: *Brevier Technical Ceramics* (Association of Ceramics Industries, Selb 2004), available at http://www.keramverband.de/brevier_engl/geschichte.htm.

［2.264］ R.A. Haber, P.A. Smith: Overview of traditional ceramics. In: *Engineered Materials Handbook*, Ceramics and Glasses, Vol. 4, ed. by S.J. Schneider (ASM International, Materials Park 1991) p. 3.

［2.265］ P. Frischholz: *Brevier Technical Ceramics* (Association of Ceramics Industries, Selb 2004), Chap. 6.5.

［2.266］ R. Telle: Properties of ceramics. In: *Handbook of Cramic Grinding and Polishing*, ed. by I.D. Marinescu, H.K. Tonshoff, I. Inasaki (Noyes, Park Ridge 2000) pp. 2–3.

［2.267］ A. Krell, T. Hutzler, J. Klimke: Transparent ceramics for structural applications, Part 1: Physics of light transmission and technological consequences, Ber. Dtsch. Keram. Ges. 84(4), E44–E50 (2007).

［2.268］ R.L. Coble: Sintering crystalline solids II. Experimental test of diffusion models in powder compacts, J. Appl. Phys. 32, 793–799 (1961).

[2.269] R.L. Coble: Preparation of transparent ceramic Al_2O_3, Am. Ceram. Soc. Bull. 38, 507 (1959).

[2.270] G.C. Wei: Structural and optical ceramics, Key Eng. Mater. 336–338, 905–910 (2007).

[2.271] A. Ikesue, T. Kinoshita, K. Kamata, et al: Fabrication and optical properties of high-performance polycrystalline Nd:YAG ceramics for solid-state lasers, J. Am. Ceram. Soc. 78, 1033–1040 (1995).

[2.272] A. Ikesue, Y.L. Aung: Ceramic laser materials, Nat. Photonics 2, 721–727 (2008).

[2.273] G.C. Wei: Transparent ceramic lamp envelope materials, J. Phys. D 38, 3057 (2005).

[2.274] J. Lu, J. Song, M. Prabhu, et al: High-power Nd:Y3 Al5 O12 ceramic laser, Jpn. J. Appl. Phys. 39, L1048–L1050 (2000).

[2.275] J. Zhang, L.Q. An, M. Liu, et al: The fabrication and optical spectroscopic properties of rare earth doped $Y_2 O_3$ transparent ceramics, Proc. 3rd Laser Ceram. Symp. Paris (2007), paper IO-S-1.

[2.276] C.G. Dou, O.H. Yang, J. Xu: A novel Nd-doped yttrium lanthanum oxide transparent laser ceramics, Proc. 3rd Laser Ceram. Symp., Paris (2007), paper O-C-14.

[2.277] S.H. Lee, S. Kochawattana, G.L. Messing, et al: Solid-state reactive sintering of transparent polycrystalline Nd:YAG ceramics, J. Am. Ceram. Soc. 89, 1945–1950 (2006).

[2.278] N.S. Prasad, W.C. Edwards, S.B. Trivedi, et al: Recent progress in the development of neodymium-doped ceramic yttria, IEEE J. Select. Top. Quantum Electron. 13, 831–837 (2007).

[2.279] J.C. Hulie, R. Gentilman, T.S. Stefanik: Domestically produced ceramic YAG laser gain material for high power SSLs, Proc. SPIE 6552, 65520B (2007).

[2.280] A.C. Bravo, L. Longuest, D. Autissier, et al: Influence of the powder preparation on the sintering of Yb-doped $Sc_2 O_3$ transparent ceramics, Opt. Mat. 31(5), 734–739 (2009).

[2.281] V. Lupei: Ceramic laser materials and the prospect for high power lasers, Opt. Mat. 31(5), 744–749 (2009).

[2.282] C. Greskovich, J. Chernoch: Polycrystalline ceramic lasers, J. Appl. Phys. 44, 4599 (1973).

[2.283] W. Rhodes: Controlled transient solid second-phase sintering of yttria, J. Am. Ceram. Soc. 64, 13–19 (1981).

［2.284］ D. Roy: Hot pressed $MgAl_2O_4$ for UV visible and infrared optical requirements, Proc. SPIE 297, 13 (1981).

［2.285］ A. Ikesue, K. Kamata: Microstructure and optical properties of hot isostatically pressed Nd:YAG ceramics, J. Am. Ceram. Soc. 79, 1927 (1996).

［2.286］ T. Yanagitani, H. Kubo, S. Imagawa, et al: Corrosion resistant ceramic and a production method thereof, European Patent 0926106A1 (Konoshima Chemical, Osaka 1998).

［2.287］ J.M. McCauley, N.D. Corbin: Phase relations and reaction sintering of transparent cubic aluminum oxynitride spinel (ALON), J. Am. Ceram. Soc. 62, 476 (1979).

［2.288］ T.M. Hartnett, R.L. Gentilman: Optical and mechanical properties of highly transparent spinel and AlON domes, Proc. SPIE 505, 15 (1984).

［2.289］ J.M. McCauley, N.D. Corbin: Phase relations and reaction sintering of transparent cubic aluminum oxynitride spinel (ALON), J. Am. Ceram. Soc. 62, 476–479 (1979).

［2.290］ T.M. Hartnett, R.L. Gentilman: Optical and mechanical properties of highly transparent spinel and AlON domes, Proc. SPIE 505, 1522 (1984).

［2.291］ D. W. Roy, Hot-Pressed $MgAl_2O_4$ for Ultraviolet (UV), Visible, and Infrared (IR) Optical Requirements, SPIE Vol. 297, Emerging Optical Materials pp. 13-18 (1981).

［2.292］ W. Rhodes: Controlled transient solid second-phase sintering of yttria, J. Am. Ceram. Soc. 64(1), 13–19 (1981).

［2.293］ A. Ikesue, Y. Lin Aung: Ceramic laser materials, Nat. Photon. 2, 721–727 (2008).

［2.294］ A. Krell, T. Hutzler, J. Klimke: Transparent ceramics for structural applications, Part 2 Field of applications, Ber. Dtsch. Keram. Ges. 84(6), E50–E56 (2007).

［2.295］ R.L. Coble: Transparent alumina and method of preparation, US Patent 3026210 (1962).

［2.296］ H. Melas, I.F. Gureebaa, H. Merasu, et al: Method for the manufacture of transparent aluminum oxide ceramic, US Patent 4952539 (1990).

［2.297］ O. Asano: Ceramic envelope for high intensity discharge lamp and method for producing polycrystalline transparent sintered alumina body, US Patent 6734128 (2004).

［2.298］ G.C. Wei: Characterization of internal interfaces in translucent polycrystalline alumina, Ceram. Trans. 146, 307 (2004).

［2.299］ G.C. Wei: Current trends for ceramics in the lightning industry, Key Eng. Mater. 247, 461 (2003).

［2.300］ A. Krell, T. Hutzler, J. Klimke: Transparent ceramics for structural applications: Part 2: Field of applications, cfi/Ber DKG 84(6), E50–E6 (2007).

［2.301］ C. Scott, M. Kaliszewski, C. Greskovich, et al: Conversion of polycrystalline Al_2O_3 into singlecrystal sapphire by abnormal grain growth, J. Am. Ceram. Soc. 85, 1275–1280 (2002).

［2.302］ K. Hayashi, O. Kobayashi, S. Toyoda, et al: Transmission optical properties of polycrystalline alumina with submicron grains, JIM Mat. Trans. 32(11), 1024 (1991).

［2.303］ D.D. Silva, A. Boccaccini: Industrial Developments in the field of optically transparent inorganic materials: A survey of recent patents, Recent Pat. Mater. Sci. 1, 56–73 (2008).

［2.304］ Range for crystals, glasses, polymers and liquids added by B. Schreder (Schott AG).

［2.305］ K. Yoshida, T. Yabe, S. Uchida, et al: New trends on solid-state lasers, AIP Conf. Proc. 830, 14–20 (2006).

［2.306］ V. Kvatchadze, T. Kalabegishvili, V. Vylet: Ceramic MgO:LiF: Promising material for selective detector, Radiat. Eff. Defects Solids 161(5), 305–311 (2006).

［2.307］ K. Miyauchi, I. Matsuyama, G. Toda: HID lamps and electrooptical devices, US Patent 4019915 (1977), (JP48116839; JP49107821; JP49109552; JP49109553).

［2.308］ N. Ichinose, H. Ookuma, T. Mitzutani, et al: HID lamps and electrooptical devices, US Patent 4131479 (1978).

［2.309］ Murata Inc.: Development of new material, transparent ceramics (Lumicera) http://www.murata. com/ninfo/nr0572e.html (28.10.201 0).

［2.310］ Y. Kintaka: HID lamps and electrooptical devices, Patent WO07049434 A1 (Murata Manufacturing Co., Ltd., Kyoto 2007).

［2.311］ K. Tsukuma: Zirconia sintered body of improved light transmittance, US Patent 4758541 & EP0206780 (Toyo Soda, Tosoh, 1998).

［2.312］ K. Tsukuma: Transparent titania-yttria-zirconia ceramics, J. Mater. Sci. Lett. 5, 1143–1144 (1986).

［2.313］ K.C. Radford, R.J. Bratton: Zirconia electrolyte cells, Part 1, Sintering studies, J. Mater. Sci. 14, 59–65 (1979).

［2.314］ K. Matsui, N. Ohmichi, M. Ohgai, et al: Grain boundary segregation induced phase transformation in yttria stabilized tetragonal zirconia polycrystal, J. Ceram. Soc. Jpn. 114(1327), 230–237 (2006).

［2.315］ A. Braun, R. Clasen, C. Oetzel, et al: Hochleistungskeramik aus

Nanopulvermischungen für optische und dentale Anwendungen, Fortschrittsber. Dtsch. Keram. Ges. 20, 131–136 (2006), in German.

［2.316］ M. Wolff, R. Clasen: Investigation on the transparent polycrystalline zirconia, Ber. Dtsch. Keram. Ges. 13, 166–169 (2005).

［2.317］ J. Klimke, A. Krell: Polycrystalline ZrO_2-transparent ceramics with high refractive index, Fraunhofer IKTS Annu. Rep. Dep.: Materials (2005) p. 23.

［2.318］ R. Apetz, M.P.B. van Bruggen: Transparent alumina: A light scattering model, J. Am. Ceram. Soc. 86(3), 480–486 (2003).

［2.319］ U. Peuchert, Y. Okano, Y. Menke, et al: Transparent ceramics for application as optical lenses, J. Eur. Ceram. Soc. 29, 283–291 (2009).

［2.320］ T.M.G. Hartnett, R.L. Gentilman: Yttrium oxide: HID lamps, optical windows and military systems, US Patent 4761390 (1988).

［2.321］ B.P. Borglum: Yttrium oxide: HID lamps, optical windows and military systems, US Patent 5004712 (1991).

［2.322］ Y. Ji, D. Jiang, T. Fen, J. Shi: Fabrication of transparent $La_2 Hf_2 O_7$ ceramics from combustion synthesized powders, Mater. Res. Bull. 40(3), 553–559 (2005).

［2.323］ U. Peuchert: Optoceramics, optical elements manufactured thereof and their use as well as imaging optics, US Patent 0278823 (2008).

［2.324］ S. Owa, H. Nagasaka, Y. Ishii, et al: Feasibility of immersion lithography, Proc. SPIE 5377, 264–272 (2004).

［2.325］ R. Gupta, J.H. Burnett, U. Griesmann, et al: Absolute refractive indices and thermal coefficients of fused silica and calcium fluoride near 193 nm, Appl. Opt. 37, 5964–5968 (1998).

［2.326］ J.H. Burnett, S.G. Kaplan: Measurement of the refractive index and thermo-optic coefficient of water near 193 nm, J. Microlithogr. Microfabr. Microsyst. 3, 68–72 (2004).

［2.327］ T. Miyamatsu, Y. Wang, M. Shima, et al: Material design for immersion lithography with high refractive index fluid, Proc. SPIE 5753, 10–19 (2005).

［2.328］ J.H. Burnett, S.G. Kaplan, E.L. Shirley, et al: High index materials for 193 nm and 157 nm immersion lithography, Int. Symp. Immersion 157 nm Lithography, ed. by W. Trybula (International Sematech, Austin 2004).

［2.329］ M.E. Thomas, W.J. Tropf: Barium fluoride (BaF_2). In: *Handbook of Optical Constants of Solids*, Vol. III, ed. by E.D. Palik (Academic, New York 1998) pp. 683–699.

［2.330］ W.J. Tropf, M.E. Thomas: Magnesium aluminum spinel ($MgAl_2O_4$). In: *Handbook of Optical Constants of Solids*, Vol. III, ed. by E.D. Palik (Academic,

New York 1998) pp. 883–897.

［2.331］ J.H. Burnett, S.G. Kaplan, E.L. Shirley, et al: High-index materials for 193 nm immersion lithography, Proc. SPIE 5754, 611–621 (2004).

［2.332］ M.C.L. Patterson, A.A. DiGiovanni, L. Fehrenbacher, et al: Spinel: Gaining momentum in optical applications, Proc. SPIE 5078, 71–79 (2003).

［2.333］ T.H. Maiman: Simulated optical radiation in ruby, Nature 187, 493–494 (1960).

［2.334］ T.H. Maiman: Optical and microwave-optical experiments in ruby, Phys. Rev. Lett. 4, 546–566 (1960).

［2.335］ E. Geusic, H.M. Marcos, L.G. van Uitert: Laser oscillation in Nd doped yttrium aluminum, yttrium gallium and gadolinium garnets, Appl. Phys. Lett. 4, 182–184 (1964).

［2.336］ J. Collard, R. C. Duncan, R. J. Pressley, et al: Solid State Laser Exportations, Interim Eng. Rep. 3 (Defense Technical Information Center, Ft. Belvoir 1964).

［2.337］ S.E. Hatch, W.F. Parsons, R.J. Weagley: Hot pressed polycrystalline CaF2 :Dy^{2+}laser, Appl. Phys. Lett. 5, 153–154 (1964).

［2.338］ C. Greskovich, K.N. Wood: Fabrication of transparent ThO_2-doped Y_2O_3, Am. Ceram. Soc. Bull. 52, 473–478 (1973).

［2.339］ C. Greskovich, J.P. Chernoch: Polycrystalline ceramic laser, J. Appl. Phys. 44, 4599–4606 (1973).

［2.340］ C. Greskovich, J.P. Chernoch: Improved polycrystalline ceramic laser, J. Appl. Phys. 45, 4495–4502 (1974).

［2.341］ G. de With, H.J.A. van Dijk: Translucent $Y_3Al_{15}O_{12}$ ceramic, Mater. Res. Bull. 19, 1669–1674 (1984).

［2.342］ C.A. Mudler, G. de With: Translucent $Y_3Al_{15}O_{12}$ ceramics: Electron microscopy characterization, Solid State Ion. 16, 81–86 (1985).

［2.343］ M. Sekita, H. Haneda, T. Yanagitani, et al: Induced emission cross section of Nd:YAG ceramics, Jpn. J. Appl. Phys. 67, 453–458 (1990).

［2.344］ A. Ikesue: Polycrystalline transparent ceramics for laser application, Japan Patent 3463941 (1992).

［2.345］ A. Ikesue, K. Kamata, K. Yoshida: Synthesis of transparent Nd-doped HfO_2–Y_2O_3 ceramics using HIP, J. Am. Ceram. Soc. 79, 359–364 (1996).

［2.346］ N. Ter-Gabrielyan, L.D. Merkel, G.A. Newburgh, et al: Cryo-laser performance of resonantly pumped Er^{3+}:Sc_2O_3 ceramic, Proc. Adv. Solid State Photonics, Nara (2008), TuB4.

［2.347］ T. Yoda, S. Miyamoto, H. Tsuboya, et al: Widely tunable CW Nd-doped Y_2O_3 ceramic laser, CLEO 2004, San Francisco (2006), Poster Section-Ⅲ, CThT59.

［2.348］ M. Tokurakawa, K. Takaichi, A. Shirakawa, et al: Diode-pumped mode-locked Yb^{3+}:Lu$_2$O$_3$ ceramic laser, Opt. Express 14, 12832–12838 (2006).

［2.349］ M. Tokurakawa, A. Shirakawa, K. Ueda, et al: Diode-pumped Kerrlens mode-locked Yb$_3$+:Sc$_2$O$_3$ ceramic laser, Proc. 3rd Laser Ceram. Symp., Paris (2007), O-L-2.

［2.350］ T. Kamimura, T. Okamoto, Y.L. Aung, et al: Ceramic YAG composite with Nd gradient structure for homogeneous absorption of pump power, CLEO 2007, Baltimore (2007), CThT6.

［2.351］ A. Ikesue, Y.L. Aung: Synthesis and performance of advanced ceramic lasers, J. Am. Ceram. Soc. 89, 1936–1944 (2006).

［2.352］ A. Ikesue, Y.L. Aung, T. Yoda, et al: Fabrication and laser performance of polycrystal and single crystal Nd:YAG by advanced ceramic processing, Opt. Mater. 29, 1289–1294 (2007).

［2.353］ H. Yagi, T. Yanatigani: Transparent ceramics for photonic applications, 6th Laser Ceram. Symp., Münster (2010), available online at https://www.fhmuenster.de/ iot/LCS-2010/lcs2010_talks.php?p=7,5.

［2.354］ G.R. Villalobos, J.J. Sanghera, S.S. Bayya, et al: HID lamps high T monitoring windows, WO06104540A2 (2006).

［2.355］ J.W. McCauley, N.D. Corbin: Aluminum oxynitride, US Patent 4241000 (1980).

［2.356］ C. Greskovich, S.J. Duclos: Ceramic scintillators, Annu. Rev. Mater. Sci. 27, 69–88 (1997).

［2.357］ C. Greskovich, D.A. Cusano, R.J. Riedner, et al: Ceramic scintillators for advanced, medical x-ray detectors, Am. Ceram. Soc. Bull. 71, 1120–1130 (1992).

［2.358］ C. Greskovich, D.A. Cusano, R.J. Riedner, et al: Ceramic scintillators for advanced, medical x-ray detectors, Am. Ceram. Soc. Bull. 71(7), 1120–1130 (1992).

［2.359］ D.G. Chiyaaruzu, D.A. Cusano, F.A. DiBianca, et al: Rare-earth-doped yttria-gadolinia ceramic scintillators, US Patent 4571312 (1986).

［2.360］ D.A. Cusano, F.A. DiBianca, A.D. Furanku, et al: Preparation of yttria-gadolinia ceramic scintillators by vacuum hot pressing, US Patent 4473513 (1984).

［2.361］ D.G. Chiyaaruzu, D.A. Cusano, F.A. DiBianca, et al: Rare-earth-doped yttria-gadolinia ceramic scintillators, US Patent 4518545 (1985).

［2.362］ C. Greskovich, S. Duclos: Ceramic scintillators, Annu. Rev. Mater. Sci. 27, 69–88 (1997).

［2.363］ H. Yamada, A. Suzuki, Y. Uchida, et al: A scintillator $Gd_2 O_2 S$:Pr,Ce,F for x-ray computed tomography, J. Electrochem. Soc. 136, 2713–2720 (1989).

［2.364］ W. Rossner, M. Ostertag, F. Jermann: Properties and applications of gadolinium oxysulfide based ceramic cintillators, Electrochem. Soc. Proc. 98(24), 187–194 (1999).

［2.365］ R. Hupke, C. Doubrava: The new UFC-detector for CT-imaging, Phys. Med. XV, 315–318 (1999).

［2.366］ W. Carel, E. van Eijk: Inorganic scintillators in medical imaging, Phys. Med. Biol. 47, R85–R106 (2002).

［2.367］ J. J. Kutsch: Transparent Spinel Ceramics, Technology Assessment and Transfer (2011) http://www.techassess.com/tech/spinel/index.htm.

［2.368］ J. J. Kutsch: Spinel and Optical Ceramics–Armor Technology Assessment and Transfer (2011) http://www.techassess.com/tech/spinel/spinel_ armor.htm.

［2.369］ Surmet datasheet http://www.surmet.com/docs/Processing_ALON.pdf.

［2.370］ A.M. Srivastava, S.J. Duclos, M.S. Oroku: Cubic garnet host with PR activator as a scintillator material, US Patent 6246744 (2001).

［2.371］ A.M. Srivastava, S.J. Duclos, M.S. Oroku: Cubic garnet host with PR activator as a scintillator material, US Patent 6358441 (2002).

［2.372］ V. Tsoukala, C.D. Guresukobichi, C. Greskovich: Holetrap-compensated scintillator material, US Patent 5318722 (1994).

［2.373］ S. Dole, S. Venkataramani: Alkaline earth hafnate phosphor with cerium luminescence, US Patent 5124072 (1992).

［2.374］ V. Venkataramani, S. Loureiro, M. Rane, et al: Transparant ceramic routes to scintillators, 2001 IEEE Nuclear Sci. Symp. Med. Imaging Conf., San Diego (2001), N8–4, 4–10.

［2.375］ Y. Ji, D. Jiang, J. Shi: $La_2 Hf_2 O_7$:Ti^{4+}ceramic scintillator for x-ray imaging, J. Mater. Res. 20(3), 567–570 (2005).

［2.376］ D. Jiang, J. Yaming, J. Danyu, et al: High light output quick attenuation flash ceramic and its preparing method, CN1587196 A and CN100358834 C (Shanghai Inst. Ceramic CHemistry Technology).

［2.377］ Y.M. Ji, D.Y. Jiang, J.L. Shi: Preparation and spectroscopic properties of $La_2 Hf_2 O_7$:Tb, Mater. Lett. 59(8/9), 868–871 (2005).

［2.378］ A. Chaudhry, A. Canning, R. Boutchko, et al: First-principles studies of Ce-doped $RE_2 M_2 O_7$ (RE=Y, La; M=Ti, Zr, Hf): A class of non-scintillators, J. Appl. Phys. 109, 083708 (2011).

［2.379］ C. Bricot, M. Hareng, E. Spitz: Optical projection device and an optical reader incorporating this device, US Patent 4037929 (1977).

［2.380］ S. Sato: Liquid-crystal lens-cells with variable focal length, Jpn. J. Appl. Phys. 18, 1679–1684 (1979).

［2.381］ S. Suyama, M. Date, H. Takada: Three-dimensional display system with dual-frequency liquid-crystal varifocal lens, Jpn. J. Appl. Phys. 39, 480–484 (2000).

［2.382］ L.G. Commander, S.E. Day, D.R. Selviah: Variable focal microlenses, Opt. Commun. 177, 157–170 (2000).

［2.383］ Y. Choi, J.H. Park, J.H. Kim, et al: Fabrication of a focal length variable microlens array based on a nematic liquid crystal, Opt. Mater. 21, 643–646 (2002).

［2.384］ S.T. Kowel, D.S. Cleverly, P.G. Kornreich: Focusing by electrical modulation of refraction in aliquid crystal cell, Appl. Opt. 23, 278–289 (1984).

［2.385］ T. Nose, S. Sato: A liquid crystal microlens with a nonuniform electric field, Liq. Cryst. 5, 1425–1433 (1989).

［2.386］ W. Klaus, M. Ide, Y. Hayano, et al: Adaptive LC lens array and its application, Proc. SPIE 3635, 66–73 (1999).

［2.387］ B. Wang, M. Ye, M. Honma, et al: Liquid crystal lens with spherical electrode, Jpn. J. Appl. Phys. 41, L1232–1233 (2002).

［2.388］ A.F. Naumov, M.Y. Loktev, I.R. Guralnik, et al: Liquid crystal adaptive lenses with modal control, Opt. Lett. 23, 992–994 (1998).

［2.389］ A.F. Naumov, G.D. Love, M.Y. Loktev, et al: Control optimization of spherical modal liquid crystal lenses, Opt. Express 4, 344–352 (1999).

［2.390］ G.D. Love, A.F. Naumov: Modal liquid crystal lenses, Liq. Cryst. Today 10(1), 1–4 (2001).

［2.391］ J.S. Patel, K. Rastani: Electrically controlled polarization-independent liquid crystal Fresnel lens arrays, Opt. Lett. 16, 532–534 (1991).

［2.392］ G. Williams, N.J. Powell, A. Purvis, et al: Electrically controllable liquid crystal Fresnel lens, Proc. SPIE 1168, 352–357 (1989).

［2.393］ H. Ren, Y.H. Fan, S.T. Wu: Tunable Fresnel lens using nanoscale polymer-dispersed liquid crystals, Appl. Phys. Lett. 83, 1515–1517 (2003).

［2.394］ H. Ren, S.T. Wu: Inhomogeneous nanoscale polymer-dispersed liquid crystals with gradient refractive index, Appl. Phys. Lett. 81, 3537–3539 (2002).

［2.395］ H. Ren, S.T. Wu: Tunable electronic lens using a gradient polymer network liquid crystal, Appl. Phys. Lett. 82, 22–24 (2003).

［2.396］ V.V. Presnyakov, K.E. Asatryan, T.V. Galstian, et al: Polymer-stabilized liquid crystal for tunable microlens applications, Opt. Express 10, 865–870 (2002).

［2.397］ W. Helfrich, W.G. Schneider: Recombination radiation in anthracene crystals,

Phys. Rev. Lett. 14, 229 (1965).

［2.398］ M. Kawabe, K. Masuda, S. Nambu: Electroluminescence of green light region in doped anthracene, Jpn. J. Appl. Phys. 10, 527 (1971).

［2.399］ C. Adachi, S. Tokito, S. Saito: Electroluminescence in organic films with three-layer structure, Jpn. J. Appl. Phys. 27, L269 (1988).

［2.400］ C.W. Tang, S.A. van Slyke: Organic electroluminescent diodes, Appl. Phys. Lett. 51, 913 (1987).

［2.401］ J.H. Burroughes, D.D.C. Bradley, A.R. Brown, et al: Light-emitting-diodes based on conjugated polymers, Nature 347, 539 (1990).

［2.402］ D. Braun, A.J. Heeger: Visible-light emission from semiconducting polymer diodes, Appl. Phys. Lett. 58, 1982 (1991).

［2.403］ N.C. Greenham, S.C. Moratti, D.C.C. Bradley, et al: Efficient light-emittingdiodes based on polymers with high electronaffinities, Nature 365, 628 (1993).

［2.404］ L.S. Swanson, J. Shinar, Y.W. Ding, et al: Photoluminescence, electroluminescence and optically detected magnetic resonance study of 2,5-dialkoxy derivatives of poly(p-phenylene-acetylene) (PPA), PPA-based light emitting diodes, Synth. Met. 55–57, 1–6 (1993).

［2.405］ M. Remmers, D. Neher, J. Grüner, et al: The optical, electronic, and electroluminescent properties of novel poly(pphenylene)-related polymers, Macromolecules 29, 7432 (1996).

［2.406］ M. Kreyenschmidt, G. Klaerner, T. Fuhrer, et al: Thermally stable blue-light-emitting copolymers of poly(alkylfluorene), Macromolecules 31, 1099 (1998).

［2.407］ M.M. Grell, D.D.C. Bradley, M. Inbasekaran, et al: A glass-forming conjugated main-chain liquid crystal polymer for polarized electroluminescence, Adv. Mater. 9, 798 (1997).

［2.408］ Y. Ohmori, M. Uchida, K. Muro, et al: Blue electroluminescent diodes utilizing poly(alkylfluorene), Jpn. J. Appl. Phys. 30, 1941 (1991).

［2.409］ G. Grem, G. Leising: Electroluminescence of widebandgap chemically tunable cyclic conjugated polymers, Synth. Met. 55–57, 4105 (1993).

［2.410］ U. Scherf, K. Müllen: Polyarylenes and poly(arylenevinylenes) a soluble ladder polymer via bridging of functionalized poly(para-phenylene)precursors, Makromol. Chem. Rapid Commun. 12, 489 (1991).

［2.411］ V. Cimrovà, D. Neher, M. Remmers: Blue lightemitting devices based on novel polymer blends, Adv. Mater. 10, 676 (1998).

［2.412］ G. Yu, H. Nishino, A.J. Heeger, et al: Enhanced electroluminescence from semiconducting polymer blends, Synth. Met. 72, 249 (1995).

［2.413］ I.-N. Kang, D.-H. Hwang, H.-K. Shim, et al: Highly improved quantum efficiency in blend polymer LEDs, Macromolecules 29, 165 (1996).

［2.414］ Y. Ohmori, M. Uchida, K. Muro, et al: Effects of alkyl chain length and carrier confinement layer on characteristics of poly(3-alkylthiophene) electroluminescent diodes, Solid State Commun. 80, 605 (1991).

［2.415］ D.D. Gebler, Y.Z. Wang, J.W. Blatchford, et al: Blue electroluminescent devices based on soluble poly(p-pyridine), J. Appl. Phys. 78, 4264 (1995).

［2.416］ Y. Shirota: Organic light-emitting diodes using novel charge-transport materials, Proc. SPIE 186, 3148 (1997).

［2.417］ J. Kido, H. Hayase, K. Hongawa, et al: Bright red-emitting organic electroluminescent devices having an europium complex as an emitter, Appl. Phys. Lett. 65, 2124 (1994).

［2.418］ M.A. Abkowitz, D.M. Pai: Comparison of the drift mobility measured under transient and steady-state conditions in a prototypical hopping system, Philos. Mag. B 53, 193 (1986).

［2.419］ Y. Shirota, Y. Kuwabara, H. Inada, et al: Multilayered organic electroluminscent devices using a novel starburst molecule 4,4',4" -tris(3-methyl-phenylphenylamine) triphenylamine, as a hole transport layer, Appl. Phys. Lett. 65, 807 (1994).

［2.420］ N. Johansson, D.A. dos Santos, S. Guo, et al: Electronic structure and optical properties of electroluminescent spiro-type molecules, J. Chem. Phys. 107, 2542 (1997).

［2.421］ S.A. van Slyke, P.S. Bryan, C.W. Tang: *Inorganic and Organic Electroluminescence* (W&T Verlag, Berlin 1996) p. 195.

［2.422］ V. Bulovic, A. Shoustikow, M.A. Baldo, et al: Bright, saturated, red-to-yellow organic light-emitting devices based on polarization-induced spectral shifts, Chem. Phys. Lett. 287, 455 (1998).

［2.423］ J. Kido: Recent advances in organic electroluminescent devices, Bull. Electrochem. 10, 1 (1994).

［2.424］ J. Shi, C.W. Tang: Doped organic electroluminescent devices with improved stability, Appl. Phys. Lett. 70, 1665 (1997).

［2.425］ S.F. Lim, L. Ke, W. Wang, et al: Correlation between dark spot growth and pinhole size in organic light-emitting diodes, Appl. Phys. Lett. 78, 2116 (2001).

［2.426］ L.J. Rothberg, M. Yan, F. Papadimitrikapoulos, M.E. Galvin, E.W. Kwock, T.M. Miller: Photophysics of phenylenevinylene polymers, Synth. Met. 80, 41 (1996).

［2.427］ B.H. Cumpston, K.F. Jensen: Photo-oxidation of polymers used in electroluminescent devices, Synth. Met. 73, 195–199 (1995).

[2.428] M. Yan, L.J. Rothberg, F. Papadimitrikapoulos, et al: Defect quenching of conjugated polymer luminescence, Phys. Rev. Lett. 73, 744 (1994).

[2.429] J.C. Scott, J.H. Kaufman, P.J. Brock, et al: Degradation and failure of MEH-PPV light-emitting diodes, J. Appl. Phys. 79, 2745 (1996).

[2.430] S.A. van Slyke, C.H. Chen, C.W. Tang: Organic electroluminescent devices with improved stability, Appl. Phys. Lett. 69, 2160 (1996).

[2.431] A. Ashkin, G.D. Boyd, J.M. Dziedzic, et al, Optically induced refractive index inhomogeneities in $LiNbO_3$ and $LiTaO_3$, Appl. Phys. Lett. 9, 72 (1966).

[2.432] F.S. Chen, J.T. LaMacchia, D.B. Fraser: Holographic storage in lithium niobate, Appl. Phys. Lett. 13, 223 (1968).

[2.433] D.L. Staebler, W.J. Burke, W. Phillips, et al: Multiple storage and erasure of fixed holograms in Fe-doped LiNbO3, Appl. Phys. Lett. 26, 182 (1975).

[2.434] R. Orlowski, E. Krätzig: Holographic method for the determination of photo-induced electron and hole transport in electrooptic crystals, Solid State Commun. 27, 1351 (1978).

[2.435] G.E. Peterson, A.M. Glass, T.J. Negran: Control of the susceptibility of lithium niobate to laser-induced refractive index change, Appl. Phys. Lett. 19, 130 (1971).

[2.436] J.J. Amodei, W. Phillips, D.L. Staebler: Improved electrooptic materials and fixing techniques for holographic recording, Appl. Opt. 11, 390 (1972).

[2.437] P. Günter, J.-P. Huignard (Eds.): *Photorefractive Materials and Their Applications I*, Top. Appl. Phys., Vol. 61 (Springer, Berlin, Heidelberg 1989).

[2.438] P. Boffi, D. Piccinin, M.C. Ubaldi: *Infrared Holography for Optical Communications*, Topics in Applied Physics, Vol. 86 (Springer, Berlin, Heidelberg 2003).

[2.439] H.J. Coufal, D. Psaltis, G. Sincerbox (Eds.): *Holographic Data Storage* (Springer, Berlin, Heidelberg 2000).

[2.440] A.M. Glass, D. von der Linde, T.J. Negran: Highvoltage bulk photovoltaic effect and the photorefractive process in $LiNbO_3$, Appl. Phys. Lett. 25, 233 (1974).

[2.441] K. Buse: Thermal gratings and pyroelectrically produced charge redistribution in $BaTiO_3$ and $KNbO_3$, J. Opt. Soc. Am. B 10, 1266 (1993).

[2.442] N.V. Kukhtarev, V.B. Markov, S.G. Odoulov, et al: Holographic storage in electrooptic crystals, Ferroelectrics 22, 949 (1979).

[2.443] H. Kurz, E. Krätzig, W. Keune, et al: Photorefractive centers in $LiNbO_3$, studied by optical-, Mössbauerand EPR-methods, Appl. Phys. 12, 355 (1977).

［2.444］ G.C. Valley: Simultaneous electron/hole transport in photorefractive materials, J. Appl. Phys. 59, 3363 (1986).

［2.445］ F.P. Strohkendl, J.M.C. Jonathan, R.W. Hellwarth: Hole–electron competition in photorefractive gratings, Opt. Lett. 11, 312 (1986).

［2.446］ D.L. Staebler, W. Phillips: Hologram storage in photochromic $LiNbO_3$, Appl. Phys. Lett. 24, 268 (1974).

［2.447］ G.A. Brost, R.A. Motes, J.R. Rotgé: Intensitydependent absorption and photorefractive effects in barium titanate, J. Opt. Soc. Am. B 5, 1879 (1988).

［2.448］ K. Buse, E. Krätzig: Three-valence charge-transport model for explanation of the photorefractive effect, Appl. Phys. B 61, 27 (1995).

［2.449］ L. Holtmann: A model for the nonlinear photoconductivity of $BaTiO_3$, Phys. Status Solidi (a) 113, K89 (1989).

［2.450］ F. Jermann, J. Otten: The light-induced charge transport in $LiNbO_3$:Fe at high light intensities, J. Opt. Soc. Am. B 10, 2085 (1993).

［2.451］ I. Nee, M. Müller, K. Buse, E. Krätzig: Role of iron in lithium-niobate crystals for the dark storage time of holograms, J. Appl. Phys. 88, 4282 (2000).

［2.452］ Y.P. Yang, I. Nee, K. Buse, et al: Ionic and electronic dark decay of holograms in $LiNbO_3$ crystals, Appl. Phys. Lett. 78, 4076 (2001).

［2.453］ K. Buse: Light-induced charge transport processes in photorefractive crystals I: Models and experimental methods, Appl. Phys. B 64, 273 (1997).

［2.454］ K. Buse, S. Breer, K. Peithmann, et al: Origin of thermal fixing in photorefractive lithium niobate crystals, Phys. Rev. B 56, 1225 (1997).

［2.455］ R. Magnusson, T.K. Gaylord: Laser scattering induced holograms in lithium niobate, Appl. Opt. 13, 1545 (1974).

［2.456］ J.F. Nye: *Physical Properties of Crystals* (Oxford Univ. Press, London 1979).

［2.457］ R. Sommerfeldt, L. Holtmann, E. Krätzig, et al: Influence of Mg doping and composition on the light-induced charge transport in $LiNbO_3$, Phys. Status Solidi (a) 106, 89 (1988).

［2.458］ K. Buse, A. Adibi, D. Psaltis: Nonvolatile holographic storage in doubly doped lithium niobate crystals, Nature 393, 665 (1998).

［2.459］ K. Buse: Light-induced charge transport processes in photorefractive crystals II: Materials, Appl. Phys. B 64, 391 (1997).

［2.460］ D. Dirksen, F. Matthes, S. Riehemann, et al: Phase shifting holographic double exposure interferometry with fast photorefractive crystals, Opt. Commun. 134, 310 (1997).

［2.461］ F. Mersch, K. Buse, W. Sauf, et al: Growth and characterization of undoped and doped $Bi_{12}TiO_{20}$ crystals, Phys. Status Solidi (a) 140, 273 (1993).

［2.462］ K. Buse, A. Gerwens, S. Wevering, et al: Charge transport parameters of photorefractive strontiumbarium niobate crystals doped with cerium, J. Opt. Soc. Am. B 15, 1674 (1998).

［2.463］ L.H. Acioli, M. Ulman, E.P. Ippen, et al: Femtosecond temporal encoding in barium titanate, Opt. Lett. 16, 1984 (1991).

［2.464］ Q.N. Wang, D.D. Nolte, M.R. Melloch: Two-wave mixing in photorefractive AlGaAs/GaAs quantum wells, Appl. Phys. Lett. 59, 256 (1991).

［2.465］ Q.N. Wang, R.M. Brubaker, D.D. Nolte: Photorefractive phase-shift induced by hot-electron transport-multiple-quantum-well structures, J. Opt. Soc. Am. B 11, 1773 (1994).

［2.466］ J.J. Amodei, D.L. Staebler: Holographic pattern fixing in electrooptic crystals, Appl. Phys. Lett. 18, 540 (1971).

［2.467］ H. Vormann, G. Weber, S. Kapphan, et al Hydrogen as origin of thermal fixing in $LiNbO_3$:Fe, Solid State Commun. 40, 543 (1981).

［2.468］ F. Micheron, G. Bismuth: Electrical control of fixation and erasure of holographic patterns in ferroelectric materials, Appl. Phys. Lett. 20, 79 (1972).

［2.469］ J. Ma, T. Chang, J. Hong, et al: Electrical fixing of 1000 angle-multiplexed holograms in SBN:75, Opt. Lett. 22, 1116 (1997).

［2.470］ D. von der Linde, A.M. Glass, K.F. Rodgers: Multiphoton photorefractive processes for optical storage in $LiNbO_3$, Appl. Phys. Lett. 25, 155 (1974).

［2.471］ H. Vormann, E. Krätzig: Two step excitation in $LiTaO_3$: Fe for optical data storage, Solid State Commun. 49, 843 (1984).

［2.472］ K. Buse, L. Holtmann, E. Krätzig: Activation of $BaTiO_3$ for infrared holographic recording, Opt. Commun. 85, 183 (1991).

［2.473］ M.P. Petrov, S.I. Stepanov, A.A. Kamshilin: Holographic storage of information and peculiarities of light-diffraction in birefringent electrooptic crystals, Opt. Laser Technol. 11, 149 (1979).

［2.474］ H.C. Külich: Reconstructing volume holograms without image field losses, Appl. Opt. 30, 2850 (1991).

［2.475］ E. Chuang, D. Psaltis: Storage of 1000 holograms with use of a dual-wavelength method, Appl. Opt. 36, 8445 (1997).

［2.476］ S. Fries, S. Bauschulte, E. Krätzig, et al: Spatial frequency mixing in lithium niobate, Opt. Commun. 84, 251 (1991).

［2.477］ S. Fries: Spatial frequency mixing in electrooptic crystals-application to nondestructive read-out of optically erasable volume holograms, Appl. Phys. A 55, 104 (1992).

［2.478］ J.J. Amodei, D.L. Staebler: Coupled-wave analysis of holographic storage in

LiNbO$_3$, J. Appl. Phys. 43, 1042 (1972).

［2.479］ A. Yariv, D. Pepper: Amplified reflection, phase conjugation, and oscillation in degenerate four-wave mixing, Opt. Lett. 1, 16 (1977).

［2.480］ S.I. Stepanov, M.P. Petrov, A.A. Kamshilin: Optical diffraction with polarization-plane rotation in a volume hologram in an electrooptic crystal, Sov. Tech. Phys. Lett. 3, 345 (1977).

［2.481］ B.I. Sturmann, S.G. Odoulov, M.Y. Goulkov: Parametric four-wave processes in photorefractive crystals, Phys. Rep. 275, 198 (1996).

［2.482］ M. Röwe, J. Neumann, E. Krätzig, et al: Holographic scattering in photorefractive potassium tantalate-niobate crystals, Opt. Commun. 170, 121 (1999).

［2.483］ S.G. Odoulov, K. Belabaev, I. Kiseleva: Degenerate stimulated parametric scattering in LiTaO$_3$: Cu, Opt. Lett. 10, 31 (1985).

［2.484］ K.G. Belabaev, I.N. Kiseleva, V.V. Obukhovskil, et al: New parametric holographic scattering of light in lithium tantalite crystals, Sov. Phys. Solid State 28, 321 (1986).

［2.485］ D. Temple, C. Warde: Anisotropic scattering in photorefractive crystals, J. Opt. Soc. Am. B 3, 337 (1986).

［2.486］ R. Rupp, F. Drees: Light-induced scattering in photorefractive crystals, Appl. Phys. B 39, 223 (1986).

［2.487］ M. Ewbank, P. Yeh, J. Feinberg: Photorefractive conical diffraction in BaTiO$_3$, Opt. Commun. 59, 423 (1986).

［2.488］ S.G. Odoulov: Spatially oscillating photovoltaic current in iron-doped lithium niobate crystals, JETP Lett. 35, 10 (1982).

［2.489］ S.G. Odoulov: Anisotropic scattering in photorefractive crystals, J. Opt. Soc. Am. B 4, 1335 (1987).

［2.490］ S. Schwalenberg, F. Rahe, E. Krätzig: Recording mechanisms of anisotropic holographic scattering cones in photorefractive crystals, Opt. Commun. 209, 467 (2002).

［2.491］ U. van Olfen, R.A. Rupp, E. Krätzig, et al: A simple new method for the determination of the Li/Nb ratio of LiNbO$_3$ crystals, Ferroelectr. Lett. 10, 133 (1989).

［2.492］ K. Bastwöste, S. Schwalenberg, C. Bäumer, et al: Temperature and composition dependence of birefringence of lithium-tantalate crystals determined by holographic scattering, Phys. Status Solidi (a) 199, R1 (2003).

［2.493］ M.A. Ellaban, R.A. Rupp, M. Fally: Reconstruction of parasitic holograms to characterize photorefractive materials, Appl. Phys. B 72, 635 (2001).

［2.494］ M. Goulkov, S.G. Odoulov, T. Woike, et al: Holographic light scattering in photorefractive crystals with local response, Phys. Rev. 65, 195111 (2002).

［2.495］ B.I. Sturman: Low-frequency noise and photoinduced scattering in photorefractive crystals, Sov. Phys. JETP 73, 593 (1991).

［2.496］ B.I. Sturman, M. Goulkov, S.G. Odoulov: Phenomenological analysis of parametric scattering processes in photorefractive crystals, J. Opt. Soc. Am. B 13, 577 (1996).

［2.497］ M. Goulkov, G. Jäkel, E. Krätzig, et al: Influence of different impurities on lightinduced scattering in doped LiNbO3 crystals, Opt. Mater. 4, 314 (1995).

［2.498］ S.G. Odoulov: Vectorial interactions in photovoltaic media, Ferroelectrics 91, 213 (1989).

［2.499］ M.Y. Goulkov, S.G. Odoulov, B.I. Sturman, et al: Bright light dots caused by interference of parametric scattering processes in $LiNbO_3$ crystals, J. Opt. Soc. Am. B 13, 2602 (1996).

［2.500］ A.D. Novikov, V.V. Obukhovsky, S.G. Odoulov, et al: Explosive instability and optical generation in photorefractive crystals, Sov. Phys. JETP Lett. 44, 538 (1987).

［2.501］ A.D. Novikov, V.V. Obukhovsky, S.G. Odoulov, et al: Mirrorless coherent oscillation due to six-beam vectorial mixing in photorefractive crystals, Opt. Lett. 12, 1017 (1988).

［2.502］ V.V. Lemeshko, V.V. Obukhovsky: Autowaves of photoinduced light scattering, Sov. Tech. Phys. Lett. 11, 573 (1985).

［2.503］ T. Honda: Hexagonal pattern formation due to counterpropagation in $KNbO_3$, Opt. Lett. 18, 598 (1993).

［2.504］ S.G. Odoulov, B. Sturman, E. Krätzig: Seeded and spontaneous light hexagons in $LiNbO_3$: Fe, Appl. Phys. B 70, 645 (2000).

［2.505］ R.F. Kazarinov, R.A. Suris, B.I. Fuks: Thermal-current instability in compensated semiconductors, Sov. Phys. Semicond. 6, 500 (1972).

［2.506］ S.I. Stepanov, V.V. Kulikov, M.P. Petrov: Running holograms in photorefractive $Bi_{12} SiO_{20}$ crystals, Opt. Commun. 44, 19 (1982).

［2.507］ J.P. Huignard, A. Marrakchi: Coherent signal beam amplification in two-wave mixing experiments with photorefractive $Bi_{12} SiO_{20}$ crystals, Opt. Commun. 38, 249 (1981).

［2.508］ P. Refregier, L. Solymar, K. Rajbenbach, et al: Two-beam coupling in photorefractive $Bi_{12} SiO_{20}$ crystals with moving gratings: Theory and experiments, J. Appl. Phys. 58, 45 (1985).

［2.509］ L. Solymar, D.J. Webb, A. Grunnet-Jepsen: *The Physics and Applications of*

Photorefractive Materials, Oxford Ser. Opt. Imaging Sci., Vol. 11 (Oxford University, Oxford 1996).

［2.510］ M.P. Petrov, V.V. Bryksin: Space charge waves in sillenites. In: *Photorefractive Materials and Their Applications 2*, ed. by P. Günter, J.-P. Huignard (Springer, Berlin, Heidelberg 2007) pp. 285–325, Chap. 9.

［2.511］ V.V. Bryksin, M.P. Petrov: Second harmonic generation and rectification of space-charge waves in photorefractive crystals, Phys. Solid State 44, 1869 (2002).

［2.512］ V.V. Bryksin, P. Kleinert, M.P. Petrov: Theory of space-charge waves in semiconductors with negative differential conductivity, Phys. Solid State 45, 2044 (2003).

［2.513］ M.P. Petrov, V.V. Bryksin, V.M. Petrov, et al: Study of the dispersion law of photorefractive waves in sillenites, Phys. Rev. A 60, 2413 (1999).

［2.514］ M.P. Petrov, V.V. Bryksin, H. Vogt, et al: Overall rectification and second-harmonic generation of space charge waves, Phys. Rev. B 66, 085107 (2002).

［2.515］ M.P. Petrov, A.P. Paugurt, V.V. Bryksin, et al: Spatial rectification of the electric field of space charge waves, Phys. Rev. Lett. 84, 5114 (2000).

［2.516］ M.P. Petrov, V.V. Bryksin, S. Wevering, et al: Nonlinear interaction and shattering of space charge waves in sillenites, Appl. Phys. B 73, 699 (2001).

［2.517］ G.S. Trofimov, S.I. Stepanov: Nonstationary holographic currents in photorefractive crystals, Sov. Phys. Solid State 28, 1559 (1986).

［2.518］ M.P. Petrov, I.A. Sokolov, S.I. Stepanov, et al: Non-steady-state photo-electromotive-force induced by dynamic gratings in partially compensated photoconductors, J. Appl. Phys. 68, 2216 (1990).

［2.519］ S.I. Stepanov: Photo-electro-motive-force effect in semiconductors. In: *Handbook of Advanced Electronic and Photonic Materials*, Vol. II, ed. by H.S. Nalwa (Academic, San Diego 2000) p. 205.

［2.520］ S. Sochava, K. Buse, E. Krätzig: Non-steady-state photocurrent technique for the characterization of photorefractive $BaTiO_3$, Opt. Commun. 98, 265 (1993).

［2.521］ S. Sochava, K. Buse, E. Krätzig: Characterization of photorefractive $KNbO_3$:Fe by non-steady-state photocurrent techniques, Opt. Commun. 105, 315 (1994).

［2.522］ S.L. Sochava, K. Buse, E. Krätzig: Photoinduced hallcurrent measurements in photorefractive sillenites, Phys. Rev. B 51, 4684 (1995).

［2.523］ S.I. Stepanov, I.A. Sokolov, G.S. Trofimov, et al: Measuring vibration amplitudes in the picometer range using moving light gratings in photoconductive GaAs:Cr, Opt. Lett. 15, 1239 (1990).

［2.524］ P. Delaye, A. Blouin, D. Drolet, et al: Detection of ultrasonic motion of a scattering surface by photorefractive InP:Fe under an applied dc field, J. Opt. Soc. Am. B 14, 1723 (1997).

［2.525］ S.I. Stepanov, P. Rodriguez, S. Trivedi, et al: Effective broadband detection of nanometer laserinduced ultrasonic surface displacements by CdTe:V adaptive photoelectromotive force detector, Appl. Phys. Lett. 84, 446 (2004).

［2.526］ J.A. Armstrong, N. Bloembergen, J. Ducuing, et al: Interaction between light waves in a nonlinear dielectric, Phys. Rev. 127, 1918 (1962).

［2.527］ M.M. Fejer, G.A. Magel, D.H. Jundt, et al: Quasi-phase-matched second harmonic generation: Tuning and tolerances, IEEE J. Quantum Electron. 28, 2632 (1992).

［2.528］ M. Falk, K. Buse: Thermo-electric method for nearly complete oxidization of highly iron-doped lithium niobate crystals, Appl. Phys. B 81, 853 (2005).

［2.529］ S. Gronenborn, B. Sturman, M. Falk, et al: Ultraslow shock waves of electron density in $LiNbO_3$ crystals, Phys. Rev. Lett. 101, 116601 (2008).

［2.530］ I. Breunig, M. Falk, B. Knabe, et al: Second harmonic generation of 2.6W green light with thermoelectrically oxidized undoped congruent lithium niobate crystals below 100 ℃, Appl. Phys. Lett. 91, 221110 (2007).

［2.531］ M. Kösters, B. Sturman, P. Wehrheit, et al: Optical cleaning of lithium niobate crystals, Nat. Photonics 3, 510 (2009).

［2.532］ D.A. Bryan, R. Gerson, H.E. Tomaschke: Increased optical-damage resistance in lithium niobate, Appl. Phys. Lett. 44, 847 (1984).

［2.533］ Y. Furukawa, M. Sato, K. Kitamura, et al: Growth and characterization of off-congruent $LiNbO_3$ single-crystals grown by the double-crucible method, J. Cryst. Growth 128, 909 (1993).

［2.534］ V.S. Ilchenko, A.A. Savchenkov, A.B. Matsko, et al: Nonlinear Optics and crystalline whispering gallery mode cavities, Phys. Rev. Lett. 92, 043903 (2004).

［2.535］ A.A. Savchenkov, A.B. Matsko, D. Strekalov, et al: Photorefractive damage in whispering gallery resonators, Opt. Commun. 272, 257 (2007).

［2.536］ J.U. Fürst, D.V. Strekalov, D. Elser, et al: Naturally phase-matched second-harmonic generation in a whispering-gallery-mode resonator, Phys. Rev. Lett. 104, 153901 (2010).

［2.537］ J.R. Schwesyg, M.C.C. Kajiyama, M. Falk, et al: Light absorption in undoped congruent and magnesium-doped lithium niobate crystals in the visible wavelength range, Appl. Phys. B 100, 109 (2010).

［2.538］ J.R. Schwesyg, C.R. Phillips, K. Ioakeimidi, et al: Suppression of mid-infrared light absorption in undoped congruent lithium niobate crystals, Opt. Lett. 35, 1070 (2010).

［2.539］ J. Feinberg: Self-pumped, continuous-wave phase conjugator using internal reflection, Opt. Lett. 7, 486 (1982).

［2.540］ J. Feinberg, K.R. MacDonald: Phase-conjugate mirrors and resonators with photorefractive materials. In: *Photorefractive Materials and Their Applications 2*, Topics in Applied Physics, Vol. 62, ed. by P. Günter, J.-P. Huignard (Springer, Berlin, Heidelberg 1989) p. 151.

［2.541］ M. Segev, B. Crosignani, A. Yariv, et al: Spatial solitons in photorefractive media, Phys. Rev. Lett. 68, 923 (1992).

［2.542］ M.D. Iturbe Castillo, P.A. Marquez Agullar, J.J. Sanchez-Modragon, et al: Spatial solitons in photorefractive $Bi_{12}SiO_{20}$ with drift mechanism of nonlinearity, Appl. Phys. Lett. 64, 408 (1994).

［2.543］ V.E. Wood, P.J. Cressman, R.L. Holmann, et al: Photorefractive effects in waveguides. In: *Photorefractive Materials and Their Applications 2*, Topics in Applied Physics, Vol. 62, ed. by P. Günter, J.-P. Huignard (Springer, Berlin, Heidelberg 1989) p. 45.

［2.544］ D. Kip, M. Wesner: Photorefractive waveguides. In: *Photorefractive Materials and Their Applications I*, Springer Ser. Opt. Sci., ed. by P. Günter, J.-P. Huignard (Springer, Berlin, Heidelberg 2006) p. 289.

［2.545］ C. Denz, M. Schwab, C. Weilnau (Eds.): *TransversePattern Formation in Photorefractive Optics*, Springer Tracts in Modern Physics (Springer, Berlin, Heidelberg 2003).

［2.546］ C. Denz, P. Jander: Spatio-temporal instabilities and self-organization. In: *Photorefractive Materials and Their Applications 1*, Springer Ser. Opt. Sci., ed. by P. Günter, J.-P. Huignard (Springer, Berlin, Heidelberg 2006) p. 253.

［2.547］ R.A. Rupp, J. Hehmann, R. Matull, et al: Neutron diffraction from photoinduced gratings in a PMMA matrix, Phys. Rev. Lett. 64, 301 (1990).

［2.548］ M. Fally, C. Pruner, R.A. Rupp, et al: Neutron physics with photorefractive materials. In: *Photorefractive Materials and Their Applications 3*, Springer Ser. Opt. Sci., ed. by P. Günter, J.P. Huignard (Springer, Berlin, Heidelberg 2006) p. 321.

［2.549］ P. Günter, J.-P. Huignard (Eds.): *Photorefractive Materials and Their Applications 1, 2, 3*, Springer Ser. Opt. Sci. (Springer, Berlin, Heidelberg 2006).

［2.550］ R.A. Paquin: Properties of metals. In: *Handbook of Optics, Devices,*

Measurements, and Properties, Vol. II, ed. by M. Bass (McGraw-Hill, New York 1994) pp. 32.1–32.78.

[2.551] R.A. Paquin: Materials for optical systems and metal mirrors. In: *Handbook of Optomechanical Engineering*, ed. by A. Ahmad (CRC, Boca Raton 1997) pp. 69–110.

[2.552] M.A. Ealey, R.A. Paquin, T.B. Parsonage (Eds.): *Advanced Materials for Optics and Precision Structures*, Crit. Rev. Opt. Sci. Technol., Vol. 67 (SPIE, Bellingham 1997).

[2.553] R.A. Paquin: Metal mirrors. In: *Handbook of Optomechanical Engineering*, ed. by A. Ahmad (CRC, Boca Raton 1996) p. 92.

[2.554] I.K. Lokshin: Heat treatment to reduce internal stresses in beryllium, Metal Sci. Heat Treat. 426, 426 (1970).

[2.555] R.A. Paquin: Advanced materials: An overview. In: *Advanced materials for optics and precision structures*, Crit. Rev. Opt. Sci. Technol., Vol. 67, ed. by M.A. Ealey, R.A. Paquin, T.B. Parsonage (SPIE, Bellingham 1997) p. 10.

[2.556] R.G. Ohl, M.P. Barthelmy, S.W. Zewari, et al: Cryogenic optical systems and instruments IX, comparison of stress relief procedures for cryogenic aluminum mirrors, Proc. SPIE 4822, 51 (2002).

[2.557] H.Y. Hunsicker: The metallurgy of heat treatment. In: *Aluminum 1: Properties, Physical Metallurgy and Phase Diagrams*, ed. by J.E. Hatch (American Society for Metals, Metals Park 1967).

[2.558] J.B.C. Fuller Jr., P. Forney, C.M. Klug: Design and fabrication of aluminum mirrors for a large aperture precision collimator operating at cryogenic temperatures, Los Alamos Conference on Optics '81, Proc. SPIE 288, 104 (1981).

[2.559] D. Vukobratovich, K. Don, R. Sumner: Improved cryogenic aluminum mirrors, Cryogenic Optical Systems and Instruments VIII, Proc. SPIE 3435, 9–18 (1998).

[2.560] C.A. Swenson: HIP beryllium: Thermal expansivity from 4 to 300 K and heat capacity from 1 to 108 K, J. Appl. Phys. 70, 3046 (1991).

[2.561] Y.S. Touloukian, R.K. Kirby, R.E. Taylor, et al: *Thermal Expansion, Metallic Elements and Alloys*, Thermophys. Prop. Matter, Vol. 12 (IFI/Plenum, New York 1977) p. 23.

[2.562] R.A. Paquin: Hot isostatic pressed beryllium for large optics, Opt. Eng. 25, 1003 (1986).

[2.563] D. Saxton, T. Parsonage: Advances in near net shape beryllium manufacturing technologies, Optical design, materials, fabrication, and maintenance, Proc.

SPIE 4003, 80 (2000).

［2.564］ M. Cayrel, R.A. Paquin, T.B. Parsonage, et al: Use of beryllium for the VLT secondary mirror, Advanced Materials for Optics and Precision Structures, Proc. SPIE 2857, 86 (1996).

［2.565］ D.R. Coulter, S.A. Macenka, M.T. Stier, et al: ITTT: A state-of-the-art ultra-lightweight allberyllium telescope. In: *Advanced Materials for Optics and Precision Structures*, Crit. Rev. Opt. Sci. Technol., Vol. 67, ed. by M.A. Ealey, R.A. Paquin, T.B. Parsonage (SPIE, Bellingham 1997) p. 277.

［2.566］ G. Gould: Method and means for making a beryllium mirror, US Patent 4492669 (1985).

［2.567］ R.A. Paquin: New technology for beryllium mirror production, Current Developments in Optical Engineering and Commercial Optics, Proc. SPIE 1168, 83 (1989).

［2.568］ T. Parsonage, J. Benoit: Advances in beryllium and AlBeMet® optical materials, Optomechanical Design And Engineering 2002, Proc. SPIE 4771, 222 (2002).

［2.569］ R.A. Paquin, D.R. Coulter, D.D. Norris, et al: New fabrication processes for dimensionally stable beryllium mirrors, Specification, Production, and Testing of Optical Components and Systems, Proc. SPIE 2775, 480 (1996).

［2.570］ T.B. Parsonage: Development of aluminum beryllium for structural applications. In: *Advanced Materials for Optics and Precision Structures*, Crit. Rev. Opt. Sci. Technol., Vol. 67, ed. by T.B. Parsonage, M.A. Ealey, R.A. Paquin (SPIE, Bellingham 1997) p. 236.

［2.571］ Website for Brush Beryllium products: http://materion.com/Businesses/BrushBerylliumandComposites.aspx.

［2.572］ M.R. Howells, R.A. Paquin: Optical substrate materials for synchrotron radiation beam lines. In: *Advanced Materials for Optics and Precision Structures*, Crit. Rev. Opt. Sci. Technol., Vol. 67, ed. by T.B. Parsonage, M.A. Ealey, R.A. Paquin (SPIE, Bellingham 1997) p. 339.

［2.573］ R. Valdiviez, D. Schrage, F. Martinez, et al: The use of dispersion strengthened copper in accelerator designs, Proc. XX Int. Linac Conf., Monterey (2000) p. 956.

［2.574］ B.S. Lement, B.L. Averback, M. Cohen: The dimensional behavior of Invar, Trans. Am Soc. Met. 43, 1072 (1951).

［2.575］ W.J. Spawr: Standard industrial polishing of high energy laser optics, NBS Spec. Publ. 435, 10–12 (1975).

［2.576］ P.A. Temple, D.K. Burge, J.M. Bennett: Optical properties of mirrors prepared by ultraclean dc sputter deposition, NBS Spec. Publ. 462, 195–202 (1976).

［2.577］ G.E. Carver, B.O. Seraphin: CVD molybdenum films for high power laser mirrors. In: *Laser Induced Damage in Optical Materials*, ed. by H.E. Bennett, A.J. Glass, A.H. Guenther, B.E. Newnam (NBS, Boulder 1979) pp. 287–292.

［2.578］ H. Okamoto, M. Matsusue, K. Kitazima, et al: Laser-induced Mo mirror damage for high power CO_2 laser. In: *Laser Induced Damage in Optical Materials*, ed. by H.E. Bennett, A.H. Guenther, D. Milam, B.E. Newnam (NBS, Boulder 1985) pp. 248–260.

［2.579］ M. Yamashita, S. Hara, H. Matsunaga: Ultrafine polishing of tungsten and molybdenum mirrors for CO_2 laser. In: *Laser-Damage in Optical Materials: Collected Papers, 1969-1998*, Vol. CD08 (SPIE, Bellingham 1999).

［2.580］ D.L. Hibbard: Electroless nickel for optical applications. In: *Advanced Materials for Optics and Precision Structures*, Crit. Rev. Opt. Sci. Technol., Vol. 67, ed. by T.B. Parsonage, M.A. Ealey, R.A. Paquin (SPIE, Bellingham 1997) p. 179.

［2.581］ K. Parker, H. Shah: Residual stresses in electroless nickel plating, Plating 58, 230 (1971).

［2.582］ K. Parker: Internal stress measurements of electroless nickel coatings by the rigid strip method. In: *Testing of Metallic and Inorganic Coatings*, Vol. STP 947, ed. by W.B. Hardig, G.D. di Ban (American Society for Testing and Materials, Philadelphia 1987) p. 111.

［2.583］ D. Vukobratovich, A. Gerzoff, M.K. Cho: Thermooptic analysis of bi-metallic mirrors, Optomechanical Design and Precision Instruments, Proc. SPIE 3132, 12–23 (1997).

［2.584］ C.J. Shih, A. Ezis: Application of hot-pressed silicon carbide to large high-precision optical structures, Silicon Carbide Materials for Optics and Precision Structures, Proc. SPIE 2543, 24 (1995).

［2.585］ J.S. Goela, M.A. Pickering: Optics applications of chemical vapor deposited β-SiC. In: *Advanced Materials for Optics and Precision Structures*, Crit. Rev. Opt. Sci. Technol., Vol. 67, ed. by T.B. Parsonage, M.A. Ealey, R.A. Paquin (SPIE, Bellingham 1997) p. 71.

［2.586］ V. Rehn, J.L. Stanford, A.D. Behr, et al: Total optical integrated scatter in the vacuum ultraviolet: Polished CVD SiC, Appl. Opt. 16, 111 (1977).

［2.587］ V. Rehn, W.J. Choyke: Total optical integrated scatter in the vacuum ultraviolet: Polished CVD SiC, Nucl. Instrum. Methods 117, 173 (1980).

［2.588］ E. Sein, F. Safa, D. Castel, et al: Silicon carbide, a sound solution for space optics, Proc. 52 Int. Astronaut. Congr. Toulouse (2001), paper IAF-01-I.［1.06.

［2.589］ M.A. Ealey, J.A. Wellman, G. Weaver: CERAFORM SiC: Roadmap to 2 meters and 2 kg/m^2 areal density. In: *Advanced Materials for Optics and Precision Structures*, Crit. Rev. Opt. Sci. Technol., Vol. 67, ed. by T.B. Parsonage, M.A. Ealey, R.A. Paquin (SPIE, Bellingham 1997) p. 53.

［2.590］ E. Tobin, M. Magida, S. Kishner, et al: Design, fabrication, and test of a meter-class reaction bonded SiC mirror blank, Silicon Carbide Materials for Optics and Precision Structures, Proc. SPIE 2543, 12 (1995).

［2.591］ R.A. Paquin, M.B. Magida: Low scatter surfaces on silicon carbide, Laser Induced Damage in Optical Materials: 1989, NIST Spec. Publ. 801, 256 (1990).

［2.592］ M. Krödel, G.S. Kutter, M. Deyerler, et al: Short carbon-fiber reinforced ceramic-Cesic®-for optomechanical applications, Optomechanical Design And Engineering 2002, Proc. SPIE 4771, 230 (2002).

［2.593］ R. Plummer, D. Bray: Guidelines for design of SuperSiC® silicon carbide mirror substrates, precision components, Optomechanical Design and Engineering 2002, Proc. SPIE 4771, 265 (2002).

［2.594］ F. Anthony, A. Khounsary, D. McCarter, et al: McCarter superfinish, an update, Proc. SPIE 4145, 37–44 (2001).

［2.595］ F.M. Anthony, A.K. Hopkins: Actively cooled silicon mirrors, Proc. SPIE 297, 196–304 (1981).

［2.596］ F.M. Anthony, D. McCarter, D. Tangedahl, et al: Frit bonding, a way to larger and more complex silicon components, Proc. SPIE 5179, 194–202 (2003).

［2.597］ T.W. Tonnessen, S.E. Fisher, F.M. Anthony: High heat flux mirror design for an undulator beam line, Proc. SPIE 1997, 340–353 (1993).

［2.598］ W.H. Lowery, F.M. Anthony: Cutting costs with planform bonding, Photonics Spectra, 1992, 159–162 (1992).

［2.599］ F.M. Anthony, D. McCarter, D. Tangedahl, et al: A cryostable lightweight frit bonded silicon mirror, Proc. SPIE 4822, 22–34 (2002).

［2.600］ V.T. Bly, M.D. Nowak, D.O. Moore: Lightweight instrument mirrors from single-crystal silicon, Proc. SPIE 6265, 6265 (2006).

［2.601］ S. Musikant: *Optical Materials* (Dekker, New York 1985) p. 1985.

［2.602］ Hoya Optical Glass Catalog, available online at www.hoyaoptics.com.

［2.603］ Ohara Optical Glass Catalog (Ohara, Brandsburg 1995).

［2.604］ Schott Optical Glass Catalog (Schott, Mainz 2001).

第 3 章

先进光学元件

　　本章介绍了一系列先进的光学元件，包括其基本物理原理、生产技术以及现有或未来可能的应用。

　　这些光学元件中，特别是可变透镜和光子晶体，一旦其应用潜力被充分探索，就可以代替传统的光学系统。其他组件，如高质量光纤，已在全球范围内得到很好的应用，且在通信系统中得到了快速的进一步改进和整合。

　　除了提高质量和多功能性之外，通常低成本和批量生产是光学元件开发中的驱动力和重要方面。

| 3.1 折射微光学 |

目前，折射微光学，特别是微透镜阵列的形式，作为各种技术应用的基本功能组件，其需求正在强劲增长。微透镜阵列在基于激光的照明系统中用于光束整形，在均匀化或一致性管理的照明系统中特别受关注，并且也在复杂的波前传感装置（例如Shack – Hartmann 传感器）中发挥重要作用。在自然界中，折射微光学的特性已经被利用了数百万年，例如在昆虫和甲壳纲动物的复眼中。

本节首先简要介绍自然界中发现的基于微透镜的感知系统，并简要讨论其基本工作原理；切换到技术环境，则是折射微光学主要制造方法的概述；最后，提出了基于折射式微光学器件特性的必要应用，并讨论了光学系统的设置。

3.1.1 自然界中的折射微光学

在自然界，基于微透镜的复杂光学系统首先出现在寒武纪时期，为复眼形式。其中最古老的化石眼属于生活在 5 亿年前的三叶虫。这种三叶虫化石的外部结构常常被完全保留下来，并且显示出高度发展的复眼小眼面，有时超过 1 000 个单眼[3.1]。如今，就使用个体生物数量而言，复眼是迄今为止动物世界中最流行的用于视觉感知的装置。据此，参照基本工作原理，可区分为两种不同类型的复眼。

大多数白天活动的昆虫（如蜜蜂，蚱蜢，水蚤）和水生甲壳类动物具有复眼类型，其中所有的小眼面彼此光学隔离，并且每个密集的离散微透镜与单个接收器相关［图 3.1（a）］。在这种情况下，眼睛的每个小眼面在接收器的远端处产生倒像，其像光纤那样起作用，使得空间信息被多次反射叠加。这意味着每个接收器只记录对应视场的平均强度。每个这样的子单元都有一个小的立体角度的空间，整个图像是由所有联立像构成的。最终，只有一个单一的图像出现，而不是大量的图像。

在夜间活动的昆虫和深水甲壳动物中，更常见的是在视网膜的共同点处大量相邻的角膜面合起来形成一个单一的深层图像的重叠像眼［图 3.1（b）］。

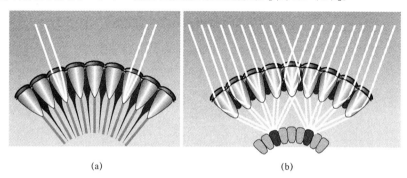

(a)   (b)

图 3.1　复眼示意图
（a）焦端复眼。光只从小角膜透镜（日间活动昆虫）到达感光器。（b）折射叠加复眼。
大量的角膜切面聚集在一个清晰的区域，朝向视网膜中的单个光感受器（夜间活动和深海动物）

在重叠像眼中，透明材料的清晰区域将透镜与视网膜下方分隔开来。来自另一个方向的光由相应的小平面引导到另一个接收器。在含有深颜料结构单元的各个小眼面之间使光学串扰最小化。

另一个在自然界中出现的微透镜的例子是海洋动物和海星近亲中发现的蛇尾海星。Aizenberg[3.2]发现：蛇尾海星的骨骼被复杂的方解石微透镜覆盖，将入射光聚焦在动物内部的受体细胞上。这种特殊的视觉系统覆盖了大部分生物体，用来探测和逃避掠食者。

3.1.2 折射微光学器件的制造

一般而言，折射微光学器件制造包括母版制作、加工和复制步骤，与其他微结构光学元件的制造工艺差不多。由于工具和最终的复制步骤对于不同的微光学组件来说相差不多，因此这里只关注微透镜或微透镜阵列的母版制作。

微透镜阵列最重要的制造方法之一是回流技术（图 3.2）[3.3-6]，其中玻璃基板上涂有一层光刻胶，然后光刻曝光成圆形结构阵列图案。在随后的显影过程中，将该潜像转印到表面结构中，是会形成一个圆柱形岛状阵列。通过使用烤箱或热板，将圆柱体阵列加热到高于光刻胶的玻璃化温度，使其开始熔化。由于表面张力，物质输送开始，并引起圆筒形状的变化。为了更好地近似，所得具有最小表面能量的结构说明了截切球透镜的形状。

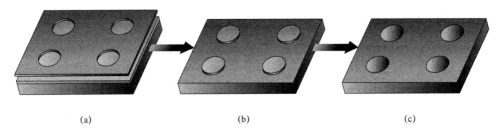

(a)　　　　　　　　　　　(b)　　　　　　　　　　　(c)

图 3.2　回流技术制造微透镜阵列基本工艺步骤的示意图

（a）在基于掩模的光刻步骤中，露出圆形结构；（b）由开发过程产生的柱状聚合物；
（c）通过熔化步骤将圆柱体转移到截切球透镜中

假设光致抗蚀剂材料的体积在从圆柱形到截切球的过渡期间不改变，所得到的微透镜的焦距可能会与基本筒体的几何尺寸相关。为了推导出这种关系，使用了作为透镜材料的折射率 n 和曲率半径 r_c 函数的薄平凸球面透镜焦距的基本方程：

$$f = \frac{r_c}{n-1} \tag{3.1}$$

所涉及的光刻胶桶和截顶球面透镜的体积是

$$V_{cyl} = \pi \frac{D^2}{4} t \tag{3.2}$$

$$V_{cap} = \pi h^2 \frac{(3r_c - h)}{3} \quad\quad (3.3)$$

式中，D 和 t 分别是初始筒体的直径和厚度；h 是透镜罩的高度（垂度）。通过体积的不变性可得到

$$r_c = \frac{h^2 + \dfrac{D^2}{4}}{2h} \quad\quad (3.4)$$

为了选择光刻胶筒所需的厚度，可以采用下列公式：

$$t = \frac{h}{6}\left(3 + 4\frac{h^2}{D^2}\right) \quad\quad (3.5)$$

回流技术的独特优势在于各个透镜的一致性和表面轮廓完美性的高精度，这在图 3.3 中示例性地表示出，该图示出了截切球透镜［图 3.3（a）］横截面的电子显微镜图和透镜阵列的光学显微图［图 3.3（b）］。单个透镜的直径是 250 μm。

虽然回流技术是制造微透镜阵列的一种成熟和广泛使用的方法，但是也表现出明显的局限性。主要缺点涉及横向填充因子：微透镜的基板的最大利用率，因此当相邻球形盖刚好接触时具有最大效率。然而，即使在这种结构中，透镜之间也会出现盲区，这限制了可用面积。回流过程的进一步限制涉及微透镜的形状，仅限于球形帽，而对于非球形或不对称形貌是不可行的。

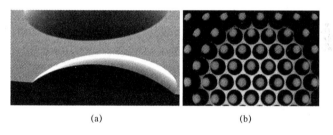

(a)　　　　　　　　　　　　　(b)

图 3.3　用回流技术制造的微透镜的微观视图

（a）单个透镜的直径为 250 μm；（b）单个镜片表现出非凡的一致性和高精度的
表面轮廓（SUSS MicroOptics 公司 Reinhard Voelkel 博士提供）

另一种可以克服这些限制的制造技术是采用直接激光束写入的模拟灰度光刻[3.7]。该方法可以用来制造具有任意轮廓形状，以及大的填充因子和各个元件几何分布高度灵活性的折射微光学元件。

在该技术中，通过顺序扫描聚焦的激光束来曝光镀膜在基板上的光敏光刻胶。与扫描过程同步，激光束强度被调制，以至于在抗蚀剂膜中写入连续的灰度曝光图案（图 3.4）。在这种设置中，通常使用声光调制器（AOM）来控制激光束强度。在随后的受控显影工艺中，将曝光的抗蚀剂膜转移到期望的三维（3D）表面浮凸的显微结构中。

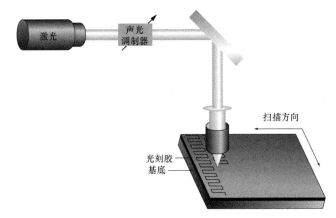

图 3.4　设置直接激光束写入系统。激光点在光致抗蚀剂涂层表面上方以曲折状移动模式
进行扫描。与扫描过程同步，激光束强度被调制以写入连续的灰度曝光模式。
调制由一个声光调制器（AOM）完成

用于曝光的激光发射波长位于远蓝可见光或紫外（UV）光谱范围内。短波长允许光学系统的高横向分辨率，因此当使用高数值孔径（NA）透镜系统（NA=0.6）时，衍射极限最小聚焦光斑直径约在 0.5 μm 的范围内。为了减少处理时间及制造精度较低的结构，使用低 NA 系统可以更方便地获得 1.5～2.0 μm 范围的光斑尺寸。另外，较低的 NA 也与延伸的焦深相关，因此增加抗蚀剂层的厚度是可处理的，这将使得最终最大结构深度更大。短曝光波长还具有适用于光刻胶灵敏度的特性。

横向延伸基底的结构是由用相邻的带状物连续装饰表面构成的，所述带状物具有数百微米的宽度，且其长轴受基底长度的限制。每个色带由焦斑的曲折扫描形成，行间距在 100 mm 的范围内。这意味着曝光区域重叠，并且可以微调轮廓形状。

图 3.5 显示了通过直接激光束写入制造的典型折射微结构的形貌。常规微透镜阵列［图 3.5（a）］的特点是单个透镜之间不存在死区，并具有接近 100% 的填充因子，与直接写入技术相比，回流工艺具有可观的优势。

直写技术还可以制造统计分布的微透镜［图 3.5（b）］。除了各个小透镜随机分布

(a)　　　　　　　　　　　(b)

图 3.5　由直接激光束写入制造的规则微透镜阵列的拓扑结构
（a）典型地，该结构在相邻的小透镜之间显示出高填充因子并且没有死区，
统计分布的微透镜阵列；（b）显示了每个亚基的不同的曲率半径

的横向位置之外，它们的曲率半径也是彼此独立的。激光束写入还可以实现非球面形状或根据每个小透镜添加单独的残余光程，例如引入相位效应。这样的统计分布的微透镜用作扩散元件，例如基于准分子激光的照明系统在屈光眼科手术中的应用。

回流技术和激光束写入主要用在聚合物基底上形成折射微结构。由于有限的可用波长范围和聚合物有限的稳定性，特别是对于具有高功率或 UV 光源的应用，需要几种应用将光刻胶形貌转移到无机的、更稳定的基底材料中。为此，反应离子刻蚀（RIE）是一个适用的方法。因此，需要考虑基底和抗蚀剂的不同刻蚀速度，这是由反应刻蚀气体的成分决定的[3.8]。此外，为了避免结构的横向扩散，在干蚀刻过程中高各向异性是必不可少的。

3.1.3　折射微光学的应用

1. 均匀化和光束整形

近年来，基于微透镜的光学模块在照明系统中作为均匀化器件和光束成型装置，尤其是高度精密的光学系统，已经具有深远的影响。先进和适用的照明系统是大量光学仪器的支柱。尤其是当激光束（如准分子激光）在光束上有很大的辐射变化时，这种照明系统的设计和性能就变得非常重要。典型的应用包括半导体制造业，例如深紫外光刻[3.9,10]、晶片和掩模检查[3.11]，以及药物治疗（例如角膜手术[3.12]或美容皮肤治疗）。

在各种均匀化装置中，蝇眼式光束均匀化器件对于具有时间波动的光束轮廓来源特别感兴趣。蝇眼式光束均匀化器件将微透镜阵列与聚焦球面透镜组合在一起。术语"蝇眼化"清楚地表明了这种人造微光学元件与昆虫复眼的天然对应物之间的相似性。

图 3.6 说明了常规折射非成像蝇眼式均匀化器件的基本设置和工作原理。从简单的几何光学角度来看，入射激光束（来自左侧）被球面透镜阵列的子孔径或两个交叉柱面透镜阵列分隔成大量的细光束。这些细光束由目标平面上的聚光透镜或主透镜叠加。

通过这种方式，获得了源自子孔径光分布的平均值。从这个简单的几何考虑来看，越来越多的子孔径提高了平均效果。目标平面 D 中均匀区域的尺寸取决于透镜阵列的间距尺寸 p、小透镜的焦距 f 和主透镜的焦距 F[3.13]：

$$D = \left| \frac{pF}{f} \right| \qquad (3.6)$$

从波动光学的角度来看，目标平面的强度模式也受到衍射和干涉效应的强烈影响。在非成像蝇眼式均匀化器件中的第一个主要的可观察到的衍射效应是由每个微透镜面的菲涅耳衍射引起的[3.14]。在这种情况下，菲涅耳数是一个适合用于确定设置均匀性属性的量度。对于图 3.6 所示的参考几何体，波长 λ 的菲涅尔数 N_F 为

$$N_F \approx \frac{pD}{4\lambda F} \qquad (3.7)$$

每个微光学系统显示了衍射效应和折射效应的混合[3.15]，而具有大菲涅耳数的微透

镜均匀化器件代表折射主导系统，具有小菲涅尔数的均匀器代表衍射主导系统。对于非成像蝇眼式均匀化器件，根据经验，大于 10 的菲涅耳数对于适当的均匀化是必要的。

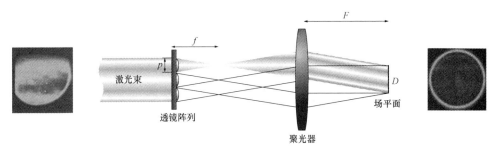

图 3.6　非成像蝇眼式均匀化器件的基本设置。入射激光束（左图所示的典型输入剖面）被微透镜阵列的子孔径分成大量细光束。细光束在目标平面上被聚光透镜叠加，从而形成平顶剖面（右图）

　　除了衍射效应之外，目标平面中的调制图案也受到所照射的微透镜组衍射图案重叠的影响。这种效应强烈依赖于入射光束的空间相干性。场平面中干扰调制的可接受对比度取决于应用要求。为了防止在所得的场分布中的干扰影响，透镜间距必须大于部分相干光源的特性相干长度。这个要求限制了叠加细光束的数量，因此也限制了光束不均匀性的平滑度。连贯扰频是克服这一限制的一种方法，有时也可以对蝇眼式均匀化器件进行限制，以满足更高的应用要求[3.16 - 18]。

　　为了在匀化强度图的边缘处获得高度均匀的光束轮廓和减小的衍射结构，使用成像蝇眼式均匀化器件得到了优异的结果。在这种配置中，第二等效微透镜阵列布置在第一微透镜阵列的焦平面中或附近。与聚光透镜一起，第二小透镜阵列在目标平面上形成了第一小透镜阵列的子孔径的实像。由此，子孔径的图像在目标平面中重叠，使得第一阵列的子孔径出现一个整合图像。小透镜孔的重新成像显著降低了均匀化器件装置的衍射效应[3.19,20]。

　　图 3.7 比较了非成像和成像蝇眼式均匀化器件的基本设置，另外还出示了示例性的强度分布图。其中，非成像均匀化器件的目标平面中的强度分布显示出边缘处的调制图和缓梯度；另外，基于成像均匀化器件的强度分布图显示出平滑、平坦的顶部，而边缘则迅速衰减。

2. Shack – Hartmann 波前传感器

　　准确和快速的波前测量是所有自适应光学系统的基本先决条件[3.21]。重要的应用场景包括补偿大气湍流的天文成像[3.22 - 24]、调节眼科仪器以适合人眼的不同像差[3.25]，以及补偿多光子显微镜中标本深处的由非均匀折射率分布导致的像差[3.26]。

　　传感器是自适应光学应用中使用最广泛的波前测量系统。Shack – Hartmann 传感器可实现高速分析，并基于简单的设置原理，但也需要精密制造的元件，特别是高质量的微透镜阵列。

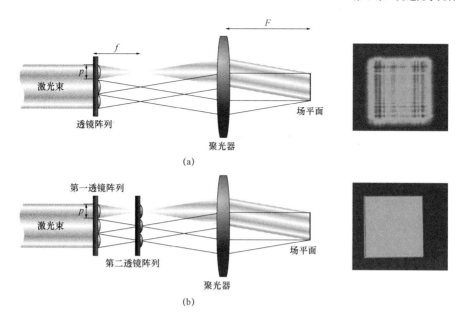

图 3.7 非成像（a）和成像蝇眼式均匀化器件（b）的比较。
附加的微透镜阵列将第一阵列成像到目标平面中。
相应的强度分布（右）在中心调制和边缘梯度方面存在不同

基本工作原理如图 3.8 所示。实质上，Shack – Hartmann 传感器由位于位置传感器（例如，电荷耦合器件（CCD）相机）前面的微透镜阵列组成。入射到传感器上的平面波前［见图 3.8（a）］被子孔径分开，并在探测器上产生焦点的点图。记录和分析质心的位置，与未扰动的波前的测量相比，入射的失真波前导致具有单独移位质心位置的阵列点。在后一种情况下，每个点的中心由每个小透镜上波前的平均斜率确定，这意味着每个点的波前斜率可以通过定位每个点的质心来得到。整个波前可以根据每个单点的斜率信息通过最小二乘法或其他方法重建。

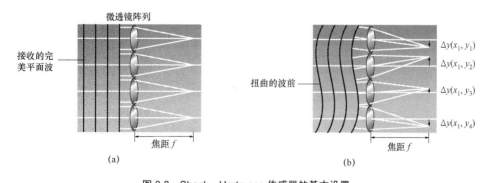

图 3.8 Shack – Hartmann 传感器的基本设置
（a）一个平面波前进入传感器，并在子孔径处在探测器上产生斑点图案；
（b）一个变形的波前导致的点图变化

|3.2 衍射光学元件|

当代绝大多数光学仪器基于折射或反射光学元件，最常见的是球形。光学成像系统对性能、体积和成本的要求在不断增加，因此寻找替代设计方法变得越来越重要。通过用衍射光学透镜代替传统的折射或反射元件，可以实现成像系统光学性能的显著改进。尤其是，与折射元件相比，衍射光学元件（DOE）极其不同的色散特性与折射元件在透镜设计中提供了更多的自由度，并且允许二者有利组合以形成具有优化性能和紧凑性的混合系统。

混合概念的可能用途涵盖了广泛的应用范围：在目镜中，衍射和折射光学元件的组合使得人们可以克服容眼距、出瞳和视场的限制[3.27–31]。与目镜密切相关的是头戴式显示器（HMD）、靠近眼睛的微型显示器应用，以及在高质量的人体工程学中具有挑战性的问题，并且在最小的体积内具有较高的光学性能[3.32–34]。混合概念的其他应用实例包括整个可见光谱[3.35]、半导体行业的光学检测系统[3.36,37]和具有固体浸没透镜[3.38]的高分辨率显微镜下工作的高质量相机镜头。极具挑战性的项目涉及基于直径大于 25 m 的轻量级衍射透镜的太空望远镜[3.39,40]，其能够进行高分辨率的观测，可用于太阳系外行星探测。

菲涅耳波带片透镜

描述成像 DOE 聚焦特性基本原理的简单方法是基于对菲涅耳波带片（FZP）的分析（见图 3.9）。FZP 的特点是轴对称以及不透明和透明环交替的同心区域系统。考虑一个入射到 FZP 上的单色平面波。根据惠更斯–菲涅耳原理，当来自两个相邻透明环的光路长度相差波长 λ 的整数倍时，保证了一个共同的焦点。第 j 个透明环的半径 r_j 与焦距 f 的关系式为

$$r_j^2 = 2j\lambda f + (j\lambda)^2 \qquad (3.8)$$

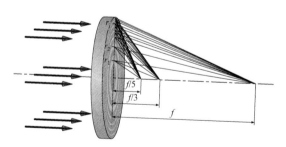

图 3.9　用平面波照射的菲涅耳波带片透镜的同心环系统的示意图。
示出了收敛的前三个正衍射级。从相邻区域向公共焦点偏转的光的
光路长度相差设计为波长的一个整数倍

表示球面像差的项 $(j\lambda)^2$ 可在低数值孔径（NA）的近轴近似中忽略：

$$r_j \cong \sqrt{2j\lambda f} \qquad (3.9)$$

这种情况下的焦距可通过下式确定：

$$f = \frac{r_1^2}{2\lambda} \qquad (3.10)$$

式（3.10）表明，焦距与波长成反比，体现出强烈的色差效应。

在许多情况下，FZP 成像特性（如焦距，数值孔径和透镜直径 D）的表达式在波长和制造相关量方面具有实际意义。这些涉及周期总数 N 和最小空间周期 $\Delta r = r_N - r_{N-1}$。对于 FZP（$j{\to}N$）的外部区域，文献［3.41］从式（3.9）开始推导，并且通过减法计算

$$r_N^2 - r_{N-1}^2 = 2\lambda f \qquad (3.11)$$

当近似值为 $2r_N\Delta r \gg (\Delta r)^2$ 的情况下使用 Δr 的定义时，可以写作

$$r_N^2 - (r_N - \Delta r)^2 \cong 2r_N\Delta r \qquad (3.12)$$

上两个等式联立可得出

$$D\Delta r \cong 2\lambda f \qquad (3.13)$$

其中，透镜总直径为 $D = 2r_N$。

最后，通过式（3.9）以及关系式 $f = r_N^2 / (2\lambda N)$，可得出透镜直径和焦距为

$$D \cong 4N\Delta r \qquad (3.14)$$

$$f \cong 2\frac{N\Delta r^2}{\lambda} \qquad (3.15)$$

这些重要的关系表明，FZP 的焦距直接与周期数成正比，与最小周期的平方成正比，与波长成反比。成像透镜的另一个基本性质是数值孔径（NA），其定义（在空气中）为 $NA = \sin\theta$，其中 θ 是接收角的一半。根据几何结构，波带片的 NA 由 $NA = r_N/f = D/(2f)$ 得出，即

$$NA \cong \frac{\lambda}{\Delta r} \qquad (3.16)$$

成像系统的数值孔径在确定横向分辨率 Δd_{Rayl} 和焦深或轴向分辨率 Δz 两者中起着重要的作用。用著名的 Rayleigh 横向分辨率标准和焦深关系可以得到

$$\Delta d_{\text{Rayl}} = 0.61\frac{\lambda}{NA} \cong 0.61\Delta r \qquad (3.17)$$

$$\Delta z = \frac{1}{2}\frac{\lambda}{(NA)^2} \cong \frac{1}{2}\frac{\Delta r^2}{\lambda} \qquad (3.18)$$

这意味着最小特征尺寸是决定 FZP 分辨率的基本属性。

由两个相邻透明环引起的相长干涉的路径长度相加的数学方法可以通过增加 $m\lambda$ 的路径长度差扩展到更高阶（$m = 2, 3, \cdots$），使得相应的半径为

$$r_{j,m} \cong \sqrt{2jm\lambda f_m} \qquad (3.19)$$

这意味着，与传统的折射透镜相反，一个 FZP 在基本焦距整数分之一的距离处引起多个焦点

$$f_m = \frac{f}{m} \qquad (3.20)$$

负数阶对应于负焦距的虚焦点。在具有相同尺寸的线和间隔的透射光栅的情况下，仅出现奇数阶（$f/3$, $f/5$, …）。如果交替的不透明和透明结构被仅有相位的衍射元件取代，则在焦点处获得的光强度显著增加。在这个所谓的菲涅耳相位板中，相邻区域之间的相位差是 π（180°），这相当于焦深差 $\lambda/2$（$n-1$）。

1. 一个 DOE 的色散特性

成像 DOE 和折射透镜之间的本质区别在于色散特性。折射镜片的性能取决于材料色散，通常光学材料，例如无机玻璃，晶体或聚合物显示正常的色散，即折射率 $n(\lambda)$ 随波长增长而减小。这意味着对于折射透镜来说，对应于蓝色波长的焦点比红色波长的焦点更靠近透镜 [图 3.10（a）]。定量地说，这可以用阿贝数 $v_{e(ref)}$ 来表示，其中下标定义参考波长（$\lambda_e = 546.1$ nm，$\lambda_C = 656.3$ nm，$\lambda_F = 486.1$ nm）：

$$v_{e(ref)} = \frac{n(\lambda_e) - 1}{n(\lambda_F) - n(\lambda_C)} \qquad (3.21)$$

无机玻璃的阿贝数范围为从密度很大的火石玻璃的 20 至氟化物玻璃的 90。成像 DOE 的最显著特征是强烈的负色散，因此随着波长的增加，焦距会减小 [图 3.10（b）]。该特性可以由衍射透镜的有效阿贝数 $v_{e(diff)}$ 表示，其由波长的比率决定，即

$$v_{e(diff)} = \frac{\lambda_e}{\lambda_F - \lambda_C} = -3.21 \qquad (3.22)$$

注意，成像 DOE 的阿贝数并不取决于元件的材料或形状，而仅与应用波段有关。

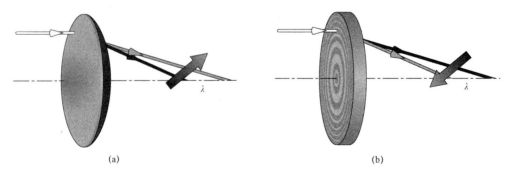

(a)　　　　　　　　　　　　　　(b)

图 3.10　折射和衍射透镜的色度依赖性。折射透镜（a）的特征在于为了增加波长的焦距增大的正常色散。衍射透镜（b）表现出相反的特性，即为了增加波长时需减小焦距

对于覆盖广泛光谱的应用，色差是限制光学性能的最重要因素之一。消除两个选定波长的色差可以通过将透镜组合到具有适合的色散特性和光焦度的消色差双合透镜来实现。透镜的光焦度是焦距 f（$\phi = 1/f$）的倒数。当该消色差透镜元件紧密接触时，例如黏合或整合元件，消色差条件相关的设计方程是

$$\frac{\phi_1}{v_1} + \frac{\phi_2}{v_2} = 0 \qquad (3.23)$$

最终透镜的总光功率为

$$\phi_1 + \phi_2 = \phi \qquad (3.24)$$

这种情况下，ϕ_1 和 ϕ_2 是单个元件的光功率，v_1 和 v_2 是关联的阿贝数。最后两个条件允许给出最终透镜的光焦度时计算各个元件的光焦度。

为了满足常规全折射消色差双合透镜中的条件 [式（3.23）和式（3.24）]，有必要将正负光焦度的透镜组合起来，从而得到部分补偿 [图 3.11（a）]。

相反，由于 DOE 的负阿贝数，混合双合透镜将衍射和折射元件组合，光功率的正负符号相同 [见图 3.11（b）]。这意味着每个元件的光焦度小于总功率，使得所需材料的数量显著减少，并且也减小了透镜的重量和体积。

基于两个波长的消色差不能完全消除色差，剩余的色差称为二级光谱。对于混合消色差而言，其倾向于比所有折射组合更突出[3.42]。通过引入三透镜设计，或者通过将单个混合元件与折射透镜结合的混合方法，可以在传统方法中实现二级光谱的复原–复消色差校正。

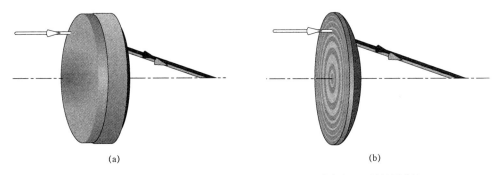

图 3.11　消色差透镜元件的示意图。折射方法（a）结合由不同材料制成的正和负透镜元件。在混合衍射/折射解决方案（b）中，单片设计是可能的

2. 衍射效率–有效的消色差

在衍射透镜中，局部光栅周期确定各衍射级偏转光的方向，但是不允许对有关聚焦到特定衍射级的光量进行预测。后者通过衍射效率 η 来描述，其强烈依赖于周期性结构的性质，例如几何形状和材料选择。

作为第一个例子，具有相同尺寸线和间隔的简单传输二元相位光栅的效率可以通

过下式计算第 m 个衍射级的情况:

$$\eta_{m,\text{二元相位}} = \begin{cases} \left(\dfrac{2}{m\pi}\right)^2, & m \text{ 奇} \\ 0, & m \text{ 偶} \end{cases} \tag{3.25}$$

图 3.12 中列出了每个衍射级的效率。线和空间的确切等价性保证了对所有非零偶数阶的抑制,π 的相位深度导致了零阶的相消干涉。

为了增加选定衍射级的衍射效率,有必要使用对称的表面浮凸结构。这种情况下,为了有利于实现,多级表面浮雕光栅是非常重要的。这些阶梯光栅可以通过使用多个二元掩模和随后的蚀刻工艺的投影光刻产生。当 N 级结构的所有步骤高度相同时,处理步骤的数量可以减少到 $\log_2 N$。这些多层结构的一阶衍射效率由下式给出:

$$\eta_{1,N} = \text{sinc}^2\left(\frac{1}{N}\right) \tag{3.26}$$

其中,

$$\text{sinc}(x) = \frac{\sin(\pi x)}{\pi x} \tag{3.27}$$

图 3.13 显示了 $N = 2, 4, 8$ 和 16 个相位级的计算效率和对应的剖面深度 d_N。显然,效率随着相位水平的增加而大幅增加。需要注意的是,多级结构的总轮廓深度 d_N 也随着相位水平数目 N 的增加而增加,可以用关系式表达为

$$d_N = \frac{N-1}{N}\frac{\lambda}{n-1} \tag{3.28}$$

必须指出的是,在实践中,诸如蚀刻深度误差与掩模未对准以及掩模的制造误差会导致衍射效率降低。

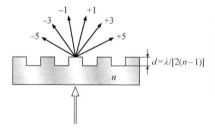

衍射级	效率/%
0	0
+1, −1	40.5
+3, −3	4.5
+5, −5	1.6
>+7, −7	3.4

图 3.12　具有相应衍射级的简单二元相位光栅的图示。表中列出了与衍射级相关的效率。50%的填充因子保证所有非零偶数阶的抑制,并且 π 的相位深度负责将零衍射效率转换为零阶

随着相位级数的增加,多级表面浮凸的形状接近锯齿形轮廓的几何形状。遵循标量理论(这对于比波长大得多的光栅周期是有效的),闪耀衍射光栅的锯齿轮廓具有最有利的轮廓几何形状。对于理想的闪耀分布,期望次数 m 的效率 η_m 可表达为[3.43,44]

$$\eta_m(\lambda) = \text{sinc}^2(\alpha - m) \tag{3.29}$$

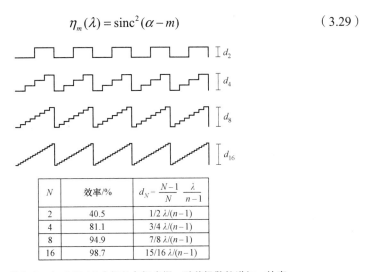

N	效率/%	$d_N = \dfrac{N-1}{N}\dfrac{\lambda}{n-1}$
2	40.5	$1/2\ \lambda/(n-1)$
4	81.1	$3/4\ \lambda/(n-1)$
8	94.9	$7/8\ \lambda/(n-1)$
16	98.7	$15/16\ \lambda/(n-1)$

图 3.13　具有 2，4，8 和 16 个级的多级光栅。随着级数的增加，轮廓近似于理想的闪耀光栅。表中给出了具有相应轮廓深度的一级衍射效率

其中，

$$\alpha = d[n(\lambda) - 1]\frac{1}{\lambda} \tag{3.30}$$

这些方程说明如果 sinc 函数的分母为零，则光（$\eta = 1$）将 100% 衍射到特定的衍射级 m。对于给定的设计波长 λ_0 和设计阶数 $m = 1$，需要调整轮廓深度 d 才能获得最大效率，d 的表达式为

$$d = \frac{\lambda_0}{n(\lambda_0) - 1} \tag{3.31}$$

根据式（3.29），计算的效率随波长的变化如图 3.14 所示，衍射级数 $m = 0$，1 和 2，设计波长 $\lambda_0 = 550$ nm。示例性的曲线是利用无机玻璃 SSK3 的材料参数计算的。设计波长处的最大效率在整个可见光谱内缓慢衰减，其中部分被衍射到其他级。几乎所有可见光谱带内的能量都被衍射成所示的 3 个级。

这种效率特性对衍射或混合光学系统的质量具有较大的影响。一方面，由于效率变化，图像不是以真实的颜色生成的；另一方面，透射到零阶或者较高非设计阶的光可能会加到背景照明中，从而降低了图像的对比度。由于这个原因，其成为一个有吸引力的目标，从而找到了衍射结构的解决方案，允许在宽光谱带宽上获得高效率（接近 100%）。

近似指数匹配（NIM）元素[3.45]形成了一个能够显示高效率消色差能力的 DOE 类型。这些 NIM-DOE 由衍射结构组成，具有较大的剖面深度，将两种折射率差别很小的材料分开（图 3.15）。与具有与空气的界面的衍射结构相比，NIM 具有减小轮廓深度和表面粗糙度公差的优点。

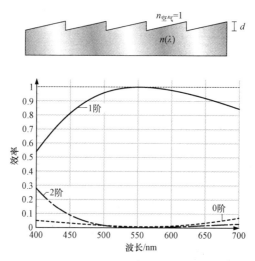

图 3.14　与空气接触的单层闪耀简单光栅。该图显示了针对衍射级 $m = 0$，1 和 2 和
设计波长 $\lambda_0 = 550$ nm（材料：无机玻璃 SSK3）计算得出的标量衍射效率。
设计波长处的最大效率在整个可见光谱内缓慢衰减，其中部分被衍射到其他级

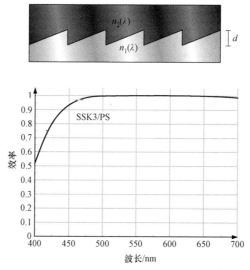

图 3.15　两种材料在衍射界面处直接接触的 NIM DOE 的示意图。计算 SSK3 和
聚苯乙烯组合的衍射效率。设计波长为 550 nm，轮廓深度为 2 424 μm。
在较宽的光谱范围内效率几乎达到 100%

　　这种双介质方法的效率与波长的函数表现出与之前的空气界面情况相似的依赖
性。重要的修改是引入第二种材料的折射率

$$\eta_{\text{NIM}}(\lambda) = \text{sinc}^2 \left\{ d_{\text{NIM}}[n_1(\lambda) - n_2(\lambda)] \frac{1}{\lambda} - 1 \right\} \tag{3.32}$$

同样在这种情况下，轮廓深度 d_{NIM} 必须与设计波长 λ_0 相关：

$$d_{\text{NIM}} = \frac{\lambda_0}{n_1(\lambda_0) - n_2(\lambda_0)} \tag{3.33}$$

由于两种材料的折射率差别很小，匹配的轮廓深度需要在几十微米的范围内。

图 3.15 示例性地给出了针对 SSK3 和聚苯乙烯（PS）的玻璃-聚合物构型计算出的双介质系统效率的功能形式。设计波长定为 550 nm，对应于 24 μm 的轮廓深度。可以清楚地看到：在广泛的光谱范围内效率接近 100%，仅在 450 nm 以下发生显著的减少；在可见光谱范围内的不对称特性也比较显著。

从式（3.33）可以得出，在 NIM 配置中，两种材料的色散必须使得界面处的折射率 Δn 的变化与 λ 保持正比例关系：

$$\frac{\lambda}{\Delta n(\lambda)} = \text{const} \tag{3.34}$$

这个约束限制了材料组合的选择，而且随着温度的变化，材料限制变得更加重要，因为 dn/dT 对于两种材料来说通常是明显不同的。在制造过程中对较大的轮廓深度和可行的高宽比的要求限制了衍射结构的最小区域宽度，因此限制了 NIM - DOE 的衍射光焦度。

实现具有消色差效率的 DOE 的第二种方法是用衍射结构的多层组合，该多层组合通过附加的气隙分开[3.46,47]。由于附加的自由度，取消了上述对材料分散性质的限制。

在一种多层构造中，两个单层 DOE 结构被布置成彼此面对，并由几微米的气隙分开。两个单层 DOE 形成为具有相同的光栅间距，但光栅高度（d_1, d_2）和材料参数（n_1, n_2）不同（图 3.16 顶部）。在标量近似中，效率公式为

$$\eta_{\text{双层}}(\lambda) = \text{sinc}^2 \left\{ d_1[n_1(\lambda) - 1] \frac{1}{\lambda} - d_2[n_2(\lambda) - 1] \frac{1}{\lambda} - 1 \right\} \tag{3.35}$$

这个方程意味着高衍射效率的条件

$$d_1 \frac{n_1(\lambda) - 1}{\lambda} - d_2 \frac{n_2(\lambda) - 1}{\lambda} = 1 \tag{3.36}$$

这说明，适当选择层材料和相应的轮廓深度允许保持该条件在宽光谱范围内有效，因此保证了高效消色。

图 3.8（下部）显示了由无机玻璃（LLF6；$n_{\text{LLF6}}(550\ \text{nm}) = 1.534\,04$，$v_{\text{e,LLF6}} = 50$）和 $n_{\text{res}}(550\ \text{nm}) = 1.662$ 及 $v_{\text{e,resin}} = 22$ 的透明树脂构成的双层系统的效率曲线（黑色）。两种材料的光学值与文献［3.48］中讨论的基本一致。通过设计波长 $\lambda_{01} = 450\ \text{nm}$ 和 $\lambda_{02} = 650\ \text{nm}$，轮廓深度计算为 $d_1 = 7.26\ \mu\text{m}$ 和 $d_2 = 4.97\ \mu\text{m}$。

在可见光谱范围内，效率几乎达到 100%。在 430 nm 以下会发现有轻微的衰减。

此外，图 3.16 包含两条效率曲线，与理想轮廓深度有±10%的偏差。在这两种情况下，效率都在 90%以上。这说明即使在设计优化中没有实现轮廓深度，效率消色差工作效率也是良好的。

在另一种多层结构中，两种形成衍射结构的材料直接接触，气隙移动到结构的外部[3.49]（图 3.16 中图）。最佳层结构的选择还取决于与偏振相关的菲涅耳损耗和制造约束。

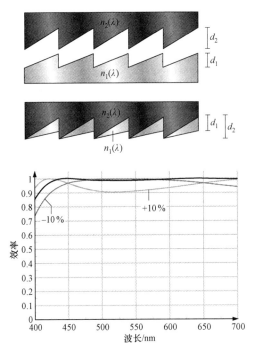

图 3.16　多层 DOE 的概念：上图－在不同介质中实现的两个具有分离气隙的衍射结构；
中图－直接接触的衍射结构，气隙移动到外部；下图－针对最佳轮廓深度计算的
衍射效率（黑色曲线）和理想轮廓深度偏差±10%（灰色曲线）

最近，在消费类相机镜头中引入了多层概念[3.50]。与传统的相同规格和性能的屈光镜片设计相比，可以将整体长度减少 27%，重量减轻 31%。

3. 衍射/折射混合型透镜的消热差

强烈的温度变化也会影响光学系统的图像形成特性，这涉及基于聚合物的高容量消费光学器件，以及使用红外光学材料的航空航天和军事应用。对于这两个应用领域，工作温度范围要求在 80～100 ℃并不少见。为了描述温度变化对各个光学元件的影响，定义了光热膨胀系数 x_f。该参数将镜头焦距 f 的变化与温度变化相关联。

对于折射透镜，温度对光学性能的影响取决于两个效应。首先，透镜材料的热膨胀改变其几何形状；其次，折射率是环境温度的函数[3.51]。对于薄的折射透镜，光热膨

胀系数 $x_{f,\text{ref}}$ 由下式给出：

$$x_{f,\text{ref}} = \frac{1}{f}\frac{\mathrm{d}f}{\mathrm{d}T} = \alpha_g - \frac{1}{n-n_0}\left(\frac{\mathrm{d}n}{\mathrm{d}T} - n\frac{\mathrm{d}n_0}{\mathrm{d}T}\right) \tag{3.37}$$

式中，α_g 是线性热膨胀系数；n 是透镜材料的折射率；n_0 是图像空间的折射率；$\mathrm{d}n/\mathrm{d}T$ 和 $\mathrm{d}n_0/\mathrm{d}T$ 分别表示透镜材料的温度和图像空间的折射率的变化。焦距的变化由下式给出

$$\Delta f = f x_{f,\text{ref}} \Delta T \tag{3.38}$$

与前面所述类似，对于近轴近似中的衍射透镜，也可以导出光热膨胀系数 $x_{f,\text{diff}}$。在这种情况下，$x_{f,\text{diff}}$ 的特性归因于温度变化引起的区域间距的膨胀或收缩，以及随着温度的图像空间折射率的变化[3.52-55]。这种相关性表示为

$$x_{f,\text{diff}} = 2\alpha_g + \frac{1}{n_0}\frac{\mathrm{d}n_0}{\mathrm{d}T} \tag{3.39}$$

在这种情况下，特别重要的是与透镜材料的折射率变化无关。这是折射透镜和衍射透镜的热特性之间的本质区别。

温度变化对衍射效率的影响可以忽略不计[3.52]。衍射结构的轮廓高度的变化和材料折射率的变化对效率不会有很大的影响。

选定材料的折射和衍射元件的比较显示出不同光热膨胀系数的特性和数量。表 3.1 中列出了无机玻璃、光学聚合物和红外材料的一些数值。无机玻璃的参数取自 Schott 玻璃目录，参考波长为 546.1 nm（e 线）。透镜材料指数相对于空气指数的变化与温度范围（+20～+40℃）之间有关。线性热膨胀系数表示的是 -30～+70℃ 的温度区间。从文献［3.56］中获得了参考波长为 589 nm 的聚甲基丙烯酸甲酯（PMMA）、聚碳酸酯（PC）、聚苯乙烯（PS）和环烯烃共聚物（COC）的参数。环烯烃聚合物（COP）的参数与文献［3.57］有关。由于与常规聚合物相比其吸水率非常低，COC 和 COP 都成为用于模塑聚合物光学的有吸引力的材料。红外材料硅和锗的数量是根据文献［3.51］计算的。

表 3.1　不同材料的折射和衍射光热膨胀系数表

材料	n_e	$\alpha/\times 10^{-6}\,\mathrm{K}^{-1}$	$\mathrm{d}n/\mathrm{d}T/\times 10^{-6}\,\mathrm{K}^{-1}$	$x_{f,\text{ref}}/\times 10^{-6}\,\mathrm{K}^{-1}$	$x_{f,\text{diff}}/\times 10^{-6}\,\mathrm{K}^{-1}$
F2	1.624	8.20	4.4	1.15	16.4
NBK7	1.519	7.10	3.0	1.32	14.2
SF5	1.678	8.20	5.8	−0.35	16.4
SF11	1.792	6.10	12.9	−10.2	12.2
N−FK51A	1.488	12.7	−5.7	24.4	25.5
N−PK52A	1.498	13.0	−6.4	25.8	26.0
N−LASF40	1.839	6.9	9.3	−4.18	13.8
n（589 nm）					
PC	1.586	70	−143	314	140
PS	1.59	70	−120	273	140

材料	n_e	$\alpha/\times 10^{-6}\,K^{-1}$	$dn/dT/\times 10^{-6}\,K^{-1}$	$x_{f,\mathrm{ref}}/\times 10^{-6}\,K^{-1}$	$x_{f,\mathrm{diff}}/\times 10^{-6}\,K^{-1}$
n（589 nm）					
PMMA	1.491	65	-85	238	130
COP	1.525	60	-80	212	120
COC	1.533	60	-101	249	120
n（IR）					
Ge	4.00	6.10	270	-83.9	12.2
Si	3.42	4.20	162	-62.7	8.4

折射率梯度透镜的光热膨胀系数涵盖了较大范围的数值，带有正负号，正负号取决于热膨胀系数的大小以及折射率随温度的变化。另外，衍射透镜的光热膨胀系数覆盖了一个较小的范围，并且热膨胀系数占主导，且总是假定这些热膨胀系数为正值。

类似于设计消色差双合透镜的程序，组合两个光学元件以补偿两者的温度依赖性也是可行的。这种方法和元件分别称为消热差和消热差组元。在全折射设置中，有必要使用由两种不同材料制成的透镜元件来进行无热化。利用由相同材料制成的衍射和折射透镜不同光热系数值的优点可以替代混合方法。这意味着可以实现混合消热组元，与全折射式解决方案相比，该技术在减小体积和重量方面具有优势。

混合消热组元的总透镜光焦度是各个单个光焦度 ϕ_{ref} 和 ϕ_{diff} 的总和，即

$$\phi_{\mathrm{net}} = \phi_{\mathrm{ref}} + \phi_{\mathrm{diff}} \tag{3.40}$$

双重 $x_{f,\mathrm{net}}$ 的光热膨胀系数由下式给出：

$$x_{f,\mathrm{net}} = x_{f,\mathrm{ref}} \frac{\phi_{\mathrm{ref}}}{\phi_{\mathrm{net}}} + x_{f,\mathrm{diff}} \frac{\phi_{\mathrm{diff}}}{\phi_{\mathrm{net}}} \tag{3.41}$$

可以通过这些等式计算在给定总光焦度下透镜系统的衍射和折射部分的贡献。为了实现对于 x_{ref} 和 x_{diff} 具有唯一正值的混合消热组元，有必要组合光焦度相互部分补偿的正透镜元件和负透镜元件。选择与 x_{ref} 和 x_{diff} 符号相反的透镜材料，可以将同时具有正号或负号的透镜元件组合起来，从而增加其光学光焦度，并且可以实现更紧凑的设计。

| 3.3 计算机生成的全息图 |

五十多年来，作为特种衍射光学元件（DOE），计算机全息图（CGH）已经成为光学技术的主要部分。从用于光谱分析的线光栅和用于非球面干涉仪（3.2.1 节）的菲涅耳波带片到用于激光束整形的自由形态 DOE、CGH，它们都可以用于许多不同的光学应用。特别是当与折射光学元件结合时，可以实现非凡的光学性能[3.58]。

通过衍射光学元件（DOE）传播光的数学处理方法得到了很好的发展。在数学或物理近似（如波－光场的近轴处理）条件下，数值计算方法[3.59-61]的范围可以从计算上复杂的严格算法到超快计算算法。使用多级或灰度光刻、电子或激光光刻（3.1.2 节）、高精度金刚石车削或铣削等先进的制造技术，计算得到的相变曲线可以非常精确地刻录到玻璃或塑料基板中[3.58]。

基于这些伟大的理论和技术进步，CGH 已经取得了不菲的声誉，成为任何一种光学问题的灵丹妙药。光学系统供应商及其用户通常会认为，单个 CGH 可以将任何类型的入射光重塑为任意的横向强度分布。因此，美国能源部的光学设计师时常无法满足客户要求的苛刻规格。

除了物理和技术上的局限外，美国能源部的设计师也面临着实际困难，因为计算机功耗和内存消耗算法，目前市场上可买到的 CGH 设计工具的优化性能还不能与公认的经典光线追迹代码相提并论。然而，光线追迹器只能以理想化的方式处理 DOE，即忽略许多衍射效应，如杂散光或散斑。一个明智的 CGH 设计可以选择几种策略来专注于特定的关键光学图，从而减少对其他性能数据的关注。此外，衍射和折射组分的组合选择折射自由曲面而非 DOE 可能会更好。

在本节中，针对一个典型的示例问题，提出并讨论了几种 DOE 设计策略，目的是为成功的 CGH 设计提供一些总体指导和经验法则。图 3.17 和图 3.18 所示为示例问题[3.62]。

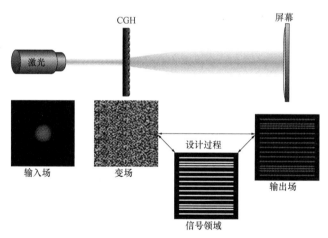

图 3.17　激光束由 CGH 控制。输入场分布通过相变场向输出场分布改变。
设计过程优化了相变场，从而可以将输出场调整到所需的信号场

633 nm 激光二极管（所谓的输入场[3.62]）的光通过 1 mm 的束腰直径（发散度为 0.05°）的高斯模式近似，并且应通过厚度为 1.5 mm 的玻璃板。该板的背面应包含一个 3 mm × 3 mm 的方形 16 级 DOE（所谓的相变场[3.62]），该 DOE 将光重新引导到图 3.18 所示期望的角度分布（表示为信号场）上。目标图像由 15 条水平对齐的直线组成，长度为 ±10°。在这个例子中，这些直线被标记为 −6～+6。垂直分离应为 2°。两条

附加的水平线（表示为+4B 和−4B）分别位于直线对+4/+5～−4/−5 之间。线±4B 和相邻线之间的角距离是1°。尽管信号场的横向尺寸是在角度空间中给出的（对于远场应用来说是典型的），但是对于这种应用，从 CGH 到玻璃屏的最理想距离应该是大约 1 000 mm。尽管这些要求已经非常重要，但 CGH 设计过程需要更多的详细规范。表 3.2 列出了这些规范。这些直线的垂直强度分布可以选择作为高斯形谱线，其中将 $1/e^2$ 直径规格定义为线宽。

转换效率定义为

$$\eta_{转换} = \frac{\left[\iint\limits_{\Omega_{信号}} U_{出}(\alpha_x, \alpha_y) U_{信号}(\alpha_x, a_y) \mathrm{d}\Omega\right]}{P_入 \cdot P_{信号}} \qquad (3.42)$$

式中，$U_出$ 和 $U_{信号}$ 是出射光和信号场的角度相关幅值。对立体角 $\Omega_{信号}$ 取积分，如示例所示，其可以由图 3.18 中的边界角限定。对于幅值，假定可以通过下式计算输入、输出的总光焦度或信号分布：

$$P_{入,出,信号} = \iint\limits_{\Omega_{入,出,信号}} [U_{入,出,信号}(\alpha_x, a_y)]^2 \mathrm{d}\Omega \qquad (3.43)$$

因此，$\eta_{转换}$ 将输出分布与信号分配和输入光焦度与质量和数量相关联。

相对零阶强度定义为

$$\eta_0 = \frac{[U_出(0,0)]^2 \Delta\Omega_{光束}}{P_入} \qquad (3.44)$$

并确定保持在第 0 衍射级时输入光焦度的值。$\Delta\Omega_{光束}$ 是输入场的固体角光束发散度。如果信号场在（0，0）处具有非零幅度值，则 η_0 的解析可能导致模糊。因此，（0，0）处的角孔引入信号场的线标为 0（图 3.18）。

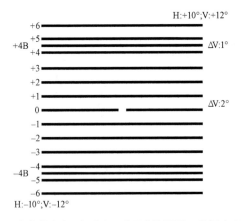

图 3.18 示例问题的期望角度目标分布（表示为信号场）。该图由 15 条水平对齐的
直线组成。线标记（−6～+6）和表示的水平/垂直（H/V）角不是信号场一部分。
第 0 行中的孔对应于（0，0）处的第 0 衍射级的位置（参见文字说明）

信噪比（SNR）定义如下：

$$\text{SNR} = \frac{P_{出}}{\iint\limits_{\Omega_{信号}} [U_{出}(\alpha_x, \alpha_y) - \gamma U_{信号}(\alpha_x, \alpha_y)]^2 \, \mathrm{d}\Omega} \tag{3.45}$$

式中，γ 是最佳比例因子，

$$\gamma = \frac{\iint\limits_{\Omega_{信号}} U_{出}(\alpha_x, \alpha_y) U_{信号}(\alpha_x, \alpha_y) \mathrm{d}\Omega}{P_{信号}} \tag{3.46}$$

γ 可以看作 $\Omega_{信号}$ 的平均比例因子，以便使 $U_{出}$ 与幅度的平均幅值最佳匹配。数量 $10 \times \lg$（SNR）以 dB 为单位返回信噪比。均匀性误差定义为

$$E_{均匀性} = \frac{I_{\max} - I_{\min}}{I_{\max} + I_{\min}} \tag{3.47}$$

由下式得出最大和最小相对强度值：

$$I_{\max, \min} = \max, \min_{\Omega \in \Omega_{信号}^*} \left(\frac{U_{出}(\alpha_x, \alpha_y)}{\gamma U_{信号}(\alpha_x, \alpha_y)} \right)^2 \tag{3.48}$$

在这种情况下，固体角度区域 $\Omega_{信号}^*$ 应该只被选择作为信号场强度不为零的子区域。通过这五个关键数值，在 3.3.1~3.3.3 节对光学性能进行了定量表征。

为了设计 CGH，需要基于波动光学算法的软件程序。特别是，计算得到的波动–光场遵循著名的光栅衍射定律

$$D\sin(\alpha) = m\frac{\lambda}{n} \tag{3.49}$$

式中，D 是光栅周期；α 是衍射级数 m 的远场衍射角；λ 是真空波长；n 是光被衍射的介质的折射率。这种情况下，介质始终是空气，即 $n=1$。对于衍射漫射器，只需考虑光被第一衍射级衍射的角度区域，即 $m = \pm 1$。因此，要求最小光栅周期为

$$D_{x,y}^{\min} = \frac{\lambda}{\sin(\alpha_{x,y}^{\max})} = 2P_{x,y}^{\min} \tag{3.50}$$

其周期必须是最小 CGH 像素 $P_{x,y}$ 大小的 2 倍。在 CGH 的例子中（图 3.18），x 和 y 方向的值分别是 1 900 nm 和 1 590 nm。为了避免衍射杂散光的角度略高于所需的信号场，应解决角度尺寸 2 倍以上的信号区域，因此使用像素尺寸 $P_{x,y} = 750$ nm。因此，定义了信号场周围的黑框，其中不希望的杂散光被设计算法排挤出来（见下文）。

为了获得所需的角分辨率 $\Delta\alpha^{\min}$（例如，图 3.18 中的线宽），需要最大光栅周期为

$$D_{x,y}^{\max} = \frac{\lambda}{\sin(\Delta\alpha_{x,y}^{\min})} \tag{3.51}$$

这是 CGH 的最小尺寸。在本书的例子中（图 3.18 和表 3.2），对扩散器 CGH 使用 $\Delta\alpha^{\min} = 0.025°$。这导致 $D_{\max} = 1.5$ mm，并且较好对应 3 mm × 3 mm 的指定 DOE 尺寸，

因为尺寸为 1.5 mm×1.5 mm 的优化的相变场只需要被复制 2×2 次，就可以达到期望的 CGH 光圈。

表 3.2   对于图 3.18 示例问题的附加光学规范

参数	Min.	Max.	目标值
线宽	0.05°	0.2°	0.1°
转换效率	70%	—	80%
相对零阶强度	—	5%	1%
信噪比	20 dB	—	50 dB
均匀性误差	—	12%	5%

总之，CGH 设计程序必须找到空间频率范围 $1/D^{min} \sim 1/D^{max}$ 的二维（2D）相变场（尺寸 D_{max} 和像素尺寸 $P_{x,y}$）。这个横向谱将输入场衍射到所需的输出场（图 3.18）。VirtualLab 是一种为数不多的商用光学软件平台（LightTrans 股份有限公司，德国耶拿）。其包含相位传输领域的设计算法，即衍射光散射器、分束器和光束整形器，使用先进的迭代傅里叶变换算法（IFTA）进行计算。IFTA 由五个部分组成[3.63]：

（1）生成适当用于迭代的起始传输字段。

（2）合成优化输出场的相位以及设计自由度。

（3）根据规格优化 SNR。

（4）（软）量化传输场值以获得用于多层光刻制造工艺的掩模布局。

（5）对量化传输场进行额外的 SNR 优化。

3.3.1 散射器设计

针对图 3.18 问题的第一种设计方法是原生衍射漫射器设计。与 CGH 分束器相比，输出场的最小角分辨率小于输入光束直径。选择 $D_{max}=1.5$ mm 时，可以达到 $\Delta\alpha_{min}=0.025°$ 的角度分辨率，这小于 0.05° 的光束发散度。原则上，这个选择应该保证连续的线；但是，图 3.19 显示了一个典型的设计结果。图 3.19（a）展示了人眼所看到的输出场。可以清楚地检测到具有正确的间隔空间的 15 条水平线；图 3.19（b）描绘了 CGH 布局的细节，显示了具有曲折形 2D 超晶格结构的复杂图案，这对于任何类型的 CGH 都是典型的。但是，图 3.19（c）清楚地显示了扩散器 CGH 的主要缺点。在这个详细的视图中，可以观察到不规则的虚线而不是直线，这是由于像素化 DOE 的粒度效应引起的，并且构成了扩散器 CGH 的固有特性，平均颗粒结构尺寸约为 0.02°。为了克服这个问题，至少要应用以下一种技巧：

● 探测器屏连续移动（例如旋转），以破坏本地激光光线的一致性。对于许多应用程序，这是不适用的。

- 将可观察的角度分辨率降低到 0.02° 以下。但是，这并不总是可能的。
- 增加激光光焦度，以使水平线上的眼睛感光器过度曝光。

对于后一种方法，图 3.19（d）描述了曝光时间增加 5 倍的输出场的详图。如预期的那样，感知的粒度大大降低。然而，CGH 不希望的杂散光也增加了 5 倍，变成都是可见的。特别是在 +3 和 +4 线和 +5 和 +6 线（以及每个相邻的常规线对）之间时，会出现所谓的衍射重影线，其源紫（不规则）线±4B。

为了定量描述扩散器 CGH 输出场的光学性能，表 3.3 总结了上面定义的关键数值。很显然，设计已经满足了所要求的规格，但是，必须对均匀性误差进行特别说明。为了计算这个关键数值，角分辨率已经设定为大约 0.05°。因此，角度尺寸为 0.02° 的粒状结构未被包括在该值中。否则，这个关键数值将为约 100%。

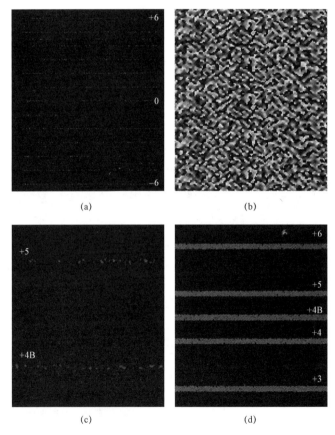

图 3.19　散射器设计实例

（a）散射器 CGH 的数值设计结果：计算输出场（人眼表示），总场尺寸 H23°，V27°；
（b）16 级 CGH 布局的详图，总显示场尺寸 H0.3 mm，V0.4 mm；（c）线 +4B 和 +5 之间的输出场的详图，总场尺寸 H1.1°，V1.3°；（d）线 +3 和 +6 之间的输出场的详图，增加曝光时间，总场尺寸为 H3.4°，V3.8°

表 3.3　计算出的扩散器 CGH 光学性能的关键数值

参数	数值	Min.	Max.	目标值
线宽	0.12°	0.05°	0.2°	0.1°
转换效率	77%	70%	—	80%
相对零阶强度	2.5%	—	5%	1%
信噪比	52 dB	20 dB	—	50 dB
均匀性误差	2.5%	—	12%	5%

为了验证模拟结果，在玻璃衬底上制造了一个带计算出相变场的 DOE［图 3.19（b）］[3.64]，并用特定的激光束照射。在 DOE 后面大约 1 m 处，放置了一个透明的扩散屏。通过使用具有高动态范围经校准的亮度成像系统，在传输中检测输出场，结果如图 3.20（a）所示。测得的强度分布与模拟输出场显示出非常好的相关性（图 3.19），特别是出现了预测的散斑图案。模拟的杂散光和鬼线也是实验可见的（图 3.20（c），与图 3.19（d）比较）。测量和模拟输出场的主要区别是实验观察到的自然渐晕和枕形畸变［图 3.20（b）］。显然，这些非近轴像差并不受波光传播和优化算法的支持。这些影响必须由用户以下面的方式处理：根据测量的输出场，定量表征这两个像差；由此产生具有互补像差的修改的信号场，即预期偏差的预补偿。图 3.21 描述了具有预设桶形畸变（补偿枕形畸变）和反向渐晕的信号场，即：线的局部强度向更高角度的方向增加（补偿自然渐晕）。

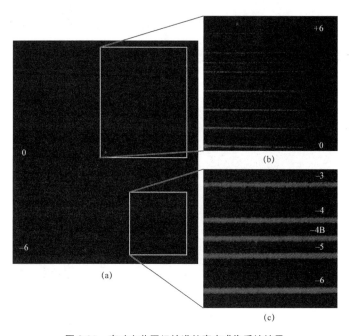

图 3.20　高动态范围经校准的亮度成像系统结果

（a）在透明漫射屏上测量的强度分布。与模拟输出场相比，结果非常好，特别是观察到散斑图案；

（b）角落的线轮廓的详图显示出扭曲和自然渐晕；（c）在对数亮度标尺（对应于人眼）上，杂散光和重影线变得可见

下式描述了自然渐晕：

$$I_{\text{vig}}(\alpha_x, \alpha_y) = \left[\cos\left(v \frac{\pi}{4} \sqrt{\alpha_x^2 + \alpha_y^2} \right) \right]^{\varepsilon}$$ （3.52）

式中，v 和 ε 是渐晕的幅度参数。使用式（3.52）和测量的输出场［图 3.20（a）］，可以通过 $v = 0.89$ 和 $\varepsilon = 4.1$ 来量化自然渐晕。对于自然渐晕，余弦指数等于 4。将原始信号场乘以局部反晕值亮度，可生成预补偿信号场。

场畸变描述为

$$I(\alpha_{x, \text{反畸变}}, \alpha_{y, \text{反畸变}}) = \frac{2I(\alpha_{x, \text{畸变}}, \alpha_{y, \text{畸变}})}{1 + \sqrt{1 - 4\kappa R_{\text{畸变}}^2}}$$ （3.53）

式中，$\alpha_{x, \text{反畸变}}$ 和 $\alpha_{y, \text{反畸变}}$ 是被测输出场的场角；$\alpha_{x, \text{畸变}}$ 和 $\alpha_{y, \text{畸变}}$ 是预补偿失真信号场的场角。桶形畸变场导致正的 κ 值；相反，枕形畸变导致负的 κ。$R_{\text{畸变}}^2$ 定义为

$$R_{\text{畸变}}^2 = \alpha_{x, \text{畸变}}^2 + \alpha_{y, \text{畸变}}^2$$ （3.54）

将测得的输出场数据与式（3.53）拟合，得到 $\kappa = 3 \times 10^8$。使用式（3.53）和倒数代数符号的映射，可以计算修正后的最终信号场（图 3.21）。这些数据被提供给 DOE 优化算法，这些算法通过数值计算具有相反渐晕的桶形畸变输出场。但是，相应制造的 DOE 没有渐晕和变形。

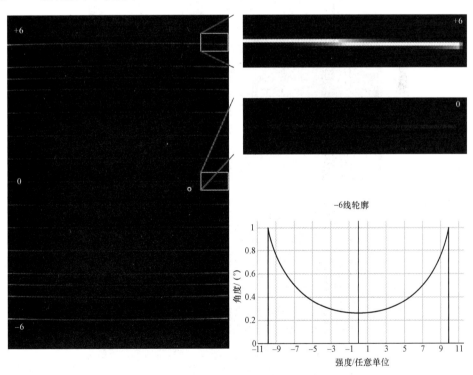

图 3.21　示例问题的预补偿信号场。基于测量的高阶像差（图 3.20），线条会发生桶形畸变，并且每条线的强度分布会发生变化，以补偿自然渐晕

3.3.2　光束分离器设计

为了避免输出场中的粒度，可以使用分束器 CGH。在此，选择较小数值的最大光栅周期 $D_{x,y}^{max}$ 以在输出平面中创建规则的 2D 点阵，每个点对应衍射的激光束点。然后分束器 CGH 照亮（或不照射）每个格子点。得到的点图表示期望的目标分布。

对于示例的问题，选择 $D_x^{max} = 378\ \mu m$ 和 $D_y^{max} = 151.5\ \mu m$，以分别匹配所需的角度分辨率 $\Delta\alpha_x^{min} = 0.1°$ 和 $\Delta\alpha_y^{min} = 0.25°$；$\Delta\alpha_x^{min} = 0.1°$ 是水平线的最小点分离（不重叠）以避免斑点。对于 0.25° 的 y 晶格周期选择 $\Delta\alpha_y^{min} = 0.25°$，这与指定的角度线间距 1° 和 2° 相匹配。

图 3.22 显示了分束器的计算结果。图 3.22（a）描绘了人眼所看到的输出场，再一次清楚地检测到具有正确空隙的 15 个水平点线。图 3.22（b）显示了点线的详图，每条线由输入激光场的角度分布的单独点组成。在图 3.22（c）中，曝光时间增加了 5 倍。衍射杂散光变得可见。再一次观察到 ±4B 线的鬼线。表 3.4 总结了分束器 CGH 的关键数值。与扩散器设计相比，转换效率和相对零阶强度得到改善。但是，信噪比增加，均匀性误差不符合规范。增加的均匀性误差是由温度变化几度（水平）的拍频处的点强度变化引起的。

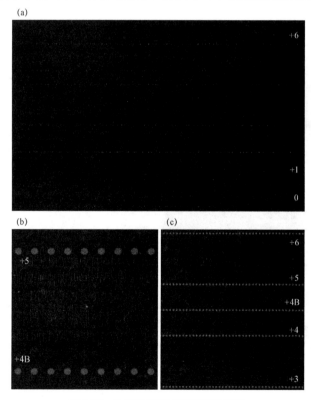

图 3.22　分束器 CGH 的数值设计结果

（a）计算输出场（仅上半部分），总场尺寸 H22°，V13°；（b）线 +4B 和 +5 之间的输出场的详图，总场尺寸 H1°，V1°；（c）线 +3 和 +5 之间输出场的详图，曝光时间增加，总场尺寸 H3°，V3.2°

表 3.4   计算出的光束分离器 CGH 的光学性能的关键数值

参数	数值	Min.	Max.	目标值
线宽	0.05°	0.05°	0.2°	0.1°
转换效率	80.5%	70%	—	80%
相对零阶强度	0.2%	—	5%	1%
信噪比	32 dB	20 dB	—	50 dB
均匀性误差	19%	—	12%	5%

3.3.3   混合设计

到目前为止，只有一个 DOE 被用来形成所需的输出场（图 3.18）。已经证明，这个单一的 CGH 适合达到目标分布。然而，输出场具有两个不希望的性质：沿着 15 条线（或仅仅是虚线）的粒度和线之间的杂散光，可能形成"鬼线"。为了克服这些缺点，可以做出两个重大的改变：

● 为了避免 15 条线的重叠散斑图案，可以使用线光栅（即 DOE）和柱面透镜的组合。

● 通过分别为 13 条常规线和 2 条线±4B 设计两个 DOE，任何杂散光都可以排除在线间距之外。

首先，通过在 DOE 后面增加一个柱面透镜来改变光学布局，如图 3.23 所示。柱面透镜沿 y 方向取向，所以其在 xz 平面内形成发散光线，而 yz 平面的角度分布保持不变（即几乎收敛）。因此，任何激光点都将被透镜转换成水平线。

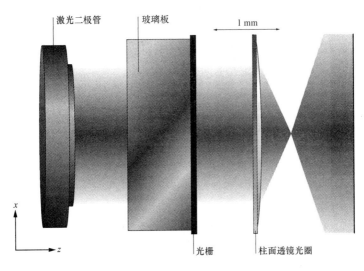

图 3.23   由位于玻璃板背面的 DOE 和位于 DOE 后面半径为 0.7 mm 的柱面透镜组成的混合设计的光学设置（xz 平面）。DOE 是沿 y 方向具有周期性的线光栅（不可见）

因此，CGH 可以设计为仅沿着 y 方向具有周期性的一维线光栅。光栅必须创建 15 个点而不是线。因此，创建二维输出场的问题已被分解成两个一维（1D）任务：

- 衍射 CGH（即线光栅）产生 15 个点。
- 折射透镜将每个点分散到一条水平线上。

对于第二（折射）设计问题，在 Zemax（射线追迹软件程序）中进行初步数值模拟。由于光线追迹代码不能处理波动光学衍射，所以使用理想化的线光栅。图 3.24 显示了结果。最重要的结论是，半径 0.7 mm（焦距≈1 mm）的柱面透镜将光斑重新形成具有高斯分布的角度强度水平线。仅从 $-10°\sim+10°$ 的角度空间，沿一条线的均匀性误差约为 6%（见图 3.24 的插图）；另外有一个小于 0.5% 的轻微失真（见图 3.24 中的图像角落）。为了在 DOE 中产生 15 个点而没有任何杂散的光线，设计中应用了另一个技巧。3 mm×3 mm 的完整理想 DOE 孔径垂直分成 3 mm 高的两部分（见图 3.25 插图），对于每个部分设计一个单独的线光栅：左 CGH（称为 $-4B/0/+4B$ 光栅）产生线 4B，0 和 4B；右 CGH（表示为 -6 到 $+6$ 光栅）创建 13 条线，从 -6 到 $+6$。请注意，第 0 行是专门创建两次（稍后讨论）。

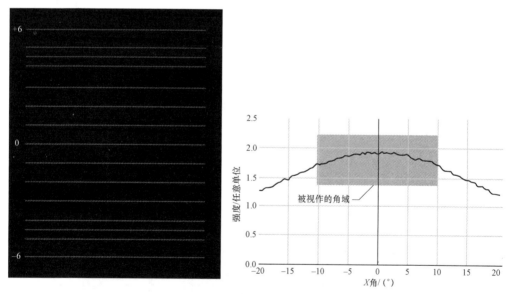

图 3.24　图 3.23 的混合设计的仿真结果。该图显示了线 0 的水平强度分布。
使用 Zemax 进行模拟。在这里，已经使用了理想化的线光栅，其不产生杂散光

图 3.25 显示了两个计算的光栅相位分布。两个 CGH 都是使用 VirtualLab4 及其分束器优化算法设计的。相应的光栅周期选择为 34×750 nm＝25.5 μm（$-6\sim+6$ 光栅）和 7×750 nm＝5.25 μm（$-4B/0/+4B$ 光栅）。这些值分别对应于 1.48° 和 7.22° 的角度分辨率，并且接近 1.5° 和 6.75° 的指定行间距（在行 0 和 ±4B 之间）。这些选择可以保证线条之间的杂散光（而不是鬼线）忽略不计。

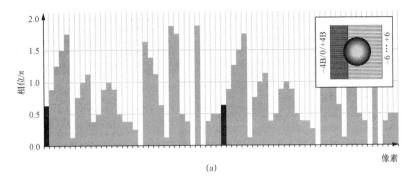

(a)

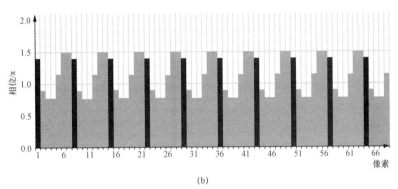

(b)

图 3.25　针对线 −6～+6（a）和 −4B，0，+4B（b）产生所计算的线光栅的 16 个相位分布
（即 16 个高度）。对于两者来说，像素大小都是 750 nm。黑色标记的像素分配周期 $D_y^{\max}$。
插图说明了由激光束部分照射的两条线光栅组成的宏观 DOE 布局

图 3.26 显示了两个光栅的光学性能。根据相对光斑强度的变化，可以提取约 10%
的行间均匀度误差。这比上面讨论的大约 6% 的线内均匀度误差稍微大一些。

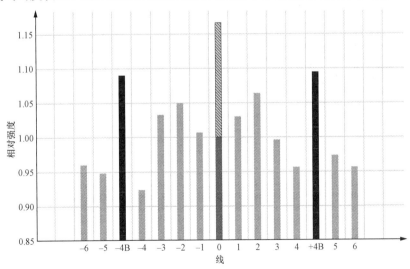

图 3.26　计算 −6～+6 光栅（标记为灰色）和 −4B/0/+4B 光栅（标记为黑色）的相对强度。
线 0 是两个光栅的一部分，因此说明因子 2 的相对强度增加

重要的是，关于 DOE 混合设计具有相对于激光束位置水平调整的机械自由度（图 3.25 插图）。−6～+6 光栅将入射激光光焦度分配成 13 行，即每行约 8%。−4B/0/＋4B 光栅将入射光焦度分成 3 行，即每条约 33%。为了让−4B 和+4B 线具有与其他线相同的光焦度，大约 85% 的输入光焦度必须击中−6～+6 光栅，而 15% 应该照射−4B/0/＋4B 光栅。这可以通过水平移动 DOE 进行调整（图 3.25 插图）。通过这样的调整，也可以增加或减少线路−4B 和+4B 相对于线路−6～+6 的光焦度。

然而，对于目前的设计，0 号线的光焦度部分比其他线高 2 倍，因为 0 号线是（为了进一步减少杂散光）部分−6～+6 光栅和−4B/0/＋4B 光栅。但是，如果不允许这样做，为了排除第 0 行则必须修改两个光栅中的一个。

最后，利用 VirtualLab4 中的波动光学模拟了完整的混合设计，从而解决了粒度和衍射杂散光的影响。图 3.27 显示了行 +3～+6 之间的计算输出场的细节。在这个模拟中，需要将线路 +4（使用上述机械调整）的光焦度提高了 4 倍。

混合设计的最重要特征是无法检测到粒度效应和杂散光（特别是鬼线）。然而，也可以看到预期的强度朝着更高的水平角降低（参见与图 3.24 有关的讨论）。为了完整起见，表 3.5 总结了混合设计的关键光学参数。

表 3.5　计算的混合设计光学性能的关键参数

参数	数值	Min.	Max.	目标值
线宽	0.05	0.05	0.2	0.1
转换效率	≈20%	70%	—	80%
相对零阶强度	0%	—	5%	1%
信噪比	<80 dB	20 dB	—	50 dB
均匀性误差	11%	—	12%	5%

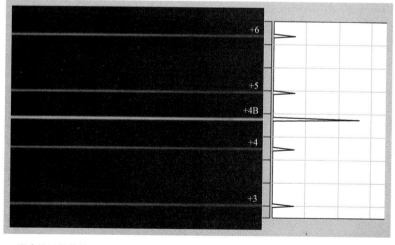

图 3.27　混合设计的数值设计结果。所示细节显示了总场尺寸 H6°，V5.5°并且以角度位置 H8°，V+6.75°为中心。使用波动光学软件 VirtualLab4 进行模拟

对于给出的示例问题，已经介绍并讨论了三种 DOE 设计策略，旨在优化不同的关键光学性能数据。对于大多数实际的设计问题，不可能满足所有具有挑战性的光学规格。因此，设计师必须具有不同的设计选择和策略。本章旨在为读者提供一些适当布局设计选择的指导。

3.4　亚波长结构元件

当光入射到周期为 Λ 的表面浮雕光栅上时，第 m 衍射级的透射衍射波 $\theta_{t,m}$ 的角度由下面的光栅方程给出：

$$\sin \theta_{t,m} = \frac{m\lambda}{\Lambda n_2} + \frac{n_1}{n_2} \sin \theta_i \tag{3.55}$$

式中，n_1 和 n_2 分别是入射和透射介质的折射率；θ_i 是从在光栅表面法线测得的入射角；λ 是入射自由空间波长。

如果衍射光栅的周期变得比光学波长 λ 小得多，会发现只允许零阶被传播，而其他所有的级都是衰逝波

$$\Lambda \ll \lambda \rightarrow m = 0 \tag{3.56}$$

亚波长结构的表面在光学上等效于其光学性质随轮廓深度而变化的非结构化膜。用有效材料代替高频光栅可以通过有效介质理论（EMT）进行描述。通过调整光栅结构的填充因子，可以使有效的折射率适合选择的数量。图 3.28 显示了选定几何形状的亚波长结构和由 EMT 产生的相应的折射率分布图。一个简单的二元亚

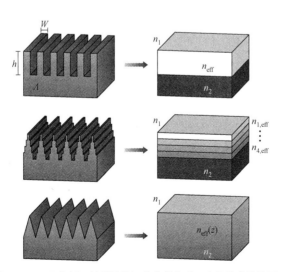

图 3.28　不同衍射亚波长结构及其有效介质理论的薄膜等效图示

波长光栅可以转换成折射率 n_{eff} 在 n_1 和 n_2 之间的单层，这取决于填充因子。在多级表面浮凸形貌的情况下，有效介质是薄膜叠层，其中每个层对应于表面浮凸形貌的不同水平。一个三角形亚波长光栅相当于折射率从入射介质转换到衬底的梯度折射率调制表面。

这些有效介质也在人造电介质方面进行讨论，因为亚波长结构可以获得通常在无机玻璃或光学聚合物中不存在的材料特性。有效介质的特性提供了广泛的应用和波片[3.65 - 67]、抗反射表面[3.68 - 72]、偏振敏感元件[3.73 - 77]或闪耀光栅和透镜[3.78 - 82]。

3.4.1 波片

波片是用于控制电场向量极化的光学组件。通常使用一个 $\lambda/4$ 波片将线性偏振光转换为圆偏振光，反之亦然，并且通常采用 $\lambda/2$ 波片以使线性偏振光旋转 $90°$。波片的控制机理是基于各向异性介质中相应极化方向的不同相速度。常规波片由各向异性双折射材料如方解石、石英或云母制成。

另一种类型的波片可以通过亚波长结构的双折射形式来实现[3.83]。其中，正交偏振方向的不同折射率与随方向变化的填充因子相关。下面通过分析图 3.28 的二元和多层浮凸结构来讨论这种形状双折射的基本原理。令 ε_1 为覆盖介质（空间）的介电常数，ε_2 为薄片材料（线）的介电常数。此外，考虑入射在零阶光栅上的平面单色波，假设有一个垂直于薄片的电场向量。

在麦克斯韦方程的边界条件，电位移 D 的法向分量在线和空间之间的界面上必须是连续的，因此相应的电场 E_1 和 E_2 为

$$E_1 = \frac{D}{\varepsilon_1}, \quad E_2 = \frac{D}{\varepsilon_2} \qquad (3.57)$$

电场 E 的体积平均值导致有效的介电常数 $\varepsilon_\perp^{(0)} (= D/E)$：

$$\varepsilon_\perp^{(0)} = \frac{\varepsilon_1 \varepsilon_2}{\varepsilon_1 f + \varepsilon_2 (1 - f)} \qquad (3.58)$$

其中，$f = W/\Lambda$ 表示光栅的体积分数或填充因子（W 是单个光栅条的宽度）。

另外，当入射场的电场向量平行于薄片时，电向量的切向分量在不连续点上是连续的，并且对于两个区域中的电位移来说，

$$D_1 = E\varepsilon_1, \quad D_2 = E\varepsilon_2 \qquad (3.59)$$

现在，位移 D 的平均值会导致有效的介电常数 $\varepsilon_\parallel^{(0)}$

$$\varepsilon_\parallel^{(0)} = \varepsilon_2 f + \varepsilon_1 (1 - f) \qquad (3.60)$$

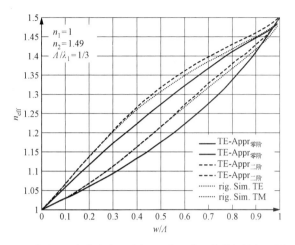

图 3.29 作为不同极化方向的填充因子的函数，有效折射率用零级和
二级 EMT 计算。此外，还应用了 RCWA

通过折射率 $n = \sqrt{\varepsilon}$，可以发现亚波长光栅形式的双折射为

$$\Delta n = \sqrt{\varepsilon_{\parallel}^{(0)}} - \sqrt{\varepsilon_{\perp}^{(0)}} \tag{3.61}$$

对于垂直于光栅并相对于光栅方向以 45° 极化的入射波，由浮凸深度为 h 的光栅
引起的相位延迟是

$$\phi = \frac{2\pi}{\lambda} \Delta n h \tag{3.62}$$

$\varepsilon_{\perp}^{(0)}$ 和 $\varepsilon_{\parallel}^{(0)}$ 中的上标（0）表示关于轮廓周期与波长比 Λ/λ 的零阶近似。为了获得
有效光学特性的 Λ/λ 中的高阶近似，有必要以一种非静态方式分析场分布[3.84]。根据这
种方法，有效介电常数比率 Λ/λ 的二阶表达式在两个偏振方向上表示为

$$\varepsilon_{\parallel}^{(2)} = \varepsilon_{\parallel}^{(0)} \left[1 + \frac{\pi^2}{3} \left(\frac{\Lambda}{\lambda} \right)^2 f^2 (1-f)^2 \frac{(\varepsilon_2 - \varepsilon_1)^2}{\varepsilon_0 \varepsilon_{\parallel}^{(0)}} \right] \tag{3.63}$$

$$\varepsilon_{\perp}^{(2)} = \varepsilon_{\perp}^{(0)} \left[1 + \frac{\pi^2}{3} \left(\frac{\Lambda}{\lambda} \right)^2 f^2 (1-f)^2 \times (\varepsilon_2 - \varepsilon_1)^2 \frac{\varepsilon_{\parallel}^{(0)}}{\varepsilon_0} \left(\frac{\varepsilon_{\perp}^{(0)}}{\varepsilon_1 \varepsilon_2} \right)^2 \right] \tag{3.64}$$

图 3.29 显示了用零阶和二阶方法计算不同极化方向的有效折射率与填充因子的函
数关系。此外，严格耦合波分析（RCWA）的完全向量电磁法作为一个精确但耗时的
基准，也被用于调查这两种方法的准确性。对于该图，入射介质被设定为空气（$n_1 = 1$），
基质介质的折射率为 $n_2 = 1.49$，并且周期与波长比设定为 $\Lambda/\lambda = 1/3$。

在所有三种情况下，正交偏振方向之间的偏差在线和间隔尺寸相似的中心区域变
得重要。在周边区域，与光栅周期相比，薄片或间隔变小，有效折射率达到均匀基质

或空气的极限值。

在这三种方法中，二阶近似和 RCWA 结果是广泛对应的，而用零阶近似计算的值太小，因此不太适合精确的预测。

二维（2D）周期性的亚波长结构说明偏振灵敏度取决于正交方向上的填充因子（L_x/Λ_x，L_y/Λ_y）和周期性（Λ_x，Λ_y）。图 3.30 描述了这种二维结构的示意图。其由周期性沉浸在第二电介质中具有矩形横截面的均匀电介质柱阵列组成。在完全对称的情况下，介质柱的周期和宽度在两个维度上是相同的，这导致偏振不敏感性，且有效介电常数对称。

二维结构不是相应的 EMT，而是开发了几种不同的近似值，并与 RCWA 计算[3.71,72,85]进行了比较。假定二维结构的有效介电常数介于正交一维（1D）结构的数值之间，基于不同的平均程序有各种近似值。必须指出的是，简单的体积平均是不够的，为了得到更准确的结果，必须进行复杂的考虑。在示例性的扩展平均过程中，周期性二进制矩形结构被两个不同的正交一维结构所取代。这里两个对应的一维光栅条的介电常数被设定为 $\varepsilon_\perp$ 和 $\varepsilon_\parallel$，通过介质柱的介电常数计算[3.72]。

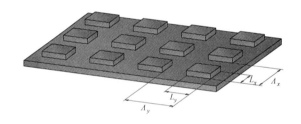

图 3.30　一个二进制 2D 有效介质的示意图

尽管二维有效介质近似值在长波长极限下显示出可接受的有效性，但是目前采用了日益严格的设计方法。在这种情况下，计算硬件和软件的进一步发展减少时间和存储方面的问题。

3.4.2　抗反射光栅

在光学界面上菲涅耳反射的减少是广泛的光学应用中极为重要的问题。今天，最常见的抗反射（AR）涂层是具有交替高折射率和低折射率的多层干涉结构。多层膜的替代物是亚波长结构的抗反射表面，其在两个界面介质的折射率之间提供渐变过渡。夜间活动昆虫的角膜表面也有这种抗反射结构[3.68,86]。例如，图 3.31 显示了典型蛾眼的扫描电子显微镜图像。在图的上半部分，复眼小眼面的六边形阵列清晰可见，随着放大倍数的增加（图的下半部分），可观察到覆盖有圆锥形和均匀隆起的区域。每个凸起的直径约为 100 nm，空间周期性约为 170 nm，远低于可见光谱的波长。

亚波长 AR 结构的不同特性与薄电介质膜堆叠相比是有利的，例如，薄膜涂层可能存在黏附问题，特别是当基质和层材料的热膨胀系数不同且在较宽的热范围内使用光学器件的情况下。此外，由于薄膜涂层材料的限制，离散折射率的可用数量也受到限制；另外涉及反射率对入射角或波长的敏感度。这种情况下，与简单的层结构相比，亚波长 AR 结构允许有更多的变化。

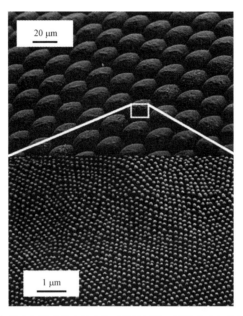

图 3.31　扫描夜间活动昆虫的电子显微镜图像。图的上半部分显示复眼的六角形结构。随着放大倍数的增加（图的下半部分），亚波长周期性表面波纹变得可见（J.Spatz 教授提供）

二元介质柱形亚波长结构（图 3.28 上部）显示了与基本单层介电涂层相当的抗反射性能。根据薄膜理论，当来自空气－膜界面的反射与薄膜－基底界面处的反射发生破坏性干涉时，单层在法向入射时将呈现最小的反射率。当轮廓 h 的深度满足下式时，该相位条件被满足：

$$h = \frac{\lambda_0}{4n_{Layer}} \tag{3.65}$$

此外，只有当两个反射波的幅值相同时才会发生完全破坏，这意味着层的折射率的幅值条件为

$$n_{层} = \sqrt{n_1 \cdot n_2} \tag{3.66}$$

举例而言，为了实现上一个针对空气（$n_{空气}=1$）和典型无机玻璃（假设 $n_g = 1.5$）之间界面的方程式，层的折射率必须为 $n_{层} \approx 1.22$，这对于薄膜材料是不可用的。另外，亚波长结构的有效介质具有通过简单调整填充因子来控制有效折射率的能力，因此原则上每个值都是可能的。

通过引入多台阶表面浮凸（图 3.28 中），可以提供改进光学性能的单层等效二元亚波长光栅的扩展。与 N 个均匀层的传统薄膜镀膜相比，由 N 个步骤组成的阶梯式多级光栅显示出类似的光学特性。每个单层的光学特性主要取决于特定的填充因子。与简单的二元亚波长光栅相比，多阶光栅允许较大的波长带通，并且更能承受入射角的变化[3.87]。对于三角形结构的表面轮廓（图 3.28 底部），有效介质具有梯度光学特性。通过对这种表面进行适当设计，可以得到极低的反射率[3.88]。

不同的技术，如电子束写入和掩模光刻[3.89]已被应用于实现亚波长光栅的主结构。其中，干涉光刻（IL）有允许在大面积的单个曝光步骤中实现完整阵列的优点。在 IL 工艺中，光致抗蚀剂镀膜的基底与相干光束产生的干涉条纹图案一起暴露[3.69,90]，其中，光栅周期 Λ 由下式得出：

$$\Lambda = \frac{\lambda}{2n\sin\theta} \quad (3.67)$$

式中，λ 是曝光波长；n 是折射率；θ 是在对称入射条件下干涉光波之间的半角。因此，在空气中，使用反向传播波（$\theta = 90°$）最小可获得的光栅周期是 $\lambda/2$。为了实现周期性的二维结构，对于在单次曝光步骤之间的样本的一定旋转来说，双曝光或多重曝光技术是必要的。在记录过程中，在抗蚀剂中形成一个潜在的结构，在随后的显影过程中，该结构被转变成连续的表面相位分布。在显影过程之后，可以通过选择性反应离子束蚀刻来实现图案结构的稳定化和轮廓深度的调整。

在图 3.32 的顶部，以侧视图呈现线性光刻胶光栅的扫描电子显微镜图像。正弦波纹显示 140 nm 的周期和 70 nm 的深度。通过将样品双重曝光并旋转 90°（图 3.32 底部的原子力显微镜（AFM）扫描），获得了二维图案中的相同空间周期。

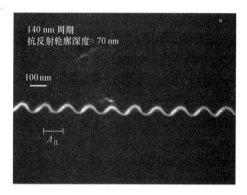

140 nm 周期
抗反射轮廓深度≈ 70 nm

100 nm

Λ_{IL}

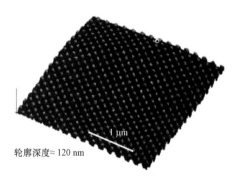

1 μm

轮廓深度≈ 120 nm

图 3.32　由干涉光刻（IL）产生的蛾眼表面

这些结构可通过使用具有 266 nm 波长的四倍频 Nd–YAG 激光器来实现。深紫外干涉光刻技术需要额外的工艺步骤，包括预烤或软烤和曝光后烤。软烤对于溶剂去除、应力减少和抗蚀剂平坦化是必要的。曝光后烤的过程是保证这些化学放大光刻胶光学曝光区域的溶解度关键且必不可少的步骤。必须非常慎重地执行这些技术程序，以确保恒定的条件并获得可再现和确定的轮廓参数。

图 3.33 显示了作为亚波长交叉光栅三个样本的波长函数的测量透射率。通过反应离子蚀刻工艺将该轮廓转移到熔融硅石中，蚀刻结构的深度是 300 nm，介质柱的直径约为 85 nm。与非结构化表面相比，在可见光谱的宽光谱范围内透射率显著增加。

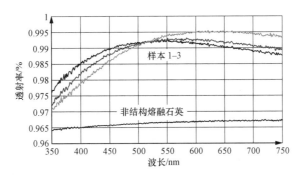

图 3.33　测量的透射率取决于在熔融石英中的三个亚波长交叉光栅样本的波长。结构的深度为 300 nm，介质柱的直径约为 85 nm。与非结构化表面相比，在 VIS 的宽光谱范围内透射率显著增加

在 IL 流程中使用浸入式配置可以进一步缩小特征尺寸。在伴随的曝光设置中，通常使用具有匹配折射率的浸没液体，可以将光致抗蚀剂镀膜的基板夹在 UV 透明棱镜之间。最小周期随浸没介质的折射率给出的系数减小。图 3.34 所示的扫描电子显微镜图像显示了光栅周期为 93 nm（10 800 条线/mm）的图案，其使用 266 nm 浸没式光刻通过单一［图 3.34（a）］或双重［图 3.34（b）］曝光获得。该结构被开发作为深 UV 应用的 AR 镀膜。

基于自组装过程，自下而上技术提供了快速且廉价的替代方法来创建亚波长结构。特别令人关注的是嵌段共聚物胶束纳米光刻技术（BCML）[3.91 - 93]，其不仅允许在平面基底上制造抗反射蛾眼结构，而且也可以在具有非常小曲率半径的光学元件上以及微光学元件的表面上制造。

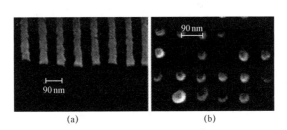

图 3.34　通过使用 266 nm 浸没式光刻的单（a）和双（b）曝光技术获得光栅

在 BCML 过程中，金纳米颗粒的六角形掩模可以通过简单地将基底浸入含四氯金酸（$HAuCl_4$）的甲苯中特殊二嵌段共聚物溶液来制备。

在溶液中，均匀的球形胶束由胶束内芯的主要成分金形成。通过控制基底的缩回速度，可以精确地调整纳米颗粒的距离。典型的距离在 20～150 nm，因此该技术非常适合于在 UV 和 DUV 范围内产生亚波长结构。最后，通过等离子体处理去除聚合物壳。与其他方法相比，浸渍具有显著的优势，因为其可以实现平面和弯曲基材的快速和均匀镀膜。几厘米直径的透镜可以在几分钟之内镀膜，具有高精度和高重复性。样品处理的示意图如图 3.35 所示。

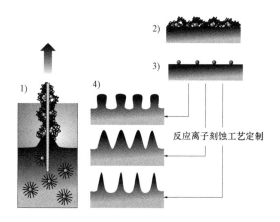

图 3.35　用于建立亚波长抗反射结构的 BCML 工艺的示意图

在随后的反应离子刻蚀（RIE）工艺中，掩模结构被转移到衬底材料中。根据调整后的多步 RIE 工艺参数，纳米结构的表面具有定制的抗反射性能，可以很容易地制造出来，表现出对于特定应用的最佳性能。用这种方法可获得 150～250 nm 的任意高度和可调晶格间距的亚波长结构化表面（图 3.36）。

图 3.36　通过 BCML 制造的蛾眼结构的扫描电子
显微镜图像（由 J.Spatz 教授提供）

3.4.3 偏振敏感元件

历史上，线栅式偏振片（WGP）可能是第一个利用亚波长结构光栅特性的组件，正如 Heinrich Hertz 所应用的线栅式偏振片，其研究了在 19 世纪末新发现的无线电波的特性。同时，随着制造技术的不断进步，线栅式偏振片也可用于红外和光学波长区域。

经典的 WGP 由平行、自支撑和完美导线的亚波长周期性网格组成。该结构的特征在于横向电（TE）偏振的高反射率以及入射电磁辐射横向磁（TM）偏振的高透射率。

对于可见光谱范围的应用，WGP 被实现为沉积在介电基底上的亚波长周期金属光栅。夹在金属栅格和支撑衬底之间的附加电介质层采用允许调整光谱工作带宽并放宽接收角度的容限[3.94]。当亚波长周期光栅已经在电介质中形成并且金属条被支撑在电介质条上时，可以进一步扩展以控制 WGP 的偏振特性。

由于其特殊的光学特性和紧凑性，特别是在与硅基液晶（LCoS）成像系统结合时，WGP 成为投影显示特别关注的应用[3.95,96]。在这些设置中，WGP 充当一个分束器，将来自 LCoS 面板的入射照明辐射和背向反射及偏振旋转光分开。

通常 WGP 的工作原理是由与金属线平行且垂直的不相似电子迁移率来解释的。如果入射波沿着导线方向偏振，则会引起相应的电子振荡。反向辐射波正向消除入射波，使得波被完全反射；相反，如果入射波垂直于线栅偏振，且如果导线间距比波长宽，则电子的振荡受到限制，并且入射波传播该结构。

描述亚波长结构器件特性的有效介质理论方法（EMT）也适用于 WGP[3.97]。因此，可以通过插入金属的折射率 n_1 的复数值来估计线栅式偏振片的透射和反射特性：

$$n_1 = n + i\kappa \qquad (3.68)$$

对于高导电金属 $\kappa \gg n$ 和由完美绝缘体（n_2）制成的间隔物，两个偏振方向的折射率变为

$$n_{\parallel} = i\kappa\sqrt{f} \qquad (3.69)$$

$$n_{\perp} = n_2 / \sqrt{1-f} \qquad (3.70)$$

由完美的导体制成线栅并且电介质间隔物由完美的绝缘体制成，在这种情况下，具有与线栅偏振平行的入射辐射与相当于金属层的介质相互作用并被反射。相反，对于垂直于线栅偏振的入射辐射，该元件表现为完美的介电层，并且辐射主要是被透射。

在更现实的情况下，完美电导率的假设是不合适的，因此需要严格的计算结构的偏振特性。

不同类型高偏振消光比的偏振敏感元件是基于具有高和低折射率的介电材料交替层的亚波长结构多层系统制成的[3.73,74]。在这种方法中，各向异性光谱反射率的特性通过结合高空间频率光栅的形状双折射效应与多层结构的共振反射率来实现。

3.4.4　亚波长闪耀光栅和透镜

在之前关于基于亚波长结构的波片、抗反射镀膜和偏振器的讨论中，这种人造有效介质的特性被类似地处理成均匀的薄膜。此外，高空间频率结构也可以用来实现高效率的衍射元件，如光栅和衍射透镜。

其基本思想是通过控制亚波长结构的特征尺寸来对局部有效折射率进行横向裁剪。大于波长衍射元件的每个单独周期由具有可变宽度的线和间隔的亚晶格组成，形成一个亚波长二元表面轮廓。

主要概念如图 3.37 所示。经典的锯齿形闪耀轮廓通过改变折射率恒定的材料结构深度，保证每个周期的连续线性相移，并在每个周期结束时显示 2π 的相位阶跃［图 3.37（a）］。模拟相位分布可以用高度不变的梯度折射率材料来建模［图 3.37（b）］。在这种所谓的闪耀折射率光栅中，折射率在该周期内从 1 线性连续变化到最大值。在二元闪耀光栅［图 3.37（c）］中，连续梯度材料通过二元亚波长特征的结构尺寸变化来近似。

这种人工分布式折射率介质的物理原理首次通过使用水波来验证[3.78,98]。这个概念被转移到了 10.6 μm 的红外光谱范围[3.99]，也被用于近红外和光学波长[3.97,98]。

二元闪耀光栅允许光高效耦合到第一衍射级[3.79]，甚至可能超过传统闪耀光栅的特性[3.81]。这种增强的性能被解释为一种导致阴影区大幅缩小的支柱波导效应[3.99]。

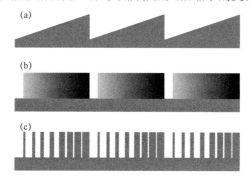

图 3.37　亚波长闪耀光栅
（a）闪耀锯齿轮廓，（b）闪耀光栅折射率和（c）二元闪耀光栅

作为说明，图 3.38 给出了基于锯齿形表面轮廓的常规衍射透镜和亚波长衍射透镜的示意性比较。

图 3.38　衍射透镜示意图比较
（a）浮凸表面浮凸形貌；

(b)

图 3.38　衍射透镜示意图比较（续）

（b）二元闪耀法

3.5 电光调制器

电光调制器（EOM）可通过电控制光波的振幅、相位、频率、偏振或传播方向。EOM 通常用于光源的外部调制，从而避免与直接调制相关的幅度、频率和线宽的稳定性问题。

EOM 通常由嵌在一对电镀电极之间的电光材料组成。施加到这些电极上的电压产生垂直于电极表面取向的电场，电场引起材料结构或取向的变化，因此材料的折射率或双折射被电场调制。

可以区分 EOM 的两个基本设置：一个是纵向导向的调制，其中光波平行于电场方向传播 ［图 3.39（a）］；另一个是横向导向的调制，光波垂直于电场方向传播 ［图 3.39（b）］。在纵向配置的情况下，电极对待调制的光必须是透明的，或者每个电极中的小孔必须允许光通过调制器传播。

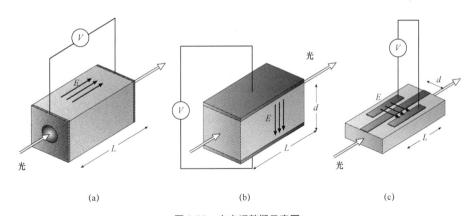

(a)　　　　　　　　　　　　(b)　　　　　　　　　　　　(c)

图 3.39　电光调整期示意图

（a）纵向 EOM 具有平行于光传播方向施加的 E 场，（b）而在横向 EOM 中，
光波垂直于 E 场传播。（c）一个横向型集成光学调制器

EOM 器件可以构建为集成光学器件 ［图 3.39（c）］。集成调制器由离散的电光材料片制成，如铌酸锂 $LiNbO_3$ 和钽酸锂 $LiTaO_3$。这些材料具有高电光系数，并且可以在很宽的波长范围内使用。

由于使用了波导技术，因此集成光调制器是特定波长的。它们被用在横向调制方案中，使得波导的宽度远小于其长度。因此，与集成调制器的高电压要求（高达数十千伏）相比，半波电压［如式（3.76）］非常小（通常为几伏）。在文献［3.100］中，基于 BaTiO$_3$ 的调制器被报道宽带调制高达 40 GHz，半波电压为 3.9 V。

电光调制器的一些应用是 Q 开关、全光开关、主动模式锁定和激光盘记录。

由于材料结构的位置，取向或形状改变，电光材料在受外部电场影响时会改变其光学性质。当施加电场 E 时，作为 E 的函数的折射率（图3.40）可以表示为

$$n(E) = n - \frac{1}{2}k_{普克尔斯}n^3 E - \frac{1}{2}k_{克尔}n^3 E^2 \qquad （3.71）$$

如果折射率的变化大多与所施加的电场强度成线性比例关系，则该效应被为线性电光效应或普克尔斯效应，其中，

$$n(E) = n - \frac{1}{2}r_{普克尔斯}n^3 E \qquad （3.72）$$

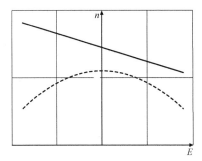

图 3.40　作为所施加电电场强度度 E 的函数的折射率：（实线）普克尔斯介质；（虚线）克尔介质

式中，$r_{普克尔斯}$是线性电光系数或普克尔斯系数。

由于晶体是各向异性的，因此电光系数 r 的值取决于光的方向和施加的电场方向。

在各向同性材料如气体、液体或中心对称晶体中，线性系数为零，折射率的变化取决于所施加的电场的平方，称为二次电光效应或克尔效应，其中，

$$n(E) = n - \frac{1}{2}r_{克尔}n^3 E^2 \qquad （3.73）$$

式中，$r_{克尔}$是二次电光系数或克尔系数。

考虑到 $r_{普克尔斯}=10$ pm/V 和调制电压 $V=10$ kV（其在 1 cm 厚的介质中导致 $E=10^6$ V/m 的电场强度）的平均值，电诱导的折射率变化约为 10^{-5}。当使用平均值为 $r_{克尔}=10$ am^2/V^2 的克尔效应时，可达到相同的范围。虽然这种折射率的变化非常小，但是对于比光的波长大得多的波传播距离来说，将导致较大的相移。对于给定的示例，对于 600 nm 的波长，相移将近似为 π/2。

在以下调制技术汇编中将考虑具有普克尔斯特征的各向异性电光晶体（电光系数为 $r_{普克尔斯}$）。

3.5.1　相位调制

与平行板电容器的电极之间的电场强度的定义类似，普克尔斯调制器中的电场强度可表示为

$$E = \frac{V}{d} \tag{3.74}$$

式中，V 是在调制器的电极上施加的准静态电压；d 是它们之间的距离（在纵向调制器的情况下，它等于长度 L）。

在横向普克尔斯调制器 [图 3.39（b）] 中，相移是电场强度 E 的函数：

$$\varphi = \varphi_0 - \pi \frac{n^3 L}{\lambda_0} k_{普克尔斯} E \tag{3.75}$$

其中，$\varphi_0 = 2\pi n（V=0）L/\lambda_0$ 是自然相移；λ_0 是自由空间波长。

通过减小电极距离 d，给定相移所需的电压也将减小。这特别适用于集成光学器件。

实现相移 $\varphi = \pi$ 所需的电压称为半波电压，可以表示为

$$V_\pi = \frac{\lambda_0 d}{n^3 k_{普克尔斯} L} \tag{3.76}$$

用 V_π 表示相移很方便，即

$$\varphi = \varphi_0 - \pi \frac{V}{V_\pi} \tag{3.77}$$

在一个纵向普克尔斯调制器 [图 3.39（a）] 中，电极之间的距离等于光调制距离 $d = L$，因此 φ 与 d 和 L 无关：

$$\varphi = \varphi_0 - \pi \frac{n^3}{\lambda_0} k_{普克尔斯} V \tag{3.78}$$

相应的半波电压为

$$V_\pi = \frac{\lambda_0}{n^3 k_{普克尔斯}} \tag{3.79}$$

频率调制可以通过应用正弦相位调制来实现。这是由于这两种调制之间的基本相关性，其中频率调制可以看作具有积分调制信号的相位调制[3.101]，因此正弦相位调制会导致正弦调频[3.102]。

另一种方法是施加一个频率为 ω_m 的圆形电调制场，使主轴以角速度 $\omega_m/2$ 旋转。使用一种装置，其中调制器两端的两个圆偏振器（相对于彼此倒置）将线偏振光转换为圆偏振光，反之亦然。输入端频率为 ω 的圆偏振光波将根据所施加电场的旋转方向和电场强度在输出端偏移到 $\omega \pm \omega_m$[3.103]。

3.5.2　偏振调制

偏振态转换器或动态波片允许在调制器输出处输入偏振的受控变化。可以通过在调制器内相干相加两个正交波（部分输入波）来实现。

电光介质的取向和电场的方向被用来控制垂直于光路的横截面中的快轴和慢轴。

该轴的相应折射率是

$$n_{x'} \approx n_x - \frac{1}{2} n_x^3 k_{x普克尔斯} E \qquad (3.80)$$

$$n_{y'} \approx n_y - \frac{1}{2} n_y^3 k_{y普克尔斯} E \qquad (3.81)$$

式中，n_x 和 n_y 是没有电场时的折射率，k_x 和 k_y 是在特定空间和电场条件下的适当电光系数（详细描述参见文献 [3.104] 13.2 节）。

光中的一部分（普通波和异常波）以不同的速度通过系统传播，使得它们之间有一个相对相位差 Γ。这个相位差取决于系统 L 的长度，也称为延迟：

$$\Gamma = \Gamma_0 + \frac{2\pi}{\lambda_0}(n_{x'} - n_{y'})L \qquad (3.82)$$

式中，Γ_0 是自然相位延迟，未施加电压。

在没有自然双折射的情况下（$n_x - n_y = 0$），横向调制器中的感应延迟为

$$\Gamma_i = \frac{\pi}{\lambda_0}(k_{普克尔斯\,y} n_y^3 - k_{普克尔斯\,x} n_x^3)\frac{VL}{d} \qquad (3.83)$$

将垂直偏振输入波移到水平偏振输出波实现 $\Gamma_i = \pi$ 的延迟所需的电压，是偏振调制器的半波电压 V_π：

$$V_\pi = \frac{\lambda_0}{k_{普克尔斯\,y} n_y^3 - k_{普克尔斯\,x} n_x^3}\frac{d}{L} \qquad (3.84)$$

由于 d 和 L 的调制器独立，纵向调制器的相应公式与式（3.84）相同，但无 d/L 项。

3.5.3　强度调制

可通过改变光的传输来实现强度调制，光的传输是输出与输入强度的比率，即 $T = I_0/I_i$。由于相位或延迟调制不会影响输出光的强度，因此需要额外的元件或设置。

一种方法是如文献 [3.103] 所述，将偏振分析仪添加到动态波片中，使分析仪的轴与输入偏振正交（正交偏振器设置）。在没有施加电压的情况下，输出强度为零（图 3.41（b）中的点 A），并且 $V = V_\pi$（图 3.41（b）中的点 C），输出强度达到输入强度的水平。透射率 T 是 V 的一个周期函数

$$T(V) = \sin^2\left(\frac{\Gamma_0}{2} - \frac{\pi}{2}\frac{V}{V_\pi}\right) \qquad (3.85)$$

通过操作接近 $V_\pi/2$ 的调制电压（图 3.41（b）中的点 B），输出强度几乎与电压线性相关。

图 3.42（a）显示了一个典型的装置。经过输入偏振器后进入调制器的光发生线性偏振，其偏振方向相对于电场方向倾斜 45°。在施加电压的情况下，光将被分成两个正交分量，通过调制器之后分量之间将具有相对相位差 Γ_i。这两个分量的叠加产生将

由输出偏振器分析的椭圆偏振光。在 $V = V_\pi$ 的情况下，叠加再次导致相对于入射光的偏振方向成 90° 的线性偏振光，因此将被分析仪完全透射。

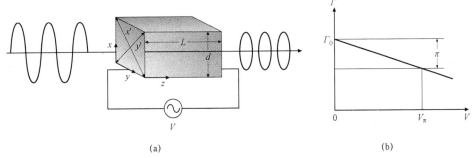

(a)　　　　　　　　　　　　　　　　　(b)

图 3.41　强度调整示意图

（a）当线偏振光（平行于 x 轴）射入晶体时，输出偏振态通常是椭圆的。对于 $V = V_\pi$，偏振还是线性的，但相对于输入偏振旋转 90°；（b）相位延迟与施加的电压线性相关。在没有施加电压的情况下，仅存在 Γ_0

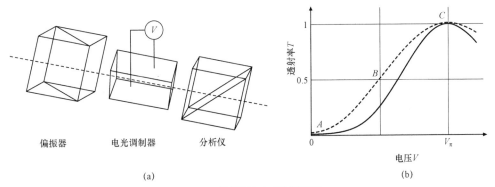

(a)　　　　　　　　　　　　　　　　　(b)

图 3.42　偏振器加入调制器情形

（a）在两个交叉的偏振器之间实现一个动态波片的强度调制器装置，相对于延迟器的轴线以 45° 放置；（b）遵循普克尔斯特征调制器的虚线和克尔特征的实线，对于 $\Gamma_0 = 0$，透射率 T 随着施加的电压 V 而变化

也可以使用平行偏振器，在这种情况下，传输特性被反转：在 $V = 0$ 处的全透射，而在 $V = V_\pi$ 时不透射。

另一种调制光强度的方法是叠加马赫－曾德干涉仪的两个分支的波，其中至少有一个分支包含一个相位调制器［图 3.43（a）］。假设分束器平均分配光强度，输出 I_o 处的强度取决于两个分支中的相位差 φ：

$$I_o = \frac{1}{2} I_i + \frac{1}{2} I_i \cos\varphi = I_i \cos^2\frac{\varphi}{2} \tag{3.86}$$

考虑到相移［式（3.76）］的半波电压表达式，透射率 $T = I_o/I_i$ 又是 V 的一个周期性函数，即

$$T(V) = \cos^2\left(\frac{\varphi_0}{2} - \frac{\pi}{2}\frac{V}{V_\pi}\right) \tag{3.87}$$

其中，φ_0 的值取决于没有施加电压时的光程差。在 $T = 1/2$ 附近的近似线性区域（图 3.42（b）中的点 B），使用 $\pi/2$ 的光程差值来操作调制器。如果调制器在全透射和全消光之间切换，可用于选择 $V = 0$ 还是 $V = V_\pi$ 对应 $T = 0$ 和 $T = 1$（图 3.42（b）中的点 A 和 C）。

一个基于马赫－曾德的调制器也可以构建成一个集成光学器件。输入光波导被分成干涉仪的两个分支并在输出端重新组合［图 3.43（b）］。除了将相位调制器添加到其中一个分支的设置之外，还有一种叫作推挽的装置，其在第二个分支中增加了一个额外的调制器［图 3.43（c）］。全透射发生在 0° 净相位差处，而全消光发生在 180° 处。这种配置需要较低的驱动电压来实现所需的相移。

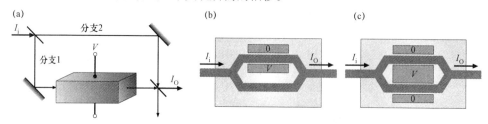

图 3.43　马赫－曾德干涉仪相位调制器

（a）马赫－曾德干涉仪，其中一个分支包含一个相位调制器。干涉仪 T 的透射率随所施加的
电压 V 而变化。相同的设置可以用在集成光学器件（b）中，其中输入光被波导分成两个分支。
通过附加的电极，可以构建推挽结构（c），其中两个分支中的光由相同的电压调制

由于折射率小的电诱导变化，热影响和应力引起的双重折射以及双折射可能相当令人烦扰，因此，电光调制器通常在相对相移的温度依赖性被大大消除的配置中包含两个相等的普克尔盒[3.105]。

3.6　声光调制器

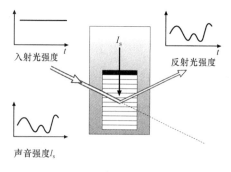

图 3.44　AOM 通过光强度比例调制的声强来控制

将声波应用于一个介质引导光波的设备称为声光调制器（AOM），其至少一个连接到由二氧化碲、结晶石英或熔融石英等光学材料组成的声波发生器（通常为压电换能器）。所施加的声波影响光学材料的空间密度分布（通过压缩和稀疏）并因此产生相应折射率的变化。由于声波的周期性结构，折射率的变化也是周期性的，并且充当介质中存在的光波的衍射光栅（图 3.44）。

周期性重复等密度平面的距离由下式给出：

$$\Lambda = \frac{v_s}{f_s} \qquad (3.88)$$

式中，v_s 是介质中的声速；f_s 是声音的频率。类似于布拉格衍射公式，角度 θ 可以通过这个周期结构衍射的光线计算得出（图 3.41）：

$$\sin\theta = \pm\frac{\lambda}{2\varLambda} \tag{3.89}$$

式中，λ 是介质中光的波长。对于这些角度来说，建设性干扰的标准得以满足；θ 代表反射角以及入射角，对于与 θ 略有不同的角度，强度会急剧下降。

根据应用，材料的选择有很多标准，包括透明度范围、光学损伤阈值和所需尺寸。AOM 的特性见表 3.6。

表 3.6　声光调制器的特性

材料	带宽/MHz	上升时间/ns	声输入光焦度/W 饱和	材料波长范围/μm	最大带宽下的效率（633 nm）
玻璃	5～10	50	1～6	0.4～25	>70%
PbMoO$_4$	>80	4～6	0.5～1.5	0.42～5.5	>70%
TeO$_2$	>80	4～6	0.5～1.5	0.35～5	>70%
Ge	10	70	20～30	2～20	>50%，10.6 μm 下
GaP	100～1 500	0.7～10	0.02～2	0.6～1	>80%
GaAs	50～200	5～20	0.02～2	1～1.6	>30%，1.5 μm 下

3.6.1　强度调制器

对于足够弱的声音强度，反射光的强度与调制声波的强度成正比。在较高的声强下，非线性效应会对调制器产生负面影响。

可达到的带宽 B 受到光束束腰的尺寸（在穿过腰部宽度 D 的传播时间 $T = D/v_s$ 时）$B = 1/T$ 或换能器阻抗不匹配的限制（如 20.2 节[3.104]所示），这可以通过插入 1/4 波片来克服。

3.6.2　移频器

通过以速度 v_s 运动的声平面波产生的折射率变化部分反射的光波进行多普勒频移。入射光波的角频率为 $\omega = 2\pi f$，反射光升高到角频率 $\omega + \varOmega$，其中 $\varOmega = 2\pi f_s$。这是通过使用如图 3.45（b）所示的设置来实现的，其中声波以与入射光波相反的方向传播。在光波和声波沿相同方向行进的几何结构中［图 3.45（a）］，反射光的频率下移到 $\omega - \varOmega$。

通过串联两个调制器可以实现比调制器范围更宽的频移。当第一个调制器实施频率上移，并且第二个调制器进行频率下移时，所得到的输出频率将会偏移两个频率的差值；如果两个调制器都实施频率上移，则将实现两个频率的总和。整体效率通过组合衍射效率给出。

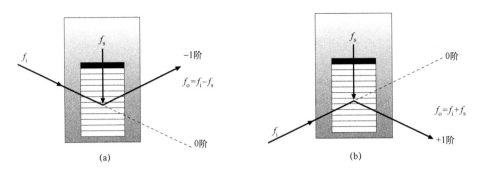

图 3.45　用于输入光频率（a）降档和（b）升档的移频器

3.6.3　偏转器

通过将具有带宽 Δf 的宽声频范围应用于 AOM，可以使偏转（分离）角 2θ 与 f_s 成比例变化。由于 θ 不仅是反射角，而且是所需的入射角，因此需要在入射角可以解耦的情况下进行设置。这可以通过改变与施加声频对应的声波方向来实现，例如使用多电极换能器。

由于光波具有有限的角宽度，可分辨光斑的数量被限制为最大扫描角变化 $\Delta\theta = (\lambda / v_s) B$ 与光束角宽度 λ/D 之比：

$$N = \frac{D}{v_s} B \tag{3.90}$$

式中，$\dfrac{D}{v_s}$ 是通过光束宽度的声音传播时间，B 是声波的带宽。

采用上述调制技术的 AOM 的一些应用包括：
- 激光谐振腔中的腔体倾斜（偏转）；
- 主动模式锁定；
- 激光打印，AOM 调制激光束的光焦度；
- 高频（HF）频谱分析仪，其中 AOM 根据（分析）调制信号将长度偏转至电荷耦合器件（CCD）线路探测器；
- 激光投影仪，其中 AOM 根据要显示的视频信号调制 RGB 分量的强度；
- 激光扫描显微镜。

|3.7　梯度折射率光学元件|

光学元件材料的折射率 $n(x, y, z)$ 的局部变化还意味着产生元件新功能的几种可能性。在传统的折射光学器件中，光从折射率为 n_1 的一种均质介质突变成折射率为 n_2 的第二种均质介质，传播光的方向在梯度折射率（GRIN）介质中连续变化，这取决于折射率 $n(x, y, z)$ 的分布。在几何光学方面的传播受费马原理支配，这一点将在

3.7.1 节详细介绍。

梯度折射率通常会分为四种类型。对于轴向渐变折射率，折射率仅在光轴 z 方向上变化，而在垂直于光轴的平面内折射率是恒定的。对于目前最重要的径向渐变折射率来说，折射率仅仅是与光轴 z 垂直的径向坐标 r 的函数。在一维或横向 GRIN 介质中，折射率仅取决于垂直光轴的一个坐标 y。球形渐变折射率表现出球形半径 R 的折射率变化：

$$
\begin{aligned}
n &= n(z) & \text{轴向渐变}\\
n &= n(r = x^2 + y^2) & \text{径向渐变}\\
n &= n(y) & \text{一维渐变}\\
n &= n(R = x^2 + y^2 + z^2) & \text{球形渐变}
\end{aligned}
\tag{3.91}
$$

对于式（3.91）中描述的所有类型的渐变，存在定义的折射率分布函数，其对入射光束产生影响，这类似于传统光学元件，例如透镜。一个具有近抛物线正割 – 双曲线折射率分布的径向（或一维）渐变，其函数为

$$
n(r) = n_0 \operatorname{sech}(gr)
\tag{3.92}
$$

其中，在光轴上的最大折射率 n_0 创建了一个聚焦透镜（图 3.46），对于子午光线来说，其具有周期性的正弦曲线[3.106,107]。周期 P 完全取决于渐变参数 g：

$$
P = 2\pi / g
\tag{3.93}
$$

具有抛物线折射率分布的径向渐变向外弯曲，函数表达为

$$
n^2(r) = n_0^2 [1 + (gr)^2]
\tag{3.94}
$$

其具有发散透镜的效果[3.108]（图 3.46）。式（3.92）和式（3.94）两种类型都产生具有平面光学表面的透镜功能，这对于小型梯度折射率透镜的生产和应用具有巨大的优势。

一个独特的球形渐变是麦克斯韦鱼眼[3.109]，折射率函数为

$$
n(r) = \frac{n_0}{1 + (R/R_0)^2}
\tag{3.95}
$$

因为其在一个球体的另一面上对表面的所有点（$R = R_0$）进行成像；n_0 是球体中心的折射率。球面或半球面渐变的修正版用于平面微透镜阵列[3.110]。

伦伯格透镜[3.111]使用一种球形渐变，其折射率为

$$
n(r) = n_0 \sqrt{2 - (R/R_0)^2}
\tag{3.96}
$$

以准直来自球表面上点光源的光。一种广义类型的类似轮廓用于生产一种小焦距光纤圆柱准直透镜[3.112]。

如果由具有球形表面的均匀介质制成，轴向渐变最常用于校正透镜的球面像差。Murty[3.113]分析推导出用来消除冲击渐变侧平凸透镜球面上的平行光线球面像差（图 3.46）的轴向折射率分布：

$$
n(z) = \frac{n_0}{\sqrt{1 + 2n_0(n_0 - 1)z/r_c}}
\tag{3.97}
$$

式中，n_0 是球面顶点（$z = 0$）处的折射率；r_c 是曲率半径。

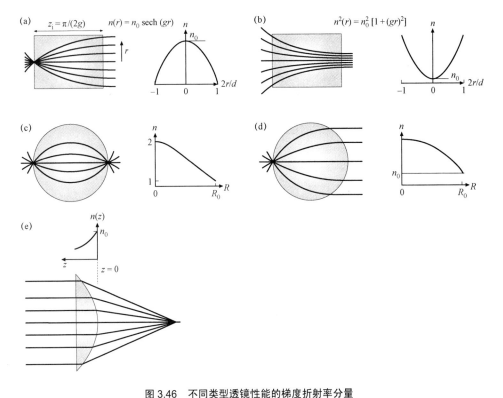

图 3.46 不同类型透镜性能的梯度折射率分量

（a）径向聚焦透镜；（b）径向发散透镜；（c）球面透镜 – 麦克斯韦鱼眼（$n_0 = 2$）；
（d）伦伯格透镜；（e）带轴向渐变的平凸透镜

这些渐变示例中的大多数代表了射线方程的解析解（3.7.1 节），但由于它们的奇异指数值范围，其转化为实践/制造是困难的。用于生产可见光和近红外光学元件的梯度折射率材料主要是硅酸盐玻璃，有时也是塑料，其折射率介于 1.4～1.9，由于化学性质以及材料的力学和光学特性而允许折射率有限的变化。此外，应用程序通常需要将 GRIN 组件集成到与本章中介绍的理想和分析示例不同的配置中。因此，折射率分布在模型函数中被指定，通常作为多项式表达式，引入适当数量的设计参数；然后执行数值射线追踪以确定特定配置或应用的最佳折射率分布参数，同时考虑技术可行性。3.7.1 节将概述梯度折射率介质中射线追踪的一些基本原理。文献［3.106，111，114−116］给出了对梯度折射率光学基础的更详细的介绍。

3.7.1 梯度折射率介质中的光线追踪

在梯度折射率介质中的光传播可以用不同的物理模型来描述，即通过几何光学意义上的射线追踪、通过标量波传播[3.117]或通过求解向量波方程[3.116]。模型的适用性取决于相对于波长和所研究效应的渐变尺寸。除了梯度折射率导光学元件有利于波的传播外，光线追踪是描述、模拟和优化梯度折射率分量的最常用的方法，因为其计

算速度比较快，并且与光学设计软件的原理兼容。因此，本节将更详细地讨论这种
方法。

在几何光学意义上，具有非均匀折射率分布 $n(x, y, z)$ 的介质中的射线传播由
向量射线方程描述，该方程是由费马原理推导而来的[3.119]：

$$\frac{\mathrm{d}}{\mathrm{d}s}\left[n(x,y,z)\frac{\mathrm{d}\boldsymbol{r}}{\mathrm{d}s}\right] = \nabla n(x,y,z) \tag{3.98}$$

式中，$\boldsymbol{r}$ 是位置向量；$\mathrm{d}s$ 是沿着光线轨迹的路径元素（图 3.47）。

向量方程（3.98）也可以表示为坐标 x，y 和 z 的二阶微分方程组：

$$\frac{\mathrm{d}^2 x}{\mathrm{d}\tau^2} = \frac{\partial}{\partial x}\left(\frac{1}{2}n^2\right), \; \frac{\mathrm{d}^2 y}{\mathrm{d}\tau^2} = \frac{\partial}{\partial y}\left(\frac{1}{2}n^2\right), \; \frac{\mathrm{d}^2 z}{\mathrm{d}\tau^2} = \frac{\partial}{\partial z}\left(\frac{1}{2}n^2\right) \tag{3.99}$$

元素 $\mathrm{d}\tau$ 由路径元素 $\mathrm{d}s = n\mathrm{d}\tau$ 得出。

对于许多折射率分布存在方程（3.99）的解析解，上面已经介绍了一些知名的折
射率分布。详细说明请参见文献［3.106，107，111，115］。

在常规情况下，必须对折射率分布进行优化并与光学系统的特定设计配置相匹配，
并对通过应用适当技术可制作的形状进行剖面分析，这些光线方程（3.99）通过龙格－库
塔方法[3.120]进行数值求解。这个程序主要用于商业上
可用的光学设计软件。折射率分布文件通常表述为 r，
R，x，y 和 z 中的多项展开式。考虑到衍射的波前像
差和点扩散函数（PSF）的计算，还需要计算出梯
度折射率介质中的光线追迹的光路长度 OPL，即

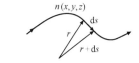

图 3.47　不均匀介质中的光线追迹

$$\begin{cases} \mathrm{OPL} = \int n(x,y,z)\mathrm{d}s \\ \mathrm{d}s = \sqrt{\mathrm{d}x^2 + \mathrm{d}y^2 + \mathrm{d}z^2} \end{cases} \tag{3.100}$$

式中，$\mathrm{d}s$ 是几何路径元素。所描述的龙格－库塔方法使用 $\mathrm{d}\tau$ 作为数字步长参数。因此，
光程长度（OPL）的计算可以很容易地包含在数值程序[3.121]中，即通过

$$\mathrm{OPL} = \int n^2(x,y,z)\mathrm{d}\tau \tag{3.101}$$

3.7.2　制造技术

可见光和近红外应用的梯度折射率材料通常基于透明硅酸盐玻璃，有时以有机聚
合物材料为基础。可以通过局部改变化学组成和结构以及相关的光学和力学性能来改
变折射率。早期的模型[3.122]将均相硅酸盐玻璃的光学性质与其组成关联起来。最近的
研究[3.123,124]也考虑了渐变玻璃的折射率制造和色度特性的各个方面。GRIN 制造技术
的适当性取决于以下光学方面：

- 期望的折射率变化 Δn；
- 轮廓形状和对称性；
- 渐变的深度，其决定了 GRIN 元素的尺寸；

● 折射率分布文件的色彩变化。

尽管在文献中已经描述了溶胶–凝胶[3.125]和化学气相沉积（CVD）[3.126]工艺等几种技术，但是在玻璃和塑料中的离子交换或者扩散技术对于生产梯度折射率梯度透镜[3.127–130]来说具有最重要的实际意义，因此在这里更详细地探讨。CVD 工艺对于生产用于光学数据传输的梯度折射率光纤以及用于制造 Luneburg 圆柱透镜（3.7.3 节）具有重要的工业意义。溶胶–凝胶技术已经被深入研究，因为其有助于制造直径大于 5 mm 的大径向渐变透镜，以开展光学仪器中相机镜头或目镜的新应用[3.131]。为了生产更大的 GRIN 透镜元件，已经详细研究了有机或塑料材料[3.132]。共聚之后具有不同折射率的不同单体的扩散组合产生了最终折射率梯度。

玻璃中的扩散过程用于生产大多数市售的 GRIN 透镜类型。大的轴向渐变[3.133]和径向渐变[3.134]通过各种具有不同折射率的初始均匀的玻璃之间熔合扩散来制造，这些玻璃被组合成一个用于轴向渐变的板堆叠，或将棒插入不同玻璃管中。接合之后，将化合物在远高于玻璃化转变温度和软化点的温度下退火，引起玻璃的许多组分发生扩散，其中初始阶梯折射率分布形成连续的折射率梯度。在折射率变化大于 0.4 的一维轴向渐变的情况下，使用毛坯来研磨和抛光具有校正的球面和色差的球面透镜（3.7.3 节）。在径向渐变的情况下，具有由所述扩散产生的合适折射率分布的较大预制件随后在较低的温度下延伸至最终的透镜直径。

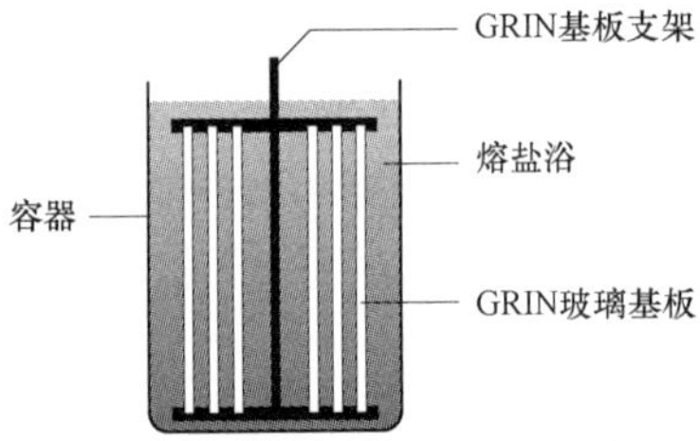

图 3.48　熔盐浴中硼硅酸盐玻璃棒和硼硅酸盐平板玻璃的离子交换方案

为了产生较小直径（0.1～3.0 mm）的径向和轴向折射率，在温度为 300～600 ℃下使用熔融盐浴和初始均匀的硼硅酸盐玻璃棒或石板之间的单价阳离子的离子交换[3.127,128,135]。这低于玻璃的转变温度或在玻璃的转变温度范围内，其中玻璃网络形成体仍然是刚性的，但是一价离子具有一定的流动性并且盐是液态的（图 3.48）。许多技术方面的因素影响了产生期望的最终折射率分布的可行性。待交换的离子决定了可能的折射率变化（表 3.7）以及在一定的交换时间之后的离子交换深度，这是由极化率和离子半径的不同引起的。表 3.7 比较了单价离子的相关性质[3.136]。

表 3.7　适用于离子交换的单价离子的极化率，离子半径和可能的折射率变化

离子	电子极化率（A^3）	离子半径/Å	Δn
Na^+	0.41	0.95	—
Li^+	0.03	0.65	≤0.01
K^+	1.33	1.33	≤0.01
Ag^+	2.40	1.26	≤0.14
Cs^+	3.34	1.65	≤0.03
Tl^+	5.20	1.49	0.1～0.2

制造时间取决于离子交换的运动学性质，其被描述为玻璃和盐熔体中的离子 A 和 B 的相互扩散过程，

$$A_{Glass}^+ + B_{Salt}^+ \leftrightarrow A_{Salt}^+ + B_{Glass}^+ \tag{3.102}$$

通过菲克扩散方程建模

$$\frac{\partial c_A(\boldsymbol{r},t)}{\partial t} = \nabla[D(c_A,T)\nabla c_A(\boldsymbol{r},t)] \tag{3.103}$$

式中，c_A 是阳离子 A 的标准化浓度；D 是扩散系数，通常取决于浓度和温度 T；表征了基础玻璃组合物的大部分工艺相关性质和在不同温度下交换的离子的运动学特性。已经开发了几种物理模型来实现对离子交换制造工艺的现实模拟[3.136 – 139]。在扩散系数足够高以获得经济生产时间的情况下，必须选择工艺温度，但玻璃仍需要低于玻璃软化点或在玻璃软化点的范围内，以避免玻璃坯料变形。除了温度和离子交换时间之外，适合扩散过程的初始条件和边界条件的配置（可通过改变盐浴成分来控制）是优化折射率分布的一个重要工具。

具有径向渐变的高数值孔径透镜通过大于 0.1 的大折射率变化获得。GRIN 透镜主要由铊/钠 – 钾离子交换[3.127]（图 3.49）或银 – 钠交换[3.128,135]产生。与银相比，铊是一种毒性非常大的材料，然而，在玻璃熔化过程中氧化铊并没有还原成金属铊的倾向，其中较大部分最初可以包含在 GRIN 玻璃的基底玻璃组合物中。银几乎是无毒的，但氧化银含量大于 15 mol% 的玻璃不能直接熔融，因为在 1 000 ℃ 以上的典型熔融温度下，银盐和氧化物趋向于还原为金属银，这导致玻璃颜色加深。

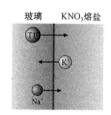

图 3.49　用于生产高 NA 径向 GRIN 透镜的铊/钠 – 钾离子交换[3.127]

这种玻璃不能用于 GRIN 透镜的生产，所以通常采用两步法生产聚焦的 GRIN 透镜[3.128,135]，其中含钠基底玻璃最初浸入含银熔融盐。第一个过程时间足够长，从而可以获得折射率近乎均匀增加的 Δn（离子填充）（图 3.50）；在第二个掩埋步骤中，部分去除玻璃中的银离子，并用降低折射率的钠离子代替，其中玻璃基板浸入含钠的盐熔体中，产生所需抛物线形状。

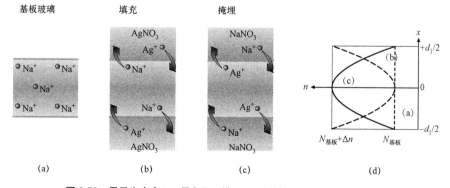

图 3.50　用于生产高 NA 径向和一维 GRIN 透镜的银钠离子交换器[3.135]

许多应用需要更长的射线周期 P［式（3.93）］与更小的数值孔径和最小的色差相关联。最好的情况下，铝－硼硅酸盐玻璃中的锂－钠离子交换被用于生产折射率具有较小变化 $\Delta n^{[3.140-143]}$ 的径向 GRIN 透镜。

本节并不是对现有的所有 GRIN 制造技术的全面调查，只是反映了作者的经验。

3.7.3 应用

1. 具有平面和球面的径向和轴向折射率梯度透镜

因为透镜性能取决于透镜材料内折射率的连续变化，故具有近乎抛物线径向或轴向折射率分布的微型 GRIN 透镜是传统均匀玻璃透镜的令人关注的替代品。使用平面光学表面代替复杂的表面形状，光线在镜头内不断弯曲，直到最终聚焦在一个点上。小型镜头的厚度或直径为 0.2～3 mm。简单的几何形状允许更大的生产成本效益，因为这些平面光学元件可以直接连接到 GRIN 透镜上，故基本上简化了复杂系统（包括光纤，棱镜和分束器）的组装。不同透镜长度会产生极大的灵活性，以适应透镜参数（例如焦距和工作距离），达到特定要求。优选的应用领域是光学通信部件、激光二极管到光纤耦合器、小型内窥镜和各种光学传感器。新领域是具有高分辨率要求的内显微镜探头和用于光学相干断层扫描仪（OCT）的小型化的头部。在更详细地介绍这些应用之前，将指出一些基本方面。

在 GRIN 聚焦透镜内近乎抛物线的径向聚焦折射率分布［式（3.92）］产生连续的余弦光线迹线，其周期或间距长度 P［式（3.93）］与入射高度和光线的入射角无关（图 3.51）。

通过选择不同的透镜长度，可以使用相同的折射率分布设计各种成像配置：

● 1/4 焦距镜头将镜头入口表面上的一个点光源成像到无穷远处，或将其准直。这种配置通常适用于单模和多模光纤以及激光二极管的准直，其中光源可以直接安装在透镜上。对于大光焦度激光二极管，圆柱形 GRIN 透镜用于快轴准直。连同其他 GRIN 组件，可以轻松集成，形成紧凑的微光学系统。

● 半焦距透镜在入射表面上反射在透镜出射表面上的物体成像（放大倍数 $M=-1$）。

● 1（2、3 或更多）焦距的透镜在与出射面相同的入射面表面成像一个物体（放大倍数 $M=+1$）。在内窥镜中，这些透镜用作中继透镜，将图像从内窥镜的前部传输到目镜（图 3.51）。

● 内窥镜物镜略长于 1/4 焦距的镜头，其以缩小的比例在镜头的出射面上以工作距离进行物镜场成像（图 3.52）。

径向折射率分布［式（3.92）］的几何梯度常数 g 表征折射率梯度的陡度，并且与透镜长度 z_1 一起确定透镜的焦距 f 和工作距离 s。

$$f = \frac{1}{n_0 g \sin(gz_1)}, s = \frac{1}{n_0 g \tan(gz_1)} \tag{3.104}$$

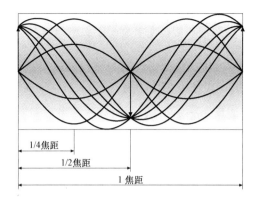

图 3.51　在不同间距长度的 GRIN 聚焦透镜内进行光线追迹

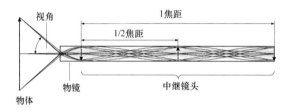

图 3.52　无目镜功能的 GRIN 内窥镜

图 3.53 示出了使用这些参数光学设计成像 GRIN 系统的过程。

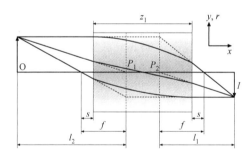

图 3.53　通过 GRIN 聚焦透镜形成图像

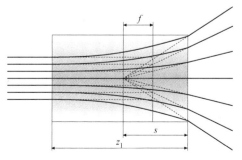

图 3.54　在 GRIN 发散透镜中进行射线追迹

主平面 P_1 和 P_2 之间的距离表明 GRIN 透镜必须被视为厚透镜。但是，这并不影响 GRIN 透镜的图像质量和等晕性。

GRIN 准直透镜的最大接收角或一个 GRIN 物镜的最大视角 ϑ 由数值孔径（NA）确定。就像在光纤中一样，其是从 GRIN 曲线的最大折射率变化得到的，即

$$\begin{aligned} \sin(\vartheta) = \mathrm{NA} &= \sqrt{n_0^2 - n_R^2} \\ &= n_0\sqrt{1 - \mathrm{sech}^2(gd/2)} \end{aligned} \qquad (3.105)$$

式中，n_R 是轮廓边缘的折射率；d 是透镜的直径或厚度。

通过抛物线形折射率分布［式（3.94）］可以获得具有平面光学表面的发散透镜，其中折射率中心处的折射率 n_0 最小。

图 3.54 显示了一个通过发散透镜的特征光线轨迹。透镜相对短的焦距 f 也由透镜长度 z_1 确定：

$$f = -\frac{1}{n_0 g \sinh(gz_1)}, \quad s = -\frac{1}{n_0 g \tanh(gz_1)} \qquad (3.106)$$

然而，在这种情况下不会出现射线的周期性路径。这些镜头适用于生产微光学望远镜和扫描仪。

光通信系统使用各种光纤元件，其中具有平面光学表面的径向 GRIN 透镜由于其尺寸小、重量轻、易于组装和调整以及焦距短而成功地用于大规模的光学表面。直径在 1.0～1.8 mm 的 GRIN 透镜良好的基本性能包括 1 310 nm 光谱带和 1 500～1 600 nm 波段中的单模光纤的准直以及准直光束的低损耗耦合一个单模光纤（图 3.55）。对于一对 GRIN 透镜之间的距离 L，可能高达 25 mm 甚至更多，插入损耗可以保持得很低（小于 0.5 dB），但一般来说，L 是这种分离和其他对准因子的函数[3.144,145]。

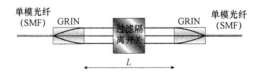

图 3.55　由一对 GRIN 透镜实现的单模光纤耦合

在 GRIN 透镜之间放置光学元件，例如滤光片、光学晶体、光栅和可移动的开关棱镜，以构建光纤设备，这些光学元件对光的角度定向敏感。最重要的是密集波分复用（DWDM）设备[3.146]，其中输入单模光纤（SMF）中的多波长信号需要分成许多波长信道（图 3.56）。

根据 GRIN 透镜之间元件的滤波特性，可以按图 3.56 构建光纤衰减器和分光器。通常，光纤和具有倾斜刻面的 GRIN 透镜用于光学互连，以最小化背面反射，这可能会干扰精确调谐的器件和系统的性能。

径向 GRIN 透镜也用球面制作，以便激光二极管与光纤有效耦合（图 3.57）。球面允许激光器刻面与透镜表面之间的工作距离（WD）为几百微米，而透镜的 NA 相对于

具有平面表面类似的透镜略微增加。由于具有窗口的许多激光二极管的罐式封装，工作距离通常是必需的。该透镜将激光二极管的高 NA 与光纤的较低 NA 相匹配。由透镜球面引入的球面像差可以通过调整径向折射率分布来校正[3.147]。

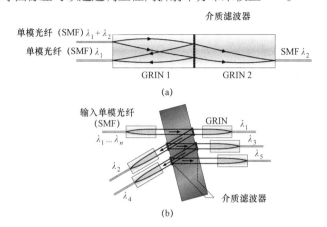

图 3.56　使用 GRIN 透镜和窄带干扰滤波器的密集波分复用技术（DWDM）

（a）双通道多路复用器；（b）多通道多路复用器[3.146]

通过类似于抛物线的一维折射率分布获得具有平面表面的一维或圆柱形 GRIN 透镜，其垂直于光轴并且不沿着光轴取向（图 3.58）。其是由玻璃板中的离子交换产生的，可应用于激光二极管棒的快轴准直[3.148]，或应用于椭圆发散且通常为激光二极管散光光束变形成型到圆形聚焦光束中，或者用于固体激光器泵浦[3.149,150]。

图 3.57　用于将激光二极管（LD）耦合到光纤中的球形表面的平凸径向 GRIN 透镜[3.147]

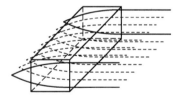

图 3.58　具有一维横向折射率分布的圆柱形 GRIN 透镜

在传统的内窥镜领域，一个难以触及的中空空间物体需要通过一个小的开口以较大的视角成像，因为难以制造常规透镜并且在长成像系统中组装，如果光学器件的直径必须小于 2.0 mm，GRIN 透镜技术就非常重要，特别是低于 1.0 mm 时。内窥镜的完整成像系统可以仅由两个 GRIN 透镜构成：高数值孔径（NA＞0.5）的物镜，其在大视角下产生物体的缩小的中间图像；以及低数值孔径（NA≈0.1）中继透镜，将物镜的中间像传递到物体的外部（图 3.52）。为了产生内窥镜所需的长度，GRIN 中继透镜的几个射线周期或间距以及附加的中间图像可能是必要的。也可以将目镜或目镜功能集成到同一个中继透镜[3.150]中，以避免额外的光学元件。由于成像管内没有内部光学表面，这些 GRIN 系统不会导致任何内部菲涅耳反射损失。与传统的内窥镜光学系统相比，已经对像差进行了分析，并且已经详细研究了防止和校正像差的可能性[3.141,142]。

灵活的内窥镜使用相干成像光纤束进行数十厘米的图像传输。如果光学通道的直径小于 1.0 mm，则更愿意使用可以直接连接到纤维束的 GRIN 物镜，因为会产生良好的图像质量。最小直径可以达到 0.20 mm[3.151]。

应用 GRIN 透镜系统的新领域是显微内镜，其中需要小的光学探针来以微米范围内的亚细胞分辨率对生物组织和相应的特定功能特征进行成像。已经开发了 GRIN 透镜系统，其分别提供了所需的低于 1 μm 和 10 μm 横向和轴向分辨率。其产生物体的放大远心图像（图 3.59），然后可以通过相干光纤束[3.152]、GRIN 中继透镜[3.153]或扫描单个探针光纤[3.154]来传输这种图像。这些显微内镜探针通常用于共焦或激光扫描方案，近年来也开始用于多光子激发[3.154]。

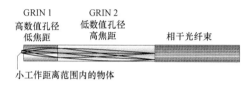

图 3.59 将放大的远心 GRIN 望远镜连接到用于内窥镜探头的相干光纤束

光学相干断层扫描仪（OCT）是径向 GRIN 光学器件优选应用的另一个领域。OCT 的穿透深度一般小于 2～3 mm，还需要小型显微内镜探头进行内部诊断[3.155]。具有平面光学表面的 GRIN 透镜相对比较容易与单模信号光纤和棱镜组合用于光束偏转，以通过旋转光学组件或其他扫描方法（图 3.60）对组织进行扫描。

许多光学传感应用也是基于具有径向渐变的 GRIN 聚焦棒透镜。通过强度调制的光纤–光学传感器已经确定了各种物理参数，例如位移、压力、温度或流体流量，其中两根光纤之间的耦合效率可以通过 GRIN 透镜相对于光纤的横向和轴向位移，或者通过置换膜上的镜面镀膜，通过改变镀膜的反射率性能而变化[3.156]。稳定强度参考的问题被传感器解决方案所克服，其中相干高斯光束的相位通过与光学相干断层扫描中使用的类似干涉装置进行分析（图 3.60）[3.157]。

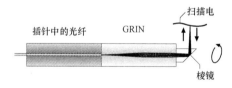

图 3.60 用光纤，GRIN 透镜和扫描棱镜进行的 OCT 探头设计

2. 龙伯圆柱透镜

玻璃纤维中的一种径向折射率分布也成功地用于制造一般性非全孔径龙伯圆柱透镜[3.112]。早期的设计研究调查了具有折射率分布的龙伯透镜的解决方案，其中所需的大分辨率变化或绝对分辨范围是难以实现的。然而，已经证明可通过使用化学气相沉积（CVD）技术制造的预成型玻璃管外围包覆层的径向折射率分布，实现一种具有

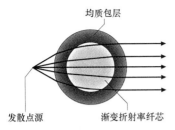

均质包层

发散点源　　　　渐变折射率纤芯

图 3.61　一般性非全孔径龙伯透镜[3.112]

良好校正球面像差的柱面透镜性能。在这种情况下，由发散线源圆柱棒横向辐射的数值孔径可达到 0.5 的程度（图 3.61）[3.158]。

通过调整拉丝工艺，可以制造具有精确直径和抛光表面质量的纤维或棒形衍射极限微透镜，这些透镜的熔融石英包层和梯度折射率芯可承受非常高的温度（转变温度约为 1 100 ℃）。镜片可用于可见光和近红外光谱。棒或纤维被切成所需的长度。这些透镜既可用作单激光二极管的快轴准直器，也可用于构建激光二极管棒的圆柱透镜阵列。为了适应小的发射极间距，可以将镜头边缘研磨到所需的宽度[3.159]。典型的圆柱棒直径为 0.06～3.0 mm，同时对焦距进行相应缩放。

3. 具有轴向渐变的大渐变折射率（GRIN）透镜

在轴向渐变透镜中，球面曲面通常具有基本聚焦能力，而轴向折射率梯度控制或校正像差，特别是通过球面上折射引入的球面像差。市场上可买到的轴向渐变透镜是通过大块玻璃扩散工艺[3.161]在直径高达 330 mm 的大玻璃坯料中生产的。通过下式描述的折射率分布来设计透镜：

$$n(z, \lambda_{\text{ref}}) = \sum_{k=0}^{11} n_k \left(\frac{z}{z_{\text{max}}} \right)^k \qquad (3.107)$$

式中，z 是距毛坯表面的轴向距离；z_{max} 是毛坯厚度。与简单的解析解式（3.97）相比，这很难实现，但平凸、双凸和弯月形透镜是由特殊设计的用标准直径 5～80 mm 的 Gradium 玻璃毛坯制成的。通过调整折射率分布来校正球面像差和色差是可能的，这将减少光学系统中表面的数量和相关的反射损失，并且还降低了安装的复杂性。除了其他应用之外，还开发了用于高光焦度工业 Nd–YAG 焊接和切割激光系统的双目镜和聚焦头[3.162]。

4. GRIN 棒透镜阵列

平面光学表面的 GRIN 透镜可以很容易地与透镜阵列组合，因为它们具有简单的几何形状，以及对阵列中单个透镜的光学表面进行同时研磨和抛光的可能性。一个商业上非常成功的应用是 SELFOC 透镜阵列[3.160]，其可以产生一个不倒转的 1:1 图像（图 3.62）。通常，阵列由一排或多排镜头组成。来自相邻镜头的图像重叠并形成连续的直立图像。物平面和像平面之间的短总共轭（典型的情况为 9～80 mm）允许光学系统的紧凑集成，即使必须对高达 60 cm 宽度的大平面物体进行成像。

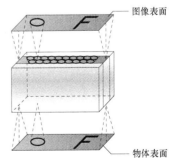

图像表面

物体表面

图 3.62　使用一个 GRIN 棒透镜阵列进行非反转 1:1 成像[3.160]

由单个透镜产生的直立图像可重叠以形成均匀的大图像,这归因于径向聚焦 GRIN 透镜的独特性质,以根据透镜的节距长度在棒状透镜内产生中间图像。通常,棒状透镜阵列的节距长度介于 0.5～1.0,导致棒中间的中间图像减少(图 3.63)。

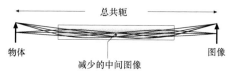

图 3.63　一个阵列透镜的成像射线追迹与减少的中间图像

图像的分辨率、透射率和均匀性由棒状透镜直径、透镜的数值孔径和相关的透镜孔径角(图 3.62 中的图像锥)、物体和透镜表面之间的总共轭和工作距离决定,最终还根据成像条件调整折射率分布决定。这些参数的优化已经进行了许多研究[3.163 – 165]。这些透镜阵列已被广泛地应用于各种复印机和扫描装置、大型印刷机、医学成像装置以及需要对表面质量和缺陷检测进行永久检查的生产线。

|3.8　可变光学元件|

单镜头光学系统仅用于最低要求的应用。除此之外,还受到严重的色差和球面像差的困扰。为了解决这些问题,必须在光路中插入矫正镜头。如果需要另外改变焦点,则需要将透镜元件相对于彼此移动,这也就需要有额外的镜头元件。因此,具有聚焦能力的高质量光学系统需要有许多元件,这使得它们变得复杂、笨重而又庞大。

透镜不是唯一具有从固定光学特性变化到可变光学特性的光学元件。其他光学元件也可以做到这一点,例如:光学滤波器、偏振器和衰减器。

玻璃是一种近乎完美的光学材料,但是静态的;在研磨和抛光之后,被固定成特定的形状,并且聚焦能力也不再能改变。为了制造出带有玻璃透镜的光学变焦系统,这些固定组元必须沿着光轴来回移动。玻璃变焦镜头体积大,重量大,价格昂贵,而且视野有限。整个变焦系统还必须包含步进电机或压电驱动器,以及某种传动机构等机械组件。

可变光学元件试图提供解决这些限制的方法,已经研究出了各种方法,例如:具有可改变其形状和/或折射率的内部微结构的材料。微流体系统可以通过改变其内部压力或主动采用不同的液体来产生光学界面的这种变化。常见的液晶技术就提供了一种调节折射率的方法,在 5.10.1 节中讨论了基于液晶的镜头和其他设备。

开发可变光学元件的目标是在这些元件中集成新的(固有的)可变光学特性,使其更便宜,不易因机械磨损而发生故障,以及具有尽可能小的给定目标的形状系数。

本节的重点是研究学术界在这一领域所讨论的这种可变光学元件和方案的设置、

生产和功能。尽管具有取代更复杂的光学系统的很大潜力，但在将其列入标准光学元件目录之前，还需要做更多的工作以将这些元件发展到更高的水平。

3.8.1　可变透镜

作为可变透镜工作的最简单装置有可能是一滴光学透明液体，如图 3.64 所示，液体明显可以作为透镜来起作用。

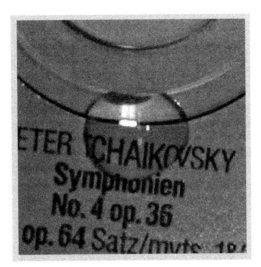

图 3.64　光盘（CD）上的水滴作为透镜具有变形的潜力。光学屈光力和
像差明显。这里的挑战是控制透镜的表面形状和封装这种装置，
以避免来自环境的影响，例如：蒸发或重力效应

一个主要的挑战是控制液滴的形状，从而控制其光学光焦度，以及避免重力、振动、蒸发和液滴在光轴上的环境影响。

1. 水镜头

早在 17 世纪，英国科学家斯蒂芬·格雷（Stephen Gray）就用水滴制作了一个具有直径约为 0.3 mm 镜头的显微镜，其曲率不受重力的严重影响[3.166]。由于水滴表面光滑，格雷发现这些镜头生成的图像相当不错。把水滴放在一个盘子中的小孔里，使其不会移动。不同的孔径可产生具有不同水滴曲率的不同透镜，因此也具有不同的放大系数。

使用空气和光学液体之间界面折射能力的相同想法，可以很容易地实现可变焦距透镜。为了控制这种液体界面的形状，可以施加压力。为达到此目的，可使用含水小深孔中的液体界面。图 3.65 显示了镜头外壳和可能的镜头类型的示意图。

由于突然的局部膨胀，深孔的出口处会形成一个毛细管屏障。气液界面的形状可由 Young – Laplace 毛细管方程来描述。

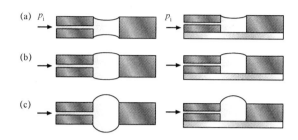

图 3.65　双凹面和平凹面（a）和凸面（b，c）水透镜的横截面示意图。
气液界面的形状取决于内部压力 pi 和毛细管力（根据文献［3.167］所述）

　　文献［3.168］中描述了一种开放式液体镜头的一个有趣的应用。在聚四氟乙烯板中将水滴保持在直径大约 1.7 mm 的孔中。因为聚四氟乙烯具有高度的疏水性，水、空气和聚四氟乙烯之间的接触线固定在孔的边缘。然后使用音频扬声器来改变板一侧的气压，并将水推到板的另一侧。这在实质上改变了光学界面的形状，即改变透镜的形状。使用优化透镜谐振频率的正弦压力波使透镜得到最大振幅变化，即最大程度地改变液体透镜的焦距。然后，以一定焦距同步拍摄透镜钻孔中的水运动图像。这种快速移动还可以快速捕捉可用于 3D 渲染及其类似应用的系列焦点。

　　这样一个镜头是一个开放的系统，这是一个明显的缺点。空气界面的形状容易受到环境条件的影响，所使用的光学液体很可能蒸发，因此镜片无法在较长时间内具有相同的特性。

　　克服上述缺点的一种方法是引入与光学液体不混溶的另一种液体。理想情况下，其应该具有相同的密度和不同的折射率。通过使用第二液体，蒸发可以被最小化，因为两种液体的整个系统可以被非常紧密地封装。这种方法如图 3.66 所示。水和硅油之间的界面处产生出一个活性光学表面，并且其形状会根据水的压力而改变。

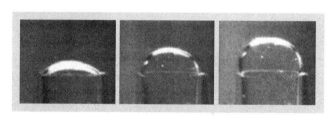

图 3.66　液-液界面透镜的曲率半径随压力的变化。透镜由玻璃孔（直径 1 mm）中
被浸入低黏度硅油的水制成（根据文献［3.167］）

　　使用等密度的液体可最小化重力的影响，两种液体之间光学界面的干扰也可由此降到最小程度。这种方法也用于基于电润湿的液体透镜。

2. 基于电润湿的透镜

电润湿现象。电润湿描述了在液体和固体表面下的反电极上施加电压时液滴在固体表面上扩散的现象。

　　Lippman[3.169]通过观察静电荷分布对毛细管作用力和界面张力的影响开始研究这种效应。Young[3.170]给出了固体表面液滴接触角与三相点界面张力之间的关系。结合这两项研究的结果推导出了 Young–Lippman 方程，该方程描述了在液滴和下面的对电极之间施加电压时，由静电力引起的固体表面上液滴接触角的变化。在早期电润湿现象研究中，当所施加的电压超过几百毫伏时，水的电解分解成为一个问题。

　　20 世纪 90 年代早期，Berge[3.171]介绍了使用薄绝缘层将导电液体与金属电极分离以消除电解问题的想法。这个新方案称为电介质的电润湿（EWOD）。

　　在文献［3.172］中可以找到电润湿效应理论的详细描述。这里只简单讨论一下其基本想法。电介质上的电润湿现象如图 3.67 所示。

　　绝缘表面上的导电流体液滴通常与表面形成一个接触角为 θ_0 的液滴。液滴的形状由绝缘体和液滴、液滴和周围气相以及周围气相和绝缘体之间的最小界面能决定。

　　如果在作为一个电极的液滴和绝缘膜下面的（对）电极之间施加电压，则液滴在更宽的区域上扩展且接触角 θ 减小；另外，界面能的最小化还会导致液滴形状的改变，根据所施加的电压，可以形成各种不同的液滴形状。

　　在透明对电极顶部的薄绝缘层上使用具有折射率为 n_1 的光学透明导电液体，使得透镜的变得显而易见。折射界面在光学液体和空气之间形成。

　　基于电润湿的光学设备通常可以分成两个子元件组。第一组是通过在电极上宏观地移动液滴来利用电润湿的介电效应，3.3.2 节将讨论基于电介质电润湿[3.173]的光开关方案；第二组光学器件采用所谓的竞争性电润湿，这特别适用于制作镜头。

　　竞争性电润湿。上述电润湿方法的缺点是，对于重力影响可忽略的微小液滴，通常效果最好。对于特定的安装位置和温度，最有可能进行优化。对于需要更大直径和不限于一个使用位置的应用而言，则必须考虑重力对液滴表面的影响。另外，由于衍射或杂散光的发生，光束路径中的电极结构影响通常非常不利。

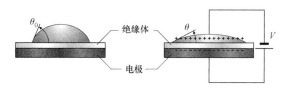

图 3.67　通用电润湿设置：导电液滴在零电势（左）并施加电压（右）

　　避免这些缺点的一种方法是将另一种液体引入系统。对这种液体有如下要求：必须是与导电液体不混溶的绝缘液体，并且应该具有与导电液体相同的密度。

　　图 3.68 显示了一个装置的横截面示意图。导电液滴覆盖绝缘液滴。装置的演变清晰可见。通过在导电液体和对电极之间施加电压来改变接触角，并由此迫使液–液界面变成不同的形状。由于两种液体的折射率不相等，从而形成了折射表面。因为液体

之间的密度匹配，这种设置可使设备制造对重力不敏感。因为用封装和导电液体作电极，所以没有电极来干扰光路。

3. 基于电润湿的元件

液体镜头。如上所述，可通过竞争性电润湿设计由电压控制改变形状的折射界面的光学部件，并且由此具有可变的焦距。文献［3.174］第一次描述了这种镜头。该装置是一个充有两种不混溶液体的封闭组元。文献［3.175］中也介绍了一个具有类似特性的设备。

第一种（绝缘）液体是无极性油，而另一种是（导电）盐水溶液。两种液体的密度匹配在 10^{-3} 以内。由于这两种液体的密度匹配，镜头对冲击和振动变得不敏感。这种液体透镜的主要结构如图 3.69 所示。

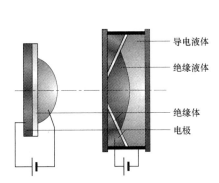

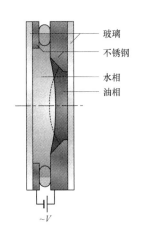

图 3.68　从电润湿介质到竞争性电润湿的设备演变示意图。导电液体和绝缘液体之间形成折射界面的形状。密度匹配可使设备对重力不敏感。导电液体被用作电极

图 3.69　液体透镜示意图。两种不混溶的液体（导电盐溶液和绝缘的油性液体）被封闭在两个玻璃窗之间。当施加电压时，液-液界面从连续（$V = 0$）移动到虚线。光轴被表示为由短划线组成的短线（根据文献［3.176］）

在低电压下，水的接触角很大，即油滴具有较小的接触角，反之亦然。图 3.70 显示了透镜的光焦度（或焦距倒数）作为施加电压的函数。

从 0 到大约 36 V，镜头有一个凹面，而更高的电压下，则为凸状的。因此，焦距范围在 -250 mm 到无穷远和从无穷远到 40 mm。

这种电润湿透镜看起来非常坚固。据报道，它们可以在没有任何退化的迹象下转换 10^6 次以上。对于直径为 2.5 mm 的镜头，其转换速度已经达到 10 ms[3.177]。为了达到最高速度，需要对液体的黏度进行精确调整，以使液滴的运动受到严格的阻尼。否则，液滴可能需要振荡几次或者非常缓慢才能达到新的平衡形状。

孔径小于 1 mm 的竞争性电润湿透镜可以全部使用微机电系统（MEMS）技术进行制造[3.178]。为了制造出这样的透镜或透镜阵列，需要在标准硅晶片上蚀刻出由二次

V 形槽限定的孔（quadratic V – groove – defined holes），这些将在后续被用作容纳两种液体的腔体。之后，所有的表面都将被钝化，其中绝缘层由二氧化硅和疏水层组成。为了接触液滴，将由 ITO（氧化铟锡）结构化的派热克斯晶片阳极键合到晶片的底部。镜片液体沉积在 V 形槽的中间并被周围的液体所包围，另一个玻璃盖在顶部将系统封闭。透镜液使用折射率为 1.51，密度 2.1 g/cm³ 的水基无机盐溶液。使用折射率为 1.293 且密度匹配的四氟化碳作为周边的液体。

原型系统的横向尺寸为 8 mm×8 mm，系统总厚度为 1.525 mm。与 V 形槽底部尺寸相同的透镜孔径可以在透镜制造期间根据应用而改变。

在 0～45 V 的电压下，这种 300 μm 孔径透镜的后焦距可以在 2.3 mm 和无限大之间改变。

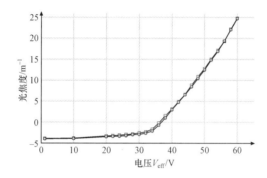

图 3.70　光焦度与电润湿透镜所施加电压的函数关系。分别对应于电压增加（圆圈所示）和电压减小（方块所示）的两条曲线叠加在一起。微小的滞后很可能是由于内表面不够完美

4. 机械润湿透镜

人们已经提出了一种被称为机械润湿透镜的透镜，其结合了液体透镜诸如光滑的液 – 液光学界面的优点，并且克服了电驱动电润湿透镜的一些真实的或可察觉的缺点，例如：电解或焦耳加热[3.179]。

从图 3.71 中可以看到机械湿润透镜中心部分的横截面。由两个子腔构成的透镜腔填充有两种不混溶的液体，这两种不混溶液体在连接两个子腔的孔眼处形成界面。两个子腔都可通过弹性膜来施加外部压力或释放压力。通过对该膜施加压力，一个子腔内部的部分液体会被重新分布，并且由此改变内部光学界面的形状。相对子腔上的膜将向外弯曲以适应体积的变化。

5. 膜透镜

自 19 世纪初以来，就已经开始讨论基于膜的可变透镜了[3.180,181]。自那时起，发表了很多的论文并申请了很多专利，但到目前为止，可能是由于技术和材料问题，这些设备还没有投入市场，大多在视力保健领域以可变光学眼镜的形式进行了讨论。

材料科学、微机械技术和光学领域的最新发展使得这种器件的成功开发和生产看起来具有很大的前景。寻找用于轻型光学变焦系统［式（3.182）］组件（例如：在无人驾驶飞行器，手持光学设备（照相手机）和监视摄像机中使用）的公司和机构的兴趣也有助于这个领域的发展。

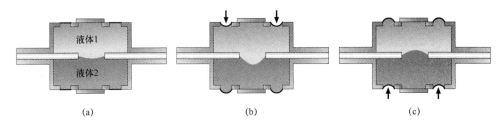

（a）　　　　　　　　　　（b）　　　　　　　　　　（c）

图 3.71　通过机械润湿透镜的横截面（根据文献［3.179］的理论）。
假设液体 1 的折射率大于液体 2 的折射率

（a）初始状态；（b）进一步的正状态以及（c）进一步的负状态。透镜通过腔上的柔性膜偏转来触发

这种透镜的一般装置如图 3.72 所示。包含折射率为 n_1 的透明光学液体的空腔至少具有一个可变且柔性的侧壁。光学液体可使用水、盐溶液或折射率匹配液体。封闭液体的体积可通过执行机构来改变，并且可保持光学装置的特定光学光焦度恒定。很容易看出，这种装置可以用作可变的平凸/凹透镜。

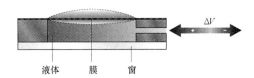

液体　　　膜　　　窗

图 3.72　薄膜透镜的横截面示意图。液体被限制在玻璃窗和柔性膜之间的透镜体上。通过外部执行机构来改变封闭的体积。可以由此获得会聚透镜（凸面膜）以及发散透镜（凹面膜）

透镜直径是 0.5～20 mm[3.183 - 185]，也可以制成微透镜阵列[3.183]。

通常用聚二甲基硅氧烷（PDMS）作为膜材料[3.183,185]，但也已讨论过诸如聚偏二氯乙烯、聚乙烯和聚氯乙烯等其他材料[3.186]。膜厚度通常为 10～100 μm。

文献［3.187,188］还讨论了在装置的相对侧上具有两个柔性膜的设置以及具有两个独立空腔的装置[3.189]。基于膜片的可变透镜的这种装置可能选择从平凹/凸面扩大到双凹面/凸面和凸凹面，从而增加了光学设计设置的自由度。

膜透镜的光学性能。 膜透镜的一般光学性能取决于从具有无限半径曲率开始的膜曲率变化，在无限半径曲率时，其中的透镜被用作无屈光力的平行板。随着腔内压力的增加，内部液体形成凸透镜，透镜半径减小，折射率变高。

随着模腔压力的降低，膜形成凹形，半径减小，其发散折射能力增加。由于这些器件具有更多的实验特性以及各种不同的透镜参数，例如：孔径，膜片材料、膜厚度和使用的光学液体，因此无法提供这种透镜光学性能的精确表征。

图 3.73 显示了文献 [3.182] 中所述的一个带有两个膜的膜透镜光学性能在更常用方法中的例子。

流控透镜由直径为 20 mm 和厚度为 4 mm 的圆柱体构成，在圆柱体的两侧覆盖有两个 60 μm 厚的 PDMS 膜。光学液体使用了折射率 $n_1 = 1.5$ 的 63% 铬酸钠溶液。腔内压力由电池驱动的流控装置控制，该装置由微型泵、压力传感器、阀门和电子控制组元组成。

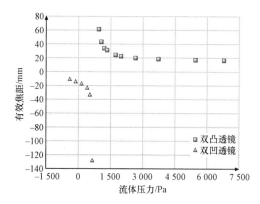

图 3.73　双凸透镜和双凹透镜之间透镜类型转换时，有效焦距对流体自适应透镜的流体压力的依赖性（根据文献 [3.182]）

可清楚地看到膜形状从凹面到凸面的转变，以及随着膜的曲率半径减小而增加的光焦度。

膜透镜中的像差。 这些可变膜透镜的焦距并不是唯一令人感兴趣的参数。其他参数还包括实际上可以用于光学的球面度和透镜孔径。

图 3.74 给出了曲率测量结果与通过使用机械分析仪对孔径为 200 μm、PDMS 膜厚度为 50 μm 的膜透镜[3.183] 所施加压力的函数关系。

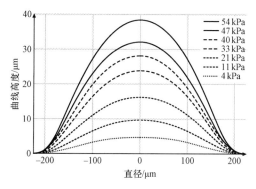

图 3.74　表面轮廓仪测得的不同压力值下的偏转膜透镜（孔径 400 μm）的表面形貌。可以看出，拐点在每个图的末端（根据文献 [3.183]）

显而易见，所看到的透镜轮廓并不是理想的球形。第一个原因是 PDMS 膜的非线性偏转，然而，弹性 PDMS 膜的非线性是该材料的固有效应并且是不可改变的，必须找到其他更线性的弹性材料；另一个原因是平坦表面上的膜的固定边缘，这可导致在透镜边缘处沿透镜中心周围产生一条转折线，在该转折线之外，凸透镜的透镜曲率一般是凹的，所以，剩下的可用光圈缩小。

有不同的方法来处理这些障碍。最简单的就是开发特殊光学设计用的这类膜透镜，这也意味着需要最小化焦距所需的变化以及优化透镜的孔尺寸、膜厚度和膜固定装置等机械设置。

以上对策可以用于上述专用镜头以及多用途镜头。为了抵消 PDMS 膜的非线性，可以考虑厚度随半径变化，这可能会增加制造过程的复杂性，从而提高制造成本。为了抵消可观察到的拐点，可以在镜片边缘上设置不同的膜片夹具。夹持形成必须确保膜渐近且平滑地过渡到周围的镜片主体上。然而遗憾的是，从大多数二维方法到更多的三维（3D）方法的这种变化也意味着从多透镜的晶圆级制造变成单透镜制造，从而导致这种设备的制造成本增加。

将这种单薄膜的缺点转化为优势的另一种方法是开发双焦点透镜（图 3.75）[3.190]。其中，中央和周边区域可使用不同厚度的膜。施加到空腔上的压力可使两个区域的曲率半径不同，从而产生两个具有不同焦距的透镜。

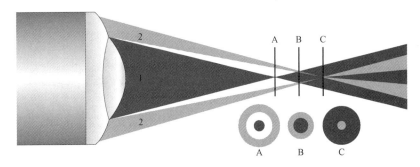

图 3.75　双焦点透镜的光束传输示意图（根据文献［3.190］）。在平面 A 中，穿过透镜（1）
中心部分的光束聚焦，而穿过透镜（2）周边部分的光束仍然会聚；在平面 B 中，
光束 1 已经发散，而 2 仍然会聚；在平面 C 中，1 正在会聚，而 2 聚焦。

膜对气体和液体的渗透性是另一个必须考虑的问题。由于 PDMS 膜是透气的，在文献［3.183］中提到的镜片时所观察到的附带实验结果是任何剩余的气泡很快地扩散出系统。另外，这也意味着在凹透镜的情况下气体也能够渗透到透镜中，从而使该透镜类型在其寿命期间失效或者使膜透镜不能用作凹透镜。

对于最薄的膜（厚度小于 10 μm），膜也变得可渗透液体。这会导致随着时间的流逝，液体使可变光学部件在长期运行中其可变特性和衰减发生缓慢变化。

实现完美可变透镜必须经过更多的科学研究和发展，即：开发新的膜材料，模拟不同夹具中的膜以及膜透镜的制造、光学和环境测试。

膜透镜的生产。有多种方法来生产膜透镜。其中的一种方法[3.185,191]是使用软光刻工艺分别制造透镜腔和隔膜；之后，使用氧等离子体黏合技术将膜和透镜体黏合在一起；在透镜的顶部已经形成之后，流体室的底部黏合到薄玻璃片以便于再次使用氧等离子体激活黏合技术进行处理。

图 3.76 示出了膜透镜阵列的详细制造过程。首先，将一个约 10 μm 厚的光致抗蚀剂层贴到硅晶片上，以形成用于微流体网络的模具；其次，将约 100 μm 厚的光致抗蚀剂层贴在第一层的顶部上，以形成用于透镜的圆形腔室。将 PDMS 预聚物混合物旋涂在模具上，随后在 150 ℃下固化，PDMS 层的总厚度约为 140 μm，透镜区域中的 PDMS 膜的厚度约为 40 μm；将固化的 PDMS 从模具上剥离，用氧等离子体处理，然后不可逆地结合到玻璃基材上。由于微流体网络和圆形腔室都在 PDMS 层中，所以在结合过程中不需要对准。

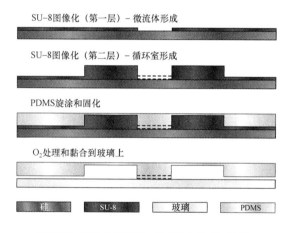

图 3.76　有关详细信息，请参见文献 [3.191]

生产膜透镜和膜透镜阵列的另一种方法是使用标准的微机电系统（MEMS）处理技术[3.183]。这种方法具有以下优点：不需要转移过程，因此所有的过程步骤都可以在相同的机械基础上进行，从而可确保所有光学元件具有相似的质量。使用洁净室设施可确保光学表面无颗粒。使用晶圆级技术的另一个优点在于，可以避免在组装透镜各个部分时的关键对准步骤。这项技术似乎使低成本大批量生产这种镜头成为可能。

图 3.77 总结了这一过程。处理过程开始是在一个两面抛光硅晶片上进行光刻，透镜开口和微流体通道在硅晶片的两侧。通过湿式氧化和等离子体增强型化学气相沉积氧化步骤来沉积掩模层。第一个氧化物掩模确定了直径为 300～600 μm 的圆形透镜开口、流体通道和储存器的轮廓，通过光刻形成该层的结构，随后通过反应离子蚀刻（RIE）将其打开。在第二光刻步骤中，使光致抗蚀剂层成型，第二个掩模步骤确定了透镜腔和储存器的轮廓，然后通过电感耦合等离子体（ICP）RIE 工艺蚀刻半个硅晶片。之后，去除抗蚀剂层。在为改善 PDMS 与硅或氧化硅的黏合而用底漆镀膜基底之后，将 PDMS 膜旋涂在晶圆顶部。将 PDMS 薄膜固化并且包围着工作液体，并因此限定透镜的曲率

的压力致动膜。

在第二次 ICP RIE 蚀刻步骤中，同时蚀刻透镜腔、储存器和流体通道，并通过结构化的 SiO_2 层进行钝化。由于 SiO_2 的蚀刻选择性，当蚀刻达到正面的 SiO_2 层时会突然停止，剩余的正面 SiO_2 层会在最后的 RIE 步骤中被除去。这意味着 PDMS 膜现在可在硅透镜腔中自由伸展。为了覆盖流体通道和腔室，使用可 UV 固化光学黏合剂将薄派热克斯（Pyrex）晶片黏合到硅基底的背面。为了减少阵列单个透镜之间的散射光和串扰，需要通过 100 μm 厚的结构化铬层在派热克斯晶片上形成孔径光阑。

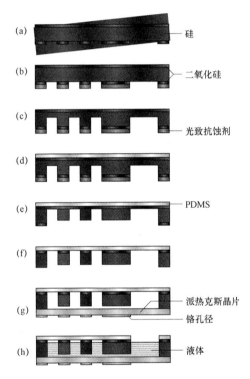

图 3.77 过程说明示意图

（a）具有双面 SiO_2 层和背面被通过反应离子刻蚀（RIE）打开的硅晶片；

（b）旋涂和结构化的光致抗蚀剂；（c）第一次电感耦合等离子体 RIE 蚀刻；

（d）底漆和 PDMS 的旋涂；（e）第二次 ICP RIE 蚀刻；（f）去除 SiO_2；

（g）黏结 Pyrex 晶片和背面铬层图像化；（h）高性能氧化硅晶体器件的锯切和填充（根据文献 [3.183]）

然后，通过锯切将晶片堆叠分成单独的晶片。为了制备流体透镜，用液体光学介质填充腔体。

文献 [3.188] 描述了制造具有两个柔性膜侧的膜透镜的类似过程。

致动机构。 主要用于实验室设置的基本激活机制是使用注射泵将流体注入透镜腔。其他致动机构也会采用外部加压的方式。为了获得对镜片的更高的控制级别，压力由压电元件、基于 MEMS 的微型泵或铁磁流体来建立。在先进的可变光学透镜系统中，必须采用包含压力传感器的自动控制，以确保透镜在给定的时间量内其光焦度的均匀性。可通过 MEMS 技术等来生产高度集成的压力传感器[3.192]。这种控制仍然在发展中，并且必须与可变光学部件集成在一起，以便使这种新的可变光学部件能够在市场上站稳脚跟。

外部压力。实践表明，通过使用外部泵[3.184]或压电叠层致动器[3.193]之类的压力驱动机构偏转透镜膜来实现液体填充透镜中的可变聚焦是切实可行的。

即使是压电层致动器在直接致动透镜表面时的工作范围通常太短（≈10 μm），其也是非常适用于驱动可变光学透镜的致动器。有两种方法可以解决这个问题。这两种方法都能够机械放大压电致动器堆的行程。第一种是通过机械杠杆，将小行程变换成较大的行程；另一种方式是利用液体的不可压缩性。由压电致动器堆压制的圆柱体横截面面积比透镜表面的尺寸大几十倍，因此透镜表面的变形会是圆柱体的几倍。

文献［3.168］中描述了使用声压波来改变气水界面形状，并由此改变透镜光学特性的上述外部压力驱动方法的特例。

Koyama 等人描述了一种不同的方法，其中，通过充满水和硅油的封闭铝腔体中的驻波来改变两种液体之间弯曲界面的轮廓[3.195]。界面的形状可以通过压电超声波换能器的驱动力来控制。

磁致动。磁性流体提供了另一种通过磁力驱动指定可变膜透镜的方法。磁性流体为具有顺磁特性的液体，其可将流变特性与强力作用相结合。它们由分散在液体中的直径为 10 nm 的磁铁矿颗粒（Fe_3O_4）组成[3.196,197]。使用铁磁流体填充任何给定的甚至变化的几何形状以及易于整合到系统中是这种致动方法的主要优点。

图 3.78 显示了致动器的一般功能[3.194]。将一定体积的铁磁流体封装在两个由塑料外壳密封成腔室的弹性膜之间。上膜上方的磁场吸引铁磁流体，从而使上膜向上凸起，流体的不可压缩性导致下膜相应地跟随，由此，可以在第二膜下方产生一个负压。这个负压可用于泵送辅助流体来填充双层膜下方的腔室，并形成与膜透镜的压力连接。磁场可以通过电磁铁产生，从而通过电压控制膜透镜的形状。

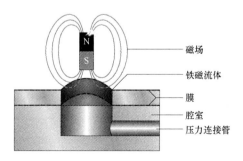

图 3.78　磁致动器示意图。铁磁流体被限制在两个柔性膜之间；下膜将铁磁流体与工作流体分离（压力连接管）。电磁场与铁磁流体之间的吸力可使压力连接管中的压力下降，并因此而致使与致动器相连的膜透镜光学有效表面改变（根据文献［3.194］）

由于只能被磁场吸引的铁磁流体的效应，这种致动器只能降低给定膜透镜的光焦度。

激励响应水凝胶。如文献［3.198］中所述，另一种改变透镜光强度的方法是掺入激励响应性水凝胶。这种透镜系统的主要设置如图3.79所示。有各种各样的水凝胶能够在变化的环境条件（例如：温度或 pH 值）下发生将水分子吸入或排出其结构的反应，这可使得物质的体积发生变化。

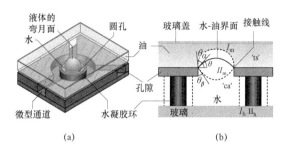

(a)   (b)

图 3.79　水凝胶透镜装置的示意图。不同折射率的两种不混溶光学液体（底部为水，顶部为油）之间的界面形成光学表面。水–油弯月面沿着孔的亲水侧壁和底表面（'ca'）和疏水顶表面（'ts'）之间的接触线"ca–ts"固定。水被限制在玻璃基质、油和水凝胶环之间。水凝胶环的外部可以接触各种其他液体，以改变水凝胶环的体积。水凝胶环的体积改变导致密闭体积的变化，从而形成水–油界面（根据文献［3.198］）

3.8.2　新型可变光学元件

1. 基于电润湿的电光开关

图 3.80 中概括了基于全反射和电润湿的 1×2 光开关方案[3.173]。

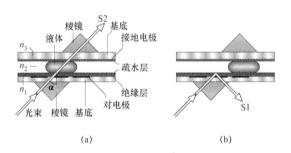

(a)   (b)

图 3.80　基于电润湿的光开关方案示意图

（a）折射率接近疏水层和玻璃折射率的液滴通过电润湿被定位在光路中。
光几乎没有任何损失地传递到 S2；（b）液滴从光束方向移出。
全反射发生在介质层和空气之间的界面处（根据文献［3.173］）

　　所提出的夹层结构由顶部和底部玻璃基底组成，每个基底都镀膜有电极结构和绝缘疏水层。其中一个电极结构被分段，并且可以及时地切换不同的电极，以便使用电润湿力在夹层结构之间移动液滴。

　　两个玻璃基板上连接有一个 45° 的棱镜，以避免在空气玻璃表面上的全反射，并允许光耦合进出设备。通过棱镜将准直后的光导入电润湿装置。将液滴放置在光路中，两个玻璃基板之间的间隙是与折射率相匹配的，光通过夹层结构传输到输出端 S2。

由于是以即时的方式向对电极施加电压，可以通过电润湿力将液滴驱出光路。现在，顶部和底部衬底之间的空隙被空气填充，而不再充有与折射率相匹配的液体。光束的全反射发生在玻璃和空气之间的界面处。因此，光将在第二个输出端 S1 处离开装置。

这个方案有可能变得高度集成并被应用在矩阵开关中。与光开关的其他方案相比，重要的是，这种设置不需要精确的移动，并且所有需要精确对准的光学部件都有固定的位置。

2. 可变孔径

图 3.81 描述了一个连续可调直径的圆孔的方案要点[3.199]。

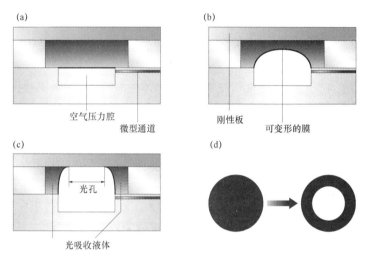

图 3.81   基于光流控技术的可变光阑方案示意图。由刚性透明板和相对侧的透明膜构成的组元中填充有光吸收液（a）。气体压力可以将膜（b）偏转到膜接触刚性板（c）并挤出光吸收液体而产生光学透射状态的程度。（d）相应光场的顶视图。左边是情况（a）和（b）下的光场，右边是情况（c）下的光场（根据文献［3.199]）

所提出的光流控装置由两个被夹在刚性透明板之间的柔性 PDMS 膜隔开的子组元组成。其中一个子组元充满吸光液体，另一个可以通过机械空气喷射系统充入各种量的空气。

随着空气压力的增加，膜片向上偏转，通过连接到上部子组元的毛细管挤出膜片和上部刚性板之间的吸光液体。当膜开始接触上部刚性透明板时，产生光学透射状态。进一步增加压力将增加膜与板的接触面积，从而增加了孔的直径。

专家设计了一个尺寸为 15 mm × 15 mm × 2 mm 的装置，其可提供一个直径可在 0～

6.3 mm 范围内变化的孔。

值得注意的是，使用这个方案可以容易地建造出同时打开和关闭孔的可变直径阵列。

3.8.3 可变光学元件展望

在各种各样的应用中，可变光学元件取代传统的光学系统都有很大的潜力[3.188]。在大批量和低成本市场中的应用，例如：手机和网络摄像机，特别适合于早期使用的本身具有可变属性的组件。将这些特性集成到组件中的优点是：能够产生更小的外形元素，更大的设计自由度，更容易和更快速的组装以及最终降低制造成本和更高的利润率。Varioptics 公司（法国里昂）基于电润湿技术的液态透镜已经成为大规模生产的组件之一。现有电子控制也使这种液体镜头集成到条形码阅读器（Microscan，Renton，WA，USA）和其他相机模块中，从而在非常小的占用空间内实现自动对焦功能。在未来的几个月和几年里，这种小型静止和摄像机镜头可能还会出现其他的应用。膜透镜还没有发展到这个阶段。开发新的膜材料以及将致动和控制集成到可变部件中仍需要做更多的工作。

诸如液晶的可变滤波器或偏振器等其他方面的发展将很容易从其中找到取得成功的特殊应用。

所有可变光学元件技术都面临着来自现有技术的激烈竞争，其必须找到光学设计的途径，并向潜在用户证明其优势和能力。因为现有的技术已经得到了证明，而且市场也有使用这些新技术的明显优势。最终，只有靠较低的制造成本来决定是否能由其取代现有的运营解决方案。成功的关键是，应用只有通过这种新技术才能实现。

现有技术的发展也在不断推进，并且继续给这些问题提供更简便、更便宜的解决方案，一些技术可能由于其他领域的变化而灭绝。

│ 3.9   周期极化非线性光学元件 │

早在 1962 年，Armstrong 等人就在一篇具有里程碑意义的论文中首次提出了通过周期性地交替二阶非线性系数 $\chi^{(2)}$ 的符号来获得准相位匹配（QPM）的想法[3.200]。然而，直到近 30 年才实现了在周期极化的非线性材料中有效地生成具有 QPM 的倍频激光[3.201 – 203]。在光学参量振荡器（OPO）装置中，使用体周期性极化的铌酸锂晶体（PPLN）在红外波长范围内首次实现了 QPM 的最终突破[3.204,205]。

本节将简要回顾准相位匹配的物理学原理（3.9.1 节），因为其仍然是一个挑战，所以将给出关于制造周期性极化晶体的实际技术的详细描述（3.9.2 节），接下来介绍获得结构的可视化的标准技术（3.9.3 节）。最后，本节将目前最为重要的周期性极化晶体的应用予以描述（3.9.4 节）。

3.9.1 基本原理

1. 二次谐波振荡（SHG）

在二次谐波振荡（SHG，也称为倍频）中，与非线性介质相互作用的光子被有效地组合起来，形成具有 2 倍能量的光子，因此其频率是初始光子的 2 倍（第 3 章）。

高效 SGH 必须具有以下三个特征：

（1）泵浦强度 I 必须在一定的传播长度上足够高，因为至少对于小的转换效率，SHG 产生与 I^2 成比例；

（2）非线性介质必须具有较高的二阶非线性系数 $\chi^{(2)}$；

（3）所涉及的光束需要在传播长度上都保持相位关系。

因为色散通常会导致泵浦激光束的频率（ω）和倍频频率（2ω）之间的相位失配，但：① 可以通过使用高光焦度激光束来实现；② 要求仔细选择材料；③ 需要采取额外的措施。

ω 和 2ω 波之间的这种相位失配导致了非线性晶体在开始时产生的 SHG 光与在介质内部进一步产生的 SHG 光的相消干涉，从而限制了最大输出光焦度 [图 3.82（a）]。在双折射晶体中，这个问题可以通过选择特定的方向并保持晶体在一定的温度下来克服，这样可使 ω 和 2ω 两个波以相同的方向传播并且经历相同的折射率，即所谓的非临界相位匹配（NCPM）。一般来说，这些条件很难实现，而且由于 $\chi^{(2)}$ 的值在很大程度上还取决于晶体的取向，所以 NCPM 常常导致无法令人满意的折中。

然而，保持 ω 和 2ω 波之间的相位关系，即所谓的准相位匹配，仍是一个非常成功的方法，下面将对此进行详述。

2. 准相位匹配（QPM）

在准相位匹配中，非线性极化率 $\chi^{(2)}$ 被周期性地调制以补偿色散，即在非线性晶体中，光轴的方向周期性地反转。在铁电材料中，可以通过自发极化（即，铁电畴）的周期性反转来实现 [图 3.82（b）]。周期长度 Λ 决定了特定非线性过程的准相位匹配波长。Λ 可以由特定介质的折射率 n_i 和波长 λ_i 之间被称为 Sellmeier 方程的经验关系来确定。图 3.83 示意性地描绘了 QPM 对非线性晶体中二次谐波振荡效率的影响。

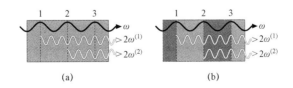

图 3.82　二次谐波的产生

（a）没有相位匹配：在位置 2（$2\omega^{(2)}$）产生的光相对于在位置 1（$2\omega^{(1)}$）产生的光是不同相的；（b）准相位匹配，通过反转 $\chi^{(2)}$ 的符号，$2\omega^{(2)}$ 与 $2\omega^{(1)}$ 同相

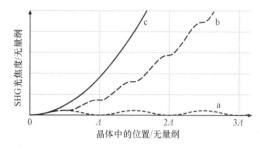

图 3.83　非线性晶体中未相位匹配（曲线 a）、准相位匹配（曲线 b）和完美相位匹配（曲线 c）的二次谐波振荡效率。Λ 表示周期性极化非线性晶体的周期长度

QPM 以及将泵浦波分离成信号波和闲频波的相位匹配条件是

$$\Delta k = k_p - k_s - k_i = 2\pi / \Lambda \qquad (3.108)$$

式中，k_p，k_s 和 k_i 分别是泵，信号和闲频波的波向量；Δk 是在假设所有波矢与光栅向量共线下的相位失配。能量守恒需要满足 $\omega_p = \omega_s + \omega_i$。

3. 常用材料

在实际应用中，非线性晶体的许多不同性质变得非常重要，首先是非线性系数 $\chi^{(2)}$ 的大小，特别是在可用光强度较低时。另外，所有涉及波长的光学透明度以及光学损伤阈值也是非常重要的。后者是晶体给定波长的最大光强度和晶体在不被破坏下所支持的脉冲持续时间的量度。尽管近年来有了很大的改善，非线性光学晶体的抗光学损伤性仍然是一个具有挑战性的研究领域[3.206-208]。诸如材料周期性极化潜力、具有始终如一的高品质晶体的可用性、大尺寸和合理的价格以及最终的化学耐久性等特性也会影响特定材料的选择。表 3.8 列出了一些相关非线性晶体的主要特性。更详细的列表可以在文献［3.209］中找到。

最近，已经开发了一种新型材料,即所谓的面向图像(OP)材料,其中砷化镓（GaAs ）就是最有发展前景的例子[3.210]。这主要是由于其非线性极化率较大，透明度范围宽，光吸收率低，导热率高，激光损伤阈值高以及材料技术发达。

表 3.8　在周期性极化器件中常用非线性晶体材料的选定特性[3.209,211-213]。

d_{im}：非线性光学系数；T：透明度范围

晶体	$d_{im}/$ ($pm \cdot V^{-1}$)	$T/\mu m$	光学损伤/（$GW \cdot cm^{-2}$）
铌酸锂（LiNbO$_3$）	$d_{33} = -27$	0.36～5.8	0.5（10 ns）
钽酸锂（LiTaO$_3$）	$d_{33} = -21$	0.32～5.5.	
磷酸氧钛钾（KTP，KTiOPO$_4$）	$d_{33} = 8.3$	0.34～3.2	4.4（1.3 ns）
β硼酸钡（BBO，β－BaB$_2$O$_4$）	$d_{22} = 2.3$	0.2～2.6	9.9（1.3 ns）
硒化镉（CdSe）	$d_{33} = 36$	0.75～25	0.06（10 ns）
砷化镓（GaAs）	$d_{14} = 94$	0.9～17	

3.9.2　周期性极化结构的制作

根据应用情况，需要使用周期长度从几微米到几十微米的周期性极化结构。必要的互动长度，即周期极化结构的尺寸应该达到几毫米，厚度超过几百微米才能获得合理的输出光焦度。后面的要求可以通过使用波导技术来规避，因此，只需要为限定光线实现更长的相互作用长度。尽管所需的材料长度较短且周期性极化结构仅在表面层，但这种方法的关键缺点在于材料的光学损伤阈值，这也是为什么大批周期性极化晶体通常可实现更高输出光焦度的原因。

1. 电场极化

通常通过铁电畴工程来实现畴结构的极化：在所谓的矫顽场 E_c 之上施加适当极性和电场强度的电场以引起畴反转。

生产周期性畴结构的标准技术使用了通过光刻工艺生产的图像化电极（图 3.84）。然而，由于电极边缘上相对于其他位置被增强的电场，从而相对于电极尺寸不可避免地扩大了极化区域，所以这种技术对于厚晶体（≥0.5 mm）中的小极化周期（≪5 μm）而言是不可行的。

图 3.84　生产周期性极化非线性晶体的标准技术

（a）通过在结构化电极上施加电压，部分极化单畴晶体（自发极化 P_s）；（b）中显示了产生的畴图像

电晕极化。 为了克服这些限制，需要最小化电极。一种依赖于电晕极化的解决方案因此而孕育而生，并由其将所需的电场通过超尖尖端（例如：扫描力显微镜的）施加到被极化的晶体位置[3.214]。这种技术的缺点是需要顺序写入畴图像，因此相对较慢。所以，最好是只将其用于生成存储应用的畴结构[3.215]。

电子束极化。 类似的技术是使用来自电子束光刻系统的电子束将电子沉积在晶体的顶部，从而产生极化所需的高电场。已经获得了在 500 μm 厚的 LiNbO$_3$ 晶体中具有周期小至 1.6 μm 的光栅[3.216]。在薄的（<10 μm）液相外延（LPE）LiNbO$_3$ 薄膜中甚至可以产生小于 200 nm 的结构[3.217]。至于电晕极化，因为是连续的，这种技术较慢，并且还会由于步进失准而缺乏精确的远程周期性。

2. 光辅助极化

为了克服这些对畴增长深度的限制，一个非常有前景的新技术已经被开发出来：光诱导极化。除了调制的 UV－光强度图像（由两个理想情况下的干涉激光束产生的）之外，还通过施加比 E_c 稍小的均匀电场[3.218]来获得受控畴反转。因为在某些晶体（掺杂 Mg 的 LiNbO$_3$）中，紫外光降低了矫顽场[3.219]，所以光图像被转换成畴图像。在最近的实验中，还实现了铁电畴的全光开关，从而避免了任何电场施加到晶体上。

3. 极化增长

在一些材料中（LiNbO$_3$），已经成功地证明了晶体生长过程中的畴图像极化周期长度小于 4 μm[3.220,221]。虽然相当有前途，但是其质量（这些周期性极化晶体的远程周期性）还无法令人满意，因此仍然需要对这种技术加以改进，以适应更广泛的应用。

为了产生定向图像的 GaAs，已经应用了全外延生长技术。该工艺基于光刻和分子束外延来生长具有预期周期性晶体反转的薄膜模板。在进一步的步骤中，通过氢化物气相外延在该样品上生长厚膜来制造大块定向图像的晶体[3.212]。

3.9.3 铁电畴结构的可视化

为了提高畴图像的质量，需要一个可靠且易于使用的可视化技术。由于畴边界处的应力诱导双折射，可以通过光学显微镜观察到新近极化的畴结构，这种简单技术的主要缺点是其有限的横向分辨率（几微米）以及对制造的畴的限制。在众多的可视化技术[3.222]中，下面将对主要使用的两种标准方法予以简要讨论。其中，第一种最适合于对畴结构进行宏观地概述，第二种则能够实现其他方法无法达到的横向分辨率。

1. 畴选择性蚀刻

这种技术基于这样的事实，即某种材料的蚀刻速率取决于极轴的方向。其结果是，可以将畴结构转变成可通过光学显微镜成像的形貌结构，或者在畴图像较小的情况下（<微米级），转变成可通过扫描力显微镜成像的形貌图像。虽然是破坏性的，但这种技术仍然是最常用的技术，主要是因为其易用性[3.223]。

2. 压电响应力显微镜（PFM）

这种技术利用了所有呈现铁电畴的晶体也是压电晶体的事实。此外，反转自发极化的方向也使压电张量元件反转，这就是为什么将电场施加到晶体上，通过逆压电效应可将畴结构显示为形貌结构的原因。在 PFM 中，标准的扫描力显微镜被改进成在扫描表面同时可施加电压到尖端的结构，由此在尖端位置处的晶体内部产生电场。取决于铁电畴的取向，晶体在尖端下面膨胀或收缩，从而允许以约 10 nm 的横向分辨率绘制出畴形态。要测量的厚度变化仅在大约 10 μm 的量级，因此可使用频率选择性检测方案，向尖端施加交流电压，随后进行锁定检测[3.224]。

3.9.4 应用

周期性极化非线性材料一般用于获得频率转换的准相位匹配条件，并因此预期波长输出更高的光光焦度。非线性光学材料中的频率转换可以分为：

- 二次谐波振荡（SHG）：

$$\omega + \omega \rightarrow 2\omega$$

- 和频生成（SFG）：

$$\omega_1 + \omega_2 \rightarrow \omega_3$$

- 差频生成（DFG）：

$$\omega_3 - \omega_2 \rightarrow \omega_1$$

- 生成光学参数（OPG）：

$$\omega_3 \rightarrow \omega_1 + \omega_2$$

下面将介绍现有技术中的两种主要应用，即通过 SHG 进行倍频以及作为红外（IR）光源的光学参数生成。

1. 二次谐波振荡（SHG）

因为红外光相对廉价，并且可使用大光焦度 IR 激光二极管，因而通过倍频产生更短的波长，但是仍然难以获得蓝光波长范围内的激光。如果想在实验室中加以实现，必须要满足几个边界条件，这也是为什么基于周期极化非线性材料倍频的蓝光激光器只能达到约 100 mW 输出光焦度的原因。其目前的主要缺点在于材料的光学损伤阈值，对于泵浦光和二次谐波振荡光，晶体需要具有较高的损伤阈值。由于二次谐波振荡的效率与 IR 泵浦光的 I^2 成正比，因此期望非线性介质内部具有较高的光焦度密度。从这个角度来看，波导技术是高效倍频的理想方案。但是，晶体的光学损伤仍然是一个严重的缺陷。目前，使用掺杂 MgO 的周期性极化铌酸锂（PPLN）在波导技术的基础上可输出 81 mW 中 25 mW（340 nm）的光焦度[3.225]。使用块状晶体进行倍频的腔内周期性极化的典型值是 234 mW（461 nm），输入光焦度为 310 mW；甚至为 500 mW（473 nm），输入光焦度为 800 mW[3.227]。

2. 光学参数生成

主要用于有机和无机分子光谱测量的许多应用需要 2～20 μm 中红外波长激光源。因此，非常需要获得这个波长范围内的窄线宽连续可调激光源。可能的解决方案包括使用 OPG 过程，该过程可根据泵浦波长和所用的非线性材料生成所需的波长。可以通过选择相位匹配条件来调整，即通过周期性地由周期性极化非线性晶体的光栅周期 Λ 粗调，然后通过加热晶体进行精调（图 3.85）。为了制造强大的激光源，将非线性介质引入为非预期波长调谐的谐振腔中。文献 [3.209] 中可以找到中红外频率产生的概述。

光学参量振荡器（OPO）基本上有两种不同的运行方案。对于连续波运行，需要高泵浦激光强度来达到频率转换的阈值。另一种可包含使用腔内泵浦装置，非线性介质被放置在激光腔内。

然而，大多数 OPO 从 Q 开关激光器以纳秒脉冲泵浦，因此很容易达到非线性材料内部所需的光强度。典型的发射是在近红外或者中红外区域的纳秒脉冲，脉冲能量可高达几毫焦耳。

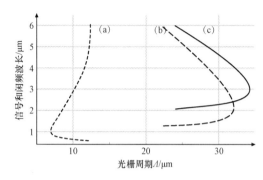

图 3.85　不同光栅周期 Λ 的 OPO 运行信号和闲频输出波长。所示的泵浦源为：
（a）Nd：YAG（2ω）激光器 – 532 nm；（b）Nd：YAG 激光器 – 1 064 nm；
（c）掺铒光纤激光器 – 1 550 nm

|3.10　光子晶体|

在狭义上，光子晶体（PC）被定义为介电常数 ε 在特定空间方向上周期性变化的晶体，为了方便读者，本书引用了一些关于 PC 的教科书和特性问题[3.228 – 235]。为了控制光场，晶格常数 a 应该与相关光的波长 λ 相匹配。在沿着一个方向变化的情况下，其被称为一维 PC。类似地，分别对应于 ε 沿着两个和三个独立方向变化的情况定义了二维和三维光子晶体。

图 3.86 显示了代表性的示意图。对于一维 PC 而言，众所周知存在周期性介电分层介质的例子。除了 3.10.4 节之外，本章中几乎没有提及一维 PC。图 3.86（b）显示了二维光子晶体的情况，其中，垂直于晶轴平面中的空气或电介质轴的相互作用形成二维晶格，这个平面就是二维光子晶体平面。先观察一个一维光子晶体的简单情况。众所周知，在这个光子晶体中具有与该特定方向平行的波向量 k 光的状态（或本征模式）与均匀电介质中的状态（或本征模态）大不相同。类似地，分别与均匀的二维和三维电介质相比，二维光子晶体中 k 在二维平面上的和三维光子晶体中 k 在任意方向上光的各个本征模态也变得非常独特。对于三维光子晶体，除了图 3.86（c）所示的两个外还有各种各样的例子。如图 3.86（c）右侧的例子所示，悬浮在水中的聚苯乙烯球体阵列是早在 20 世纪 60 年代就制成的第一个三维光子晶体样品。目前，正在深入研究一种由 SiO_2 制成被称为人造乳白晶体的类似样品和所谓的反蛋白石。

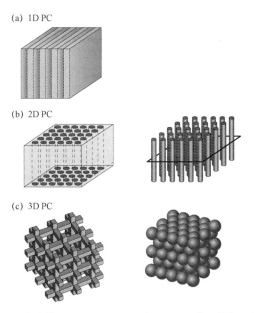

图 3.86 代表性 1D（a），2D（b）和 3D（c）光子晶体示意图

　　图 3.87 所示 PC 平板的情况也与相应的 1D 和 2D 光子晶体的情况大不相同。也就是说，如果板厚度与相关光波长同阶或者小于相关光波长，情况就完全不同于 1D（2D）PC，其中，事先假定样品厚度为无限大。对于后一种情况，其可以很好地确定沿一个方向（1 - D PC）或在 2D 平面中传播的平面波，因此需要通过三维方法处理该问题。图 3.87（b）显示了 PC 光纤的示意图，这是 PC 光纤的另一个重要例子，其中，垂直于光纤的平面形成除了光能传播的中心部分外的二维光子晶体晶格。有两种类型的 PC 光纤，即中心部分由电介质制成的实芯（多孔指数引导）光纤和填充有空气的中空芯（光子带隙）光纤。

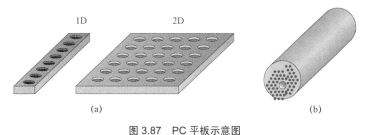

图 3.87 PC 平板示意图

（a）光子晶体板和（b）光子晶体纤维示意图

　　至此，本节已经根据其维度对基于电介质的 PC 进行了分类。然而，还有显示有光子带隙（光子带隙）相关系统的其他类型。如后面所述，其中包括金属介电或金属 PC、准晶 PC、二维随机介质 PC 和非线性 PC。关于光学领域代表性样品的制作方法，请参阅文献［3.230］和 3.10.5 节。

3.10.1 光子能带结构

一般来说，光的本征态（模式）可由一个集合（k，$\hbar\omega$，e）明确指定，其中，e 表示极化的单位向量。$\varepsilon(r)$ 相对于 r（位置向量）周期性变化的 PC 中本征态与在均匀介质中的本征态有极大的不同。为了简单起见，假设电介质（绝缘体）具有真空磁导率 μ_0。并假定光是谐波的，即 $E(r,t) = E(r)\exp(-i\omega t)$ 和 $H(r,t) = H(r)\exp(-i\omega t)$，可从麦克斯韦的电磁方程推导出 $E(r)$ 的方程为

$$\mathrm{rot}\, E(r) = [\omega^2 \varepsilon(r)] E(r) \qquad (3.109)$$

也就是说，问题被简化为求解这个方程，而方程首先被设定为介电质球的三维周期性阵列[3.236]。也可以为 $H(r,t)$ 推导出一个类似的方程，但 $H(r)$ 是根据关系式 $\mathrm{rot}H(r) = -(i\omega/c^2)\mu_0\varepsilon(r)E(r)$ 根据 $E(r)$ 获得的。

上述方程可以通过使用诸如广泛平面波展开方法[3.229,230]来求解。也就是说，解 $E_k(r)$ 表示为布洛赫型平面波的叠加：

$$E_k(r) = \sum e_k(G_i)\exp[i(k+G_i)\cdot r] \qquad (3.110)$$

式中，G_i 是第 i 个倒易点阵向量，并且要确定满足式（3.109）的向量幅值 $e_k(G_i)$。将式（3.110）和 $\varepsilon(r) = \Sigma\varepsilon(G_i)\exp(iG_i\cdot r)$ 的傅里叶展开式代入式（3.109），并将每个平面波的系数设为零，从而可以得到 $e_k(G_i)$ 的特征方程。从这个方程中可以导出本征值 ω^2 的特征方程；对于每个本征态，规定了电场 $E_k(r)$ 和磁场 $H_k(r)$ 的特征空间模式。应该注意到，在 ε 变化足够大的的三维光子晶体中，即对于 1（空气），$\varepsilon = 10$，通常需要包含 1 000 多个平面波来获得非常精确的 ω^2 值，这是因为由于更强的布拉格衍射，在光学（可见光）区域中光和物质之间的耦合比在 X 射线区域中强得多。

将由此获得的本征频率（本征能量）$\omega(k)$ 绘制成称为光子能带（PB）的简约布里渊区（BZ）中 k 的函数。PB 被分成许多频带，这些频带按照逆能量排序的频带索引 n 来编号。表示光子能带结构（PBS）的 $\omega_n(k)$ 是唯一的，并且在光的状态密度（DOS）方面与均匀介质中的光子能带结构（PBS）完全不同。一个显著的区别是，在 PBS 中通常存在一个特定的能量区域，其在任何方向[3.237,238]或方向的一定范围内都不存在光态。将前者称为满光子带隙，后者称为不完全的光子带隙（或阻带）。此后，如果不需要强调差异，我们简单地将两者都称为光子带隙。

这时出现了一个问题，即在一个实际的有限样本中，为一个无限大点阵所获得的 PBS 是否有意义。这个问题是合理的，因为在光子的情况下并不存在真正的能带状态，这与在负能量区域中有确定束缚态的电子不同。如果从有限的 PC 到外部区域的逃逸很大，那么无限系统所用 PB 图像就会失去了其实际意义。早在 20 世纪 80 年代[3.239]，一项开创性的工作就对这个问题进行了研究，揭示了如果（无损）本征态被认为是泄漏的，理想情况下的 PBS 可以用于有限结构。下面将介绍几个重要的 PBS 例子。

1. 二维带结构

图 3.88 显示了空气中以正方形点阵排列的介电柱（$\varepsilon = 12$）的二维光子晶体的二维 PBS 的例子。本征模可以通过极化来指定，并且分别将平行于圆柱的 **E** 或 **H** 分类为 TM 或 TE 模式。值得注意的是，在这种情况下，三个二维光子带隙被认为是开放的 TM 模式，二维光子带隙的存在首先在一个空气柱三角点阵 TM 模式的光学（近红外）区域中通过实验得以证明[3.240]。每个能带属于相关点群的具体不可约表征，其不仅取决于极化，还取决于 **k** 方向。例如，如果波矢 **k** 的空间群包含镜像运算，则可根据 **E** 相对于镜像面是对称的还是非对称的，将该 **k** 的任何状态分类为偶对称或奇对称。在外部光和 PC 状态之间的耦合中，这个表达是很重要的。对此可以观察在 PC 样品的平坦表面上正入射的外部光束。如果入射光 **k** 的波矢群包含镜像操作，并且偏振垂直于镜像平面，则奇数奇谐校验（偶数奇偶校验）模式不能偶联到偶数奇偶校验（奇数奇谐校验）外部光，称为非耦合模式。最后，还应当注意到，因为电场分别被限定在围绕电介质圆柱和空气背景局部，第一和第二能带通常也分别称为电介质带和空气带[3.228]。

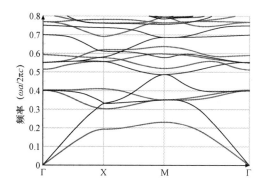

图 3.88　按正方形点阵排列的二维光子晶体的光子能带结构：TM 带（浅色线）和 TE 带（深色线）。$\varepsilon = 12$ 的圆柱在空气中排列成点阵。圆柱的半径 $r/a = 0.3$。频率 ω 以无量纲单位表示，即用 $2\pi c/a$ 归一化。Γ、X 和 M 表示第一个布里渊区的高对称点

2. 三维带结构

图 3.89 显示了一个倒钻石晶格结构 PBS 的例子，该结构由在 $\varepsilon = 7$，$r/a = 0.1$ 的电介质中由空气柱（直径为 r）组成的四边形组成。第一个 BZ 的形状是面心立方（fcc）晶格，从中可以看出，一个完整的光子带隙是向所有方向开放的。在这个具有钻石结构的三维光子晶体中打开一个完整的光子带隙的事实已经在光学区域[3.241]中得到了实验证明。该光子带隙对应于 GaAs 等具有相同 BZ 结构的半导体中众所周知的电子 BG。光子和电子结构在许多方面相互类似，这是由两个不同的波动方程的相似性带来的。

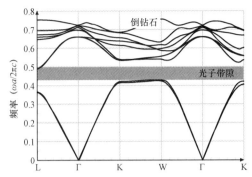

图 3.89　钻石晶格的三维光子能带结构（一种倒钻石结构的样品；详情参见正文）

3. 平板型光子晶体

气孔半导体二维平板 PC[3.242]已被深入研究。特别地，两种平板 PC 是最重要的：其中芯悬在空气中的空桥式和包层式。具有由 AlGaAs 或 Si 制成的芯部以及由 SiO₂/Si/SiO₂ 制成的平板 PC 分别是前者和后者的代表。图 3.90 显示了一个为三角形晶格空气桥 PC 计算的典型 PBS。

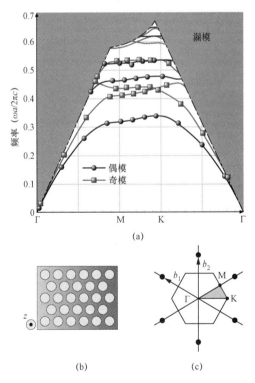

图 3.90　空气光线下二维空气柱 PC 平板的导模。圆圈和方块分别表示偶数和奇数模式。参数分别为 $\varepsilon = 11.9$，$r = 0.44a$，$d = 2a/3$，其中，r 和 d 分别表示孔半径和厚板厚度[3.243]（a）。实际空间中的三角形点阵（b）和相应的布里渊区以及倒易阵点（c）

引导模式存在于空气光线之下的区域，该区域内由于是全内反射，光可以被限制[3.243,244]，属于光锥内部模式的光是泄漏的，也就是说，光线从平板区域逸出，就像常规平板波导（WG）的情况一样。由此可以看出，对于类似 TE 的模式，有一个不存在导模的能量区域。通常情况下，在平板光子晶体的情况下，术语"光子带隙"就被用于这种情况。值得注意的是，即使在这些二维光子晶体平板中，通过在二维平面中结合使用二维光子带隙和在垂直于平面方向上的全反射可实现光的三维强限制。

4. 其他 PC 的能带结构

（1）金属光子晶体（MPC）。在 MPC 中，单个组元的等离子体激元模可以从一个组元跳到另一个组元，以形成紧束缚的等离子体激元带。由于与激发电荷波动相关的多极矩，可以与光混合成为等离子激元极化带，由于金属表面上的强约束，通常称为表面等离子体激元极化（SPP）带。图 3.91（a），（b）分别显示了包含在金属/玻璃基板上的六角形金属点阵列的 MPC 结构横截面及其 SPP 能带图[3.245]，其中，P 是点阵列的周期性。SPP 能量强烈地被限制在金属－空气和/或金属－玻璃界面上，并且在远离界面时会呈指数衰减。没有任何点阵的金属表面 SPP 能带是在光线之下朝向 ω_{sp}（表面等离子体激元角频率）单调递增的单一色散曲线，而像这种情况的周期表面结构 SPP 能带表现出如图 3.91（b）所示的类 PC 区域褶皱带。在有利的情况下，全方位的大带隙可起源于各组元的不同等离子体激元模之间大的频率差异[3.246,247]。因此，MPC 在使用其宽带隙的波导和信号处理中具有潜在的应用。此外，由于受到阵列组元表面的电荷波动的限制，MPC 中的极化激元带会伴随着强烈的局域场。

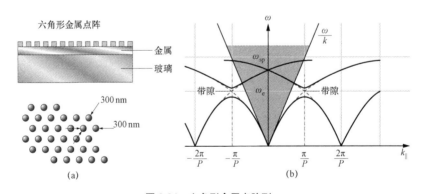

图 3.91　六角形金属点阵列

（a）由金属/玻璃基体上的金属点阵列构成的 MPC 结构截面；（b）金属点阵
表面上 SPP 的类 PC 区域折叠带（由普渡大学 V.M.Shalaev 教授提供）

当弱光学信号以某种方式激发等离子体激元能带时，可以获得强烈增强的光学信号。因此，可以使用 MPC 设计高效的生物传感器或生物医学传感器。MPC 研究的另一个动力来自于 MPC 的强光传播，这可通过使用亚波长尺寸孔周期性地穿透厚金属板来实现[3.247]。具有孔阵列的平板 MPC 的应用已经引起人们重新关注，包括其可用于负屈光度的超常透射以及成像中的超透镜效应[3.248,249]。

（2）准 PC。从严格意义上来讲，准周期系统并不是平移不变的，但仍然有长程序，可以有一个光子带隙[3.246]。以二维或三维空间中倾斜 Penrose 排列，并且以 Fibonnaci 序列堆积的阵列组元就是准晶（QCs）的例子。在 QC 中，电子或光子具有定域和离域之间的中间特征。因此，通过开发一个控制良好的准 PC，一方面可以使用良好的定域状态，这样，在使用时（例如：激光器）会产生非常大的品质因子；另一方面，通过激发离域 PB 状态还可观察衍射，其衍射图可以理解为准 PC 的倒易晶格。通过在激光中使用离域态，已经在实验上证明了定域和离域特性的共存[3.250]。

（3）随机 PC。还有其他的相关二维和三维系统。前者由柱位良好控制的随机性所限定的平行柱组成，后者则是具有非晶形金刚石结构的三维体系[3.251,252]。

（4）非线性 $\chi^{(2)}$ PC。非线性光子晶体（NPC）定义为其中存在非线性二阶磁化率 $\chi^{(2)}$ 的二维周期性空间变化，而 n 在整个材料中是恒定的（不是周期性的）晶体[3.253]。这是一个周期极化非线性光栅的二维版本（3.9 节）。图 3.91（a）示意性地给出了二维三角形 $\chi^{(2)}$ 结构典型示例的横截面，其中晶格由在 $+\chi^{(2)}$ 介质中具有 $-\chi^{(2)}$ 的柱构成。二维 NPC 对于在 SHG 等非线性光学现象（NLO）中实现二维的准相位匹配（QPM）很有吸引力。即，通常由折射率的频散引起的相位不匹配 $|\Delta k^0| = |k^{2\omega} - 2k^\omega| \neq 0$ 可以在倒易点阵向量 $G_{n,m}$ 的帮助下进行如下补偿（秩可由 $|n| + |m|$ 给出，其中，n，m 分别为 Q 或整数），

$$\Delta k = k^{2\omega} - 2k^\omega \pm G_{m,n} = 0 \qquad (3.111)$$

式中，$k^{2\omega}$（k^ω）是 SH（基）光的波矢；注意，$|k^{2\omega}| < 2|k^\omega|$ 在正常色散区域。如图 3.91（a）所示，通过使 k^ω 和 $k^{2\omega}$ 与一阶 G 成适当的角度，可以很容易地满足关系式（3.111）。这个过程的效率与 $\chi^{(2)}(r)$ 分解中对应的二维傅里叶系数成正比。制造方法与一维的情况类似，通常通过电学极化 $LiNbO_3$ 和 $LiTaO_3$ 晶体等介质来改变 $\chi^{(2)}$ 的符号，域区域被反转[3.254,255]。对于 1.5 μm 的 SHG 来说，QPM 所需要典型的 NPC 周期约为 10 μm，这比传统 PC 中的周期大得多。

3.10.2　独特特性

本节总结了二维和三维光子晶体普遍表现出的独特和突出的特点。光子晶体非常适合控制光，这个重要的潜力主要来源于各自的特性。

1. 光子带隙

如图 3.88 所示，TM 模式有三个光子带隙，但在这种情况下，两个极化模共用的完整二维光子带隙不打开。已知仅当背景材料与空气（圆柱或孔）之间的 ε 差异足够大时，TE 和 TM 模式共同的二维光子带隙才会存在于空气柱的三角形晶格[3.230]。对于三维光子带隙，钻石结构被认为是打开一个大带隙宽度完整光子带隙的最佳选择，如图 3.89 所示，倒钻石结构也属于钻石结构。对于其他结构来说，要实现一个宽度很大

的全三维光子带隙是相当困难的。然而，人们普遍认识到，可以用光子晶体开发各种独特的器件，而不使用完整的 2D 或 3D 带隙，其如下所示。

2. 缺陷模式 I——分类

有可能将缺陷或无序引入到可完全周期性的 PC 晶格中特定晶格点或部分。引入这种缺陷会在光子带隙中产生一种称为缺陷模式（缺陷带）的新本征模式（本征带）。空气柱或电介质柱的一维或二维光子晶体中的零维（0D）或点缺陷的一个例子是，与主体相比，只是改变了目标柱的尺寸（直径）。这种情况的一个特例是，完全去除圆柱；一维 PC 中的 0D 缺陷的另一个典型例子是改变一个晶格位置处的周期，例如，通过改变到相邻位置的距离。这种 0D 缺陷模式对应于杂质态，类似于半导体中电子的供体或受体状态，在空气孔的情况下，增加（减小）孔的尺寸可导致该位置介电常数的减小（增加），这与电子受体（供体）的形成非常类似[3.228]。

除了这些 0D 缺陷之外，还可以创建 1D 和 2D 类型的缺陷（线和面缺陷），并且它们在控制光线方面也是很重要的。可以通过留下一排不穿透的空气柱或者移除一排柱（分别引入一排空的（空气））来形成空气柱或电介质柱二维光子晶体中的一维缺陷。在由空气孔构成的三维光子晶体中，一维缺陷就是留下一排未被打开的孔。二维缺陷的典型例子可通过在三维光子晶体中留下一个非结构（均匀）的网格平面来获得。

3. 缺陷模式 II——功能

现在来讨论缺陷模式的物理特性。通过激发这种模式，光可以被定域在缺陷周围或者无序区域。

（1）微腔。由于 0D 缺陷模式局限于较小的空间区域，因此该模式不具有确定的波矢 k。这个特征类似于带隙中电子的杂质态。这种缺陷是一个光学微腔，表现出突出的特点。近来，使用基于半导体的平板 PC 对各种微腔进行了深入的研究。因此，甚至已经发展出具有 Q 值大到 1×10^6，并且具有 3×10^{-14} cm³ 量级的极小体积的微腔[3.256]。基于下面描述的线缺陷 PC 波导，还开发了另一种类型的优良微腔或纳米腔。重要的是，这些极小的微腔提供了光与物质之间的高效耦合[3.235]，因此其有可能用于物理学和应用中，如 3.10.4 节和 3.10.5 节所述。

（2）PC 波导。与点缺陷的情况不同，线缺陷模式在光子带隙中显示出特定的色散[3.257]。通过在三角形网格中沿某方向（采用 x 轴）填充排气孔，引入了具有气孔的空气桥板光子晶体中的线缺陷，z 轴垂直于由 x 和 y 轴形成的 2D 平面。图 3.92 显示了 TE 偏振线缺陷模式的色散曲线，其中频率仅在包括大带隙的相关区域（图 3.90）中作为 k_x 的函数绘制。通过将第一个 BZ 中的所有频带 ω_n（k_x，k_y）投影到 $\omega - k_x$ 平面上来获得称为平板带的阴影区域。两种模式之一是偶模式，其特征在于其相对于镜面（xz 平面）的对称场分布，而具有反对称分布的另一种模式被称为奇模式。

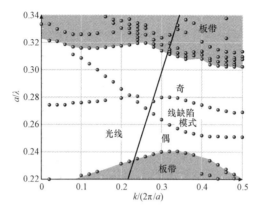

图 3.92　利用三维时域有限差分法（FDTD）计算二维光子晶体（三角形格子）平板线缺陷波导的色散曲线（见正文）：频率 ω 和波向量 k 均为无量纲量

　　作为一种新型的波导（WG）工作，这种线缺陷被称为二维光子晶体平板线缺陷波导。通过在六个等效的 Γ–K 之间以相差 60° 的方向组合两个线缺陷，在二维平面上制造弯曲波导是容易的。重要的是，属于线缺陷引导模式的光线通过一个尖锐的角传播，没有任何损失[3.228,230]（图 3.93）；同样，可以在三维光子晶体中使用具有不同方向的线缺陷组合来设计三维光子晶体波导。基于上述波导，可以设计一种称为双异质结微腔的新型微腔。由 Russell 等人[3.234,258]开创的光子晶体纤维也被认为是在二维光子晶体中心部分引入的一种线缺陷。

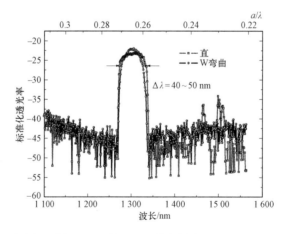

图 3.93　使用卤素灯测量的 1 mm 长的 GaAs 基空气桥二维光子晶体线缺陷波导的直线（具有正方形的线）和双 60° 弯曲（具有圆形的线）的透射谱多通道红外探测器光谱系统（见文字描述）。光子带隙中的高透射率区域对应于图 3.92 中的空气光线以下的偶模式的线缺陷带

4. 较小的群速度

群速度 v_g 和群速度色散（GVD）在光流中起着重要的作用。理论上来说，v_g 由频带的斜率 $\nabla_k \omega_n(\boldsymbol{k})$ 给出。一般来说，光子晶体上有很多部分或位置，其带斜度是平的，这使得 v_g 异常。在频带边缘，v_g 应该总是变得非常小。在一个具有这种平坦的能量分散的位置上也遇到了此种（上部和下部）波段，在这样的点上的光子有时被称为慢光[3.259]或重光子，类似于重电子[3.260]。二维和三维光子晶体中也经常遇到一个带有小 v_g 的相对平坦的波段。而且，很多频带的 v_g 也变成了负值。小的 v_g 表示电场强度变得非常大，或者相当于 DOS 非常大的情况。这是非常重要的，因为光和物质之间的有效相互作用长度由于 v_g 小而变得更长。更具体地说，由小 v_g 引起的增强的光物质相互作用大大加强了，例如光子晶体中许多物理过程中所涉及的辐射场（3.10.4 节和 3.10.5 节）。

5. 偏振依赖

在二维光子晶体、二维和一维光子晶体平板的情况下，PBS 是高偏振相关性（图 3.88 和图 3.90）。因此，对于这样的光子晶体样品，从外部入射的光的传播特性显著不同。相比之下，三维光子晶体的偏振依赖性并不显著，特别是在金刚石晶格的情况下。因此，可以开发一种独特的偏振器（3.10.5 节）。

6. 奇特带 I——异常折射

从晶体光学的角度来看，有各种各样表现出异常特征的光子带隙或带点。理论上，光子晶体中光的性质以及均匀系统由 $\boldsymbol{k}$，i 的空间群决定。即，使所讨论的向量 $\boldsymbol{k}$ 保持静止的对称操作组。$\boldsymbol{k}$ 组的不可约对称性表示完全决定了各向异性的性质。从这一组理论类比来看，光子晶体自然地体现了迄今为止在晶体光学领域开发的所有光学性质，通常规模更大。此外，频带折叠效应在大小为 $|\boldsymbol{k}|$ 的光子晶体中运行，还引入了显著的光学多样性[3.260,261]。

为了理解光的传播特性，需要检查在整个 BZ 上扫描 $\boldsymbol{k}$ 得到的频率 ω 的等频（能量）表面（EFS）。光在这个特殊点的传播特性非常复杂。相位和群速度的方向和大小通常是互不相同的[3.261]。首先，Snell 的折射定律在光子晶体中并不普遍。本书在这里列出几个其他的异常：

（1）多重折射现象。这是因为对于 $\boldsymbol{k}$ 空间中一个给定的 ω 存在几个 EFS。因此，如果所有这些都由 ω 的入射光同时激发，则根据激发带的数量，折射将为双倍、三倍、四倍等。

（2）圆锥形折射。在 $\boldsymbol{k}$ 空间恰好有一个奇点，其中群速度，即与该波段的 EFS 垂直的向量并不是唯一确定的。例如，在两个 EFS 之间的交点处以及在 EFS 收缩到一点处。在这种现象中，具有该 $\boldsymbol{k}$ 的光束沿着某个圆锥的表面在光子晶体中传播。

（3）超棱镜效应。一般来说，几个频段同时参与 EFS 的建立；在那里，与 EFS 垂

直的 v_g 方向与 k 的方向不一致。发生特殊情况时，当 k 的方向稍微变化时，v_g 的方向会大幅变化。这就是所谓的超棱镜效应[3.262,263]。

7. 奇特带 II——负折射率和左手材料特性

左手材料通常定义为一种磁导率 μ 和 ε 均为负值的材料[3.233,249]。当左手系统均匀时，波矢 k 的传播平面波光具有左手材料特性，即能流密度向量的方向与 k 的方向相反，结果是三个向量 i，即电场，磁场和 k，以此顺序组成左手材料系统。当只涉及单个 k 时，左手材料系统就是以这种方式定义的。在均匀的左手材料系统中，必然发生负折射，其中入射光束以错误的方式在入射面折射。在光子晶体的情况下，任何 PB 状态都是由多个波矢相互不同的平面波构成的。因此，负折射和左手材料特性的概念都必须被称为这些平面波的平均值。在这种情况下，应该注意到定义为 $\nabla_k \omega_n(k)$ 的 (n, k) 态的群速度只是一个参考此平均值的量。

由于上述的超棱镜效应，群速度的方向往往与 k 的方向有很大的不同，且会非常频繁地遇到 $\nabla_k \omega_n(k)| \cdot |k| < 0$ 的情况。因此，负折射现象的确经常发生在光子晶体中，其中入射平面波光的光束方向以错误的方式在光子晶体表面弯曲，内部光束的方向是构成激励 PB 状态的许多平面波的平均值。值得注意的是，光子晶体中的负折射发生在 μ 和 ε 均为正的普通光子晶体上，并且已经通过数值模拟和实验[3.264,265]检验内部束的方向得以证明。负折射对于实现光子晶体中的超透镜效应是重要的[3.248]。另外，很难精确定义光子晶体中的左手材料特性，因为内部光束的方向是许多能流密度向量的平均值。其中的一些可以组成在第一布里渊区内定义的波向量 k 的左手材料系统。然而，对于实际的波向量，考虑到倒易格向量的倒逆位移，能流密度向量肯定会构成一个正常的右手材料系统。尽管存在这种模糊性，但是使用光子晶体的负折射开辟了在光学区域探寻负折射和左手材料传播的方式。

3.10.3　表征技术

本节描述如何检查制作样本的特征。人们可以通过使用光学显微镜、扫描电子显微镜（SEM）和原子力显微镜（AFM）来检查样品的外观和表面。在这里，我们探讨一下光学表征方法。

1. 一般方法

实验研究 PBS 样品的一种常用的简单方法是观察透射（T）或反射（Re）光谱，或两者。

对于泄漏的偏振分光棱镜或光子晶体模式来说，角度分辨的 T[3.247,266]或 R[3.245,267]测量对于具有 1D 或 2D 周期平面的样本来说是一种有效的方法，其概念类似于众所周知的一维光栅外壳。具体来说，在反射光谱中，将光照射在样品的顶面上，并且观测具有固定的 θ（入射角）和（方位角）的反射光[3.268]。当入射光子的能量与导模能量相一致时，在满足光栅衍射定律的特定角度重叠在普通反射光谱上的异常，被叠加在普通反射光谱上，在这个特定角度上，满足光栅衍射法则 $k_r^r = k_{\parallel}^{in} + G$，其中 $k_r^r(k_{\parallel}^{in})$ 表示反射（入射）光的面内波向量。二维平面中偏振分光棱镜的 $\omega-k$ 离散曲线可以通过一系列观测到变化的 θ 和 ϕ 作为参数来获得。倾角 ω 位置随着 θ 相对于固定的 ϕ 而变化。这种方法虽然非常有用，但是仅限于获取泄漏模式的信息或空气光锥内部的色散。而且，如果入射平面被选择成为与高对称方向平行的镜面，则入射光不能与非耦合光子晶体模式相耦合。

然而，上述限制可以通过在顶面上放置由具有大的 n 值的 ZnSe 或 Si 等材料制成的半球形棱镜耦合器来消除。请注意，使用这种棱镜可以实现半球内窗格光子晶体模式和传播场之间的瞬逝耦合[3.269]。通过这种方式可以观察到空气–光锥外部的真实导模，并且由此可以获得 $\omega-k$ 色散。到目前为止，对于空气杆三角晶格的基于半导体的二维平板线缺陷波导也进行了这种角度分辨衰减全反射（ATR）测量，其中在二维平板光子带隙中两种线缺陷 TE——存在与上述镜像平面（3.7.2 节）有关的偶模和奇模（非耦合）模式。注意，由于平面不再是镜像平面，因此使用 $\phi \neq 0$ 不仅可以观察到偶模，也可以观察到奇模[3.270]。

2. 二维光子晶体板导模端面激励法

在二维光子晶体平板波导的情况下，通常需要通过波导的极小面（端部火焰耦合）将外部光直接耦合到导模。传统光谱仪的使用不一定适用于此目的，特别是在 1.10～1.60 μm 的光通信波长范围内。指定导带模式带范围的一种典型方式是将来自一组波长可调二极管激光器的光耦合到入射面处的样本，并检测出射面处的透射光，从而得到 T 谱，由此也提取了传播损耗。为此，通常采用透镜单模光纤[3.271]或具有大 F 值的非常小的透镜，以在两个小面处有效耦合。对于泄漏模式，通过检测垂直散射光或观察远场模式，可以如上所述映射泄漏模式的色散[3.272]。因为稳定性和样品瑕疵引起的干扰会产生不希望的杂散光（噪声），使用上述相干光的波长扫描方法不一定是足够的。

在此介绍了另一个有用的光谱系统（国产），由一个小白灯（卤素灯；非相干光源），一个单色器和一个冷却的一维多通道红外探测器（InGaAs），以及一对透镜光纤和其他光学部件组成[3.271]。该系统覆盖 850～1 600 nm 的宽波长范围，并且获得反映二维光子晶体板波导和光子带隙中的线缺陷引导模式的 T 谱通常仅需要约 10 min。图 3.93 显示了使用该系统观察到的示例性 T 谱；应注意直线和弯曲波导的结果是一致的[3.273]。

3. 扫描近场光学显微镜（SNOM）

与迄今为止描述的间接模式相反，扫描近场光学显微镜（SNOM）是直接研究二维光子晶体平板缺陷波导导向模式详细性质的唯一方法。正如描述的那样，导模没有耦合到具有垂直 k_z 分量的外部光，而是伴随着顶表面上的瞬逝光。因此，引导模式和

布洛赫谐波的分布以及 PBS 可以通过使用 SNOM 来获得，通过使用 SNOM 的光纤尖端拾取瞬逝光，可以对沿波导的光的传播进行成像。使用空间调制模式的快速傅里叶变换，可以获得关于传播常数$|k|$的信息。使用两个系统：一个是能够检测局部光强分布[3.272,274]，另一个是局部场振幅和相位[3.275,276]。对于后者（外差法），使用锁相放大器检测并分析所收集的光与来自用于激发波导模式相同激光器的频移参考光束之间的干涉信号。注意，使用短激光脉冲，可以通过飞行时间技术抑制由法布里-珀罗反射散射出的结构引起的背景，并且还可以获得 v_g，GVD 的信息以及研究中的模式的衰减常数。

4. 模拟方法

在上述所有情况下，需要将实验数据与理论模拟和相应的光子能带结构进行比较。为此，三维时域有限差分（FDTD）模拟起着重要的作用，因此被广泛使用，例如用于扫描近场光学显微镜，可以用来描述电场传播模式。对于这种情况，求解时域中的麦克斯韦波动方程，以获得放置在波导输入面前方的电偶极子发射场振幅的变化，也可以用这种方式模拟一个 T 谱。请注意，三维时域有限差分法对于获得一个光子能带结构也是有用的。

3.10.4 光物质相互作用的增强和抑制

利用以下特征之一可以大大改变光子晶体中光-物质相互作用的强度：① 慢光和② 微腔，两者都引起强光限制；和③ 光子带隙。例如，可以通过珀塞耳效应增强或抑制辐射[3.277]。

1. 自发辐射

首先考虑二维和三维光子晶体中的自发辐射（SE），这是辐射的一个典型例子。专注于从量子阱（QW）、量子点（QD）和嵌入在光子晶体中的稀土离子等发射体中，或从光子晶体本身的组成材料中产生的自发辐射，发射器被光学激励或电激励，人们已经观察到自发辐射增强还是抑制，与 λ_{SE} 是与 λ_{SL}（慢光波长）或是与 λ_C（微腔谐振波长）一致有关，同时与在带隙范围内有关。

慢光案例。主要针对二维光子晶体平板和那些线缺陷波导进行实验，以便观察由导模引起的辐射。其结果很大程度上取决于电偶极子的方向，即是平行还是垂直于平板平面。发现从出射面射出小光伏的自发辐射光强度与正常 v_g 相比强度更大，并且如果 λ_{SE} 在间隙范围内，则辐射不会出现。这是因为研究中的自发辐射强度反映了相关的 DOS 或 DOM（光模式的密度）（珀塞耳效应）。

微腔案例。物理上分为弱和强耦合状态。

（1）弱耦合。在三维光子晶体中，如果 λ_{SE} 在三维光子带隙范围内[3.278]，则嵌入样品中的纳米尺寸发射体的辐射不会发生；相反，如果 λ_{SE} 在三维光子带隙范围之外，则可以类似于均匀介质的情况会发生辐射。结果，通过改变观察方向，观察到的自发辐射谱彼此相似，并且使得光子带隙范围的强度被抑制。另外，对于三维光子晶体中的发光层引入点缺陷（微腔）的情况，当具有宽光谱宽谱的 λ_{SE} 覆盖间隙范围时，可观察到腔的强发射[3.237]；相反，对于位于间隙范围之外的 λ_{SE}，可观察到整个区域的均匀发射。还发现，与下面的 2D 情况相反，估计的 Q 值几乎与缺陷大小无关。

在二维光子晶体平板的点缺陷腔中进行了类似的实验[3.279-281]。由于有两种波导模式，即真实导向（无损）和泄漏模式，需要考虑通过板坯顶面逸出的辐射。从这个意义上来说，二维光子晶体平板波导本质上是一个三维系统。关于由微腔中的量子点产生的垂直观察（通过顶面的发射），结果很大程度上取决于 λ_{SE} 是否与 λ_C 一致，因此，前者的辐射强度比后者强得多；此外，还发现前者的时间衰减常数比前者短得多（寿命更长）。考虑到上述两种模式的存在，可以很好地解释这些事实。换句话说，这些事实反映了 DOS 的重新分配；需要注意的是，垂直方向上的 DOS 在有和没有腔的情况下几乎保持恒定。

（2）强耦合。对于具有小模态体积 V 的高 Q 腔，Q/V 值变得很大，说明腔内的 $|E|$ 变得非常大。在这种情况下，如果拉比频率除了数字因子之外还超过腔的衰减率和点发射的均值，其中 μ 是电偶极矩，则系统被分类为处于强耦合状态下。事实上，近期观察到了约为 170 μeV 的拉比分裂。研究发现，在一个空腔内单个量子点辐射的 λ_{SE} 与 λ_C 之间的反交现象是随着温度的变化而变化的[3.282]。这一发现为研究固态量子点中的腔量子电动力学（QED）以及观察单光子发射打开了大门；须注意的是，QED 迄今为止仅在气体原子系统中展开研究。

2. 光提取效率

光的外部提取效率 η 与上述二维光子晶体平板的自发辐射特性密切相关。预计二维光子晶体平板将被用来提高嵌入其他材料中发光二极管（LED）的 η[3.283]。发射到自由空间光的 η 通常较差（小于 10%），受到内部全反射的限制。具体而言，当平面 LED 与二维光子晶体平板平行放置时，由于光子晶体的泄漏模式以及辐射的重新分布，η 应该大大改善。鉴于实际的重要性，Ⅲ－Ⅴ族半导体 LED，特别是 GaN（蓝色和紫色区域）的 LED 已经被深入研究[3.284-286]。与基于 InGaAsP 的 LED 的早期阶段不同，如今注入电流的 LED 区域与光子晶体区域（空气棒的三角形晶格）分离，例如，光子晶体层在周围或正好在 LED 上形成。到目前为止，已经进行了许多关于光子晶体的理想性能的详细研究，涉及用于获得高 η 的参数和类型。例如，发现一些准晶二维光子晶体比常规二维光子晶体更有效率[3.287-289]。尽管 η 现在正在大大地提高，但还没有达到理论值。有机发光二极管[3.290]和其他发射器也进行了类似的工作[3.291,292]。

3. 拉曼散射

我们考虑了基于半导体的光子晶体板条缺陷波导中光子晶体构成介质光学声子的

非参数拉曼散射（RS）；在这种情况下，光子晶体不是必需的。这种类型的拉曼散射与受激拉曼散射（SRS，三阶 NLO）密切相关，预计这将在未来的超快全光集成电路中提供有用的放大器。对于泵（ω_p）和信号（ω_s）来说，利用慢光导模，信号强度应与 $(v_g^{\omega_p} \cdot v_g^{\omega_s})^{-2}$ 成比例增长。一些实验以这样的方式进行，即信号强度的变化作为 ω_s 在带隙附近的函数被考虑到。在 AlGaAs 的波导和绝缘体上硅（SOI）的波导中获得由于慢光而导致的强信号增益[3.291 − 295]。考虑到波导中的强光限制，上述考虑意味着受激拉曼散射应该在一个长度为 1 mm 的样本中进行，在适当的条件下，这个样本的输入脉冲能量约为 1 pJ，持续时间为 3 ps[3.296]。使用二维光子晶体平板中的微腔也观察到了类似的信号增强[3.297]。最近，利用在硅基 PC 板坯中形成的双微腔观察到了连续激发下的受激拉曼散射[3.298]。对与受激拉曼散射密切相关的四波混频现象也得到了报道[3.299]。

4. 非线性光学现象（NOP）

感应的非线性电极化 P^{NL} 与 E^2，E^3，…成正比，因此光参量过程（OPP）中的信号（辐射）强度与 I^2，I^3（I：强度）成正比。在 NLO 中使用具有大峰值光焦度和小能量的短光脉冲是有利的。因此，由于 $|E|$ 的增加，在非线性光学系统信号增强效应受益于缓慢的光或微腔中的共振光，预计会比线性情况下要大得多[3.300,301]。在光参量过程中，PM 的使用对于有效的信号产生也是至关重要的。本节在第一部分描述光参量过程案例，然后描述非光参量过程案例。

本节从一维有限周期多层堆栈开始[3.302]。有许多使用微腔的关于信号增强的实验和理论工作，夹在两个布拉格反射器中的缺陷层（文献［3.301］和其中的参考文献）。在此，本节描述了一个称为混合 1/4 波长叠层的特殊叠层的重要例子，其能够同时实现基波（ω）和谐波（2ω）光和 PM 的强场增强，使得对高效率的二次谐波振荡很有吸引力。这个系统由两个不同的材料交替层组成，这两个不同的材料具有非零 $\chi_{ijk}^{(2)}$ 的层叠结构，并且堆叠在一起，使得 $k_{1z}a = \pi$ 和 $k_{2z}b = \pi/2$ 与 k_{iz}（$i = 1$，2）的波矢向量分量垂直于层[3.303]。将两个组元层 1 和 2 命名为相应的厚度 a 和 b，并且使 z（x）轴与叠层平行（垂直）。对于垂直入射，这种分层结构在中心波长附近的透射光谱中提供了阻带（SB），其中 λ_0 是常规 1/4 波长堆叠的中心布拉格波长。在任何情况下，具有高反射率的阻带被一系列窄共振或透射率的振荡结构包围，其中透射率最大并且反射率显著下降。注意，上述反射率的消除对应光在介质中传播时积分值的总相移。如果 $\Delta n = |n_1 - n_2|$，其中 n 足够大，在上述事实[3.304]的基础上引入的有效 n 值或结构分散，不仅能够实现 $\omega \sim 2\omega$ 光之间的 PM，还能够在适当条件下补偿介质的固有色散分布。

另外，重要的是，当 N（组元数）增加时，这些谐振的模式 DOS（与 v_g 成正比）和谱宽分别变得越来越大和越来越窄；样本长度 $L = N\Lambda$，其中 $\Lambda = a + b$ 一个周期[3.306]。由于 ω 和 2ω 都可以调谐到这些共振，所以 PM − SHG 的强度应该增长为 L^6。实验结果是，AlGaAs − AlO$_2$ 非晶叠层实际上达到了 $N^{5.3}$ 相关性[3.307]。还报道过一个 GaN 基堆叠的类似文献［3.308］，其他相关著作见文献［3.309－311］。

现在来说一下二维和三维光子晶体。三维谐波振荡（THG）的一些慢光和/或 PM 增强实验已经在三维光子晶体中进行[3.312]。反射（衍射）结构中的三维光子晶体中也观察到二次谐波振荡的增强[3.313]。这些增强功能是在上述一维光子晶体的帮助下，在带隙边缘发生的。理论上还提出了在二维和三维光子晶体中实现 PM 的新颖方法[3.314,315]。

现在描述非 OPP，特别是光学克尔（OK）效应（三阶非线性），包括它们的相关现象，如间隙孤子、双稳态[3.301]和自相位调制（SPM）。对由微腔引起的信号增强进行了大量的实验和理论研究，研究内容包括夹在两个布拉格反射器中间的二维平板和一维 D 型缺陷堆叠中的空间点缺陷（见文献［3.301］中的内容）。

在大多数情况下，这种增强起源于光生自由载流子，后面 3.10.5 节中展示了很多例子。通过自由载流子[3.235,316]或虚拟光学激励[3.317]的实际（单光子或双光子）激发，可以确定半导体中的光克尔效应非线性。后面的例子是最近在双光子透明区域观察到的情况[3.318,319]。请注意，前者的非线性幅度要大于后者，但前者的响应（恢复）时间要比后者慢得多。这一事实对于开发基于光子晶体的设备非常重要，对于那些用于高重复脉冲的设备尤其如此。至于光子晶体光纤中的重要非线性光学，请参阅本书中有关光纤的其他章节。

3.10.5　设备应用

如上所述，光子晶体的频带图具有以下特征：① 光子带隙的外观；② 光子带隙附近的色散；③ 强烈的偏振相关性。基于这些独有的特征，迄今为止已经报道了多种基于光子晶体的装置，对应于新型装置以及传统光学组件小型化以用于下一代光子网络系统的集成装置/电路，其中一些是商业可用的。图 3.94 显示了分类为以下①～③ [3.305] 的建议的典型光子晶体设备。光学谐振器和微型激光器包括在光子带隙中的类别①，即光学限制中，而色散补偿器和偏振鉴别器分别包括在类别②色散和③偏振中。耦合器和光开关都包含在这些类别中。本节介绍每个类别的典型示例。

1. 光波导与制造技术

光子带隙的特性主要取决于光子晶体的折射率（n_{ref}）对比度。到目前为止，已经报道了多种具有不同 n_{ref} 对比度的一维到三维光子晶体结构[3.242,320,321]。其中，具有中等 n_{ref} 对比度的三维自动复制结构具有广泛的应用价值[3.320,322]，而二维气孔阵列结构具有很大的实际应用潜力，因为很大范围的半导体平面加工技术都是可用的[3.242]。

自动复制的三维光子晶体波导可以通过组合溅射沉积和溅射蚀刻工艺在图像化衬底上制造[3.320,322]。这种 3D 波导的独特之处在于其能够在整个多层沉积中保持相同的 3D 周期性结构，可达数十层。垂直方向上的周期性由不同薄膜的交替沉积控制，而在水平面上的周期性由基底上的初始图像控制。到目前为止，这种方法已经被应用于几种基于硅氧化物的光学元件，如偏振鉴别器[3.323,324]。

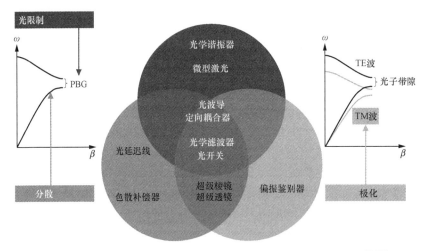

图 3.94　建议的典型光子晶体设备应用分为三类（由 H.Yamada 博士提供[3.305]）

二维光子晶体空气桥式平板波导在垂直方向表现出强烈的光学限制，且具有优异的透射特性[3.257,325－327]。使用一个异质外延薄膜衬底的典型制造工艺包括用于图像化二维光子晶体的电子束光刻、用于形成气孔阵列的干法蚀刻以及用于去除牺牲底层的选择性湿法蚀刻。图 3.95 显示了一种绝缘体上硅（SOI）衬底[3.326]上这种波导的扫描电子显微照相（SEM）图像。波导表现出低损耗的单模传播，波长范围 1 520～1 620 nm，传播损耗低至（8±2）dB/cm[3.326]。许多研究小组已经将这种类型的波导应用于信道滤波器、慢波器件和全光开关。

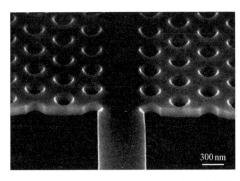

300 nm

图 3.95　在 SOI 晶圆上制作二维光子晶体空桥型硅平板波导

2. 先进的光子晶体波导设计

传统的光子波导设计方法是有限差分时域（FDTD）法[3.328]，而最近开发的基于二维有限元频域的拓扑优化（TO）方法是用于解决反向问题的工具[3.329]。拓扑优化方法能够大大改善光子晶体波导中的带宽和透射率。通过更改设计域中的折射率分布来执行拓扑优化过程，以最大化输出端口的透射率。拓扑优化设计的交叉点模式和实验结果[3.330]如图 3.96 所示。在测量的透射光谱中，"ad"表示端口 a 和 d 之间的透射率，"ac"表示端口 a 和 c 之间不希望的串扰。值得注意的是，与标准设计的 ad 相比，串扰（ac）在拓扑优化设计中被抑制了 – 15 dB，而且对于直波导来说透射谱（ad）在整个波长范围内非常相似。结果清楚地表明，拓扑优化方法对于非直线二维光子晶体波导的设计非常合适。

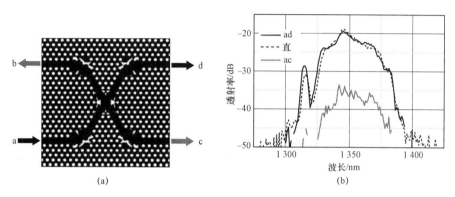

图 3.96　拓扑优化方法（a）设计的二维光子晶体空桥型
GaAs 交叉波导和显示的透射光谱（b）

3. 光延迟线和色散补偿器

由于光子晶体波导中的群速度低，可以考虑一些独特的应用[3.331,332]。一种是在超快光通信系统中将低群速度应用于小型光延迟线。一种杂质带耦合腔波导（CCW）使用耦合的局部缺陷模式可用于此目的[3.333]。具有有限数量缺陷的 CCW 问题是在透射和群时延谱中一些共振峰的不期望的外观，这些峰值严重降低了透射性能，尤其是，延迟线中的光学超短脉冲伴随着短脉冲的严重失真。这个问题可以通过在耦合腔波导中引入额外的缺陷或者在耦合腔波导边缘更改周期来改善[3.334]。事实上，一维和二维耦合腔波导的优化设计已经实现了适合于超短脉冲传输的准杂质波段，对于构建短距离延迟线和其他超短光脉冲的非线性器件非常有吸引力。

另一种在光子晶体中使用强色散的独特应用是 1 – DCCW 中的色散补偿器[3.335,336]。在进行新设计之前，由于透射率和群时延光谱中有限数量的缺陷而保留的一系列共振峰阻碍了色散补偿器的理想操作，沿着耦合腔波导传播的光脉冲扩展了脉冲宽度，因此由于共振峰值而产生了严重的传播损耗。而且，群时延谱中的共振峰值导致色散补偿器不可控。新的耦合腔波导的结构示意图见图 3.97（a）[3.336]。如图所示，对缺陷层、分布式布拉格反射器层和边缘分布式布拉格反射器层中的每个分层结构的厚度进行了优化。如图 3.97（b）所示结果显示了没有共振峰的群时延谱的平滑波长依赖性。色散补偿器使用的是平滑衰减或群时延光谱增加。

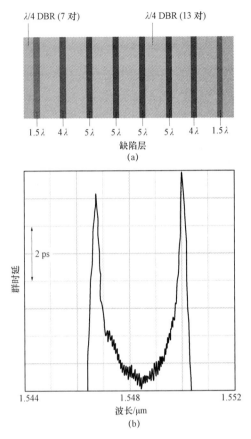

图 3.97　基于 CCW 的色散补偿器（a）和没有共振峰群时延谱的
一维光子晶体分层结构（b）

4. 光学信道分路滤波器

操作波分复用（WDM）信号的一个信道，同时保持其他信道不受干扰的信道分路滤波器是光通信系统的基本组成部分。如图 3.98 中的示意图所示，谐振腔信道分路滤波器是信道分路滤波器的一个有吸引力的候选者，因为它有可能选择一个线宽非常窄的单通道[3.337]。两个波导，即总线和分路，通过一个光学谐振器系统耦合，使得一个单一的频率通道被移出总线，并在向前或向后的方向分路，同时禁止总线之间的串扰以及所有其他频率下降。环形腔是信道分路滤波器中的谐振系统候选者，然而也有一些缺点，如辐射损耗和多重共振导致传输效率降低。针对环形腔的缺点，已经提出了波长大小的光子晶体微腔。对于这种情况，特定于这种谐振器的谐振腔模式不能再被描述为传播状态；相反，考虑到信道分路系统的对称性，已经发现在该系统中多腔模式对于实现 100% 的传输效率起着重要的作用。

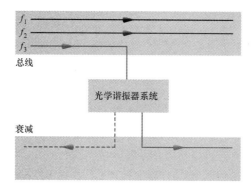

图 3.98　光学谐振器与平行平直波导耦合的信道分路滤波器的概念

作为先进的信道分路滤波器，已经报道了多个多波长插分滤波器[3.338,339]。图 3.99 显示了这样一种使用直波导和相邻光子晶体纳米腔耦合作为输出端口的插分滤波器，其由 3 个波长相关的缺失点缺陷组成[3.340]。图 3.99（a）显示了二维光子晶体阵列、单线缺陷直波导和点缺陷输出端口的示意性平面图，输入光中的多个波长在波长相关的输出端口处被分离。实验证明，从图 3.99 中不同输出端口观察到不同波长的输出光束的近场图形，结果表明 7 个波长被这个装置清楚地分开。

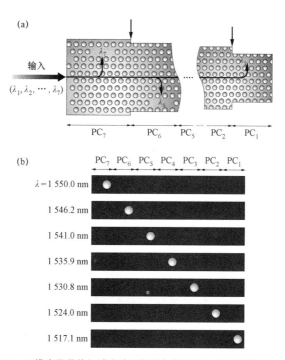

图 3.99　二维光子晶体加减滤波器与耦合直波导和点缺陷微腔（a）和
观察的输出光束的近场图样（b）

高性能信道分路滤波器也已经通过使用具有直波导和独立微腔的更复杂的耦合器[3.341]和具有两个平行波导的定向耦合器而被证明[3.342]，然而本书将不给出详细的特性。

5. 高 Q 腔

如图 3.94 所示的各种光学谐振器，使用特定气孔阵列的点缺陷工程[3.343-346]已经报道了超高 Q 光子晶体的光子带隙微腔。图 3.100 显示了一个二维光子晶体双异质结构微腔及其对应于传输和模间隙区域的示意频率范围[3.256,347]。双异质结构微腔由晶格常数为 a_1 的三角晶格结构和在波导方向上具有 a_2（$>a_1$）的面心矩形晶格常数的变形三角晶格结构组成。特定能量的光波可以被定位在后面的区域中并导致期望的高斯场分布。实验结果表现出高达 60 万的 Q 因子。这种微腔可以作为光存储器的一部分[3.348]应用于高灵敏度的光学传感器。

6. 慢光装置

光子晶体中群速度非常低的慢光在近年来引起了各种先进光子应用的关注。由于光物质相互作用的时间尺度大大增加，所以由于慢光的微/纳米级定位光能增强了光学非线性效应。一方面，利用光子晶体的慢光来减缓、存储、切换和延迟光数据位的复杂全光信息处理将提供全光路由器和全光缓冲存储器，以提供动态控制通过下一代电信网络传输数据，而不需要将光学数据转换成电子域[3.235,263,349,350]。另一方面，使用光子晶体的弱光来减缓、存储、切换和延迟光数据位的复杂全光信息处理的发展将提供全光路由器和全光缓冲存储器，以提供下一代电信网络的数据流的动态控制，而不需要将光学数据转换为电子域[3.235,263,349,350]。

截止点附近（或在其处）出现慢光被称为频带图中的频带边缘[3.259]。图 3.101（a）显示的是具有啁啾结构的色散补偿器应用的示意操作、能带图和组指数谱[3.351]，图 3.101（b）显示了作为零色散慢光设备应用的脉冲压缩器。如上所述，以这种方式控制光脉冲速度的能力为许多令人兴奋的新机会打开了大门。

7. 全光开关

在一个光子网络系统中，光空间/时域切换是不可避免的。具体而言，在光学控制和信号脉冲的作用下基于光子晶体的超高速全光开关，能够以远高于电子开关的极限速度工作的超高速和超低光焦度开关备受关注[3.352-355]。

图 3.102（a）显示了一个对称马赫－曾德（Mach－Zehnder）（SMZ）型全光开关，采用 GaAs 二维光子晶体空气桥型平板波导和嵌入波导的光学非线性量子点（QD）[3.353]。光子晶体平台包括多个定向耦合器以及弯曲和 Y 分支，而量子点呈现出作为三阶光学非线性量子点的吸收饱和。超快速切换的原理是带有开启和关闭控制脉冲的时间差分相位调制，如图 3.102（b）所示，其中一个量子点中的慢载波－松弛分量作为两个平行的量子点臂之间的相移差而被取消。因此，实现了图 3.102（c）

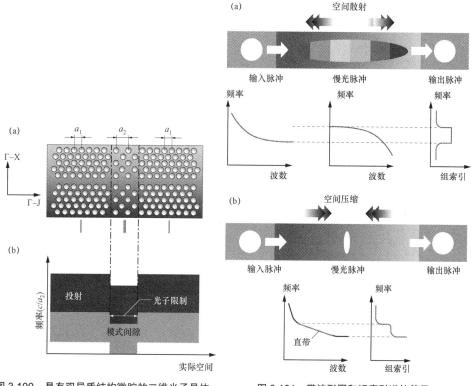

图 3.100　具有双异质结构微腔的二维光子晶体
超高 Q 腔（a）以及传输和模间隙区域的
频率范围示意图（b）

图 3.101　带波形图和组索引谱的基于
慢波的器件应用示意图
（a）应用于色散补偿；（b）应用于脉冲压缩机

所示的 2 ps 上升/下降时间的输出响应，窗口宽度为 20～30 ps[3.356]。此处显示的结果对应使用单个短输入脉冲进行切换的情况。20～40 GHz 重复短脉冲的切换也已经通过实验获得[3.357]。其他小组在理论上也验证了马赫–曾德型干扰配置的切换原理[3.358]。

另外，许多研究小组已经通过在硅中使用双稳态效应[3.359,360]，及硅和 Ⅲ–Ⅴ 材料中的微腔或定向耦合器[3.361–364]二维光子晶体开关。图 3.103 显示了硅微腔中的全光开关[3.361]。基于双光子过程载流子诱导的光学非线性和微腔中载流子–等离子体色散产生大的折射率位移，远大于单位输入能量的热光学非线性折射率位移，由此导致具有低开关能量的超快光学切换。该器件基于一个四格点端孔转移（L4）腔，与高 Q（11 500–23 000）输入/输出波导内联耦合，如图 3.103a 及 3.103b 所示，开关时间大约为 50–300 ps，比块状硅中的载流子复合（≈μs）快得多。这种快速的载流子弛豫可能归因于微腔中产生的载流子的短扩散时间[3.361]。

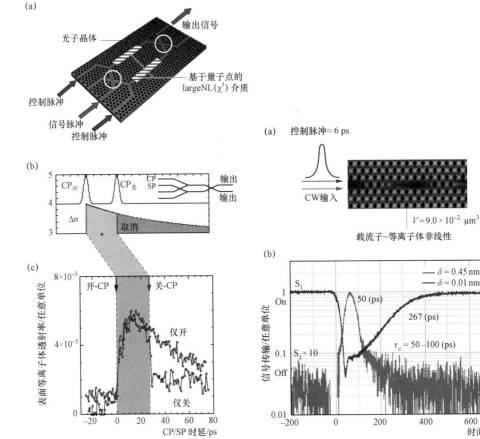

图 3.102　二维光子晶体基对称马赫－曾德（SMZ）型 GaAs 全光开关（a）及其在时间差分相位调制（b）下操作的输出开关响应（c）示意图

图 3.103　具有硅微腔的基于二维光子晶体的全光开关（a）及其在载波诱导光学非线性下工作的输出开关响应（b）的示意图

8. 光子晶体激光器

迄今为止，已经开发出不同激光机制和光子晶体结构的各种光子晶体激光器[3.263]。其中的大多数基于光子晶体平板，因为相对容易制造。这些激光器可以分为点缺陷激光器和带边激光器。Yablonovitch[3.237]首先提出了第一类激光器的概念。通过在光子带隙中使用超小型点缺陷光学腔，能够理想地控制自发发射，原则上应当可以实现超低阈值或无阈值激光器。这种激光器的典型例子如图 3.104（a）所示，其中一个具有四层量子阱基于 InP 的二维光子晶体微腔形成空气桥结构以在垂直方向上限制光[3.365]。在横向方向上，如图 3.104（b）左侧的 SEM 图所示，在中心处具有单点缺陷的三角形格子气孔阵列被穿孔以形成微腔。图 3.104（c）所示计算电磁波分布所预测的，两个特定的内部空气孔的半径增加，而光泵腔从点缺陷区发射光，光泵浦激光操作已经得到验证。这是基于光子晶体微腔激光应用的首次报告。

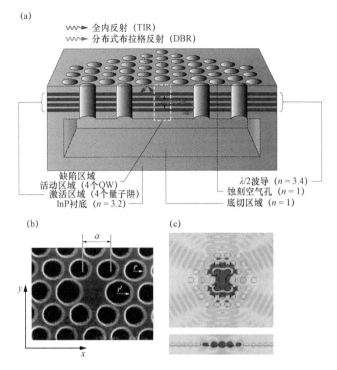

(a)

ᔕᔕᔕ➤ 全内反射（TIR）

ᔕᔕᔕ➤ 分布式布拉格反射（DBR）

缺陷区域
活动区域（4个QW）
激活区域（4个量子阱）
InP衬底（n = 3.2）

λ/2波导（n = 3.4）
蚀刻空气孔（n = 1）
底切区域（n = 1）

(b)

(c)

图 3.104　具有点缺陷微腔的基于 InP 的二维光子晶体激光器的示意图
（a）空气桥结构的横截面图；（b）点缺陷微腔附近的修改的气孔阵列；（c）计算的电磁波分布

　　第二类带边激光利用了由边缘带布拉格衍射引起的低群速度和反馈机制。反馈是二维的，因此与基于分布式反馈（DFB）的一维激光器相比，这种类型的光子晶体激光器可以认为是二维激光器。在这种情况下，光子晶体不需要光子带隙，换句话说，即使是一个微调的光子晶体也足以达到这个目的。同时，还研究了利用具有强反馈的光子带隙相关频带边缘的第二类激光器[3.366,367]。这种类型光子晶体激光器的独特之处在于可以在较大的二维区域上进行相干操作。在所谓的使用更高频带的 Γ 点激光器的情况下，例如在图 3.91（a）的垂直轴的交叉点处，由于衍射，激光器在垂直方向上发射。这种新型的垂直发射激光器在狭窄的立体角内发射，具有在高光焦度下实现单频操作的优点[3.367]。图 3.105 显示了这种通过使用晶元融合技术将光子晶体与增益介质结合而形成的二维光子晶体激光器。在一个 n – InP 衬底（晶片 B）上形成二维光子晶体结构和通过夹层 InGaAsP/InP 多量子阱活性层（晶片 A）形成的增益介质层叠，并在 620 ℃的氢气氛围中加热，且牢固地结合在一起。在键合晶片的表面上蒸发 300 μm 直径的金电极，使得从周围区域观察到表面发射的光。在室温下成功发射激光。还开发了基于线缺陷光子晶体波导的第二类激光器[3.368]。

关于激光材料，采用了量子阱（QW，通常为GaInAsP/InP）、量子点（QD，GaAs/InAs）和有机材料，嵌入二维光子晶体平板。在大多数情况下采用光泵，但在某些情况下也采用电泵。

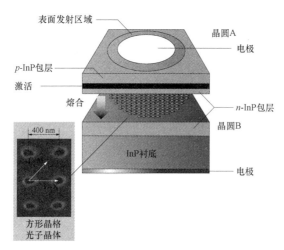

图 3.105　一个基于 InGaAsP/InP 二维光子晶体激光器的示意图

9. 基于史密斯–帕赛尔（Smith–Purcell）效应的可调谐相干光源

沿着直线轨迹行进的电子会伴随着一个光子云，其呈指数衰减离开轨迹，因此只能在轨迹的紧邻附近观察到相关的光。如果光散射体在衰减范围内周期性地排列，则辐射的光子受到反转散射的影响，并在远场中变得可见；所获得的动量变化将辐射光子的相空间点从光锥的外部移到内部，称为史密斯–珀塞尔辐射。通常使用一个金属光栅观察史密斯–珀塞尔辐射。如果使用光子晶体代替光栅，则相位空间点的移动受到带结构存在的影响。事实上，以一系列尖锐的辐射信号为特征的史密斯–珀塞尔谱可以通过在高能电子束附近放置一个光子晶体来观察[3.369]，与理论计算非常符合[3.370]。请注意，与传统光栅相比，有更强的辐射可供使用。史密斯–珀塞尔辐射是使用光子晶体进行电子–光子相互作用的有趣例子。

| 参 考 文 献 |

［3.1］ M.F. Land, D.E. Nilsson: *Animal Eyes* (Oxford Univ.Press, New York 2002).

［3.2］ J. Aizenberg, A. Tkachenko, S. Weiner, et al: Calcitic microlenses as a part of the photoreceptor system in brittlestars, Nature **409**, 36 – 37(2001).

［3.3］　Z.D. Popovic, R.A. Sprague, G.A.N. Conell: Techniquefor the monolithique fabrication ofmicrolens arrays,Appl. Opt. **27**, 1281 – 1284 (1988).

［3.4］　A.Y. Feldblum, C.R. Nijander, W.P. Townsend, et al: Performance and measurement of refractive microlens arrays, Proc. SPIE **1544**, 200(1991).

［3.5］　M.C. Hutley: Refractive lenslet arrays. In: *Micro-Optics Elements, Systems and Applications*, ed. by H.P. Herzig (Taylor Francis, New York 1997) pp. 127 – 152.

［3.6］　S. Sinzinger, J. Jahns: *Microoptics*, 2nd edn. (WileyVCH, Weinheim 2003).

［3.7］　M.T. Gale: Direct writing of continuous-relief microoptics. In: *Micro-Optics Elements, Systems and Applications*, ed. by H.P. Herzig (Taylor Francis, New York 1997) pp. 87 – 126.

［3.8］　M.B. Stern, T.R. Jay: Dry etching of coherent refractivemicrolens arrays, Opt. Eng. **33**, 3547 – 3551(1994).

［3.9］　P. Michaloski: Illuminators for microlithography.In: *Laser Beam Shaping Applications*, ed. by F.M. Dickey, S.C. Holswade, D.L. Shealy (Taylor Francis,New York 2006) pp. 1 – 54.

［3.10］　K.H. Lee, D.H. Kim, J.S. Kim, et al: Design of illumination systemfor ArF excimer laser step-and-scanner, Proc. SPIE**3334**, 997 – 1004 (1998).

［3.11］　L. Erdmann, M. Burkhardt, R. Brunner: Coherencemanagement for microlens laser beam homogenizer,Proc. SPIE **4775**, 145 – 154 (2002).

［3.12］　R.N. Gast: Excimer laser photorefractive surgery ofthe cornea, Proc. SPIE **3343**, 212 – 220 (1998).

［3.13］　J.P. Sercel, M. von Dadelszen: Practical UV excimerlaser image system illuminators. In: *Laser BeamShaping Applications*, ed. by F.M. Dickey, S.C. Holswade,D.L. Shealy (Taylor Francis, New York 2006)pp. 113 – 156.

［3.14］　T. Henning, L. Unnebrink, M. Scholl: UV laser beamshaping by multifaceted beam integrators: fundamentalprinciples and advanced design concepts,Proc. SPIE **2703**, 62 – 73 (1996).

［3.15］　Y. Li, E. Wolf: Three-dimensional intensity distributionnear the focus in systems of different Fresnelnumbers, J. Opt. Soc. Am. A **1**, 801 – 808 (1984).

［3.16］　P. Dainesi, J. Ihlemann, P. Simon: Optimization of a beam delivery system for a short-pulse KrF laserused for material ablation, Appl. Opt. **36**, 7080 – 7085(1997).

［3.17］　T. Sandström: Homogenization of a spatially coherentradiation beam and printing and inspection,respectively, of a pattern on a workpiece, WO-Patent03/023833 (2003).

［3.18］　M. Burkhardt, R. Brunner: Functional integratedoptical elements for beam shaping with coherencescrambling property, realized by interferencelithography, Appl. Opt. **46**(28), 7061 – 7067(2007).

［3.19］ D.M. Brown, F.M. Dickey, L.S. Weichmann: Multiaperture beam integration systems. In: *Laser BeamShaping*, ed. by F.M. Dickey, S.C. Holswade (MarcelDekker, New York 2000) pp. 273－311.

［3.20］ F.M. Dickey, S.C. Holswade: Beam shaping: A review.In: *Laser Beam Shaping Applications*, ed. by F.M. Dickey, S.C. Holswade, D.L. Shealy (Taylor Francis,New York 2006) pp. 269－306.

［3.21］ J.C. Dainty: Adaptive optics. In: *Optical Imaging and Microscopy*, ed. by P. Török, F.-J. Kao (Springer,Berlin Heidelberg, 2007) pp. 307－327, 2nd edn..

［3.22］ L. Gilles, B.L. Ellerbroeck: Real-time turbulence profilingwith a pair of laser guide star Shack-Hartmannwave-front sensors for wide-field adaptive opticssystems on large to extremely large telescopes,J. Opt. Soc. Am. A **27**(11), 76－83 (2010).

［3.23］ F. Shi, G. Chanan, C. Ohara, et al: Experimental verification of dispersed fringesensing as a segment phasing technique usingthe Keck telescope, Appl. Opt. **43**(23), 4474－4481(2004).

［3.24］ R. Conan, O. Lardiere, G. Herriot, et al: Experimental assessment of the matched filter for laser guide star wave-front sensing, Appl. Opt.**48**(6), 1198－1211 (2009).

［3.25］ P.M. Prieto, F. Fargas-Martin, S. Goelz, et al: Analysis of the performance of the Hartmann-Shacksensor in the human eye, J. Opt. Soc. Am. A **17**(8),1388－1398 (2000).

［3.26］ J.W. Cha, P.T.C. So: A Shack-Hartmann: Wave-frontsensor based adaptive optics system for multiphoton microscopy, Biomedical Optics (BIOMED) 2008 paper:BMD52, OSA Technical Digest (CD) (Opt. Soc. Am.,Washington 2008).

［3.27］ M.D. Missig, G.M. Morris: Diffractive optics appliedto eyepiece design, Appl. Opt. **34**, 2452－2461 (1995).

［3.28］ W. Knapp, G. Blough, K. Khajurival, et al: Optical design comparison of 60° eyepieces: one with a diffractive surface and one with aspherics, Appl. Opt. **34**, 4756－4760(1997).

［3.29］ Z.-Q. Wang, H.-J. Zhang, R.-L. Fu, et al: Hybriddiffractive refractive ultra-wide-angle eyepieces,Optik **113**, 159－162 (2002).

［3.30］ C.G. Blough, M.J. Hoppe, D.R. Hand, et al: Achromatic eyepieces using acrylic diffractive lenses,Proc. SPIE **2600**, 93－99 (1995).

［3.31］ Z. Yun, Y.L. Lam, Y. Zhou, et al: Eyepiece design with refractive-diffractive hybridelements, Proc. SPIE **4093**, 474－480 (2000).

［3.32］ G. De Vos, G. Brandt: Use of holographic optical elements in HMDs, Proc. SPIE **1290**, 70－80 (1990).

［3.33］ J.A. Cox, T.A. Fritz, T. Werner: Application anddemonstration of diffractive optics for headmounted displays, Proc. SPIE **2218**, 32－40 (1994).

［3.34］ J.P. Rolland, M.W. Krueger, A.A. Goon: Dynamic focusing in head-mounted displays, Proc. SPIE **3639**,463 − 470 (1999).

［3.35］ T. Nakai, H. Ogawa: Research on multi-layer diffractiveoptical elements and their application tocamera lenses, *Diffractive Optics and Micro-Optics*,Techn. Dig. (Optical Society of America, Washington,2002) pp. 5 − 7, (postconference edition).

［3.36］ R. Brunner, R. Steiner, K. Rudolf, et al: Diffractive-refractive hybrid microscope objectivefor 193nm inspection systems, Proc. SPIE **5177**, 9 − 15(2003).

［3.37］ R. Brunner, A. Menck, R. Steiner, et al: Immersionmask inspection with hybrid-microscopic systems at 193 nm, Proc. SPIE **5567**, 887 − 893 (2004).

［3.38］ R. Brunner, M. Burkhardt, A. Pesch, et al: Diffraction basedsolid immersion lens, J. Opt. Soc. Am. A **21**(7), 1186 − 1191 (2004).

［3.39］ R.A. Hyde: Eyeglass. 1. Very large aperture diffractivetelescopes, Appl. Opt. **38**(19), 4198 − 4212 (1999).

［3.40］ I.M. Barton, J.A. Britten, S.N. Dixit, et al: Fabrication of large-aperture lightweight diffractive lenses for use in space, Appl.Opt. **40**(4), 447 − 451 (2001).

［3.41］ D. Attwood: *Soft X-ray and Extreme Ultraviolet Radiation − Principles and Applications* (Cambridge Univ.Press, Cambridge 1999).

［3.42］ J. Nowak, J. Masajada: Hybrid apochromatic lens,Opt. Appl. **30**(2/3), 271 − 275 (2000).

［3.43］ D.A. Buralli: Optical performance of holographic kinoforms,Appl. Opt. **28**, 976 − 983 (1989).

［3.44］ C. Londono, P.P. Clark: Modeling diffraction efficiency effects when designing hybrid diffractive lens systems, Appl. Opt. **31**, 2248 − 2251 (1992).

［3.45］ S.M. Ebstein: Nearly index-matched optics for aspherical,diffractive, and achromatic-phase diffractive elements, Opt. Lett. **21**, 1454 − 1456 (1996).

［3.46］ Y. Arieli, S. Noach, S. Ozeri, et al: Designof diffractive optical elements for multiple wavelengths,Appl. Opt. **37**, 6174 − 6177 (1998).

［3.47］ Y. Arieli, S. Ozeri, T. Eisenberg, et al: Design of diffractive optical elements for wide spectral bandwidth,Opt. Lett. **23**, 823 − 824 (1998).

［3.48］ T. Nakai: Diffractive optical element and photographic optical system having the same, European Patent Application EP 1014150 A2 (1999).

［3.49］ H.P. Herzig, A. Schilling: Optical systems- design using microoptics. In: *Encyclopedia of Optical Engineering*, Vol. 2, ed. by R.G. Driggers (Marcel Dekker,New York 2003) pp. 1830 − 1842.

［3.50］ T. Nakai, H. Ogawa: Research on multi-layer diffractive optical elements and their applications tophotographic lenses, 3rd Int. Conf. Optics-Photonics Design Fabrication, Tokyo 2002, ed. by T. Murakami(Optical Society of Japan, Tokio

2002) pp. 61－62.

［3.51］ T.H. Jamieson: Thermal effects in optical systems,Opt. Eng. **20**, 156－160 (1981).

［3.52］ G.P. Behrmann, J.P. Bowen: Influence of temperature on diffractive lens performance, Appl. Opt.**32**(14), 2483－2489 (1993).

［3.53］ J. Jahns, Y.H. Lee, C.A. Burrus, et al: Optical interconnects using top-surface-emitting microlasers and planar optics, Appl. Opt. **31**, 592－597 (1992).

［3.54］ C. Londono, W.T. Plummer, P.P. Clark: Athermalization of a single-component lens with diffractive optics, Appl. Opt. **32**, 2295－2302 (1993).

［3.55］ G.P. Behrmann, J.N. Mait: Hybrid (refractive/diffractive)optics. In: *Micro-optics: Elements, Systems and Application*, ed. by H.P. Herzig (Taylor Francis,London 1997) pp. 259－292.

［3.56］ G. Khanarian: Optical properties of cyclic olefincopolymers, Opt. Eng. **40**(6), 1024－1029 (2001).

［3.57］ Nippon Zeon: *Zeonex Brochure* (Nippon Zeon Co.,Tokyo 1998).

［3.58］ B. Kress, P. Meyrueis: *Digital Diffractive Optics: AnIntroduction to Planar Diffractive Optics and RelatedTechnology* (Wiley, New York 2000).

［3.59］ D.C. O'Shea, T.J. Suleski, A.D. Kathman, et al: Diffractive Optics: Design, Fabrication, and Test, SPIEVol. TT62 (SPIE, Bellingham 2003).

［3.60］ D. Schreier, W. Hase: *Synthetische Holografie*(Physik-Verlag, Weinheim 1984), in German.

［3.61］ J. Turunen, F. Wyrowski: *Introduction to Diffractive Optics* (Akademie Verlag, Berlin 1997).

［3.62］ M. Hagemann, M. Kluge, E. Pawlowski, et al: Design and Optimization Strategies for Diffractive Optical Elements (DOE), EOS Topical Meeting on Diffractive Optics 2010 (EOS2010).

［3.63］ LightTrans GmbH: *LightTrans VirtualLab User's Manual,*LightTrans GmbH Jena, available online atwww.lighttrans.com (last accessed 22 December2011).

［3.64］ H. Vogt, R. Biertümpfel, E. Pawlowski: Proc. SPIE**6876**, 687617 (2008).

［3.65］ L.H. Cescato, E. Gluch, N. Streibl: Holographic quarter waveplates, Appl. Opt. **29**(22), 3286－3290 (1990).

［3.66］ I. Richter, P.-C. Sun, F. Xu, et al: Design considerations of form biref ringent microstructures,Appl. Opt. **34**(14), 2421－2429 (1995).

［3.67］ I. Richter, P.-C. Sun, F. Xu, et al: Form bire fringent microstructures: modeling and design,Proc. SPIE **2404**, 69－80 (1995).

［3.68］ P.B. Clapham, M.C. Hutley: Reduction of lens reflexion by the "moth eye" principle, Nature **244**(5414),281－282 (1973).

［3.69］ S.J. Wilson, M.C. Hutley: The optical properties of 'moth eye' antireflection surfaces, Opt. Acta **29**(7),993 – 1009 (1982).

［3.70］ T.K. Gaylord, W.E. Baird, M.G. Moharam: Zero-reflectivity high spatial-frequency rectangular-groove dielectric surface relief gratings, Appl. Opt.**25**(24), 4562 – 4567 (1986).

［3.71］ D.H. Raguin, G.M. Morris: Antireflection structured surfaces for the infrared spectral region, Appl. Opt.**32**(7), 1154 – 1167 (1993).

［3.72］ R. Bräuer, O. Bryngdahl: Design of antireflection gratings with approximate and rigorous methods,Appl. Opt. **33**(34), 7875 – 7882 (1994).

［3.73］ R.-C. Tyan, P.-C. Sun, Y. Fainman: Polarizing beam splitters constructed of form-birefringent multiplayer gratings, Proc. SPIE **2689**, 82 – 89 (1996).

［3.74］ R.-C. Tyan, A.A. Salvekar, H.-P. Chou, et al: Design, fabrication, and characterization of form-birefringent multiplayer polarizing beam splitter, J. Opt. Soc. Am.A **14**(7), 1627 – 1636 (1997).

［3.75］ L. Pajewski, R. Borghi, G. Schettini, et al: Design of a binary grating with subwavelength features that acts as a polarizing beam splitter, Appl. Opt. **40**(32), 5898 – 5905(2001).

［3.76］ L.L. Soares, L. Cescato: Metallized photoresist grating as a polarizing beam splitter, Appl. Opt. **40**(32),5906 – 5910 (2001).

［3.77］ P. Lalanne, J. Hazart, P. Chavel, et al: A transmission polarizing beam splitter grating, J. Opt. A **1**, 215 – 219 (1999).

［3.78］ H. Haidner, P. Kipfer, W. Stork, et al: Zero ordergratings used as an artificial distributed index medium, Optik **89**(3), 107 – 112 (1992).

［3.79］ M.W. Farn: Binary gratings with increased efficiency,Appl. Opt. **31**(22), 4453 – 4458 (1992).

［3.80］ M. Collischon, H. Haidner, P. Kipfer, et al: Binary blazed reflection gratings, Appl. Opt. **33**(16),3572 – 3577 (1994).

［3.81］ P. Lalanne, S. Astilean, P. Chavel, et al: Blazed binary subwavelength gratings with efficiencies larger than those of conventional echelette gratings, Opt. Lett. **23**(14), 1081 – 1083(1998).

［3.82］ J.N. Mait, D.W. Prather, M.S. Mirotznik: Binary subwavelength diffractive lens design, Opt. Lett. **23**(17),1343 – 1345 (1998).

［3.83］ M. Born, E. Wolf: *Principles of Optics*, 6th edn. (Pergamon,London 1980).

［3.84］ S.M. Rytov: Electromagnetic properties of a finelystratified medium, Sov. Phys. JETP **2**(3), 466 – 475(1956).

［3.85］ E.B. Grann, M.G. Moharam, D.A. Pommet: Artificialuniaxial and biaxial dielectrics with use of two-dimensional subwavelength binary gratings, J. Opt.Soc. Am. A **11**(10), 2695 – 2703 (1994).

［3.86］ A.R. Parker: 515 million years of structural colors,J. Opt. A **2**, R15 − R28 (2000).

［3.87］ E.N. Glytsis, T.K. Gaylord: High-spatial-frequency binary and multilevel stairstep gratings: polarization-selective mirrors and broadb and antireflection surfaces, Appl. Opt. **31**(22), 4459 − 4470(1992).

［3.88］ D.H. Raguin, G.M. Morris: Analysis of antireflection-structured surfaces with continuous one-dimensional surface profiles, Appl. Opt. **32**(14), 2582 − 2598 (1993).

［3.89］ M.E. Motamedi, W.H. Southwell, W.J. Gunning:Antireflection surfaces in silicon using binary optics technology, Appl. Opt. **31**(22), 4371 − 4376(1993).

［3.90］ A. Gombert, K. Rose, A. Heinzel, et al: Antireflective submicrometer surface-relief gratings for solar applications, Sol.Energy Mater. Sol. Cells **54**, 333 − 342 (1998).

［3.91］ R. Glass, M. Moeller, J.P. Spatz: Block copolymermicelle nanolithography, Nanotechnology **14**, 1153 − 1160 (2003).

［3.92］ T. Lohmüller, M. Helgert, M. Sundermann, et al: Biomimetic interfaces for high-performance optics in deep-UV light range, NanoLett. **8**(5), 1429 − 1433 (2008).

［3.93］ C. Morhard, C. Pacholski, D. Lehr, et al: *Tailored* antireflective biomimetic nanostructures for UV applications, Nanotechnology **21**, 425301 (2010), (6p.).

［3.94］ R.T. Perkins, D.P. Hansen, E.W. Gardner, et al: Broadband wire grid polarizer for the visible spectrum, US Patent 6122103 (2000).

［3.95］ M. Xu, H.P. Urbach, D.K.G. de Boer, et al: Wire-grid diffraction gratings used as polarizing beam splitter for visible light and applied in liquidcrystal on silicon, Opt. Express **13**(7), 2303 − 2320(2005).

［3.96］ T. Sergan, M. Lavrenzovich, J. Kelly, et al: Measurement and modeling of optical performance of wire grids and liquid-crystal displays utilizing grid polarizers, J. Opt. Soc. Am. A**19**(9), 1872 − 1885 (2002).

［3.97］ P. Yeh: A new optical model for wire grid polarizers,Opt. Commun. **26**(3), 289 − 292 (1978).

［3.98］ W. Storck, N. Streibl, H. Haidner, et al: Artificial distributed-index media fabricated by zero-order gratings, Opt. Lett. **16**(24), 1921 − 1923 (1991).

［3.99］ H. Haidner, P. Kipfer, T. Sheridan, et al: Diffraction grating with rectangular grooves exceeding 80% diffraction efficiency, Infrared Phys. **34**(5), 467 − 475 (1993).

［3.100］ P. Tang, D.J. Towner, T. Hamano, et al: Electrooptic modulation up to 40 GHz in a bariumtitanate thin film waveguide modulator, Opt. Express**12**(24), 5962 − 5967 (2004).

［3.101］ M. Hufschmid: *Winkel modulation* (Fachhochschule,Basel 2002), in German.

［3.102］ New Focus: *Practical Uses and Applications of Electrooptic Modulators* (Bockham Inc., San Jose 2001).

［3.103］ M. Bass: *Handbook of Optics*, Vol. 2 (McGraw-Hill,New York 1995).

［3.104］ B.E.A. Saleh, M.C. Teich: *Fundamentals of Photonics*(Wiley, New York 1991).

［3.105］ R.F. Enscoe, R.J. Kocka: *Systems and Applications Demands for Wider-Band Beam Modulation Challenge System Designers* (Conoptics Inc., Danbury1981).

［3.106］ A.L. Mikaelian: Self-focusing media with variable index of refraction, Prog. Opt. **17**, 281 – 345(1980).

［3.107］ K. Iga: Theory for gradient index imaging, Appl. Opt.**19**, 1039 – 1043 (1970).

［3.108］ H. Hovestädt: Cylindrical glass plates acting liked iverging lenses. In: *Jena Glass and Its Scientificand Industrial Applications*, ed. by I.P. Everett,A. Everett (Macmillan, London 1902) pp. 66 – 70,Chap. 29.

［3.109］ J.C. Maxwell: Solution of problems, Camb. Dublin Math. J. **8**, 188 (1854).

［3.110］ K. Iga, S. Misawa: Distributed-index planar microlens and stacked planar optics: a review of progress, Appl. Opt. **25**, 3388 – 3396 (1986).

［3.111］ R.K. Luneburg: *Mathematical Theory of Optics* (Univ.California Press, Berkeley 1966), Chap. 27-30, pp.164 – 195.

［3.112］ S. Doric: Patent WO 96/14595 (1996).

［3.113］ M.V.R.K. Murty: Laminated lens, J. Opt. Soc. Am. **61**,886 – 894 (1971).

［3.114］ K. Iga, Y. Kokubun, M. Gikawa: *Fundamentals of Microoptics* (Academic, New York 1984).

［3.115］ E.W. Marchand: *Gradient Index Optics* (Academic,New York 1978).

［3.116］ C. Gomez-Reino, M.V. Perez, C. Bao: *Gradient-Index Optics* (Springer, Berlin, Heidelberg 2002).

［3.117］ K.H. Brenner, W. Singer: Light propagation through microlenses: a new simulation method, Appl. Opt.**32**, 4984 (1993).

［3.118］ S.I. Najafi: *Introduction to Glass Integrated Optics*(Artech House, New York 1992).

［3.119］ M. Born, E. Wolf: *Principles of Optics* (Pergamon,Oxford 1980).

［3.120］ A. Sharma, D.V. Kumar, A.K. Ghatak: Tracing rays through graded-index media: a new method, Appl.Opt. **21**, 984 – 987 (1982).

［3.121］ A. Sharma: Computing optical path length ingradient-index media: a fast and accurate method,Appl. Opt. **24**, 4367 – 4370 (1985).

［3.122］ M.L. Huggins: The refractive index of silicate glasses as a function of composition, J. Opt. Soc. Am. **30**,420 (1940).

［3.123］ S.D. Fantone: Refractive index and spectral models for gradient-index materials, Appl. Opt. **22**, 432 – 440(1983).

［3.124］ D.P. Ryan-Howard, D.T. Moore: Model for the chromatic properties of gradient-index glass, Appl. Opt.**24**, 4356－4366 (1985).

［3.125］ K. Shingyouchi, S. Konishi: Gradient-index doped silica rod lenses produced by a solgel method, Appl.Opt. **29**, 4061－4063 (1990).

［3.126］ M.A. Pickering, R.L. Taylor, D.T. Moore: Gradient infrared optical material prepared by a chemical vapor deposition process, Appl. Opt. **25**, 3364－3372 (1986).

［3.127］ I. Kitano, K. Koizumi, H. Matsumura, et al: A light-focusing fiber guide preparedby ion-exchange techniques, J. Jpn. Soc. Appl. Phys.Suppl. **39**, 63－70 (1970).

［3.128］ S. Ohmi, H. Sakai, Y. Asahara, et al: Gradient-index rod lensmade by a double ion-exchange process, Appl. Opt.**27**, 496 (1988).

［3.129］ R.H. Doremus: Ion exchange in glasses. In: *Ion Exchange*,ed. by J. Marinski (Marcel Decker, New York 1966).

［3.130］ Y. Ohtsuka, T. Sugano: Studies on the light-focusing plastic rod. 14: GRIN rod of CR-39-trifluoroethylmethacrylate copolymer by a vapor-phase transfer process, Appl. Opt. **22**, 413 (1983).

［3.131］ T.M. Che, J.B. Caldwell, R.M. Mininni: Sol-gel derived gradient index optical materials, Proc. SPIE**1328**, 145－159 (1990).

［3.132］ Y. Koike, H. Hidaka, Y. Ohtsuka: Plastic axial gradient-index lens, Appl. Opt. **24**, 4321 (1985).

［3.133］ P.K. Manhart, T.W. Stuhlinger, K.R. Castle, et al: Gradient refractive index lens elements, US Patent 5617252 (1997).

［3.134］ R.M. Ward, D.N. Pulsifer: Glass preform with deepradial gradient layer and method of manufacturing same, US Patent 5522003 (1996).

［3.135］ B. Messerschmidt, T. Possner, R. Goering: Colorless gradient-index cylindrical lenses with high numerical apertures produced by silver-ion exchange,Appl. Opt. **34**, 7825 (1995).

［3.136］ T. Findakly: Glass waveguides by ion exchange: a review,Opt. Eng. **24**, 244－252 (1985).

［3.137］ A. Tervonen, S. Honkanen: Model for waveguide fabrication in glass by two-step ion exchange withionic masking, Opt. Lett. **13**, 71 (1988).

［3.138］ J.M. Inman, J.L. Bentley, S.N. Houde-Walter: Modelingion-exchanged glass photonics: the modifiedquasi-chemical diffusion coefficient, J. Non-Cryst.Solids **191**, 209－215 (1995).

［3.139］ B. Messerschmidt, C.H. Hsieh, B.L. McIntyre, et al: Ionic mobility in an ion exchanged silver-sodium boroaluminosilicate glass for micro-optics applications,

J. Non-Cryst. Solids **217**, 264–271 (1997).

［3.140］　N. Haun, D.S. Kindred, D.T.Moore: Index profile control using Li⁺ for Na⁺ exchange in aluminosilicate glasses, Appl. Opt. **29**, 4056 (1990).

［3.141］　L.G. Atkinson, D.T. Moore, N.J. Sullo: Imaging capabilities of a long gradient-index rod, Appl. Opt. **21**,1004 (1982).

［3.142］　D.C. Leiner, R. Prescott: Correction of chromatic aberrations in GRIN endoscopes, Appl. Opt. **22**, 383(1983).

［3.143］　K. Fujii, S. Ogi, N. Akazawa: Gradient-index rod lenswith a high acceptance angle for color use by Na⁺ for Li⁺ exchange, Appl. Opt. **33**, 8087 (1994).

［3.144］　S. Yuan, N.A. Riza: General formula for coupling-loss characterization of single-mode fiber collimators by use of gradient-index rod lenses, Appl. Opt. **38**, 3214–3222 (1999).

［3.145］　R.W. Gilsdorf, J.C. Palais: Single-mode fiber coupling efficiency with graded-index rod lenses, Appl. Opt.**33**, 3440 (1994).

［3.146］　Y. Mitsuhashi: SELFOC lenses: Applications in DWDM and optical data links, Proc. SPIE **3666**, 246–251(1999).

［3.147］　I. Kitano, H. Ueno, M. Toyama: Gradient-index lens for low-loss coupling of a laser diode to single-mode fiber, Appl. Opt. **25**, 3336 (1986).

［3.148］　V. Blümel, B. Messerschmidt: Designs and applications of graded-index fast-axis-collimating lenses to high-power diode lasers, Proc. 10th Microoptics Conference (MOC04), Jena 2004, ed. by Conventus(Elsevier, Amsterdam 2004), F-53.

［3.149］　J.M. Stagaman, D.T. Moore: Laser diode to fibercoupling using anamorphic gradient-index lenses,Appl. Opt. **23**, 1730 (1984).

［3.150］　B. Messerschmidt, T. Possner, P. Schreiber: Gradient index optical systems for endoscope applications and beam shaping of laser diodes, *Diffractive Optics and Micro-Optics*, OSA Tech. Dig. (Optical Society ofAmerica, Washington 2000) pp. 303–305.

［3.151］　P. Rol, R. Jenny, D. Beck, et al: Optical properties of miniaturized endoscopes for ophthalmic use, Opt. Eng. **34**, 2070–2076 (1995).

［3.152］　J. Knittel, L.G. Schnieder, G. Buess, et al: Endoscope- compatible confocal microscope using a gradient-index lens system, Opt. Commun. **188**, 267–273 (2001).

［3.153］　J.C. Jung, M.J. Schnitzer: Multiphoton endoscopy,Opt. Lett. **28**, 902–904 (2003).

［3.154］　B.A. Flusberg, J.C. Jung, E.D. Cocker, et al: In vivo brain imaging using a portable 3.9 gram two-photon fluorescence microendoscope, Opt. Lett. **30**, 2272–2274(2005).

［3.155］　X. Li, C. Chudoba, T. Ko, et al: Imaging needle for optical coherence tomography,

Opt.Lett. **25**, 1520−1522 (2000).

[3.156] J.M. Lopez-Higuera (Ed.): *Optical Sensors* (Cantabria Univ. Press, Santander 1998).

[3.157] P. Drabarek: Modulation interferometer and fiberoptically divided measuring probe with lightguided, US Patent WO 99/57506 (1999).

[3.158] S. Doric: Generalized nonfull-aperture Luneburglens: a new solution, Opt. Eng. **32**, 2118−2121(1993).

[3.159] Doric Lenses: www.doriclenses.com (Doric Lenses,Sainte-Foy 2006).

[3.160] Nippon Sheet Glass: www.nsgamerica.com (NSG,Somerset 2006).

[3.161] Lightpath Technologies: www.lightpath.com (Light-pathTechnologies, Orlando 2006).

[3.162] G. Goodman, B. Hunter: Abject about aberration?Grab a gradient, Photonics Spectra **9**, 132−138 (1999).

[3.163] I. Kitano, K. Koizumi, H. Matsumura, et al: Image transmitter formed of a plurality of graded index fibers in bundled configuration, US Patent 3658407 (1972).

[3.164] J.D. Rees: Non-Gaussian imaging properties of GRIN fiber lens arrays, Appl. Opt. **21**, 1009 (1982).

[3.165] J.D. Rees, W. Lama: Some radiometric properties of gradient-index fiber lenses, Appl. Opt. **19**, 1065(1980).

[3.166] S. Gray: A letter from Mr. Stephen Gray, giving a further account of his water microscope, Phil. Trans. R.Soc. **19**(223), 353−356 (1695).

[3.167] P.M. Moran, S. Dharmatilleke, A.H. Khaw, et al: Fluidic lenses with variable focal length, Appl. Phys. Lett. **88**, 041120−1−041120−3 (2006).

[3.168] C.A. Lopez, A.H. Hirsa: Focusing using a pinned-contact oscillating liquid lens, Nat. Photonics **2**(10),610−613 (2008).

[3.169] G. Lippman: Relation entre lens phenomenes electriqueset capillaires, Ann. Chim. Phys. **5**, 494 (1875).

[3.170] T.N. Young: An essay on the cohesion of fluids, Phil.Trans. R. Soc. **95**, 65 (1805).

[3.171] B. Berge: Electrocapillarite et mouillage de filmsisolants par l'eau, C. r. **317**, 157−163 (1993).

[3.172] F. Mugele, J.-C. Baret: Electrowetting from basics toapplications, J. Phys. **17**, R705−R774 (2005).

[3.173] F. Gindele, T. Kolling, F. Gaul: Optical systems based on electrowetting, Proc. SPIE **5455**, 89−100 (2004).

[3.174] B. Berge, J. Peseux: Variable focal lens controlled by an external voltage: an application of electrowetting,Eur. Phys. J. E **3**(2), 159−163 (2000).

［3.175］ B.H.W. Hendriks, S. Kuiper, M.A.J. van As, et al: Electrowetting-based variable-focus lens for miniature systems, Opt. Rev. **12**(3),255－259 (2005).

［3.176］ J. Crassous, C. Gabay, G. Liogier, et al: Liquid lens based on electrowetting: A new adaptive component for imaging applications in consumer electronics, Proc. SPIE **5639**, 143－148 (2004).

［3.177］ C. Gabay, B. Berge, G. Dovillaire, et al: Dynamic study of a Varioptic variable focal lens, Proc. SPIE**4767**, 159－165 (2002).

［3.178］ F. Krogmann, W. Mönch, H. Zappe: A MEMS-based variable micro-lens system, J. Opt. A: Pure Appl. Opt.**8**(7), S330－S336 (2006).

［3.179］ S. Xu, Y. Liu, H. Ren, et al: A novel adaptive mechanical-wetting lens for visible and near infrared imaging, Opt. Express **18**(12), 12430－12434(2010).

［3.180］ R. Graham: A variable focus lens and its use, J. Opt.Soc. Am. **30**, 560－563 (1940).

［3.181］ Bausch & Lomb: Variable Focus Lens, US Patent2300251 (1942).

［3.182］ D.-Y. Zhang, N. Justis, Y.-H. Lo: Fluidic adaptive zoom lens with high zoom ratio and widely tunable field of view, Opt. Commun. **249**(1-3), 175－182(2005).

［3.183］ A. Werber, H. Zappe: Tunable microfluidic microlenses,Appl. Opt. **44**(16), 3238－3245 (2005).

［3.184］ J. Chen, W. Wang, J. Fang, et al: Variable-focusing microlens with microfluidic chip,J. Micromech. Microeng. **14**(5), 675－680 (2004).

［3.185］ D.-Y. Zhang, V. Lien, Y. Berdichevsky, et al: Fluidic adaptive lens with high focal length tunability, Appl. Phys. Lett. **82**(19), 3171－3172 (2003).

［3.186］ R. Kuwano, T. Tokunaga, Y. Otani, et al: Liquid pressure varifocus lens, Opt. Rev. **12**(5), 405－408(2005).

［3.187］ A.H. Rawicz, I. Mikhailenko: Modeling a variable-focus liquid-filled optical lens, Appl. Opt. **35**(10),1587－1589 (1996).

［3.188］ M. Agarwal, R.A. Gunasekaran, P. Coane, et al: Polymer-based variable focal length microlens system, J. Micromech. Microeng. **14**(12),1665－1673 (2004).

［3.189］ D.-Y. Zhang, N. Justis, Y.-H. Lo: Fluidic adaptive lens of transformable lens type, Appl. Phys. Lett. **84**(21),4194－4196 (2004).

［3.190］ H.B. Yu, G.Y. Zhou, F.K. Chau, et al: A liquid-filled tunable double-focus microlens, Opt. Express **17**(6), 4782－4790 (2009).

［3.191］ N. Chronis, G.L. Liu, K.-H. Jeong, et al: Tunable liquid-filled microlens array integrated with microfluidic network, Opt. Express **11**(19), 2370－2378(2003).

［3.192］ C.-M. Ho, Y.-C. Tai: Micro-electro-mechanical-systems(MEMS) and fluid flows, Annu. Rev. FluidMech. **30**, 579－612 (1998).

［3.193］ H. Oku, K. Hashimoto, M. Ishikawa: Variable-focuslens with 1-kHz bandwidth,

Opt. Express **12**(10),2138 – 2149 (2004).

［3.194］ F. Schneider, D. Hohlfeld, U. Wallrabe: Miniaturized Electromagnetic Ferrofluid Actuator, ACTUATOR 2006,Proc. 10th Int. Conf. New Actuators, Bremen 2006(HVG, Bremen 2006) pp. 124 – 127, B1.5.

［3.195］ D. Koyama, R. Isago, K. Nakamura: Compact, high speed variable-focus liquid lens using acoustic radiation force, Opt. Express **18**(24), 25158 – 25169(2010).

［3.196］ S. Odenbach (Ed.): *Ferrofluids: Magnetically Controllable Fluids and Their Applications*, Lecture NotesPhys., Vol. 594 (Springer, Berlin, New York 2003).

［3.197］ F.C. Wippermann, P. Schreiber, A. Bräuer, et al: Mechanically assisted liquid lens zoom system for mobile phone cameras, Proc. SPIE **6289**, 62890T(2006).

［3.198］ L. Dong, A.K. Agarwal, D.J. Beebe, et al: Adaptive liquid microlenses activated by stimuli-responsive hydrogels, Nature **442**, 551 – 554 (2006).

［3.199］ H. Yu, G. Zhou, F.S. Chau, et al: Optofluidic variable aperture, Opt. Lett. **33**(6), 548 – 550 (2008).

［3.200］ J.A. Armstrong, N. Bloembergen, J. Ducuing, et al: Interactions between light waves in a nonlinear dielectric, Phys. Rev. **127**, 1918 – 1939(1962).

［3.201］ E.J. Lim, M.M. Fejer, R.L. Byer: Second-harmonic generation of green light in periodically poled planarlithium niobate waveguide, Electron. Lett. **25**,174 – 175 (1989).

［3.202］ J. Webjörn, F. Laurell, G. Arvidsson: Blue light generated by frequency doubling of laser diode light in a lithium niobate channel waveguide, IEEE PhotonicsTechnol. Lett. **1**, 316 – 318 (1989).

［3.203］ M.M. Fejer, G.A. Magel, D.H. Jundt, et al: Quasiphase matched 2nd harmonic generation tuning and tolerances, IEEE J. Quantum Electron. **28**, 2631 – 2654 (1992).

［3.204］ L.E. Myers, R.C. Eckardt, M.M. Fejer, et al: Quasi-phase-matched optical parametric oscillators in bulk periodically poled $LiNbO_3$, J. Opt. Soc. Am. B **12**, 2102 – 2116(1995).

［3.205］ L.E. Myers, G.D. Miller, R.C. Eckardt, et al: Quasi-phase-matched 1.064-μm-pumped optical parametric oscillator in bulk periodically poled $LiNbO_3$, Opt. Lett. **20**, 52 – 54(1995).

［3.206］ D.A. Bryan, R. Gerson, H.E. Tomaschke: Increased optical damage resistance in lithium niobate, Appl.Phys. Lett. **44**, 847 – 849 (1984).

［3.207］ T.R. Volk, V.I. Pryalkin, N.M. Rubinina: Optical-damage-resistant $LiNbO_3$:Zn crystal, Opt. Lett. **15**,996 – 998 (1990).

［3.208］ Y. Furukawa, K. Kitamura, A. Alexandrovski, et al: Green-induced infrared absorption in MgO doped LiNbO$_3$, Appl.Phys. Lett. **78**, 1970 – 1972 (2001).

［3.209］ C. Fischer, M.W. Siegrist: Solid-state mid-infraredlaser sources, Top. Appl. Phys. **89**, 97 – 140(2003).

［3.210］ T. Skauli, K.L. Vodopyanov, T.J. Pinguet, et al: Measurement of the nonlinear coefficient of orientation- patterned GaAs and demonstration of highly efficient second-harmonic generation, Opt. Lett. **27**,628 – 630 (2002).

［3.211］ D.A. Roberts: Simplified characterization of uniaxial and biaxial nonlinear optical crystals - A plea for standardization of nomenclature and conventions,IEEE J. Quantum Electron. **28**, 2057 – 2074(1992).

［3.212］ P.S. Kuo, K.L. Vodopyanov, M.M. Fejer, et al: Optical parametric generation of a mid-infrared continuum in orientation-patterned GaAs, Opt. Lett.**31**, 71 – 73 (2006).

［3.213］ G. Dhanaraj, K. Byrappa, V. Prasad, et al (Eds.):*Springer Handbook of Crystal Growth* (Springer,Berlin, Heidelberg 2010), Chap. 20.

［3.214］ G. Rosenman, P. Urenski, A. Agronin, et al: Nanodomain engineering in RbTiOPO$_4$ ferroelectric crystals, Appl. Phys. Lett. **82**, 3934 – 3936(2003).

［3.215］ Y. Cho, S. Hashimoto, N. Odagawa, et al: Realization of 10 Tbit/in.^{2} memory density and subnanosecond domain switching time in ferroelectricdata storage, Appl. Phys. Lett. **87**, 232907(2005).

［3.216］ C. Restoin, S. Massy, C. Darraud-Taupiac, et al: Fabrication of 1-D and 2-D structures at submicrometer scale on lithium niobate by electron beam bombardment, Opt. Mater. **22**, 193 – 199(2003).

［3.217］ J. Son, Y. Yuen, S.S. Orlov, et al: Sub-micronferroelectric domain engineering in liquid phase epitaxy LiNbO$_3$ by direct-write e-beam techniques,J. Cryst. Growth **281**, 492 – 500 (2005).

［3.218］ C.L. Sones, M.C. Wengler, C.E. Valdivia, et al: Light-induced order-of-magnitudedecrease in the electric field for domainnucleation in MgO-doped lithium niobate crystals,Appl. Phys. Lett. **86**, 212901 (2005).

［3.219］ M.C. Wengler, B. Fassbender, E. Soergel, et al: Impact of ultraviolet light on coercive field, polingdynamics and poling quality of various lithium niobatecrystals from different sources, J. Appl. Phys.**96**, 2816 – 2820 (2004).

［3.220］ E.P. Kokanyan, V.G. Babajanyan, G.G. Demirkhanyan, et al: Periodically poledstructures in doped lithium niobate crystals, J. Appl.Phys. **92**, 1544 – 1547 (2002).

［3.221］ I.I. Naumova, N.F. Evlanova, V.A. Dyakov, et al: Grown PPLN with small period:Selective chemical etching and AFM study, J. Mater.Sci. Mater. Electron. **17**, 267－271 (2006).

［3.222］ E. Soergel: Visualization of ferroelectric domainsin bulk single crystals, Appl. Phys. B **81**, 729－751(2005).

［3.223］ C.L. Sones, S. Mailis, W.S. Brocklesby, et al: Differential etch rates in z-cut LiNbO$_3$ forvariable HF/HNO$_3$ concentrations, J. Mater. Chem. **12**,295－298 (2002).

［3.224］ M. Alexe, A. Gruverman (Eds.): *Nanoscale Characterisation of Ferroelectric Materials*, 1st edn. (Springer,Berlin, New York 2004).

［3.225］ K. Mizuuchi, T. Sugita, K. Yamamoto, et al: Efficient 340-nm light generationby a ridge-type waveguide in a first-order periodically poled MgO:LiNbO$_3$, Opt. Lett. **28**, 1344－1346 (2003).

［3.226］ R. Le Targat, J.-J. Zondy, P. Lemonde: 75%-efficiency blue generation from an intracavity PPKTP frequency doubler, arXiv.org:physics, 0408031 (2004) Unpublished.

［3.227］ M. Bode, I. Freitag, A. Tuennermann, et al: Frequency-tunable 500-mW continuous-wave all-solid-state single-frequency source in the bluespectral region, Opt. Lett. **22**, 1220－1222 (1997).

［3.228］ J.D. Joannopoulos, R.D. Meade, J.N. Winn: *PhotonicCrystals: Molding the Flow of Light* (Princeton Univ.Press, Princeton 1995).

［3.229］ K. Sakoda: *Optical Properties of Photonic Crystals*(Springer, Berlin, Heidelberg 2001).

［3.230］ K. Inoue, K. Ohtaka (Eds.): *Photonic Crystals: Physics,Fabrication and Applications* (Springer, Berlin, Heidelberg 2004).

［3.231］ J.M. Lourtioz, H. Benisty, V. Berger, et al: *Photonic Crystals: TowardNanoscale Photonic Devices* (Springer, Berlin, Heidelberg 2005).

［3.232］ P. Markos, C.H. Soukoulis: *Wave Propagation:From Electrons to Photonic Crystals and Left-Handed Materials* (Princeton Univ. Press, Princeton 2008).

［3.233］ C. Sibilia, T.M. Benson, M. Marciniak, et al (Eds.): *Photonic Crystals: Physics and Technology*(Springer, Milan 2008).

［3.234］ P.S.J. Russell: Photonic crystal fibers, Science **299**,358－362 (2003).

［3.235］ M. Notomi: Manipulating light with strongly modulated photonic crystals, Rep. Prog. Phys. **73**, 096501(2010).

［3.236］ K. Ohtaka: Energy band of photons and low-energy photon diffraction, Phys. Rev. B **19**(10), 5057－5067(1979).

［3.237］ E. Yablonovitch: Inhibited spontaneous emission insolid-state physics and electronics, Phys. Rev. Lett.**58**(20), 2059－2062 (1987).

［3.238］ S. John: Strong localization of photons in certain disordered dielectric superlattices, Phys. Rev. Lett.**58**, 2186－2189 (1987).

［3.239］ K. Ohtaka: Theory I. Basic aspects of photonic bands.In: *Photonic Crystals*, ed. by K. Inoue, K. Ohtaka(Springer, Berlin, Heidelberg 2004), Chap. 3.

［3.240］ K. Inoue, M. Wada, K. Sakoda, et al: Fabrication of two-dimensional photonic band structure with near-infrared band gap, Jpn. J. Appl. Phys. **33**(10B), L1463－L1465 (1994).

［3.241］ S. Noda, K. Tomoda, N. Yamamoto, et al: Full three-dimensional photonic bandgap crystal atnear-infrared wavelengths, Science **289**, 604－606(2000).

［3.242］ T.F. Krauss, R.M. De La Rue, S. Brand: Two-dimensional photonic-band-gap structures operatingat near infrared wavelengths, Nature **383**,699－702 (1996).

［3.243］ N. Carlsson, T. Takemori, K. Asakawa, et al: Scattering-method calculation of propagation modes in two-dimensional photonic crystal of finite thickness, J. Opt. Soc. Am. B **18**(9), 1260－1267(2001).

［3.244］ S.G. Johnson, S. Fan, P.R. Villeneuve, et al: Guided modes in photonic crystal slabs,Phys. Rev. B **60**(8), 5751－5758 (1999).

［3.245］ S.C. Kitson, W.L. Barnes, J.R. Sambles: Full photonic band gap for surface modes in the visible, Phys. Rev.Lett. **77**(13), 2670－2673 (1996).

［3.246］ Y. Segawa, K. Ohtaka: Other types of photonic crystals.In: *Photonic Crystals*, ed. by K. Inoue, K. Ohtaka(Springer, Berlin, Heidelberg 2004), Chap. 8.

［3.247］ T.E. Ebbessen, H.J. Lezec, H.F. Ghaemi, et al: Extraordinary optical transmission through subwavelength hole arrays, Nature **391**,667－669 (1998).

［3.248］ M. Notomi: Theory of light propagation in strongly modulated photonic crystal: Refractionlike behavior in the vicinity of the photonic band gap, Phys. Rev.B **62**(16), 10696－10705 (2000).

［3.249］ J.B. Pendry: Negative refraction makes a perfectlens, Phys. Rev. Lett. **85**(18), 3966－3969 (2000).

［3.250］ M. Notomi, H. Suzuki, T. Tamamura, et al: Lasing action due to the two-dimensional quasi-periodicity of photonic quasi-crystals with a Penrose lattice, Phys. Rev. Lett. **92**(12), 123906(2004).

［3.251］ H. Miyazaki, M. Hase, H.T. Miyazaki, et al: Photonic material for designing arbitrarily shaped waveguides in two dimensions, Phys. Rev.B **67**(23), 235109 (2003).

［3.252］ K. Edagawa, S. Kanoko, M. Notomi: Photonic amorphaous diamond structure with a 3D photonic bandgap, Phys. Rev. Lett. **100**(1), 013901 (2008).

〔3.253〕 V. Berger: Nonlinear photonic crystals, Phys. Rev.Lett. **81**, 4136−4139 (1998).

〔3.254〕 N.G.R. Broderick, G.W. Ross, H.L. Offerhaus, et al: Hexagonally poledlithium niobate: A two-dimensional nonlinear photoniccrystal, Phys. Rev. Lett. **84**(19), 4345−4348(2000).

〔3.255〕 Y. Zhang, Z.D. Gao, Z. Qi, et al: Nonlinear Cerenkov radiation in nonlinear photonic crystal waveguide, Phys. Rev.Lett. **100**(16), 163904 (2008).

〔3.256〕 Y. Akahane, T. Asano, B.S. Song, et al: Fine-tuned high-Q photonic-crystal nanocavity, Opt. Express**13**(4), 1202−1214 (2005).

〔3.257〕 S.G. Johnson, P.R. Villeneuve, S. Fan, et al: Linear wave-guides in photonic-crystal slabs, Phys. Rev. B **62**(2), 8212−8222 (2000).

〔3.258〕 P.S.J. Russell: Photonic crystal fibers, J. Lightwave Technol. **24**, 4729−4749 (2006).

〔3.259〕 T. Baba: Slow light in photonic crystals, Nat. Photonics**2**, 465−476 (2008).

〔3.260〕 K. Ohtaka: Theory Ⅱ. Advanced topics of photonic crystals. In: *Photonic Crystals*, ed. by K. Inoue,K. Ohtaka (Springer, Berlin, Heidelberg 2004),Chap. 4.

〔3.261〕 K. Ohtaka, T. Ueta, Y. Tanabe: Photonic band using vector spherical waves. IV. Analog of optics of photonic crystals to that of an isotropic crystals, J. Phys.Soc. Japan **65**(9), 3068−3077 (1996).

〔3.262〕 H. Kosaka, T. Kawashima, A. Tomita, et al: Superprism phemomenain photonic crystals, Phys. Rev. B **58**(16),R10096−R10099 (1998).

〔3.263〕 T. Baba: Photonic crystal devices. In: *Photonic Crystals*,ed. by K. Inoue, K. Ohtaka (Springer, Berlin,Heidelberg 2004), Chap. 11.

〔3.264〕 E. Cubukcu, K. Aydin, E. Ozbay, et al: Electromagnetic waves: Negative refraction by photonic crystals, Nature **423**, 604−607(2003).

〔3.265〕 A. Barrier, M. Mulot, M. Swillo, et al: Negative refraction at infraredwavelengths in a two-dimensional photonic crystal,Phys. Rev. Lett. **93**(7), 073902 (2004).

〔3.266〕 T. Fujita, Y. Sato, T. Kuitani, et al: Tunable polariton absorption of distributed feedback microcavities at room temperatuue, Phys. Rev. B **57**(19),12428−12534 (1998).

〔3.267〕 V.N. Astratov, D.M. Wittakar, I.S. Culshaw, et al: Photonic band-structure effects in the reflectivity of periodically patterned waveguides, Phys. Rev. B**60**(24), R16255 (1999).

〔3.268〕 M. Galli, M. Agio, L.C. Andreani, et al: Spectroscopy of photonic bands in macroporous silicon photonic crystals, Phys. Rev. B **65**(11), 113111(2002).

〔3.269〕 M. Galli, P. Bellutti, D. Bajoni, et al: Excitation of radiative and evanescent defect modes in linear photonic crystal waveguides, Phys. Rev. B **70**(8), 081307 (2004).

［3.270］ M. Galli, D. Bajoni, M. Patrini, et al: Single-mode versus multimode behavior in silicon photonic crystal waveguides measured by attenuated total reflection, Phys. Rev. B **72**(12), 125322 (2005).

［3.271］ K. Inoue, Y. Sugimoto, N. Ikeda, et al: Ultra-small GaAs-photonic-crystal-waveguide- based near-infrared components fabrication,guided-mode identification and estimation of low-loss and broad-band-width in straight waveguides, 60° bends and Y-splitters, Jpn. J. Appl.Phys. **43**(9A), 6112－6124 (2004).

［3.272］ M. Loncar, D. Nedeljkovic, T. Pearsajl, et al: Experimental and theoretical confirmation of Bloch-mode light propagation in planar photonic crystal waveguides,Appl. Phys. Lett. **80**(10), 1689－1691 (2002).

［3.273］ K. Asakawa, Y. Sugimoto, Y. Watanabe, et al: Photonic crystal and quantum dot technologies for all-optical switch and logic device, New J. Phys. **8**(6), 1－26 (2006).

［3.274］ S.I. Bozhevolnyi, V.S. Volkov, T. Sondergaard, et al: Near-fieldimaging of light propagation in photonic crystal waveguides: Explicit role of Bloch harmonics, Phys.Rev. B **66**(23), 235204 (2002).

［3.275］ H. Gersen, T.J. Karle, R.J.P. Engelen, et al: Real-space observation of ultra slow light in photonic crystal waveguides, Phys. Rev. Lett. **94**(7),073903 (2005).

［3.276］ R.J.P. Engelen, Y. Sugimoto, H. Gensen, et al: Ultra fast evolution of photonic eigen states in k-space, Nature Phys. **3**,401－405 (2007).

［3.277］ M.D. Purcell: Spontaneous emission probabilities atradio frequencies, Phys. Rev. **69**, 681 (1946).

［3.278］ S. Ogawa, M. Imada, S. Yoshimoto, et al: Control of light emission by 3-D photonic crystals, Science **305**, 227－229 (2004).

［3.279］ M. Fujita, S. Takahashi, Y. Tanaka, et al: Simultaneous inhabitation and redistribution of spontaneous light emission in photonic crystals, Science **308**(5726), 1296－1298 (2005).

［3.280］ T. Kuroda, N. Ikeda, T. Mao, et al: Acceleration and suppression of photo emission of GaAs quantum dots embedded inphotonic crystal microcavities, Appl. Phys. Lett.**93**(11), 111103 (2008).

［3.281］ S.J. Dewhurst, D. Granados, D.J.P. Ellis, et al: Slow-light-enhanced single quantum dot emission in a unidirectional photonic crystal waveguide, Appl. Phys. Lett. **96**(3),031109 (2010).

［3.282］ T. Yoshie, A. Scherer, G. Khitrova, et al: Rabisplitting with a single quantum dot in a photonic crystal nanocavity, Nature **432**, 200－203 (2004).

［3.283］ S. Fan, P.R. Villeneuve, J.D. Joannopoulos, et al: High extraction efficiency of spontaneous emission from slabs of photonic crystals, Phys. Rev.Lett. **78**(17),

3294－3297 (1997).

［3.284］ T.N. Oder, K.H. Kim, J.Y. Lin, et al: Ⅲ-nitrideblue and ultraviolet photonic crystal light emitting diodes, Appl. Phys. Lett. **84**(4), 466－468 (2004).

［3.285］ J. Shakya, K.H. Kim, J.Y. Lin, et al: Enhanced light extraction in Ⅲ-nitride ultraviolet photonic crystal light-emitting diodes, Appl. Phys. Lett. **85**(1),142－144 (2004).

［3.286］ K. McGroddy, A. David, E. Matioli, et al: Directional emission control and increased light extraction in GaN photonic crystal light emitting diodes, Appl. Phys. Lett. **93**(10), 103502(2008).

［3.287］ H. Ichikawa, T. Baba: Efficiency enhancement in a light-emitting diode with a two-dimensional surface grating photonic crystal, Appl. Phys. Lett. **84**(4), 457－459 (2004).

［3.288］ Z.S. Zhang, B. Zhang, J. Xu, et al: Effects of symmetry of GaN-based two-dimensional photonic crystal with quasi crystal lattices on enhancement of surface light extraction,Appl. Phys. Lett. **88**(17), 171103 (2006).

［3.289］ A. David, T. Fujii, E. Matioli, et al: GaN light emitting diodes with Archimedean lattice photonic crystals, Appl. Phys.Lett. **88**(7), 073510 (2006).

［3.290］ M. Fujita, T. Ueno, T. Asano, et al: Organic lightemitting diode with ITO/organic photonic crystal, Electron. Lett. **39**(24), 1745－1751 (2003).

［3.291］ M. Galli, A. Politi, M. Belotti, et al: Strog enhancement of Er^{3+} emission at room temperature in silicon-on-insulator photonic crystal waveguides, Appl. Phys. Lett. **88**(25), 251114(2006).

［3.292］ M. Kanibe, A. Kress, A. Laucht, et al: Efficient special redistribution of quantum-dot spontaneous emission from two- dimensional photonic crystals, Appl. Phys. Lett.**91**(6), 061106 (2007).

［3.293］ K. Inoue, H. Oda, A. Yamanaka, et al: Dramatic density-of-state enhancement of Raman scattering at the band edge in a one-dimensional photonic-crystal waveguide, Phys. Rev. A **78**(1), 011805 (2008).

［3.294］ J.M. McMillan, M. Yu, D.-L. Kwong, et al: Observation of spontaneous Raman scattering in siliconslow-light photonic crystal waveguides, Appl.Phys. Lett. **93**(25), 251105 (2008).

［3.295］ K. Checoury, M.L. Kurdi, Z. Han, et al: Enhanced spontaneous Raman scattering in silicon photonic crystal waveguides on insulator, Opt. Express **17**(5),3500－3507 (2009).

［3.296］ H. Oda, K. Inoue, A. Yamanaka, et al: Light amplification by stimulated Raman scattering in AlGaAs-based photonic-crystal line- defect waveguides, Appl. Phys. Lett. **93**(5),051114 (2008).

［3.297］ X. Checoury, Z. Fan, M.E. Kurdi, et al: Deterministic measurement of the Purcell factor in microcavities through Raman scattering, Phys. Rev.A **81**(3), 033832 (2010).

［3.298］ X. Checoury, Z. Han, P. Boucard: Stimulated Raman scattering in silicon photonic crystal waveguides under continuous excitation, Phys. Rev. B **82**(4), 041308(2010).

［3.299］ J.F. McMillan, M. Yu, D.-L. Kwong, et al: Observation of four-wave mixing in slow-light silicon photonic crystal waveguides, Opt. Express **18**(15),15484 (2010).

［3.300］ K. Sakoda, K. Ohtaka: Sum-frequency generation in a two-dimensional photonic lattice, Phys. Rev. B**54**(8), 5742−5749 (1996).

［3.301］ J. Bravo-Abad, A. Rodriguez, P. Bermel, et al: Enhanced nonlinear optics in photonic-crystal microcavities,Opt. Express **15**(24), 16161−16176 (2007).

［3.302］ R. Yeh: *Optical Waves in Layered Media* (Wiley, NewYork, 1988), Chapters 6 and 7.

［3.303］ M. Scalora, M.J. Bloemer, A.S. Manka, et al: Pulsed second-harmonic generation in nonlinear, one-dimensional,periodic structures, Phys. Rev. A **56**(4),3166−3174 (1997).

［3.304］ M. Centini, C. Sibilia, M. Scalora, et al: Dispersive properties of finite, one-dimensional photonic gap structures: Application to nonlinear quadratic interactions, Phys. Rev. E **60**(4), 4891−4899 (1999).

［3.305］ S. Kawakami (Ed.): *Photonic Crystal Technology-Scenario of Industrialization* (CMC, Tokyo 2005), (inJapanese), Chap. 15.

［3.306］ J.M. Bendickson, J.P. Dowling, M. Scalora: Analytic expressions for the electromagnetic mode density infinite, one-dimensional, photonic band-gap structures,Phys. Rev. E **53**(4), 4107−4121 (1996).

［3.307］ Y. Dumeige, I. Sagnes, P. Monnier, et al: Phase-matched frequency doubling at photonic band edges: Efficiency scaling as the fifth power of the length, Phys.Rev. Lett. **89**(4), 043901 (2002).

［3.308］ S. Bouchoule, S. Boubanga-Tombel, L. Le Gratiet, et al: Reactive ion etching of high optical quality GaN/sapphire photonic crystal slab using CH_4-H_2 chemistry, J. Appl. Phys. **101**(4), 043103 (2007).

［3.309］ M. Liscidini, A. Locatelli, L.C. Andreani, et al: Maximum-exponent scaling behavior of second-harmonic generation in finite multilayer photonic crystals, Phys. Rev. Lett. **99**(5), 053907 (2007).

［3.310］ M.G. Martemyanov, E.M. Kim, T.V. Dolgova, et al: Third-harmonic generation in silicon photonic crystal and microcavities, Phys. Rev. B **70**(7), 073311 (2004).

［3.311］ F.-F. Ren, R.R. Li, C. Chen, et al: Low-threshold and high-efficiency optical parametric oscillator using a one-dimensional single- defect photonic crystal with quadratic nonlinearity,Phys. Rev. B **73**(3), 033104 (2006).

［3.312］ P.R. Markowitz, H. Tiryaki, H. Pudavar, et al: Dramatic enhancement of third-harmonic generation in three-dimensional photonic crystals, Phys. Rev. Lett. **92**(8), 083903(2004).

［3.313］ A.A. Fedyanin, O.A. Aktsipetrov, D.A. Kurdyukov, et al: Nonlinear diffraction and second-harmonic generation enhancement insilicon-opal photonic crystals, Appl. Phys. Lett.**87**(15), 151111 (2005).

［3.314］ A.R. Cowan, J.F. Young: Mode matching for second-harmonic generation in photonic crystal waveguides,Phys. Rev. B **65**(8), 085106 (2002).

［3.315］ E. Centeno, D. Filbacq, D. Gassagne: All-anglephase matching condition and backward second-harmonic localization in nonlinear photonic crystals,Phys. Rev. Lett. **98**(26), 263903 (2007).

［3.316］ Y.H. Lee, A. Chavez-Pirson, S.W. Koch, et al: Room temperature optical nonlinearities in GaAs, Phys.Rev. Lett. **57**(19), 2446−2449 (1986).

［3.317］ H. Oda, K. Inoue, Y. Tanaka, et al: Self-phase modulationin photonic-crystal-slab line-defect waveguides,Appl. Phys. Lett. **90**(23), 231102 (2007).

［3.318］ K. Inoue, H. Oda, N. Ikeda, et al: Enhancedthird-order nonlinear effects in slow-light photonic-crystal slab waveguides of line-defect,Opt. Express **17**(9), 7206−7216 (2009).

［3.319］ C. Monat, B. Corcoran, M. Ebnali-Heidari, et al: Slow light enhancement of nonlinear effects in silicon engineered photonic crystal waveguides, Opt.Express **17**(4), 2944−2953 (2009).

［3.320］ S. Kawakami: Fabrication of sub-micrometer 3-Dperiodic structures composed of Si/SiO$_2$, Electron.Lett. **33**(14), 1260−1261 (1997).

［3.321］ S. Noda, N. Yamamoto, M. Imada, et al: Alignment and stacking of semiconductor photonic bandgaps by wafer-fusion, IEEE J. Lightwave Technol. **17**(11), 1948−1955 (1999).

［3.322］ S. Kawakami, T. Kawashima, T. Sato: Mechanism of shape formation of three-dimensional nanostructures by bias sputtering, Appl. Phys. Lett. **74**(3), 463(1999).

［3.323］ Y. Ohtera, T. Sato, T. Kawashima, et al: Photonic Crystal polarization splitter,Electron. Lett. **35**(15), 1271−1272 (1999).

［3.324］ T. Kawashima, T. Sato, Y. Ohtera, et al: Tailoring of the unit cell structure of autocloned photonic crystals, IEEE J. Quantum Electron. **38**(7),899−903 (2002).

［3.325］ J. Yonekura, M. Ikeda, T. Baba: Analysis of finite 2-D photonic crystals and lightwave devices using the scattering matrix method, IEEE J. Lightwave Technol.**17**(8), 1500－1508 (1999).

［3.326］ M. Loncar, T. Doll, J. Vuckovic, et al: Design and fabrication of silicon photonic crystal optical waveguides, J. Lightwave Technol. **18**(10), 1402－1411 (2000).

［3.327］ Y.A. Vlasov, M. O'Boyle, H.F. Hamann, et al: Active control of slow light on a chip with photonics crystal waveguides, Nature **438**(3), 65－69 (2005).

［3.328］ J.D. Joannopoulos, P.R. Villeneuve, S.H. Fan: Photoniccrystals: putting a new twist on light, Nature**386**, 143－149 (1997).

［3.329］ J.S. Jensen, O. Sigmund, L.H. Frandsen, et al: Topology design and fabricationof an efficient double 90-degree photonic crystal waveguide bend, IEEE Photonics Technol.Lett. **17**(6), 1202－1204 (2005).

［3.330］ Y. Watanabe, Y. Sugimoto, et al: Broadband waveguide intersection with low crosstalk in two-dimensional photonic crystal circuits by using topology optimization, Opt. Express**14**(14), 9502－9507 (2006).

［3.331］ M. Notomi, K. Yamada, A. Shinya, et al: Extremely large group-velocity dispersion of line-defect waveguides inphotonic crystal slabs, Phys. Rev. Lett. **87**(25), 253902(2001).

［3.332］ K. Inoue, N. Kawai, Y. Sugimoto, et al: Observation of small group velocity in two-dimensional AlGaAs photonic crystal slabs, Phys. Rev. B **65**(12), 121308 (2002).

［3.333］ A. Yariv, Y. Xu, R.K. Lee, et al: Coupled-resonator optical waveguide: a proposal and analysis, Opt. Lett. **24**(11), 711－713 (1999).

［3.334］ S. Lan, S. Nishikawa, H. Ishikawa: Design of impurity band-based photonic crystal waveguides and deleylines for ultra short optical pulsed, J. Appl. Phys.**90**(9), 4321－4327 (2001).

［3.335］ K. Hosomi, T. Katsuyama: A dispersion compensator using coupled defects in a photonic crystal, IEEEJ. Quantum Electron. **38**(7), 825－829 (2002).

［3.336］ T. Fukamachi, K. Hosomi, T. Katsuyama, et al: Group-delay properties of coupled-defect structures in photonic crystals, Jpn. J. Appl. Phys. **43**(4A), L449－L452 (2004).

［3.337］ S. Fan, P.R. Villeneuve, J.D. Joannopoulos: Channel drop tunneling through localized states, Phys. Rev.Lett. **80**(5), 960－963 (1998).

［3.338］ S. Noda, A. Chutinan, M. Imada: Trapping and emission of photons by a single defect in a photonic bandgap structure, Nature **407**, 608－610 (2000).

［3.339］ Y. Akahane, T. Asano, B.-S. Song, et al: Investigation of high-Q channel drop filters using donor-type defects in two-dimensional photonic crystal slabs, Appl. Phys. Lett. **83**(8), 1512 – 1514 (2003).

[3.340] B.-S. Song, S. Noda, T. Asano: Photonic devices based on in-plane hetero photonic crystals, Science**300**, 1537 (2003).

[3.341] M. Notomi, A. Shinya, S. Mitsugi, et al: Waveguides, resonators and their coupled elements in photonic crystal slabs, Opt. Express**12**(8), 1551 – 1556 (2004).

[3.342] M. Shirane, A. Gomyo, K. Miura, et al: Coupled waveguide devices based on autocloned photonic crystals, Jpn. J. Appl.Phys. **43**(3), 1986 – 1989 (2004).

[3.343] J. Vuckovic, M. Loncar, H. Mabuchi, et al: Optimization of the Q factor in photonic crystal microcavities,IEEE J. Quantum Electron. **38**(7), 850 – 856 (2002).

[3.344] K. Shrinivasan, O. Painter: Momentum space designof high-Q photonic crystal optical cavities, Opt.Express **10**(15), 670 – 684 (2002).

[3.345] Y. Akahane, T. Asano, B.S. Song, et al: High-Q photonic nanocavity in a two-dimensional photonic crystal, Nature **425**, 944 (2003).

[3.346] T. Asano, S. Noda: Tuning holes in photonic-crystal nanocavities, Nature **429**, 1038 – 1040 (2004).

[3.347] B.S. Song, S. Noda, T. Asano, et al: Ultra-high-Q photonic double-hetero-structure nanocavity, Nat. Mater. **4**, 207 – 210 (2005).

[3.348] M.F. Yanik, W. Suh, Z. Wang, et al: Stopping light in a waveguide with an all-optical analog of electromagnetically induced transparency, Phys. Rev. Lett.**93**(23), 233903 (2004).

[3.349] Editorial/Focus: Taking things slow, Nat. Photonics**2**, 447 (2008).

[3.350] T.F. Krauss: Why do we need slow light?, Nat. Photonics**2**, 448 – 450 (2008).

[3.351] D. Mori, T. Baba: Dispersion-controlled optical groupdelay device by chirped photonic crystal waveguide,Appl. Phys. Lett. **85**(7), 1101 – 1103 (2004).

[3.352] K. Tajima: All-optical switch with switch-off timeunrestricted by carrier lifetime, Jpn. J. Appl. Phys.**32**(12A), L1746 – L1748 (1993).

[3.353] K. Asakawa, Y. Sugimoto, Y. Watanabe, et al: Photonic crystal and quantum dot technologies for all-optical switch andlogic device, New J. Phys. **8**(6), 1 – 26 (2006).

[3.354] H. Nakamura, K. Kanamoto, Y. Nakamura, et al: Nonlinear opticalphase shift in InAs quantum dots measured by a unique two-color pump/probe ellipsometric polarization analysis, J. Appl. Phys. **96**(3), 1425 – 1434(2004).

[3.355] Y. Sugimoto, Y. Tanaka, N. Ikeda, et al: Fabrication and characterization of photonic crystal based symmetric Mach-Zehnder(PC-SMZ) structures based on GaAs membrane slab waveguides, IEEE J. Sel. Areas Commun. **23**(7), 1308 – 1314 (2005).

〔3.356〕 H. Nakamura, Y. Sugimoto, K. Kanamoto, et al: Ultra-fast photonic crystal/quantum dot all optical switch for future photonic networks, Opt. Express **12**(26),6606 – 6614 (2004).

〔3.357〕 Y. Kitagawa, N. Ozaki, Y. Takata, et al: Measurements of optical nonlinearity induced phase-shifts of signal pulse with repetitive control pulses in photonic crystal/ quantum dot waveguide, Proc. LEOSAnnu. Meet. (2007).

〔3.358〕 M. Soljacic, M. Ibanescu, S.G. Johnson, et al: Optimal bistable switching innonlinear photonic crystals, Phys. Rev. E **66**(59),055601 (2002).

〔3.359〕 M.F. Yanik, S.H. Fan, M. Soljacic, et al: All-optical transistor action with bistable switching in a photonic crystal cross waveguide geometry, Opt. Lett. **28**(24), 2506 – 2508(2003).

〔3.360〕 M. Notomi, A. Shinya, S. Mitsugi, et al: Optical bistable switching action of Si high-Q photonic-crystal nano-cavities, Opt.Express **13**(7), 2678 – 2687 (2005).

〔3.361〕 T. Tanabe, M. Notomi, S. Mitsugi, et al: All-optical switches on a silicon chiprealized using photonic crystal nano-cavities, Appl.Phys. Lett. **87**(15), 151112 (2005).

〔3.362〕 K. Nozaki, T. Tanabe, A. Shinya, et al: Sub-femtojoule all-optical switching using a photonic-crystal nano-cavity,Nat. Photonics **4**, 477 – 483 (2010).

〔3.363〕 T. Kampfrath, D.M. Beggs, T.P. White, et al: Ultrafast rerouting of light via slow modes in a nanophotonic directional coupler, Appl. Phys. Lett. **94**(21), 241119(2009).

〔3.364〕 A. Shinya, S. Matsuo, Yosia, et al: All-optical onchipbit memory based on ultra high Q InGaAsP photonic crystal, Opt. Express **16**(23), 19382 – 19387 (2008).

〔3.365〕 O. Painter, R.K. Lee, A. Scherer, et al: Two-dimensional photonic band-gap defect mode laser, Science **284**, 1819 – 1821 (1999).

〔3.366〕 S. Noda, M. Yokoyama, M. Imada, et al: Polarization mode control of two-dimensional photonic crystal laser by unitcell structure design, Science **293**(10), 1123 – 1125(2001).

〔3.367〕 S. Noda, T. Kawakami, S. Kawashima: Three-dimensional photonic crystals. In: *Photonic Crystals*,ed. by K. Inoue, K. Ohtaka (Springer, Berlin, Heidelberg2004),

Chap. 7.

［3.368］ K. Inoue, H. Sasaki, K. Ishida, et al: InAs quantum dot laser utilizing GaAs photonic-crystalline- defect waveguide, Opt. Express **12**(22),5502 – 5509 (2004).

［3.369］ H. Horiuchi, T. Ochiai, J. Inoue, et al: Exotic radiation from a photonic crystal excited by anultra-relativistic electron beam, Phys. Rev. E **74**(5), 056601 (2006).

［3.370］ T. Ochiai, K. Ohtaka: Theory of unconventional Smith-Purcell radiation in finite-size photonic crystal, Opt. Express **14**(16), 7378 – 7397(2006).

第 4 章

薄膜光学

在现代世界的科学概念中，薄膜光学镀膜可以解释为一维光子晶体。一般来说，它们是由一系列单层组成的，这些单层由不同的透明电介质构成，纳米级的厚度根据工作波长范围决定。这些光子结构的主要功能是使光学表面的特性适应特定应用的需要。通过应用具有优化设计的光学薄膜镀膜，可以将表面的光谱特性更改为针对某一波长范围实际上所需的任何传递函数。例如，通过沉积仅包含少数单层的抗反射镀膜，可以在宽波长范围内抑制透镜或激光窗口的菲涅尔反射。在具有交替高折射率材料的叠层基础上，对于一定的激光波长来说，可以实现高达 99.999% 的高反射率值。除了这些基本功能之外，光学薄膜还可以根据现代精密光学和激光技术中非常复杂的要求实现各种光谱滤波特性。此外，光学薄膜技术的最新发展提供了将选择的光学性质与表面的热、机械或化学稳定性的其他特征相结合的手段。眼部光学镀膜的最新进展甚至包括在玻璃上抗反射镀膜中集成自清洁、光敏或防雾功能。

作为调整功能表面特性的巨大灵活性的结果，光学镀膜可以应用在几乎所有现代光学的产品和开发中。

为了跟上光学技术的快速发展，光学薄膜的设计、沉积工艺和处理方面的创新是关键因素。另外，在镀膜体系生产过程中对层厚控制带来了对精度和再现性的高要求。对于飞秒激光器或光学测量系统中的某些应用，单个层厚度必须控制在亚纳米尺度内，这只能在生长层的先进现场监测技术的基础上实现。这些技能必须辅以扩展的表征技术，因为光学镀膜的优化和营销只能在可靠和标准化的表征技术的基础上进行。本章介绍光学镀膜的这些主要方面，并在理论建模、生产工艺和质量控制方面集中讨论光学镀膜的重要课题。

|4.1 光学镀膜理论|

光子结构早在人类之前就已经存在了。在其进化过程中，蝴蝶和其他昆虫的翅膀和身体上形成了多种纳米结构，用于伪装、威慑或吸引[4.1]。光学表面技术工程的开始可以追溯到古希腊文化，当时金属表面抛光可达到镜面质量。追溯中世纪光学镀膜的历史，16 世纪用银汞合金覆盖玻璃生产威尼斯镜可被视为光学镀膜的首次应用。对透明薄膜的抗反射效应的第一次观察是约瑟夫·冯·弗劳恩霍夫（Joseph von Fraunhofer）对老化玻璃表面进行研究[4.2]，并且在 1817 年观察到由于失去光泽层导致反射率减少的现象。在同一时期，即 19 世纪，哈罗德·丹尼斯泰勒（Harold Dennis Taylor）[4.3]研究了适应性蚀刻技术，以在光学器件中使用的不同玻璃材料实现抗反射效应，且奥古斯汀–让·菲涅尔（Augustin Jean Fresnel）（* 1788；†1827）发表了众所周知的描述单个边界光学功能的方程。作为光学镀膜技术的一个里程碑，1899 年法布里–珀罗（Fabry–Pérot）的理论[4.4]为描述多层结构的理论开辟了道路，这一基本理论描述了从两个平行光学表面反射的分波干涉，可以认为是所有镀膜系统的基本元素（图 4.1），不同介电材料的层以规定的顺序沉积在光学部件上。必须选择至少两种具有不同折射率的层状材料来将层叠的光谱传递函数调整到由应用所定义的规格。除了工作波长范围内的透明度之外，选择镀膜材料的主要方面包括折射率的对比度及其化学和机械稳定性。材料的顺序及其相应的厚度通常涉及光学镀膜系统的设计，并且包括用于对光谱特性建模的所有信息。

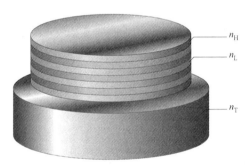

图 4.1 薄膜系统的基本结构：将至少两种不同材料（n_H，n_L）的
透明层沉积在折射率为 n_T 的基板上

对于光学镀膜的理论描述来说，可以将法布里–珀罗理论应用于单层（图 4.2）作为开始。在这种方法中，单层厚度 d_1 和折射率 n_1 分别由折射率为 n_0 和 n_2 的两个半无限介质之间的两个边界形成。在经典模型中，与此结构相互作用的光线由平面波（点 x，时间 t）的函数来描述，其幅度为 E_0，波数 $k = 2\pi/\lambda$，λ 为波长频率为 ω：

$$E(x,t) = E_0 \exp[-i(kx - \omega t)] \tag{4.1}$$

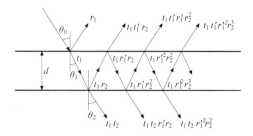

图 4.2　入射到折射率为 n_1 的单层上的平面波的示意性路径。在界面 $m=1，2$ 处的振幅的反射和透射系数分别用 t_m 和 r_m 表示。添加到系数中的素数表示与入射方向相反的波的传递

为了计算光谱传递函数，这个平面波在穿过单层时被追踪，并且单个分波的作用被计算和累加以形成总的透射波和反射波。在第一个界面，入射平面波的一部分被直接反射，幅度为 $A_0 = E_{0r1}$（零阶），其中反射系数 r_1 可以用菲涅耳公式计算。其余的波通过第一个边界（系数 t_1）传输，部分反射回第二个边界（系数 r_1），然后通过第一个边界到达幅度为 $A_1 = E_0 t_1 r_2 t_1'$ 的入射介质。在其穿过层的双重路径上，所考虑的分波也要经历相移 δ_1，其取决于厚度 d_1 和层的折射率 n_1：

$$\delta_1 = \frac{2\pi n_1 d_1 \cos\theta_1}{\lambda} \tag{4.2}$$

式（4.2）中，考虑了该层中任意入射角 θ_1 的情况，此情况必须用 Snell 定律计算。基于前面的考虑，层中出现的第一分波的振幅 A_1 可以写成

$$A_1 = t_1 t_1' r_2 E_0 \exp(-\mathrm{i}2\delta_1) \tag{4.3}$$

式中，t_1' 表示在与入射波相反的方向上通过第一边界的波的透射系数。如果该符号以与第一边界（系数 r_1'）反射回层中波的部分相同的方式被应用，则该部分波在由第二边界反向反射，经过第一边界之后的振幅 A_2 为

$$A_2 = t_1 t_1' r_2 E_0 \exp(-\mathrm{i}2\delta_1) r_1' r_2 \exp(-\mathrm{i}2\delta_1) \tag{4.4}$$

除了一阶振幅的表达式之外，二阶分波还包括一个因子 $r_2 r_1' \exp(-\mathrm{i}2\delta_1)$。显然，这个附加因子对于每一个进一步的反射顺序都会出现，因此，阶数 $k \geq 1$ 的分波的振幅 A_k 可以确定为

$$A_k = t_1 t_1' r_2 E_0 \exp(-\mathrm{i}2\delta_1)[r_1' r_2 \exp(-\mathrm{i}2\delta_1)]^{k-1} \tag{4.5}$$

为了计算层的反射率，必须加入从层到入射介质的所有分波，以确定反射作用的总振幅 A_{tot}。这个和可以以闭合式表示，因为分波遵循几何展开的规则

$$A_{\mathrm{tot}} = \left[r_1 + \frac{t_1 t_1' r_2 \exp(-\mathrm{i}2\delta)}{1 - r_1' r_2 \exp(-\mathrm{i}2\delta)} \right] E_0 \tag{4.6}$$

最后，单层的反射系数 r_S 通过反射波的总振幅与入射波的振幅之比求出，即

$$r_S = \frac{A_{\mathrm{tot}}}{A_0} = \frac{r_1 + r_2 \exp(-\mathrm{i}2\delta)}{1 + r_1 r_2 \exp(-\mathrm{i}2\delta)} \tag{4.7}$$

在这个表达式中，系数 r_1' 和 t_1' 已经通过以下关系式被替换，这可以从对边界处的

振幅有效的连续性条件导出：

$$t_1 t_1' = (1 - r_1')(1 - r_1) = (1 - r_1)(1 + r_1) = 1 - r_1^2 \tag{4.8}$$

鉴于仅能够测量场强而不能测量振幅的事实，有必要将幅度反射系数的表达式转换成相应的反射率值

$$R_S = \frac{r_1^2 + 2r_1 r_2 \cos(2\delta_1) + r_2^2}{1 + 2r_1 r_2 \cos(2\delta_1) + r_1^2 r_2^2} \tag{4.9}$$

原则上，式（4.9）提供了描述单层光谱传递函数的所有方法，也包括任意入射角和吸收层状材料的情况。对于这种一般情况，折射率必须以其复杂的形式表达为 $n_1 = n_{1+} i k_1$，其中 k_1 表示层状材料的消光系数，并且必须以复杂的形式应用菲涅耳公式以及斯内鲁乌斯定律。

为了更深入地了解镀膜的基本操作原理，对几种特殊结构的讨论特别令人关注。在光学镀膜技术中，层厚度 D_i 通常以设计波长 λ_Z 处的 1/4 波长光学厚度（QWOT）为单位表示

$$D_i = \frac{4 n_i d_i}{\lambda_Z} \tag{4.10}$$

如果层厚度是 1 QWOT 的整数倍数，则具有设计波长的垂直穿过该层的波的相移对应 π/2 的倍数。根据正入射的菲涅耳公式，任意介电材料的 2 QWOT 层的评估由式（4.9）得到

$$R_S = \left(\frac{r_1 + r_2}{1 + r_1 r_2} \right)^2 \tag{4.11}$$

其中，

$$r_1 = \frac{n_0 - n_1}{n_0 + n_1}, r_2 = \frac{n_1 - n_2}{n_1 + n_2}, R_S = \left(\frac{n_0 - n_2}{n_0 + n_2} \right)^2 \tag{4.12}$$

显然，反射率的表达式简化为入射介质与载体介质之间界面的菲涅耳公式，证明单个 2 QWOT 层对结构的光谱透射率没有影响。对于在设计波长处厚度为 1 QWOT 的层的情况，可以写成式（4.9）的形式，即

$$R_S = \left(\frac{n_2 n_0 - n_1^2}{n_2 n_0 + n_1^2} \right)^2 \tag{4.13}$$

如果满足条件 $n_1^2 = n_0 n_2$，则可以完全抑制衬底上单层的反射率。为了进一步说明单个介电层的典型效应，图 4.3 针对不同折射率图示了相应的反射光谱。考虑到设计波长 λ_Z 处的反射率值，可以区分 $n_1^2 = n_2$（零反射率），$n_1 < n_2$（反射率低于未涂覆基底的反射率），$n_1 = n_2$（反射率等于未涂覆基底的反射率），$n_1 > n_2$（反射率高于未涂覆的基底的反射率）。作为波长的函数，可观察到具有一个倍频程周期的光谱的循环特性，其显示出裸基板的反射水平处的共同切点。这些点可归因于波长位置，其中层厚度根

据 QWOT 的偶数倍得出的式（4.9）所述的特殊条件确定。因此，一方面，与衬底的折射率匹配的材料单个 1 QWOT 层可以用作抗反射镀膜；另一方面，具有高折射率的层适于将反射率提高到由高折射材料的可用性给定的一定限度。实际上，现在在许多用于激光应用的光学组件上仍然可以找到单层镀膜，其中只有一个波长是必须要控制的。

原则上来说，单层的概述理论方法也可以转化为多层系统的计算。然而，考虑到随着堆叠层数呈指数增加，分波的数目巨大，所得到的等式变得非常复杂且难以计算。例如，三层系统的反射表达式就已经填满了本书的一个印刷页面。因此，为设计的每一层分配一个矩阵的形式的想法，是理解薄膜设计的重要一步。这种所谓的矩阵形式诞生于 20 世纪 40 年代，可以根据系统中各层间界面处电场和磁场的边界条件推导出来[4.5-8]。除了通过单个矩阵 M_i 明确地表示每个层之外，这种方法提供了这些单层矩阵的连续相乘以计算多层系统的传递函数的第二个主要优点。因此，考虑由相对于入射波位于第一界面的层 1 的 K 层单层形成的叠层，整个叠层的传输矩阵 M_S 可以通过下面的乘法表示：

$$M_S = M_1 M_2 M_3 \cdots M_i M_{i+1} \cdots M_K \qquad (4.14)$$

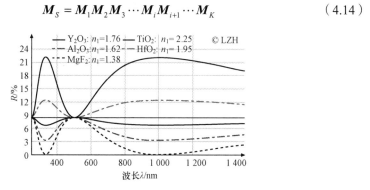

图 4.3　在一个 Nd：YAG 棒（$n_2 = 1.78$，环境折射率 $n_0 = 1$）的前表面上对不同材料的 1 QWOT 单层（$\lambda_Z = 1\,000$ nm）计算光谱。折射率是相应镀膜材料的电子束沉积的典型值：MgF_2：$n_1 = 1.38$，Al_2O_3：$n_1 = 1.62$，Y_2O_3：$n_1 = 1.76$，HfO_2：$n_1 = 1.95$，TiO_2：$n_1 = 2.25$。该线对应未涂覆的基底材料的反射率

单层矩阵 M_i 的元素可以通过与层背面场强值（E_i 和 H_i）正面电场（E_{i-1}）和磁场（H_{i-1}）场强度相关的层结构中边界条件导出：

$$
\begin{pmatrix} E_{i-1} \\ H_{i-1} \end{pmatrix} = M_i \begin{pmatrix} E_i \\ H_i \end{pmatrix}
$$
$$
= \begin{pmatrix} \cos\delta_i & \dfrac{i}{n_i}\sin\delta_i \\ in_i\sin\delta_i & \cos\delta_i \end{pmatrix} \begin{pmatrix} E_i \\ H_i \end{pmatrix} \qquad (4.15)
$$

在这种形式中，矩阵元素 M_{ij} 包含层的折射率 n_i 和相移 δ_i 只是层编号 i 的参数。为了计算也包括基底（折射率 n_T）和环境介质（折射率 n_0）的整个结构的反射系数 r_{SK}，

必须再次考虑幅度的比值：

$$r_{SK} = \frac{n_0 \boldsymbol{M}_{11} + in_0 n_T \boldsymbol{M}_{12} - i\boldsymbol{M}_{21} - n_T \boldsymbol{M}_{22}}{n_0 \boldsymbol{M}_{11} + in_0 n_T \boldsymbol{M}_{12} + i\boldsymbol{M}_{21} + n_T \boldsymbol{M}_{22}} \qquad (4.16)$$

为了体现矩阵形式的优势，下面将考虑高反射介电反射镜的反射率。这种镜的标准设计是具有高 n_H 和低 n_L 折射率的两种镀膜材料周期性的 1 个 QWOT 叠层（参见图 4.1）。为了有效地描述设计，通常在光学镀膜技术中使用以大写字母表示，表示某一层材料的 1 个 QWOT 层的符号。例如，在所述结构中具有 11 层的反射镜堆通过 HLHLHLHLHLH（H：折射率 n_L，L：折射率 n_L）或（HL）^{5}H 甚至更精简的序列表示。对于 N 层对（设计：（HL）^{N}H）的更一般的情况来说，介质镜的矩阵 $\boldsymbol{M}_{DM}$ 可以表示为

$$\boldsymbol{M}_{DM} = \begin{pmatrix} 0 & i/n_H \\ in_H & 0 \end{pmatrix} \begin{pmatrix} 0 & i/n_L \\ in_L & 0 \end{pmatrix}$$
$$\times \underbrace{\begin{pmatrix} 0 & i/n_H \\ in_H & 0 \end{pmatrix} \cdots \begin{pmatrix} 0 & i/\mu_H \\ in_H & 0 \end{pmatrix}}_{(2N+1)\text{矩阵}} \qquad (4.17)$$

显然，对于这种正入射的特殊情况，1 个 QWOT 层的单个矩阵简化为仅包含材料的折射率的简单表达式。进行矩阵乘法计算，应用式（4.16）并计算反射率 $R_{DM} = r_{DM} r_{DM}^*$ 的结果为

$$R_{DM} \approx 1 - 4n_0 n_T \frac{n_L^{2N}}{n_H^{2(N+1)}} \qquad (4.18)$$

这个表达式是大量 N 个 QWOT 层对的近似值，对于涉及 10～40 个层对的实际系统是典型的。对这种估计的解释，式（4.18）说明折射率之间的对比度（n_L/n_H）决定了达到确定的反射率值所必需的层对数。高对比度不仅减少了层对的数量，而且还导致 QWOT 叠层频谱中更宽的反射带（图 4.4）。图 4.5 对于不同的入射角，针对图 4.4 中定义的 QWOT 叠层，说明了反射光谱的发展。可以根据层结构中分波之间相位差的减小来解释光谱向更短波长的移动。对于任意的入射角，频带 s 偏振的频谱必须在矩阵公式中单独考虑，从而导致与 p 偏振相比 s 偏振更宽的反射带。如果设计的用于垂直入射的电介质镜在任意入射角下工作，则必须考虑这些影响。

除了所述的高反射叠层之外，抗反射镀膜通常应用于激光技术以减少窗、激光棒或透镜的反射损失。与反射镜设计相比，抗反射（AR）镀膜通常仅由几层构成，但通常是两种以上的材料，特别是为了在宽光谱范围内实现最低残余反射率的要求。对于具有主单波长应用的激光技术以及有关镀膜损耗和功率处理能力具有挑战性的规格来说，主要使用单层或双层 AR 镀膜。在两层的基础上，对于一个波长来说，可以完全抑制大多数衬底材料的菲涅耳反射。这种通常称为 V-镀膜的镀膜根据其光谱的形状提供了总厚度最小的优点，从而提供了最小损耗和最高的激光损伤阈值[4.9]。

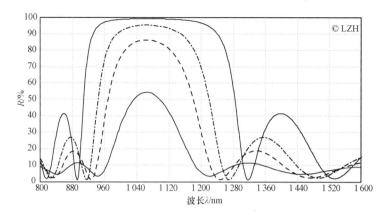

图 4.4　针对石英表面上的低折射率材料（$n_T = 1.46$，环境折射率 $n_0 = 1$），计算不同高折射材料的情况下，与 SiO_2（$n_T = 1.46$）结合的 1 个 QWOT 叠层（$\lambda_Z = 1\,064$ nm）的反射光谱。高折射率层的折射率是相应镀膜材料的电子束沉积的典型值：Al_2O_3：$n_H = 1.62$（黑色），CeO_2：$n_H = 1.80$（虚线），HfO_2：$n_H = 1.95$（点划线），TiO_2：$n_H = 2.25$（实线）。对于所有图示的光谱，层对的数量在 $N = 6$ 处保持恒定

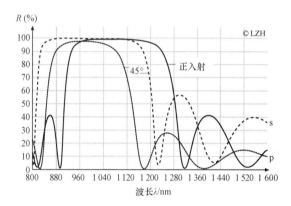

图 4.5　根据图 4.4 给出的参数，1 个 QWOT 叠层作为高指数材料的 TiO_2（$n_H = 2.25$）计算的反射光谱。除了垂直入射光谱（纯黑色曲线）外，针对 45° 的入射角图示出反射率。对于任意入射角，必须区分 s 分量（彩色虚线曲线）和 p 分量（彩色实线曲线）

镀膜系统对激光技术的损失和稳定性有很重要的作用，通常需要对结构中电场强度的分布进行优化设计。鉴于矩阵将层系统中不同位置的场强值相关联的事实，使用矩阵方法可以比较容易地完成场强分布的计算。此外，将公式化方法应用到现代计算机算法中，可以计算所有传输参数，包括吸光度、相移或群延迟色散，这并不是一项复杂的任务。在计算机技术快速发展的过程中，现在已经有了大量的软件工具，甚至可以对多层设计进行逆向合成。作为这些现代优化工具的输入参数，可以输入期望的光谱特性，并基于复杂的算法开发适当的设计解决方案。总之，光学镀膜技术的挑战不再集中在理论建模和设计计算上，现在和未来的问题都伴随着具有高光学质量和环境稳定性的镀膜的可复制且精确的生产。

|4.2　光学镀膜的制造|

　　回顾过去，光学镀膜的制造体现了一段长期而成功的技术史。除了已经提到的弗劳恩霍夫和泰勒早期的老化和腐蚀实验之外，Grova 在 1852 年描述了后来称为气体放电装置的溅射效应[4.10]。1857 年，法拉第通过高电流蒸发金丝，研究了沉积材料的光学性质，尽管他主要关注最细微的颗粒[4.11]。Wright 在 1877 年报告了通过在排气管中放电来制造透明金属膜[4.12]。1884 年，爱迪生提交了一项专利申请，该专利描述了真空容器内的热蒸发以及电弧蒸发，将一种材料与另一种材料进行电镀，并于 1894 年获得授权（图 4.6）[4.13]。在接下来的几十年中，许多出版物记录了光学镀膜的工业生产方法的发展，从单层开始，形成日益复杂的多层系统[4.14,15]。本书将给出从最基本的一些最新发展到最常见的光学镀膜滤波器生产技术的简要概述。有关光学镀膜技术的更多信息可以在各种综合技术书籍中找到[4.9,16 – 19]。

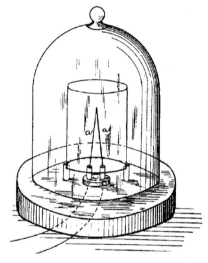

图 4.6　爱迪生获得授权的专利：一个材料与另一个材料的电镀艺术（1894 年后[4.13]）。
导电镀膜材料通过电极之间的连续电弧在真空室内蒸发。对于带镀膜反射镜来说，
爱迪生将玻璃板放置在设备的内侧。此外，该专利还描述了通过电阻加热的热蒸发

　　就工业生产而论，对沉积过程有一些基本的要求，尽管它们的优先顺序取决于具体的应用。薄膜光学性能的高复制性以及力学特性是必要的。大面积的镀膜必须均匀涂布，同时要有较高的沉积速度，还需要精确的层厚测定。此外，高度的自动化、短的处理时间和廉价的无毒沉积材料在经济上是相关的。关于薄膜材料的选择，还需要满足具体的要求[4.20]。用于多层镀膜的电介质在特定应用所需的光谱区域内必须是透明的，因此，除了适当的折射率对比之外，还必须实现低消光系数。另外，必须确保足够的机械和环境稳定性。最后，材料必须在选定的沉积过程中技术上可控，并且必须

表现出形成非晶态、致密薄膜微结构的潜力。在可见光和近红外光谱区域，氧化物的材料等级很好地满足了这些要求。常见的例子是低折射率材料 SiO_2 或 Al_2O_3 和高折射率金属氧化物 Ta_2O_5、Nb_2O_5 或 TiO_2。延续到紫外和真空紫外波长范围，氧化物被互补，并且相继被氟化物替代，例如 AlF_3、MgF_2 和 LaF_3。相比之下，中远红外光谱区是 Ge、Si、ZnSe 和 ZnS 等材料以及仍在使用的放射性 ThF_4 材料的领域，主要用于高功率 CO_2 激光器。

4.2.1　热蒸发

在真空条件下生产薄膜，最常使用的是光学沉积工艺。通常，这种工艺分为两个类别组：一方面是物理气相沉积（PVD），包括热蒸发以及溅射；另一方面是化学气相沉积（CVD）。

实现 PVD 的基本方式之一是通过在真空室内直接或间接加热沉积材料来热蒸发薄膜材料。被蒸发的材料冷凝在待涂覆的基底上，其通常位于蒸发器上方的旋转球形拱顶上。如果穿过拱顶层厚分布的均匀性不能满足给定几何设置的要求，则使用附加的掩模。在真空条件下，蒸发速率表现出与温度的强烈相关性，并且主要由蒸发器的温度相关的平衡蒸气压力 p^* 决定。在 Hertz[4.21]和 Knudsen[4.22]实验工作的基础上，蒸发速率的理论描述被称为 Hertz–Knudsen 方程：

$$\frac{dN_e}{A_e dt} = \alpha_e \frac{p^* - p}{\sqrt{2\pi m k_B T}} \tag{4.19}$$

式中，dN_e/dt，每时间单位的蒸发原子数；A_e，蒸发源的表面积；α_e，蒸发系数（表面上蒸发原子的黏附系数）；p^*，蒸发剂的平衡蒸气压；p，真空室内蒸发剂的静水压力；m，原子质量；k_B，玻耳兹曼常数；T，温度。

蒸发速率的强烈温度依赖性是由作为温度的指数函数的平衡蒸气压产生的：

$$p^* = p_0 e^{-\frac{L_0}{k_B T}} \tag{4.20}$$

式中，p_0 是一个常数因子；L_0 是每个原子或分子的蒸发潜热。

随着对技术方面的关注，已经开发了多种蒸发源。实际上，由于在所需的高温下进行化学反应，可能导致来自蒸发源的带接触材料的膜出现不希望的污染影响或发生严重的腐蚀。此外，蒸发源内必须达到几百到几千开尔文的高蒸发温度。

一个基本但不常用的方法是通过直流加热升华导电材料。这种技术不适用于许多材料，潜在的例子是金属和碳。早期开发和广泛应用的实现热蒸发的方法是通过电阻加热的容器间接加热镀膜材料。根据容器的特征形状为这个工艺变型命名为：小舟式蒸发。蒸发舟由导电的耐高温材料制成，例如，W、Mo、Ta 或 C，另外部分配有陶瓷嵌件（衬垫）。显然，最大蒸发温度受蒸发舟材料的熔点限制。在一个稍作修改的替代方案中，蒸发舟被还原成长丝，并用熔融材料润湿，通过表面张力保持在原位。但是，由于蒸发舟和熔融镀膜材料的热惯性，因此难以实现接近实时的速率控制。此外，熔化可能表现出不利的飞溅行为，导致镀膜缺陷，这种影响可以通过装备穿孔盖或烟囱结构来部分抑制。

熔化导电材料的另一个技术可能性是感应加热的应用。虽然感应加热器经常用于较大的熔化物，例如在晶体生长领域，但这种溶液很少用于光学镀膜的沉积。

目前，光学镀膜工业生产中最常见的热蒸发方法是通过电子束直接加热坩埚内的镀膜材料（图 4.7）。由磁场引导进入水冷坩埚的电子束的特征参数是 6～10 kV 的加速电压和 0.1～1.5 A 的电流。为了实现均匀蒸发，电子束可以通过偏转线圈扫过镀膜材料，也可以与旋转坩埚组合。另外，多晶电子束源允许在一个工艺中连续蒸发不同的镀膜材料，或者也可以用两个或更多的来源装备沉积设备。与舟蒸发相比，电子束加热技术提供了重要的优点。由于其高功率密度，因此可以蒸发高熔点材料，而且冷却的坩埚可以防止污染。在速率控制方面，电子束源的优势是低惯性与当今技术解决方案高可靠性的结合。但是，必须指出的是，如果使用化合物作为镀膜材料，局部高温可能导致化合物分解。在使用氧化物的情况下，额外的氧气进入可以解决这个问题。在常见的沉积系统中，可以使用氧气分压范围为（1～3）×10^{-2} Pa 典型的化学计量膜。在存在反应性气体如氧气、氮气或甚至氟的情况下，有时也将热蒸发称为反应性蒸发。

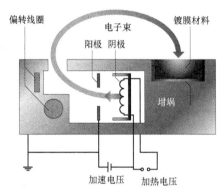

图 4.7　电子束蒸发源。电子被一个几千伏的电位差加速，并被磁场引导到
水冷坩埚中。附加的偏转线圈允许光束在材料上写入适当的图案以实现均匀的蒸发

关于层特性，通过热蒸发产生的薄膜根据各个工艺参数呈现出微观结构特征。低于 0.3 eV 的冷凝颗粒的典型热能导致填充密度低于相应散装材料的密度值。由于凝聚粒子的表面流动性和阴影效应有限，含有微结构空隙的柱状生长对于蒸发膜是最常见的[4.23,24]。已经开发出通过实验验证的结构区域模型，根据基材温度和镀膜材料的熔点之间的比例描述特征区[4.25]。通常，对工艺参数进行优化以实现最大的填充密度使空隙最小化，因此需要额外的衬底加热，通常在 300 ℃ 的范围内。除了增加机械稳定性之外，增强的填充密度会影响光层的性能，例如，在大多数情况下将导致更高的折射率。

在薄膜中存在微结构空隙的主要缺点来自环境大气的湿气进入。一方面，吸附的水和键合的 OH 基团导致光吸收损失，尤其是在中红外（MIR）波长范围内；另一方面，吸水会影响层的有效折射率。由于含水量变化，多孔多层干涉滤光片的光谱特性对温度和湿度等环境参数具有很强的依赖性。

在所有光学滤波器的沉积过程中，生长层的微观结构受衬底表面结构的影响。由于衬底较高的表面粗糙度会增大层表面的粗糙度，所以应根据应用选择衬底以避免不可接受的高光散射损耗。此外，由于颗粒污染导致严重的层状缺陷，所以在光学镀膜产生中标识出了洁净区域。

4.2.2　离子电镀和离子辅助沉积

如上所述，由于冷凝分子和原子的低动能，热蒸发过程产生的薄膜表现出明显的微观结构。除了通过衬底加热沉积到生长层中的热能之外，通过离子冲击附加的能量沉积很快被确定为是一种有前景的替代方案。开始时，反应蒸发过程通过应用电离氧来优化[4.26,27]。1967 年，有一个工艺概念获得了专利，其中负偏压将正离子加速到衬底上[4.28]。应用各种离子包括直接提供的惰性气体以保持放电，以及电离蒸发的镀膜材料，在进一步技术进步的过程中，这种方法得到了增强，称为离子电镀工艺，以不同的方式进入光学镀膜行业。一个既定的方案是低电压离子电镀（RLVIP）系统，如图 4.8[4.29]所示。除了常规的热蒸发配置之外，氩气放电从安装在室壁上的热阴极源引导到充当阳极的电子束蒸发器的坩埚中。作为与氩等离子体相互作用的结果，蒸发的镀膜材料被离子化并且通过电绝缘基板保持器的自偏置电压与氩离子一起朝向基板加速。相对于等离子体电位的范围，这个负的自偏压通常在 −5～−30 V 的范围内，并取决于等离

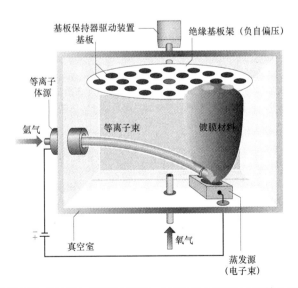

图 4.8　低电压离子电镀（RLVIP）系统的示意图。氩气放电从等离子体源被引导到电子束蒸发器的坩埚中。离子化镀膜材料和一部分氩离子通过电绝缘基板保持器的自偏置电压朝基板加速

子体参数以及几何条件。作为额外的能量输入和有效激活的结果，由低压电离反应离子电镀产生的薄膜分别表现出微观结构的压实和优化化学计量的特性。

离子辅助沉积（IAD）（也称为离子束辅助沉积，IBAD）利用离子来增强光学和机械薄膜特性以及工艺稳定性，代表了广泛使用的工艺概念。如图4.9所示，IAD工艺的特征在于分离的离子源，此外还将蒸发源整合到处理室中。离子束叠加在冷凝粒子的通量上并实现了生长层所需的致密化。主要的致密化机制归因于动量转移，根据实验结果[4.30]，在碰撞级联模型的基础上进行了计算验证。然而，由于化合物单一成分的溅射效率不同，过量的离子能量可能通过优先溅射效应导致离子诱导的化学计量缺陷[4.31]。在广泛使用金属氧化物的情况下，氧原子的优先溅射会导致缺氧，并因此增加光吸收损失[4.32]。实际上，在典型的IAD过程中应用了覆盖几十至几百电子伏特范围的离子能量。

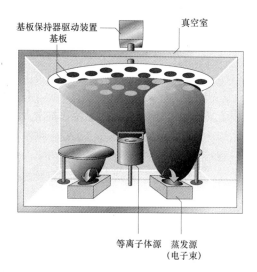

图4.9　离子辅助沉积（IAD）工艺的原理布置。除了电子束蒸发器之外，在真空室中
实施离子源。衬底暴露于低能离子束，这导致额外的能量转移到生长层中

通常的离子源操作介质是惰性或反应性气体，特别是在后一种情况下，氧气有助于氧化物涂覆。因此，除了致密化作用之外，氧化物的化学计量也受益于反应离子，形成光学损失减少的均匀层。

关于IAD工艺环境，可以说明对离子源的一些主要要求。低离子能量下的高离子电流是必需的，并且穿过球面拱顶的离子电流分布必须是广泛和均匀的。离子源即使在长时间工作时也必须具有高稳定性和可靠性。在广泛的参数场内离子电流和能量的独立控制也是有利的。此外，必须避免源自离子源的材料对生长层的污染。最后，可以选择活性气体，低维护和低运营成本是相关的。目前，可以在市场上买到各种网格化和无网格离子源，基本上满足了标准IAD应用的所有上述要求[4.33,34]。

下面简要说明离子诱导层致密化的积极作用。关于微观结构，前面提到用于热蒸发薄膜的结构区域模型已经扩大，以整合由离子辅助沉积工艺得到的致密结构[4.35]。由于离子的微结构致密化阻碍了柱状生长的空隙发展，因此通过应用 IAD 可以防止由吸附水引起的高光学损失。图 4.10 中将用热蒸发工艺沉积 SiO$_2$ 单层的光学损耗与在离子辅助沉积工艺内生成 SiO$_2$ 单层的光损耗进行比较。通过分光光度计进行透射率和反射率测量计算并标出消光系数，并且标出在热沉积层 10%～20% 范围内的光学损耗。使用分光光度测量，在 IAD 镀膜中不能检测到水。除了减少吸收损失之外，致密和无水微结构的另一个积极作用是镀膜的热光谱稳定性急剧增加，离子辅助沉积可以将热沉积镀膜光谱特征的相对波长偏移 $\Delta\lambda/(\lambda℃)$ 从几百 ppm/℃ 降低到几个 ppm/℃[4.36]。

此外，离子辅助沉积可以将镀膜的机械内应力从拉伸应力调整到压缩应力，从而以改善关键光学元件的层黏附性和尺寸精度[4.37-39]。最后，实现的离子源使基板预清洁处理步骤成为可能。

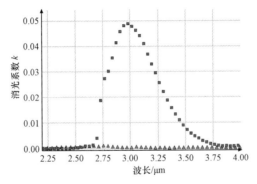

图 4.10　比较 SiO$_2$ 单层的光学损耗：热蒸发与离子辅助沉积（吸收水的吸收带）。根据分光光度计测量的透射率和反射率数据计算光学损失

4.2.3　溅射

溅射代表了一个确定的和多功能的能量真空沉积工艺的类别，该应用比热蒸发方法产生能量高得多的冷凝粒子。其基本原理源于 19 世纪早期的气体放电实验，如图 4.11 所示。在约 1 Pa 压力的真空室内，辉光放电通过承载待涂覆衬底的阳极与阴极之间的 kV 范围内的直流（DC）电压来维持。阴极由必须导电的镀膜材料（靶）组成。在放电区域，通过碰撞电离产生正的工作气体离子，例如氩离子，并且朝着靶加速。在固体表面上碰撞的离子，除了其他相互作用外，还会通过碰撞级联喷射出原子、分子和团簇，这种效应称为溅射，其效率取决于靶材料和微观结构以及离子的种类、能量和入射角。在所描述的直流放电过程中，从靶溅射的粒子在基板上凝结并形成一个层。由于在几 eV（最高几十 eV）能量的典型范围内被吸附原子具有高动能，与蒸发薄膜相比，溅射镀膜表现出更高的密度。

在射频（RF）溅射技术基础上发明了一种解决对导电靶进行直流溅射限制的方法。在一个常见的设置中，图4.11所示的直流电极被转换为射频耦合电极，在靶电极中包括一个直流阻断电容器。选择基板电极的表面积超过靶电极面积的几何布置时，具有负靶电极的直流电势由电容耦合等离子体的自偏置效应产生。由于这种直流电势，溅射发生在靶上，而不是在衬底电极上[4.40]。

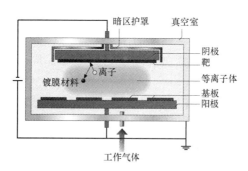

图4.11 直流溅射工艺的示意图。辉光放电由kV范围内的直流电压驱动。镀膜材料从阴极上的靶溅射并沉积原位于阳极的基板上

如今，磁控溅射是光学镀膜工业生产中一种重要的溅射技术。磁控管源自磁场，是指穿过直流放电的电场，并将等离子体限制在靶前方的区域内（图4.12）。由于离子化程度的提高，沉积速率明显更高，从而缩短了加工时间；此外，镀层质量也受益于与等离子体较小强度的相互作用以及10^{-1} Pa范围内的减压。然而，直流磁控管源在反应性工艺环境内的应用与一些限制性的复杂化有关。反应气体与靶材料相互作用，产生的化合物在靶表面形成绝缘层，称为靶中毒。由于金属和氧化物或氮化物溅射效率的差异，沉积速率强烈下降，同时靶中毒。此外，放电条件的改变归因于形成绝缘层，其可能导致电弧甚至放电的终止。除了靶阴极的中毒之外，作为阳极的整个室相继被绝缘化合物，即所谓的消失阳极覆盖。为了克服这些局限性，可以在金属和非金属之间的过渡模式下驱动磁控管过程。然而，由于这种过渡模式表现出相当大的不稳定性，为了稳定相关参数，必须实施复杂的活化过程控制，例如基于活性氧的氧传感器[4.41]。

第二种技术方法是顺序处理方案，其中磁控管源以金属模式工作。与磁控管分开，等离子体源提供由少量单层组成的沉积子层以及活化的反应气体的后续处理。在技术实现中，磁控管和等离子体源通常位于圆形几何形状中，其中心处具有快速旋转的圆柱形基板架[4.42,43]。

在双磁控管（也称为双磁控管）配置的基础上已经取得了重要进展，其中频率范围为20～100 kHz[4.44]。在双磁电极配置中，两个靶电极交替地作为阴极和阳极工作，防止静电充电以及上述的消失阳极效应。此外，已经改进了以脉冲模式操作磁控管的方法，因为通过这种技术可减小靶上的限制热负荷。

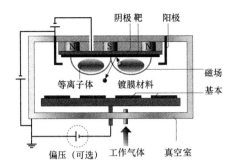

图 4.12　磁控溅射工艺的基本原理。穿过直流放电电场的磁场将等离子体限制在靶前方的区域内。施加到基板架的可选偏压允许额外的能量输入到生长层中

目前，直列磁控溅射系统是建筑玻璃、光伏和显示器应用领域中大面积沉积的标准配置，而与双磁控管相结合的顺序处理概念正在进入精密光学领域。

4.2.4　离子束溅射

离子束溅射（IBS）代表了一类溅射沉积技术，适用于最高质量的光学元件。离子束溅射工艺的基本原理如图 4.13 所示[4.45]。在真空室内，分离的离子源被引导至靶，其因此不与离子发生等离子体接触。该装置为溅射颗粒的几何优选方向上冷凝薄膜提供旋转基板架。在典型的工艺条件下，采用动能在 1 kV 范围内的氩离子进行溅射，而额外的反应气体入口提供了从金属靶沉积化合物层的选项。在某些情况下，第二个离子源被引导到基板，与 IAD 相比，此时允许生长层生长，也可以对基板进行预清洁。

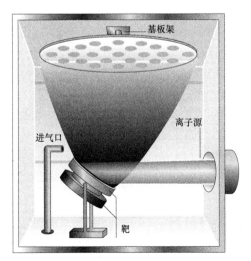

图 4.13　离子束溅射工艺的示意图。将独立的离子源引导至靶上，溅射的粒子在旋转的基板上冷凝。自动可变靶允许产生多层镀层

与所描述的直流、交流方法和磁控溅射工艺相比，离子束溅射具有很多优点。低工作压力（反应性$\approx 10^{-2}$ Pa，无反应性$\approx 10^{-3}$ Pa）与基板和等离子体之间不存在相互作用，导致高质量的薄膜具有最小的污染和缺陷。离子束溅射优异的光学和机械膜质量的决定性因素是成层颗粒的高能量（高达 100 eV）。IBS 镀膜致密，无定形，适用于超低损耗元件，因为在 1 ppm 范围内的总光损失是可以达到的[4.46]。离子束溅射是一个非常稳定的过程，可以实现高度的自动化。另外，溅射离子的能量和电流密度可以在很大的范围内独立调整。

尽管如此，离子束溅射在光学镀膜的工业大规模生产中并不常使用。这种情况是因经济劣势造成的，即沉积速率低，在均匀涂覆较大面积时存在技术困难。与用于精密光学的热蒸发或磁控溅射工艺相比，典型的 IBS 沉积速率明显较低。目前主要使用离子束溅射的市场领域包括特殊应用的高端精密光学器件，主要用于研究和科学领域、飞秒激光器的复杂啁啾反射镜以及下一代光刻技术[4.47,48]。

4.2.5 化学气相沉积（CVD）

与上述物理气相沉积（PVD）工艺类似，化学气相沉积（CVD）提供了一系列工艺变型。所有 CVD 工艺都遵循这样一个基本原理：沉积层是气体反应物（前体）发生化学反应的产物[4.49]。该反应在各种工艺类型中通过不同类型的能量输入被激活，包括热量、等离子体和辐射诱发的 CVD。除镀膜材料外，所有其他反应产物必须是气态的，因为必须从处理室中排出。除了作为半导体工业中最广泛使用的沉积方法以外，化学气相沉积还被广泛应用于硬镀膜以用于防磨保护目的。在光学镀膜的生产中，与 PVD 技术相比，CVD 工艺仍然扮演着一个次要的角色。

化学气相沉积分为两种成层机制，在异相成核中，镀膜材料在基材表面上产生；在匀相成核中，产生镀膜材料的化学反应发生在基底表面之上。随后，反应产物扩散到形成膜的基底表面。由于均匀 CVD 工艺产生的镀膜在大多数情况下密度较低，并且与非均匀 CVD 工艺的镀膜相比表现出较低的镀膜质量，因此后一种变型是标准的。一些工艺概念通过应用均相气相反应结合两种类型来生成用于最终非均相形成层的反应物。在所有情况下，复杂的气体动力学必须通过气体入口的调整和平衡流量及压力来控制。

进行化学气相沉积的传统方法是通过加热基材对反应进行热激发。这些反应中的大多数需要高温，通常超过 450 ℃，这与用于精密光学基底上或塑料上的光学镀膜不相容。例如，在半导体工业中，使用硅烷的热解来沉积硅（g：气态，s：固态）：

$$SiH_4(g) \xrightarrow{600\sim700\,℃} Si(s) + 2H_2(g) \qquad (4.20)$$

应用额外的氧气，可以产生二氧化硅镀膜：

$$SiH_4(g) + O_2(g) \xrightarrow{\approx450℃} SiO_2(s) + 2H_2(g) \qquad (4.21)$$

热活化学气相沉积工艺是在大气压下（常压化学气相沉积 APCVD）驱动的，或者更常见的是在典型压力范围 $10\sim10^3$ Pa（低压化学气相沉积 LPCVD）的低压反应器中驱动的。常压化学气相沉积提供比低压化学气相沉积更高的沉积速率，相反，低压化学气相沉积提供更高的均匀性和更好的非平面几何形状涂覆。

另一种能量输入方式被用于等离子体增强化学气相沉积（PECVD），这是一种在许多应用中越来越重要的工艺变型[4.50]。等离子体增强化学气相沉积技术比热激活化学气相沉积所需的工艺温度要低得多。由于应用了直流、射频或微波等离子体激发，气体前驱物可以在衬底温度保持在 300 ℃ 以下时发生反应。图 4.14 显示了一个基本的射频驱动等离子体增强化学气相沉积反应器。

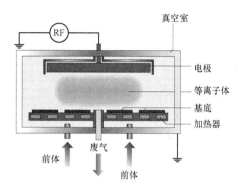

图 4.14　射频激发等离子体增强化学气相沉积（PECVD）的基本反应器设置。
图示的基板加热器是帮助成层机制的选项。如果没有射频电极，化学气相沉积
工艺只能作为非等离子体增强化学气相沉积工艺通过热激活来驱动

一个特殊的脉冲等离子体增强化学气相沉积概念是基于微波脉冲的，因此称为等离子体脉冲化学气相沉积（PICVD）[4.51]。等离子体脉冲化学气相沉积工艺提供了一种可行的技术解决方案，用于在复杂形状的表面上涂覆镀膜，特别是在管的内表面、反射器甚至是瓶上。一方面，10^{-2} Pa 范围内的过程压力导致泵送时间短；另一方面，通过最小的反应器使泵送时间最小化，因为在内表面镀膜的情况下，处理室通常在几何上由衬底本身限定。这种模块化可扩展的等离子体脉冲化学气相沉积概念应用的例子有卤素灯反射镜上的冷光镜以及聚乙烯（PET）瓶或用于药品包装的安瓿内壁上的阻隔镀膜。由于每个微波脉冲都会在几毫秒内沉积一个可重现厚度的子层，所以通过脉冲计数可以实现精确的厚度控制。因此，金属氧化物的沉积速率可能会超过 10 nm/s，这是由脉冲重复率和化学反应的条件决定的。例如，SiO_2 镀膜源自整个反应的一个 $SiCl_4$ 前体：

$$SiCl_4(g) + O_2(g) \xrightarrow{\text{微波脉冲}\rightarrow\text{等离子体}} SiO_2(s) + 2Cl_2(g) \qquad (4.22)$$

在处理室中，这个反应被分成两部分。在第一次均相气相反应中，生成 SiO（$SiCl_4 + 1/2O_2 \rightarrow SiO + 2Cl_2$），其扩散到表面并在最终的非均相反应（$SiO + 1/2O_2 \rightarrow SiO_2$）中被氧化。

在另一种激活方法中，化学气相沉积反应可以通过激光辐射（激光化学气相沉积（LCVD））来诱导。这个工艺变型基于热解，即加热、相互作用或直接光解活化[4.52]。

与上文提及的其他化学气相沉积技术相比,化学气相沉积通常不用于光学镀膜。激光化学气相沉积主要适用于微技术应用,因为可以有选择地沉积几十 μm 范围内的结构,例如用于电子和光刻领域中的电路或掩模修复,或者用于创建三维物体,例如碳纤维[4.53,54]。

一般来说,与光学镀膜技术中的物理气相沉积相比,化学气相沉积作用较小。然而,对于复杂表面几何形状的镀膜来说,化学气相沉积工艺优于物理气相沉积工艺,因为扩散是一种无定向效应。此外,前期化学技术也提供了获得中等折射率的可能性,例如,通过改变混合物[4.55]产生皱褶滤光片。就此而言,必须提及的是这些化学物质大多是有毒的,并且通常难以处理。

4.2.6 其他方法

除了精密、激光和消费类光学领域常用的沉积技术之外,目前还有各种特殊应用的工艺。类似于上述的激光化学气相沉积,已经开发了激光物理气相沉积工艺,称为脉冲激光沉积(PLD)。在脉冲激光沉积中,目标材料被真空室内的激光脉冲烧蚀,并随后沉积到位于等离子体羽流中的基板上。脉冲激光沉积过程主要用于实验室规模的系统,并且在产生的有机和无机化合物薄膜中提供更高的目标化学计量比[4.56]。然而,将这种技术扩大到大的镀膜区域和高的沉积速率是有问题的,而且也太过昂贵。

在光学镀膜的一些应用领域中使用更常见的沉积方法是溶胶–凝胶法。从胶体溶液(溶胶)开始,在使用硅或金属醇盐的大多数情况下,跃迁导致凝胶相,其为镀膜的基材。在浸涂的情况下,通过将基材浸入溶液中形成该层。在旋涂工艺中,通过将溶液涂布在纺丝基材上以获得均匀的厚度分布来产生层,其取决于材料特定参数和旋转速度。此外,还可以通过使用毛细作用力的层流涂布法或通过印刷技术喷涂溶液。初始多孔溶胶–凝胶膜的致密化通常通过在高达 1 000 ℃的温度下烘烤来完成。光学中的溶胶凝胶技术领域是产生大面积的抗反射镀膜,尤其是高功率激光器[4.57]。

4.2.7 过程控制和层厚测定

对于光学镀膜产生所要求的纳米精度来说,过程控制在现代生产环境中起着关键的作用。实现先进过程控制的最新趋势通常基于重要的沉积参数和镀膜性质的原位监测技术。产生光学干涉滤光片的核心要求是生长层的精确厚度控制。

一种简单的方法是,如果工艺的沉积速率足够稳定以满足所需的厚度精度,例如在一些溅射工艺中,层可以按时间终止。通过等离子体脉冲化学气相沉积获得一个特殊的位置,其中厚度可以通过计数微波脉冲来确定。

一个广泛的测量薄膜生产中实际沉积率和层厚的技术解决方案是使用一个石英晶体监测系统[4.58]。由于振荡石英的谐振频率随沉积在其表面上的材料而变化,因此可以根据材料特定的常数(如比重)通过振荡频率的变化来确定速率。由于石英晶体监测器的位置不同于衬底固定器的位置，所以需要考虑另一个校准因子，称为加工因子，以精确确定沉积速率。特别是，这些因子不仅取决于镀膜材料和工艺参数，还取决于在生长薄膜中演变的微结构的层厚度。

如上所述，多层滤光片的性能取决于光学厚度，即所包括的单层物理厚度和折射率的乘积。因此，提供生长层的光学厚度原位分析的监测方法通常优于监测质量沉积的系统，特别是在光学性质发生较小变化的条件下。确定光学厚度的自然方法是透射或反射测量形式的直接光学通路[4.59]。对一个单层的理论分析揭示了随着光学厚度的增加，固定波长的透射率或反射率的循环特性。这种作用可以根据已知的光学常数确定实际的光学物理厚度，以及沉积层的实际物理厚度。特别是，对于在监测波长处的1/4波长光学厚度的整数倍期望单层厚度值来说，终止点是测量曲线的极值。由于某些波长是不同的，监测波长必须根据镀膜设计进行选择，并且通常应用多波长监测系统。在大多数情况下，测量是在中心测试基板上进行的，与待涂覆的产品相反，测试基板应保持静止。

在计算机和光谱仪技术飞速发展的过程中，先进的光学宽带监测系统已经在沉积过程环境中实现[4.60]。这些技术允许在移动的基底上对拱顶的每次旋转进行直接的宽带原位透射率测量，例如，光纤耦合电荷耦合器件（CCD）光谱仪系统结合真空室内的自由光束测量装置（图 4.15）可以覆盖 350～1 060 nm 的光谱范围。记录的每个原位光谱都可以校准，因为三次单个的测量通常是在拱顶的每一次旋转期间进行的：对拱顶一个不透明的部分进行黑暗测量，参考测量通过拱顶中的一个打开位置进行，测量通过待涂布的基材完成。基于这三次测量，计算衬底的绝对透射光谱。此外，在线监测软件还根据已知的镀膜材料的光学参数（离散值和消光系数）计算当前的层厚度。如果提供目标多层设计，在线系统可以控制沉积设备，确定当前正在沉积的层的末端，并开始下一层的计算。由于可使用大型数据库，宽带监测系统也可用作现代光学镀膜生产过程开发和质量管理的辅助工具。与传统的单波长和多波长光学监测器中的测试基板布置形成对比，如果真空光谱与通风之后（真空到空气的转换）的光谱之间仅具有最小偏差，则在移动的基底上宽带测量使得校准因子和测试运行冗余。因此，必须选择沉积工艺和监测概念的适当组合，例如，如上所述，提供一个极低的真空到空气转换的离子辅助沉积（IAD）工艺。

除了精确的层厚测定之外，在光学镀膜工艺的开发和控制中，还必须考虑各种优化标准。大面积的产品必须以柔性和快速的工艺均匀涂布。除光学质量外，镀膜必须表现出良好的黏附性、低机械应力、高耐磨性和足够的环境稳定性。需要控制的参数有基板温度、沉积速率、处理气体的分压或离子电流密度和能量。最后，必须指出的是，所提出的薄膜加工概念不仅适用于包括精密、激光和消费光学在内的光学镀膜，还适用于电子、半导体、显示器、医疗技术、摩擦学甚至装饰涂料等领域。

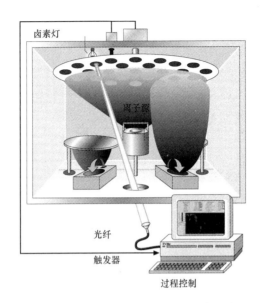

图 4.15　用于光学宽带原位透射率测量的在线监测系统的示意图，在 IAD 过程环境中实现。
将安装在处理室内部的拱顶之上的卤素灯用作光源，并且通过处理室底部的一个窗
将光耦合到检测器光纤中

|4.3　光学镀膜的质量参数|

　　对于光学镀膜在激光技术中的应用，必须考虑各种质量参数（表 4.1[4.61－68]）。光谱性质是镀膜系统的基本特性，必须主要针对激光系统或光学器件的光学功能进行调整[4.69]。但是，一旦涉及高精度的激光功率要求，就必须评估描述光学损耗和镀膜稳定性的附加质量参数。对于高功率激光器的许多应用来说，将吸收辐射能量的一部分转化为热量的吸收率引起镀膜中的温度升高是主要关心的问题。作为吸收效应，温度分布在光学元件中形成，这可能影响传输特性，甚至导致光学元件的热破坏[4.70]。除了与热效应直接相关的技术问题之外，吸收总是意味着昂贵的激光能量损失，说明了现代激光系统中光学损耗的经济维度。光学镀膜中的吸光度主要由缺陷、化学计量不足或在生产步骤中镀膜材料中产生的污染物主导。特别是，电介质通常存在化学计量不平衡，金属成分稍有过剩，这是由于涂层材料在热蒸发或溅射过程中分解引起的。化学计量效应会影响短波长区域的吸收特性，而作为光学镀膜中主要污染物的吸附水可能导致在 MIR 光谱区域吸收值增加，特别是在 CO_2 激光器的波长 10.6 μm[4.71]或者 Ho：YAG 和 Er：YAG 激光器的波长范围 2～3 μm[4.72]。ISO 11551[4.62]中概述了基于激光量热原理测量激光元件吸光度的标准程序。对于量热吸光度测量，将温度传感器连接到位于隔热室中的试样上。根据标准程序，样品在与环境达到热平衡后，用已知功率的激光束照射，加热时间为 t_B。作为通过吸收耦合到样本中热流的结果，可以通过传感

器元件来监测温度的指数增加。随后，激光束被阻挡，并且试样温度随着向环境中散热成比例地降低。为了确定吸收率，根据标准中描述的方法对记录的加热和冷却曲线进行评估。激光量热测量技术已经在各种循环试验[4.73,74]中进行了测试，并具有绝对且敏感的吸光度评估的优势[4.75]。

散射是光学元件中的第二个损耗通道，并涵盖了从辐射的镜面方向偏转辐射的所有效应[4.76,77]。除了辐射的经济损失之外，散射可能导致光学系统成像质量的降低，甚至可能出现安全问题，如果大部分激光功率被转移到环境中，则会使个人操作激光装置发生危险。光学镀膜体系的散射损耗主要归因于镀膜中的微观结构缺陷和夹杂物，以及表面粗糙度和各层之间的界面[4.76]。基于这些效应的理论模型揭示了具有波长 λ 的散射的缩放，其可以基于指数 x 为 1～4 的 $1/\lambda^x$ 函数来描述。鉴于这一基本关系，特别是对于真空紫外（VUV）/UV 光谱范围来说，尤其期待高散射值决定光学元件的损耗。在趋向较长波长的波长范围之后，光散射降低，并且对于中红外光谱范围甚至可以忽略，其中吸收损耗更显著。在过去的 30 年里，散射测量领域已经形成了一个扩展的科学和技术背景，实现了角分辨散射（ARS）[4.78]和总散射（TS）[4.63,79]的各种标准测量程序。尤其是，对于确定由光学元件散射到 4π 全空间的总辐射量定义的 TS 值来说，ISO 13696 标准描述了具有乌尔布里希积分球[4.80]或科布伦茨收集球[4.81]的测量装置。乌尔布里希球的基本原理是基于球体内壁上由白色高度漫反射镀膜散射辐射的整合以及随后监测整体辐射的一部分，而科布伦茨球则直接收集并将散射的辐射集中到检测器元件上。另外，用于测量 TS 值的 ISO 13696 标准已经在各种测量活动[4.82]中进行了测试，并且最近已经被验证为深紫外光（DUV）/真空紫外光（VUV）的光谱范围[4.83,84]。

表 4.1　选择的光学镀膜和表面的质量参数以及相应的 ISO 标准和测量原理

详述	参数	单位	标准	测量原理
激光光致损伤阈值（LIDT）	连续波激光光致损伤阈值（cw-LIDT） 单脉冲激光光致损伤阈值（1-LIDT）的 1 单脉冲激光光致损伤阈值（1-LIDT）的 S 鉴定	W/cm J/cm^2 J/cm^2 J/cm^2	ISO 11254-1 ISO 11254-1 ISO 11254-2 ISO 11254-3	连续波激光辐照 单脉冲激光辐照 通过脉冲重复辐照 辐照顺序
光损耗	吸收 全散射	ppm ppm	ISO 11551 ISO 13696	激光量热术 散射辐射积分
传输功能	反射系数 透射率	% %	ISO 13697 ISO 15368	精确的激光比率法 分光光度测定法
表面质量	形状公差 刮/挖 粗糙度	λ/N	ISO 10110	14 个部件包含不同类型的缺陷
稳定性	磨损 环境稳定性		ISO 9211 ISO 9022	不同的测试方法 21 个部件包含各种调节方法

特别是高功率激光对光学镀层的功率处理能力提出了很高的要求，这需要用激光诱导损伤阈值（LIDT）来表示。基本参数限制镀膜的 LIDT 值通过作为所用材料的熔点、热导率或带隙能的固有特性给出[4.85]。除了这些固有性质之外，还必须考虑层结构中缺陷和夹杂物相关的外部效应或层界面特殊的高功率机制[4.86]。通常，可在光学镀膜中观察到由缺陷引起的损伤机制（图 4.16），这可以在激光辐射下对夹杂物进行过度性加热的基础上进行描述[4.87]。在这个理论中，夹杂物中热量的产生是通过米氏（Mie）吸收截面建模的，这种模型对于尺寸在相互作用波长范围内的粒子是有效的。从夹杂物到周围镀膜材料的热量扩散可以通过这个具有极性对称性的特定几何结构的热扩散方程的解来表示[4.88]。当夹杂物的周边温度达到周围镀膜材料的熔点时就达到了损坏点。在过去的 30 年中，几个工作小组对缺陷模型进行了研究，从而深入了解了镀膜缺陷的基本机制和相应的性质[4.85,89]。除了包容为主的破坏之外，还讨论了基于吸收和电子效应的其他机制，以开发高功率激光镀膜。在吸收损伤的情况下，能量通过在与激光束相互作用的区域中吸收而直接耦合到层结构中，并导致均匀的温度升高，直到达到结构的损伤温度。损伤温度通过晶体结构的转变、镀膜材料的镀膜应力水平（图 4.17）或熔化温度（图 4.18）的交叉来确定[4.90]。对于 ps 和 fs 时域中的短激光脉冲以及热效应的典型扩散长度与层结构的厚度相比非常小。因此，超短脉冲损伤建模可忽略热效应，其主要受电子过程的控制。目前的理论是从这样的假设开始的，即在镀膜材料的导带中，在临界电子密度约为 10^{21} cm^{-3} 处发生灾难性损坏[4.91]。此时激光能量被有效地耦合到电子中，导致材料的电离和损坏。为了描述在到达临界密度之前导带中电子密度的变化，使用了涉及多光子激发和雪崩效应的速率方程。这些理论的主要结果是损伤阈值与层结构中的最大内场强度以及所涉及的层材料带隙能量的明确关联。这些理论预测是通过超短脉冲激光在较大范围的脉冲持续时间测试的单层和镀膜系统实验来支持的[4.92]。除了在层结构深度的多种损伤机制之外，部件表面上的特征也可能降低光学部件的功率处理能力。例如，入射波的场强在凹槽、裂纹或其他表面缺陷附近可以增强一倍以上，这会导致元件上出现薄弱点（图 4.19）[4.93]。表面引发损伤

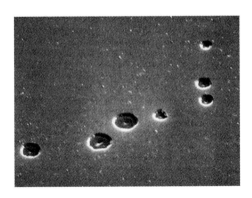

图 4.16　在直径约为 200 μm 的 Nd：YAG 激光束中，能量密度为 10.9 J/cm^2 的 TiO$_2$ 单层镀膜中由缺陷机理引起的损伤部位的扫描电子显微镜（SEM）照片。照片的高度相当于 20 μm 的比例

的另一个原因是等离子体的产生，这与表面粗糙度有关[4.94]。在这些模型中，损伤阈值随着层表面粗糙度的增加而减小。总之，尽管在适应模型的基础上已经识别和理解了各种损伤机制，但是光学镀膜的功率处理能力仍然是一个重要的研究领域，对高功率激光器的开发及其商业化起着关键作用。

图 4.17　石英基板上的 ZrO_2/MgF_2 抗反射镀膜中由吸收主导机制引发的损伤位置的 Nomarski 显微照片在直径约 200 μm 的 Nd：YAG 激光束中经受 35 J/cm² 的能量密度。在这种情况下，镀膜材料热损坏之前达到灾难性应力水平

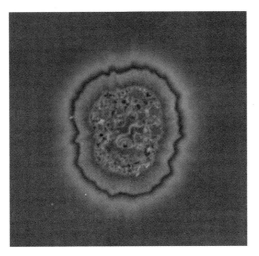

图 4.18　Nomarski 显微照片（色彩增强显示）由吸收占主导地位的机制在 Ta_2O_5/SiO_2 的高反射镜中引起的损伤位点，在 Nd：YAG 激光束中能量密度为 45.9 J/cm²，直径约为 200 μm

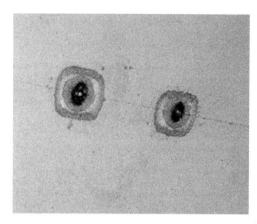

图 4.19　由在 ZnSe 基底上的 ThF$_4$/ZnSe 抗反射镀膜中的表面缺陷引起的损伤的例子，其在 CO_2 TEA 激光束中经受 12.7 J/cm^2 的能量密度。图片的宽度对应于 150 μm 的比例

在许多技术应用中，光学部件还必须经受各种环境影响，包括机械磨损、化学腐蚀或严酷的气候条件。例如，最严格的机械和化学要求被应用到用于眼科或消费光学的薄膜上，这些薄膜通常用研磨性和侵蚀性清洁溶剂和织物进行清洁。在不同光学产品的开发过程中，在不同的市场领域已经开发出了多种用于光学元件鉴定的标准化测试程序。表 4.1 列出了一些源自眼科、国防和医疗应用的程序，其中说明了很多可供使用的测试程序。特别是在激光技术方面，对环境稳定性的要求不那么苛刻，在大多数情况下，根据 ISO 9211 标准系列中描述的较低程度调节方法的认证就足够了。典型的调节方法包括耐磨性，其通过一系列特殊的干酪包布或橡皮擦应用于光学表面的操作来测试，并且气候稳定性是在气候室中定义的调节周期的基础上评估的。

4.4　总结与展望

即使经过 70 多年的研究和开发，光学镀膜往往仍被认为是一项具有很多魔力艺术的技艺，只有通过经验才能掌握，且总是会在技术中留下一定不可预见的影响。主要挑战包括基于明确和稳定的工艺概念，以及对薄膜的敏感以及合格特征的可靠和可重复的沉积。在过去几年中，在实现光学镀膜的新型综合技术策略方面取得了巨大的进步，包括改进的过程监控和控制系统以及改进的软件环境。最新一代的光学镀膜技术方案包括稳定和可重复的离子镀膜工艺，由多感官监测设备和先进的控制算法，以及扩展的设计和仿真软件包控制。开创性的软件包括允许在特定监测技术的控制下，对特定镀膜设计的沉积运行进行全面模拟，并随后选择技术风险最低的最佳设计解决方案。这个选定的设计可以直接转移到涂布车间的监控系统对过程进行控制。甚至在沉积过程中发生故障的在线检测方法也已经被证明，并且与追踪算法相结合，重新计算和实施剩余的层结构以补偿所识别的故障。除了这些技术效率和精度方面的创新之外，对更高质量的追求一直是光学镀膜研究的一个主要方面。在此背景下，尤其是激光技术不断刺激光学镀膜的发展达到相当的质量水平，并将成为未来这一领域改进的主要标杆之一。

在过去的几年里，已经完成了几项测量活动以阐明高功率激光镀膜的现状。例如，在光学材料激光诱导损伤会议上进行的第一个系列实验，专门用于在 ns 状态下工作的 Nd：YAG 激光器的高反射镜。采用适当的热工艺，损伤阈值超过 100 J/cm^2，然后实施离子辅助沉积和离子束溅射工艺，损伤阈值则超过 50 J/cm$^{2[4.95]}$。与此相反，对于用钛：蓝宝石激光器发射的大约 200 fs 的超短脉冲测试的电介质高反射镜，观察到约 1 J/cm^2 的相对较小的最大激光光致损伤阈值[4.96]。在这个实验中，在竞争沉积过程中实际上并没有发现显著差异。最近的一项研究考虑了一种波长为 355 nm 的减反射镀膜，频率转换 Nd：YAG 激光辐射的脉冲持续时间约为 7.5 ns[4.97]。由于基底表面在具有减反射镀膜的元件中受到完全激光通量的作用，因此可能造成损伤机制。为了评估这些效果，除了涂布的组分之外，还在未涂布的基材上进行测试。对于未涂覆的基底，测量高达 50 J/cm^2 的损伤影响，而对于减反射镀膜，使用溶胶–凝胶浸渍工艺获得大于 45 J/cm^2 的最佳激光光致损伤阈值。电子束沉积和磁控溅射在此测量活动中达到约 30 J/cm^2 的阈值，这主要涉及氧化物材料的镀膜。未来将会继续存在一系列的损伤竞赛，以跟上激光技术的最新发展。

通过新型激光产品和创新应用的商业化将对光学镀膜施加挑战，这些新型激光产品和创新应用依赖于光学镀膜，光学质量有所提高，且稳定性更高，结合多种表面特性，也增加了其功能的复杂性。这一新技术还需要光学工厂提高灵活性和经济性，这只有在可重现的产生工艺和适应的表征技术的基础上才能实现。总而言之，光学镀膜仍然是一项使能技术，将在未来的许多应用和产品中发挥关键作用。

术语和定义（按其出现顺序）：

n_T	基材的折射率
E_0	平面波振幅
k	平面波的波数 $k=2\pi/\lambda$
λ	平面波的波长
ω	平面波的频率
δ_i	在第 i 层的平层波的相移
d_i	在第 i 层的厚度
n_i	在第 i 层的折射率
θ_i	在第 i 层的入射角
A_0	零阶部分波的振幅
A_1	一阶部分波的振幅
A_2	二阶部分波的振幅
t_1, t_1'	环境层界面的传输系数
r_1, r_1'	环境层界面的反射系数
r_2	层–基底界面的反射系数

A_k	k 阶部分波的振幅
r_S	单层的反射系数
M_i	第 i 层的矩阵
E_i, H_i	i 层后平面界面处的电场强度、磁场强度
$\boldsymbol{M}_S$	K 单层层叠的复合矩阵
r_{SK}	K 单层层叠的反射系数
n_0	环境介质的折射率
D_i	薄膜厚度以 1/4 波长光学厚度（QWOT）为单位表示；此单位为层厚度单位
λ_Z	设计波长
n_H	高折射率材料的折射率
n_L	低折射率材料的折射率
R_S	1/4 波长光学厚度（QWOT）叠层的反射率
PVD	物理气相沉积
CVD	化学气相沉积
dN_e/dt	单位时间的蒸发原子数
A_e	蒸发源的表面积
α_e	蒸发系数
p^*	蒸发器的平衡蒸气压
p	平衡蒸气压
m	原子质量
k_B	玻耳兹曼常数
T	温度
p_0	常数因子（压力）
L_0	每个原子或分子的蒸发潜热
RLVIP	低压反应离子镀膜工艺
I(B)AD	离子（束）辅助沉积
IBS	离子束溅射
APCVD	常压化学气相沉积
LPCVD	低压化学气相沉积
PECVD	等离子增强化学气相沉积
PICVD	等离子脉冲化学气相沉积
LCVD	激光（诱导）化学气相沉积
PLD	脉冲激光沉积
ARS	角分辨散射
TS	全散射
LIDT	激光损伤阈值

| 参 考 文 献 |

［4.1］ P. Vukusic, J.R. Sambles: Photonic structures in biology, Nature **424**, 852 – 855 (2003).

［4.2］ J. von Fraunhofer: *Versuche über die Ursachen des Anlaufens und Mattwerdens des Glases und die Mittel, denselben zuvorzukommen*, Joseph von Fraunhofer's gesammelte Schriften (Verlag der Königlich Bayerischen Akademie der Wissenschaften, München 1888) pp. 33 – 49, in German.

［4.3］ H.D. Taylor: A method of increasing the brilliancy of the images formed by lenses, British Patent 29561 (1904).

［4.4］ C. Fabry, A. Pérot: Théorie et applications d'une novelle méthode de spectroscopie interférentielle, Ann. Chim. Phys. **16**, 115 – 144 (1899), in French.

［4.5］ M. Born, E. Wolf: *Principles of Optics*, 7th edn. (Cambridge Univ. Press, Cambridge 1999) p. 986.

［4.6］ A.J. Thelen: *Design of Optical Interference Coatings* (McGraw-Hill, New York 1989) p. 255.

［4.7］ H.M. Lidell, H.G. Jerrard: *Computer-Aided Techniques for the Design of Multilayer Filters* (Hilger, Bristol 1981) p. 194.

［4.8］ P. Baumeister: Computer software for optical coatings, Photon. Spectra **22**(9), 143 – 148 (1988).

［4.9］ A. Macleod: *Thin-Film Optical Filters*, 3rd edn. (Institute of Physics Publishing, London, Bristol 2001) p. 641.

［4.10］ W.R. Grove: On the electro-chemical polarity of gases, Philos. Trans. R. Soc. **142**, 87 – 101 (1852).

［4.11］ M. Faraday: The Bakerian lecture: Experimental relations of gold (and other metals) to light, Philos. Trans. R. Soc. **147**, 145 – 181 (1857).

［4.12］ A.W. Wright: On the production of transparent metallic films by the electrical discharge in exhausted tubes, Am. J. Sci. Arts 3rd Ser. **13**(73), 49 – 55 (1877).

［4.13］ T.A. Edison: Art of plating one material with another, US Patent 526147 (1894).

［4.14］ A. Macleod: The early days of optical coatings, J. Opt. A Pure Appl. Opt. **1**, 779 – 783 (1999).

［4.15］ D.M. Mattox: *The Foundations of Vacuum Coating Technology* (Noyes, Norwich 2003) p. 150.

［4.16］ H. Bach, D. Krause (Eds.): *Thin Films on Glass* (Springer, Berlin, Heidelberg 1997) p. 404.

［4.17］ H.K. Pulker: *Coatings On Glass*, 2nd edn. (Elsevier, Amsterdam 1999) p. 548.

［4.18］ R.R. Willey: *Practical Design and Production of Optical Thin Films*, 2nd edn. (Dekker, New York 2002) p. 547.

［4.19］ P.W. Baumeister: *Optical Coating Technology* (SPIE Press, Bellingham 2004) p. 840.

［4.20］ M. Friz, F. Waibel: Coatings materials, optical interference coatings, Springer Ser. Opt. Sci. **88**, 105–130 (2003).

［4.21］ H. Hertz: Über die Verdunstung der Flüssigkeiten, insbesondere des Quecksilbers, im luftleeren Raume, Ann. Phys. **17**, 177–200 (1882), in German .

［4.22］ M. Knudsen: Diemaximale Verdampfungsgeschwindigkeit des Quecksilbers, Ann. Phys. **47**, 697–708 (1915), in German.

［4.23］ K.H. Guenther: Microstructure of vapor-deposited optical coatings, Appl. Opt. **23**(21), 3806–3816 (1984).

［4.24］ I. Petrov, P.B. Barna, L. Hultman, et al: Microstructural evolution during film growth, J. Vac. Sci. Technol. A **21**(5), 117–128 (2003).

［4.25］ B.A. Movchan, A.V. Demchishin: Study of the structure and properties of thick vacuum condensates of nickel, titanium, tungsten, aluminium oxide and zirconium dioxide, Phys. Met. Metallogr. **28**, 83–90 (1969).

［4.26］ M. Auwärter: Verfahren und Einrichtung zur Herstellung dünner Schichten aus Metallverbindungen enthaltenden Ausgangssubstanzen durch Aufdampfen im Vakuum und nach dem Verfahren erhaltene Aufdampfschicht, Swiss Patent 322265 (1957), in German.

［4.27］ M. Auwärter: Process for the manufacture of thin films, US Patent 2920002 (1960).

［4.28］ D.M. Mattox: Apparatus for coating a cathodically biased substrate from plasma of ionized coating material, US Patent 3329601 (1967).

［4.29］ H.K. Pulker, W. Haag, M. Buhler, et al (Eds.): Optical and mechanical properties of ion plated oxide films, Proc. IPAT 85, 5th Int. Conf. Ion Plasma Assist. Tech. (Munich 1985) pp. 299–306.

［4.30］ J.D. Targove, H.A. MacLeod: Verification of momentum transfer as the dominant densifying mechanism in ion-assisted deposition, Appl. Opt. **27**(18), 3779–3781 (1988).

［4.31］ S. Berg, I.V. Katardjiev: Preferential sputtering effects in thin film processing, J. Vac. Sci. Technol. A **17**(4), 1916–1925 (1999).

［4.32］ J.B. Malherbe, S. Hofmann, J.M. Sanz: Preferential sputtering of oxides: A comparison of model predictions with experimental data, Appl. Surf. Sci. **27**(3), 355–365 (1986).

［4.33］ W. Ensinger: Ion sources for ion beam assisted thinfilm deposition, Rev. Sci.

Instrum. **63**(11), 5217 – 5233 (1992).

［4.34］ H.R. Kaufman, R.S. Robinson: *Operation of Broad- Beam Sources* (Commonwealth Scientific Corp., Alexandria 1987) p. 201.

［4.35］ J.A. Thornton: Influence of apparatus geometry and deposition conditions on the structure and topography of thick coatings, J. Vac. Sci. Technol. **11**(4), 666 – 670 (1974).

［4.36］ H. Ehlers, M. Lappschies, D. Ristau: Ion assisted deposition processes for precision and laser optics, Proc. SPIE **5250**, 519 – 527 (2004).

［4.37］ C.R. Ottermann, K. Bange: Correlation between the density of TiO films and their properties, Thin Solid Films **286**(1/2), 32 – 34 (1996).

［4.38］ J.Y. Robic, H. Leplan, Y. Pauleau, et al: Residual stress in silicon dioxide thin films produced by ionassisted deposition, Thin Solid Films **290/291**, 34 – 39 (1996).

［4.39］ J.E. Klemberg-Sapieha, J. Oberste-Berghaus, L. Martinu, et al: Mechanical characteristics of optical coatings prepared by various techniques: A comparative study, Appl. Opt. **43**(13), 2670 – 2679 (2004).

［4.40］ S.M. Rossnagel, J.J. Cuomo, W.D. Westwood (Eds.): *Handbook of Plasma Processing Technology* (Noyes, Park Ridge 1990) p. 523.

［4.41］ I. Safi: Recent aspects concerning DC reactive magnetron sputtering of thin films: A review, Surf. Coat. Technol. **127**(2/3), 203 – 218 (2000).

［4.42］ M.A. Scobey, R.I. Seddon, J.W. Seeser, et al: Magnetron sputtering apparatus and process, US Patent 4851095 (1989).

［4.43］ R.I. Seddon, P.M. Lefebvre: MetaMode: A new method for high-rate MetaMode reactive sputtering, Proc. SPIE **1323**, 122 – 126 (1990).

［4.44］ J. Szczyrbowski, G. Braeuer, W. Dicken, et al: Reactive sputtering of dielectric layers on large scale substrates using an AC twin magnetron cathode, Surf. Coat. Technol. **93**(1), 14 – 20 (1997).

［4.45］ D.T. Wei, A.W. Louderback: Method for fabricating multi-layer optical films, US Patent 4142958 (1978).

［4.46］ G. Rempe, R.J. Thompson, H. Kimble, et al: Measurement of ultralow losses in an optical interferometer, Opt. Lett. **17**(5), 363 – 365 (1992).

［4.47］ D.H. Sutter, L. Gallmann, N. Matuschek, et al: Sub-6-fs pulses from a SESAM-assisted Kerr-lens modelocked Ti:sapphire laser: At the frontiers of ultrashort pulse generation, Appl. Phys. B **70**, 5 – 12 (2000).

［4.48］ E. Quesnel, C. Teyssier, V. Muffato, et al: Study of ion-beam-sputtered Mo/Si mirrors for EUV lithography mask: Influence of sputtering gas, Proc. SPIE **5250**, 88 – 98 (2004).

［4.49］ J.O. Carlsson: Chemical vapor deposition. In: *Handbook of Deposition*

Technologies for Films and Coatings, ed. by R.F. Bunshah (Noyes, Park Ridge 1994) p. 888.

[4.50] L. Martinu, D. Poitras: Plasma deposition of optical films and coatings: A review, J. Vac. Sci. Technol. A **18**(6), 2619 – 2645 (2000).

[4.51] D. Krause: Chap. 5.3. In: *Plasma Impulse Chemical Vapour Deposition (PICVD) in Thin Films on Glass*, ed. by H. Bach, D. Krause (Springer, Berlin, Heidelberg 1997) p. 404.

[4.52] C. Duty, D. Jean, W.J. Lackey: Laser chemical vapour deposition: Materials, modelling, and process control, Int. Mater. Rev. **46**(6), 271 – 287 (2001).

[4.53] S. Leppavuori, J. Remes, H. Moilanen: Laser chemical vapour deposition of Cu and Ni in integrated circuit repair, Proc. SPIE **2874**, 272 – 282 (1996).

[4.54] C. Fauteux, R. Longtin, J. Pegna, et al: Microstructure and growth mechanism of laser grown carbon microrods as a function of experimental parameters, J. Appl. Phys. **95**(5), 2737 – 2743 (2004).

[4.55] P.L. Swart, B.M. Lacquet, A.A. Chtcherbakov, et al: Automated electron cyclotron resonance plasma enhanced chemical vapor deposition system for the growth of rugate filters, J. Vac. Sci. Technol. A **18**(1), 74 – 78 (2000).

[4.56] P.R. Willmott: Deposition of complexmultielemental thin films, Prog. Surf. Sci. **76**, 163 – 217 (2004).

[4.57] M.C. Ferrara, M.R. Perrone, M.L. Protopapa, et al: High mechanical-damage-resistant sol-gel coating for high-power lasers, Proc. SPIE **5250**, 537 – 545 (2004).

[4.58] G. Sauerbrey: Use of quartz vibrator for weighing thin layers and as a micro-balance, Z. Phys. **155**(2), 206 – 222 (1959).

[4.59] R. Richier, A. Fornier, E. Pelletier: Optical monitoring of thin-film thickness. In: *Thin Films for Optical Systems*, ed. by R. Flory (Dekker, New York 1995) p. 585.

[4.60] D. Ristau: Characterisation and monitoring, Springer Ser. Opt. Sci. **88**, 181 – 205 (2003).

[4.61] ISO 11254: Test methods for laser induced damage threshold of optical surfaces. Part 1: 1 on 1-test, 2000; Part 2: S on 1 test, 2001; Part 3 2006: Assurance of power handling capability (ISO, Geneva 2002 – 2006).

[4.62] ISO 11551: Test method for absorptance of optical laser components (ISO, Geneva 2003).

[4.63] ISO 13696: Test method for radiation scattered by optical components (ISO, Geneva 2002).

[4.64] ISO 15368: Measurement of reflectance of plane surfaces and transmittance of plane parallel elements (ISO, Geneva 2001).

[4.65] ISO 13697: Optics and optical instruments. Lasers and laser related equipment.

Test method for reflectance and transmittance of optical laser components (ISO, Geneva 2006).

[4.66] ISO 9211: Optical Coatings, Parts 1－4, Part 4 is presently subject of major revision (ISO, Geneva 1994－2011).

[4.67] ISO 9022: Optics and optical Instruments, Environmental test methods, Parts 1－21 (ISO, Geneva 1996－2005).

[4.68] ISO 10110: Preparation of drawings for optical elements and systems. Parts 1－12, 14, 17 (ISO, Geneva 1996－2011).

[4.69] H. Czichos, T. Saito, L. Smith (Eds.): *Springer Handbook of Material Measurement Methods*, Vol.88 (Springer, Berlin, Heidelberg 2006).

[4.70] ISO/TR 22588: Optics and Photonics, Lasers and laserrelated equipment, Absorption induced effects in laser optical components (ISO, Geneva 2005).

[4.71] M. Rahe, D. Ristau, H. Schmidt: The effect of hydrogen concentration in conventional and IAD coatings on the absorption and laser induced damage at 10.6 μm, Proc. SPIE **1848**, 335－348 (1992).

[4.72] T. Gross, F. Dreschau, D. Ristau, et al: Characterisation of laser components for high power Ho:YAG-laser, Proc. SPIE **3244**, 111－117 (1997).

[4.73] D. Ristau, U. Willamowski, H. Welling: Evaluation of a round robin test on optical absorption at 10.6μm, Proc. SPIE **2870**, 502－514 (1996).

[4.74] D. Ristau, U. Willamowski, H. Welling: Measurement of optical absorptance according to ISO 11551: Parallel round-robin test at 10.6 μm, Proc. SPIE **3578**, 657－671 (1999).

[4.75] U. Willamowski, D. Ristau, E. Welsch: Measuring the absolute absorptance of optical laser components, Appl. Opt. **37**(36), 8362－8370 (1998).

[4.76] J.M. Bennett, L. Mattsson: *Introduction to Surface Roughness and Scattering*, 2nd edn. (Opt. Soc. Am., Washington 1999) p. 130.

[4.77] A. Duparré: Light scattering of thin dielectric films. In: *Handbook of Optical Properties, Thin Films for Optical Coatings*, Vol.1, ed. by R.E. Hummel, K.H. Guenther (CRC, Boca Raton 1995) pp. 273－303.

[4.78] ASTM: *E1392-90: Standard practice for angle resolved optical scatter measurements on specular or diffuse surfaces* (ASTM, Philadelphia 1990).

[4.79] ASTM: *ASTM Doc. F1048-87: Standard test method for measuring the effective surface roughness of optical components by total integrated scattering* (ASTM, Philadelphia 1987).

[4.80] R. Ulbricht: Die Bestimmung der mittleren räumlichen Lichtintensität durch nur eine Messung, Elektrotech. Z. **29**, 595－597 (1900), in German.

[4.81] W.W. Coblentz: The diffuse reflecting power of various substances, Bull. Bur.

Stand. **9**, 283 – 325 (1913).

［4.82］ P. Kadkhoda, A. Müller, D. Ristau, et al: International roundrobin experiment to test the ISO total scattering draft standard, Appl. Opt. **39**(19), 3321 – 3332 (2000).

［4.83］ P. Kadkhoda, H. Welling, S. Günster, et al: Investigation on total scattering at 157 nm and 193 nm, Proc. SPIE **4099**, 65 – 74 (2000).

［4.84］ A. Hultacker, S. Gliech, N. Benkert, et al: VUVLight scattering measurements of substrates and thin film coatings, Proc. SPIE **5188**, 115 – 122 (2003).

［4.85］ Conference proceedings series of the Boulder Damage Symposium: Damage in Laser Glass, ASTM STM STP 469 (1969), Damage in Laser Materials, NBS SP 341 (1970), NBS SP 356 (1971), Laser-Induced Damage in Optical Materials (1972 – 2007): NBS SP 372 (1972), NBS SP 387 (1973), NBS SP 414 (1974), NBS SP 435 (1975), NBS SP 462 (1976), NBS SP 509 (1977), NBS SP 541 (1978), Index of Papers 1969 – 1978 (1979), NBS SP 568 (1979), NBS SP 620 (1981), NBS SP 638 (1983), NBS SP 669 (1984), NBS SP 688 (1985), NBS SP 727 (1986), NBS SP 746 (1987), NBS SP 752 (1987), NBS SP 756 (1988), NBS SP 775 (1989), NBS SP 801, ASTM STP 1117, and SPIE Vol. 1438 (1989), ASTM STP 1141, and SPIE Vol. 1441 (1991), SPIE Vol. 1624 (1992), SPIE Vol. 1848 (1993), SPIE Vol. 2114 (1994), 25 Years Index: 1969 – 1993, SPIE Vol. 2162 (1994,) SPIE Vol. 2428 (1995), SPIE Vol. 2714 (1995), SPIE Vol. 2966 (1997), SPIE Vol. 3244 (1998), SPIE Vol. 3578 (1999), SPIE Vol. 3902 (2000), SPIE Vol. 4374 (2001), SPIE Vol. 4679 (2002), SPIE Vol. 4932 (2003), SPIE Vol. 5273 (2004), SPIE Vol. 5647 (2005), SPIE Vol. 5991 (2006), SPIE Vol. 6403 (2007), SPIE Vol. 7132 (2008), SPIE Vol. 7540 (2009), Laser-Induced Damage in Optical Materials: SPIE Vol. 7842 (2010), The publications of the first 40 years are available as CD-version: Laser-Induced Damage in Optical Materials, Selected SPIE-Papers on CD-ROM, Vol. 50 (Society of Photo-Optical Instrumentation Engineers, Washington 2008).

［4.86］ T.W. Walker, A.H. Guenther, P. Nielsen: Pulsed laser induced damage to thin film coatings, IEEE J. Quantum Electron. **17**(10), 2041 – 2065 (1981).

［4.87］ T.W. Walker, A. Vaidyanathan, A.H. Guenther, et al: Impurity breakdown in thin films, Proc. Symp. Laser Induc. Damage Opt. Mat., ed. by T.W. Walker, A. Vaidyanathan, A.H. Guenther, P. Nielsen (NBS, Washington 1979) pp. 479 – 495.

［4.88］ H. Goldenberg, C.J. Tranter: Heat flow in an infinite medium heated by a sphere, Br. J. Appl. Phys. **3**, 296 – 298 (1952).

［4.89］ D. Ristau: Laser damage in thin film coatings. In: *Encyclopedia of Modern Optics*, ed. by R.D. Guenther, D.G. Steel, L. Bayvel (Elsevier, Amsterdam 2004) pp. 339 – 349.

［4.90］ D. Ristau, X.C. Dang, J. Ebert: Interface and bulk absorption of oxide layers and correlation to damage threshold at 1.064 μm, NBS Spec. Publ. **727**, 298 – 312 (1984).

［4.91］ J. Jasapara, A.V.V. Nampoothiri, W. Rudolph, et al: Femtosecond laser pulse induced breakdown in dielectric thin films, Phys. Rev. B **63**(4), 045117 – 1 – 045117 – 5 (2001).

［4.92］ M. Mero, L. Jianhua, A. Sabbah, et al: Femtosecond pulse damage and pre-damage behavior of dielectric thin films, Proc. SPIE **4932**, 202 – 215 (2003).

［4.93］ N. Bloembergen: Role of cracks, pores and absorbing inclusions on laser damage threshold of transparent dielectrics, Appl. Opt. **12**(4), 661 – 664 (1973).

［4.94］ R.A. House: *The effects of surface structural properties on laser-induced damage at 1.06 micrometers* (Air Force Inst. of Tech., Wright-Patterson 1975).

［4.95］ C.J. Stolz, M.D. Thomas, A.J. Griffin: BDS thin film competition, Proc. 40th Annu. Symp. Opt. Mater. High Power Lasers, Vol. 7132, ed. by G.J. Exarhos, D. Ristau, M.J. Soileau, C.J. Stolz (2008) p. 71320C.

［4.96］ C.J. Stolz, D. Ristau: Thin film femtosecond laser damage competition, Proc. SPIE, Proc. 41st Annu. Symp. Opt. Mater. High Power Lasers, Vol. 7504, ed. by G.J. Exarhos, D. Ristau, M.J. Soileau, C.J. Stolz (2009) p. 75040S.

［4.97］ C.J. Stolz, M. Caputo, A.J. Griffin, et al: BDS thin film UV antireflection laser damage competition, Proc. 42nd Annu. Symp. Laser-Induc. Damage Opt. Mater., Vol. 7842, ed. by G.J. Exarhos, V.E. Gruzdev, J.A. Menapace, D. Ristau, M.J. Soileau (2010) p. 784206.

第 5 章

光电探测器

光电探测器应用于所有的人类活动领域——从基础研究到通信、汽车、医学成像、国土安全及其他领域中的商业性应用。光与本手册其他章节中描述的物质之间相互作用的过程构成了了解光电探测器物理学和装置特性的基础。

本章首先从历史角度简要介绍了推动光电探测器开发进程的初期实验。在概述了光电探测器类型之后，描述了这些探测器的最重要特性以及不同的探测机制。

在下面几节里，将详述不同类型的光电探测器。将介绍光电导体、光电二极管、量子阱光电探测器、具有本征放大倍数的半导体探测器、电荷转移探测器、光电发射探测器和热光电探测器的结构和物理学及其重要的制造材料、品质因数和简要的应用说明。本章还将简要概述成像系统、黑白彩色摄影原理以及最近在聚合物光电探测器、混合光电探测器和纳米技术光电探测器方面取得的进展。

所有的光电探测器都是利用光与物质之间相互作用的效应。事实上，这种相互作用是通过光电效应产生的。而在大多数情况下，光电效应是光子探测过程中的主要步骤。

在 1865 年发表的电磁理论中，麦克斯韦预测存在着以光速移动的电磁波，并总结光本身就是这样一种波。这种说法给那些试图用实验方法产生并探测电磁辐射的物理学家带来了挑战。1886 年，赫兹首次成功地生成了光，利用一个高压感应线圈，在两个黄铜片之间形成火花放电。赫兹还成功地制造出了一个接收器，能够探测由他自己制造的发射器发出的光。

人们曾多次尝试解释由赫兹观察到的效应，但都没有成功，直到 1899 年汤姆逊宣布紫外光能导致金属表面发射电子。在 1902 年，勒纳研究了所发射的光电子能量如何随光强度的变化而变化，发现存在一个明确定义的最低电压，使得由光照下的阴极发射出的电子不能到达集电极。还发现，这个电压并非完全取决于光强度。但勒纳发现，所发射电子的最大能量确实取决于光源波长——波长越短，所发射电子的能量就越高。

1905 年，爱因斯坦对勒纳的结果给出了一个很简单的解释，假设入射辐射线应当被视为能量为 hv 的量子，其中 v 是频率，h 是普朗克常数。当这些光子击中金属时，可能会把部分或全部的能量转移给一个电子。要将电子从连接键中释放到金属上，所需要的能量应等于金属功函数 φ_m 和元电荷 q 的乘积。剩余的能量将表现为所释放电子的动能。因此，所发射电子可能有的最大动能 E_k 为

$$E_k = hv - q\varphi_m \tag{5.1}$$

因此，爱因斯坦的理论做出了一个很明确的定量预测：特定的电子发射材料有一个最小光频，在此光频下能量量子等于功函数。低于此频率的光将不会导致光电发射，而且光电发射与光强度无关。固体被照射之后产生的光电发射效应现在被称为"光电效应"。

光电效应可视为一种外部效应或内在效应。在外部效应中，电子整个从材料中喷射出来；而在内在光电效应的情况下，电子的运动范围仍局限于材料内。上述关于光电子从金属中释放出来的实验是外部光电效应的典型实例。内在光电效应可通过半导体晶体、发色团和大分子聚合体中的光子吸收过程来例证。在那些情况下，式（5.1）中的功函数应当用活化能（例如半导体的带隙 E_g）来代替。所发射的光电子将参与形成一种在性质上全新的状态，这种状态可用电子电路图来描述。

|5.1 光电探测器的类型、探测机制和一般品质因数|

5.1.1 光电探测器的类型

根据用于探测光子和记录信息的方法，光电探测器可分为光伏探测器、光电导体、光电发射探测器、热探测器、电荷转移器件、照相探测器等。

1. 光伏探测器

光伏效应是在探测器的激活区产生一个电势。要使光伏效应产生，必须存在用

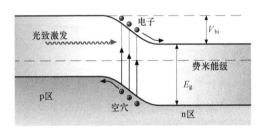

于隔开光生载流子的势垒。这些探测器利用了内在光电效应。例如，当光子通量照射半导体探测器的 p–n 结时，如果光子能量超过禁隙能量 E_g，则会形成非平衡电子–空穴（e–h）对（图5.1）。由于在 p–n 结存在电场（内置电场），因此电子将从 p 区扫到 n 区，空穴将从 n 区扫到 p 区。此过程将导致半导体有一个带正电荷的 p 区和一个带负电荷的 n 区，从而在触点上形成势差。

图 5.1 光伏效应。p 型和 n 型半导体的触点形成了具有内建电势 V_{bi} 的势垒，从而促进了光生载流子的分离

2. 光电导探测器

光电导探测器也利用了内在光电效应。在光电导探测器中，如果光子能量大于探测器的带隙 E_g，则在照射后电导率 σ 会发生变化（图5.2）。电导率的变化量取决于具体的探测器及其特性，在 p 型或 n 型半导体的最简单情况下可描述为

$$\Delta\sigma = \Delta n q \mu \qquad (5.2)$$

式中，q 是元电荷；Δn 是在带隙上光激的非平衡载流子数量；μ 是载流子迁移率。

3. 光电发射探测器

光电发射探测器利用了外部光电效应。例如，如果将一个光电阴极和一个阳极放置在真空室里，然后外加电压，则当入射光子的能量 hv 高于光电阴极的电子亲和能 ψ 时，光电电流与入射光子的数量成正比（图 5.3）。本章稍后将探讨光电发射探测器的另一个例子——光

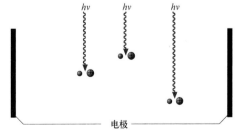

图 5.2 光电导探测器。在照射之后，生成非平衡载流子，增加了探测器的电导率

电培增管（PMT）。

4. 热探测器

与大多数其他探测器不同的是，热探测器本身不会产生非平衡载流子，但会利用所吸收光的能量来加热衬底。然后，消散的能量使一些其他物理参数发生变化，从而完成光接收功能。热探测器的例子包括半导体辐射热测量器、超导辐射热测量器、热电探测器和热敏电阻。

5. 电荷转移器件

通常，电荷转移器件的工作原理是将光生成的非平衡电荷储存在金属－绝缘体－半导体（MIS）电容器的势阱中（图 5.4），并进一步将所存储的电荷经半导体衬底转移到读出电子装置中。

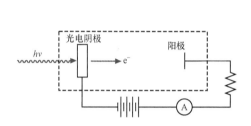

图 5.3　最简单光电发射探测器的示意图

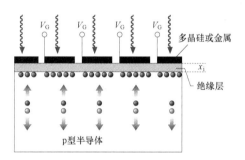

图 5.4　电荷转移传感器的例子。此传感器的每个有源像素都由电容器生成。电容器由上部电极（多晶硅或半透明的金属膜）、厚度为 x_i 的绝缘层以及下部的半导体组成。光穿透半导体的本体，经过半透明的电极，在半导体的本体内生成非平衡载流子。通过外加栅压 V_g，非平衡载流子被分开，分别储存每个电极下面的势阱中

6. 摄影

摄影是一个基于化学变化的过程，其中的化学变化由卤化银微晶体或附在微晶体上，并与感光乳剂融为一体的染料分子所吸收的一个光子激发。在照相胶卷曝光时，这些变化会累积、放大，形成潜像。经过进一步的化学处理之后，图像会变得可见。

5.1.2　噪声源

在光电探测器的所有特性中，噪声特性尤其重要，因为它决定着探测器的灵敏度。与探测器有关的噪声可分为两大类：

（1）光子噪声：

－由光信号造成的噪声；

－由背景辐射造成的噪声。

（2）由探测器产生的噪声：

－约翰逊噪声；

－散粒噪声；

－振荡－复合振荡复合噪声；

－$1/f$噪声；

－温度波动；

－微光学。

1. 光子噪声

假设光子通量服从泊松分布，则在入射光子通量 Φ 中的噪声 σ_N 可用"光子数/秒"这个单位来表示（在规定的时间 Δt 内，入射光子通量中含有 $\bar{N}$ 个光子）：

$$\sigma_N = \sqrt{\bar{N}} = \sqrt{\Phi \Delta t} \tag{5.3}$$

不同来源光子噪声的相对强度决定了不同的探测器工作机制。

2. 约翰逊噪声

约翰逊噪声或奈奎斯特噪声是由电阻元件中电荷载流子的热运动造成的。这种噪声是白色源噪声。一般来说，在有效带宽 Δf 下约翰逊噪声通过电路传输的功率可描述为[5.1]

$$P_J = kT\Delta f \tag{5.4}$$

式中，k 是玻耳兹曼常数；T 是绝对温度。

约翰逊噪声电压 V_J（或电流 i_J）可确定为式（5.4）中求出的噪声功率在两个等值噪声制造电阻 R 之间传递的电压（电流）。或者，约翰逊噪声电压（电流）可由统计力学计算得到，在计算时要用到处于平衡状态典型系统的噪声功率谱表达式[5.2]：

$$V_J = \sqrt{4kTR\Delta f} \ , \quad i_J = \sqrt{\frac{4kT\Delta f}{R}} \tag{5.5}$$

3. 散粒噪声

在探测器中产生的散粒噪声是由光电子产生过程的离散（随机）性质造成的。散粒噪声电流的方差为

$$i_{sh}^2 = \frac{q^2}{\Delta t^2}\overline{(n-\bar{n})^2} = \frac{q^2\bar{n}}{\Delta t^2} = 2qI\Delta f \tag{5.6}$$

式中，q 是元电荷；n 和 $\bar{n}$ 是在时间 Δt 内产生的光激载流子的即时数量和平均数。光

子统计学假定为呈泊松分布（意味着 $\overline{(n-\overline{n})^2} = \overline{n}$），平均光电流为 $I = \overline{n}q / \Delta t = 2\overline{n}q\Delta f$。探测器的散粒噪声为

$$i_{\text{sh}} = \sqrt{2qI\Delta f} \qquad (5.7)$$

散粒噪声是一种白色源噪声，方程（5.7）可在整个相关带宽 Δf 内求积分，以得到探测器的总散粒噪声。散粒噪声的方程（5.7）通常仅适用于含有势垒（例如光伏探测器）的光子探测器。

4. 振荡 – 复合振荡复合噪声

振荡 – 复合振荡复合噪声是适用于光电导体的散粒噪声类推形式。这类噪声由电流载流子振荡（由光子、热生成等引起）和复合过程的波动造成，可表示为[5.2]

$$i_{\text{G-R}} = 2I\left(\frac{\tau\Delta f}{n[1+(2\pi f\tau)^2]}\right)^{1/2} \qquad (5.8)$$

式中，平均电流 I 由所有的电流载流子来源造成；τ 是载流子的寿命；n 是自由载流子的总数；f 是噪声的测量频率。这类噪声不是白噪声源，因为它与频率之间有明显的相关性。可以看到，光电导体的总振荡 – 复合散粒噪声贡献取决于光电导增益 G（由每个初始光生电子产生的电子数量），可近似地计算为

$$i_{\text{G-R}} = 2\sqrt{qIG\Delta f} \qquad (5.9)$$

在白噪声极限的情况下，$(2\pi f\tau)^2 \ll 1$。在相反情况下，$\Delta f\tau \to \infty$，振荡 – 复合散粒噪声贡献接近极限：

$$i_{\text{G-R}} = \frac{qIG}{\tau} \qquad (5.10)$$

5. 1/f 噪声

这种噪声又称为"闪变噪声"。这种噪声的功率谱随频率（1/f）快速下降。此噪声的起因还不是很清楚，但常常是由有缺陷的欧姆触点或表面态陷阱和位错造成的[5.1]。1/f 噪声分量并不代表灵敏度的基本极限。随着装置技术的电流改进，1/f 噪声可降低到可忽略的水平。

6. 温度波动

在热探测器中，并非由于信号变化造成的探测元件温度波动将在输出信号中产生附加噪声。温度波动可利用散粒振荡 – 复合电流的类推公式来表示 [式（5.8）]，将载流子寿命用热弛豫时间常量代替，即 $\tau_{\text{H}} = \Theta/K$，其中 K 代表热导率，Θ 为热容：

$$T_{\text{rms}} = 2\left(\frac{Kk\overline{T}^2\Delta f}{K^2+(2\pi f\Theta)^2}\right)^{1/2} \qquad (5.11)$$

在式（5.11）中，利用符号 $\overline{T}$ 表示探测器的平均温度。

7. 颤噪噪声

颤噪噪声是由探测器的电线及其他部件的机械位移所产生的。探测器的机械振动可能会导致探测元件的电容发生变化，这是造成颤噪噪声的主要原因。

5.1.3 探测机理

任何一类光电探测器都面临的一个共同问题是：用合适的负载电阻与光电探测器端接，以及带宽和信噪比之间的取舍。

如果考虑用光电探测器的等效电路与一个负载电阻 R_L 端接，那么输出电压 $V = IR_L$ 的带宽（3 dB 的高频截止）将是

$$\Delta f = \frac{1}{2\pi R_L C} \tag{5.12}$$

式中，C 是光电探测器中的杂散电容。

信号中主要有两个噪声贡献，一个是负载电阻 $R = R_L$ 的约翰逊噪声［式（5.5）］，另一个是当采用光伏探测器或光电导体［式（5.8）］时的散粒噪声［式（5.7）］。为计算散粒噪声（振荡 – 复合）电流，应当考虑在光照下的总光电流，即信号电流 I_p 和暗电流 I_D 之和：

$$I_光 = I_p + I_D \tag{5.13}$$

由于约翰逊噪声和散粒噪声在统计上是独立的，因此当具有固有增益 G 的光电探测器处于最普通的情况下时，所得到的噪声电流均方值为

$$i_n^2 = 2q(I_p + I_D)\Delta f G^2 F + \frac{4kT\Delta f}{R_L} \tag{5.14}$$

对于无固有放大率的探测器，增益 $G = 1$，过量噪声因数 $F = 1$。总的来说，过量噪声因数 F 取决于增益，源于电流放大倍数的统计性质（马尔可夫过程）（5.7.2 节）。

从式（5.12）和式（5.14）可看到，带宽和噪声优化对 R_L 值强加了相反的要求。一方面，为了使噪声电流最小化，R_L 需要达到最大可能值；另一方面，为了让 Δf 最大化，必须采用尽可能小的 R_L。

普遍接受的一个事实是，当散粒噪声与约翰逊噪声相比占主导地位时，可能达到最好的灵敏性，即

$$2q(I_p + I_D)\Delta f G^2 F \geqslant \frac{4kT\Delta f}{R_L} \tag{5.15}$$

这给负载电阻的最小值施加了一定的限制条件。通过利用式（5.14），探测器的信噪比可计算为平均信号光电流 $I = I_p G$ 与总噪声电流 i_n 之比：

$$\frac{S}{N} = \frac{I}{i_n} = \frac{I_p G}{[2q(I_p + I_D)\Delta f G^2 F + 4kT\Delta f / R_L]^{1/2}} \tag{5.16}$$

通过分析式（5.16），根据信号 I_p 比 I_0 值大还是小，可以确定两种探测机制：

$$I_0 = I_D + \frac{2kT}{qR_L F G^2} \quad （5.17）$$

假设 $I_p \gg I_0$ 且 $F = 1$，则得到

$$\frac{S}{N} = \left(\frac{I_p}{2q\Delta f} \right)^{1/2} \quad （5.18）$$

这个 S/N 值叫作"量子噪声检出限"。任何探测系统都不能克服这种极限。事实上，式（5.18）是由光的量子性质和泊松光子统计学直接造成的。

在小信号机制下，$I_p \ll I_0$，信噪比为

$$\frac{S}{N} = \frac{I_p}{(2qI_0\Delta f)^{1/2}} \quad （5.19）$$

这就是热噪声检出限。

5.1.4　品质因数

为对比同类型中不同探测器的测得性能，本书采用了某些品质因数。其中一个因数——信噪比，已经在前面一节中介绍过。本节将考虑通常适用于几乎所有光电探测器的其他最主要的品质因数。

1. 响应率

响应率 $\mathcal{R}$ 是探测器输出电流或电压（单位：A 或 V）与输入光通量 Φ_p（单位：W）的强度之比。例如，在规定的波长下，探测器的光谱光电流响应率 $\mathcal{R}_I(\lambda, f)$ 为

$$\mathcal{R}_I(\lambda, f) = \frac{I_p}{\Phi_p(\lambda)} \quad （5.20）$$

式中，I_p 是测得的光电流。黑体响应率 $\mathcal{R}_I(T, f)$ 是探测器的输出电流除以温度为 T、调制频率为 f（产生所观察到的输出电流）的黑体源的入射辐射功率[5.3]：

$$\mathcal{R}_I(T, f) = \frac{I_p}{\int_0^\alpha \int_\lambda \Phi_p(\lambda)\,\mathrm{d}\lambda}$$

$$= \frac{I_p}{A_{源} \sigma_{SB} T^4 A_{det} / \pi L^2} \quad （5.21）$$

式中，α 是从源址看到探测器时的立体角；$A_{源}$ 和 A_{det} 分别是源面积和探测器面积；L 是黑体源和探测器之间的距离；$\sigma_{SB} = 5.670\,32 \times 10^{-12}\,\mathrm{W/(cm^2\,K^4)}$ 是斯蒂芬–玻耳兹曼常量。请注意黑体响应率是探测器对在所有波长下积分的入射辐射光的响应测度。

2. 量子效率

量子效率 η 是当光子入射到探测器上时产生光电子的概率。对于产生光电流 $I_p = \mathcal{R}_I \Phi_p$ 的入射光功率 Φ_p，量子效率的计算公式是

$$\eta = \frac{\left(\dfrac{I_p}{q}\right)}{\left(\dfrac{\Phi_p}{hv}\right)} = \frac{hv}{q} \mathcal{R}_I \tag{5.22}$$

式中，q 是元电荷；h 是普朗克常数；v 是光子频率。

3. 噪声等效功率

探测器的噪声等效功率（NEP）是产生与噪声输出相等的输出信号时所需要的探测器光学功率 Φ_p 上的入射部分。有时 NEP 是为 1 Hz 带宽规定的，可以定义为使信噪比（S/N）等于 1 所必需的光学输入功率值。由于电流信号输出是 $I_p = \mathcal{R}_I \Phi_p$，因此信噪比为

$$S/N = \frac{\mathcal{R}_I \Phi_p}{i_n} \tag{5.23}$$

式中，均方根噪声输出电流 i_n 由式（5.14）求出。令式（5.23）的左手边等于 1，可以得到

$$\text{NEP} = \frac{i_n}{\mathcal{R}_I} \tag{5.24}$$

当热噪声高于其他所有噪声源时，系统的信噪比用式（5.19）来描述。在这种情况下，噪声等效功率决定 S_0 值（叫作"装置灵敏度"）：

$$S_0 = \text{NEP} = \frac{2}{\mathcal{R}_I}\sqrt{\frac{kT\Delta f}{R_L}} = \frac{2hv}{\eta q}\sqrt{\frac{kT\Delta f}{R_L}} \tag{5.25}$$

这个表达式适用于光伏装置或没有固有增益（$G = 1$，$F = 1$）的光电导体。

对于描述光子限制性能的特定情况，系统的信噪比用式（5.18）来描述。这种运算模式对于光电培增管、微通道以及在可见光和近红外光谱范围内具有固有倍增系数的一些探测器来说是典型的。在红外光谱范围内，光子限制性能也是光伏探测器、光电导探测器和一些热探测器的典型性能。如上所述，当探测器和放大器的噪声与光子噪声相比较低时，探测器能达到终极性能。光子噪声为基本噪声，因为它的起因不是探测器或其相关电子器件的缺陷，而是探测过程本身，是由电磁场的离散性质造成的。落在探测器上的辐射线是由目标（信号）产生的光通量 Φ^S（单位：入射光子数/s）和由背景产生的光通量 Φ^B（单位：入射光子数/s）的结合形式。达到背景限制性能的红外光子探测器叫作"背景限制红外光电探测器"（BLIP）。BLIP情况下的噪声等效功率由式（5.24）和式（5.18）得到，其间要用到量子效率 η 的

公式（5.22），并考虑到辐射通量 $\Phi_p^{B,S} = \Phi^{B,S}hv$：

$$\text{NEP}_{\text{BLIP}} = hv\sqrt{\frac{2\Phi^B\Delta f}{\eta}} = \sqrt{\frac{2hv\Phi_p^B\Delta f}{\eta}} \qquad (5.26)$$

4. 探测率

探测器的探测率 D 是噪声等效功率的倒数：

$$D = \frac{1}{\text{NEP}} \qquad (5.27)$$

一个更有用的品质因数是比探测率 D^*，它与探测面积 A_{det} 和带宽 Δf 有关：

$$D^* = D\sqrt{A_{\text{det}}\Delta f} = \frac{\sqrt{A_{\text{det}}\Delta f}}{\text{NEP}} \qquad (5.28)$$

D^* 可用于直接对比不同尺寸的探测器，这些探测器的性能是在不同带宽下测定的。光谱 $D^*(\lambda, f)$ 和黑体 $D^*(T, f)$ 之间的关系为[5.2]

$$D^*(T, f) = \frac{\int_0^\infty D^*(\lambda, f)\Phi(T, \lambda)\mathrm{d}\lambda}{\int_0^\infty \Phi(T, \lambda)\mathrm{d}\lambda} \qquad (5.29)$$

在 BLIP 极限的情况下，任何受散粒噪声限制的探测器其 $D^*(\lambda, f)$ 都将由下式求出：

$$D^*_{\text{BLIP}}(\lambda, f) = \frac{\sqrt{A_{\text{det}}\Delta f}}{\text{NEP}_{\text{BLIP}}(\lambda, f)} = \frac{1}{hv}\sqrt{\frac{\eta A_{\text{det}}}{2\Phi^B}} \qquad (5.30)$$

| 5.2　半导体光电导体 |

光电导体是一种光敏电阻，其最简单的形式是一块两面都有欧姆触点的半导体（图 5.2）。本征光电效应是在本征光电导体的导带内产生非平衡载流子的主要机理。在非本征光电导体内，涉及浅杂质能级的激发，这种简单情况下的长波截止波长由下式求出：

$$\lambda_c = \frac{hc}{E_g} \qquad (5.31)$$

式中，E_g 是半导体带隙；c 是光速。未照射的本征半导体装置的电导率为

$$\sigma_0 = n_0\mu_n q + p_0\mu_p q \qquad (5.32)$$

式中，n_0、p_0、μ_n 和 μ_p 分别是自由电子和空穴的平衡浓度以及它们的迁移率；q 是元电荷。其倒数值称为"电阻率"，定义为

$$\rho_0 = (n_0\mu_n q + p_0\mu_p q)^{-1} \qquad (5.33)$$

在光照下，所生成的非平衡载流子的浓度为

$$\Delta n = \Delta p = \frac{\eta_{ex} \Phi \tau}{A_{det} W} \tag{5.34}$$

式中，η_{ex} 是外量子效率，定义为当光子入射到探测器上时产生光电子的概率；Φ 是每单位时间内光子中的光子通量；τ 是载流子寿命；A_{det} 和 W 分别是探测器的有效面积和厚度。根据式（5.32）和式（5.34），可以获得被照射的光电导体的电导率相对变化量：

$$\frac{d\sigma}{\sigma} = \frac{q(\mu_n + \mu_p)\eta_{ex} \Phi \tau}{\sigma A_{det} W} \tag{5.35}$$

光驱动光电导体的电阻（R_{det}）变化量可描述为

$$dR_{det} = -R_{det} \frac{q(\mu_n + \mu_p)\eta_{ex} \Phi \tau}{\sigma A_{det} W} \tag{5.36}$$

关于非本征半导体，可用载流子的迁移率代替自由电子和空穴的迁移率之和（$\mu_n + \mu_p$）。

5.2.1 光电导体——品质因数

1. 响应率

如果负载电阻 R_L 与光电导体串联，并对这两个电阻外加一个直流偏压 V_0，则在均匀照射的光电导体上形成的光致电压降表示为

$$dV = \frac{V_0 R_L R_{det}}{(R_L + R_{det})^2} \frac{q\lambda \eta_{ex}\tau(\mu_n + \mu_p)}{\sigma hc A_{det} W} \Phi_p \tag{5.37}$$

式中，Φ_p 是输入辐射通量（W）；λ 是波长；h 是普朗克常数；c 是光速。电压和电流的光谱响应率由下式得到：

$$\begin{aligned}
\mathscr{R}_V &= \frac{dV}{\Phi_p} \\
&= \frac{Iq\lambda \eta_{ex}\tau(\mu_n + \mu_p)}{\sigma hc A_{det} W} \frac{R_L R_{det}}{R_L + R_{det}} \quad [\text{V}/\text{W}]
\end{aligned} \tag{5.38}$$

$$\mathscr{R}_I = \frac{Iq\lambda \eta_{ex}\tau(\mu_n + \mu_p)}{\sigma hc A_{det} W} \quad [\text{A}/\text{W}] \tag{5.39}$$

式中，$I = V_0/(R_L + R_{det})$ 是流经探测器的总直流电流。

2. 光电导增益

光电导增益表示在电路中循环流动的、由每个被吸收的光子产生的电载流子数量。对光电导体中的增益有影响的物理参数是少数载流子的寿命和多数载流子的通

过时间。通过用式（5.39）分析光电流响应率，本征探测器的光电导增益可定义为

$$G = \frac{I\tau(\mu_n + \mu_p)}{\sigma A_{det} W} \qquad (5.40)$$

拥有载流子（迁移率值为 μ）的非本征光电导体也采用了类似的增益表达式：

$$G = \frac{\tau\mu E}{d} = \frac{\tau}{t} \qquad (5.41)$$

式中，$E = I/\sigma A_{det} W$ 是探测器中的电场；d 是电极之间的间距；$t = d/\mu E$ 是假定电场远未饱和的情况下两个电极之间载流子总通过时间。

3. 噪声

（1）$1/f$ 噪声。$1/f$ 相关性适用于噪声功率。噪声电流/电压与 $1/\sqrt{f}$ 成比例。因为光电导体在偏置电流下工作，在光电导体中总有这种噪声。均方噪声电流的经验表达式为[5.3]

$$\overline{i_{1/f}^2} = \frac{\text{const} \cdot I^2 \Delta f}{f^\beta} \qquad (5.42)$$

式中，const 是比例常数；Δf 和 f 分别是带宽和频率；β 是常数，接近于 1。

（2）约翰逊噪声。对于内电阻为 R_{det} 的半导体，约翰逊噪声均方电流用式（5.5）的右侧部分表示。

（3）振荡－复合振荡复合噪声。由半导体的光子激发和热激发导致的均方振荡－复合振荡复合噪声电流由下式求出[5.4]：

$$\overline{i_{G-R}^2} = 4q(q\eta_{ex}\Phi A_{det} G^2 + qG_{th}G^2) \qquad (5.43)$$

式中，Φ 是入射光子通量；G 是增益；G_{th} 是热生成率。

4. 噪声等效功率（NEP）

导体的信噪比可利用式（5.5）和式（5.43）求出：

$$S/N = \frac{\mathscr{R}_I \Phi_p}{i_n} = \frac{\mathscr{R}_I h\nu\Phi}{\sqrt{\overline{i_J^2} + \overline{i_{G-R}^2}}} \qquad (5.44)$$

式中，$\mathscr{R}_I$ 是由式（5.39）求出的电流响应率；$\Phi_p = h\nu\Phi$ 是入射辐射功率。可通过设定 $S/N = 1$，由式（5.44）求出相关的品质因数 NEP。

对于光子限制导体，噪声等效功率由振荡－复合振荡复合噪声电流决定，可利用式（5.26）来表达：

$$\text{NEP} = \frac{\sqrt{\overline{i_{G-R}^2}}}{\mathscr{R}_I} = h\nu\sqrt{\frac{2\Phi^{S,B}\Delta f}{\eta_{ex}}} \qquad (5.45)$$

式中，$\Phi^{S,B}$ 是在探测器上每单位时间内的输入信号/背景光子通量。

当约翰逊噪声为主要噪声时，有

$$\mathrm{NEP} = \frac{\sqrt{i_J^2}}{\mathscr{R}_{\mathrm{I}}} = \frac{hv}{q\eta_{\mathrm{ex}}G}\sqrt{2kT\Delta f\left(\frac{1}{R_{\mathrm{det}}} + \frac{1}{R_{\mathrm{L}}}\right)} \tag{5.46}$$

5. 探测率

光子限制导体的比探测率由下式求出：

$$D^*(\lambda, f) = \frac{1}{hv}\sqrt{\frac{\eta_{\mathrm{ex}}A_{\mathrm{det}}}{2\Phi^{\mathrm{S,B}}}} \tag{5.47}$$

对于受约翰逊噪声限制的导体，相应的比探测率为

$$D^*(\lambda, f) = \frac{q\eta_{\mathrm{ex}}G}{hv}\sqrt{\frac{A_{\mathrm{det}}}{2kT}\left(\frac{R_{\mathrm{L}}R_{\mathrm{det}}}{R_{\mathrm{L}} + R_{\mathrm{det}}}\right)} \tag{5.48}$$

5.2.2 光电导体：材料和例子

1. 铅盐基化合物光电导体

PbS、PbSe 和 PbTe 光电管是最常见的、基于半导体的光电导体。这些光电管对红外光谱范围内的辐射很敏感，量子效率高、响应时间快，能在室温下工作。冷却铅盐光电导体的探测率接近于背景极限。

基于铅盐的光电探测器是通过薄多晶铅盐层（约 1 μm）的化学淀积或蒸发来制造的。铅盐层通常通过氧的受控引入来敏化。研究发现，在 300 K 的温度下，当引入的氧气不断增加时，薄膜的电导率将从 n 型变成 p 型。

通过控制掺杂剂、沉积温度、钝化涂层和膜厚度等参数，电阻、响应率、时间响应、光谱响应范围、噪声和信噪比等性能特征可在较宽范围内定制。不同铅盐光电探测器的响应峰值波长可在 2.4～5 μm 范围内广泛调节。通过冷却探测器（由能隙的正温度系数所致），光谱响应可延伸到红外光谱范围[5.5]。

2. 碲镉汞（MCT）光电导体

仅通过调节 Cd/Hg 比率，MCT 光电导体（$Hg_{1-x}Cd_xTe$）可制造成在不同的光谱区工作的形式。光电导 $Hg_{1-x}Cd_xTe$ 探测器是一种良好的本征探测器，可在明显高于非本征探测器的工作温度下达到背景限制的灵敏度。

$Hg_{1-x}Cd_xTe$ 光电导体通常由 n 型材料制成，在该材料中离子给体的过剩浓度大约为 10^{14} cm^{-3}[5.1]。这样大的本征载流子浓度是由超出化学计量范畴，并停留在晶格间隙中的过剩汞原子造成的。对于具有方形光学活性区域和 10 μm 厚度的典型 $Hg_{1-x}Cd_xTe$ 探测器，其电阻相当小（约 200 Ω）。这种低电阻探测器的缺点是强电流会在相对较低的电压下流动，因此产生较高的耗散功率，限制了该探测器在低电压范围内的应用。

3. 硒光电导体

非晶形硒（$\alpha-\text{Se}$）广泛用于在直接转换系统中构建光电导体阵列，以实现 γ 放射性探测。

| 5.3 半导体光电二极管 |

半导体光电二极管是最受欢迎的光电探测器，能够在光伏和光电导模式下工作。

5.3.1 半导体光电二极管的功能

1. 热平衡中的 p-n 结二极管

半导体光电二极管可视为是普通 p-n 结二极管的一种变型。p-n 结是通过拥有相反掺杂剂的半导体连接在一起得到的。一旦两者接触，通过在整个结构上排列费米能级，就能达到热力学平衡。n 型半导体中的电子扩散到 p 区，p 型半导体中的空穴则扩散到 n 区，因此在 p 区负电荷过剩，而在 n 区正电荷过剩。这就形成了一个电场，它将移动电荷从结区中扫出，形成无移动载流子的所谓"空间 - 电荷区"（图 5.5）。

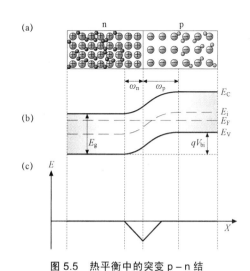

图 5.5 热平衡中的突变 p-n 结

（a）空间电荷分布：小圆圈表示移动的电子和空穴，大圆圈表示离子给体和受体；

（b）能带图；（c）电场分布

通过利用能带模型，按照要求将 n 型半导体和 p 型半导体的费米能级排列后，会得到内建电势 V_{bi}。在热平衡情况下，V_{bi} 由下式求出[5.6]：

$$V_{\text{bi}} = \frac{1}{q}(E_i^p - E_i^n) = \frac{kT}{q} \ln \frac{N_A N_D}{n_i^2} \qquad (5.49)$$

$$n_i = \sqrt{N_V N_c} \exp\left(-\frac{E_g}{2kT}\right) \qquad (5.50)$$

$$N_V = 2\left(\frac{2\pi m_p kT}{h^2}\right)^{3/2}$$

$$N_c = 2\delta\left(\frac{2\pi m_n kT}{h^2}\right)^{3/2} \qquad (5.51)$$

式中，E_i^p 和 E_i^n 分别是中性 p 区和 n 区的本征能级；N_A 和 N_D 分别是受体和给体的掺杂浓度；n_i 是利用能带隙 E_g 的值以及在价带和导带中的有效态密度值 N_V 和 N_c

得到的本征载流子密度。

对于每个半导体来说，电子的有效质量 m_n、空穴的有效质量 m_p 以及导带简并因子 δ（在导带中的很多等效极小值）是特定的。

空间-电荷区（耗尽区）从结点延伸到 n 区和 p 区。对于双侧突变结的最简单情况，根据空间-电荷区边界处的电场为 0 以及势差等于内建电压这一要求，可以发现耗尽区的宽度为 $w = w_n + w_p$（图 5.5）：

$$w = w_n + w_p = \sqrt{\frac{2\varepsilon\varepsilon_0(N_A + N_D)}{qN_A N_D}V_{bi}} \qquad (5.52)$$

式中，ε_0 是真空介电常数；ε 是半导体的介电常数；w_n 和 w_p 分别是被结点隔开的半导体 n 型区和 p 型区的空间-电荷区宽度。

2. 有外加偏压的 p-n 二极管

对于正向偏压 V，结点两端的电压将从平衡值 V_{bi} 减小到（$V_{bi} - V$），空间-电荷区的宽度将相应地缩小。在反向偏压的情况下，结点两端的电压将增加到（$V_{bi} + V$），导致空间-电荷区扩大。有外加偏压 V 的空间-电荷区（耗尽区）宽度由下式求出：

$$w = \sqrt{\frac{2\varepsilon\varepsilon_0(N_A + N_D)}{qN_A N_D}(V_{bi} \mp V)} \qquad (5.53)$$

式中，$\mp$ 符号分别代表正向偏压状态和反向偏压状态。

理想光电二极管的总电流密度 J 用肖克莱方程表示（图 5.6 中的曲线 1）[5.6]：

$$
\begin{aligned}
J &= J_s\left[\exp\left(\frac{qV}{kT}\right) - 1\right] \\
&\equiv q\left(\frac{n_{p0}D_n}{L_n} + \frac{p_{n0}D_p}{L_p}\right)\left[\exp\left(\frac{qV}{kT}\right) - 1\right]
\end{aligned}
$$
$$(5.54)$$

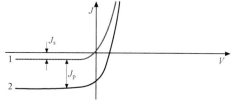

图 5.6 理想光电二极管在黑暗中（1）和光照下（2）的 I-V 特性

式中，J_s 是饱和电流密度；n_{p0} 和 p_{n0} 分别是在平衡状态下 p 区和 n 区内的少数载流子浓度；载流子扩散常数 D_n 和 D_p 由爱因斯坦关系式求出：

$$D_n = \frac{kT}{q}\mu_n, \quad D_p = \frac{kT}{q}\mu_p \qquad (5.55)$$

式中，μ_n 和 μ_p 是载流子迁移率。载流子扩散长度 L_n 和 L_p 为

$$L_n = \sqrt{D_n \tau_n}, \quad L_p = \sqrt{D_p \tau_p} \qquad (5.56)$$

式中，τ_n 和 τ_p 分别描述了电子的寿命和空穴的寿命。

对于 n 型半导体来说，少数载流子的平衡浓度由 $p_{n0} = n_i^2 / n_{n0} \approx n_i^2 / N_D$ 求出，对于 p 型半导体则由 $n_{p0} = n_i^2 / p_{p0} \approx n_i^2 / N_A$ 求出。

方程（5.54）是为具有突变结的理想光电二极管推导出的，其间利用了玻耳兹曼近似法来估算整个空间－电荷层的载流子浓度，并假设少数载流子密度与多数载流子密度相比较小，假设了在空间－电荷区没有振荡－复合电流，因此相应地要求流经耗尽层的电子电流和空穴电流是恒定的。

通过利用式（5.53），可以获得关于"耗尽层电容/单位面积"的表达式。这个数值是在确定半导体光电二极管的时间响应时采用的一个主要数值。对于双侧突变结：

$$C_j = \frac{\varepsilon\varepsilon_0}{w} = \sqrt{\frac{\varepsilon\varepsilon_0 q N_A N_D}{2(N_A + N_D)(V_{bi} \mp V)}} \qquad (5.57)$$

3. 光照下的 p-n 结二极管

为推导出在 p-n 结半导体二极管本体中生成的总光电流，假设 n 型衬底顶部的 p 层很浅以及忽略由热产生电流的情况下，还必须单独考虑在宽度为 w 的电荷－空间区生成的光电流，以及由半导体本体的中性区产生的光电流。

案例 1——前照射光电二极管。首先考虑当光从 p 侧穿透光电二极管本体以及表面 p^+ 层比光吸收长度 $1/\alpha$（$\delta \leqslant 1/\alpha$，$\alpha$ 是吸收系数）薄得多时的情形［图 5.7（a）］。对于所谓的"前照射光电二极管"，这种情形很典型。进一步假设晶体厚度比光穿透深度大得多，这意味着所有的光量子都将在晶体内的单通道期间被吸收。本书将忽略载流子的表面复合效应，以简化考虑因素。

在 p-n 结的空间－电荷区，由光吸收产生的 e-h 对被电场分隔开，由此形成漂移光电流 J_{dr}。如果扩散距离比载流子扩散深度 L_n 和 L_p 小，那么在半导体的中性非耗尽区（$x>w$）生成的载流子也可能通过扩散机理到达空间－电荷区，此电流按扩散电流 J_{diff} 处理。

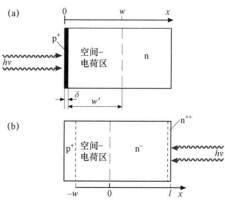

图 5.7　前照射和后照射光电二极管比较

（a）前照射 p-n 结型光电二极管的工作原理。结深度 δ 很小，因此 $w \approx w'$。漂移光电流源于空间－电荷区，扩散电流则来自非耗尽 n 区。（b）后照射光电二极管的工作原理。载流子注入出现在二极管背面，假设光电流只包含扩散电流

在半导体本体内距表面的距离为 x 处，电子－空穴光产生率 $G(x)$ 由下式求出：

$$G(x) = \frac{\partial \Phi(x)}{\partial x} \mathrm{d}x = \Phi_0 \alpha \exp(-\alpha x) \qquad (5.58)$$

式中，Φ_0 是单位面积的入射光子通量；α 是吸收系数；$\Phi(x) = \Phi_0 \exp(-\alpha x)$ 符合比尔－朗伯吸收定律，是在半导体本体内距光电二极管表面的距离为 x 处的光子通量。

漂移电流为

$$J_{\mathrm{dr}} = -q \int_0^w G(x)\mathrm{d}x = q\Phi_0[1 - \exp(-\alpha w)] \qquad (5.59)$$

当 $x > w$ 时，半导体本体中的少数载流子密度 p_{n} 可通过一维扩散方程求出：

$$D_{\mathrm{p}} \frac{\partial^2 p_{\mathrm{n}}}{\partial x^2} - \frac{p_{\mathrm{n}} - p_{\mathrm{n}0}}{\tau_{\mathrm{p}}} + G(x) = 0 \qquad (5.60)$$

由于样品厚度假定为比 $1/\alpha$ 厚得多，因此当 $x = \infty$ 时，边界条件为 $p_{\mathrm{n}} = p_{\mathrm{n}0}$。因为在耗尽区内的电场有效地将非平衡载流子一扫而空，在 $x = w$ 时的边界条件也是 $p_{\mathrm{n}} = p_{\mathrm{n}0}$。因此，当 $x > w$ 时方程（5.60）的解为

$$p_{\mathrm{n}} = p_{\mathrm{n}0} - A\exp(-\alpha w)\exp\left(\frac{(w-x)}{L_{\mathrm{p}}}\right) \qquad (5.61)$$

$$+ A\exp(-\alpha x)$$

$$A = \frac{\Phi_0}{D_{\mathrm{p}}} \frac{\alpha L_{\mathrm{p}}^2}{(1 - \alpha^2 L_{\mathrm{p}}^2)} \qquad (5.62)$$

扩散电流密度为

$$J_{\mathrm{diff}} = -qD_{\mathrm{p}}\left(\frac{\partial p_{\mathrm{n}}}{\partial x}\right)_{x=w}$$

$$\qquad (5.63)$$

$$= q\Phi_0 \frac{\alpha L_{\mathrm{p}}}{1 + \alpha L_{\mathrm{p}}} \exp(-\alpha w)$$

将式（5.59）和式（5.63）联立，可以得到总光电流密度：

$$J_{\mathrm{p}} = J_{\mathrm{dr}} + J_{\mathrm{diff}} = q\Phi_0\left(1 - \frac{\exp(-\alpha w)}{1 + \alpha L_{\mathrm{p}}}\right) \qquad (5.64)$$

这表明光电流 J_{p} 与入射光子通量 Φ_0 成正比。

如果不可忽略热产生的电流［式（5.64）］，则总的光电二极管电流为

$$J_{总} = q\left(\frac{n_{\mathrm{p}0}D_{\mathrm{n}}}{L_{\mathrm{n}}} + \frac{p_{\mathrm{n}0}D_{\mathrm{p}}}{L_{\mathrm{p}}}\right) \times$$

$$\left[\exp\left(\frac{qV}{kT}\right) - 1\right] + J_{\mathrm{p}} \qquad (5.65)$$

图 5.6（曲线 2）中显示的是在光照下光电二极管的相应典型电流 – 电压（$I-V$）特性。

如果光电探测器的外部引线短路，则在内建电势下结点两端的电压将保持恒定，光电流将仍然流动。这种电流叫作“短路电流”（J_{sc}），可通过令 $V=0$，由式（5.65）近似地计算出来，即

$$J_{sc} \cong J_p \tag{5.66}$$

如果引线断路，则结点两端的电压将下降，以至于光生载流子的通量要通过增加式（5.54）中给定的扩散电流来加以补偿。这种电压变化表现为装置引线上的输出电压，叫作“开路电压”（V_{oc}）。在忽略光照下耗尽层宽度变化的情况下，令 $J_{总}=0$，可通过（5.65）计算出 V_{oc}：

$$V_{oc} = \frac{kT}{q}\ln\left(\frac{\Phi_0\left[\dfrac{\exp(-\alpha w)}{1+\alpha L_p}-1\right]}{n_{p0}D_n/L_n + p_{n0}D_p/L_p}\right) \tag{5.67}$$

案例 2　– 后照射光电二极管。在这种情况下，p – n 结在半导体晶体的一侧生成，光从半导体结构的另一侧进入，考虑当光主要在半导体中性区被吸收时的情形是有意义的。为进一步简化描述，本书假设光吸收发生在光电二极管背面的一个极薄表面层内（吸收系数 $\alpha\to\infty$），载流子表面的光产生率用 δ 函数来描述：

$$G(x) = \Phi_0\alpha\exp[-\alpha(l-x)]\delta(x-l) \tag{5.68}$$

式中，l 是耗尽区边缘和透光表面之间的距离［图 5.7（b）］。本书不会忽略表面复合事件，这些事件对于具有延长扩散区的后照射二极管来说可能很重要。

由于过剩载流子是在耗尽区边缘提取的，因此当 $x=0$ 时，边界条件为 $p_n=p_{n0}$。另一个边界条件是通过表面的扩散电流得到的：

$$\begin{aligned} J_{diff}\big|_{x=l} &\equiv qD_p\left(\frac{\partial p_n}{\partial x}\right)_{x=l} \\ &= q\Phi_0 - qS_r[p_n(l)-p_{n0}] \end{aligned} \tag{5.69}$$

式中，S_r 是表面复合率（cm/s）；$p_n(l)$是表面上的少数载流子浓度。

对于所选择的边界条件，扩散方程的解为

$$\begin{aligned} p_n = p_{n0} &+ \frac{\Phi_0\left[1-\left(\dfrac{S_r}{D_p}\right)\alpha\delta(x-l)L_p^2\right]\sinh(x/L_p)}{(D_p/L_p)\cosh\left(\dfrac{l}{L_p}\right)+S_r\sinh(l/L_p)} \\ &+ \frac{\Phi_0\alpha\delta(x-l)L_p^2}{D_p} \end{aligned} \tag{5.70}$$

在这种情况下，光电流只包含扩散分量，经计算为

$$J_p = J_{\text{diff}}|_{x=0} = qD_p \left(\frac{\partial p_n}{\partial x} \right)_{x=0}$$

$$= \frac{q\Phi_0}{\cosh(l/L_p) + (S_r L_p / D_p)\sinh(l/L_p)} \quad (5.71)$$

p–i–n 光电二极管

在半导体的电荷–空间区，非平衡载流子被收集到外电路的效率要比在中性区高得多。空间–电荷区的宽度为 $(\sqrt{N_{A,D}})^{-1}$，随着给体/受体浓度 $N_{A,D}$ 的减小而增加 [式（5.53）]。如果在 p 型层和 n 型层之间插入本征层，则空间–电荷层的宽度将达到最大，从而得到图 5.8 中所示的 p–i–n 结构。实际上，本征层常常被低注入浓度层替代。这种 p–i–n 光电二极管的行为可用上述方程来描述。但在有些情况下，因为在 p–i–n 结的不同侧，掺杂剂浓度显著不同，方程可得到简化。

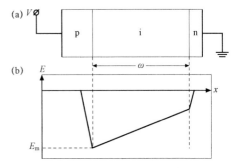

图 5.8　p–i–n 光电二极管

（a）偏压 p–i–n 光电二极管；（b）在反向偏压条件下的电场分布。耗尽层宽度 w 和最大场强 E_m 取决于外加反向偏压的值。每个区内电场分布线的斜率取决于给体/受体的浓度

5.3.2　光电二极管——品质因数

1. 量子效率和响应率

光电二极管的外量子效率定义为产生光电流的载流子数量与入射光子的数量 Φ_0 之比。对于前照射光电二极管，通过利用上述定义和式（5.64），可以得到

$$\eta_{\text{ex}} = \frac{J_p/q}{\Phi_0} = 1 - \frac{\exp(-\alpha w)}{1 + \alpha L_p} \quad (5.72)$$

应注意式（5.72）的右边适用于相对较大的 αw 值，即光在首次穿过半导体本体的过程中被完全吸收、从模具背面没有光反射时。

在前面描述的后照射光电二极管情况下，外量子效率由式（5.71）得到：

$$\eta_{\text{ex}} = \frac{J_p/q}{\Phi_0} = \left[\cosh\left(\frac{l}{L_p}\right) + \frac{S_r L_p}{D_p}\sinh\left(\frac{l}{L_p}\right) \right]^{-1} \quad (5.73)$$

内量子效率定义为由光产生的电子–空穴对数量与在半导体本体中吸收的光子数量之比：

$$\eta_{\text{in}} = \frac{\eta_{\text{ex}}}{(1 - R_F)} = \frac{J_p/q}{\Phi_0(1 - R_F)} \quad (5.74)$$

式中，R_F 是光入射面的反射系数。

光电二极管的电流响应率是总输出光电流 I_p（A）与入射光功率 Φ_p（W）之比：

$$\mathscr{R}_1 = \frac{I_p}{\Phi_p} = \frac{\eta_{ex}q}{h\nu} = \frac{\eta_{ex}q\lambda}{hc} \approx \frac{\eta_{ex}\lambda[\mu m]}{1.24} \quad [\text{A}/\text{W}] \qquad (5.75)$$

式中，ν 是光子频率；c 是在真空中的光速；$\lambda\,[\mu m]$ 是波长（μm）。

2. 载流子收集效率函数

在 $\alpha w \geqslant 1$ 的情况下，当穿透表面的所有光量子都被厚度为 h 的晶体所吸收，而且非平衡载流子均参与光电流时，理想光电二极管的内量子效率 $\eta_{in}(\lambda)$ 可用下面表达式来计算：

$$\eta_{in}(\lambda) = 1 - \exp[-\alpha(\lambda)h]$$
$$\equiv \int_0^h dx\alpha(\lambda)\exp[-\alpha(\lambda)x] \qquad (5.76)$$

式中，x 是从表面算起的光电二极管穿透深度。

在真实的非理想结构中，并非所有的光生非平衡载流子都被外电路收集并参与电流，这种效应通过载流子收集效率函数 $P(x)$ 来说明[5.7]：

$$\eta_{in}(\lambda) = \int_0^h dxP(x)\alpha(\lambda)\exp[-\alpha(\lambda)x] \qquad (5.77)$$

当 $\alpha w \leqslant 1$ 时，光电二极管晶体内会出现不止一个光通道，此时应当修改量子效率的表达式。当出现两个通道时，将得到[5.8]

$$\begin{aligned}
\eta_{in}(\lambda) = & \int_0^h dxP(x)\alpha(\lambda)\exp[-\alpha(\lambda)x] \\
& + R_B\exp[-\alpha(\lambda)h] \\
& \times \int_0^h dxP(h-x)\alpha(\lambda)\exp[-\alpha(\lambda)x]
\end{aligned} \qquad (5.78)$$

式中，右侧的第一项描述由于晶体内出现第一个辐射光通道而被外电路收集的载流子数量；第二项描述的是从模具后表面反射回晶体内的相应辐射光子数量（R_B 是模具背面的反射系数），在这里，背面反射被视为一种镜面反射形式。假设量子效率 $\eta_{in}(\lambda)$ 已由实验中得到，那么载流子收集效率函数就可根据方程（5.78）推导出来[5.9]。请注意：在耗尽区内通常存在 $P(x)=1$，除非光电二极管的表面层很薄。表达式（5.78）很容易扩展为当半导体光电二极管本体内有多个光通道时的情形。

3. 分流电阻、串联电阻和正向特性

光电二极管的等效电路包括：一个电源、一个与之并联的分流（或电源）电阻 R_{sh}，以及一个与之串联的串联（或正向）电阻 R_s（图 5.9）。对于理想的光电二极管，$R_{sh}=\infty$，$R_s=0$。光电二极管的分流电阻定义为在电源处的动态电阻，可由式（5.54）计算得到：

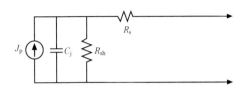

$$R_{sh} = \left.\frac{\partial V}{\partial I}\right|_{V=0} = \frac{kT}{qJ_s A_j} \qquad (5.79)$$

式中，A_j 代表结面积；J_s 代表饱和电流密度。分流电阻是光电二极管的一个重要特征，因为它决定着热噪声电流。

图 5.9　光电二极管的简化等效电路。J_p 是光电流，C_j 是结电容，R_{sh} 是分流电阻，R_s 是串联电阻

光电二极管的串联电阻 R_s 定义为是欧姆触点的总电阻 R_{cont} 和未耗尽半导体本体的电阻之和。在大多数情况下，串联电阻可表示为

$$R_s = \frac{1}{A_j}\int_{x_1}^{x_2}\rho(x)\mathrm{d}x + R_{cont} \qquad (5.80)$$

式中，$\rho(x)$ 是半导体的体电阻率；x_1 是耗尽层的边缘；x_2 是半导体的体边界。对于具有浅突变结的平面结构（图 5.5），串联电阻可计算为

$$R_s \approx \frac{d-w}{A_j}\rho + R_{cont} \qquad (5.81)$$

式中，d 是衬底厚度；w 是由式（5.53）求出的电荷–空间区宽度；ρ 是衬底的电阻率，对于 n 型衬底来说，$\rho_n = (n\mu_n q)^{-1}$，对于 p 型衬底来说，$\rho_p = (p\mu_p q)^{-1}$。

由肖克莱方程（5.54）可明显看到，随着正向电压不断增加，理想半导体二极管的结电阻 $R_j = \partial V/\partial I$ 将逐渐趋近于 0。但是，式（5.54）并不能说明在耗尽区内载流子的产生和重组、高注入条件以及并不完美的欧姆触点。这三个因素可能会显著改变正向电流，甚至当正向偏压相对较小时也不例外。

在耗尽区内的主要重组–产生过程是捕获被注入的载流子，将复合电流 J_{rec} 添加到肖克莱方程中。可以看到，该电流与本征载流子密度 n_i、陷阱密度 N_T、载流子捕获横截面 σ_{capt} 和载流子热速度 $v_{th} = \sqrt{3kT/m^*}$（m^* 代表载流子的有效质量）成正比[5.6]：

$$J_{rec} \approx \frac{qw}{2}\sigma_{capt}v_{th}N_T n_i \exp\left(\frac{qV}{2kT}\right) \qquad (5.82)$$

通过将式（5.82）和式（5.54）联立，当 $p_{n0} \geqslant n_{p0}$、$V_f > kT/q$ 时，p–n 结的正向电流 J_f 可用下面的公式近似地算出：

$$J_f \approx q\sqrt{\frac{D_p}{\tau_p}}\frac{n_i^2}{N_D}\exp\left(\frac{qV_f}{kT}\right)$$
$$+ \frac{qw}{2}\sigma_{capt}v_{th}N_T n_i \exp\left(\frac{qV_f}{2kT}\right) \qquad (5.83)$$

总的来说，实验性正向电流可能符合如下关系式：

$$J_f \propto \exp\left(\frac{qV_f}{\gamma kT}\right) \qquad (5.84)$$

式中，γ 是一个理想因子，当以复合电流为主时，$\gamma = 2$；当以扩散电流为主时，γ 更趋近于 1。正向电流和电压之间的关系式（5.84）用于估算光电二极管与理想光电二极管之间特性有多么接近。

4. 击穿电压

由肖克莱方程可推断出，如果扩散到空间－电荷区中的少数载流子是导致反向暗电流增加的唯一原因，则反向偏流在高电压下会饱和。由于在空间－电荷区中产生载流子，该载流子可能在半导体衬底或半导体体积内的各种缺陷中产生热量，因此反向暗电流值明显增加。后一种效应取决于缺陷/杂质的浓度，而前一种效应可用热生成率 G_{th} 表示，即

$$G_{th} = \beta n_0 p_0 = \beta n_i^2 = \frac{n_i}{\tau_g} \qquad (5.85)$$

式中，$\beta = (n_i \tau_g)^{-1}$ 是比例常数；τ_g 是载流子产生过程的寿命；$n_i^2 = n_0 p_0$ 是热平衡本征载流子浓度，n_0 和 p_0 分别用于描述电子和空穴的平衡浓度。在宽度为 w 的空间－电荷区内，产生电流密度为

$$J_g = q w G_{th} \qquad (5.86)$$

如果光电二极管的反向偏压进一步增加，并超过当 w 跨越整个半导体体积（穿通机制）时的反向偏压，则会形成一个足以促成电击穿，并使反向偏流大幅增加的高电场。通常涉及的两种击穿机理是齐纳击穿和雪崩击穿。

1）齐纳击穿

这种机理涉及电场和共价束缚电子之间的相互作用。当反向偏压较大时，n 型区的导带会移动，远远低于半导体二极管 p 型区的价带顶部。p 型半导体价带内的满充能级与 n 侧导带内的未满能级对齐，强电场推动着价电子沿"隧道"从半导体 p 侧一直延伸到 n 侧的势垒。势垒高度等于半导体带隙 E_g，隧穿概率 ϑ 可从三角形势垒的隧穿表达式中求出[5.10]：

$$\vartheta \approx \exp\left(-\frac{8\pi\sqrt{2m_e}E_g^{3/2}}{3qhE}\right) \qquad (5.87)$$

式中，m_e 是电子质量；h 是普朗克常数；E 是电场。隧穿电流密度可估算为

$$J_{tunn} = q n_z v_d \vartheta \qquad (5.88)$$

式中，n_z 和 v_d 分别是到达齐纳阻挡层的价电子的密度和漂移速度。

2）雪崩击穿

当电场足够高、足以使电场中的加速载流子与衬底原子碰撞触发倍增过程时，会出现雪崩击穿。倍增过程的概率不仅取决于电场值，还取决于载流子电离速度和雪崩区的范围。雪崩过程可用倍增因数 M 来描述。对于某类载流子（$\alpha_n \geqslant \alpha_p$ 或 $\alpha_p \geqslant \alpha_n$），$M$ 可写成[5.11]

$$M_{\mathrm{n,p}} = \exp\left(\int_0^L \alpha_{\mathrm{n,p}}(x)\mathrm{d}x\right) \tag{5.89}$$

式中，L 是倍增区的宽度；$\alpha_{\mathrm{n,p}}(x)$ 是电子/空穴的电离率，并取决于倍增区内的坐标 x。当 $\alpha_{\mathrm{n}} = \alpha_{\mathrm{p}}$ 时，随着 $M \to \infty$，雪崩击穿效应会减弱：

$$\int_0^L \alpha_{n,p}(x)\mathrm{d}x = 1 \tag{5.90}$$

由于电离率是电场的函数，在空间 – 电荷区内不断变化，因此击穿电压不容易精确地计算出来，但下列经验公式经证实适用于不同的半导体[5.12]：

$$V_{\mathrm{B}} \approx 60\left(\frac{E_{\mathrm{g}}(\mathrm{eV})}{1.1}\right)^{3/2}\left(\frac{N_{\mathrm{B}}(\mathrm{cm}^{-3})}{10^{16}}\right)^{-3/4} \tag{5.91}$$

式中，N_{B} 是轻掺杂侧的本底掺杂浓度。

下面，我们将在雪崩光电二极管一节中更详细地介绍雪崩击穿。

5. 噪声电流

（1）$1/f$ 噪声。这类噪声的噪声电流/电压与 $1/\sqrt{f}$ 成比例。用实验方法测得的均方噪声电流关系式为[5.4]

$$\overline{i_{1/f}^2} = \frac{\mathrm{const} \cdot I_{\mathrm{DC}}^2 \Delta f}{f^\beta} \tag{5.92}$$

式中，const 是比例常数；Δf 和 f 是带宽和频率；β 是接近于 1 的常量。请注意，此噪声只与半导体光电二极管的直流分量 I_{DC} 成函数关系。在现代设计中，这种噪声很小，可忽略不计。

（2）约翰逊噪声。对于半导体光电二极管，约翰逊噪声的均方电流表达式为

$$\overline{i_{\mathrm{J}}^2} = \frac{4kT\Delta f}{R_{\mathrm{eq}}} \tag{5.93}$$

式中，等效电阻经确定为 $1/R_{\mathrm{eq}} = 1/R_{\mathrm{sh}} + 1/R_{\mathrm{s}}$，$R_{\mathrm{sh}}$ 和 R_{s} 分别是光电二极管的分流电阻和串联电阻。串联电阻通常比分流电阻小得多，可忽略不计。

（3）散粒噪声。光电二极管的均方散粒噪声电流由两个主要分量组成：一个是半导体二极管散粒噪声电流的光生分量，另一个是暗电流分量：

$$\overline{i_{\mathrm{sh}}^2} = \sqrt{2q(I_{\mathrm{p}} + I_{\mathrm{D}})\Delta f} \tag{5.94}$$

式中，$I_{\mathrm{p}} = I_{\mathrm{s}} + I_{\mathrm{B}}$，指由信号辐射和背景辐射产生的光电流（$I_{\mathrm{s}}$ 和 I_{B} 分别是信号电流和背景电流）；I_{D} 是所有暗电流来源的贡献。

6. 信噪比和噪声等效功率（NEP）

半导体光电二极管的信噪比可利用式（5.93）和式（5.94）求出：

$$S/N = \frac{\mathscr{R}_1 \Phi_p}{i_n} = \frac{\mathscr{R}_1 h\nu\Phi}{\sqrt{\overline{i_J^2} + \overline{i_{sh}^2}}}$$

$$\approx \frac{I_p}{\sqrt{2q(I_p + I_D)\Delta f + 4kT\Delta f / R_{sh}}} \tag{5.95}$$

式中，$\mathscr{R}_1$ 是由式（5.75）求出的电流响应率；$\Phi_p = h\nu\Phi$ 是入射辐射功率；约等号是因为代入了 $R_{eq} \approx R_{sh}$。令信噪比值 = 1，可以计算出光电二极管的 NEP，即 $\mathrm{NEP} = \Phi_p|_{S/N=1} = i_n / \mathscr{R}_1$。就光子限制性能而论，光信号与所有的噪声电流源相比相当强，而且 $(I_D + 2kT/qR_{sh})/q\Delta f \leqslant 1$。在这种情况下，光电二极管的 NEP 由量子噪声决定，而量子噪声与信号光子通量 Φ^S（或背景光子通量 Φ^B）相关：

$$\mathrm{NEP} = h\nu\sqrt{\frac{2\Phi^{S,B}\Delta f}{\eta_{ex}}} \tag{5.96}$$

在极低光子通量的情况下，当 $I_p \leqslant (I_D + 2kT/qR_{sh})$ 时，分流电阻的热噪声及（或）光电二极管的漏电流噪声变成主要的噪声分量，相应的 NEP 值由下式求出：

$$\mathrm{NEP} = \frac{h\nu}{\eta_{ex}}\sqrt{\frac{2\Delta f}{q}\left(I_D + \frac{2kT}{R_{sh}q}\right)} \tag{5.97}$$

对于直径为 1 mm 的硅光电二极管，图 5.10 中显示的是它的典型"NEP – 反向偏压"图。当偏压值较低时，约翰逊噪声分量通常高于其他噪声源；而在反向偏压值较大的情况下，当暗漏电流增加时，散粒噪声分量变得越来越大。

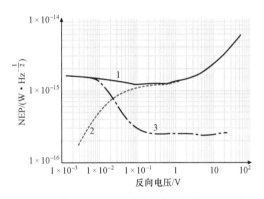

图 5.10　在室温下 1 mm² 硅光电二极管的 NEP 与反向偏压之间的典型相关性（曲线 1）。约翰逊噪声分量用曲线 3 表示，散粒噪声用曲线 2 表示

7. 探测率

光电二极管的探测率是通过探测率的一般表达式 $D = 1/\mathrm{NEP}$ 推导出的。光子受限的光电二极管比探测率可由下式求出：

$$D^*(\lambda, f) = D\sqrt{A_{det}\Delta f} = \frac{1}{h\nu}\sqrt{\frac{\eta_{ex}A_{det}}{2\Phi^{S,B}}} \tag{5.98}$$

式中，A_{det} 是光电二极管的工作面积；上标（S，B）指信号光子通量或背景光子通量（以较大者为准）。对于具有负载电阻 R_L 且受约翰逊噪声限制的光电二极管，比探测率为

$$D^*(\lambda, f) = \frac{q\eta_{ex}}{h\nu}\sqrt{\frac{A_{det}}{2kT}\left(\frac{R_L R_{sh}}{R_L + R_{sh}}\right)} \tag{5.99}$$

8. 时间响应和带宽

在光电二极管的光量子探测过程中，最后一步通常是非平衡载流子被收集到外电路中，通过基于时间常量 τ_{drift} 或 τ_{diff} 的漂移机理或扩散机理而出现。由于扩散过程和漂移过程相互独立，因此总的响应时间可计算为

$$\tau_r = \sqrt{\tau_{\text{drift}}^2 + \tau_{\text{diff}}^2 + \tau_{\text{RC}}^2} \qquad (5.100)$$

式中，τ_{RC} 是由极间电容 C 和负载电阻 R_L 决定的时间常量。光电探测器的截止频率 f_c 也决定着 3 dB 的断点，并由下式求出：

$$f_c = \frac{1}{2\pi\tau_r} \qquad (5.101)$$

载流子扩散时间的上限可通过考虑下列直接因素来估算。载流子的扩散长度与电子和空穴的扩散时间和扩散常数 $D_{n,p}$ 有关，即

$$L_{n,p} = \sqrt{D_{n,p}\tau_{\text{diff}}^{n,p}} \qquad (5.102)$$

假设载流子寿命很长，足以让非平衡载流子不需复合就能沿着载流子浓度梯度方向移动。电子和空穴的 $\tau_{\text{diff}}^{n,p}$ 由式（5.102）计算得到，电子和空穴扩散至半导体本体内的非耗尽区所需要的时间为

$$\tau_{\text{diff}}^{n,p} = \frac{L_{n,p}^2}{D_{n,p}} \equiv \frac{(d-w)^2}{D_{n,p}} \qquad (5.103)$$

式中，d 和 w 分别是半导体衬底厚度和耗尽区宽度。扩散常数可由已知的爱因斯坦关系式计算得到：

$$D_{n,p} = \frac{kT\mu_{n,p}}{q} \qquad (5.104)$$

式中，$\mu_{n,p}$ 是载流子迁移率，对每个半导体来说都是特定的。

在空间-电荷区，载流子漂移时间 τ_{drift} 的上限可估算为

$$\tau_{\text{drift}}^{n,p} = \frac{w}{v_{\text{drift}}^{n,p}} = \frac{w}{\mu_{n,p}E} \qquad (5.105)$$

方程（5.105）的右侧采用了已知的现象关系式，将载流子迁移率定义为平均漂移速度与外加电场 E 之比：

$$v_{\text{drift}}^{n,p} = \mu_{n,p}E \qquad (5.106)$$

上述表达式适用于相对较低的电场强度，这是因为在低场强下电子-声子散射等效应可忽略不计。当 E 值较高时，载流子的漂移速度会饱和，变得与 E 无关[5.13]。

下面，本书将探讨用于减少光电二极管的时间响应及提高截止频率的方法。

5.3.3　半导体光电二极管——材料

半导体光电二极管材料的选择主要取决于相关的光谱范围。图 5.11 显示了最常

见半导体的吸收率与波长之间的关系。对于低于 1 100 nm 的光谱范围，通常使用 Si。但由于 Si 和其他通用半导体材料（Ge）是间接带隙半导体，因此对这些材料来说敏感的宽光谱范围将通过声子吸收过程来覆盖。显然，在直接带隙半导体中，声子辅助光子吸收的发生概率比直接价带 - 导带跃迁的发生概率小得多。这解释了这种半导体与很多化合物半导体相比吸收系数小得多，而 Si 和 Ge 的吸收长度大得多的原因。表 5.1 中总结了很多重要半导体的带隙值 E_g。

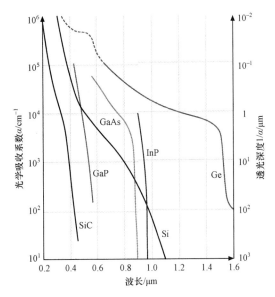

图 5.11　几种单质半导体和二元半导体的吸收率 - 波长图

表 5.1　在室温下很多本征半导体的最低能隙 E_g 和载流子迁移率[5,6,14]

材料	E_g/eV	$\mu_n/(\mathrm{cm^2 \cdot V^{-1} \cdot s^{-1}})$	$\mu_p/(\mathrm{cm^2 \cdot V^{-1} \cdot s^{-1}})$
单质			
Ge（间接）	0.67	3 900	1 900
Si（间接）	1.12	1 500	500
Ⅲ - Ⅴ化合物			
InSb	0.23	80 000	1 000
InAs	0.36	33 000	480
GaSb	0.72	5 000	1 500
InP	1.35	5 000	180
GaAs	1.43	8 500	400
AlSb（间接）	1.63	200	500
AlAs（间接）	2.16	1 200	420
GaP（间接）	2.26	300	150

材料	E_g/eV	$\mu_n/(cm^2 \cdot V^{-1} \cdot s^{-1})$	$\mu_p/(cm^2 \cdot V^{-1} \cdot s^{-1})$
II－VI化合物			
HgTe（半金属）	-0.25	25 000	350
CdTe	1.48	1 000	100
CdSe	1.70	800	
其他			
PbSe	0.26	1 500	1 500
PbTe（间接）	0.32	6 000	4 000
PbS（间接）	0.41	800	1 000

光电二极管与吸收长度直接相关另一个重要的参数是时间响应。直接带隙半导体的时间响应通常要短得多，因为它的吸收体积要薄得多，因此载流子收集时间更短。但特殊的结构特征可能会大大改善响应时间。本书将在下面几节里描述这一点。

光电二极管的上升时间和时间响应是几个参数的复值函数，其中最重要的参数是载流子迁移率。表 5.1 给出了各种半导体的载流子迁移率值。

1. 单一材料半导体

由于具有间接的光子吸收特征，Si 和 Ge 的吸收限并不陡。Si 是可见光和近红外（IR）光谱范围内的主要半导体材料。在 400～1 000 nm 的光谱范围内，在选定的时间间隔硅光电二极管的量子效率通常接近于 100%（图 5.12）。图 5.12 中还给出了硅光电二极管的典型光谱响应率曲线。特殊的正面处理方法使硅光电二极管的高效区能够延伸到 400 nm 以下。硅光电二极管的其他优势还包括低噪声电流（图 5.10）。常用的用于减小硅基光电二极管及其他衬底光电二极管中暗电流的方法是提供护环、表面漏电截断环（沟道截断环）等特殊结构（图 5.13）。

护环通常用于减小耗尽区内的电场强度，从而降低基质原子和掺杂剂原子的强场电离效率。表面漏电截断环用于防止来自工作区外的少数载流子到达空间－电荷区。

Ge 的吸收限延伸到 1.6 μm 之外。这对于宽光谱段用途来说是有利的，但与此同时因为由热生成的暗电流强度较高，也限制了这种材料对低光子通量的敏感度。图 5.13 给出了对 Si 和 Ge 来说典型的 p－i－n 光电二极管结构。

2. 二元III－V族半导体光电二极管

借助III－V族二元半导体可以设计出在紫外光到中红外光的宽光谱范围内工作的光电二极管。直接带隙III－V族半导体有相当小的吸收长度，前提是非平衡载流子在表面缺陷上复合的概率相当高。后一种效应是III－V族化合物光电二极管的量子效率值与硅（锗）光电二极管相比较低的主要原因。

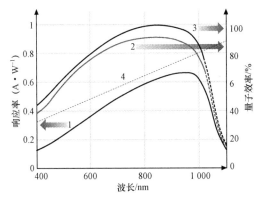

图 5.12　硅光电二极管的光谱响应例子
（曲线 1）。硅光电二极管的量子效率（QE）
用曲线 2（外部 QE）和曲线 3（内部 QE）
表示。曲线 4 显示的是虚构光电二极管
（$\eta_{ex} = 100\%$）的理论响应率相关性

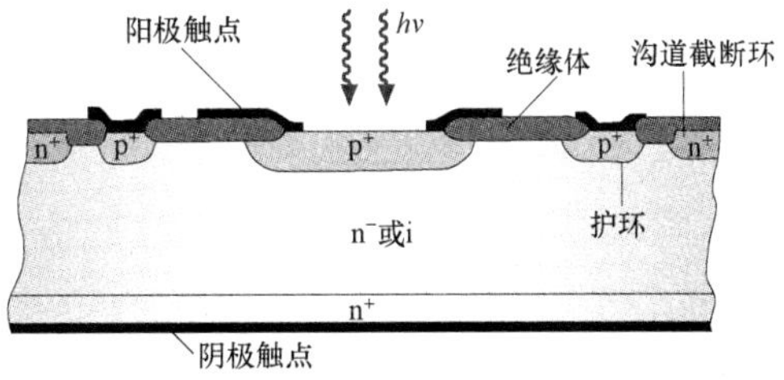

图 5.13　p－i－n 光电二极管的结构（截面图）。
在模具中间的 p$^+$ 扩散结构是工作区域结；在靠
近边缘处的 p$^+$ 扩散结构是护环——到主结（阳极
结）的间距取决于所要求的击穿性能和漏电性能；
在边缘处的 n$^+$ 扩散结构是沟道截断环

基于 Ⅲ－Ⅴ 族化合物的光电二极管通常有更高的暗电流值，因此应用领域受到
限制。

3. 二元 Ⅱ－Ⅵ族半导体光电二极管

Ⅱ－Ⅵ族二元半导体也在光电二极管设计中应用，虽然这些材料并不像Ⅲ－Ⅴ
族化合物那样广泛应用。经研究此类半导体包括带隙约为 1.48 eV 的 CdTe[5.14]（有
的资料给出了更大的带隙值，即 ≈1.6 eV）[5.1]以及 HgTe，HgTe 实际上是一种具有
负带隙（≤0.25 eV）的半金属化合物。基于Ⅱ－Ⅵ族半导体的三元和四元化合物其
应用范围要广得多。

4. 三元和四元半导体光电二极管

三元 $A_{1-x}B_xC$ 和四元 $A_{1-x}B_xC_{1-y}D_y$ 化合物用于制造具有最优光谱灵敏度范围
的光电二极管。人们提出了各种公式来计算带隙与化学计量参数 x 和 y 之间的函数
关系。其中一种观点是应该考虑薛定谔电势的二阶微扰，由此得到下列关于带隙与
x 之间变化关系的表达式[5.15]：

$$E_g(A_{1-x}B_xC) = E_g(AC) + [E_g(BC) - E_g(AC) - \kappa]x + \kappa x^2 \tag{5.107}$$

式中，κ 是正常数，对每种化合物来说都是特定的。请注意：有的三元和四元化合
物可能同时拥有直接或间接的最低带隙，具体要视 x 和 y 值而定。因此，将会有两

个版本的式（5.107），适用于从直接带隙过渡到间接带隙的材料，AlGaAs 就是这样一个例子。为计算出 $Al_{1-x}Ga_xAs$（$0<x<0.44$）的直接带隙值，应当始终取相应二元化合物的直接带隙值，反之亦然。表 5.2 显示了几种（直接带隙）三元化合物的 κ 计算值的例子。

表 5.2　各种半导体的 κ 参数值[5.1]

材料	κ/eV
$Al_xGa_{1\sim x}As$	0.27
$GaAs_{1\sim x}P_x$	0.21
$InAs_{1\sim x}P_x$	0.27
$InAs_xSb_{1-x}$	0.58
$In_{1-x}Ga_xAs$	0.32
$In_{1-x}Ga_xSb$	0.43

在构建三元和四元结构时一个主要要求是晶格匹配要求。图 5.14 显示了晶格常数的变化，晶格常数与Ⅲ－Ⅴ族三元合金的带隙有关。请注意：要想让异质结构成功地生长，需要同时考虑带隙和晶格常数。例如，当 x 取任何值时，在不存在可诱发缺陷的晶格失配的情况下，$Al_{1-x}Ga_xAs$ 可在 GaAs 衬底上生长；与此相反，对于 $Ga_{1-x}As_xP$/GaAs 结构，GaAs 和 GaP 的晶格常数值明显不匹配，因此不能在整个 x 范围内制造出简单的质量结构。但在很多情况下，这个问题可通过在衬底和期望的化合物之间提供分级层来克服。

四元化合物不利用分级层也能制造出来。并非所有的四元化合物都能与衬底完美匹配。但 $In_{1-x}Ga_xAs_{1-y}P_y$ 的情况是一个令人兴奋的特例。图 5.15 中的简图揭示了这种四元化合物的带隙和晶格常数之间的相关性。实线代表等带隙线。每种带隙——从 0.36 eV（InAs）到 2.2 eV（In0.73Ga0.27P）——都能在直接带隙半导体中生成。图 5.15 中的虚线代表等晶格常数线。此图的重要特征用粗虚线表示，代表带隙值在 1.33～0.7 eV 范围内与 InP 进行完美晶格匹配的连续四元结构集合。

图 5.16 中是采用了三元Ⅲ－Ⅴ族化合物的 p–i–n 光电二极管的典型实例，$In_{1-x}Ga_xAs$ 的本征层长在 n 型 InP 衬底的顶部。当 $x=0.47$ 时，这种三元结构对不超过约 1.65 μm 的波长很敏感。顶层 p–InP 形成结，使整个结构变得完整。由于 InP 可透过波长大于 0.92 μm 的光，因此对于 0.92～1.65 μm 的波长范围，这个装置可用作高效的 p–i–n 后照射光电二极管。在这个波长范围，所有的光吸收都在本征层内发生。

图 5.17 中显示了四元结构 p–i–n 光电二极管的另一个例子以及很多化学计量法的典型量子效率曲线。

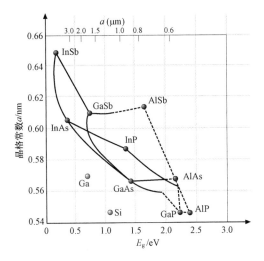

图 5.14　Ⅲ-Ⅴ族三元化合物的晶格常数与带隙之间的变化关系。直接带隙材料用实线表示，间接带隙材料用虚线表示

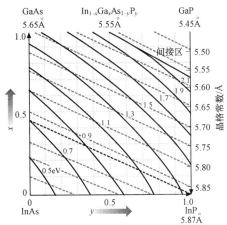

图 5.15　$In_{1-x}Ga_xAs_{1-y}P_y$ 四元合金的等带隙线（实线）和等晶格常数线。粗虚线表示与 InP 进行完美晶格匹配的连续四元结构集合

就 Ⅱ-Ⅵ三元化合物而论，直到最近，实质上只有基于 $Hg_{1-x}Cd_xTe$（碲镉汞，MCT）系统的结构才进行长波长光探测（$3 \sim 5\ \mu m$ 和 $8 \sim 14\ \mu m$）。根据 x 值，此系统将光谱灵敏度范围从可见光调节到远红外光的过程中显示了巨大的灵活性。当 $x \approx 0.15$ 时，合金 $Hg_{1-x}Cd_xTe$ 的带隙为 0；在 x 的整个范围内（一直到当 $x=1$ 时，$E_g=1.48$ eV），带隙只表现出略微的非线性[5.2]：

$$E_g = -0.302 + 1.93x + 5.35 \times 10^{-4} T(1-2x) - 0.31x^2 + 0.832x^3 \qquad (5.108)$$

式中，T 是绝对温度。MCT 光电二极管的一个显著缺点是漏电流高，因此需要冷却此装置，以在工作时无噪声。

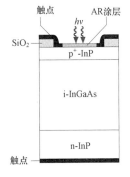

图 5.16　InGaAs/InP p-i-n 光电二极管的结构实例

5. 快速响应光电二极管

短载流子渡越时间 τ_r 是在设计具有短响应时间的光电二极管时要考虑的一个决定性参数。为使载流子渡越时间缩到最短，应当减少载流子漂移时间，并假设光电二极管本体已完全耗尽（5.100）。但对于具有低吸收系数的间接带隙半导体来说，吸收层应当较厚，以获得较高的量子效率，此条件与缩短载流子通过时间这一要求相矛盾。用于解决这一矛盾的方法有几种。其中一种方法是制造共振增强式结构，另一种是在光电二极管的吸收长度与非平衡载流子的漂移方向之间解耦。

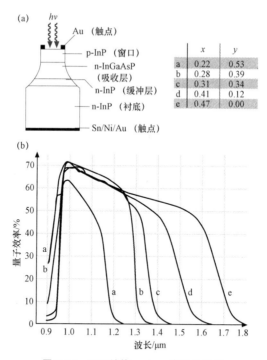

	x	y
a	0.22	0.53
b	0.28	0.39
c	0.31	0.34
d	0.41	0.12
e	0.47	0.00

图 5.17　四元结构 p−i−n 光电二极管

（a）In$_{1-x}$Ga$_x$As$_{1-y}$P$_y$ 台式结构光电二极管的例子；（b）几种不同四元成分的外量子效率

共振腔增强型光电探测器根据法布里－珀罗腔的相长干涉观点增强在特定波长下光电探测器本体内的光场[5.16]。这些共振腔可利用隐埋式背向反射器和空气/半导体的界面来形成。背向反射器可以有各种形式，其中散射反射器[5.17]和分布式布拉格反射器[5.18]是常见的例子。

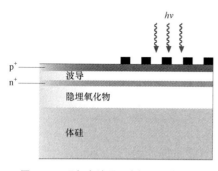

图 5.18　顶部有波导−光栅−耦合器的 p−i−n 光电二极管例子。截面示意图

对于间接带隙半导体，因为吸收区的长度与载流子通过时间成正比，利用竖向设计来达到高带宽和高效率是很难的。在吸收长度与非平衡载子的运动之间解耦是另一种可提高硅基和锗基光电二极管的速度及量子效率的有效方法。这种解耦是在绝缘硅片（SOI）衬底上的横向表面 p−i−n 光电二极管内实现的，并在光电二极管顶部安装光栅耦合器[5.19,20]。耦合器能促进光束在波导型硅表面薄层内传播（图 5.18）。

用于吸收长度和载流子运动之间解耦的另一种方法是在硅衬底中交替并入 p$^+$ 触指和 n$^+$ 触指[5.21]。在图 5.19 所示的设计例子中，深载流子被 n 阱和 p 衬底之间的结点堵塞，通过时间由触指间载流子的快速横向运动决定。

在顶部照射型直接带隙半导体光电二极管中,载流子通过进一步缩短表面复合过程降低了响应率而受到限制。而侧面照射型光电二极管因为其吸收长度与载流子通过时间解耦,因此克服了顶部照射型光电二极管的效率–带宽取舍问题[5.22,23]。但因为载流子产生过程发生在二极管输入面的很小体积内,这些二极管不能在较高的光能级下工作。

这一挑战的一种解决方案是设计出与波导单片集成的倏逝波耦合型光电二极管[5.24–26]。倏逝波耦合优化了在吸收层方向上非平衡载流子的分布。迅衰耦合装置由于光吸收更均匀,因此能获得比传统侧照射装置高几倍的饱和电流。图 5.20 中显示了倏逝波耦合型光电二极管的例子。这种结构通常基于传统的 p–i–n 光电二极管,在顶部有一层 20～30 μm 长的极薄（<0.5 μm）无掺杂 InGaAs 吸引层以及一层掺 p⁺ 的 InP。掺 n⁺ 层由两个光学匹配层组成的 InGaAsP 结构表示。光从侧面入射,然后沿着无掺杂的稀释波导层传播,稀释波导层由一叠（几个）InP/InGaAsP 夹层组成。光学匹配层选定的带隙和厚度应当能够让折射率在从稀释波导到薄吸引层的方向上逐渐增加。由于存在倏逝波耦合,当光波沿波导方向传播时,光波将通过光学匹配层逐渐转移到吸收层。利用超过 50 GHz 的带宽,可以得到高于 95% 的量子效率——这对很多应用领域来说都应当是有利的,但这种结构的制造过程相当复杂。

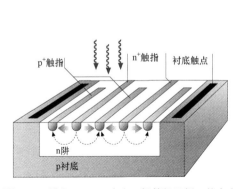

图 5.19　横向 p–i–n 光电二极管的示例,其中交替采用了借助 CMOS 技术制造的 p⁺ 触指和 n⁺ 触指

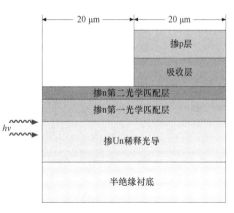

图 5.20　具有短多模波导耦合器的平面光电二极管截面示意图

6. 位敏光电二极管

（1）电阻电荷分离传感器。硅电阻电荷分离传感器——又叫作"硅位置传感器"——由一段有光电探测功能的硅组成(在 n 型衬底的顶部有一个中度掺 p⁺ 层)。这个传感器有两个或四个信号输出接线端,还有一个用于外加负偏压的接线端[图 5.21（a）]。此装置中的位置信息是通过对比各接线端输出的信号来推断的。例如,对于图 5.21（a）所示的双端装置,位置信息可能由下式计算得到:

$$x = \frac{I_2}{I_1 + I_2} d \qquad (5.109)$$

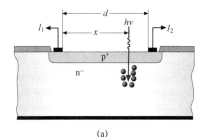

(a)

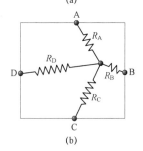

(b)

图 5.21　位敏光电二极管示意图

（a）双端位敏探测器的截面图。

（b）四端硅传感器上的不均匀电阻路径

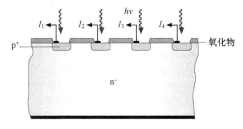

图 5.22　硅二极管的带条形探测器截面图

聚焦图像会造成光电流通过硅，流到每个接线端。由于硅在每单位长度上都有特定的电阻，因此流到最近接线端的电流较多，而流到离聚焦图像最远的接线端的电流较少［图 5.21（b）］。

这类位置传感器与其他类似装置相比有几个优势：由于在工作区内无带隙，因此图像尺寸不会受最小直径的限制；只要图像落在探测器工作区上的某处，就能获得位置信息。这类传感器的一个缺点是因为光电流在探测器表面会遇到串联电阻，频率响应低于同样尺寸的传统硅探测器。

（2）带条形探测器。另一种位置测量方法是将大面积光电二极管分成很多小的条形区，分别读出信息（图 5.22）。带条形探测器的制造方法与平面光电二极管相同，只是对掩模精度和对准度要求更严格。测量精度主要取决于条间距和读出方法。

（3）象限光电二极管。象限光电二极管是带条形探测器的一种变型，是将探测器分为 4 个扇区，代表 4 个象限，每个象限有单独的信号输出接口。每个象限都起作用，像一个普通 p－i－n 或雪崩光电二极管那样工作着。象限光电二极管已在跟踪系统中广泛应用。位置信息是从每个扇区的相对信号输出中得到的（图 5.23）。当聚焦图像的中心位于象限探测器上时，每个扇区都将接收到等量的光学辐射，所有 4 个信号输出也都相等（图 5.23，左图）；当图像移到探测器表面上其他位置时（相当于被跟踪的物体发生了一个角度变化），将有较多的辐射线落在其中一个扇区上，而落在对面扇区上的辐射线较少。如果有更多的光能落在水平线上方（图 5.23，中图），则流经上面扇区（A 和 B）的光电流将多于流经下面扇区（C 和 D）的光电流。光斑的上下位置用（A＋B）－（C＋D）的相对幅值来描述。术语"（A＋D）－（B＋C）"给出了关于左右位置的信息。

在大多数的跟踪定位用途中，一个令人关注的主要参数是探测器极精确地描述聚焦图像在探测器表面上位置的能力。换句话说，输出信号变化与光斑位置变化之间必须存在相关性。在这种情况下，灵敏度用于描述以下比率：

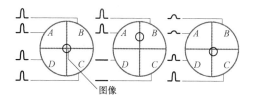

图 5.23 落在象限探测器不同位置上的图像输出比较

$$灵敏度 = \frac{输出信号的变化量}{位置变化量} \qquad (5.110)$$

象限光电二极管中存在的内在问题是扇区之间的间隔宽度有限。如果将图像聚焦到一个较小的光斑尺寸上，则当光斑落在扇区之间的边界上时会生成错误信息。这个问题通常可通过图像散焦或通过利用长焦距物镜得到更大的图像尺寸和位移来避免。此外，当整个图像落在一个扇区内时，有的位置信息会丢失。这个问题也可通过散焦或利用长焦距光学器件来避免。

7. 色敏探测器

传统的彩色图像探测方法依赖于一种观点，即人眼感知的任何颜色都基于三原色——红、绿、蓝，将这些波长的光以不同的比例混合，就能生成其他颜色。因此，任何色彩传感器的主要工作原理都是基于将撞击光束分离成三原色，并分别对它们进行探测。这些方法利用了两个主要原理：一是在光电探测器的工作区顶部采用颜色叠加滤波器；二是选择颜色，利用半导体的固有性质来吸收在不同深度上具有不同波长的光。然后，用色相图来推断入射光的颜色[5.27]。

在第一类色彩传感器中，颜色探测是利用三个滤色镜来进行的，每个滤色镜用于滤掉原色中的对应颜色，这三个光电探测器装配在同一个衬底上。这类色彩传感器的典型结构如图 5.24（a）所示，p–n 或 p–i–n 光电二极管装配在有一个 n^+ 护环的 n 型硅片上。这些滤光镜只允许其中一种主波长透射过去，相应的光电二极管将会测量在该波长下的入射光强度；然后，利用光电探测器的响应来确定每种主波长对入射光的相对贡献，从而

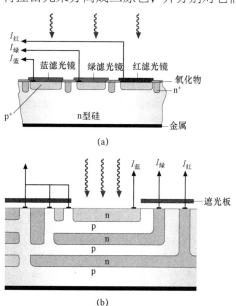

图 5.24 色彩传感器的典型结构

（a）具有三个滤色镜（覆盖在不同的光电二极管上）的色敏元件的典型结构；（b）垂直布置的颜色探测器的结构示例，阴影部分为 n 型区

推断其颜色。这种方法的一个缺点是采用了各自拥有滤色镜的三个传感器，因此情况会变得很复杂，在形成色感阵列时会占用过多的空间。另一种多波长传感器采用了多个垂直布置的传感器。不同的可用设计方案包括在单晶体硅中形成的光电二极管以及在非晶硅中形成的光电二极管。这些装置的工作原理基于吸收系数会随着光波长的变化而变化而导致的半导体本征滤波特性。图 5.24（b）中显示了这种结构的一个例子[5.28]。根据探测器层在半导体衬底中不同深度以及不同的掺杂水平和偏压条件，探测器层有不同的光谱灵敏度。三个 n 型区在垂直方向上与 p 区隔离。蓝光、绿光和红光光电二极管传感器是通过相应的 p−n 结形成的，而且布置成在传感器表面下一个低于另一个的形式。探测器层与像素传感器读出电路单独连接。

8. 硅基光电探测器

硅基光电探测器由于具有单块集成能力以及低成本互补金属氧化物半导体（CMOS）技术，因此很有吸引力。传统的硅光电探测器在小于 850 nm 的波长下能获得较高的响应率。在较长的波长下，硅的吸收系数会大幅降低。硅的带隙使传统硅探测器的工作范围限制在约 1.07 μm 的波长内，使其不适于在很多近红外（NIR）用途中应用。最近，有人开发出了一种具有更强近红外吸收能力的激光蚀刻显微结构硅。这种材料在直至 2 μm 的宽波长谱内呈现出低反射率和高吸收系数[5.29]。利用这种材料制造的光电探测器可能有一个 p−n 结或肖特基势垒（5.6 节），并在 600～1 100 nm 的宽光谱范围内呈现出较高的光响应（30～120 A/W），在极低的反向偏压下以光电导模式工作[5.30,31]。在不大于 2 μm 的波长下，还观察到了高于 0.02 A/W 的明显光响应。

此装置结构是通过用 Ti：蓝宝石激光器辐照掺 n 硅片来制备的。在高压的六氟化硫（SF₆）气氛中，Ti：蓝宝石激光器在法向入射情况下能提供一列 1 kHz 的 100 fs

10 μm

**图 5.25　用几百个飞秒激光脉冲
辐照之后硅表面的扫描电子显微照片**

激光脉冲。经过辐照后，此装置的表面层达到几百纳米厚，并由粒径为几十纳米的多晶硅组成。此装置的具体表面形态由激光烧蚀形成；但珠状显微结构的形成过程还不清楚[5.32]。图 5.25 显示了经过这种激光处理之后硅片表面的扫描电子显微照片。我们知道，硫在硅禁区中间以及靠近导带底部的地方能生成多个能级[5.33]。通过在饱和 SF 气氛中用超短激光脉冲辐照硅，可以使硅在高于热力学溶解度的浓度下掺硫，这有利于将硫的能态拓宽到纯晶态硅导电区底部下面的一个导带中[5.29]。

除硫杂质引入的能态之外，结构缺陷也会在能带边缘附近引入红外吸收态。这些能态成为光生电子–空穴对的捕获中心。这些能带特性能够解释在用硅基光电探测器中观察到低于带隙的载流子产生过程。在显微结构的光电探测器中，外加偏压下光生电子和空穴会沿相反方向移动，例如，在反向偏压下，光生电子向显微结构的硅表面移动，而空穴向硅衬底移动。所得到的光电流将持续存在，直到这两个载流子被收集到电极处，或者直到在半导体本体中复合，然后到达相关触点。在以光电导模式工作的显微结构硅光电探测器中，增益机理很可能是振荡–复合—源于载流子在显微结构层的高密度杂质和结构缺陷中的随机产生和复合过程。对所有的光电导体而言，硅基光电探测器的高增益是以低带宽为代价而得到的。

|5.4　QWIP|

QWIP（量子阱红外光电探测器）是高效的红外线辐射探测器。QWIP 是一种光电导体，也是一种单极器件。QWIP 是用两种不同宽带隙半导体的交替生长薄层制造的。由于两种材料的带隙具有不连续性，在与导带或价带有关的势阱中会形成量子化次能带。光吸收会引发多量子阱的基态次能带和第一激发态次能带之间的电子跃迁。QWIP 的结构参数应设计成让光激发载流子能够从势阱中逸出，并以光电流形式被收集起来，推进此过程的方法是在外电场中使导带弯曲。根据 QWIP 结构的不同，电子跃迁可能有三种不同类型：束缚态–束缚态、束缚态–连续态以及束缚态–微带（图 5.26）。

5.4.1　QWIP 的结构和制造

晶格匹配 GaAs/Al$_x$Ga$_{1-x}$As 材料系统通常用于生成图 5.26 中的 QWIP 结构。GaAs 的量子阱层通常厚度为 $50\sim70$ Å，一般为 n 型，掺杂至 10^{18} cm^{-3}。势垒层 AlGaAs 无掺杂，厚度在 $300\sim500$ Å 范围内。这种材料的典型周期数为 $20\sim50$。通过控制量子阱宽度和势垒高度（取决于 Al$_x$Ga$_{1-x}$As 合金的 Al 摩尔比率），子带间的跃迁能量可在足够宽的范围内变化，使得在 $6\sim20$ μm 的任何波长范围都能实现光探测。所制造的、并通过实验研究过的 QWIP 已经能够覆盖一直到 35 μm 的光谱范围。QWIP 的其他现代结构有 InGaAs/InAlAs 和 InGaAs/InP，其

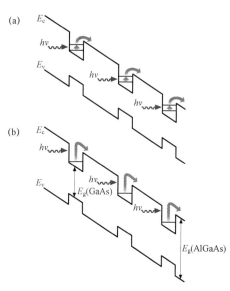

图 5.26　在反向偏压下的 QWIP 能带图

（a）束缚态–束缚态跃迁；

（b）束缚态–连续态跃迁

峰值探测波长分别为 4 μm 和 8 μm。

5.4.2 QWIP 特性和品质因数

1. 光谱响应

QWIP 的光谱响应峰值波长（$\lambda_{\rm p}$）由量子阱基态和受激态之间的能量差决定。与本征红外探测器的响应率谱不同的是，QWIP 的响应率谱要窄得多、陡得多，因为 QWIP 存在共振子带间吸收。通常情况下，束缚和准束缚激发态 QWIP 的响应率谱（$\Delta\lambda/\lambda\approx10\%$）比连续态 QWIP 的响应率谱（$\Delta\lambda/\lambda=24\%$）窄得多，这是因为当激发态被置入势垒之上的连续带时，与激发态有关的能量宽度将会变得很宽。通过用小型超晶格结构（用薄势垒分隔开的几个量子阱）替代多量子阱结构中的单量子阱，可进一步增加这些 QWIP 的光谱带宽。由于量子阱的激发态波函数重叠，这种方案会形成一个激发态微带，基于双带模型的归一化响应能带计算表明激发态能级展宽大于 30 meV。图 5.27 显示了当 FWHM 带宽 $\Delta\lambda>5$ μm 时用实验方法测得的响应率谱。目前已证实的最宽响应带宽为 $\Delta\lambda\approx6$ μm。

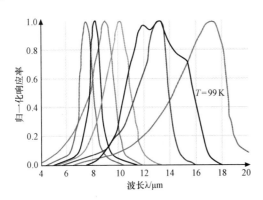

图 5.27　不同 GaAs/AlGaAs QWIP 结构的响应率谱例子

2. 量子效率

QWIP 光电流由光电导体的通用表达式求出：

$$I_{\rm p} = q\Phi\eta_{\rm ex}G \tag{5.111}$$

式中，q 是元电荷；Φ 是在倒秒中的光子通量；$\eta_{\rm ex}$ 是外量子效率；G 是增益。QWIP 的量子效率与普通光电导体的量子效率不同，因为在 QWIP 中，光吸收和载流子产生过程仅在量子阱中发生，而不是在整个结构中以同等程度发生[5.14]。

$$\eta_{\rm ex} = (1-R_{\rm f})[1-\exp(-N_{\rm p}\alpha N_{\rm w}L_{\rm w})]E_{\rm p}P \tag{5.112}$$

式中，$R_{\rm f}$ 是前表面反射；$N_{\rm p}$ 是光通路的数量；$N_{\rm w}$ 是量子阱的数量；$L_{\rm w}$ 是阱长度；$E_{\rm p}$ 取决于量子阱内部的偏压；P 是偏振校正因子。

QWIP 的光电导增益 G 与标准光电导体的光电导增益类似：

$$G = \frac{\tau}{t} = \frac{(\tau\mu V)}{L^2} \tag{5.113}$$

式中，V 是偏压；τ 是少数载流子的寿命；t 是在整个 QWIP 工作长度 L 上的通过时间；μ 是少数载流子的迁移率。式（5.113）的最右侧是假设场强 E 远未饱和的情况下当载流子漂移速度为 $v_d = \mu E = \mu (V/L)$ 时写出的。

QWIP 的光电导增益 G 取决于此装置的设计，通常为 0.1～1。当 QWIP 的量子阱较少时，其光电导增益 G 可能大于 1。

3. 噪声和探测率

QWIP 装置中的主要噪声是由装置中的总电流导致的散粒噪声。在 QWIP 中没有明显的热噪声，这是因为在工作偏压下，载流子的热助隧穿不显著。为进一步减小热噪声及限制暗电流，QWIP 必须在低温下工作。此外，QWIP 还具有出色的噪声稳定性，即 $1/f$ 噪声很低，因此光积分时间较长。

QWIP 是一种具有背景限制性能（BLIP）的光电探测器，其探测性能会受到光生噪声的限制。当 QWIP 在背景限制条件下工作时，信噪比、探测率等与光电导增益无关。

5.4.3 QWIP 的应用

在很多陆基和星载应用领域，都需要用 QWIP 制成的大型均质可再现抗辐射红外焦平面阵列，而且这个阵列具有长波长、低成本、低 $1/f$ 噪声和低功耗[5.34]。例如，很多气体分子（例如臭氧、水、一氧化碳、二氧化碳和一氧化二氮）的吸收谱线都出现在 3～18 μm 的波长范围内，因此，在很多空间应用领域中，例如监视全球气象图、地球资源测绘、森林砍伐以及微量组分在大气中的分布，都需要在长波红外线（LWIR）区内工作的红外成像系统。此外，因为这个光谱区富含对于了解银河系中分子云和恒星的成分、结构和能量平衡来说必不可少的信息，天文学家对这些很长的波长也很感兴趣。

| 5.5 QDIP |

量子点红外光电探测器（QDIP）与 QWIP 类似，只是其势阱由量子点生成，而不是由量子阱生成。在 QDIP 中，工作结构的实际尺寸减小到德布罗意波长，从而大大提高了载波限制度，因此，与 QWIP 结构相比，QDIP 的光谱响应能够被更精确地控制。此外，与 QWIP 结构相比，QDIP 的噪声特性和探测率可能会显著改善。

QDIP 有两种基本结构：一种是光生载流子的行进方向垂直于量子点面，另一种是光生载流子的行进方向平行于量子点面（图 5.28）。通过利用一种叫作"Stranski–Krastanow 型生长模式"的外延合成过程，量子点的形成方法已有很大改善[5.35,36]。典型的结构是在 GaAs 上采用 InAs 点，在 GaAs 上采用 InGaAs 点，在 Si 上采用 SiGe 点。例如，QDIP 结构可形成为 InAs 岛和 GaAs 衬底的结合体；在由大约两个单层组成的最佳层厚（约 6 Å）下，InAs 膜会核化为岛（点）阵列，以释放应力；量子点的典型尺寸是底 ≥ 150 Å，高 ≥ 30 Å，此阵列的密度在 $10^{10} \sim 10^{11}$ cm^{-2} 范围内；超薄的残余浸润层通常在量子点下面。

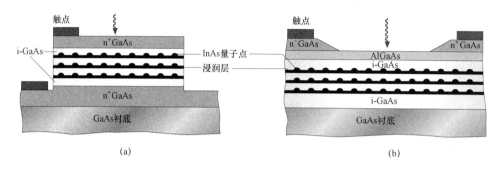

图 5.28 QDIP 的截面结构示意图

（a）光电流流向垂直于量子点面；（b）光电流流向平行于量子点面

量子点的掺杂度可调节，以便在每个量子点提供多达 5 个电子；或者量子点是固有的，但电子可通过合并掺 δ 层的调制掺杂来引入，即从掺 δ 层注入电子，然后将电子捕获在量子点的势阱中。掺 δ 层将完全耗尽，对暗电流无贡献。

为改善光吸收，量子点层应在很多个周期中重复出现。本征势垒层的厚度通常在 $100 \sim 500$ Å 范围内。

QDIP 的光电流可利用式（5.111）定性地描述为 QWIP 光电流。

5.6 金属–半导体（肖特基势垒）和金属–半导体–金属光电二极管

当金属接触半导体时，会形成肖特基势垒。肖特基势垒光电二极管能够以两种不同的探测模式工作。在其中一种模式中，由于半导体的带间激发，会导致电子–空穴产生；在第二种模式中，载流子从金属发射至半导体，并经过肖特基势垒。在对第一种工作模式有利的前照射版本中，构成肖特基势垒的金属层很薄（小于 150 Å），因此能让更多的光子到达半导体本体；对于采用第二种工作模式的探测器来说，背面（通过衬底）照射更有效，因为势垒高度 $q\varphi_{bn}$ 总是小于能隙 E_g，而且红外线量子（$q\varphi_{bn} < h\nu < E_g$）不会被吸收到半导体中。

5.6.1 肖特基势垒光电二极管的特性

图 5.29 显示了肖特基二极管的能带示意图。金属的功函数 φ_m 通常不同于半导体的功函数 φ_S。在 n 型半导体–金属触点中为电子形成有用势垒的一个必要条件是 $\varphi_m > \varphi_S$。势垒高度值为

$$q\varphi_{bn} = q(\varphi_m - \chi) \tag{5.114}$$

式中，$q\chi$ 是半导体电子亲和能。

1. 暗电流和光电流

金属 – 半导体结的属性与 p – n 结类似。尤其要提到的是，对于正向偏压情况，在黑暗条件下的 $I-V$ 特性遵循"I 与 V 之间存在指数相关性"；对于反向偏压情况，$I-V$ 特性会在某个恒定值达到饱和：

$$J_{dark} = J_s \left[\exp\left(\frac{qV}{kT} \right) - 1 \right] \qquad (5.115)$$

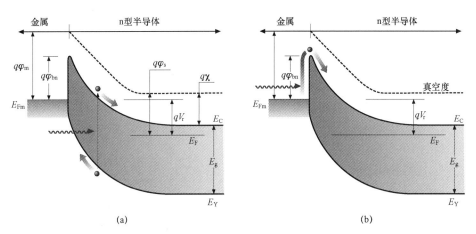

图 5.29　在反向偏压 V_r 下肖特基势垒光电二极管的能带图
（a）带间激发；（b）本征光电子发射

其中的饱和电流为

$$J_s = A_R T^2 \exp\left(\frac{-q\varphi_{bn}}{kT} \right) \qquad (5.116)$$

式中，A_R 是专用于每个半导体的理查森常数。在肖特基势垒光电二极管中造成暗电流的主要原因是多数载流子的热离子发射。

不论在哪种工作模式下，肖特基势垒光电二极管的光电流都可由下式求出：

$$I_p = (1-R_\Sigma)q\Phi\eta_{in} \qquad (5.117)$$

式中，R_Σ 考虑了光的正面反射和金属膜的吸收；η_{in} 是内量子效率；Φ 是入射光子通量（量子数/s）。

2. 量子效率

在带间激发的情况下，n 型肖特基势垒光电二极管的内量子效率与 p – i – n 光电二极管的内量子效率类似，可写成

$$\eta_{in} = 1 - \frac{\exp(-\alpha w)}{1 + \alpha L_p} \tag{5.118}$$

式中，α 是吸收系数；w 是耗尽层宽度；L_p 是空穴扩散长度。

对于内禀光电发射，光电流产生过程取决于入射量子能量 hv，内量子效率由下式求出[5.14]：

$$\eta_{in} = C_F \frac{(hv - q\varphi_{bn})^2}{hv} \tag{5.119}$$

式中，C_F 是"福勒发射系数"。

肖特基势垒光电二极管的性能不如 p–n 或 p–i–n 光电二极管那样好；但当半导体吸收系数很高（$>10^4 \text{ cm}^{-1}$），而且大多数的光吸收都发生在光电二极管的一个薄表面层中时，肖特基势垒光电二极管对这样的波长范围是有利的[5.37]。在普通的 p–n 结构中，因为那里的表面电荷复合现象很明显，靠近表面处的非平衡载流子收集效率极低；如果用金属替代 p 型半导体，则表面复合–产生现象会变得弱得多，或者会完全消失，从而提高金属–半导体耗尽层中的载流子收集效率。

肖特基势垒光电二极管经证实在第二种工作模式下工作对红外光探测很有用，能够建立高效的肖特基势垒焦平面阵列[5.38–40]。肖特基势垒光电二极管的另一个优点是运行速度高。

5.6.2 金属–半导体–金属（MSM）光电二极管

MSM 光电探测器可视为两个背靠背连接的肖特基势垒［图 5.30（a）］。对于化合物半导体，在半绝缘衬底上沉积有薄的光吸收层（图 5.30(a) 中的 n–InGaAs）。在金属和吸收层之间可能沉积有一层厚度为几十纳米的势垒增强层 AlInAs，用于减小在构成吸收层的窄带隙半导体中的暗电流。用宽能隙半导体制造的势垒增强层使势垒高度大大增加［图 5.30（b）］。

通过给 MSM 光电探测器外加任何极性的偏压，能够在正向施加一个肖特基势垒，在反方向施加另一个肖特基势垒。MSM 光电探测器的暗电流由电子电流分量和空穴电流分量组成，其饱和电流具有如下形式[5.41]：

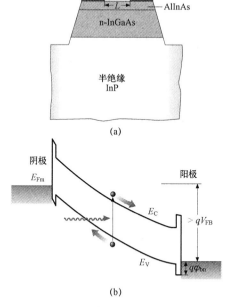

图 5.30 金属–半导体–金属
光电二极管色彩传感器

（a）MSM 台式结构光电二极管的截面；
（b）处于偏压中的 MSM 光电二极管在平带外的能带图。图中显示了由势垒增强层造成的势垒增加

$$J_s = A_{Rn}T^2 \exp\left(\frac{-q\varphi_{bn}}{kT}\right)$$

$$+ A_{Rp}T^2 \exp\left(\frac{-q\varphi_{bp}}{kT}\right)$$

（5.120）

式中，A_{Rn}，A_{Rp} 是理查森常数；φ_{bn}，φ_{bp} 分别是在阴极和阳极侧的势垒高度［图 5.30（b）］。

光电流会首先随着偏压增加而上升，然后变得饱和，表明已穿通（半导体结构已完全耗尽）。饱和电压对应的是平带状态，在此状态下阳极的电场变为 0。

在需要极低电容的应用环境中，MSM 光电探测器是有利的。MSM 结构的另一个重要优势是能够与场效应晶体管（FET）技术兼容。

| 5.7 具有本征放大倍数的探测器 |

5.7.1 雪崩光电二极管（APD）

APD 可视为一种在光电导模式下工作并且能够支持高反向偏压的 p–n 结光电二极管。在通过光子吸收生成电子–空穴（e–h）对之后，电子及/或空穴能够在电场中加速并获得足够的动能与晶体原子碰撞，使其离子化；然后，主载流子以及碰撞电离的产物会再次加速，生成更多的非平衡电子–空穴对。在适宜的条件下，多次碰撞会导致输出电流出现雪崩式增加。因此，雪崩光电二极管可视为一种光电导体。这种二极管既能以线性模式工作，又能以非线性模式工作。

在雪崩机制下，每个被吸收的光子将平均生成有限数量（M 个）的 e–h 对。典型的内部增益是当光电流与入射光通量成正比时能生成几十到几百个 e–h 对。

在较高的反向偏压下，电极上的非平衡载流子提取率将回落到碰撞电离率水平，形成一种高度非线性的 APD 工作模式——雪崩击穿。随着时间的推移，强场区中的非平衡载流子数量和相关的光电流将按指数速率增长；这种增长速率将持续下去，直到串联电阻两端的电压降使得光电二极管强场区两端的电压降减小，放缓了雪崩速度，并最终使雪崩停止下来。由于雪崩击穿不是一种破坏作用，而且在热逸溃时保持稳定，因此 APD 的上述非线性工作模式已在实践中广泛应用，还有一个专用名——"盖革模式"。高性能的盖革模式 APD 能在单光子计数机制下工作[5.42]。最近在半导体技术上取得的进展使得人们开发出了一种基于硅固态光电倍增管或硅光电倍增管（SiPM）中盖革模式雪崩效应的新型固态探测器（5.7.4 节）。

APD 的噪声电流还有一个附加项，不能只用普通光电二极管中流动的光电流放大因子 M 进行简单缩放。附加噪声的起源是倍增过程的统计（与随机）性质，增益波动产生过量噪声。由于二极管的平均增益 M 随反向偏压的升高而增加，过量噪声会变得越来越严重；当倍增噪声高于由下游电路引入的噪声时，增益的进一步增加会使系统的信噪比变得更差。

图 5.31 显示了在实践中最常采用的典型 APD 结构。通过利用少数载流子碰撞电离的最大值作为标准，APD 的原材料可选择 n 型或 p 型导电性。对于硅来说，电子的电离率比空穴的电离率高得多，因此，可以用 p 型材料来制造硅 APD。

这种二极管是通过 n 型和 p 型掺杂剂的离子注入来制造的。所得到的结构不是简单的 p−n 二极管，而是 p−π−p−n［图 5.31（a）］或 p−π−p−π−n［图 5.31（b）］。

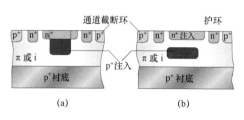

图 5.31 典型 APD 结构
（a）吸收区和倍增区分离的典型穿通 APD 结构的截面图；（b）在面板结构中将 n⁺ 注入与 p⁺ 注入分开的本征（或 π）层极大地改善了 APD 的光响应均匀性和噪声特性

这里 π 指极轻掺 p 区——接近于本征掺 p 区。图 5.31（b）中顶部 n 电极和高掺 p 区之间有一薄层轻掺 π 材料，这使得 APD 与图 5.31（a）中所示的结构相比，在噪声、响应速度和均匀性以及量子效率方面有了改善。图 5.31 中这两种结构的吸收区都与倍增层隔开，这些结构又叫作"穿通结构"，因为里面的电场从 n−p（π）结一直延伸到 p 层。下 π 层是为前/后照射结构吸收光子的地方。工作电压下的反向偏压在这个光子吸收层中建立了一个弱电场，导致光电子漂移到上 p 层，上 p 层中的电场（有时叫作"p 阱"）强得多，足以造成碰撞电离，从而引发雪崩效应。光电子和二次电子被收集在上 n 层，光穴和二次空穴则被收集在衬底中。

请注意，p 阱仅存在于 APD 的中心部位。由于没有 p 注入，这种二极管的外围部分是一个简单的 p−i−n 结构，其场强中等，在光子吸收区和雪崩区之间。这种外围二极管起着保护环的作用，执行着两种功能。首先，APD 有定制的电场分布图，因此雪崩击穿出现在二极管中心部位，而不是在外围；其次，APD 确保了在 p 注入位置正下方区域外产生的电子不会漂移到雪崩区，而是被收集在 n 层的外围部分，不能触发雪崩效应。这种收集方式使得暗电流倍增前的初始体积最小化，因此最大程度地降低了暗计数率。

5.7.2 APD 的主要特性和品质因数

1. 电离率

电子和空穴的电离率 α_n 和 α_p 定义为单位距离上的电离碰撞次数。电离率在很大程度上（指数级）取决于阈值电场，以克服不同的载流子散射效应。图 5.32 中提供了 Si、Ge、GaAs

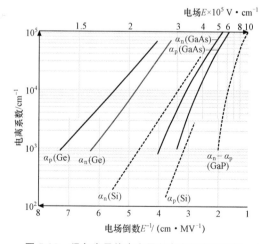

图 5.32 很多半导体中电子和空穴的电离系数

和 GaP 在 300 K 温度下的实验电离率（系数）与电场之间的关系示例。电子和空穴的电离率对于 GaP 来说可能相等，对于 Si、Ge 和大部分化合物半导体来说则显著不同。

2. 雪崩增益

倍增因数 M 定义为离开雪崩区进入雪崩区的载流子数量之比。由于电离率在很大程度上取决于电场，而且通常与位置有关，因此要明确地计算真实结构中的雪崩增益看起来几乎是不可能的。但在一些实际很重要的情况下，可以进行合理估算[5.1,6,43]。

电子/空穴的低频增益由下式求出：

$$M_{n,p} = \left\{ 1 - \int_0^L \alpha_{n,p} \exp\left[-\int_x^L (\alpha_{n,p} - \alpha_{p,n}) \, dx' \right] dx \right\}^{-1} \qquad (5.121)$$

式中，L 是强场层宽。这个表达式已简化为与位置无关的电离系数，在电子电流增益的情况下可以得到

$$M_n = \frac{(1 - \alpha_p / \alpha_n) \exp[\alpha_n L (1 - \alpha_p / \alpha_n)]}{1 - (\alpha_p / \alpha_n) \exp[\alpha_n L (1 - \alpha_p / \alpha_n)]} \qquad (5.122)$$

对于与位置有关的相等电离率（$\alpha_n = \alpha_p = \alpha \, (x)$）：

$$M_p = M_n = \left(1 - \int_0^L \alpha(x) \, dx \right)^{-1} \qquad (5.123)$$

由此，可以推断雪崩击穿（$M_{n,p} \to \infty$）相当于 $\alpha_{n,p} L \to 1$ 的情况。

最大可达倍增因数要受到串联电阻和空间电荷效应的限制。通过将这两个因素合并为单个等效串联电阻 R，光生载流子的倍增因数 M_{ph} 与反向偏压 V 和击穿电压 V_B 之间的相关性就可以凭经验描述为[5.6]

$$M_{ph} = \frac{I - I_{MD}}{I_p - I_D} = \left[1 - \left(\frac{V - IR}{V_B} \right)^{\gamma} \right]^{-1} \qquad (5.124)$$

式中，I_p 和 I 分别是总的原电流和倍增电流；I_D 和 I_{MD} 分别是原暗电流和倍增暗电流。指数 γ 取决于半导体材料、掺杂分布和波长，通常在 3～6 范围内[5.14]。在光强度相对较高（$I_p \geq I_D$）而附加损失较低（$IR \leq V_B$）的情况下，M_{ph} 的最大值由下式求出：

$$M_{ph}^{max} \approx \frac{V_B}{\gamma I_p R} \qquad (5.125)$$

在光电流较小（$I_p \leq I_D$）的情况下，最大雪崩倍增因数为

$$M_{ph}^{max} \approx \frac{V_B}{\gamma I_D R} \qquad (5.126)$$

这意味着较高的暗电流限制了最大倍增因数。

3. 过量噪声因数

由于雪崩增益的统计性质，增益 M 的均方值 $\overline{M^2}$ 大于平均值的平方 M^2。任何

光电二极管的散粒噪声都由非平衡载流子、电子和空穴的统计数字决定。对于 p–i–n 光电二极管，非平衡载流子产生过程中每个事件都只生成一个电子和一个空穴。而对于 APD 倍增区中的每个入射光载流子，则存在三个非平衡粒子，即一个原载流子和两个新生成的二级载流子。如果总原电流 I_p 中的噪声谱密度为 $2qI_p$，则总倍增电流 $I = I_p M$ 的噪声谱密度可写成

$$i_{sh}^2 = 2qI_p \overline{M^2} = 2qI_p M^2 F(M) \tag{5.127}$$

在式（5.127）中，令频带宽度 $\Delta f = 1$，并引入过量噪声因数 $F(M) = \overline{M^2} / M^2$，也就是实际噪声与倍增过程无噪声时存在的噪声之比。

由于过量噪声在很大程度上取决于二级载流子的总数，因此当电子的电离率 α_n 和空穴的电离率 α_p 相互接近时，过量噪声值较大。当 $\alpha_n \geq \alpha_p$ 或 $\alpha_n \leq \alpha_p$ 时，过量噪声会减小。当整个雪崩区的 α_n / α_p 比率恒定时，过量噪声可通过下式来近似地计算[5.44]：

$$F(M) = k_i M + \left(2 - \frac{1}{M}\right)(1 - k_i) \tag{5.128}$$

式中，$k_i = \alpha_p / \alpha_n$ 仅适用于电子注入的情况，$k_i = \alpha_n / \alpha_p$ 适用于空穴注入。

4. 信噪比

APD 的热噪声与 p–i–n 光电二极管的热噪声相同，并可由式（5.93）求出；APD 散粒噪声谱密度由式（5.127）求出。所以，雪崩光电二极管的信噪比为

$$
\begin{aligned}
S/N &= \frac{I_s}{i_n} \equiv \frac{I - I_{MD}}{i_n} \\
&= \frac{1/\sqrt{2}(q\eta_{ex}\Phi_p / h\nu)M}{\{2q[I_D' + I_p F(M)M^2 \Delta f] + 4kT\Delta f / R\}^{1/2}}
\end{aligned}
\tag{5.129}
$$

式中，I_s 和 i_n 分别是平均输出光电流和均方根噪声电流；I 是总倍增电流；I_{MD} 是倍增暗电流；I_p 是倍增前的总原电流；I_D' 是未倍增的暗电流分量（通常为表面漏泄电流）；Δf 是噪声带宽；Φ_p 是入射光功率；η_{ex} 是外量子效率。

（5）噪声等效功率

利用方程（5.129），可求解当 $S/N = 1$ 时所需要的光功率：

$$NEP = \frac{\sqrt{2}h\nu}{\eta_{ex}}\left(\frac{I_p F(M)\Delta f}{q} + \frac{2I_0 \Delta f}{q}\right)^{1/2} \tag{5.130}$$

式中，

$$I_0 = I_D F(M) + \frac{2kT}{qRM^2} \tag{5.131}$$

是当量电流，与在式（5.17）中引入的当量电流类似。

当以热噪声为主时，APD 的灵敏度由下式求出：

$$S_0 = \text{NEP} = \frac{2hv}{q\eta_{\text{ex}}M} \sqrt{\frac{kT\Delta f}{R}} \qquad (5.132)$$

这表明，由于雪崩效应，APD 的灵敏阈值大幅降低（缩小 M 倍）。

在光子限制性能的情况下，NEP 值由下式求出：

$$\text{NEP}^{\text{B,S}} = \sqrt{2}hv \sqrt{\frac{\Phi^{\text{B,S}}\Delta f}{n_{\text{ex}}} F(M)M^2} \qquad (5.133)$$

这表明，对于高信号，噪声会随着信号增强的同时而增强，因此会限制 APD 性能。（5.133）中的上标 B，S 对应的是信号限制特性或背景限制特性。

5. 增益–电压特性

图 5.33 中显示的是可能会出现的三种常见的增益–电压特性。例如，对于图 5.30（a）中的 APD 结构，如果顶部扩散［图 5.31（a）中的 n 型注入］未完全完成，以至于倍增区（p 阱）中的注入浓度和该区的宽度会在穿通之前促成雪崩击穿，则将会实现图 5.33 曲线 1 所显示的情况。这种情况是一种非最佳的工作状态，因为在光电二极管的本征层完全耗尽之前，就已经出现了雪崩击穿。在这种情况下，增益会变得很高，甚至在偏压相对较低时也是如此；同时，过量噪声因数会随着电压的升高而逐渐增加。图 5.33 中的曲线 2 描述了在 10～20 的中间增益水平下发生穿通时的期望状态，随着偏压值进一步增大，增益也会逐渐增加，但不会降低噪声性能和探测性能。曲线 3 描述了另一种极端情况，

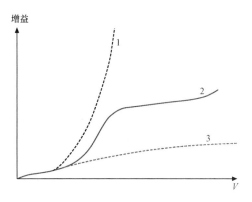

图 5.33　APD 在不同处理阶段中的增益–电压特性（见正文中的描述）

那就是顶部注入的粒子［例如图 5.31（a）中的 n 型注入］扩散得太远，因此在超高电压下才能获得有用增益。图 5.31（b）中所示的 APD 结构也会出现相似情景，但对于该类结构来说，p⁺ 注入参数将会控制 APD 的特性。

图 5.34 给出了穿通 APD 的通用增益–电压曲线例子。在偏压恒定的情况下，温度越低，电子和空穴的电离率就越高，因此，增益也就越高。图 5.34 中的曲线可应用于规定的穿通结构，而与吸收层和雪崩层的厚度以及室温击穿电压 V_{B} 无关。

5.7.3　APD 的制造材料

下列材料经证实适于制造高性能的 APD。

● 硅：适于 400～1 100 nm 的光谱范围。同时采用了前照射结构和后照射结构。电子的电离率比空穴的电离率高得多（$\alpha_n \geqslant \alpha_p$）。

● 锗：适于 ≤1.65 μm 的波长。但由于锗的带隙低于硅的带隙，而电子和空穴的电离率近似相等（$\alpha_n \approx \alpha_p$），因此锗的噪声要高得多，使基于锗的 APD 用途受到限制。

● 基于 GaAs 的装置：大多数的复合材料都具有 $\alpha_n \approx \alpha_p$，因此设计人员通常会采用异质结构，例如 GaAs/Al$_{0.45}$Ga$_{0.55}$As。对于这种材料，α_n（GaAs）$\geqslant \alpha_n$（AlGaAs）。由于 GaAs 层中出现雪崩效应，因此增益会大幅增加。GaAs/Al$_{0.45}$Ga$_{0.55}$As 结构在使用时低于 0.9 μm。通过采用 InGaAs 层，灵敏度范围可延伸到 1.4 μm。

● 基于 InP 的装置：适于 1.2～1.6 μm 的波长范围。这方面的例子是拥有晶格匹配层 n$^+$ – InP/n – GaInAsP/p – GaInAsP/p$^+$ – InP 的双异质结构，其中每个载流子都可以优先注入对低噪声工作来说必需的高场区。另一个例子是将吸收区和倍增区 p$^+$ – InP/n – InP/n – InGaAsP/n$^+$ – InP 分隔开的 APD，这种情况与图 5.31 中所示的穿通装置相似。吸收现象出现在相对较宽的 In – GaAsP 层中，少数载流子的雪崩倍增是在 n – InP 层中进行的（图 5.35）。

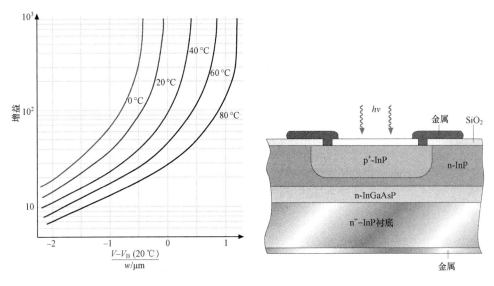

图 5.34　穿通 APD 的通用增益 – 电压特性。在 20 ℃，V_B（20 ℃）条件下外加反向偏压 V 和击穿电压的单位为伏特，耗尽层宽度 w 的单位为微米

图 5.35　基于 Ⅲ – Ⅴ 化合物的典型 APD 结构的截面图

5.7.4 SiPM

最近，几个研究小组开发了一种在盖革模式下工作的新型雪崩光电探测器，叫作"硅光电倍增管"（SiPM）或"多像素光子计数器"[5.45-48]。硅光电倍增管是在盖革模式下工作的一个微单元雪崩光电二极管。典型的 SiPM 可能含有几百到几千个微单元与一个共用信号输出端连接，微单元的数量决定着 SiPM 的光子计数动态范围。在每个微单元中，每进入一个光子，都会触发一次载流子雪崩，周围的微单元则处于未触发状态，并准备好记录到达的其他光子。一种用于抑制微单元中雪崩

击穿的可能性方法是利用电阻来限制流经结点的电流，SiPM 中就采用了这种"无源抑制"法，这些猝熄性电阻通常被集成在 SiPM 结构中，作为掺硅衬底区或多晶硅层。SiPM 的输出信号是所有个别微单元信号的模拟总和，当每次事件中入射到 SiPM 上的光子数量远远小于微单元的数量时，输出信号与光子数量成正比。

1. SiPM 的典型结构

典型的 SiPM 由多达 5 000 个盖革模式微单元组成，这些微单元位于一个面积为 1～25 mm² 、有一个共阳极的共有硅衬底上（图 5.36）。每个微单元的正面（铝层）都与电源连接，电源在有源 p–n 结内部产生电场。通过单独的多晶硅电阻（电阻层），这些微单元能实现相互间的电解耦。外加电压应调节到一定的值，以便当微单元被进入的光子触发时，每个微单元

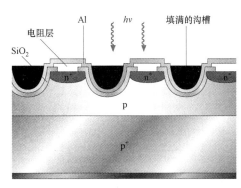

图 5.36　每个微像素的工作区用 n⁺ 特征显示

都能在盖革模式下工作。实际上，APD 的外加电压比击穿电压高 15%～20%，在室温下通常在几十伏特的范围内。

2. 串扰

SiPM 的一个重要特征是用沟槽阻止微单元之间的光学串扰和部分电气串扰。虽然 SiPM 中产生的电气串扰与其他多元天线阵有着相同的原因（载流子横向扩散与漂移），但其光学串扰中有一个显著的分量是专门针对 APD 阵列（包括 SiPM）的。通过对击穿条件下 p–n 结装置的雪崩区光子发射进行实验研究和理论研究，研究人员最初建议用两种机理来解释这种现象：一是轫制辐射过程，在这个过程中必要的动量由带电杂质中心提供[5.49]；二是自由电子和空穴在雪崩区的复合[5.50]。但最近的综合研究排除了上述两种影响，建议将直接导带内跃迁和声子辅助导带内跃迁作为所观察到的雪崩区内热载流子发射的主要原因[5.51 – 53]。

串扰是 SiPM 性能中的一个抑制性参数。在硅的雪崩过程中，二次光子的生成概率大约为 10⁻⁵ 个光子/电子。这些光子会被邻近的微单元捕获，之后微单元被触发，将捕获的光子发射出去。邻近微单元的触发甚至还会以连锁反应形式传播，由此降低信号的振幅分辨率，对 SiPM 的噪声因数造成很大影响（噪声因数一般为 1.6～1.7）。现在的 SiPM 设计方案在微单元之间设置有截止沟槽，因此可以高效地抑制光学串扰，使串扰减少几个数量级。

3. 增益和暗电流

SiPM 的典型增益是 10⁶ ，通过 50 Ω 的负载电阻为单个光电子提供几毫伏的信

号。可以把单个微单元视为微型充电电容器（典型电容为 0.1～0.3 pF），在开始时通过电阻进行充电，达到电源的电压水平；之后，由一个入射光子启动盖革雪崩过程，使电容器开始放电，直到达到击穿电压为止。由于所有的微单元都有相同的拓扑结构，因此它们的电容相同，在规定的过电压下能提供相同的固定增益。这意味着，一旦发射后，不管入射光子的数量有多少，任何特定的微单元都将在阳极处产生相同的电荷，由单个单元产生的电荷会立即在共阳极中相加，总的电荷之和将与发射光子的单元数量成正比。图 5.37 中的波形显示了由低光度源提供的典型 SiPM 单光电子谱。单峰值的分辨率高，表明所使用的 SiPM 具有较大的信噪比。单光电子峰值的宽度是系统噪声（用消隐脉冲电平表示）、每次雪崩产生的电子数量极小统计变化（过量噪声）以及不同微单元的响应变化这三者的组合。装置的任何不稳定性都会通过分辨率降低体现出来。

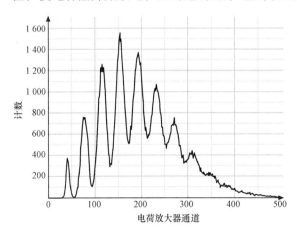

图 5.37 利用低强度光源获得的典型 SiPM 单光电子谱。这条谱线代表着 4 个光电子的平均值。电荷放大器的每个通道等于 0.1 pC

在室温下 SiPM 的典型暗计数率是 1 MHz/mm²，与单个微单元的暗计数率相同。SiPM 的电子噪声很小，可忽略不计，这是因为 SiPM 与标准 APD 相比增益很高——标准 APD 的增益通常大约为 100，在 SiPM 中，电子噪声的水平还不到由一个光电子发出的信号的 10%。SiPM 的单光子分辨率受到限制的主要噪声源是暗计数率，暗计数率源于在灵敏区内热生成的电荷载流子。随着温度升高，SiPM 将从约 1 MHz/mm²（在室温下）减小到约 200 Hz/mm²（在 100 K 温度下）。

4. 探测效率

只要瞬间撞击的光子数少于微单元总数的一半，就可以假定某个微单元每次只会被一个光子撞击，在这个条件下，传感器输出将与输入光通量成线性相关性。微单元的恢复时间与单元电容和单个去耦电阻之积成正比，此乘积通常在 0.1～1 μs 的范围内。虽然微单元在恢复（充电），但其盖革效率将增加到最大值。

从撞击光子数转换到可探测到的光电子数的总转换因子叫作"光子探测效率"（PDE）。PDE 通常低于量子效率（QE）η。此外，SiPM 的 QE 定义为两个因数的乘积：传统量子效率 η 和几何效率 $\varepsilon_{\mathrm{Geom}}$，后者是被有源像素填满的总 SiPM 面积的一部分。SiPM 的外部 QE 是

$$\eta_{\mathrm{ex}} = \varepsilon_{\mathrm{Geom}}(1 - R_{\mathrm{F}})[1 - \exp(-\alpha x)] \tag{5.134}$$

式中，α 是吸收系数；x 是总吸收光程长度；R_F 是反射系数。

单光子探测器的 PDE 不仅取决于吸收效率和几何因子，还取决于盖革放电触发概率 ε_{Geiger}：

$$PDE = \varepsilon_{Geiger}\,\varepsilon_{Geom}\,(1-R_F)[1-\exp(-\alpha x)] \qquad (5.135)$$

为求出 SiPM 的 PDE，通常应当避免采用将经过校准的单色直流光源与传感器信号进行比较的方法，因为 SiPM 具有速率效应、恢复时间和光学串扰等本征特征。

SiPM 的最大可达 PDE 是下列因素的乘积：几何效率，或单个单元的光敏面积与其总面积之比；盖革效率（这是外加过压的直接函数，15%～20% 的过压可提供接近于 100% 范围内的效率）；将光子撞入 SiPM 的灵敏区内时的波长相关传输；硅的本征 QE。典型的 SiPM 在黄–绿和蓝–近紫外光谱范围内能达到 PDE 峰值的 50%～60%。

5. 应用

分子成像是 SiPM 的主要用途之一，它使 SiPM 技术向体积更大化、规格更高化方向发展。SiPM 在分子成像方面的一个优势是不受磁场影响，因此允许核磁共振成像在单个系统中同时应用。与传统的光子计数探测器相比，SiPM 其他关键优势包括：光子探测效率高 2～3 倍，过量噪声因数低（接近于 1），时间分辨率和振幅分辨率更好，尺寸小，系统复杂性总的来说更低。

SiPM 的其他潜在用途包括：电离辐射剂量测量；通信探测器，包括量子密码学探测器；安全和安保系统。在研究中，SiPM 适用于天文和天体物理、生物和生物化学以及高能和粒子物理学方面的各种应用领域；SiPM 是闪烁体和闪烁纤维中探测光子的理想装置。

| 5.8　具有本征放大倍数的探测器：光电晶体管 |

就像二极管那样，所有的晶体管都具有光敏性质。具体地说，光电晶体管就是为利用这个性质而设计的。光电晶体管可视为一种具有本征放大倍数的装置，以光电导体形式工作着。

早期的光电晶体管由 Si 和 Ge 制成。最新的光电晶体管装置包括 Ⅲ–Ⅴ 族化合物，尤其是异质结构，例如 AlGaAs/GaAs、InP/InGaAs、CdS/Si、Cu_2Se/Si 和 PbS/Si。

5.8.1　光敏双极型晶体管

最常见的光电晶体管变型是一种具有曝光基本区的 NPN 双极型晶体管。在这种晶体管中，基极会被光照射，而不是像通常那样被外加电压，因此，光电晶体管会放大由入射光造成的非平衡载流子密度变化。为优化光收集过程，双极型晶体管的

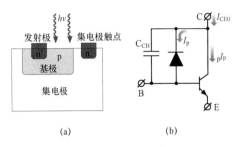

图 5.38 单质双极型结式结式光电晶体管

(a) 横截面；(b) 简化等效电路

基极–集电极结（光收集元件）应做得尽可能大，虽然此装置在以光电探测器形式工作时不需要连接基极，但基极引接头通常还是会提供，以便利用基极电流形成晶体管偏压。光电晶体管的典型增益范围为 $100\sim100\,000$。在工作模式下，光电晶体管相当于一个装有内置放大器的光电二极管。图 5.38 显示了单质双极型结式光电晶体管的截面及其简化等效电路。发射极和基极的引线先粘上，然后连接，使光最容易进入基极二极管。集电极区较大，确保吸收最有可能的辐射量子，以促进光电流的形成。

1. 特性和品质因数

在黑暗条件下，由于集电极–基极结有泄漏电流 I_{C0}，因此会产生小的集电极–发射极电流。在光照条件下，光生载流子对光电流值 I_p 有贡献。此外，在基极中生成的多数载流子以及从集电极被扫入基极区的载流子使基极–发射极电势降低，让电子能够经过基极被注入集电极中。因此，光电晶体管的输出（光）电流 I 为

$$I = I_{CEO} = (1+h_{FE})(I_{C0}+I_p) \tag{5.136}$$

式中，h_{FE} 为直流共发射极电流放大倍数（增益），表明光电流增益（以及量子效率增益）为 $\beta=(1+h_{FE})$。输出光电流 I 与入射辐射强度之间成非线性相关性，因为电流增益 β 与电流相关。图 5.39 显示了光电晶体管的典型电流电压特性曲线，这些曲线与传统双极型晶体管的电流电压特性曲线相似，只是将基极电流用光电流代替。请注意，光电二极管暗电流的放大倍数也与光电流的放大倍数相同。

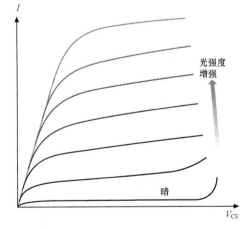

图 5.39 在不同光照强度下双极型光电晶体管的 $I-V$ 特性（输出电流与集电极–发射极偏压之间的关系）

由于基极二极管的反向电流 I_{C0} 与光电流 I_p 的放大倍数相同，因此光电晶体管的信噪比和噪声等效功率与光电二极管相似。例如，NEP 可写成

$$\text{NEP} = \frac{\sqrt{2}hv}{\eta_{ex}}\sqrt{\frac{I_{eq}}{q}} \tag{5.137}$$

等效电流 I_{eq} 为

$$I_{eq} = I_{CEO}\left(1 + \frac{2h_{fe}^2}{h_{FE}}\right) \quad\quad （5.138）$$

式中，h_{fe} 是共发射极交流电流增益[5.6]。

光电晶体管的工作点可通过基极引线的偏压来预置，基极引线控制着光电晶体管的速度和增益。光电晶体管的速度受基极 – 发射极（C_{BE}）电容的限制，并按照此装置的上升时间来规定。由于 C_{BE} 主要与负载电阻（R_L）相互作用，因此上升时间与 R_L 呈线性关系。光电晶体管不像光电二极管那样快。实际上，光电二极管是光电晶体管的输入部分（集电极 – 基极部分），但没有发射极，因此不会受 CBE 效应的困扰。

5.8.2　达林顿光电晶体管（光敏达林顿放大器）

光敏达林顿放大器只是一个级联式双极型晶体管对（图 5.40），其中一个晶体管用作一级光电探测器，而另一个则用作辅助放大器。这种设计的优点是放大倍数高，但时间响应相当长（几十微秒）。

5.8.3　基于场效应的光电晶体管

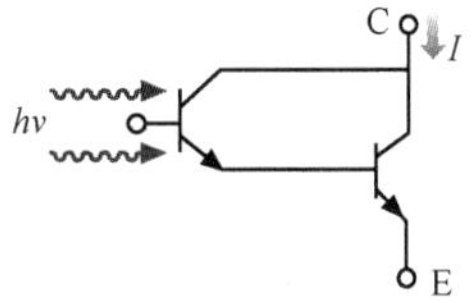

其他光电晶体管类型的例子包括光敏场效应晶体管，例如 JFET、MESFET 和 MOSFET。这些晶体管采用了不同的工作模式，其中最简单的工作模

图 5.40　达林顿光电晶体管的简图

式基于光电导性，工作中的光生过剩载流子会增加沟道的电导性。在专用于 JFET 或 MESFET 的模式中，栅不是绝缘的，栅极 – 沟道接面可视为一个光电二极管，栅电流可视为主要的光电流。对于 MOSFET 来说，栅极是绝缘的，可采用不同的工作模式。例如，光生载流子可在半导体表面被捕获，从而改变表面电势，诱发沟道电流变化。

一种有趣的设计采用了耗尽型场效应晶体管结构（DEPFET）[5.10,54]。这种结构是侧向耗尽原理和场效应晶体管原理的结合。在这种结构中，p 沟道 MOSFET 是在 n 型晶片的一侧建立的，而 p–n 二极管结构是在另一侧建立的。通过给二极管外加反向偏压，能够形成一个耗尽层，这个耗尽层将在晶片正面朝 MOSFET 方向扩展；如果给 MOS 栅极加偏压，在氧化物 – 半导体界面上形成一个反型层，那么在晶片本体中 MOSFET 栅极的正下方将会建立起多数载流子（电子）的最低电势。在耗尽层本体中的电子 – 空穴光生过程之后，少数载流子（空穴）将在耗尽区内朝着晶体管背面上的二极管 p–n 结方向漂移，同时多数载流子将被捕获在晶体管 p 沟道下面的势阱中，被捕获的电荷将诱发沟道中的相反极性电荷，从而增加其电导率和晶体管电流。

DEPFET 结构的特点是总电容更小，因此其噪声性能可能比耦合到互阻抗放大器上的光电二极管更好。DEPFET 结构能够控制储存在 MOSFET 栅极区中的电荷量，从而提供了多次读出或清除存储信息的可能性。

|5.9 电荷转移探测器|

前面几节中描述的探测器主要作为单元探测器工作。在设计多元阵列时，"将大量单个探测器加起来"这种最简单的方案经证明不是很有成效。当需要获得具有较高像素和较小单元尺寸的高分辨率图像时，上述情况会变得更加明显。20 世纪 70 年代初，有人引入了一种利用电荷转移器件来生成图像的新概念[5.55-58]。这一理念看起来很有前途，从而引发了这方面的广泛研究。

所有电荷转移器件——电荷耦合器件（CCD）、电荷转移图像传感器（CTIS）或电荷耦合图像传感器（CCIS）以及最近的互补金属氧化物半导体探测器（CMOS）的结构都基于金属–绝缘体–半导体（MIS）电容器。其中最重要的是由硅和二氧化硅（作为绝缘体）制成的金属–氧化物–半导体（MOS）电容器。CCD 的最简单版本是一个间距小的 MOS 电容器阵列。在采用一个适当的时钟电压脉冲序列时，在电容器阵列中积聚的电荷能够以受控方式在半导体衬底中移动。这种基本机制被用于制造各种可执行图像感测、数据存储和信号处理功能的电子装置和光电器件。

5.9.1 MOS 电容器

MOS 电容器是电荷存储装置的一个结构单元。图 5.41（a）显示了这种电容器的截面图。首先，我们研究了一种处于热平衡状态的 MOS 电容器。该电容器在氧化层中没有固定电荷或移动电荷，而且电荷载流子穿越氧化层的概率为 0。在这种情况下，可以单独考虑两个区域（氧化区和半导体区）中的热平衡。

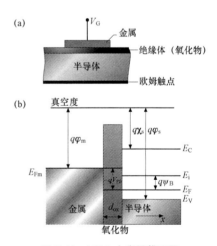

图 5.41 MOS 电容器截面图

（a）MOS 电容器的截面图；

（b）当 $V_g = V_{FB}$ 时加偏压的理想 MOS 电容器的简化能带图

1. 工作模式

（1）平带情形。图 5.41（b）中给出了在热平衡状态和"平带"情形下理想 p 型 MOS 电容器的简化能带图。在这个条件下，半导体能带弯曲现象不存在（整个半导体中的电场强度为 0），外加在栅上的电极电压 V_{FB} 等于金属功函数和半导体功函数之差：

$$V_{FB} = \varphi_m - \varphi_s \qquad (5.139)$$

请注意，对于 Si 而言，在 Si–SiO₂ 界面处的电子势垒高度为 3.2 eV，空穴势垒

高度为 4.3 eV。费米能级 E_F 从本征能级 E_i^p 开始下降，下降幅度为

$$q\psi_{Bp} = E_i^p - E_F = kT \ln \frac{N_A}{n_i} \qquad (5.140)$$

式中，N_A 是受体浓度；n_i 是本征载流子浓度。

通过给栅电极外加偏压，$V_g \neq V_{FB}$，可以改变氧化物–半导体界面的电势水平 ψ_S，使 MOS 电容器进入不同的机制。MOS 电容器可能有如下三种截然不同的工作模式（具体要视栅压极性和振幅而定）：① 累积；② 耗尽；③ 反转。图 5.42（a）–（c）的能带图示意性地显示了这三种模式。由于电流为 0，在任何工作机制下费米能级都保持稳定。

（2）累积模式。通过给 p 型 MOS 电容器的栅加一个比 V_{FB} 更大的负电压，空穴将会被吸引到半导体–氧化物界面；同时，在半导体内部的边界处将会形成一薄层正电荷（多数载流子）。能带在半导体–氧化物界面附近向上弯曲，价带边缘离费米能级更近，因此有助于在边界处用自由空穴填满势阱。在这种情况下，表面势能 $q\psi_S$ 为负。由于这些自由空穴集中在一个很薄的界面层，因此表面电荷密度可写成

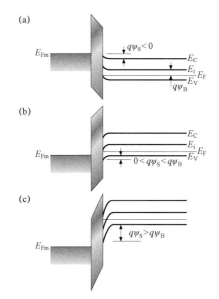

图 5.42　MOS 电容器的不同工作模式
（a）累积；（b）耗尽；（c）反转

$$Q_{acc} = -\varepsilon_{ox}\varepsilon_0 \frac{V_g - V_{FB}}{d_{ox}} = -C_{ox}(V_g - V_{FB}) \qquad (5.141)$$

式中，ε_{ox} 和 ε_0 分别是氧化物介电常数和真空介电常数；d_{ox} 是氧化层厚度；C_{ox} 是单位面积上的氧化层电容。

（3）耗尽模式。当外加一个较小的正过电压 $V_g > V_{FB}$ 时，多数载流子被推离半导体–氧化物界面，能带在界面处向下弯曲，形成一个相对较小的正表面电势 ψ_S（$0 < q\psi_S < q\psi_{Bp}$），见图 5.42（b）。

为确定半导体内部的电势分布，通常要采用耗尽近似法，即假设耗尽区的边缘突变，在这个耗尽区内不存在移动的多数载流子。在热平衡情况下（无光致激发，在氧化层和界面层内无缺陷），耗尽区内的电势 ψ 用泊松方程来描述：

$$\nabla^2 \psi = \frac{\partial^2 \psi}{\partial x^2} = -\frac{\rho}{\varepsilon_S \varepsilon_0} = \frac{qN_A}{\varepsilon_S \varepsilon_0} \qquad (5.142)$$

式中，ρ 是电荷密度；N_A 是在均匀掺 p 型半导体内的受体浓度；ε_S 是半导体的介电常数。电场 $E = -\nabla\psi$ 可通过求式（5.142）的积分来求出，假设在绝缘层中的电场

E_{ox} 恒定，作为边界条件。通过再次积分，就能得到电势分布与半导体内部的深度 x 之间的函数关系：

$$\psi = \int_0^x E(x)\mathrm{d}x = \int_0^x \frac{qN_A x}{\varepsilon_s \varepsilon_0}\,\mathrm{d}x = \frac{qN_A x^2}{2\varepsilon_s \varepsilon_0} \tag{5.143}$$

式中，在整个半导体的耗尽区外部，电势被假定为 0。在绝缘体中，电势与距离呈线性关系；在耗尽区内，电势与距离之间为平方关系。在界面处的最低电势值为

$$\psi_S = \frac{qN_A}{2\varepsilon_s \varepsilon_0} w^2 \tag{5.144}$$

式中，w 是半导体耗尽层的宽度。

栅压 V_g 分布表现为氧化物电容充电的电压降 V_{ox}、功函数差［式（5.139）］和半导体表面电势 ψ_S 之和：

$$V_g = V_{FB} + V_{ox} + \psi_S \tag{5.145}$$

氧化物两端的电位降由下式求出：

$$V_{ox} = E_{ox}d_{ox} = \frac{qN_A w}{\varepsilon_s \varepsilon_0} d_{ox} \equiv \frac{qN_A w}{C_{ox}}$$
$$= \frac{\sqrt{2qN_A \varepsilon_s \varepsilon_0 \psi_S}}{C_{ox}} \tag{5.146}$$

在式（5.146）的右边，代入式（5.144）中的 w。通过在热平衡条件下用式（5.145）和式（5.146）求解表面电势，可以得到

$$\psi_S = V_g - V_{FB} + \frac{qN_A \varepsilon_s \varepsilon_0}{C_{ox}^2}$$
$$-\frac{1}{C_{ox}}\sqrt{2qN_A \varepsilon_s \varepsilon_0 (V_g - V_{FB}) + \left(\frac{qN_A \varepsilon_s \varepsilon_0}{C_{ox}}\right)^2} \tag{5.147}$$

表面层耗尽宽度 w 由下式[5.10]求出：

$$w = \sqrt{\frac{\varepsilon_s \varepsilon_0}{qN_A}(V_g - V_{FB}) + \left(\frac{\varepsilon_s}{\varepsilon_{ox}}d_{ox}\right)^2} - \frac{\varepsilon_s}{\varepsilon_{ox}}d_{ox} \tag{5.148}$$

在耗尽模式下 MOS 结构的电容可描述为绝缘层电容和半导体层电容的串联电容：

$$C = \left(\frac{d_{ox0}}{\varepsilon_{ox}\varepsilon_0} + \frac{w}{\varepsilon_s \varepsilon_0}\right)^{-1} \tag{5.149}$$

（4）反转模式。当外加一个较大的正电压时，能带会更加弯曲，因此在半导体－氧化物界面处的本征能级 E_i 会超过费米能级 E_F［图 5.42（c）］。在这种模式下，表面电势会变得很大（$q\psi_S > q\psi_{Bp}$），表面的少数载流子（电子）数量可能会大于多数载流子（空穴）的数量，在靠近半导体－绝缘体界面的地方形成了一薄层少数载

流子导电层，表面变成反型。

如果栅压进一步增加，表面的少数载流子浓度将超过多数载流子的体积浓度。这种情形叫作"强反型"[5.6]，它始于表面电势：

$$\psi_S(\text{inv}) \approx 2\psi_{Bp} = \frac{2kT}{q}\ln\left(\frac{N_A}{n_i}\right) \tag{5.150}$$

耗尽层宽度达到最大值：

$$w_{\max} = \sqrt{\frac{4\varepsilon_S\varepsilon_0\psi_{Bp}}{qN_A}} = \sqrt{\frac{4\varepsilon_S\varepsilon_0 kT\ln(N_A/n_i)}{q^2 N_A}} \tag{5.151}$$

出现强反转时的栅极阈值（打开）电压由下式求出：

$$V_T = V_{FB} + 2\psi_{Bp} + \frac{d_{ox}}{\varepsilon_{ox}\varepsilon_0}\sqrt{4qN_A\varepsilon_S\varepsilon_0\psi_{Bp}} \tag{5.152}$$

随着电压进一步增加至高于阈值电压，当 $w_{\max}$ 时将只有反型层的强度会增加，而耗尽深度保持不变。

2. MOS 电容器的特性

C-V 特性。图 5.43 显示了 MOS 结构的电容–栅压相关性。在累积模式下，电容仍然较高，直到进入耗尽工作模式开始减小——因为耗尽层宽度随电压增加而增加。当进入反转模式时，电容会继续减小，直到在最大耗尽层宽度 $w_{\max}$ 下电容达到最小值：

$$C_{\min} = \left(\frac{d_{ox}}{\varepsilon_{ox}\varepsilon_0} + \frac{w_{\max}}{\varepsilon_S\varepsilon_0}\right)^{-1} \tag{5.153}$$

在强反转模式下，电容在低频时的行为不同于高频时的行为。

在低频率下，少数载流子会追随交流信号，以调制反型层，电容在 $V_g > V_T$ 时会上升到 C_{ox}（曲线 1，图 5.43）；在较高的交流频率下，少数载流子的生成速度不够快，无法跟上交流信号。耗尽层宽度在 $w_{\max}$ 时饱和（栅压 V_g 上升缓慢）或变得甚至更宽（当 V_g 快速上升时），因此 MOS 结构的总电容要么在 $C_{\min}$ 水平（曲线 2，图 5.43）饱和，或者按照耗尽层近似计算结果（与突变 p-n 结近似法相似）继续减小（曲线 3，图 5.43）。

在光致产生少数载流子的情况下，平衡高频曲线（曲线 2 或 3，图 5.43）可

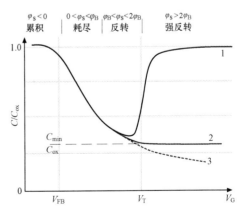

图 5.43　在低频率（曲线 1）和高频率（曲线 2）下 MOS 电容器的典型 *C-V* 特性。曲线 3 显示了与耗尽近似计算结果一致的电容降

通过 V_g 的缓慢或快速上升来获得。

3. 电荷存储方案

在光照下，不管是耗尽模式还是反转模式，光生少数载流子（p 型半导体的电子）都会被收集在靠近半导体－氧化物界面的势阱 ψ_S 中。随着电子累积在半导体界面，整个绝缘层中的场强开始减小，表面电势和耗尽层宽度开始缩小[5.14]。

$$\psi_S = V_g - V_{FB} + \frac{qN_A\varepsilon_S\varepsilon_0}{C_{ox}^2} - \frac{Q_{sig}}{C_{ox}} - \frac{1}{C_{ox}} \times$$
$$\sqrt{2qN_A\varepsilon_S\varepsilon_0\left(V_g - V_{FB} - \frac{Q_{sig}}{C_{ox}}\right) + \left(\frac{qN_A\varepsilon_S\varepsilon_0}{C_{ox}}\right)^2} \tag{5.154}$$

式中，Q_{sig} 是信号电荷密度。当 $\psi_S = 0$ 时，在理想情况下可收集到的最大电荷密度可估算为：

$$Q_{sig}^{max} = C_{ox}V_g \tag{5.155}$$

应避免最大电荷密度。实际上，最大可达电荷密度约为 10^{11} cm^{-3}，将 MOS 探测器的动态范围限制在约为 10^4。

4. 暗电流、界面陷阱和氧化物电荷的影响

各种缺陷会使 MOS 电容器的性能降低。例如，靠近氧化物－半导体界面的移动氧化物电荷、氧化物捕获电荷和固定氧化物电荷会导致图 5.43 中的 $C-V$ 曲线沿 V_g 方向平移，而主要性能参数不会因这些缺陷而严重受损。通常，应当特别关注对 MOS 电容器的性能构成主要限制的界面电荷陷阱，如果在 MOS 电容器被照射之前电荷陷阱是空的，那么电荷陷阱将能够捕获由光生成的非平衡载流子，然后慢慢释放它们，以至读出电子仪器无法准确地探测到这些载流子。

通过将一个恒定的背景电荷传递给 MOS 电容器，界面陷阱的效应会大为减弱；在一阶情况下，界面陷阱保持永久填满状态，并与信号电荷进行最低程度的互动。但这种方法的缺点是动态范围值减小了 10%～20%。

除光振荡之外，产生暗电流的各种来源也为界面提供了电荷，因此带来了背景噪声。暗电流的密度可以用耗尽区内、中性本体内和表面上产生的电流之和表示[5.14]：

$$J_{dark} = \frac{qn_iw}{2\tau} + \frac{qD_nn_i^2}{L_nN_A} + \frac{qS_rn_i}{2} \tag{5.156}$$

式中，τ 是少数载流子的寿命；D_n 是扩散常数；L_n 是扩散长度；S_r 是表面复合率。暗电流将 MOS 探测器的积聚时间限制在最大值：

$$t_s = \frac{Q_{sig}^{max}}{J_{dark}} \tag{5.157}$$

如果栅压保持不变，则热生少数载流子将逐渐填充表面势阱，MOS 电容将增加到低频渐近反转状态 C_{ox}。

5. 埋沟 MOS 电容器

前几节描述了表面–沟道 MOS 电容器。这类 MOS 结构的一种主要局限性是界面陷阱效应。为设法避免这个问题，可以将势阱更深地埋在半导体本体中，生成"埋沟 MOS 结构"[5.59]。在这个结构中，非平衡少数载流子的积聚局限在表面之下的一个凹陷处。

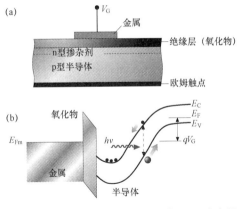

图 5.44　在较大正栅偏压 V_g 下埋沟 MOS 电容器
(a) 结构示意图；(b) 能带图

图 5.44（a）显示了在 p 型半导体上建成的埋沟 MOS 电容器的结构示意图。这种结构在半导体表面有一薄层（小于 0.5 μm）反型（n 型）掺杂剂。当外加栅极脉冲时，这个掺杂剂层会完全耗尽。在这种情况下，势阱会在 p–n 结附近形成，而光生载流子远离界面。图 5.44（b）显示了在高栅极脉冲下这种电容器的能带图。

5.9.2　CCD 作为电荷耦合图像传感器（CCIS）

电荷耦合器件是一个紧密布置的 MOS 电容器阵列。前照射器件的栅制成半透明的，后照射器件的栅制成不透明的。光照会通过光电效应，在每个栅电极下生成非平衡电荷载流子。通过外加合适的栅压序列，可以在电容器阵列中转移少数载流子，从而将与每个像素中所吸收的光子量成正比的电信号传输至输出寄存器。

1. 基本 CCD 结构

CCD 的光电探测过程可用一个四步过程来描述：电荷产生、电荷收集、电荷转移和电荷测量。在 CCD 传感器阵列中，每个像素的电荷都通过有限数量（常常是一个）的输出节点来转移，然后转换为电压、缓冲，并以模拟信号形式发送到芯片外。图 5.45 显示了典型简单后照射 CCD 传感器的截面图。图 5.45 中的装置是一个三相 CCD，由很多与 ϕ_1、ϕ_2 和 ϕ_3 时钟线连接的 n 沟道 MOS 电容器组成。这些电容器参与电荷产生、电荷收集和电荷转移步骤。输出栅 OG 和输出二极管 OD 是在探测输出电荷包时必需的结构。输入栅 IG 是阻止电荷流到主要 CCD 阵列之外的一种结构的一部分。在此结构边缘的表面沟道截断环 p$^+$ 提供了电荷的单向转移功能。为高效地产生及收集电荷，CCD 通常用高电阻材料制成，用以耗尽在每个 MOS 电容器的栅（即下 10 μm 厚的半导体本体）。

假设电荷仅在左侧 MOS 电容器中生成并收集，那么电荷转移机制就可以用

图 5.46 来描述。图 5.46（a）显示了时钟波形，图 5.46（b）描绘了图 5.45 所示结构的相应势阱以及电荷分布，电荷仅由左侧电容器来收集。

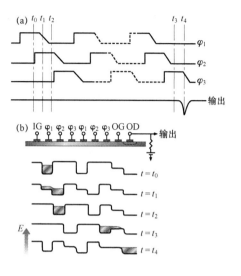

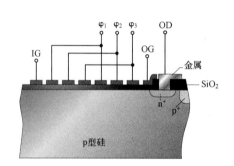

图 5.45　n 沟道电荷耦合器件的简化截面图

图 5.46　CCD 传感器电荷转移机制

（a）图 5.45 所示 CCD 结构例子的时钟波形和输出信号；（b）相同装置的能级和电荷分布，时钟由面板图（a）提供

当 $t=t_0$ 时，时钟线 ϕ_1 处于高电压下，ϕ_2 和 ϕ_3 处于低栅压下。用高正电压给输出二极管（OD）加偏压，以防止在输出栅下出现表面反型。因此，在 OG 下的表面已深度耗尽，OD 不能向主要的 CCD 阵列提供电子。如果用光照射第一个 MOS 电容器，则当 $t=t_0$ 时，电荷将会被收集在图 5.46（b）所示的第一个电容器栅下面的阱中。当 $t=t_1$ 时，外加给 ϕ_1 的电压返回低值，而 ϕ_2 电极则拥有较高的外加电压。于是，第二个 MOS 电容器变得耗尽，储存在第一个栅下面的电子被转移到第二个栅下面的阱中。ϕ_1 上的电压有一个缓慢下降沿，因为电荷载流子在栅宽度上传输需要有限的时间。当 $t=t_2$ 时，电荷转移过程完成，原电荷包储存在第二个栅下面。此过程将反复执行，直到电荷包到达输出端。当 $t=t_4$ 时，ϕ_3 电极的电压回到低值，将电子推到输出二极管（OD）。

2. 电荷转移机理

通过以下三种机理，电荷从一个栅转移到另一个栅：① 自感漂移（同极性电荷排斥）；② 热扩散；③ 边缘场漂移。这些机理在自由电荷转移模式下工作，电荷转移过程取决于下列连续性方程：

$$\frac{\partial n}{\partial t}=\frac{1}{q}\frac{\partial J}{\partial x} \tag{5.158}$$

式中，n 是电荷载流子浓度；J 是电流密度；x 是在转移方向上的距离。通常，自感漂移约占电荷转移量的 95%，其他两种机理约占 5%。由自感漂移造成的初始电荷包 Q_0 衰减可利用文献[5.60, 61]提供的衰减过程来表达：

$$Q(t) = Q_0 \left(1 + \frac{\tau_{si}}{t} \right) \qquad (5.159)$$

$$\tau_{si} = \frac{\pi L^3 HC}{2\mu_n Q_0} \qquad (5.160)$$

式中，τ_{si} 为衰减时间常数；L 是栅长度；H 是栅电极宽度；C 是绝缘层和半导体层的总电容；μ_n 是少数载流子的迁移率。

但对于少量信号电荷来说，热扩散是主要的电荷转移机理。总存储电荷随时间呈指数级减少，时间常数为[5.6]

$$\tau_{th} = \frac{4L^2}{\pi^2 D_n} \qquad (5.161)$$

式中，D_n 是少数载流子的扩散常数。

边缘场漂移源于由偏压相邻电极形成的静电场的二维耦合。由于存在边缘场——甚至在电荷浓度极低时也存在，因此最后一小部分信号电荷将通过边缘场来转移。

3. CCD 品质因数

（1）光谱响应。CCIS（CCD）的光谱响应由与半导体光电二极管的光谱响应相同的关系来决定。对于 CCIS 制造而言，选用电阻率相对较高的材料是合适的，因此高效的非平衡电荷收集发生在可能达到 10 μm 厚的电荷–空间（耗尽）区。这就是 CCIS 在宽光谱范围内拥有较高的灵敏度和量子效率的原因。例如，对于硅基 CCIS 而言，典型的光谱灵敏度范围为 300～1 000 nm。

除传统探测器的品质因数外，电荷转移探测器还可用下面探讨的很多具体参数来描述。

（2）转移效率。转移效率 η_{tr} 是转移的电荷 Q 与储存的初始电荷 Q_0 之比：

$$\eta_{tr} = \frac{Q}{Q_0} \qquad (5.162)$$

相关的品质因数是转移失效率 ε_{tr}，定义为

$$\varepsilon_{tr} \equiv 1 - \eta_{tr} \qquad (5.163)$$

m 个电荷转移步骤的电荷转移效率可用 $(\eta_{tr})^m$ [5.3]来近似计算：

$$(\eta_{tr})^m = \frac{V_m - \Delta V}{V_m} \qquad (5.164)$$

式中，V_m 是最大信号包电压；ΔV 是在信号包中第一个脉冲的电压损失。

根据式（5.164），通过重新排列各项以及取二项展开式的前两项，就能得到很多（m）电荷转移步骤的效率：

$$\eta_{tr} \cong 1 - \frac{\Delta V}{n V_m} \qquad (5.165)$$

在时钟脉冲周期中不完全自由电荷转移的情况下，电荷转移效率可写成[5.6]

$$\eta_{tr} \cong \frac{Q_0 - Q(t)}{Q_0} = 1 - \frac{8}{\pi^2} \exp\left(-\frac{t}{\tau_{th}}\right) \qquad (5.166)$$

（3）时间响应。在耗尽区内的电荷收集过程是一个相对较快的过程，通常不会限制 CCIS 的工作频率。让我们来考虑对电荷耦合器件的时间响应和频率范围有影响的其他因素。

像素电荷密度就是各种来源的暗电流和光电流之和：

$$\begin{aligned} \frac{dQ}{dt} &= J_{dark} + J_{ph} \\ &= \frac{q n_i w}{2\tau} + \frac{q D_n n_i^2}{L_n N_A} + \frac{q S_r n_i}{2} + \eta_{ex} q \Phi \end{aligned} \qquad (5.167)$$

式中，右边的前三项通过式（5.156）来描述；Φ 是像素入射光子通量；η_{ex} 是外量子效率。请注意，CCIS 的总探测效率可视为量子效率项与决定着电荷转移效率的那些项的卷积。

在不同的频率范围内，电荷转移效率受式（5.167）中不同项的影响。在较高频率下的转移效率可用式（5.158）中的自由电荷转移模型来描述，并受特定装置的时钟频率所限制。

在中频下，界面陷阱中信号电荷的捕获决定着电荷转移效率。本书在前面已探讨过用于克服界面陷阱问题的方法。

在低时钟频率下，时间响应由暗电流决定［式（5.167）］。频率响应的低频衰减是由电荷包中暗电流增强导致信号电荷的形状和尺寸发生变形造成的。为增强低频响应，必须通过以下方法来减小式（5.167）中的所有暗电流分量：使栅长度最短，选择具有较高少数载流子迁移率、较长载流子寿命、较大扩散长度和较低表面复合速度的材料。前面提到，下限频率响应受式（5.157）求出的最大积分时间之倒数的限制。

（4）噪声。CCIS 中最重要的噪声源如下[5.61,62]：

① 光子散粒噪声，即装置灵敏度的基本限制因素：

$$N_{sh} = \sqrt{2 \eta_{ex} \Phi \Delta f} \qquad (5.168)$$

式中，N_{sh} 是均方根电子。

② 暗电流的散粒噪声 N_{sh_DC}，可用均方根电子表示为

$$N_{sh\_DC} = \sqrt{\frac{2 J_{dark} \Delta f}{q}} \qquad (5.169)$$

式中，J_{dark} 由式（5.156）求出。

③ 电荷转移噪声——由于采用了埋沟，现在可忽略。

④ 读出扩散重置噪声，通常在电荷/电压转换步骤之后出现。

CCD 的热噪声与光电二极管的热噪声起源相同，可通过冷却探测器来大大降低。现代冷却式 CCIS 可显示光子限制性能，并在单光子计数模式下工作。

5.9.3　互补金属氧化物半导体（CMOS）探测器

很多较新的成像装置都采用了不同的芯片，其中一种芯片叫作"CMOS"芯片。CMOS 技术是已存在多年的标准计算机芯片技术。最初，CCD 技术得到的图像比 CMOS 探测器更好；最近，CMOS 图像探测器的开发阶段已达到与 CCD 芯片技术的图像相当或更好的程度。此外，CMOS 芯片更简单，在工作时需要更少的外部支承装置。

在 CMOS 传感器中，每个像素都有自己的电荷–电压转换装置（包括能提供缓冲和寻址能力的 MOS 晶体管），可能还包括数字化电路。为获得这些附加功能所付出的代价是正面光收集面积减小。

与 CCD 相似的是，CMOS 探测器也有一个四步过程：电荷产生、电荷收集、电荷转移和电荷测量。但与 CCD 不同的是，CMOS 传感器的前三个步骤是在每个像素内部执行的。

为了将二维空间信息转换为串行的电信号流，CMOS 光电探测器的电子扫描回路应按顺序读出每个像素。首先，垂直扫描电路选择了一排像素，在那一排 MOS 开关的所有栅上设置了较高的直流电压；其次，通过利用相同的方法，水平扫描电路选择了某一列像素。因此，在二维矩阵中只有一个像素在行开关和列开关上有较高的直流电压，因此从电子学角度选择这个像素用于读出。在该像素把信息转储到输出级之后，重置该像素，开始新的一轮集成，随之读出过程进入到这一行像素中的下一个像素。这种组织方式与 CCD 结构不同，能提供随机进入每一个像素的机会，避免在半导体材料的长距离上出现多次电荷转移。

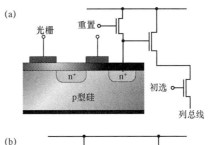

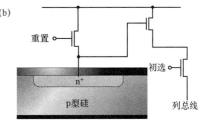

图 5.47　CMOS 传感器像素的两种设计

（a）光栅架构；（b）光电二极管架构

CMOS 传感器像素的最常见像素架构是光栅转换和光电二极管转换（图 5.47）。光栅设计中的光敏元件是一个执行电荷产生与收集功能的 MOS 电容器。一旦扫描电路选择了一个像素，转移栅上的脉冲会触发电荷迁移——从光敏区传输到半导体界面处由 n^+ 扩散区形成的传感节点的势阱 [图 5.47（a）]。这个节点浮动–扩散扩大器的一部分，执行着电荷−电压转换功能。在这种情况下，电荷−电压转换与工作区尺寸无关，因此能够产生较高的转换增益。

光电二极管的像素看起来与光栅像素很相似。但不需要增加转移栅，因为光电二极管的电容执行着电荷存储功能，n^+扩散是浮动−扩散扩大器的输出扩散［图 5.47（b）］。光电二极管像素的转换增益取决于光电二极管的工作面积，通常比光栅像素的转换增益小好几倍。对于光栅设计和光电二极管设计来说，为了探测低通量水平，大多数的 CMOS 传感器都在电荷积分模式下工作。

量子效率和光谱灵敏度。CMOS 探测器的量子效率不如 CCD 传感器那样高，因为 CMOS 制造过程需要低阻晶片和相对较低的功率电平，使半导体本体的耗尽层宽度被限制在 1～3 μm。CMOS 传感器的光谱灵敏度范围通常比 CCIS 探测器窄，因为 CMOS 的吸收长度会增加到红色光谱范围。

噪声。CMOS 传感器的噪声由光子散粒噪声、暗电流散粒噪声、重置噪声和热噪声组成。CMOS 的噪声特性与上面描述的 CCD 光电探测器的噪声特性相同。但 CCD 和 CMOS 探测器阵列的噪声特性之间有一个重要区别。在 CCD 中，噪声是在最高带宽下在输出端捕获的，而由于 CMOS 阵列的列平行布置，噪声带宽被设定为用于过滤像素内噪声的列采样电路的行读出带宽[5.61]。

| 5.10　光电发射探测器 |

光电发射探测器的工作原理是外光电效应，即在接受电磁辐射之后表面会发射电子。为放大信号，人们开发了具有多个电极的探测器。

5.10.1　光电发射管

最简单形式的光电发射探测器由真空管中的一个金属阳极−阴极对组成。当光子撞到阴极上时，价带中的电子被激发，移动到阴极表面。如果扩散的电子有足够的能量来克服真空能级势垒，这些电子将以光电子形式被发射，从阴极发射出的电子向阳极加速运动。光信号与入射辐射光强度成正比。一种用于提高光电管灵敏度的方法是引入惰性气体，随后引发电离。

阴极由一种有着极低功函的材料制成，通常是碱金属及其他金属的结合体。一些常见的光电阴极材料（具有正电子亲和能 ψ）包括 Ag−CsO−Cs（S−1），Ag−Rb（S−3），Sb_3Cs（S−4），Cs_3Sb−O（S−11）和 Na_2KSb−Cs（S−20），其光谱灵敏度范围分别为 300～1 200 nm、300～1 000 nm, 350～600 nm, 200～600 nm 和 180～800 nm。具有负电子亲和能 ψ 的光电阴极预计其量子效率可能会很高；但它们的量子效率会因为受激电子的非零逃逸长度而受到限制。图 5.48 显示了一些代表性传统负亲和能光电阴极的量子效率。

品质因数

（1）量子效率。光电阴极的量子效率 η 可用一个概率过程来表示，这个概率过程取决于表面入射光的反射系数 R_f、材料吸收系数 α、被吸收光子使超过真空能级的价带电子受到激发的概率、受激电子的平均逃逸长度以及电子到达表面被释放到真空中的概率。

（2）信号电流。假设光电阴极的量子效率为 η，入射光子通量为 Φ，那么电流信号 I_s 为

$$I_s = q\eta\Phi \qquad (5.170)$$

式中，q 是元电荷。

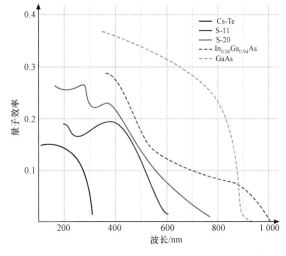

图 5.48　一些代表性光电阴极的光谱响应。实线代表具有正电子亲和能的材料，虚线代表具有负电子亲和能的材料

（3）电流响应率。光电管的电流响应率用下列通式来表达：

$$\Re_I = \frac{q\eta\lambda}{hc} \qquad (5.171)$$

式中，λ 是波长；c 是光速；h 是普朗克常数。

（4）噪声电流。光电管的噪声电流主要由两部分组成：

$$i_n = \sqrt{i_{sh\text{-}phot}^2 + i_{sh\text{-}dark}^2} \qquad (5.172)$$

① 光电流的散粒噪声 $i_{sh\text{-}phot}^2 = 2q^2\Phi\eta(\Delta f)$，由光子通量 Φ 造成；

② 由暗电流 $I_D = q[(4\pi m_e)/h^3](kT)^2 A_{det}\exp(-\varphi/kT)$ 引起的、源于热离子的散粒噪声 $i_{sh\text{-}dark}^2 = 2q^2 I_D(\Delta f)$。其中，$A_{det}$ 是光电阴极的面积，m_e 是电子质量，ϕ 是光电管材料的功函。

③ 噪声等效功率。在暗电流限制条件下，光电管的噪声等效功率由 I_D 决定：

$$\text{NEP} = \frac{hc}{\eta\lambda}\left(\frac{2I_D}{q}\right)^{1/2} \qquad (5.173)$$

5.10.2　光电倍增管

一种用于提高光电发射探测器灵敏度的常见方法是实施多个阳极，这种装置叫作"光电倍增管"（PMT）。就像在光电管中那样，在光电倍增管中，光会造成电子从光敏阴极中发射出来。在 PMT 中采用的不只一个阳极，而是具有二次发射的一个电子吸收器序列，叫作"倍增器电极"。

图 5.49 显示了 PMT 示意图。倍增器电极沿着一系列分压电阻连接起来，被电阻分开的高电压外加在光电阴极和阳极之间。对于在相邻倍增器电极之间具有

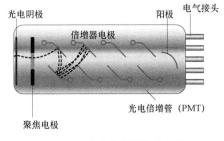

光电阴极　　　　　　阳极　　电气接头

倍增器电极

光电倍增管（PMT）

聚焦电极

图 5.49　光电倍增管的截面图

200 eV 动能的典型增益来说，每个电子都能释放 4～8 个二次电子。在典型的 10 个倍增器电极的情况下，此装置能达到 $10^6 \sim 10^8$ 的总倍增因数。

　　PMT 的动态范围被暗电流限制在适于低信号的形式。对暗电流做出最大贡献的是电子的热发射。通过将光电培增管冷却到 $-40\,℃$，可以有效地抑制电子的热发射。

其他对暗电流有贡献的有：光电倍增管内的泄漏电流，以及由入射电离辐射产生的噪声。在高端空间中，电荷效应会导致光电流随着阴极上的光子通量增加而趋于稳定。在这种情况下，大量电子开始在最后一个光电培增管后面集聚，从而有效地在阳极与新增的电荷载流子之间屏蔽。

　　光电倍增管极其灵敏，可用于单光子计数[5.63 – 65]。在这种模式下，PMT 必须以单个光子产生电子云的方式工作，让几毫伏的阳极脉冲进入 $50\,\Omega$ 的负载中。由于放大过程的统计性质，信号脉冲的高度会发生变化。可以利用快速甄别电路来设置一个阈值，只接收高于噪声级的模拟信号，并把这些信号变成逻辑脉冲；然后，对这些脉冲进行计数。因为由倍增器电极热离子发射造成的噪声脉冲与入射光子所触发的脉冲相比，其平均高度分布更低，通过设置正确的阈值，可以进一步减小冷却型 PMT 的热噪声。PMT 的品质因数包括：

　　（1）增益。PMT 增益为

$$G = P_{\mathrm{d}} V^{k_1 m} \tag{5.174}$$

式中，m 是倍增器电极的数量；V 是电压；P_{d} 是倍增器电极的收集效率；k_1 是一个常量，与几何形状和倍增器电极材料有关。

　　（2）暗电流。热离子发射是 PMT 暗电流 I_{D} 的特征：

$$I_{\mathrm{D}} = C_1 T^2 \mathrm{e}^{-C_2 \varphi / kT} \tag{5.175}$$

式中，φ 是光电阴极的功函；k 是玻耳兹曼常数；T 是绝对温度；C_1 和 C_2 是常数因子。

　　（3）噪声等效功率（NEP）。在暗电流限制条件下，光电倍增管的噪声等效功率为

$$\mathrm{NEP} = \frac{hc}{\eta \lambda} \sqrt{\frac{2I_{\mathrm{D}}}{q}} \tag{5.176}$$

　　（4）信噪比。对于二次发射系数 δ 与每一级倍增器电极相同，并在散粒噪声限制条件下工作的光电倍增管来说，其信噪比为

$$S/N \approx \frac{I_{\mathrm{c}}}{\sqrt{2q\Delta f \dfrac{\delta}{\delta-1}(I_{\mathrm{c}} + 2I_{\mathrm{D}}) + I_{\mathrm{A}}^2}} \tag{5.177}$$

式中，I_c 是阴极（光）电流；Δf 是带宽；I_D 是暗电流；I_A 是放大器的噪声电流。

5.10.3　单通道式电子倍增器和微通道板

如果用单个连续的倍增器电极替代前一节中描述的光电倍增管的离散倍增器电极结构，则所得到的光探测器会比具有类似探测特性的 PMT 小得多。根据其商品名 "Channeltrons"（通道倍增器）[5.66]，这些装置通常称为"单通道式电子倍增器"，或者当组合成阵列时称为"微通道板"（MCP）[5.67]。

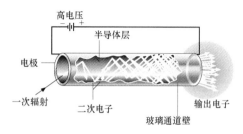

通常，单通道由一根玻璃管制成，管内先覆上一个半导体层，再覆上一个发射层（图 5.50）。如果管是直的，在管长度两端外加高电压（1 000～3 000 V），通过让光子撞击负端来加速电子发射，则此装置的最大增益通常被限制在大约 10^5。原因是靠近阳极的高电子密度会使来自管壁的离子脱离吸附状态，或者使残余的气体离子发生电离；这些正离子

图 5.50　单通道式电子倍增器（微通道）。电极沉积在入口表面和输出表面

被加速，返回阴极，在那里生成无用的二次电子脉冲（离子反馈）。因此，在管设计中常常会采用曲线。这样修改之后，管内虽然仍会生成正离子，但由于这些离子的行程短，而且与电子相比质量较大，因此获得的动能不足以在碰撞内管壁时释放二次电子。根据导电材料的电压和电阻率（$\approx 10^{15}\ \Omega \cdot cm$），此装置的增益可调节到高达 10^8。

上面描述的微通道可制造成 10～100 μm 那么小的直径，很多这种微型探测器结合起来，形成一个阵列，就叫作"微通道板"（图 5.51）。这些板很薄，通常厚度在 0.5 mm 左右。单通道装置那样的弯曲通道难以制造出来。因此，人们用一种不同的设计来抑制离子反馈。图 5.51 中所示的探测器由两块类似的板制成，但这两块板的通道是直的，只稍稍有一个偏角。这些板以一定的方式组合起来，要求电荷载流子在离开第一块板进入第二块板时要改变方向。这种"人字形配置"使正离子无法从后板的输出端持续移动到前板的输入端[5.68]。

| 5.11　热 探 测 器 |

热探测器能够覆盖从紫外光到远红外光的广泛电磁波谱。在大多数情况下，热探测器由两部分组成。第一部分是与散热片接触的一个吸收层，第二部分是一个热敏元件（图 5.52）。将入射光子转化为材料热量的光吸收度决定着这些光子的光谱响应，通过选择适当的材料，宽波段内的光子就能被吸收，使一些其他物理参数也发生改变，这种改变就是热敏元件显示的信号。

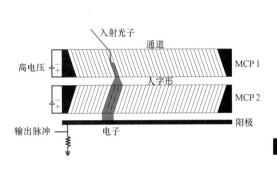

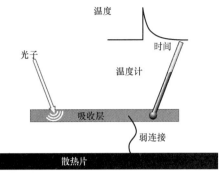

图 5.51　人字形配置中的两块微通道板　　　　图 5.52　热探测器示意图

热探测器的灵敏度和响应时间与吸收层的材料和温度传感器的类型无关，但要受一些一般约束条件的限制。由入射光变化造成的热探测器温度变化可用如下方式计算。探测器的热容为 C_{th}，C_{th} 通过热敏电阻 R_{th} 与热源连接，因此探测器的热平衡方程为

$$C_{th}\frac{\mathrm{d}}{\mathrm{d}t}(\Delta T)+\frac{1}{R_{th}}\Delta T=\eta_S\Phi_p \tag{5.178}$$

参数 η_S 是探测器的表面发射率，主要由吸收体的表面光洁度决定。一般来说，温度变化 ΔT 和入射辐射功率 Φ_p 是时间的函数。为简单起见，假定 Φ_p 为正弦激励：

$$\Phi_p=\Phi_{p0}\mathrm{e}^{\mathrm{i}\omega t} \tag{5.179}$$

通过求解和代入热时间常数 τ_{th}

$$\tau_{th}=R_{th}C_{th} \tag{5.180}$$

得到温度变化

$$\Delta T=\left|\frac{\eta_S\Phi_{p0}R_{th}}{1+i\omega\tau_{th}}\mathrm{e}^{\mathrm{i}\omega t}\right|=\frac{\eta_S\Phi_{p0}R_{th}}{\sqrt{1+\omega^2\tau_{th}^2}} \tag{5.181}$$

为达到高灵敏度，可通过选择良好的热绝缘材料来增加由光诱导的温度变化。为达到此改进效果要付出的代价是 τ_{th} 增加导致响应速度变慢。另外一种可选的方案是减小热容，但这通常意味着要减小探测器的尺寸，因此信号幅度也会缩小。

用于记录吸收层辐照造成温度变化的热敏元件可根据下面探讨的各种物理过程来工作，这些物理过程还为系统的总体时间响应做出了贡献。

5.11.1　机械位移敏感探测器

固体或液体的热膨胀是用于探测辐射诱发的温度变化量的一种常见方法。双金属簧片或装满酒精的玻璃温度计是用于监控温度的常见装置。

基于气体膨胀原理的辐射探测器是高莱探测器[5.69]。高莱探测器是极其灵敏的宽波段指示器，因此适用于红外光谱部分中很远的波长（＞300 μm）。这种探测器

的另一个优点是工作性能与环境温度基本无关，因此不需要冷却。

高莱探测器由一个被入射光加热的气源组成，热量造成气压微变，使薄膜偏斜，偏斜量通过一个光学系统来记录。高莱探测器的灵敏度能达到 $10^{-10} \sim 10^{-11}$ W/Hz$^{1/2}$。这种气动探测器的变体是充气式电容传声器。

在微加工技术上取得的进展使得制造更小更灵敏的热探测器成为可能。将双金属条与压电电阻读出器、激光器和位敏光电探测器（或电容计）结合在一起得到的微悬臂梁就是这样一个很好的例子。

5.11.2 压敏探测器

如果由不同金属制成的两根金属丝或两张薄膜相互接触，则它们的费米能级差别会导致电动势形成，这种"塞贝克效应"是造成金属/金属结两端出现电压降的原因，此电压降与温度有关。基于此原理的热探测器叫作"热电偶"或"热电元件"，所测得的电压 ΔV 与温差 ΔT 成正比：

$$\Delta V = \alpha_s \Delta T \qquad (5.182)$$

式中，a_s 是"塞贝克系数"（表 5.3）。通过利用方程（5.179）和方程（5.182），热电偶的电压响应率就能够轻松地求出来：

$$\mathscr{R}_v = \frac{\Delta V}{\Phi_{p0}} = \frac{\alpha_s \eta_S R_{th}}{\sqrt{1 + \omega^2 \tau_{th}^2}} \qquad (5.183)$$

表 5.3 在 0 ℃温度下不同材料的塞贝克系数 α_s

材料	塞贝克系数 ($\mu V \cdot ℃^{-1}$)	材料	塞贝克系数 ($\mu V \cdot ℃^{-1}$)	材料	塞贝克系数 ($\mu V \cdot ℃^{-1}$)
铝	3.5	金	6.5	铑	6.0
锑	47	铁	19	硒	900
铋	−72	铅	4.0	硅	440
镉	7.5	汞	0.6	银	6.5
碳	3.0	镍铬合金	25	钠	−2.0
康铜	−35	镍	−15	钽	4.5
铜	6.5	铂	0	碲	500
锗	300	钾	−5.0	钨	7.5

在低频率（$\omega \leqslant 1/\tau_{th}$）下，电压响应变成一个常量：

$$\mathscr{R}_v = \alpha_s \eta_S R_{th} \qquad (5.184)$$

在很多应用情形中，要将两个金属结串联起来，第一个金属结与受到辐射的吸收体进行热连接，第二个金属结则处于恒定的基准温度下。为增强电压信号，可以增加结点（热电堆）。热电堆的电压响应是用式（5.184）的右边部分乘以结点数量。

通过利用式（5.25）和式（5.183），热电偶的噪声等效功率可写成

$$\text{NEP} = \frac{\sqrt{4kT\Delta f}}{\mathscr{R}_v \sqrt{R_{el}}} = \frac{\sqrt{4kT\Delta f}}{\alpha_s \eta_S} \times \frac{\sqrt{1 + \omega^2 \tau_{th}^2}}{R_{th} \sqrt{R_{el}}} \tag{5.185}$$

式中，R_{el} 是探测器的欧姆电阻。

5.11.3 电容敏感探测器——高温计

一些介电材料，例如电气石、钽酸锂（$LiTaO_3$）或硫酸三甘肽（TGS），没有外电场存在，呈现出自发电极化特征。偏振程度随温度而变，因此介电常数也随温度而变[5.72]。在此效应的基础上工作的热探测器叫作"热电探测器"。

1. 热电效应

一种材料的热电效应测度就是热电系数 γ_p。在给定的电场 E 和恒定的弹性应力 σ 下，热电系数定义为

$$\gamma_p = \left(\frac{\partial P}{\partial T} \right)_{E,\sigma} \tag{5.186}$$

式中，P 是偏振；T 是温度。热电系数值受两种效应的影响。主要的热电效应是材料受到的恒应变。次要效应是由热膨胀带来的压电影响。表 5.4 显示了各种材料的总热电系数。

一般来说，当超过某温度（居里温度）时，热电效应会完全消失。

表 5.4 在室温下不同材料的总热电系数[5.70,71]

材料	热电系数/（$\mu C \cdot m^{-2} \cdot K^{-1}$）
铁电晶体	
$LiNbO_3$	-83
$LiTaO_3$	-176
$Pb_3Ge_3O_{11}$	-95
$NaNO_2$	-135
$LiNbO_3$	-200
铁电陶瓷	
$BaTiO_3$	-200
$PbZr_{0.95}Ti_{0.05}O_3$	-268
非铁电晶体	
电气石	-4.0
CdSe	-3.5
CdS	-4.0
ZnO	-5.4
BeO	-3.39

2. 响应率

简单的热电探测器由位于两个金属电极之间的一块晶体组成。如果此装置的温度保持恒定，则泄漏电流将最终在面向电极的两个表面之间重新分配电荷，因此任何内电场都会被抵消。在稳态条件下，电极之间不能观察到电流或电压信号，因此热电探测器为交流耦合形式。热电探测器必须在足够高的频率下工作，以防止泄漏电流起作用。但温度变化会促使电荷移动，以适应内场的变化。电气读出值取决于输入信号的频率。在粗略分析时，可以发现主要有两个贡献因子决定着这种频率相关性以及系统的热响应和电气响应。文献［5.2,73］对这个问题进行了更严格的处理。

温度变化 ΔT 会导致热电电荷 Q 生成，Q 与电极的表面面积 A 成正比：

$$Q = \gamma_p A \Delta T \tag{5.187}$$

式中，γ_p 是热电常数。温度变化可利用热平衡方程的解来计算［式（5.181）］。

通过求时间导数以及计算绝对值，可得到温度随时间变化的量：

$$\frac{\mathrm{d}}{\mathrm{d}t}(\Delta T) = \left| \frac{\mathrm{d}}{\mathrm{d}t} \left(\frac{\eta_S \Phi_{p0} R_{th}}{1 + i\omega R_{th} C_{th}} e^{i\omega t} \right) \right|$$

$$= \frac{\eta_S \Phi_{p0} R_{th} \omega}{\sqrt{1 + \omega^2 \tau_{th}^2}} \tag{5.188}$$

将这个计算结果与式（5.187）的导数相结合之后，得到由温度正弦变化诱发的电流：

$$I_{el} = \frac{\mathrm{d}Q}{\mathrm{d}t} = \gamma_p A \frac{\mathrm{d}}{\mathrm{d}t}(\Delta T) = \frac{\gamma_p \eta_S A \Phi_{p0} R_{th} \omega}{\sqrt{1 + \omega^2 \tau_{th}^2}} \tag{5.189}$$

利用式（5.189），电流响应率 $\mathcal{R}_I$ 可写成

$$\mathcal{R}_I = \left| \frac{I_{el}}{\Phi_p} \right| = \frac{\gamma_p \eta_S A R_{th} \omega}{\sqrt{1 + \omega^2 \tau_{th}^2}} \tag{5.190}$$

若要求电压响应率 $\mathcal{R}_V$，必须考虑到探测器的电容 C_{el} 和欧姆电阻 R_{el}（图 5.53）。所以，输出端子两端的电压 V_{el} 为

$$V_{el} = \left| \frac{R_{el} I_{el}}{1 + i\omega \tau_{el}} \right| \tag{5.191}$$

式中，$\tau_{el} = R_{el} C_{el}$ 是电气时间常数。所得到的电压响应率为

$$\mathcal{R}_V = \left| \frac{V_{el}}{\Phi_p} \right|$$

$$= \gamma_p \eta_S A R_{th} R_{el} \frac{\omega}{\sqrt{1 + \omega^2 \tau_{th}^2} \sqrt{1 + \omega^2 \tau_{el}^2}} \tag{5.192}$$

系统的频率响应由热时间常数和电气时间常数的值决定。热响应通常比电气响

应慢得多。在低频下，由周期性温度变化产生的电流信号会增强，直到在大约 $1/\tau_{\mathrm{th}}$ 的阈值时保持稳定，这种行为在电压响应过程中也能看到；但在高频率（$1/\tau_{\mathrm{el}}$）下，探测器的电容和欧姆电阻占主导地位，电压开始下降（图 5.54）。

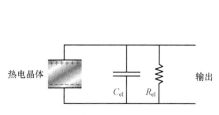

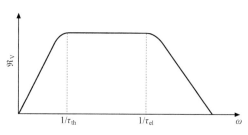

图 5.53　热电探测器的等效电路　　　　图 5.54　热电探测器的频率响应

3. 比探测率

在热电探测器的噪声性能受约翰逊噪声限制这一常见情况下，可以利用电压响应率的计算结果式（5.192）以及式（5.25）和式（5.28），求出比探测率 D^*：

$$D^* = \frac{\gamma_{\mathrm{p}} \eta_{\mathrm{S}}}{\sqrt{4kT}} AR_{\mathrm{th}} \sqrt{AR_{\mathrm{el}}} \frac{\omega}{\sqrt{1+\omega^2 \tau_{\mathrm{th}}^2} \sqrt{1+\omega^2 \tau_{\mathrm{el}}^2}} \tag{5.193}$$

值得注意的是，系统性能与探测器面积和热阻之积以及面积和分流电阻之积的平方根之间呈线性关系。

4. 探测器设计

根据用途的不同，具有热电型传感器的被动红外探测器（PIR）可设计成各种形式。图 5.55 显示了典型的单像素探测器，其主要组成部分包括窗口、感应元件以及信号读出电子仪器。

由于热电探测器属于热探测器，在波长范围内的响应曲线几乎是平的。因此，在很多情况下，窗口材料都有涂层，用作滤光片，

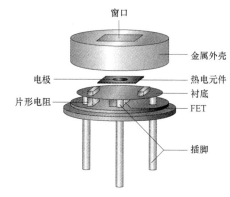

图 5.55　单像素热电探测器

以阻挡光谱中无用的部分。为提高灵敏度，通常要用吸收层来盖住传感元件，典型的吸收层材料是由 NiCr、Ti 或 Al 制成的金属块或薄金属膜[5.70]。

由单晶体或陶瓷制成的薄晶片是常见的传感元件。最近在微加工方面取得的进展使薄热电膜能够在微加工衬底上得以应用[5.74]。为补偿环境温度的变化，可以采用两个与相反极性连接的热电元件，其中只有一个热电元件受到入射光辐射。由于大多数的热电材料都易受此类差动传感器颤噪效应的影响，因此将这两个热电元件从衬底上悬空挂着，以使其与噪声源之间解耦。

探测器通常封装在一个密封的晶体管型外壳（例如 TO‑5、TO‑39 或 TO‑8 ）中，以免受环境影响，还能让集成的 FET 或运算放大器实现射频屏蔽。

5. 应用

对于很多应用领域来说，用热电材料来探测红外辐射光是很有吸引力的，因为热电材料具有以下五个优点：

- 宽范围光谱灵敏度；
- 可获得的热电材料覆盖了从 mK 到几百 K 的温度范围；
- 低功率运行；
- 快速响应；
- 低成本。

数百万的 PIR 探测器与菲涅耳透镜一起装在便宜的塑料壳中在全世界应用，用作飞机入侵警报器和火焰/火灾探测器。其他用途包括气体分析和红外光谱分析、污染监测、激光探测器和热成像[5.74]。

5.11.4　电阻—灵敏探测器—辐射热测定器

如果由光通量产生的热量会改变探测器的电阻，则这种探测器通常叫作"辐射热测定器"。在一阶近似计算中，导体电阻 R_B 与温度之间的相关性可写成

$$R_B = R_0[1 + \alpha_{th}(T - T_0)] \tag{5.194}$$

式中，R_0 是在基准温度 T_0 下的导体电阻值。

方程（5.194）中，α_{th} 表示电阻的温度系数。这是一个材料常数，可为正值（例如金属），也可为负值（例如半导体）。为了能够探测电阻变化，必须让电流流经辐射热测定器。图 5.56 显示了只采用一个负载电阻（板 a ）和一个惠斯通电桥（板 b ）的简图。

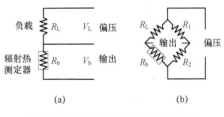

图 5.56　辐射热测定器的偏压电路图
（a）单负载电阻；（b）惠斯通电桥

由于工作电流会导致能量在探测器和连接导线中耗散，因此在详细计算响应率时必须考虑焦耳加热的影响。此外，根据工作温度范围的不同，背景辐射加热也可能起到一定的作用。就半导体辐射热测量器而论，电阻不是温度的线性函数，方程（5.194）不成立。关于辐射热测定器响应率的下列估算过程忽略了所有这些修正因素，因此，本文的估算只是很粗略的概述。

假设在光照下，辐射热测定器两端的电压变化与电阻变化成正比：

$$dV_b = I dR_b \tag{5.195}$$

式中，R_b 是辐射热测定器的电阻。假设近似计算公式（5.194）成立（$R_b \equiv R_B$），则由方程（5.194）和方程（5.195）可得到

$$\mathrm{d}V_\mathrm{b} = I\alpha_\mathrm{th}R_\mathrm{b}\mathrm{d}T \tag{5.196}$$

流经辐射热测定器和负载电阻 R_L 的电流为 $I = V_\mathrm{b}/(R_\mathrm{L} + R_\mathrm{b})$，结合方程（5.190）可得到

$$\mathscr{R}_\mathrm{V} = \frac{R_\mathrm{b}V_\mathrm{b}}{R_\mathrm{L} + R_\mathrm{b}} \frac{\alpha_\mathrm{th} \cdot \eta_\mathrm{S} \cdot R_\mathrm{th}}{\sqrt{1 + \omega^2\tau_\mathrm{th}^2}} \tag{5.197}$$

1. 金属带状辐射热测定器

1880 年，兰利发明了辐射热测定器，用于测量由照度变化导致的铂带电阻变化。后来，人们又采用了不同的金属。温度系数 α_th 的典型值为 +0.5%/℃（表 5.5）。

表 5.5　在室温下不同材料的电阻率和温度系数

材料	电阻率/$10^{-8}\,\Omega \cdot \mathrm{m}$	温度系数/$10^{-3} \cdot ℃^{-1}$
银	1.6	4.1
铜	1.7	4.3
铝	2.7	4.3
钨	5.4	4.8
铁	10.1	6.5
铂	10.6	3.9
铅	20.6	4.2
汞	95.6	1.0

2. 热敏电阻

在很多工业用途中，探测器在挑战性的环境条件下必须坚固耐用、性能好，因此热敏电阻成为精选的探测器。将金属氧化物压成小珠状、盘状、圆片状或其他形状，然后在高温下烧结，就可以用作辐射传感元件。再给这个总成覆上环氧树脂或玻璃，安装在绝缘导热材料（例如蓝宝石）上。热敏电阻的温度系数一般在 5%/℃ 左右。

约翰逊噪声是热敏电阻噪声的主要组成部分。通过让探测器表面收集更多的光，可以改善信噪比。为达到更高的光收集率，很多热敏电阻都在探测表面增加了一个透镜。在非冷却工况下，这些装置在 1～40 μm 的光谱范围内拥有 10^{-10} W/ Hz$^{1/2}$ 的 NEP[5.2,75,76]。

3. 半导体辐射热测量器

为满足对高性能探测器的需求，研究人员开发了各种低温半导体辐射热测量器[5.77,78]。在低温下，散装材料的声子模冻结，比热变得很小，同时电阻的温度系数增加。因此，具有极小热容和高灵敏度的探测器是可行的。这种探测器的一个极好

例子是在液氮温度下工作的锗测辐射热计[5.77]。在 5～100 μm 的光谱范围内，锗测辐射热计的工作性能可接近理论极限。由于热容低，锗测辐射热计是极快的热探测器，响应时间一般为 400 μs。这种装置的电压响应率大约为 5×10^{-3} V/W。

如果锗只是用作温度传感器，而大面积吸收体（通常为铋）被置于蓝宝石或金刚石衬底上，衬底又与半导体热接触，则锗测辐射热计可获得比简单的半导体测辐射热器更好的时间响应。非绝缘衬底的热容比整个总成由锗制成时的热容小好几个数量级[5.77]。

4. 超导辐射热测量器

超导体的电阻显著变化使得这些装置对极小的温度变化很敏感。但对于金属超导体来说，从超导态到正常导电态的过渡发生在极低温度（≈4 K）下的一个窄过渡区内。因此，液氦冷却和具有 mK 分辨率的温度控制是超导体正常工作的要求。由高温超导体（例如氮化铌

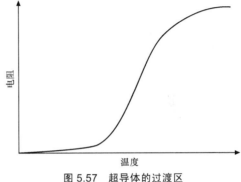

图 5.57　超导体的过渡区

或钇钡铜氧化物）制成的温度计要好用得多。通过在大约 77 K 温度下的渐变过渡，这种辐射热测定器只需要用液氮冷却即可。图 5.57 显示了超导辐射热测量器的典型 $R-T$ 特性。

除测辐射热模式外，超导探测器还可以在超出过渡温度（非平衡模式）的情况下以"光子辅助隧穿模式"工作。在后一种情况下，可以探测结点的 $I-V$ 特性变化。

|5.12　成 像 系 统|

通过将上述光电导体或光电二极管与电子读出装置相结合，可以建成成像阵列。成像系统经常被称为"焦平面阵列"（FPA）——位于成像系统焦平面上的单个探测器像元（像素）的集合。一般来说，FPA 的架构可分为单片集成式和混合式。

在单片集成方法中，一些多路复用步骤是在探测器材料本身完成的，而不是在外部读出电路中完成的。单片集成阵列的基本单元是一个 MIS（MOS）电容器。单片结构有几个明显的优势，主要是简单、成本更低，这与单片结构的直接集成是分不开的。对于可见光探测和红外探测，CCD 和 CMOS 阵列等单片结构可用硅制成，以形成具有数百万个高性能像素的阵列[5.79]。

紫外成像器和红外成像器大多由混合结构制成，可见光混合结构也已制造出来，用于专门的用途（例如 p–i–n 光电二极管阵列）。混合 FPA 探测器和多路复用器是在不同的衬底上制造的，它们通过倒装芯片焊接或透光孔互连紧密配合在一起。在这种情况下，探测器材料和多路器可单独优化。读出电子装置的铟柱倒焊、焊料

凸点焊接或接线柱金球焊接为数千像素发出的信号经多路传输到输出线上做好了准备，从而大大简化了传感器和系统电子装置之间的界面。在红外成像器中，通常采用具有数百万像素的大尺寸多元混合阵列，在 $1 \sim 40\ \mu m$ 的光谱范围内，红外阵列中每个像元的性能都接近基本的光子噪声极限。用于制造红外 FPA 的材料包括 PtSi（肖特基势垒阵列）、InSb、基于 QWIP 的阵列（$GaAs/Al_xGa_{1-x}As$、$In_{0.53}Ga_{0.47}As/In_{0.52}Al_{0.48}As$、$In_{0.53}Ga_{0.47}As/InP$）、基于 $In-GaAsP$ 的四元 QWIP 等[5.34]，还有 HgCdTe。

5.12.1 CCD 阵列和 CMOS 阵列

在 5.9 节中描述了电荷转移传感器的工作原理和主要特性。在这里将比较 CCD 阵列和 CMOS 阵列。

CCD 技术能够提供顶级探测性能，但对用户来说有几个缺点。对于最好的后照射薄产品（可能面临货源有限的风险）而言，CCD 仍是实现极高端应用的首选技术。另外，CMOS 探测器的固有优势（低能耗、读出率、噪声、耐辐射性、集成能力）使得 CMOS 很适合几种用途。经过最近在开发与 CMOS 核心过程相兼容的探测器方面做出的努力，CMOS 能提供更高的量子效率（虽然在这方面与 CCD 相比仍然较弱）[5.61]。表 5.6 将 CCD 和 CMOS 成像系统的一些重要特征和特性做了比较。

表 5.6 CCD 与 CMOS 之间的特征与性能比较

特征和性能	CCD	CMOS
像素外信号	电子包	电压
芯片外信号	电压（模拟）	比特（数字）
摄像头外信号	比特（数字）	比特（数字）
填充因数	高	中等
放大器失配	无	中等
系统噪声	低	中–高
系统复杂性	高	低
摄像头组件	PCB+多个芯片+透镜	芯片+透镜
响应率	中等	稍好
PlaceNameDynamic 范围	高	中等
均匀性	高	低–中
速度	中–高	更高
抗晕	高–无	高
偏压和时钟	多元，高压	单元，低压

5.12.2　p-i-n 光电二极管阵列

多元、二维 p-i-n 光电二极管阵列和雪崩光电二极管阵列实际上垄断着医学成像、光探测和测距（LIDAR）、三维激光雷达（LADAR）系统、激光振动计等领域。p-i-n 光电二极管阵列和雪崩光电二极管阵列之所以独特，是因为它们能够快速访问阵列中的任何一个像素，能够提供较高的动态范围和频带宽度（达到 1 GHz，甚至更大），还可能提供高速平行读出系统。

在整个可视光和近红外光谱范围内有着很高量子效率的 p-i-n 光电二极管阵列是在具有后照射能力的薄（30～100 μm）硅晶片上设计的[5.80-82]。图 5.58 中所示结构的特征——较窄的中性区宽度、相邻像素之间的隔离 n+ 扩散以及可控带隙宽度——使阵列提供了有望用于很多用途的一些特性。尤其要提到的是，这些光电二极管阵列中的像素具有如下特性：上升和下降时间约为 1 ns，反向偏压较小，只有几伏特。图 5.58 所示设计的另一个重要特征是相邻像元之间的直流和交流串扰极低。

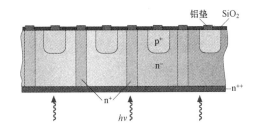

图 5.58　在薄硅晶片上制造的 p-i-n 光电二极管阵列的截面图[5.80]

5.12.3　光导摄像管

光导摄像管是在第一批电视摄像机中使用的光电导探测器。光导摄像管由一个光传感器和一个电子束组成，后者是电子管内的读出点（图 5.59）。光电导材料通常是硫化锑（Sb_2S_3），以小珠形式悬浮在介电基质（云母）中。通过光线入射窗以及一个处于正电位的透明导电层（信号板），图像被聚焦到处于近地电位的光电导材料（阴极）上。电子—空穴对在那里生成，负电荷载流子在电场作用下移向阳极；电子束扫描阴极的背面，因此将电子沉积在被照射的正区，这会在信号板里产生一个电容耦合信号。

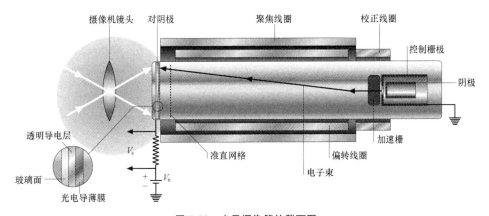

图 5.59　光导摄像管的截面图

| 5.13 摄 影 |

毋庸置疑，摄影是众所周知的用于探测光及生成图像的最古老方法之一。摄影开发的主要方向包括黑白摄影、彩色摄影和全息摄影。本节将描述黑白照相探测器和彩色照相探测器，全息照相将在单独的一章中详细介绍。

摄影是一个基于化学变化的过程，其中的化学变化由某种半导体和染料分子中的光激电子触发。当照相胶卷曝光时，这些变化会积聚，形成一个潜像。而下列化学处理过程会放大图像，使其能看见。

照相底片和显影化学剂的成分取决于在透明胶片上生成正像还是负像，或者取决于是否需要在固体衬底上生成正像。下面，本文将研究摄影成像的一些基本过程以及相关的物理现象。

5.13.1 黑白摄影

1. 基本原理和图像生成

常见的照相材料主要基于卤化银晶粒（AgBr、AgCl 和 AgI 的微晶），这些晶粒是照相探测器的有源元件。照相底片由多层组成，每层都有自己特定的功能[5.83]。卤化银晶粒悬浮在明胶黏合剂（形成乳状液）中，然后涂覆在玻璃或塑料薄膜上，以达到力学稳定性；界面层用于增强明胶在玻璃上的黏合力；通常还要在最上面涂覆保护性的明胶，以保护晶粒；玻璃或塑料薄膜的背面覆有一层吸收材料，以避免光从后表面反射。

摄影过程以卤化银晶粒为中心。卤化银中的光子吸收生成电子－空穴对——电子在导带中，空穴在价带中。这个过程可用下列方程来描述（假设 Br 为卤素原子）：

$$h\nu + Br^- \rightarrow Br + e^- \tag{5.198}$$

式中，考虑到卤化银是离子晶体，负电荷与 Br 有关，方程右侧意味着光激电子能在整个 AgBr 晶体结构的导带内自由移动。在溴原子处的光致空穴能移动到晶粒表面，然后与明胶起反应，或者与另一个空穴耦合，形成一个溴分子。不论发生哪一种情况，溴原子都不能参加进一步的反应。

与此同时，光电子可能被银原子捕获：

$$e^- + Ag^+ \Leftrightarrow Ag \tag{5.199}$$

银原子可作为第二个电子的陷阱：

$$Ag + e^- \rightarrow Ag^- \tag{5.200}$$

所得到的负离子与晶体结构释放的正银离子结合，形成一个稳定的双原子银分子：

$$Ag^- + Ag^+ \rightarrow Ag_2 \qquad\qquad (5.201)$$

但这个原子簇仍然不能显影。在进一步的反应中，银分子［式（5.201）］能捕获由晶体释放的更多正银离子以及光激电子，从而形成由三个或四个 Ag 原子组成的原子簇。在后续的化学处理中，临界尺寸为三个或四个 Ag 原子的中心结构能够将银离子进一步还原为银，从而为潜像提供核晶作用。

潜像的可视化（放大）通过将已曝光的胶片浸入化学还原剂（"显影剂"）中来实现。银原子的聚合体起着电极的作用，将电子从还原剂引导到晶粒中，从而促进了银原子聚合体的增长。在聚合体中银原子的最终数量超过 10^7，这使得银原子能够被看见，剩余的银离子则被冲走。

2. 光谱响应

摄影时的主要事件是半导体微晶（卤化银）对光的吸收。卤化银形成了具有间接最低能带隙的面心立方晶体[5.87]。表 5.7 总结了几种卤化银晶体在最低间接与直接带隙跃迁时的能量。

在低于 500 nm 的短波长光谱范围内间接吸收能提供相当高的光激发率。由于在 $\lambda < 250$ nm 时明胶吸收作用强，因此在紫外光谱范围内胶片的总效率会降低。通过在胶片顶部涂敷极薄的明胶涂层，胶片响应可进一步延伸到紫外光谱范围。

表 5.7　AgF、AgCl、AgBr 和 AgI 晶体的实验 E_g 值（单位：eV）

卤化物	间接跃迁 Γ ← L	直接跃迁至 Γ
AgF	2.8 ± 0.3[5.84]	4.63[5.84]
AgCl	3.25[5.85]	5.15[5.86]
AgBr	2.69[5.85]	4.29[5.86]
AgI	2.0 ± 0.3	3.0 ± 0.2

胶片响应范围延伸到红光是通过染料敏化来实现的[5.83]。在敏化的胶片中，光子会激发与卤化银晶粒贴紧的染料分子。光激染料分子在卤化物晶粒内生成导电电子的可能性有两种，一种是通过直接电子转移过程，将电子从染料分子转移到晶粒[5.88,89]；另一种可能性是通过共振和非共振能量转移过程，在光激染料分子和卤化银微晶之间转移电子[5.90-92]。在染料敏化光谱区内，只有晶粒表面（与整个晶粒体积相反）会参与初始光子探测。

5.13.2　彩色摄影

1. 加色法和减色法

加色法和减色法将光的特性与颜色联系起来。加色过程是通过将两种或更多种原色结合来生成颜色。因此，通过用不同的方式组合红、绿、蓝色，就可以得到可见光谱上的所有颜色。

但加色法不能在染料叠加系统中使用，因为一层加原色的染料会消除光谱中整个补充的部分，而两种不同原色染料的叠加将始终生成黑色。

减色法是通过减去或吸收原色来生成颜色。减色法的三种基色是黄、品红、蓝绿，它们是对加色的补充。这三种颜色各自只吸收一种原色的光，黄色吸收蓝光，蓝绿色吸收红光，品红色吸收绿光。将具有不同补充模的两层相叠加，将始终生成一种原色。与大多数的照相胶卷过程相似的是，减色概念也用于染料耦合过程。

2. 基本原理和图像生成

彩色摄影有各种方法可用，但最现代化的方法是将很多含成色剂的乳胶层堆叠起来[5.83,93]。图 5.60 举例说明了利用正片生成彩色图像的过程。假设构成胶片的所有层都均匀，并用红光照射胶片的左侧，用绿光照射中部，用蓝光照射右侧。此结构的顶层是含有裸露卤化银晶粒的乳状液，卤化银只对蓝光有响应。黄滤色镜能移除蓝光，防止下面的乳剂层受蓝光照射，这意味着下面这两层只能被含有绿光子和红光子的光照射。其中一个底层用染料敏化，只对绿光有反应，而另一个乳剂层则用红敏染料敏化。因此，在三个乳剂层中分别记录了三种原色［图 5.60（a）］。

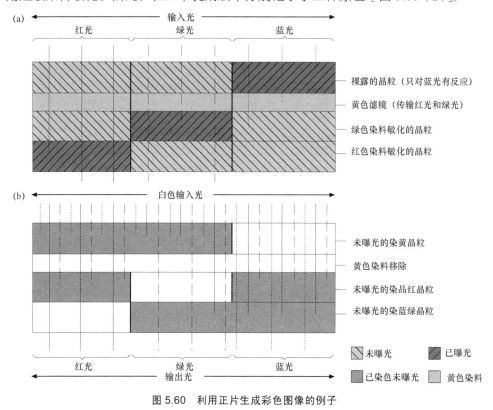

图 5.60　利用正片生成彩色图像的例子

（a）用三原色照射胶片；（b）正像胶片显影

在显影时，将黄滤色镜撤掉，用彩色显影剂还原潜像晶位。氧化的彩色显影剂在乳状液中与成色剂发生反应，生成图 5.60（b）中描述的彩色染料。首先，对曝光的卤化银晶粒进行显影，使潜像放大；之后，用成色剂显影，在每层的未曝光晶粒中形成补充染料。在顶部蓝敏乳剂层的未曝光晶粒中生成黄色染料；在中间绿敏层的未曝光晶粒中生成品红色染料；在底部红敏层的未曝光区生成蓝绿色染料。在此过程结束时，所有的银都已被冲洗掉，留下的只有彩色影像染料。因此，含有黄色和品红色染料叠层的胶片区域将透射或反射红光［图 5.60（b）的左侧］——一开始时就是用红光来照射这部分胶片的——并与图 5.60（a）的左侧相比较。同理，图 5.60 中的胶片中间部分将透射或反射绿光，而胶片右侧将透射或反射蓝光。因此，照射光的颜色将被直接复制。

5.13.3 特性与品质因数

照相底片和图像的特性通常利用适于描述摄影图像的那些品质因数来描述。下面，本文将总结一些最重要的特性和品质因数。

1. 量子检测效率（DQE）

潜像的形成和显影过程通常会导致输入信号略微减弱，从而造成信息损失或噪声增加。量子检测效率利用假想的信号光子数 N_{out} 与实际输入信号光子数 N_{in} 之比，描述了这种信号减弱现象。在完美的探测器系统中，信号光子在输出信号中生成的信息量与从真实系统中接收到的信息量相同[5.64]。

$$DQE = \frac{N_{out}}{N_{in}} = \frac{(S/N)_{out}^2}{(S/N)_{in}^2} \qquad （5.202）$$

式（5.202）的右边假设符合泊松光子统计学。由式（5.202）可明显看到，DQE 只是外部吸收量子效率 η_{ex}，在前面 5.1.4 节中式（5.22）定义为光子从探测器上入射时光电子的生成概率，条件是在后续过程中信噪比不会减小。

实际上，照相材料的 DQE 比吸收量子效率 η 低得多。在短期时间内，一个晶粒平均要吸收多达 20 个光子，才能提供 50% 的晶粒显影概率，仅仅这个原因就让量子效率至少降低到原来的 1/20。使 DQE 降低的其他两个影响因素是晶粒在乳胶胶片中的分布不均匀以及晶粒特性的变化。这两个影响因素可定量地表示为胶片的粒度，也就是在均匀曝光的胶片上通过一个固定小光圈测得的响应变化量。由于这些影响因素的结合，照相底片的真实 DQE 通常会远远低于 5%。

用于提高在卤化银微晶中形成光致银簇合物时量子效率的一些方法是在卤化银晶体中掺入可抑制空穴活性和电子–空穴复合率的掺杂剂[5.94]。

2. 光学密度与光谱灵敏度

图像在照相胶卷中的光学密度 D 体现了乳剂层的光传输能力：

$$D = -\log T \qquad (5.203)$$

式中，T 是透射比，定义为穿过冲洗胶卷的光量与入射光量之比。摄影中的光学密度可按散射密度（利用入射准直光束在半球上测量）或定向密度来测量。定向密度指仅在某个立体角上测量的密度；散射密度通常用于比较不同的照相胶片。

在摄影时，灵敏度可按绝对值测量，或取相对值，即材料曝光所需的能量与基准能量之比。灵敏度还可按曝光度的倒数来测量。曝光度可表示为在曝光时间 t 内，为达到某光学密度 D_0 所需的、单位面积上的辐能通量 $\varPhi_p$。感光乳剂的光谱灵敏度定义为[5.83]

$$S(\lambda) = \frac{1}{H(\lambda)} \qquad (5.204)$$

式中，$H = \varPhi_p t$。

3. 特性曲线

照相胶片的响应与光能量之间通常不存在线性关系，而是图 5.61 所示的特性曲线。该曲线的中间部分 3 描述了胶片的净响应只取决于所接收的光子总数（倒易律）时的情形。但在两个非线性区域，倒易律不成立。

在低曝光度情况（曝光不足，见这条特性曲线中的第 2 部分）下，也就是曝光时间极短或光子到达率极低时，电子可能会在形成稳定的显影中心之前逃出捕获中心。请注意，从这条特性曲线上通常能看到光学密度非零（甚至在曝光度为 0 时也如此），这是由于未接收到光线时不同来源的背景辐射以及化学显影造成的。这个曝光度区叫作"总雾度"，见图 5.61 中特性曲线的第 1 部分。

高光子率和长曝光时间导致饱和状态和非线性，见图 5.61 中的第 4 区"过度曝光"。

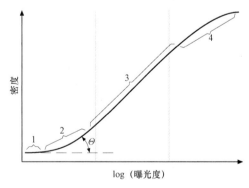

图 5.61　胶片的典型特性曲线。这条曲线的各部分描述了不同的曝光度
1—总雾度；2—曝光不足度；3—正常曝光度；4—饱和度

4. 速度

照相胶片的速度可通过假设晶粒必须吸收一定量的光子才能显影来描述[5.64]，

所提到的光子数量取决于粒度，因此，速度和粒度之间存在相关性。对于掺有裸露的卤化银晶粒的乳剂（灵敏度低于 500 nm）来说，所有晶粒都会吸收光子，胶片速度就是晶粒量乘以吸收系数。对于被染料敏化的晶粒来说，只有表面才能有效地吸收光子，因此胶片速度与晶粒表面成正比。对于直径与波长接近的极细晶粒来说，衍射效应会导致吸收效率降低，因此乳剂感光速率也会降低。

为提高在低光度下的胶片速度，必须专门研究乳状液敏化作用，以及改善照明光学。

5. 对比度和噪声

图 5.61 中特性曲线的线性部分斜率 $\gamma = \tan\theta$ 代表着胶片的对比度。胶片的对比度越高，信号和噪声之间的间隔就越大。对于拥有较小晶粒的乳状液来说，可获得的对比度通常更高，部分原因是因为小晶粒乳状液的粒径更均匀。

每个分辨单元中晶粒数量的随机变化、晶粒特性的变化、光吸收过程的随机性质、电子转移以及银聚合体的增长都会导致密度不均匀和探测过程出现噪声。

假设在每次给定的曝光度下密度是固定的，则输出信噪比可写成曝光度 H 与曝光不确定性（噪声）σ_H 之比，即 $(S/N)_{\text{out}} = H/\sigma_H$ [5.64]。请注意，当曝光度和密度的变化较小时，曝光不确定性 σ_H 和密度不确定性 σ_D 之间的关系可用 $\sigma_H/\sigma_D \approx \mathrm{d}H/\mathrm{d}D$ 来表示。同时，考虑到由图 5.61 可知对比度 $\gamma = \mathrm{d}D/\mathrm{d}(\log H)$，因此信噪比为

$$(S/N)_{\text{out}} = \frac{H}{\sigma_H} = \frac{H}{\sigma_D}\frac{\mathrm{d}D}{\mathrm{d}H} = \frac{H}{\sigma_D}\frac{\mathrm{d}D}{\mathrm{d}(\log H)}$$
$$= \frac{H}{\sigma_D}\gamma \tag{5.205}$$

式中，$\mathrm{d}(\log H) = \mathrm{d}H/H$。

在泊松光子统计学情况下，入射信息量中的信噪比为

$$(S/N)_{\text{in}} = \frac{\Phi_p t}{\sqrt{\Phi_p t}} = \sqrt{\Phi_p t} \equiv \sqrt{H} \tag{5.206}$$

式中，Φ_p 是在曝光时间 t 期间单位面积内的辐能通量。因此，量子检测效率可写成

$$\mathrm{DQE} = \frac{H\gamma^2}{\sigma_D^2} \tag{5.207}$$

6. 分辨率与调制传递函数（MTF）

通过让照相胶片曝光于交替黑白线组成的光栅中，并确定线对的最小可辨别间距，就能够测定胶片的分辨率。但这种方法也有缺点，因为胶片通常是成像系统（包括成像光学器件）的一部分，很难将成像效果与整个系统的不同组分分隔开。

一种更通用的概念是利用调制传递函数（MTF）来描述成像系统中每种组分的质量，更具体地说，MTF 是光学系统对各种空间频率 $\{x\}$ 的幅值响应[5.95]。在性能方

面, MTF 描述了图像的调制深度 $M_{out}(x)$ 与入射信息包的调制深度 $M_{in}(x)$ 之间的相关性:

$$\text{MTF}(x) = \frac{M_{out}(x)}{M_{in}(x)} \qquad (5.208)$$

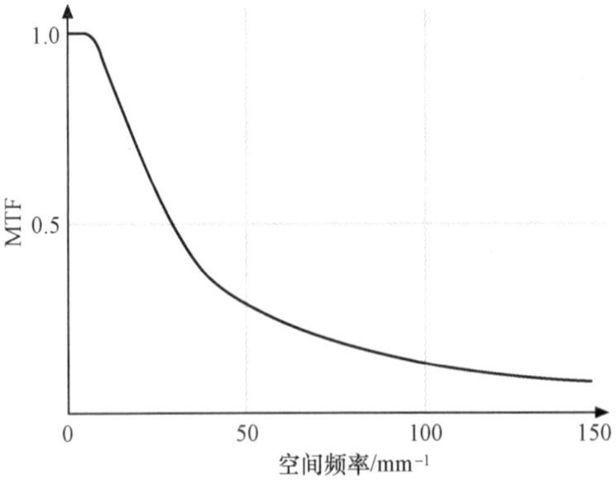

图 5.62 典型胶片的 MTF

图 5.62 提供了照相乳剂的 MTF 典型实例。提高探测器对特定空间频率的响应灵敏度,从而得到比图 5.62 所示形状更复杂的 MTF 是可能的。

MTF 可按物分布的傅里叶变换函数(FTF)来计算。例如,对于单个理想的矩形光电探测器像素来说,一维空间响应用 π 函数来描述,MTF 的理论极限是一个 sinc 函数 $[\text{sinc}(x) = \sin(x)/x]$。实际上,光电探测器空间响应的 FTF 越接近于 sinc 函数,光电探测器的成像性能(分辨率等)就越好。FTF 函数的零值对应于基频的谐波。就光电探测器而论,基频是工作区的物理尺寸。

采用 MTF 是有利的,因为整个线性光学系统的 MTF 可通过将各组分的 MTF 简单相乘来求出。用这种方法可以毫不费力地求出复杂光学系统的总分辨能力。

| 5.14　光电探测器的最新进展 |

最近在装置技术和基础科学方面取得的进展不仅有利于设计新型光电探测器,还有利于对现有的光电探测器进行重大改进。本节将简要回顾在光电探测器领域取得的一些最重要的新进展。

5.14.1　基于聚合物的光电探测器

基于半导电共轭聚合物的有机光伏二极管已被研究多年,但因为人们对太阳能电池行业的需求大增,此类二极管的开发工作最近已受到进一步的激励[5.96]。

导电聚合物通常具有基于 sp^2 杂化碳原子的交替单键–双键结构(共轭),因此它是电子极化性很强的高度离域 π 电子系统。这使在可见光区域内的光吸收成为可能——因为成键和反键 p_z 轨道之间存在 $\pi - \pi^*$ 跃迁——还使得非平衡电荷的传输成为可能。半导体要成为光电二极管/光电导体,必须满足这两个要求。$\pi - \pi^*$ 跃迁对应从最高占有分子轨道(HOMO)到最低未占分子轨道(LUMO)的光激励。大多数共轭聚合物的光学带隙大约为 2 eV。有机半导体中的电荷载流子迁移率通常低于无机半导体的载流子迁移率,这个缺点可通过高吸收系数和长载流子寿命(例如在聚合物–富勒烯混合物中)来部分地弥补。

图 5.63 显示了在基于聚合物的光电探测器中常用的三种共轭聚合物结构。这三种共轭聚合物分别是空穴导电给体型聚合物 MDMO-PPV（聚［2-甲氧基-5-（3,7-二甲基-辛氧基）］-对苯撑乙撑）、P3HT［聚（3-己基噻吩-2,5-二基）］和 PFB（聚［9,9′-二辛基芴-聚-二-N,N′-（4-丁苯基）-二-N,N′-苯基-1,4-苯二胺］）。典型的电子导电受体型聚合物是 CN-MEHPPV（聚［2-甲氧基-5-（2′-乙基乙氧基）］-对苯乙炔）和 F8BT（聚（9,9′-二正辛基芴-苯并噻二唑共聚物））。

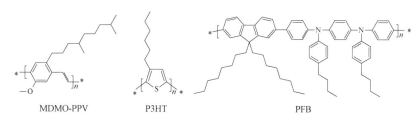

MDMO-PPV　　　　P3HT　　　　　　PFB

图 5.63　在基于聚合物的光电探测器技术中采用的共轭聚合物结构

1. 基本原理和装置架构

基于共轭聚合物的光电探测器的基本原理：受激态（激子）的光致形成，之后是电荷分离，非平衡电子和空穴分别通过受体和给体被转移到电极。激子结合能在 0.1~1 eV 范围内；因此分解反应中需要大约 1 eV 的能量才能让电荷分离。在单层有机太阳能电池中，这一点可通过在肖特基触点的耗尽区内外加强电场来实现。在聚合物光电探测器中，激子分离依赖于受体/给体界面两端的电势梯度，由此引发在这些材料之间的光致电荷转移[5.97]。电荷转移的驱动力是被激发给体的电离势和受体的电子亲和能 ψ 之差减去库仑相关系数。由于光致电荷转移，带正电荷的空穴仍留在给体物质上，而电子则位于受体上。

当空穴和电子各自在不同的物理区域传输时，电荷复合的概率会大大降低，这使电荷载流子的寿命延长。由于共轭聚合物内部的荷载流子迁移率大约为 10^{-4} cm²/（V·s），因此要想将所有的光激电荷载流子从光敏层中提取出来，载流子需要有较长的寿命才行。电荷载流子提取的驱动力来自空穴和电子的不同功函电极在整个光敏层内部形成的电场。

在大多数情况下，共轭聚合物光电探测器的工作原理可利用肖特基二极管或金属-绝缘体-金属二极管的简易模型来解释。在这些二极管中，在两层具有不同功函的金属之间夹着一薄层聚合物（图 5.64）。向/从分子 HOMO 或 LUMO 能级注入/提取电荷时的选择性确保了这些有机装置的整流二极管性能。当外加偏压时，这些装置可获得不同的工作机制[5.96]。

图 5.65（a）提供了聚合物光电探测器的最简单示意图。在覆有透明铟锡氧化物（ITO）的衬底和反射型铝背面电极之间夹有光敏层。光从这个装置的 ITO 侧照射进来，通过在 ITO 侧添加 PEDOT：PSS（聚［3,4-聚乙烯二氧噻吩］：聚（聚苯乙烯磺酸盐））涂层以及在铝侧增加一个氟化锂（LiF）底层，可以进一步改进这两个电

极，从而提高电荷注入率。在单层（单一聚合物材料）装置中，只有在肖特基触点（由铝电极和聚合物层形成）的耗尽区 W 附近产生激发才可能导致电荷载流子分离——因为激子扩散长度受到限制［图 5.65（b）］。因此，只有较窄的工作区才有助于光电流产生。

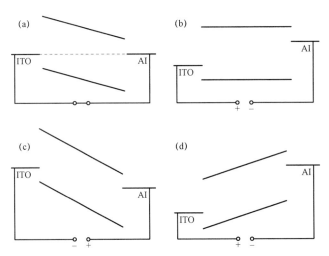

图 5.64 夹在两个金属电极［铟锡氧化物（ITO）和铝（AI）］之间的有机半导体层的能带示意图

（a）短路状态；（b）平带状态；（c）反向偏压；（d）正向偏压

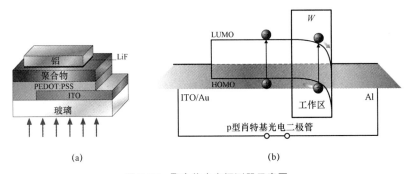

图 5.65 聚合物光电探测器示意图

（a）聚合物光电探测器的最简单设计结构示意图；（b）在短路模式下单层聚合物光电二极管的能带示意图

  双层聚合物（聚合物–聚合物）装置采用了给体–受体概念。在这种概念中，激子在给体聚合物和受体聚合物之间的界面处离解，导致空穴留在给体上，电子留在受体上。因此，不同类型的电荷载流子可能在分开的材料内单独迁移，双分子复合被抑制，而这些装置中的光电流与光强度之间呈现出很强的线性关系。但工作区的宽度受限也给双层装置带来了负面影响。

  具有本体异质结的聚合物光电探测器能克服上述限制。在这些装置中，给体材料和受体材料在装置本体内充分混合。这样一来，光生激子将不再需要远距离迁移至给体/受体界面，电荷分离现象将会出现在光敏层的整个深度上，从而使工作区在整个装置体积内延伸。本体异质结概念已使装置的量子效率大大改善。

2. 聚合物–聚合物光电探测器

聚合物–聚合物光电探测器采用了两种不同的聚合物作为光敏层中的给体部分和受体部分。这两种聚合物的 HOMO 和 LUMO 能级之间需要存在分子能级差，以实现光致电荷转移；由于这两种聚合物的分子能级相互接近，因此聚合物–聚合物装置能达到较高的开路电压。这类装置可利用双层设计或本体异质结设计来制造。例如，本体异质结装置可通过混合聚对苯撑乙炔（PPV）的以下两种衍生物来制备：用 MEH–PPV（聚［2–甲氧基–5–（2–乙基己基基）对苯乙炔作为给体组分，用氰基–PPV（CN–PPV）作为受体组分。在另一个例子中，工作区由薄层的给体聚合物铜酞菁（CuPc）和受体聚合物 3,4,9,10–苝四甲酸双苯并咪唑（PTCBI）交替排列而成，第一个 CuPc 层与阳极接触[5.98]。这种混合物与单组分装置相比，光电流和量子效率大大增加。文献［5.96，98，99］中综述了聚合物–聚合物光电探测器的最新先进水平。

3. 聚合物–富勒烯光电探测器

聚合物光电探测器的双层结构和本体异质结结构是利用共轭聚合物作为一种组分、用富勒烯（C_{60}）或其衍生物作为另一种组分来实现的[5.100 – 102]。在这些装置中，C_{60} 是一种电子受体，而各种共轭聚合物可用作电子给体，例如 MEH–PPV 或 PPV。在下一步开发进程中，C_{60} 上附了一个侧基，由于在常见的有机溶剂中溶解度增加了，因此有利于溶液处理。这种新的化合物——PCBM——目前能在聚合物–富勒烯光伏装置中提供最佳性能。

基于 MDMO–PPV 的本体异质结的进一步改进是通过利用新型 C_{70} 富勒烯衍生物来实现的——这种衍生物被与 PCBM 相同的侧链代替，因此叫作"［70］PCBM"。由于与 C_{60} 的二十面体对称性相比，C_{70} 的对称性降低，因此［70］PCBM 的光跃迁增强，可见光吸收率也大大增加。这使得 MDMO–PPV 光电探测器的外量子效率（EQE）提高到 66%。

多次研究表明，大规模的相位分离、物质相渗差异以及由此形成的电荷传输特性都对聚合物–富勒烯光电探测器的光伏性能有影响（见文献［5.96］中的综述）。因此很明显，在这些装置中测得的电荷载流子迁移率一定会随混合形状而变。此外，电子和空穴载流子的迁移率在很大程度上取决于聚合物–富勒烯的混合比。而且，在聚合物和富勒烯的混合物中，给体聚合物的空穴迁移率大大增加。聚合物–富勒烯装置代表着迄今为止最广为研究的聚合物–分子有机/无机混合物光伏探测器概念。下一节将提供有关混合物有机/无机光电探测器的更多信息。

5.14.2　混合物有机/无机光电探测器

混合物光电探测器目前是利用有机材料纳米结构和无机材料纳米结构的混合形式来设计的,它将无机半导体纳米粒子的独特性质与有机/聚合物材料的特性结合起来。由于无机半导体纳米粒子的吸收系数高,还可通过粒径限制效应实现光学带隙的可调谐性,因此这些探测器经证实在光伏应用中是有优势的。此外,薄膜器件的合成低成本、可加工性和多样化制造方法使得这些器件相对其他大规模应用情形来说也很有吸引力。混合物光伏探测器可利用不同的概念来制造,例如基于溶液的光电探测器、固态染料敏化光电探测器以及采用了本体异质结概念并具有不同纳米粒子（TiO_x、ZnO、ZnSe、ZnTe、CdSe、CdS、PbS、PbSe、$CuInS_2$ 及其他化合物）的混合物探测器[5.103,104]。

1. 经过溶液处理的光电探测器和染料敏化光电探测器

经过溶液处理的共轭聚合物光电探测器是在 1994 年首先发明的[5.105]。这些光电二极管是利用复合物 $MEH-PPV-C_{60}$（富勒烯）在覆有 ITO 的玻璃衬底上旋涂,然后对阴极进行金属蒸发之后形成的。这些装置对可见光和紫外光很敏感,对这个光谱范围的响应率为 0.3 A/W。C_{60} 能够使光谱灵敏度范围延伸到 700 nm。此装置所需要的外加偏压为 10 V。

近红外探测器的另一种制造方法则基于染料敏化光伏探测器[5.106]。这种装置由一个渗有各种阴离子染料（用作光吸收物质）的纳米孔 TiO_2 层组成。异质结在染料和 TiO_2 的界面处形成;在光照之后,利用一个 CuSCN 重叠层作为空穴传输层,通过 TiO_2 和空穴将电子提取出来。纳米孔 TiO_2 用于增加异质结的界面面积,从而提高外量子效率。此装置的灵敏度范围扩大到了 950 nm。据报道,此装置的响应率被限制在大约 2 mA/W;比探测率为 $D^* \propto 10^{10}$ Jones。

为克服共轭聚合物中的载流子迁移率瓶颈,防止共轭聚合物的时间响应因此被限制在几十微秒,有人还建议采用另一种混合物薄膜光电探测器。这些有机光电探测器由蒸发到 ITO 衬底上的小有机分子层组成,还利用 CuPC 和 PTCBI 层交替排列,形成一层 32 nm 厚的薄膜[5.107]。所得到的性能包括:响应率 0.3 A/W,暗电流约为 10^2 nA/cm^2,频率响应约为 400 MHz。

2. 经过溶液处理的胶体量子点光电探测器

胶体量子点的溶液可处理性和光谱可调谐性使得它们对于光电探测器来说很有吸引力。胶体量子点能与共轭聚合物相容,因此能够集成为具有较大界面面积的纳米复合材料。这些本体异质结能提供如下功能:较强的光子吸收、高效的激子形成,之后是离解和电荷分离。在照射之后,激子离解,电子和空穴通过不同物理环境（聚合物和纳米晶体）中的单独路径被传输到触点,从而降低了复合率,提高了电荷收集效率。

1996 年，聚合物–纳米晶体复合物光电探测器的发明事迹被报道[5.108]，这种探测器由 CdSe 或 CdS 纳米晶体与 MEH–PPV 的混合物组成。此材料系统具有 II 类异质结构，其中的电子在电场作用下留在纳米晶体内，而空穴则被转移到聚合体基质内。将这种混合物旋涂在 ITO 衬底上，然后进行金属蒸发形成阴极；通过猝熄由纳米晶体发射的光致发光，可观察到激子离解（电荷分离）的效率。将这些装置作为光伏探测器来研究，在零偏压条件下，这些装置的量子效率据报道约为 12%，在 3 V 反向偏压下达到约 60%。所报道装置的光谱灵敏度因 MEH–PPV 和 Cd（S，Se）纳米晶体的光吸收而被限制在 650 nm 的可见光光谱范围内。

在纳米晶体表面上进行配位体交换的沉积后处理之后，这个系统中的光电导性可能会增大好几个数量级。研究发现，为减小纳米粒子之间的间距，促进纳米晶体之间的载流子传输，要求配体必须较短[5.109]。

光谱灵敏度范围超过 1 μm 的另一种装置结构可由 MEH–PPV 聚合物中的一层 Pb（S，Se）纳米晶体薄膜组成，这层薄膜夹在薄 PPV 缓冲层和金属触点之间。因此，在光致激发之后，在纳米晶体中形成的电子–空穴对分开，电子在纳米晶体之间跳跃，到达阳极，而空穴则通过聚合物被传输到阴极。但在短波红外（SWIR）光谱范围内，这些光电二极管的响应率据估算低于 10 mA/W——这对实际的传感用途来说太低了，是不允许的。

3. 经溶液处理的量子点光电导体

经溶液处理的量子点光电探测器是另一种可行的 SWIR 探测方案。要实现灵敏的光电探测，探测器必须具有两个特征：光电导增益高和噪声低。光电导增益表示在电路中循环的电载流子数量/所吸收的光子数。这个品质因数决定着探测器的光响应能力，是在规定噪声级下获得高灵敏度的一个重要参数。在光电导体中对增益有影响的主要物理参数是少数载流子的寿命和多数载流子的通过时间，因此，对于具有规定载流子寿命的敏化中心来说，多数载流子的迁移率增大会导致光电导增益更高。纳米晶体混合物中的载流子传输通过热激活跳跃机制来实现，纳米粒子之间的距离是与这些材料中的载流子传输有关的一个决定性参数。因此，要获得高迁移率，纳米晶体必须为密堆积结构。

光电导体达到高效率的另一个强制性要求是延长光电导体中的载流子寿命，又叫作"光敏作用"。要实现这一点，通常要引入敏化中心，以捕获其中一种（而非另一种）载流子。例如，在 PbS 光电导体中，对 PbS 进行光敏化之后便是氧化，尤其是要形成硫酸铅（$PbSO_4$）（见文献［5.103］中的综述）。这些氧化物被用作敏化中心，用于延长少数（电子）载流子的寿命，让空穴能够在延长的载流子寿命内横穿过此装置。

光电导体中的噪声由振荡–复合（G–R）噪声和散粒噪声决定。在多晶光电导体中，还观察到了在多晶材料界面形成的势垒方向传输载流子时所产生的过量噪声。这些势垒通过热载流子或光激载流子的振荡–复合来随机调制，使过量噪声叠加在散粒噪声分量和 G-R 噪声分量上。因此,在高效的探测器中,要获得较高的光电导增益,载流子迁移率必须高,载流子寿命必须长,而不能损害此装置的噪声性能。

纳米粒子的密堆积高导电结构可能通过颈缩机制来形成[5.103]。例如,这种结构的响应率据报道高达 2 700 A/W;但由过量噪声 (≈40 mA/cm²) 导致的噪声剧增可能会限制其实际应用。为了提供性能最好的光电导装置,应当同时考虑到响应率和噪声电流,以获得最佳比探测率 D^*。目前,基于 PbS 纳米粒子的最佳性能装置能得到大约 10^{13} Jones 的 D^*,比外延生长的铟镓砷发光二极管高出大约 1 个数量级[5.2]。

5.14.3 具有载流子倍增效应的纳米晶体探测器

采用了半导体纳米晶体的光电探测器可能表现出高于 100% 的内量子效率。据最近报道,光伏探测器在吸收过程中每吸收一个光子,就会产生不止一个,而是多个电子–空穴对 (多激子)[5.110 - 112]。这种效应源于量子限制纳米晶体中较强的载流子–载流子相互作用,通常称为“载流子倍增”(CM)。最近研究证实,PbSe 纳米晶体每吸收一个高能量光子,就能产生多达 7 个激子——相当于 700% 的量子效率[5.113]。

1. 具有载流子倍增效应的光电探测器的基本原理

在传统的光致激发模式中,吸收一个能量为 $\hbar\omega > E_g$ 的光子会得到一个电子–空穴对,而超过能隙 E_g 的光子能量会以热量形式激发晶格振动 (声子) 而消散。较强的载流子–载流子相互作用可能会导致形成一个对抗性载流子产生/弛豫通道。在这个通道中,导带电子的过剩能量不会通过电子–声子散射而消散,而是被转移给价带电子,激励着价带电子在碰撞似的过程中穿过能隙。此碰撞过程将通过载流子–载流子库仑强耦合来调节。这个跃迁至最终多激子状态的过程将以相干方式或不相干方式出现。例如,通过虚拟单激子状态进行逆俄歇散射 (实际上是碰撞电离) 或直接产生多激子,就可以启动 CM 过程 (关于各种可能性机制的描述,见文献 [5.112, 114 - 116])。

光子–激子转换效率的最终极限是由能量守恒定律决定的。根据能量守恒,可计算出量子效率的理想光谱相关性,即 $\eta = \hbar\omega/E_g$。CM 过程的低能阈是根据能量与动量守恒定律来确定的。量子限制纳米晶体中高效 CM 的实验证据是在很多化合物中获得的,包括一种重要的光伏材料——硅[5.117,118]。

CM 在实际应用中遇到的一个主要挑战是在比俄歇复合更快的时标内从纳米晶体中提取电荷。最近的研究工作表明,在纳米晶体与表面吸收电子受体或多孔 TiO₂ 之间的界面处,电荷分离的效率很高,而且发生在亚皮秒级内,比俄歇衰减快很多。其他挑战与纳米晶体混合物的低电导率和纳米晶体的光腐蚀有关。

5.14.4 等离子体增强型探测器

在金属和电介质之间的界面处导光会使光波和自由电子在金属表面发生共振干扰,因此会生成表面等离子体。过去几十年里的实验研究和理论研究已证实,通过创造性地设计金属－电介质（或金属－半导体）界面，会生成表面等离子体（和表面等离子激元——SPP），而且波长比入射光的波长短。在某种情况下，这一点可能有助于入射光的吸收率大大提高。这个新兴领域的名字叫作"等离子体学"，人们已研究过等离子体的很多新用途，包括在光电探测器中的等离子体增强型光吸收。

1. 等离子体增强型光电探测器的基本原理

目前，等离子体效应在光伏装置中的至少三种应用方式已被探究过[5.119]：

（1）利用微粒等离子体实现的光散射。在利用基于微粒等离子体的光散射方法时，若微粒位于两个电介质之间的界面上，则光散射是不均匀的。尤其要提到的是，入射光在电介质（半导体）内部弯曲，从而有效地增加了光程。此外，在临界反射角（对硅/空气界面来说为 16°）之外以某一角度散射的光将仍然被困于工作区。如果在工作区的背面涂上金属反射层，则入射光将数次穿过半导体的工作区，从而增加了有效光程。Stuart 和 Hall 首先意识到，通过从等离子体纳米粒子上散射光，入射光能够更好地耦合到半导体区。当时，他们利用密集的纳米粒子阵列进行光的共振散射，并将光耦合到"绝缘体上硅"光电探测器结构中[5.120,121]。在这种结构中，他们观察到红外光电流增加了约 20 倍。最近，有报道称已能将光更好地耦合到单晶硅、非晶形硅、绝缘体上硅、量子阱和覆有金属纳米粒子的砷化镓太阳能电池中，并对此加以应用[5.119 - 124]。

在等离子体共振的高峰期，光捕获效应最显著。等离子体共振可通过设置介质的介电常数来调谐，例如，空气中的 Ag 或 Au 微粒分别在 350 nm 和 480 nm 的波长下发生等离子体共振。通过将这些微粒部分地嵌入标准的半导体制造材料 SiO_2、Si_3N_4 或 Si 中，在 500～1 500 nm 的光谱范围内，共振态能以受控方式发生红移。此外，由于金属的存在，纳米粒子和半导体之间的介电分隔层使表面复合率降低；为提供高效的光散射或光捕获，金属纳米粒子的形状和尺寸应当设计合理[5.119,122]。

（2）利用微粒等离子体实现的聚光。在采用基于微粒等离子体的聚光方法时，金属纳米粒子可用作亚波长天线，其中的等离子体近场与半导体耦合，增加了半导体的有效吸收截面。这种方法利用金属纳米粒子周围的强局部场增强作用来增加周围半导体材料（局域表面等离子体激元——LSP）的光吸收。对于间距比光波长小得多的纳米粒子来说，相邻纳米粒子之间的近场偶极相互作用将起主导作用，导致集体等离子体模式形成。在这个模式中，单个粒子之间发生强烈的相互作用，并同相振荡，这种方法对小（直径为 5～20 nm）粒子尤其有效。在载流子扩散长度小的材料中，天线尤其有用。因此，非平衡载流子必须在集电结区附近生成。要达到高效的光转化，半导体中的吸收速率必须大于典型等离子体衰变时间（寿命=10～50 fs）的倒数，在很多有机半导体和直接带隙无机半导体中，都可以达到这样高的吸收速率。掺有极小（直径≈5 nm）Ag 纳米粒子的有机光伏薄膜、有机本体异质结太阳能电池以及嵌有金属纳米微粒的染料敏化太阳能电池等经证实具有更高的光转换效率[5.119 - 122]。

（3）利用表面等离子体激元实现的光捕获。在利用表面等离子体激元捕获光的另一种方法中，入射光被转化为 SPP——沿着金属静合触点和半导体吸收层之间界面传播的电磁波。在接近等离子体共振频率时，瞬逝电磁 SPP 场被限制在这个界面附近，尺寸远远小于波长。在金属/半导体界面处被激发的 SPP 能高效地捕获及引导半导体层中的光。在这个几何体中，入射光通量被有效地弯曲，并被引导着沿光电探测器激活体积的横向方向传播。当频率接近等离子体共振（通常在 350～700 nm 光谱范围内，具体要视金属和电介质而定）时，SPP 会受到相对较高的损失。但当进一步深入到红外光谱范围时，典型的传播长度相当大的。例如，对于半无限 Ag/SiO$_2$ 几何体而言，在 800～1 500 nm 的光谱范围内，SPP 的传播长度范围为 10～100 μm[5.119]。

如果半导体中的 SPP 吸收率比在金属中强，则 SPP 耦合机制有利于提高光吸收效率。对于在 GaAs/Ag 界面处的 SPP，在从 GaAs/Ag SPP 共振（600 nm）到 GaAs 带隙（870 nm）的光谱范围内，半导体吸收分率较高。对于 Si/Ag 界面而言，由于间接带隙的原因，硅中的光吸收率较小，虽然在 700～1 150 nm 的光谱范围内光吸收率仍然高于在 1 μm 厚硅膜中的单通道吸收率[5.119]，在整个光谱范围内仍然都存在等离子体损失。在这种情况下，采用在半导体中嵌有薄金属膜的几何体更加有利，因为此时半导体与金属之间的波模重叠度更小，等离子体吸收率也要小得多。

2. 等离子体增强型光电探测器的例子

最近，研究人员利用有机（双层聚合物）p/n 二极管，演示了表面等离子体激元来捕获光的集成光电探测器[5.125]。这种等离子体二极管是由夹在两个金属电极之间的异质结构形成的，其中一个电极是用于传播 SPP 的等离子体波导。当 SPP 波被有机异质结构吸收时，会产生激子。随后，激子离解成电子和空穴，形成光电流（见图 5.66（a）中的探测器结构示意图）。这种 SPP 探测器的外量子效率相当低（只有 10^{-5}），但研究人员正在努力使其优化。

图 5.66（b）给出了所设计的一个光电探测器例子，例如基于硅技术的 p–n 结光电探测器。在这个探测器中，纳米粒子被置于半导体装置的表面。通过其中一种机制——利用纳米粒子中的微粒等离子体或局域表面等离子体激元（LSP）激发实现的光散射——来增强光吸收，可以提高光电二极管的外量子效率。

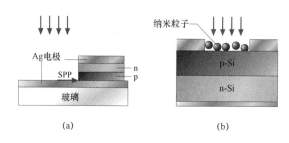

（a）   （b）

图 5.66　等离子体增强型光电探测器的示意图

（a）用表面等离子体激元激发；（b）利用微粒等离子体进行光散射或聚光

等离子体装置的另一种用途是模拟人眼的成像探测器[5.126]。现代图像感测技术细分了光谱中的光或记录与入射光偏振有关的信息，能够提取大量信息，用于从生物学研究到遥测的各种用途。光谱成像技术通常将滤波器或干涉仪与扫描或采样装置相结合，以记录光谱图像立方体（以波长为第三维）。这使得入射光无法高效利用或导致记录时间长。通过利用等离子体装置，表面等离子体激元能够在一次曝光中直接记录光谱图像立方体。通过对金属表面进行纳米级纹理化处理，入射光会变成表面等离子体激元，然后按照波长和偏振方向分解，之后重新耦合为光，并穿过亚波长光圈，用于照射单个光电探测器元件。这种光子排序能力提供了一种用极紧致的架构装置进行光谱/偏振成像的新方法。

5.14.5　超导纳米线单光子探测器

目前在各种应用领域中使用的超导光子计数探测器要么是跃迁边缘传感器[5.127－129]，要么是超导隧道结探测器[5.130,131]。

1. 跃迁边缘传感器

跃迁边缘传感器是超导测辐射热计类型的探测器，其中的电阻温度计是一层在超导－正常跃迁点加偏压的超导薄膜（5.11.4 节）。超导薄膜和衬底之间的热阻是由低温下薄膜内的电子－声子解耦或高温下厚膜内"卡皮查电阻"[5.132]造成的。这种探测器在工作时具有负的电热反馈。高能光子的吸收会导致电流降低，电流降用SQUID（超导量子干涉器件）放大器来测量。这类探测器主要用于高能光子计数。

2. 超导隧道结探测器

超导隧道结（或约瑟夫森结）探测器用于探测单个紫外/可见光光子，还用于探测长波长和太赫兹。这些探测器通常由两层被薄绝缘层隔开的超导金属（例如铌、钽或铪）薄膜组成。当工作温度远低于超导体临界温度（通常低于 1 K）时，超导隧道结的平衡态很容易被撞在隧道结上的光子扰乱，从而使库珀对遭到破坏，生成过剩的准粒子。通过在结点两端外加一个小偏压，并外加一个合适的平行磁场，以抑制约瑟夫森电流。与干扰光子的能量成正比的电荷就能从这个装置中提取出来。

前面简述的两类超导光子计数探测器能够以几十千赫的速率和 0.15 eV 的能量分辨率计算近红外光子和可见光光子的数量。这些探测器在低于 1 K 的温度下工作，需要一个基于 SQUID 的读出器。为实现各种各样的成像用途并满足远程通信及其他需求，这些探测器的计数速率需要达到至少 10^7 个事件/s，而对能量分辨率的要求则不严格。可利用超导纳米线单光子计数器来实现计数速率和能量分辨率之间的良好折中。

3. 超导纳米线单光子探测器

在过去几年里，一种基于纳米结构材料的新型光电探测器——超导纳米线单光子探测器（SNSPD）——引起了人们的浓厚兴趣。关于这类光电探测器的初期报道表明，在紫外线、可见光和近红外波长下工作的高速光子计数器是很有前景的[5.133–135]。

SNSPD 的探测原理如下[5.133]：用接近低于临界电流的直流电（若高于临界电流，纳米线将不再超导）给超导纳米线加偏压。被纳米线吸收的光子将激发电子，局部破坏一个小热点区域的超导电性，迫使超导电流绕过这个热点区。如果纳米线足够窄，则热点周围的局部电流密度将被迫增加，超过临界值，从而将相邻区域变成非超导区，这会导致在整个纳米线两端形成电阻电桥，还会导致输出电压降。由于这些纳米线只有 100 nm 宽，因此必须利用曲折状或平行的纳米线结构来提供高效的光耦合和合理的量子效率。

SNSPD 的基本结构是一个曲折状结构——大量超导纳米线的并联形式 [图 5.67（a）]。这种装置通常在 Ar + N$_2$ 气体混合物中通过纯 Nb 的磁控管溅射而沉积在石英、蓝宝石或硅衬底上的 NbN 薄膜（厚度通常约小于 5 nm）制成；然后，将这些薄膜组成图案，形成尺寸为几平方微米、填充系数为 50%、线宽小于 100 nm 的曲折状结构。结构化 NbN 薄膜有一个薄层电阻，恰在超导跃迁之上。NbN 曲折状结构通常具有 $T_c \approx 5.5$ K 的超导跃迁温度，在4.2 K 温度下临界电流密度为 $I_c \approx 2 \times 10^6$ A/cm^2[5.136]；在 6.5 K 的工作温度下临界电流通常在 8～10 μA 的范围内。这类装置在装有氦浴低温恒温器的真空室中冷却，光线通过一个石英窗射入。

SNSPD 的另一种材料是 NbTiN。NbTiN 的临界温度为 $T_c = 15$ K，临界电流密度为 $I_c = 5.8 \times 10^6$ A/cm^2[5.137]。这种探测器可以在硅衬底上制造，在先进的电子线路中能够轻松集成。

SNSPD 通常制造成开关模型，在光子被吸收时打开：此探测器的一部分变成电阻，且 $R > 1$ kΩ [图 5.67（b）[5.136,137]]；然后，电流流经放大器，放大器发出一个电压脉冲 $V = I_{bias}R_A G$ [R_A 是放大器的输入阻抗（$R \geqslant R_A$），G 是放大器的增益]。这个模型还含有一个动态电感 L_k，L_k 取决于纳米线和曲折状结构的参数，并限制着这些探测器的计数速率[5.135]。按照此模型，动态电感与复位时间 τ 有关，即 $\tau = L_k/R_A$，而且获得低于 10 ns 的复位时间[5.137]。

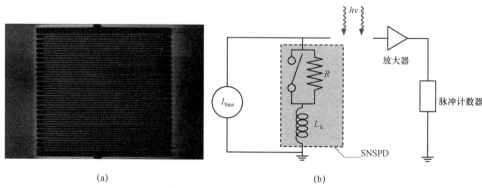

(a)   (b)

图 5.67 超导纳米线的并联形式

（a）拥有曲折状 5 μm×5 μm 纳米线的典型 SNSPD 的扫描电子显微照片；（b）SNSPD 的电路接线方框图例子：R 是 SNSPD 的正常电阻，L_k 是动态电感，I_{bias} 是低于临界点的偏压电流来源。开关与电阻 R、电感 L_k 代表着 SNSPD 的典型电路

4. 量子效率

NbN 的吸收过程将光能转化成热量。较薄的探测器更加灵敏，因为体积越小，同等热量导致的温度变化就越大，从而会更有效地影响超导体的工作模式。夹在真空和电介质之间金属薄膜的吸光度 A_b 取决于电介质的折射指数 n' 和方块（薄层）电阻 $R_\diamond$，即[5.136,138]

$$A_b = \frac{4Z_0 R_\diamond}{[Z_0 + (n'+1)R_\diamond]^2} \qquad (5.209)$$

式中，Z_0 是自由空间的阻抗。对于蓝宝石和厚度为 4.5 nm 的金属薄膜的结合形式，当电介质的方阻等于 NbN 膜的方阻时，吸光度应当约为 12%，但存在一个能提供最大吸收率的最佳金属膜厚度[5.138]。此外，入射侧可用另一种具有更高折射指数值的电介质来覆盖，如此高的折射指数，再加上其他的一些技术特性，可能让 NbN 薄膜的吸光度显著增加。最近有报道称，NbN 薄膜的吸光度值可达到 70% 或者更高[5.138]。原则上，4.5 nm 厚的 NbN 薄膜层可以制造出足以灵敏地探测到单光子吸收率的光电探测器。

对于 SNSPD 探测器来说，量子效率可定义为所测得的光子计数速率与每秒穿过曲折状结构的光子数量之比。目前典型的探测器量子效率受限（10%～20%[5.136,137]），主要是因为光吸收率受到限制。在典型的 SNSPD 探测器中，量子效率在短波长下保持几乎不变，而在长波长下会持续下降。通过增加偏流，量子效率将在较长的波长范围内保持稳定。要提高量子效率，就需要更深入地了解 NbN 和 NbTiN 薄膜的光学性质。

5. 探测效率

光子检测效率（PDE）是装置区域上入射的光子在 SNSPD 内引发电压脉冲的概率。正如 5.7.4 节中所探讨的，PDE 取决于几何因子 ε_{Geom}、吸光度 A_b 以及由吸收事件导致电阻态形成的概率 P_r，即[5.139]

$$\mathrm{PDE} = \varepsilon_{Geom} \times P_r \times A_b \qquad (5.210)$$

虽然 P_r 取决于纳米线的微观物理学，但 ε_{Geom} 揭示了探测器的实际工作面积，A_b 只取决于装配式结构的光学性质和入射电磁场（例如其偏振）。A_b 需要最大化，以使探测器达到高效；但入射光子可通过很多方法保持不被吸收，例如，光子可穿过纳米线之间的开放间隙（填充因数效应——几何因子 ε_{Geom} 的主要部分），或者在 NbN 的亚波长厚度上传播（吸光度 A_b）。此外，低值 P_r 可能会进一步抑制 PDE。目前，对于填充因数为 50%、吸光度 A_b 为 20% 的装置来说，所得到的 PDE 不可能大于 10%。在更高的吸光度下，SNSPD 的 PDE 可能达到 40% 或者甚至更高——就像在文献［5.140］中报道的那样。

6. 暗电流计数

SNSPD 的暗计数率取决于偏压电流与临界电流之比（I_{bias}/I_c）以及脉冲计数器的触发电平。当工作偏压电流高于 $0.95I_c$ 时，暗计数率通常达到每秒几千至几万个脉冲[5.136,137]。在黑暗中，当低于一定的计数器触发电平时，探测器主要计算与超导探测器实际暗计数（无入射光子的探测事件）无关的环境噪声。当 $I_{bias}/I_c < 0.95$ 时，为 NbTiN 探测器测得的最低暗计数率为 4×10^{-3} s^{-1}[5.137]。

7. NEP

NEP 用于揭示暗计数率和量子效率之间的相互关系，并由下式求出[5.137]：

$$\text{NEP} = \frac{hv}{\eta}\sqrt{2R_{暗计数}} \qquad (5.211)$$

式中，hv 是光子能量；η 是量子效率；$R_{暗计数}$ 是暗计数率。所求出的 NbTiN 探测器的 NEP 低至 1×10^{-19} W·Hz$^{-1/2}$，比最好的 NbN 探测器低了两个数量级，比典型的硅雪崩光电二极管低了 3 个数量级[5.137]。

┃参 考 文 献┃

［5.1］ D. Wood: *Optoelectronic Semiconductor Devices* (Prentice Hall, New York 1994).

［5.2］ E.L. Dereniak, G.D. Boreman: *Infrared Detectors and Systems* (John Wiley & Sons, New York Chichester Brisbane Toronto Singapore 1996).

［5.3］ E.L. Dereniak, D.G. Crowe: *Optical radiation detectors* (John Wiley & Sons, New York, Chichester, Brisbane, Toronto, Singapore 1984).

［5.4］ D.L. Smith: Theory of generation-recombination noise in intrinsic photoconductors, J. Appl. Phys. **53**, 7051 (1982).

［5.5］ T.S. Moss, G.J. Burrell, B. Elis: *Semiconductor Optoelectronics* (Butterworth, London 1973).

［5.6］ S.M. Sze: *Physics of Semiconductor Devices* (John Wiley & Sons, New York, Chichester, Brisbane, Toronto, Singapore 1981).

［5.7］ J. Geist: Quantum efficiency of the p−n junction in silicon as an absolute radiometric standard, Appl. Opt. **18**, 760−762 (1979).

［5.8］ C. Hicks, M. Kalatsky, R.A. Metzler, et al: Quantum efficiency of silicon photodiodes in the near infrared spectral range, Appl. Opt. **42** (22), 4415−4422 (2003).

［5.9］ A.O. Goushcha, R.A. Metzler, C. Hicks, et al: Determination of the carrier collection efficiency function of Si photodiode using spectral sensitivity measurements, Semiconductor Photodetectors 2004, Proc. SPIE, Vol. 5353 (SPIE, Bellingham 2004) pp. 12 – 19.

［5.10］ G. Lutz: *Semiconductor radiation detectors. Device Physics* (Springer, Berlin 1999).

［5.11］ M. Shur: *Physics of Semiconductor Devices* (Prentice Hall, Englewood Cliffs 1990).

［5.12］ S.M. Sze, G. Gibbons: Avalanche breakdown voltages of abrupt and linearly graded p – n junctions in Ge, Si, and GaP, Appl. Phys. Lett. **8**, 111 – 113 (1966).

［5.13］ A.S. Grove: *Physics and Technology of Semiconductor Devices* (Wiley, New York 1967).

［5.14］ K.K. Ng: *Complete guide to semiconductor devices* (John Wiley & Sons, Inc., New York 2002).

［5.15］ S.S. Vishnubhatla, B. Eyglunet, J.C. Woolley: Electroreflectance measurements in mixed Ⅲ – Ⅴ alloys, Can. J. Phys. **47**, 1661 – 1670 (1969).

［5.16］ M.S. Ünlu, S. Strite: Resonant cavity enhanced photonic devices, J. Appl. Phys. **78**, 607 – 639 (1995).

［5.17］ E. Chen, S.Y. Chou: High-efficiency and high-speed silicon metal-semiconducto-metal photodetectors operating in the infrared, Appl. Phys. Lett. **70**, 753 – 755 (1997).

［5.18］ M.K. Emsley, O. Dosunmu, M.S. Ünlu: High-speed resonant-cavity-enhanced silicon photodetectors on reflecting silicon-on-insulator substrates, IEEE Photonics Technol. Lett. **14**, 519 – 521 (2002).

［5.19］ S.M. Csutak, S. Dakshina-Murthy, J.C. Campbell: CMOS-compatible planar silicon waveguide-grating-coupler photodetectors fabricated on silicon-on-insulator (SOI) substrates, IEEE J. Quantum Electron. **38**, 477 – 480 (2002).

［5.20］ M. Ghioni, F. Zappa, V.P. Kesan, et al: A VLSI-compatible high-speed silicon photodetector for optical data links, IEEE Trans. Electron Dev. **43**, 1054 – 1060 (1996).

［5.21］ J.D. Schaub, S.J. Koester, G. Dehlinger, et al: High speed, lateral PIN photodiodes in silicon technologies, Semiconductor Photodetectors 2004, Proc. SPIE, Vol. 5353 (SPIE Bellingham, 2004) pp. 1 – 9.

［5.22］ K. Kato, S. Hata, K. Kawano, et al: A high efficiency 50 GHz InGaAs multimode waveguide photodetector, IEEE J. Quantum Electron. **28**, 2728 – 2735 (1992).

［5.23］ D. Wake, T.P. Spooner, S.D. Perrin, et al: 50 GHz InGaAs edge-coupled PIN photodetector, Electron. Lett. **27**, 1073 – 1075 (1991).

［5.24］ T. Takeuchi, T. Nakata, K. Makita, et al: High-speed, high-power and high-efficiency photodiodes with evanescently coupled graded-index waveguide,

Electron. Lett. **36**, 972 − 973 (2000).

［5.25］ S. Demiguel, L. Giraudet, L. Joulaud, et al: Evanescently coupled photodiodes integrating a double-stage taper for 40 − Gb/s applications-compared performance with side-illuminated photodiodes, J. Lightwave Technol. **20**, 2004 − 2014 (2002).

［5.26］ S. Demiguel, N. Li, X. Li, et al: Very high-responsivity evanescently coupled photodiodes integrating a short planar multimode waveguide for high-speed applications, IEEE Photonics Technol. Lett. **15**, 1761 − 1763 (2003).

［5.27］ D. Malacara: *Color Vision and Colorimetry: Theory and Applications*, SPIE PRESS Monogr., Vol. PM 105 (SPIE, Bellingham 2002).

［5.28］ R.M. Turner, R.F. Lyon, R.J. Guttosch, et al: Vertical color filter detector group and array. US Patent 6, 864, 557, March 8, 2005.

［5.29］ C. Wu, C. Crouch, C.H. Zhao, et al: Near-unity below-band-gap absorption by microstructured silicon, Appl. Phys. Lett. **78**, 1850 − 1852 (2001).

［5.30］ Z. Huang, J.E. Carey, M. Liu, et al: Microstructured silicon photodetector, Appl. Phys. Lett. **89**, 033506 (2006).

［5.31］ J.E. Carey, C.H. Crouch, M. Shen, et al: Visible and near-infrared responsivity of femtosecond-laser microstructured silicon photodiodes, Opt. Lett. **30**, 1773 − 1775 (2005).

［5.32］ B.R. Tull, J.E. Carey, E. Mazur, et al: Silicon surface morphologies after femtosecond laser irradiation, MRS Bulletin **31**, 626 − 633 (2006).

［5.33］ E. Janzen, R. Stedman, G. Grossmann, et al: High-resolution studies of sulfur-and selenium-related donor centers in silicon, Phys. Rev. B **29**, 1907 − 1918 (1984).

［5.34］ S.D. Gunapala, S.V. Bandara: Quantum well infrared photodetector (QWIP) focal plane arrays, Semicond. Semimet. Ser. **62**, 197 − 282 (1999).

［5.35］ D. Leonard, M. Krishnamurthy, C.M. Reaves, et al: Direct formation of quantum-sized dots from uniform coherent islands of InGaAs on GaAs surfaces, Appl. Phys. Lett. **63**, 3203 − 3205 (1993).

［5.36］ J.M. Moison, F. Houzay, F.L. Barthe, et al: Self- organized growth of regular nanometer-scale InAs dots on GaAs, Appl. Phys. Lett. **64**, 196 − 198 (1994).

［5.37］ N. Biyikli, I. Kimukin, B. Butun, et al: ITO-Schottky photodiodes for high-performance detection in the UV − IR spectrum, IEEE J. Select. Topics Quantum Electron. **10**, 759 − 765 (2004).

［5.38］ K.C. Hwang, S.S. Li, Y.C. Kao: A novel high-speed dual wavelength InAlAs/ InGaAs graded superlattice Schottky barrier photodiode for 0. 8 and 1. 3 micron detection, High-frequency analog fiber optic systems. Proc. SPIE Meet. (Society of Photo-Optical Instrumentation Engineers, Bellingham 1991) pp. 128 − 137,

(A92 – 42451 17 – 74).

［5.39］ F.D. Shepherd, A.C. Yang: Silicon Schottky retinas for infrared imaging, Tech. Dig. IEEE IEDM **19**, 310 – 313 (1973).

［5.40］ W.F. Kosonocky: Review of Schottky-barrier imager technology, Infrared Detectors and Focal Plane Arrays, Proc. SPIE, Vol. 1308, ed. by E.L. Dereniak, R.E. Sampson (SPIE, Bellingham 1990) pp. 2 – 26.

［5.41］ S.M. Sze, D.J. Coleman, A. Loya: Current transport in metal-semiconductor-metal (MSM) structures, Solid State Electron. **14**, 1209 – 1218 (1971).

［5.42］ B.F. Aull, A.H. Loomis, D.J. Young, et al: Geiger-mode avalanche photodiodes for three-dimensional imaging, Lincoln Lab. J. **13**, 335 – 350 (2002).

［5.43］ P.P. Webb, R.J. McIntyre, J. Conradi: Properties of avalanche photodiodes, RCA Review **35**, 234 – 277 (1974).

［5.44］ R.J. McIntyre: Multiplication noise in uniform avalanche diodes, IEEE Trans. Electron. Dev. **ED – 13**, 164 – 168 (1966).

［5.45］ V. Saveliev, V. Golovin: Silicon avalanche photodiodes on the base of metal-resistor-semiconductor (MRS) structures, Nucl. Instr. Methods A **442**, 223 – 229 (2000).

［5.46］ V. Golovin, V. Saveliev: Novel type of avalanche photodetector with Geiger mode operation, Nucl. Instr. Methods A **518**, 560 – 564 (2004).

［5.47］ P. Buzhan, B. Dolgoshein, L. Filatov, et al: Silicon photomultiplier and its possible applications, Nucl. Instr. Methods A **504**, 48 – 52 (2003).

［5.48］ D. Bisello, Y. Gotra, V. Jejer, et al: Silicon avalanche detectors with negative feedback as detectors for high energy physics, Nucl. Instr. Methods A **367**, 212 – 214 (1995).

［5.49］ T. Figielsky, A. Torun: On the origin of light emitted from reverse biased p – n junctions, Proc. Int. Conf. Phys. Semicond. (1962) p. 853.

［5.50］ A.G. Chynoweth, K.G. McKay: Photon emission from avalanche breakdown in silicon, Phys. Rev. **102**, 369 – 376 (1956).

［5.51］ J. Bude: Hot-carrier luminescence in Si, Phys. Rev. B **45**, 5848 – 5856 (1992).

［5.52］ A.L. Lacaita, F. Zappa, S. Bigliardi, et al: On the bremsstrahlung origin of hot-carrier-induced photons in silicon devices, IEEE Trans. Electron. Dev. **40**, 577 – 582 (1993).

［5.53］ S. Villa, A.L. Lacaita, A. Pacelli: Photon emission from hot electrons in silicon, Phys. Rev. B **52**, 10993 – 10999 (1995).

［5.54］ J. Kemmer, G. Lutz: New semiconductor detector concepts, Nucl. Instr. Methods A **253**, 356 – 377 (1987).

［5.55］ W.S. Boyle, G.E. Smith: Charge coupled semiconductor devices, Bell Syst. Tech.

J. **49**, 587 – 593 (1970).

[5.56] M.F. Tompsett, G.F. Amelio, G.E. Smith: Charge coupled 8 – bit shift register, Appl. Phys. Lett. **17**, 111 – 115 (1970).

[5.57] M.F. Tompsett, G.F. Amelio, W.J. Bertram, et al: Charge-coupled imaging devices: Experimental results, IEEE Trans. Electron. Dev. **18**, 992 – 996 (1971).

[5.58] C.H. Sequin, D.A. Sealer, W.J. Bertram Jr., et al: A charge-coupled area image sensor and frame store, IEEE Trans. Electron. Dev. **20**, 244 – 252 (1973).

[5.59] W.S. Boyle, G.E. Smith: Buried channel charge coupled devices. US patent 3, 792, 322 (1974).

[5.60] C.H. Sequin, M.F. Tompsett: *Charge Transfer Devices* (Academic, New York 1975).

[5.61] P. Magnan: Detection of visible photons in CCD and CMOS: A comparative view, Nucl. Instrum. Methods Phys. Res. A **504**, 199 – 212 (2003).

[5.62] J. Janesick: *Scientific charge coupled devices* (SPIE Press, Bellingham, Washington 2001).

[5.63] Hamamatsu Photonics (Ed.): *Photomultiplier Tubes: Basics and Applications* (Hamamatsu Photonics K.K., Massy, 2006).

[5.64] G. Rieke: *Detection of Light*, 2nd edn. (Cambridge University Press, Cambridge 1996).

[5.65] W. Demtröder: *Laser Spectroscopy*, 3rd edn. (Springer, Berlin, Heidelberg, New York 2002).

[5.66] Burle: *Channeltron Electron Multiplier Handbook for Mass Spectrometry Applications* (Galileo Electro-Optics Corporation, Sturbridge 1991).

[5.67] J.L. Wiza: Microchannel plate detectors, Nucl. Instrum. Methods **162**, 587 – 601 (1979).

[5.68] W.B. Colson, J. McPherson, F.T. King: High-gain imaging electron multiplier, Rev. Sci. Instrum. **44**, 1694 – 1696 (1973).

[5.69] R. De Waard, E.M. Wormser: Description and properties of various thermal detectors, Proc. IRE **47**, 1508 – 1513 (1959).

[5.70] M.H. Lee, R. Guo, A.S. Bhalla: Pyroelectric Sensors, J. Electroceram. **2**, 229 – 242 (1998).

[5.71] S.B. Lang: Pyroelectricity: From ancient curiosity to modern imaging tool, Phys. Today **58** (8), 31 – 36 (2005).

[5.72] J.F. Nye: *Physical Properties of Crystals* (Clarendon, Oxford 1957).

[5.73] S.G. Porter: A brief guide to pyroelectric detectors, Ferroelectrics **33**, 193 – 206 (1981).

[5.74] P. Muralt: Micromachined infrared detectors based on pyroelectric thin films,

Rep. Prog. Phys. **64**, 1339 – 1388 (2001).

［5.75］ E.M. Wormser: Properties of thermistor infrared detectors, J. Opt. Soc. Am. **43**, 15 – 21 (1953).

［5.76］ R.W. Astheimer: Thermistor infrared detectors, Infrared detectors, Proc. SPIE, Vol. 443, ed. by W.L. Wolfe (SPIE 1984), 95 – 109.

［5.77］ F.J. Low: Low-temperature germanium bolometer, J. Opt. Soc. Am. **51**, 1300 – 1304 (1961).

［5.78］ P.L. Richards: Bolometer for infrared and millimeter waves, J. Appl. Phys. **76**, 1 – 24 (1994).

［5.79］ A. Rogalski, Z. Bielecki: Detection of optical radiation, Bull. Pol. Acad. Tech. **52**, 43 – 66 (2004).

［5.80］ A.O. Goushcha, C. Hicks, R.A. Metzler, et al: US Patent No. 6, 762, 473. Ultra thin back illuminated photodiode array structures and fabrication methods, Semicoa, Costa Mesa, CA (US), Jul 13, 2004..

［5.81］ R.P. Luhta, R.A. Mattson, N. Taneja, et al: Back-illuminated photodiodes for multislice CT, Proc. SPIE (SPIE 2003).

［5.82］ S.E. Holland, N.W. Wang, W.W. Moses: Development of low noise, back-side illuminated silicon photodiode arrays, IEEE Trans. Nucl. Sci. **44**, 443 – 447 (1997).

［5.83］ W. Thomas (Ed.): *SPSE Handbook of Photographic Science and Engineering. Society of Photographic Sciences and Engineers* (Wiley, New York, London, Sydney, Toronto 1973).

［5.84］ A.P. Marchetti, G.L. Bottger: Optical Absorption Spectrum of AgF, Phys. Rev. B **3**, 2604 – 2607 (1971).

［5.85］ F.C. Brown: *Solid State Chemistry* (Plenum, New York 1973).

［5.86］ B.L. Joesten, F.C. Brown: Indirect optical absorption of AgCl-AgBr alloys, Phys. Rev. **148**, 919 – 927 (1966).

［5.87］ S. Glaus, G. Calzaferri: The band structures of the silver halides AgF, AgCl, and AgBr: A comparative study, Photochem. Photobiol. Sci. **2**, 398 – 401 (2003).

［5.88］ S. Dahne: The evolution of thinking on the mechanism of spectral sensitization, J. Imaging Sci. Technol. **38**, 101 – 117 (1994).

［5.89］ R.W. Gurney, N.F. Mott: The theory of the photolysis of silver bromide and the photographic latent image, Proc. R. Soc. A **164**, 151 – 167 (1938).

［5.90］ T. Förster: Zwischenmolekulare Energiewanderung un Fluoreszenz, Ann. Phys. **2**, 55 – 75 (1948),　(in German).

［5.91］ D.L. Dexter, T. Förster, R.S. Knox: Radiationless transfer of energy of electronic excitation between impurity molecules in crystals, Phys. Status Solidi (b) **34**,

K159 (1969).

［5.92］ D.L. Andrews, A.A. Demidow (Eds.): *Resonant Energy Transfer* (Wiley, Chicester 1999).

［5.93］ R.D. Theys, G. Sosnovsky: Chemistry and processes of color photography, Chem. Rev. **97**, 83－132 (1997).

［5.94］ J. Belloni: Photography: Enhancing sensitivity by silver-halide crystal doping, Radiat. Phys. Chem. **67**, 291－296 (2003).

［5.95］ G.D. Boreman: *Modulation transfer function in optical and electro-optical systems* (SPIE, Bellingham 2001).

［5.96］ H. Hoppe, N.S. Sariciftci: Polymer Solar Cells, Adv. Polym. Sci. **214**, 1－86 (2008).

［5.97］ N.S. Sariciftci, L. Smilowitz, A.J. Heeger, et al: Photoinduced electron transfer from a conducting polymer to buckminsterfullerene, Science **258**, 1474－1476 (1992).

［5.98］ J. Xue, S.R. Forrest: Carrier transport in multilayer organic photodetectors: I. Effects of layer structure on dark current and photoresponse, J. Appl. Phys. **95**, 1859－1868 (2004).

［5.99］ J. Xue, S.R. Forrest: Carrier transport in multilayer organic photodetectors: II. Effects of anode preparation, J. Appl. Phys. **95**, 1869－1877 (2004).

［5.100］ N.S. Sariciftci, D. Braun, C. Zhang, et al: Semiconducting polymer-buckminsterfullerene heterojunctions: Diodes, photodiodes, and photovoltaic cells, Appl. Phys. Lett. **62**, 585－587 (1993).

［5.101］ J.M. Halls, K. Pichler, R.H. Friend, et al: Exciton diffusion and dissociation in a poly (*p*-phenylenevinylene)/C_{60} heterojunction photovoltaic cell, Appl. Phys. Lett. **68**, 3120－3122 (1996).

［5.102］ G. Yu, J. Gao, J.C. Hummelen, et al: Polymer photovoltaic cells: Enhanced efficiencies via a network of internal donor-acceptor heterojunctions, Science **270**, 1789－1791 (1995).

［5.103］ G. Konstantatos, E.H. Sargent: Solution-processed quantum dot photodetectors, Proc. IEEE **97**, 1666－1683 (2009).

［5.104］ S. Guenes, N.S. Sariciftci: Hybrid solar cells, Inorg. Chim. Acta. **361**, 581－588 (2008).

［5.105］ G. Yu, K. Pakbaz, A.J. Heeger: Semiconducting polymer diodes: Large size, low cost photodetectors with excellent visible-ultraviolet sensitivity, Appl. Phys. Lett. **64**, 3422－3424 (1994).

［5.106］ P.V.V. Jayaweera, A.G.U. Perera, M.K.I. Senevirathna, et al: Dyesensitized near-infrared room-temperature photovoltaic photodetectors, Appl. Phys. Lett. **85**, 5754 – 5756 (2004).

［5.107］ P. Peumans, V. Bulovic, S.R. Forrest: Efficient high-bandwidth organic multilayer photodetectors, Appl. Phys. Lett. **76**, 3855 – 3857 (2000).

［5.108］ N.C. Greenham, X. Peng, A.P. Alivisatos: Charge separation and transport in conjugated-polymer/semiconductor-nanocrystal composites studied by photoluminescence quenching and photoconductivity, Phys. Rev. B **54**, 17628 – 17637 (1996).

［5.109］ M.V. Jarosz, V.J. Porter, B.R. Fisher, et al: Photoconductivity studies of treated CdSe quantum dot films exhibiting increased exciton ionization efficiency, Phys. Rev. B **70**, 195327 (2004).

［5.110］ A.J. Nozik: Quantum dot solar cells, Physics E **14**, 115 – 120 (2002).

［5.111］ R.D. Schaller, V.I. Klimov: High efficiency carrier multiplication in PbSe nanocrystals: Implications for solar-energy conversion, Phys. Rev. Lett. **92**, 186601 (2004).

［5.112］ J.A. McGuire, J. Joo, J.M. Pietryga, et al: New aspects of carrier maltiplication in semiconductor nanocrystals, Acc. Chem. Res. **41**, 1810 – 1819 (2008).

［5.113］ R.D. Schaller, M. Sykora, J.M. Pietryga, et al: Seven excitons at a cost of one: Redefining the limits for conversion efficiency of photons into charge carriers, Nano Lett. **6**, 424 – 429 (2006).

［5.114］ M. Califano, A. Zunger, A. Franceschetti: Efficient inverse Auger recombination at threshold in CdSe nanocrystals, Nano Lett. **4**, 525 – 531 (2004).

［5.115］ R. Ellingson, M.C. Beard, J.C. Johnson, et al: Highly efficient multiple exciton generation in colloidal PbSe and PbS quantum dots, Nano Lett. **5**, 865 – 871 (2005).

［5.116］ R.D. Schaller, V.M. Agranovich, V.I. Klimov: High-efficiency carrier multiplicationt hrough direct photogeneration of multi-excitons via virtual single-exciton states, Nat. Phys. **1**, 189 – 194 (2005).

［5.117］ M.C. Beard, K.P. Knutsen, P. Yu, et al: Multiple exciton generation in colloidal silicon nanocrystals, Nano Lett. **7**, 2506 – 2512 (2007).

［5.118］ D. Timmerman, I. Izeddin, P. Stallinga, et al: Space-separated quantum cutting with silicon nanocrystals for photovoltaic applications, Nat. Photonics **2**, 105 – 109 (2008).

［5.119］ H.R. Stuart, D.G. Hall: Absorption enhancement in silicon-on-insulator waveguides using metal island films, Appl. Phys. Lett. **69**, 2327 – 2329 (1996).

［5.120］ H.R. Stuart, D.G. Hall: Island size effects in nanoparticle-enhanced photodetectors, Appl. Phys. Lett. **73**, 3815 – 3817 (1998).

[5.121] H.A. Atwater, A. Polman: Plasmonics for improved photovoltaic devices, Nat. Mater. **9**, 205 – 213 (2010).

[5.122] K.R. Catchpole, A. Polman: Design principles for particle plasmon enhanced solar cells, Appl. Phys. Lett. **93**, 191113 (2008).

[5.123] K.R. Catchpole, A. Polman: Plasmonic solar cells, Opt. Express **16**, 21793 – 21800 (2008).

[5.124] M. Dragoman, D. Dragoman: Plasmonics: Applications to nanoscale terahertz and optical devices, Prog. Quantum Electron. **32**, 1 – 41 (2008).

[5.125] H. Ditlbacher, F.R. Aussenegg, J.R. Krenn, et al: Organic diodes as monolithically integrated surface plasmon polariton detectors, Appl. Phys. Lett. **89**, 161101 (2006).

[5.126] E. Laux, C. Genet, T. Skauli, et al: Plasmonic photon sorts for spectral and polarimetric imaging, Nat. Photonics **2**, 161 – 164 (2008).

[5.127] K.D. Irwin: An application of electrothermal feedback for high resolution cryogenic particle detection, Appl. Phys. Lett. **66**, 1998 – 2000 (1995).

[5.128] B. Cabrera, R.M. Clarke, P. Colling, et al: Detection of single infrared, optical, and ultraviolet photons using superconducting transition edge sensors, Appl. Phys. Lett. **73**, 735 – 737 (1998).

[5.129] P. Mauskopf, D. Morozov, D. Glowack, et al: Development of transition edge superconducting bolometers for the SAFARI Far-Infrared spectrometer on the SPICA space-borne telescope, Proc. SPIE **7020**, 1 – 9 (2008), 70200N.

[5.130] A. Peacock, P. Verhoeve, N. Rando, et al: Single optical photon detection with a superconducting tunnel junction, Nature **381**, 135 – 137 (1996).

[5.131] G.W. Fraser, J.S. Heslop-Harrison, T. Schwarzacher, et al: Detection of multiple fluorescent labels using superconducting tunnel junction detectors, Rev. Sci. Instrum. **74**, 4140 – 4144 (2003).

[5.132] W.A. Little: The transport of heat between dissimilar solids at low temperatures, Can. J. Phys. **37**, 334 – 339 (1959).

[5.133] G. Goltsman, O. Okunev, G. Chulkova, et al: Fabrication and properties of an ultrafast NbN hot-electron single photon detector, IEEE Trans. Appl. Supercond. **11**, 574 – 577 (2001).

[5.134] J. Zhang, W. Slysz, A. Verevkin, et al: Response time characterization of NbN superconducting single photon detectors, IEEE Trans. Appl. Supercond. **13**, 180 – 183 (2003).

[5.135] A.J. Kerman, E.A. Dauler, W.E. Keicher, et al: Kinetic-inductance-limited reset time of superconducting nanowire photon counters, Appl. Phys. Lett. **88**, 111116 (2006).

[5.136] A.D. Semenov, P. Haas, B. Guenther, et al: An energy-resolving superconducting nanowire photon counter, Supercond. Sci. Technol. **20**, 919 – 924 (2007).

[5.137] S.N. Dorenbos, E.M. Reiger, U. Perinetti, et al: Low noise superconducting single photon detectors on silicon, Appl. Phys. Lett. **93**, 131101 (2008).

[5.138] E.F.C. Driessen, F.R. Braakman, E.M. Reiger, et al: Impedance model for the polarization-dependent optical absorption of superconducting single-photon detectors, Eur. Phys. J. Appl. Phys. **47**, 10701 (2009).

[5.139] V. Anant, A.J. Kerman, E.A. Dauler, et al: Optical properties of superconducting nanowire single-photon detectors, Opt. Express **16**, 10750 – 10761 (2008).

[5.140] J.A. Stern, W.H. Farr: Fabrication and characterization of superconducting NbN nanowire single photon detectors, IEEE Trans. Appl. Supercond. **17**, 306 – 309 (2007).

第 6 章

非相干光源

自从 19 世纪末白炽灯被发明并实现工业化以来，电灯已成为我们日常生活中的一种日用品。如今，非相干光源正在无数应用领域中使用。在过去几十年里，电灯的效率（图 6.1）、使用寿命和色彩特性已有很大改善。

在下面章节，本文将综述各种类型的灯泡以及它们的特性。根据不同的光产生机制对这些灯泡进行细分：接近于热平衡态的辐射热发射（白炽灯）、气体放电灯中的原子发射和分子发射、固态光源（LED）的发射。

|6.1　白　炽　灯|

白炽灯是目前仍在广泛应用的最古老的电光源，在几乎任何应用场所都能看到白炽灯——尤其是在需要相对较小的流明输出量以及崇尚简洁紧凑的地方。

6.1.1　普通的白炽灯

白炽灯的发光机理是对金属丝通电，将其加热至高温，直至光谱中的可见光部分被发射出来[6.1]。金属丝安装在充满了惰性气体的玻璃灯泡中（图 6.2）。

按照普朗克定律，要让灯发出白光，灯丝必须加热到至少 2 400 K。考虑到将电能转化为可见光时的效率，灯丝温度最好再高一些。但令人遗憾的是，当温度升高时，由于金属的蒸发速度加快，灯泡寿命会缩短。由于钨的熔点高、蒸汽压力低，因此可以在高温下工作，从而达到比其他任何金属都高的效率。一种可延长钨寿命的措施是通过引入稀有气体（Kr、Xe）来降低钨的蒸发速度；或者，可以在一种"再生循环"中利用卤族有效地把钨送回灯丝。将钨丝绕成螺旋状，能提高发光效率。在规定的使用寿命（一般为 1 000 h）内，螺旋形灯丝可以在更高的温度下工作。在 2 400～3 100 K 的灯丝温度下，钨丝利用最常见的工作参数分别能达到 8～17 lm/W 的发光效率，这些值所对应的能量效率为百分之几，白炽灯的瓦特数范围可达到 2 000 W。

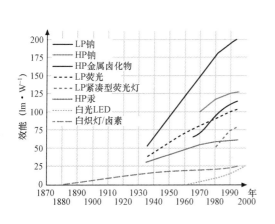

图 6.1　电光源发光效能的时间演变史
（LP ＝ 低压，HP ＝ 高压）

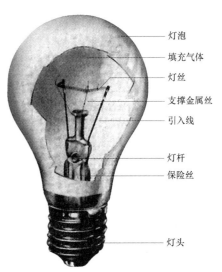

图 6.2　白炽灯示意图

6.1.2   卤钨灯

在普通的白炽灯中，钨从灯丝上蒸发，在灯泡壁上冷凝，形成"灯黑"。卤素灯就是将一种卤素（即碘、溴、氯）添加到普通的填充气体中。这些卤素与钨在玻璃壁上形成挥发性的钨化合物，然后被输运回热灯丝上；此时，卤化钨分解，使"化学输运"循环成为可能（图 6.3）。

通过减小净钨蒸发率，卤素灯的灯丝可在与标准白炽灯相比更高的温度下工作。因此，灯泡尺寸越小，卤素灯的发光效率越高，这使得卤素能在紧凑型反射器中应用。卤素

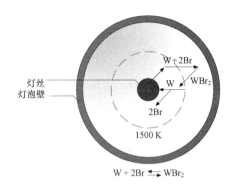

图 6.3   卤钨灯中的化学输运循环原理

白炽灯的功率可达到 2 000 W，发光效率可达到 25 lm/W。通过在玻璃灯泡涂上多层红外反射膜，最近发光效率已提升到 35 lm/W。卤素灯的使用寿命已达到 2 000 h。

| 6.2   气体放电灯 |

6.2.1   一般性质

气体放电是通过在气体中通电来获得的，一般出现在两个电极之间。无电极微波激发放电和脉冲介质阻挡放电（例如：用于等离子体显示器）称为"非相干光源"。

气体中电流的实际载流子是带电粒子、正离子和负电子。在中性非导电气体中，带电粒子的数量极少，这些粒子可能由填充气体释放，也可能通过高能碰撞阴极表面释放。很多物理因素都对气体放电性质有影响，其中最重要的影响因素是气体的类型和压力、电极材料、电极的工作温度、电极的形状和表面结构、电极之间的距离、放电容器的几何形状以及电流密度。从光的产生来看，气体放电灯主要有两种类型：低压放电灯和高压放电灯。在用于照明时，这两种灯都在以高电流密度（>1 A/cm²）为特征的电弧放电模式下工作。为限制放电电流，人们采用了电子镇流器[6.2]。

在低压放电灯（气压通常小于 100 Pa）中，电子的平均自由行程长度大于或等于容器直径的数量级（例如：几厘米）。由于与中性气体原子之间的碰撞速率低，电子从外加电场中获得高能量（>1 eV），然后通过非弹性碰撞有效地激发冷原子。此时，电子和原子不是处于热平衡态（图 6.4）。

在高压放电灯中，工作压力通常在 10 kPa～10 MPa 范围内。在这些灯中，电子与原子（或离子）之间的碰撞要频繁得多，导致形成一种以粒子等温为特征的热平衡态。

在低压放电时，原子线辐射优先通过具有最低激发电位（例如，Hg：185 nm 和 254 nm；Na：589 nm）元素的共振跃迁来发射。在高压灯中，可以得到光谱的各种贡献量：展宽原子线（共振展宽、范德华展宽和斯塔克展宽）、分子辐射带、由自由-自由（轫致辐射）跃迁和自由-束缚（电子与离子和原子的复合）跃迁导致的准连续发射。由于这些准连续光谱的原因，高压放电灯的显色性能相当好，具体要视填充气体的类型而定[6.3]。

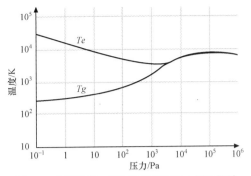

图 6.4 电子温度、气体温度和气压之间的关系

6.2.2 放电灯的概述

图 6.5 显示了最常见的放电灯类型，本文对这些光源的发射光谱和应用领域进行了区分。就低压汞（氩）激元灯而论，发光材料将紫外（UV）辐射光变成可见光。图 6.1 描述了电灯发光效率的时间演变史。

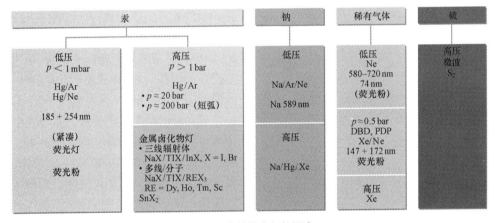

图 6.5 气体放电灯的概述

6.2.3 低压放电灯

在低压放电灯中应用最广泛的辐射源是 Hg 和 Na。从输入电功率转换为辐射光的转换效率来看，这些元素是最好的选择。

1. 低压汞灯

图 6.6 给出了低压汞灯（又叫作"荧光灯"）的工作原理。荧光灯的灯泡通常设计成线状或弯曲管状的形式，灯管两端分别封装有一个电极（当电能通过金属线圈

以感应方式耦合到放电容器时，可以采用无电极形式）。放电容器中充满了惰性气体（通常是 Ar）和几毫克 Hg。由于在低压（例如：5 Pa）下发射的大部分 Hg 原子（97%）都处于紫外光中，因此灯泡内表面涂敷的荧光粉能将紫外光转化为可见光。荧光粉的成分决定着发射光的光谱功率分布和颜色。

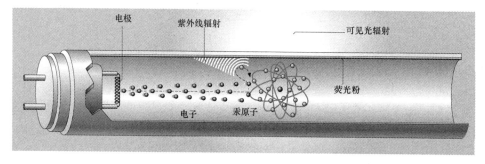

图 6.6　低压汞放电（荧光）灯的示意图

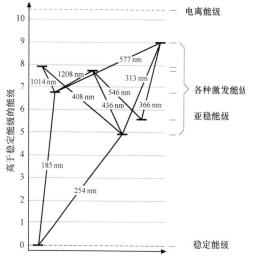

图 6.7　Hg 原子的能级简图和辐射跃迁

紫外光子是由激发态能级 $^1P_1$、$^3P_1$ 和基态能级 $^1S_0$ 之间的 Hg 原子跃迁产生的。在 185 nm 和 254 nm 的波长下，约有 64% 的输入电功率被转化为光子。按照图 6.7 中显示的跃迁来看，只有 3% 的 Hg 原子在光谱的可见光部分发射。由于斯托克斯频移的原因，总效率只有 28%，此值对应于 100 lm/W 的发光效率。

荧光灯的典型灯泡参数为：输入电功率 ≤140 W，发光效率 ≤100 lm/W，颜色温度在 2 700～8 000 K。荧光灯有很多种几何形状，例如圆柱形、圆形或 U 形管。U 形荧光灯又叫作"节能荧光灯"或"紧凑型荧光灯"。根据荧光灯结构的不同，荧光灯的使用寿命可达到 5 000～25 000 h。

2. 荧光涂料

荧光灯的最重要组分是荧光粉，荧光粉涂在玻璃管的内侧。荧光粉由一种或几种发光材料组成，这些材料通常是掺有过渡金属（例如：Mn^{2+}、Mn^{4+}）或稀土离子（例如：Tb^{3+}、Eu^{3+}）的无机化合物。荧光粉的成分经过优化，能够将汞低压放电灯的吸收原子共振谱线（185 nm 和 254 nm）转换成期望的灯光谱。在有的情况下，如果第一掺杂剂（激活剂）不足以吸收汞谱线，则荧光粉的成分还应包括"敏化剂"（例如：Ce^{3+}）。图 6.8 显示了在发光材料中的光子转换原理。

光转换的第一步是通过激活剂或敏化剂来吸收入射光子。在用敏化剂吸收入射光子时，能量会被转移到激活剂中。被激发的激活剂离子（例如：Eu^{3+}）通过发射一个光子而衰变到基态，这个光子的波长取决于受激态和基态之间的能隙。被发射的光子和被吸收的光子之间的能量差（斯托克斯频移）大约 50%会以热量的形式消散在荧光粉中。

如今，已能从市场上买到量子效率接近于 1 的荧光粉成分，可用于很多灯泡应用领域。

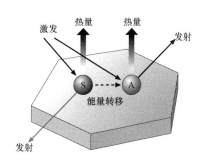

图 6.8　荧光粉发光的简化机理（缩写 S 和 A 分别表示敏化剂和活化剂）

表 6.1 综述了最常用的发光材料。在 20 世纪 40 年代发明的卤磷酸盐荧光粉仍在广泛用于照明，因为这些荧光粉能提供具有合理效率和彩色再现的白光发射光谱。但三色荧光粉混合物能得到更高的发光效率和更好的色彩还原。通常采用的荧光粉混合物由 $BaMgAl_{10}O_{17}$：Eu、$LaPO_4$：CeTb 和 Y_2O_3：Eu 组成。这些"80 色灯泡"（在表 6.1 中用上标"a"表示）呈现出图 6.9 中描绘的光谱功率分布。

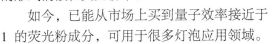

表 6.1　荧光灯中最常用的发光材料一览表

发光材料的成分	发射波长峰值（nm）	色点 x, y^a（根据 CIE 1931）	应用领域
LaB_3O_6：Bi，Gd	311	—	医用灯
$LaPO_4$：Ce	320	—	晒黑灯
$BaSi_2O_5$：Pb	350	—	晒黑灯
SrB_4O_7：Eu	368	—	黑光灯
$Sr_2P_2O_7$：Eu	420	0.167，0.014	复印灯
$BaMgAl_{10}O_{17}$：Eu	453	0.150，0.070	80 色灯 [b]
Zn_2SiO_4：Mn	530	0.256，0.700	装饰灯
$LaPO_4$：Ce，Tb	543	0.343，0.585	80 色灯 [a]
$CeMgAl_{11}O_{19}$：Tb	543	0.350，0.582	80 色灯 [a]
$GdMgB_5O_{10}$：Ce，Tb	543	0.346，0.531	80 色灯 [a]
$Y_3Al_5O_{12}$：Ce	560	0.453，0.523	90 色灯 [a]
$Ca_5(PO_4)_3(F,Cl)$：Sb，Mn	575	0.356，0.377	卤化磷酸盐灯
Y_2O_3：Eu	611	0.643，0.344	80 色灯 [a]
$GdMgB_5O_{10}$：Ce，Tb，Mn	630	0.602，0.382	90 色灯 [a]
Mg_4GeO_5，$_5F$：Mn	660	0.700，0.287	装饰灯
（[a] 在 254 nm 波长下激发，[b] 见正文）			

通过利用四色或五色荧光粉混合物，灯泡能获得甚至更高的色彩还原。此外，90 色灯泡中含有的荧光粉具有三色荧光粉混合物无法辐射到的发射带位置，即黄色（$Y_3Al_5O_{12}$：Ce）和深红色（$GdMgB_5O_{10}$：Ce，Tb，Mn）光谱范围。

由于光谱的可调谐性，除照明外荧光灯已进入了其他很多应用领域，例如医疗和皮肤整形术、装饰、复印、园艺照明。后一种用途涉及由 $BaMgAl_{10}O_{17}$：Eu 和 Y_2O_3：Eu 组成的二色荧光粉混合物，这种混合物的发光光谱可以按照绿色植物光合作用的光谱来调节。

3. 其他低压放电灯

低压钠灯中的放电原理与汞灯相同。钠发射几乎单色的黄光，也就是由 589.0 nm 线和 589.6 nm 线（Na D-线）组成的双重线。但 Na 的熔点高于 Hg，因此，低压钠灯的最佳工作温度大约为 530 K。在这个温度下，Na 金属的反应性很高，因此灯壁需要采用具有化学稳定性的材料，例如：石英（SiO_2）或氧化铝（Al_2O_3）。为减少热损失，放电容器应安装在一个抽真空灯泡中（图 6.10）。

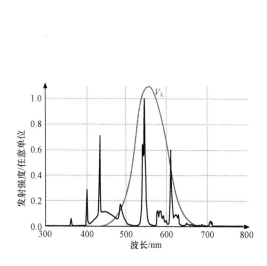

图 6.9 含有 $BaMgAl_{10}O_{17}$:Eu、$LaPO_4$:Ce、Tb 和 Y_2O_3:Eu 的混合物且眼灵敏度曲线为 V_λ 的 80 色荧光灯的光谱

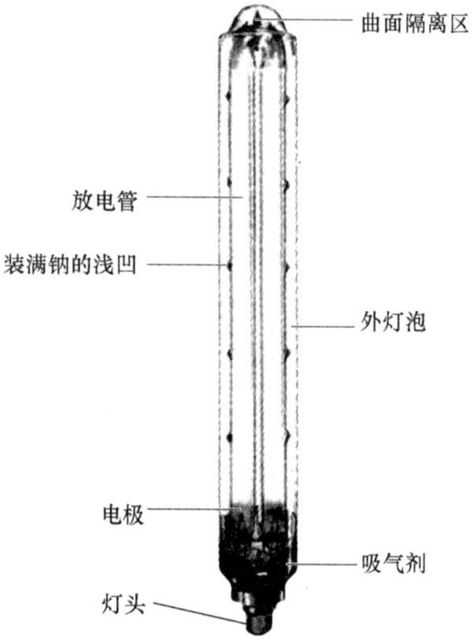

图 6.10 低压钠灯的示意图

低压钠灯具有有史以来最高的发光效率，因为 Na 线对人眼的光谱灵敏度来说处于有利的位置。在 555 nm 的波长下，人眼的灵敏度将达到峰值。当放电功率为 200 W 时，这种灯能获得 200 lm/W 的发光效率（172 lm/W 的系统效率）。低压钠灯的缺点是色彩还原度低，因为在其他波长下（例如：在光谱的蓝光、绿光和红光部分），此灯不会发射光。为此，低压钠灯的应用领域仅限于把高效率看得很重要的街灯和户外灯。此外，低压钠灯的一个优势是寿命长，其寿命约为 20 000 h。

当增加 Na 蒸汽压力时（就像在高压钠灯中实现的那样），展宽光谱线能大大提高色彩还原性（见下文）。

除低压汞灯和钠灯外，其他类型的辐射体也在专门用途中得到了应用：低压氖放电灯和氙准分子放电灯。低压氖放电灯用作汽车制动灯和广告照明灯；由氙发射的准分子辐射线用于等离子体显示器和平面背光源、复印灯、紫外线净化，这些放电灯的主要优点是快速切换。与 Hg 和 Na 大不相同的是，Xe 不需要蒸发，通过利用脉冲阻挡放电，能实现快速切换，最终形成 Xe 准分子。在 147 nm 和 172 nm 的波长下，可以分别观察到原子辐射和分子辐射。

6.2.4　高压放电灯

在低压放电灯中，随着压力的上升，弹性撞碰率会增加。虽然每次碰撞只能将极少的能量传递给重粒子，但由于粒子密度高，等离子体会被有效地加热。为承受在 4 000～10 000 K 温度范围内的中央等离子体温度，应当建立起一个温度梯度。沿着此梯度到达放电壁的热通量有损耗，使电弧的辐射效率被限制在大约 60%。幸运的是，等离子体的选择性发射使光谱中可见光部分的高效辐射成为可能。含有 Hg、Na 等金属的高压放电灯已为人们熟知。

此外，在"金属卤化物灯"的灯泡填充物中，还添加了其他高效的辐射体。所采用的每种金属组合都能生成具有特定颜色和发光效率的光。至少在理论上，可以用不少于 50 种不同的金属来制备金属卤化物灯。因此，灯泡厂家在市场上推出了各种金属组合，用于各种各样的用途。

通过引入多晶氧化铝（烧结 Al_2O_3 陶瓷）作为壁材料，高压钠灯和金属卤化物灯已取得了一个技术突破。与石英相比，陶瓷的一大优点是对高压钠灯中存在的热钠蒸汽有耐化学性。此外，陶瓷材料还有可能达到高壁温，以有效地蒸发盐填充物。在石英管壁中，最高温度因管壁在大约 1 370 K 的温度下再结晶而受到限制，但通过用 Al_2O_3 代替 SiO_2，最高温度可以大大超过这个温度值。另外，在采用陶瓷材料时，电极的真空紧密封以及灯泡端部结构的设计更加复杂，这是由陶瓷的不匹配热膨胀特性和脆性造成的。在照明行业，这仍然是现代光源的一个前沿研发领域。

1. 高压汞灯

高压汞灯的结构如图 6.11 所示。放电容器中充满了汞，氩气被用作起动气体[6.1]。放电容器的隔热是利用抽成真空的外灯泡来实现的。高压汞灯利用高电压点火脉冲来实现开启，这个脉冲一般大约为几千伏。点火后，放电灯两端的电压降至大约 20 V，也就是阴极和阳极电压降之和，在这个阶段，灯泡以低压放电灯的形式工作，主要在 254 nm 的波长下发射紫外光。电弧中的热损失导致壁温增加，从而使液汞的蒸发量随时间逐渐增多。随着汞蒸汽压力进一步增大，辐射能逐渐朝着波长更长的光谱线方向集中。当满负荷工作时，灯泡内建立起 200～1 000 kPa 的典型汞压，产生青白色光（图 6.12），在这些压力下发射的一部分光仍为紫外线。通过给外灯泡的内表面涂上一层荧光粉（例如：$YVO_4:Eu$），将这种紫外光变成可见光，高压汞灯的发光效率会进一步增加。此外，这种灯的光谱组成能极大地改善色彩再现性。

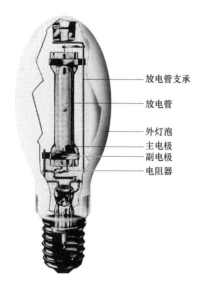

相对谱功率

含荧光涂料
的高压汞灯
$T = 3400\ K$
$R_a = 52$

400　　　500　　　600　　　700
波长/nm

图 6.11　高压汞灯示意图。外灯泡的内表面
可能涂有荧光粉，能将紫外光变成可见光

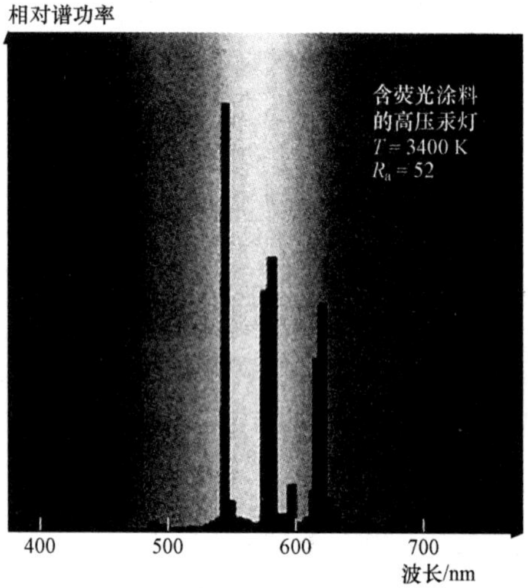

图 6.12　高压汞灯的光谱

放电管支承
放电管
外灯泡
主电极
副电极
电阻器

除辐射特性外，Hg 还是当今高压放电灯中的一种缓冲气体；电子被汞原子弹性散射，得到较低的电弧导电率。按照欧姆定律，放电柱中有大约几十伏特/毫米的电场强度，因此在中等放电电流下都有输入电功率。对于电极稳定性来说，电灯电流一定不能太大，当以热电子方式生成电子时，电极温度在 2 400～3 500 K 范围内。应当强调的是：原子密度高和弹性电子散射截面大——这两个性质是只有汞才有的。

2. 高压汞灯被用于各种各样的室内外用途。

高压汞灯的功率范围为 50～1 000 W，发光效率在 50～60 lm/W，彩色再现性仅为中低水平，色温为 3 400～6 000 K。

最近开发的一种高压汞放电灯就是 "UHP 灯"（超高性能灯），是在 20 世纪 90 年代由飞利浦发明的（图 6.13[6.4]）。这种灯的汞工作压力很高（$\approx 2\times10^7$ Pa），弧长很短，只有大约 1 mm。这种点状光源具有展宽的白光谱，常用于投影系统和投影机。与处于此高压下的传统高压汞灯大不相同的是，UHP 灯的可见光中很大一部分不仅来源于压力展宽原子汞线，还来源于 Hg_2 分子。市场上可买到的 UHP 灯在100～250 W 的功率范围内。UHP 灯遇到的一个关键问题是让放电管和电极的稳定特性保持 5 000 h 以上，这可通过一个化学循环来实现：通过形成化合物（包括氧和溴），蒸发的钨被输送回电极。此外，UHP 灯在工作时，必须通过特殊的电子装置来控制电极侵蚀和跳弧。

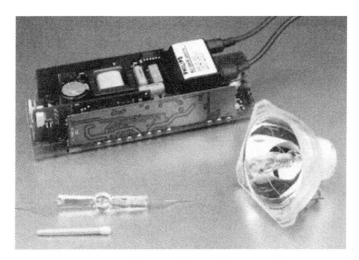

图 6.13 在投影系统和投影机中应用的 UHP 灯系统（灯、反射器和电子驱动器）

3. 金属卤化物放电灯

金属卤化物灯在结构上与高压汞灯类似，这两种灯之间的主要差别是前者的放电管不仅含有汞，还含有金属卤化物，并以氩气为起动气体。金属卤化物决定着该灯的光谱特性。如上所述，汞起着缓冲气体的作用，决定着金属卤化物灯的电气性能，例如灯的电压；金属以卤化物形式加入，因为金属具有挥发性。为实现高效辐射，粒子密度应当较高。此外，与纯金属相比，金属卤化物对放电管壁的腐蚀作用不那么强。

金属卤化物灯有三大类：多线辐射体、分子辐射体和三色带辐射体。在第一类中，稀土及其相关元素（例如：Dy、Ho、Tm 或 Sc）被添加到灯的填充物中。在平均激发能较低时，这些物质都能产生大量跃迁，因此这些等离子体在可见光谱范围内能高效地发射多线辐射光。此外，这些灯的填充物中常常添加了 NaI 和 TlI，以提高发光效率和色彩特性。第二类灯能产生准连续光谱的分子辐射体（例如：SnI_2 或 $SnCl_2$）。第二类灯基于 NaI、TlI 和 InI_3，这些光谱分别由黄色、绿色和蓝色这三个色带组成。

这三类卤素灯的典型光谱如图 6.14 所示。金属卤化物灯用于各种各样的室内外照明用途，其输入电功率范围由 35 W 到超过 1 000 W。一般来说，金属卤化物灯的发光效率高达 100 lm/W，彩色再现性在"好－极好"之间。这些灯的使用寿命达到 20 000 h，具体要视所用填充物的类型而定。

金属卤化物灯的一个特性是其卤化物循环（图 6.15）与前面提到的钨－卤素循环很相似。当金属卤化物灯第一次起动时，其光谱一开始时为汞蒸汽的光谱，因为当放电管壁相对较冷时（壁温通常为 1 000 K）卤化物仍未蒸发，但随着壁温增加，卤化物会熔化，部分地蒸发，通过扩散和对流，蒸汽被带入电弧的热区，卤化物在那里离解成卤素和金属原子。如图 6.14 所示，不同的卤化物将在不同温度下离解。金属原子在热等离子体中心被激发，热等离子体中心的温度一般为 5 000 K，原子辐射主要就是在那里发生。然后，金属移动到离冷放电管壁更近的地方，在那里与卤素原子再次结合，再次形成卤化物。最后，整个循环重演。

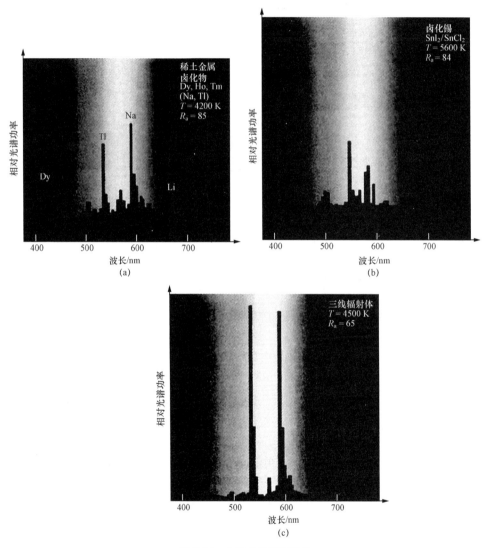

图 6.14　金属卤化物灯特性

（a）用于体育场照明和泛光照明的 NaI/TlI/DyI₃/HoI₃/TmI₃ 灯的光谱；（b）用于演播室和剧院照明的 SnI₂/SnCl₂ 灯的光谱；（c）三色带（NaI，Tl，InI₃）金属卤化物灯的光谱。锂线是由管壁材料（石英）中有杂质造成的

　　如上所述，最近金属卤化物灯的改进是通过引入陶瓷壁材料（多晶氧化铝）代替石英来实现的。经过改进后，这些灯的颜色稳定度更好、寿命更长。但这些灯不适于光学用途，例如：不适于在投影系统中应用，原因是光在晶粒和孔隙中发生多

重散射，因此多晶 Al_2O_3（PCA）具有半透明行为。尽管如此，可见光的总透射率仍达到将近 95%。因为热冲击和热膨胀会导致材料破裂，PCA 在大功率金属卤化物灯中的应用也受到限制。在照明工业中，陶瓷壁材料的适用性目前仍是现代光源的一个研发领域。此外，即将出台的法律已掀起了用无毒材料替代这类放电灯中的汞的一些活动[6.3]。

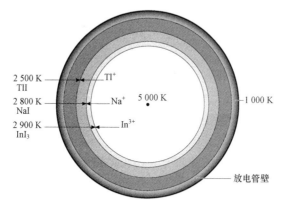

图 6.15　三色带金属卤化物灯（NaI，TlI，InI₃）的卤化周期示意图

4. 其他高压放电灯

除高压汞灯和金属卤化物灯之外，其他高压光源也为人熟知。所谓的"混合光"灯就是由传统的高压汞灯演变得到的。这两种灯之间的主要差别是：后者（高压汞灯）利用外部镇流器使电灯电流变得稳定，而"混合光"灯有一个内置的镇流器，也就是与放电管串联的一根钨灯丝。因此，由放电管和灯丝发出的光结合（或混合）在一起，光谱质量的提高要以系统总效率的降低作为代价。

相对于低压钠放电灯而言，在高压钠灯中，D 线展宽可改善灯的色彩特性，高压钠灯的发光效率高达 130 lm/W。通过引入陶瓷壁材料（多晶 Al_2O_3），此灯已取得了技术突破，陶瓷壁材料能经受高度腐蚀性的热钠蒸汽，使灯泡的寿命与石英相比延长了很多（SiO_2）。

另一类高压放电灯是聚变系统公司（Fusion Systems）的 Turner 等人在 1994 年发明的硫灯。因为在工作时无电极，这种灯的优点是寿命长。这种灯是利用波长为 2.45 GHz 的微波来工作的，输入电功率约为 3 kW。直径为大约 30 mm 的球形灯泡中充满了硫粉末。在连续工作模式下，分压大约为 600 kPa 的 S_2 分子发出太阳似的白光。因为硫分子在较高的分压下发出的紫外光会被等离子体再吸收，燃烧器可能达到大约 170 lm/W 的高效率。因此，这种灯发出的主要是光谱中的可见光部分。微波灯的一个技术缺点是发生器的能效低，一般大约为 65%，因此，系统的总效率降低到大约 100 lm/W，与传统放电灯大致相同。

尽管如此，无电极放电灯仍是一个热门研发话题。这些系统的一个普遍优势是寿命很长、光通量大。例如：可以通过光导管来分配光通量，然后在工业领域和一般照明领域中应用。

|6.3 固 态 光 源|

6.3.1 电致发光的原理

在固态灯中，电流转化为光的途径是将原子的受激态通过光子发射复合为基态（辐射复合）。对于不同类型的电致发光（EL）原理来说，激发态的性质可能会不同。一般来说，为符合能量守恒定律，外加电压必须至少与材料发射的能量一样大。

除辐射复合外，电致发光还可能有其他很多使总效率降低的衰减机制。总效率通常用 $w_{opt,out}/w_{el,in}$ 来测量，以百分比的形式给出。用视觉响应曲线加权之后，利用"流明/瓦"（lm/W）能得到光学相关光输出与输入电功率之间的关系。最重要的效率损失因素是通过声子或二阶过程进行的非辐射复合，将电功率主要转化成了热量；另一个重要的损失因素是光的外耦合。由于大多数 EL 材料的折射率都比空气高，因此部分光会通过全内反射被俘获在装置内，由于存在吸收损失，这些光会部分地损失，使总效率降低。此外，我们还将针对不同的机制探讨更多的具体损耗渠道。

利用 EL 装置进行长时间照明是不可行的，因为总的发射功率或流明输出量相当低，或者说效率很低。但近年来，随着 InGaN 技术的出现，这种情形已经发生改变。InGaN 系统在高功率密度和所生成的大量热量中仍保持很稳定。因此，电致发光开始成为第三类照明装置，开创了灯、发光装置和发光体的一个新市场。

6.3.2 直接电致发光与间接电致发光

一般来说，电致发光（EL）有两种截然不同的存在机制：直接 EL 和间接 EL。直接 EL 描述了在合适的半导体结构中电子和空穴的直接复合。这种材料可以是无机材料，就像在大多数的传统发光二极管（LED）中那样。LED 开始时由 GaP 和 GaAs 制成，最近则由 InGaN 制成，而且很成功。直接 EL 材料也可以是有机材料，例如 Alq_3（q = 8 - 羟基喹啉酸酯）。在直接 EL 中，电荷载流子从触点处喷射出来，最终以很少的动能进行直接传输。载流子在复合区会聚，在那里形成激子，激子以辐射方式或非辐射方式相继衰减；第一个过程会释放光子，第二个过程则产生热量。在理想情况下，从触点到材料导电能级的注入势垒较低，因此复合以及产生光所需的能量只是发射光的能量，是由材料的有效带隙造成的。因此，直接 EL 发光的理论上可获得的效率为 1。

与此相反，间接 EL 过程是通过碰撞电离来生成激发态。在传统的薄膜（TF）或粉末 EL 装置——又叫作"TFEL"或"交流薄膜 EL"（ACTFEL）装置——中可以看到这类 EL。在这些装置中，载流子通过外加电场来加速。这些加速的电子与基质中的离子碰撞。通过碰撞电离，这些离子或发光中心被激发，所生成的电子 – 空穴对经过辐射复合，释放出光子。因此，此过程的理论效率被限制在大约 40%。这些装置通常用高压高频交流偏压来工作，其亮度和光谱随电压和频率而变，一般来说，在最先进的间接 EL 装置中可得到几百 cd/m² 的最大亮度。由于间接 EL 装置的效率和亮度有限，是不重要的光源，因此本文不会很详细地讨论间接 EL。这些装置主要用于显示器、指示灯或信号灯以及装饰照明。在不久的将来，间接 EL 装置预计不会有重大改进。感兴趣的读者可以参见文献［6.5］中的详细描述。

6.3.3　无机发光二极管（LED）

第一批实用的无机半导体 LED 是由德州仪器公司的 Biard 和 Pitman 在 1961 年构思的。这些装置在近红外光谱范围内发光，因为所用的材料是带隙为 1.37 eV 的 InGaP。一年之后，通用电气公司 Holonyiak 及其同事制造出了第一个在可见光范围内发光的 LED，他们利用不同的成分来制造发红光的装置。从那时起，通过采用更精细化加工及其他材料（例如：AlGaAs），研究人员开发出主要用作指示灯的普通 LED，如图 6.16 所示。

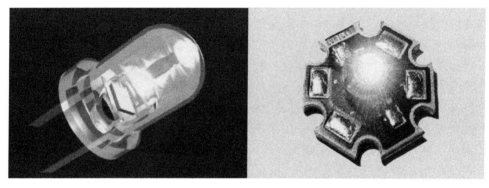

图 6.16　传统指示灯和高功率照明的示意图 LED

几十年来，LED 并没有成为有吸引力的照明装置，原因主要有二：LED 的光学输出功率（即流明输出量，其决定着单个 LED 发射的光量）相当有限，这是因为 LED 的包装和所用的材料不允许在小芯片中有较高的电流密度，由于 LED 的效率远远低于 100%，因此会产生大量热量，从而毁坏半导体晶片；更重要的是，真正的蓝光 LED 材料是不存在的。有人曾花好几年研究过 II – VI 化合物半导体（例如：ZnSSe/ZnTe），把它作为可能的蓝光 LED 候选材料，但收效甚微。但在 1993 年，Nakamura 等人通过证明 InGaN 在 LED 中的成功应用，在固态灯方面取得了突破[6.6]。InGaN 的化学性质很稳定，一方面，这种材料难以形成有利于高效 LED 运行的优质外延层；另一方面，其高稳定性使电流密度可达到很高，而不会让 LED 材料分解。因此，流明输出量可增加到照明应用值，但更重要的是 InGaN 对缺陷不敏感。虽然普通 InGaN LED 的缺陷密度远远高于其他材料组合［例如：AlGaAs（10⁹/cm³ 对

$10^6/cm^3$ ）〕中可接受的缺陷密度，但 InGaN 较低的表面复合速度及其他特性使得能够用富缺陷层制造高效的 LED。此外，随着明亮稳定的蓝光 LED 的出现，白色光已经可能由固态灯发出——通过用荧光粉对蓝光 LED 进行颜色转换或者通过从外部混合由蓝光、绿光和红光 LED 发出的光。

在半导体装置文献中非常详细地说明了 LED 的原理[6.6-8]。在这里，将只探讨用 LED 产生的光以及相关的方面。由于颜色转换对于用 LED 生成白色光来说很重要，因此本文将更详细地探讨所用荧光粉的性质。

1. 纯色 LED

一般而言，白色光由几种纯色混合而成，至少需要将蓝光与橙光混合得到白色光，但这种白色光的彩色再现性（CRI，显色指数）极低，也就是说在这种光源照射下，很多颜色的再现效果很差。通过将红光、绿光和蓝光（RGB）LED 相结合来增加颜色数量，能够得到高得多的 CRI 值，从而获得优质白色光。在很多不同的可见光 LED 中，都能生成 5 500 K 的黑体辐射光谱（基本上是太阳光的光谱），根据定义其 CRI 为 100。但由于 LED 管芯及其总成的尺寸有限，因此很难实现离散 LED 的均匀混合——至少在小总成内很难做到。下面一段将简要描述纯色 LED 技术。纯色 LED 已经在需要彩色光的所有用途（例如：信号灯）中广泛应用。纯色 LED 的优势显然就是效率高得多，因为它们替代了具有极低效率和使用寿命的过滤白色光。

彩色 LED 主要采用了两种材料：红光、橙光和黄光 LED 采用 AlInGaP；绿光和蓝光 LED 采用 InGaN（图 6.18）。

AlInGaP 的四元混合物是从红色光到黄色光范围的主要候选材料。这种材料一般生长在 GaAs 晶片上，因为衬底和外延层的晶格匹配保证了缺陷数量极少，这一点对高效率和长寿命来说是必要的。在不同的层沉积之后，将晶片粘在 GaP 衬底上，同时移除在 LED 发射光谱范围内吸收光的原 GaAs 衬底，这样能够提高效率，主要因为一半的光都将向衬底发射。如果衬底正在吸收光，那么这一半的光都将损失掉。

由于全内反射的原因，很多光仍被困在管芯内；材料的折射率大于 1，因此在大于布儒斯特角的角度下发射的所有光都会反射回晶体内；由于存在一些剩余吸收（例如：在金属触点处），因此多次内反射会使效率进一步降低。通过将半导体芯片做成倒金字塔形，美国流明公司制造的一款 LED 已获得了红光源的最高效率[6.9]（图 6.17）。

图 6.17　做成倒金字塔形（TIP）以高效地提取光的 AlInGaP LED

这种 LED 据估计已达到将近 100% 的内部效率和大约 55% 的外耦

合效率，因此电光转换效率为 102 lm/W。此值表明 LED 技术有可能成为未来的照明光源，这是目前能得到的效率最高的红光源。但由于发射的热淬灭，AlInGaP LED 的流明输出量受到限制。当功率密度超过 0.1 W/cm² 时，AlInGaP LED 的效率以及使用寿命都明显下降，主要因为芯片温度增加了。

对于从绿光到蓝光以及蓝光之外的更高能量发射情形，InGaN 已成为首选材料。经过数年的大量研究之后，在 InGaN 材料系统中制造工作型 LED 已成为可能。其中要克服的主要困难是 GaN 的 p 掺杂问题。这种掺杂是通过高于 1 100 ℃ 的温度下在偏析过程中将 Mg 掺入 InGaN 晶格中实现的。通过改变 In 在 LED 成分中的含量，发射的光可在紫外光到绿光之间调节。但由于偏析效应及随后形成的晶格缺陷，当 In 含量高时，效率会随着波长的增加而降低。通过比较不同的材料类型，研究发现：InGaN LED 的缺陷密度比在更传统的 III－V 化合物半导体中可容许的缺陷密度高得多。这主要是由于缺乏晶格匹配的衬底材料造成的。目前使用的大多数 Al_2O_3（蓝宝石）都存在大约 15% 的晶格失配率。不过，InGaN LED 的卓越稳定性和高效率证明了 InGaN 系统显然比其他材料组合更不易受缺陷影响，其中的原因还不完全清楚。但经测量，在所有的 III－V 化合物半导体中，InGaN 的表面复合速度最低，因此给被激发的载流子提供了更多的辐射复合机会。目前 InGaN 的效率从在蓝光波长下的 20%（20 lm/W）到绿光波长下的 12%（60 lm/W）范围下，每周发表的新数值表现出逐渐增强的趋势。

作为总结，图 6.19 中描绘了效率与波长之间的函数，以及这两个材料系统的人眼灵敏度曲线。

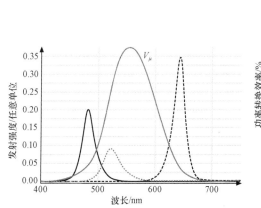

图 6.18　蓝光和绿光 InGaN LED 及红光 AlInGaP LED 的光谱，以及眼灵敏度曲线 V_λ

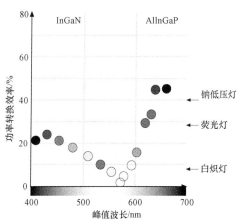

图 6.19　InGaN 和 AlInGaP LED 的效率与 发射波长之间的关系

2. 白光 LED

如上所述，将几种颜色的 LED 光相结合，可以生成白色光。其中用到了几个不同的方案，将在这里简要回顾这些方案（图 6.20）。所有这些方案都有一个共同点，即必须提供一定的光混合量，因为在光发射前不同的颜色必须随机定向，以避免光照颜色不均匀，这通常通过不同的 LED 在一个合适的外壳中多次反射来实现。常见的方法是采用一块聚甲基丙烯酸甲酯（PMMA）板，在板上耦合由不同的 LED 发出的光。通过全内反射，不同的颜色变得随机化，因此可以均匀地混合成期望的白色。用多色 LED 模块获得白色光的第二种方法是在 LED 前面放置一块扩散板，也是为了让 LED 发出的不同颜色的光在空间上随机分布。最后一种方法是采用管状中空反射器，但当这些系统的角度较大时常常能明显看到分层现象，因此看到非白色光。

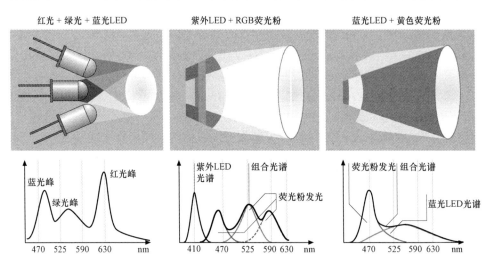

图 6.20　用 LED 生成白色光的不同方法汇总

迄今为止，用 LED 获得白色光的最常见方法是利用沉积在 LED 芯片上的荧光粉将半导体发出的蓝光部分地转化为低能量光，因为激发密度高达几百 W/cm^2，这意味着荧光粉必须具有很强的蓝光吸收能力和较高的光化稳定性。因此，广泛应用的蓝光 InGaN LED（430～480 nm）与$(Y,Gd)_3(Al,Ga)_5O_{12}$:Ce(YAG:Ce)组合统领着当今的白光 LED 市场[6.7]。但更先进的白光 LED 方案正在实现中，包括蓝光 LED 与黄光、红光荧光粉或红光、绿光荧光粉的组合。前一种方案的目的是增强整个光谱中的红色发射光，以实现照明级暖白色 LED。在"红光增强型 LED"中与黄光 YAG:Ce 一起使用的红光发光物质是$(Ca,Sr)S$:Eu[6.10,11]以及$(Ca,Sr)_2Si_5N_8$:Eu 和$(Ca,Sr)AlSiN_3$:Eu[6.12]。在 2 500～4 000 K 的低色温下，红光增强型 LED 的 CRI 高达 90 以上。

在 2 500～10 000 K 之间的任意色温下具有高显色性的白光 LED 是通过采用蓝光 LED 与绿光–红光荧光粉组合得到的。Mueller–Mach 和 Mueller 发现 $SrGa_2S_4$:Eu（535 nm）和 SrS:Eu（615 nm）是三色 LED 的一种合适的组合形式[6.13]。

与两色 YAG:Ce LED 相比，具有三色光谱的 LED 能得到更高的彩色再现性，而发光效率几乎一样高。

6.3.4　有机 LED

在柯达公司的 Tang 和 van Slyke 于 1987 年从一个仅由有机电荷转移材料和发射体组成的装置中观察到直接 EL 并发表文章之后，有机 LED 就成了一个重要的研发领域[6.14]。作者正在研究有机光电导体，其已在复印机和打印机领域中应用了好几十年。通过给这些材料制成的相关装置外加一个正向偏压，直接注入类载流子就能产生光。第二个重要的日期是 Friend 等人 1990 年在单层聚合物基装置中观察到直接有机 EL 并发表文章的日期。由此，一种新型材料面世了，这就是高分子半导体[6.15]。这些研究标志着有机 EL 开始进入集中研发阶段。

图 6.21 描绘了有机 LED（OLED）的一般结构。这种叠堆通常由一个衬底（主要是玻璃，但可考虑采用塑料）和一个薄层（一般 100 nm）铟锡氧化物（ITO）组成，这是最突出、最具代表性的透明导电物质结构，也是将光耦合出来所需要的结构。有机物质以小分子 OLED 中的多层叠堆形式或聚合物 OLED 中的聚合物涂层形式沉积在 ITO 层上面；顶部触点（通常是阴极）是通过蒸发 Ca、Mg、Ba 等反应物质形成的，用于促进电子注入到分子材料中；顶部触点后面常常有一层不太活泼的金属（例如：Al），用于防止顶部触点快速氧化。由于很多有机材料（尤其是反应性阴极金属）对水和氧气很敏感，因此需要采用几乎气密性的密封设计，以达到装置的实用寿命要求，这可通过用另一个玻璃（或金属）罐封装玻璃衬底来实现的。罐中常常还含有其他吸气物质，以吸收残余的水和氧气。

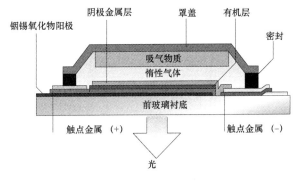

图 6.21　有机 LED 的结构示意图

一般来说，有机直接 EL 分为两类：聚合物有机 LED 和小分子有机 LED，原则上，这两种系统基于相同的基本原理。虽然这两个版本有着明显的差异，但在共轭聚合物情况下，它们的装置设置是相同的。小分子 OLED 是通过高真空升华作用或气相传输来沉积的，而聚合物 OLED 通常是旋涂的，或在用于显示器的情况下是喷墨式的。

有机材料的导电机理与无机半导体不同。在分子固体中，分子会在电荷注入之后被氧化、还原，具体要视被注入的电荷性质而定。如果电子从分子被注入电极中，则空穴将被注入分子中并使其氧化；然后在外加电场的影响下，电荷会穿过分子，并从原来的受激分子跳跃到邻近的一个分子。因此，有机层的导电性相当低——从良好导电材料中的大约 10^{-3} cm²/（V·s）降至近绝缘材料中的 10^{-8} cm²/（V·s）。空穴迁移率 [10^{-3} cm²/（V·s）] 通常比电子迁移率 [10^{-5} cm²/（V·s）] 大。在某些材料种类中，迁移率可能更高 [达到 10^{-1} cm²/（V·s）]，但那些材料一般不用于 EL 装置。

OLED 的制造材料取决于所使用的系统属于哪一类。

在小分子装置中，有机层通常位于衬底之上，并由多种材料组成，每种材料都有规定的功能。图 6.21 是典型的装置布局。在 ITO 上放置着一个空穴导体。在大多数情况下，空穴导体是一种具有较高电子亲和能的材料，有利于空穴从阳极注入；空穴导体还具有较高的空穴迁移率，以获得良好的空穴传输能力。下一层是具有较大的带隙和较高的三重态能量的基质材料，其中掺有发光材料。这两种功能还能合并到同一种材料中。在这一层上面是空穴拦截层，用于防止快速移动的空穴直接流向阳极。空穴拦截层必须有很大的带隙和较大的电子亲和能，以高效地阻止空穴流经此结构。最后，在顶部是一层电子导体/注入极，用于促进电子注入本装置。

在聚合物 OLED 中，所有这些功能都将合并到同一种材料中——可以是共轭聚合物，也可以是非共轭聚合物。因此，层序列一般能简化为两层，首先是空穴注入层，也是衬底粗糙度的平滑化层，这一层做成不溶层，并最终涂上发光聚合物。空穴注入层的总厚度一般为 100～200 nm。电子和空穴的电荷迁移以及光发射是由聚合物的不同官能团实现的。图 6.22 以示意图形式比较了小分子 OLED 和聚合物 OLED 的不同电子结构。

在复合区，电子和空穴相遇，并在受激分子上生成激子，这些激子的总自旋为 1 或 1/2，因此形成单态或三重态。单态在光学上是允许的，因此能够产生一个光子；而三重态是禁阻跃迁，因此这些激子不可能发射光。根据统计，对于所有的注入对来说，生成单态的概率只有 1/4，这使得有机 EL 装置的效率被限制在 25%，但通过利用自旋-轨道耦合作用较强的其他发射体，就有可能克服选择规则，使辐射衰减激子的形成概率在理论上增大到 1，从而开辟了通往极高效有机 LED 的道路。

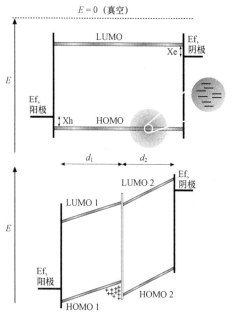

图 6.22 聚合物（单层）OLED 和小分子（双层）OLED 的能带示意图

由于分子中电子密度的离域取决于分子的空间构型，而且电气性能取决于层内分子之间的相对位置，因此在有机 LED 中薄膜的形成非常重要。此外，两个相邻分子的耦合会导致协同电子态形成，协同电子态是一种新的激发态，只存在于耦合分子中，在分子相同的情况下，这种现象叫作"受激准分子"；但如果涉及两个不同的分子，则这种现象叫作"复合受激态"。这种激发态（没有基态）的能量通常低于单个分子的激发态能量。因此，此效应可用于生成与仅从分子构成中获得的波长不同的其他波长。但单态受激准分子和激聚体的效率一般都很低。

　　有机 LED（以及无机 LED）面临的一个决定性问题是所生成光的外耦合效率。由于使用的材料中有很多都具有较高的折射率，因此在薄膜内生成的光并以大于材料临界角的角度发射会遭遇全内反射，然后生成的光被引导着穿过此结构。在部分吸收界面上的多次反射会导致耦合出来的光量减少。通过传统射线光学来估算外耦合比率，可以得到 $1/n^2$ 值，其中的 n 是材料折射率。对大多数的材料来说，此值相当于 20%，即所产生光的 4/5 都没有离开此结构，导致 OLED 的效率常常比外耦合改进后可能得到的效率低得多。研究人员们正在开展大量工作，希望找到能提高薄膜有机 LED 光外耦合效率的最佳方法。最近用 OLED 衬底顶部的一个光学耦合半球形透镜进行测量的结果表明，通过采用适当的方法，外耦合率能达到原先至少 2 倍，从而使效率也提高到 2 倍。这个课题无疑是 OLED 研究的其中一个最重要的领域。

　　当今 OLED 中使用的很多材料对湿气和氧气很敏感，会导致在表面上出现不可逆转的氧化，导致材料绝缘，从而形成一个非发射（黑色）光斑。这些黑斑是渐进的，也就是说，黑斑一旦形成，将呈现出增长趋势，直到 OLED 变得无用为止。这些黑斑常常始于电极材料中的针孔。在很多阴极材料中，针孔本身常常就是在整个 OLED 叠堆中最容易被氧化的地方。为使 OLED 不受这些失效机理的影响，必须采用近乎完美的封装，常常是在封装中放入吸气物质。吸气物质靠近 OLED 阴极，用于吸收剩余的氧分子和水分子，以防止 OLED 受到损坏。在不久的将来，薄膜包装（也就是在 OLED 顶部附着一层几乎不透水的材料）将能够解决这个问题。

　　虽然这是在 OLED 中最经常遇到的失效机理之一，但并不是目前唯一的失效机理。另外，很多 OLED 材料内在不稳定，限制了 OLED 的使用寿命，从而在有机 LED 材料领域内形成了更多的研发需求。

　　在用作光源的用途时，OLED 要获得高效率、高亮度和长寿命，还有一段路要走。但由于所有这些特性都已经在单个装置中看到，因此可以认为 OLED 是有可能提供这些特性的。由于具有独特的光生成方式，OLED 将提供一种与现有光源迥然不同的光源。OLED 预计将成为一种扩散型大面积平面灯，最终会变得柔韧、颜色可调、透明，为未来的光源开创新的潜在应用领域。为了能够利用 OLED 生成白色光，可以采用几种可能的措施。例如，可以进行彩色光（例如：由像素化光源发出的光）的外混合，或者制造本征宽带（白色）发射器、混合发射器、堆叠发射器或荧光粉转化型蓝光/紫外光 OLED（利用上面描述的荧光粉），这些不同的方案各自有着不同的优缺点，具体要视光源的用途而定。根据大多数的估算结果，OLED 要成为重要的非相干光源，还需要 5～10 年的时间。

6.4 一般光源研究

表 6.2 总结了本章探讨的主要光源类型以及选定的电气/光学技术性能。

表 6.2 基本光源类型的电气数据和技术数据（2003 年形势）

光源	输入电功率/ W	光通量/ lm	发光效率/ （lm · W⁻¹）	色彩再现质量
白炽灯	10～1 000	80～15 000	8～15	极好
卤素灯	20～2 000	300～60 000	15～30	极好
低压汞放电灯	7～150	350～15 000	50～100	好
高压汞放电灯	50～1 000	2 000～60 000	40～60	好
金属卤化物放电灯	20～2 000	1 600～24 000	80～120	好 – 极好
低压钠放电灯	20～200	2 000～40 000	100～200	差
高压钠放电灯	40～1 000	1 600～14 000	40～140	中等 – 好
硫微波放电灯	≤5 000	≤450 000	80～90（系统）	好
白光两色无机 LED	1～5	20～150	20～30	好
白光三色无机 LED	1	20～25	20～25	极好
有机 LED（在 1 000 cd/m² 时）	15 mW/cm²	0.3lm/cm²	30	极好

参 考 文 献

［6.1］ J.R. Coaton, A.M. Marsden: *Lamps and Lighting* (Wiley, New York 1997).

［6.2］ W. Elenbaas: *Light Sources* (Crane, Russek, New York 1972).

［6.3］ M. Born, T. Jüstel: Umweltfreundliche Lichtquellen, Phys. J. **2** (2), 43 (2003), In German.

［6.4］ G. Derra, E. Fischer, H. Mönch: UHP-Lampen: Lichtquellen extrem hoher Leuchtdichte, Phys. Bl. **54** (9), 817 (1998).

［6.5］ Y.A. Ono: *Electroluminescent Devices* (World Scientific, Singapore 1995).

［6.6］ S. Nakamura, S. Pearton, G. Fasol: *The Blue Laser Diode* (Springer, Berlin, Heidelberg 1997).

［6.7］ A. Zukauskas, M.S. Shur, R. Caska: *Introduction to Solid-State Lighting* (Wiley, New York 2002) p. 122, and references therein.

［6.8］ S.M. Sze: *Physics of Semiconductor Devices* (Wiley, New York 1981).

［6.9］ M.R. Krames, M. Ochiai-Holcomb, G.E. Höfler, et al: High-power truncated-inverted-pyramid $(Al_xGa_{1-x})_{0.5} In_{0.5}P/GaP$ light emitting diodes exhibiting＞50 external quantum efficiency, Appl. Phys. Lett. **75**, 2365 (1999).

［6.10］ R. Müller-Mach, G.O. Müller, T. Jüstel, et al: US Patent 2003/0006702.

［6.11］ R. Müller-Mach, G.O. Müller, M. Krames, et al: High-power phosphor-converted light-emitting diodes based on III-nitrides, IEEE J. Sel. Top. Quantum Electron. **8**, 339 (2002).

［6.12］ M. Yamada, T. Naitou, K. Izuno, et al: Red-enhanced white-light-emitting diode using a new red phosphor, Jpn. J. Appl. Phys. **42**, L20 (2003).

［6.13］ R. Müller-Mach, G.O. Müller: White light emitting diodes for illumination, SPIE Proc. **3938**, 30 (2000).

［6.14］ C.W. Tang, S.A. Van Slyke: Organic electroluminescent diodes, Appl. Phys. Lett. **51**, 913 (1987).

［6.15］ J.H. Borroughes, D.D.C. Bradley, A.R. Brown, et al: Light-emitting diodes based on conjugated polymers, Nature **347**, 539 (1990).